卫星通信系统

（第6版）

Satellite Communications Systems: Systems, Techniques and Technology

(Sixth Edition)

［法］格拉德·马拉尔（Gérard Maral）
［法］米歇尔·布斯基特（Michel Bousquet）　著
［英］孙智立（Zhili Sun）

王赛宇　贾　钢　张伟嘉　刘　全　庞　策　译
　　　　　　　　　　　　　　　　　　　孙晨华　校
　　　　　　　　　　　　　　　　　　　高　跃　审

国防工业出版社
·北京·

著作权合同登记　图字:01-2024-0703 号

图书在版编目(CIP)数据

卫星通信系统：第 6 版／（法）格拉德·马拉尔，
（法）米歇尔·布斯基特，（英）孙智立著；王赛宇等译.
-- 北京：国防工业出版社，2024.9
书名原文：Satellite Communications Systems：
Systems，Techniques and Technology 6th Edition
ISBN 978-7-118-13151-2

Ⅰ．①卫… Ⅱ．①格… ②米… ③孙… ④王… Ⅲ．
①卫星通信系统 Ⅳ．①TN927

中国国家版本馆 CIP 数据核字（2024）第 064096 号

Satellite Communications Systems：Systems，Techniques and Technology，6th Edition by Gerard Maral，
Michel Bousquet and Zhili Sun
ISBN：9781119382089
Copyright © 2020 John Wiley & Sons Limited
All Rights Reserved. This translation published under license. Authorized translation from
the English language edition，Published by John Wiley & Sons. No part of this book may be
reproduced in any form without the written permission of the original copyrights holder
Copies of this book sold without a Wiley sticker on the cover are unauthorized and illegal
本书中文简体中文字版专有翻译出版权由 John Wiley & Sons Limited. 公司授予国防工业出版
社。未经许可，不得以任何手段和形式复制或抄袭本书内容。
本书封底贴有 Wiley 防伪标签，无标签者不得销售。
版权所有，侵权必究。

※

国防工业出版社出版发行
（北京市海淀区紫竹院南路 23 号　邮政编码 100048）
三河市天利华印刷装订有限公司印刷
新华书店经售

*

开本 710×1000　1/16　印张 46¼　字数 910 千字
2024 年 9 月第 1 版第 1 次印刷　印数 1—1500 册　定价 298.00 元

（本书如有印装错误，我社负责调换）

国防书店：（010）88540777　　书店传真：（010）88540776
发行业务：（010）88540717　　发行传真：（010）88540762

译 者 序

《卫星通信系统》是卫星通信领域的经典作品书籍,已经是第 6 版发行。作者均是卫星通信领域国际知名的专家、学者和教授,不仅具有丰富的项目研究经验,也具有多年的教学经验。格拉德·马拉尔博士、米歇尔·布斯基特教授主编了前 4 版,孙智立教授在不断总结卫星通信领域的新发展、新技术、新系统后,在前四版的基础上进行改版,与第 4 版作者共同出版了第 5 版和第 6 版。

译者在 10 年前第一次看到本书原版时,就被其翔实内容以及其基础性、系统性所吸引。获悉再版第 6 版,非常兴奋,希望推荐给习惯阅读中文版本的卫星通信方向的学生、工程技术人员和研究人员等学习参考。

基于以上原因,译者组织具有长时间卫星通信领域研发经验且能够比较深刻理解本书内容的骨干,以及具有海外学习经历的人士共同组成翻译小组,在分工翻译的同时,组织互相审核校正,最后请具有海外长期从事卫星通信领域研究工作的专家学者进行总校对,经过一年的工作,完成全书翻译工作。

全书共分 13 章。第 1 章主要对卫星通信基本概念、系统基本配置、基本业务和频段划分、现状与发展等进行描述;第 2 章主要内容涉及卫星轨道基本理论等方面;第 3 章主要内容涉及不同业务与信道性能、服务质量等指标和关系;第 4 章主要内容为调制解调、编译码以及与带宽、功率的关系等方面;第 5 章主要涉及链路构成、链路预算理论和方法;第 6 章主要内容为多址技术与信道分配;第 7 章主要涉及网络分层模型、典型 DVB-RCS 系统及互联网协议适应性;第 8 章主要涉及地球站相关内容;第 9 章主要是卫星有效载荷与转发器相关内容;第 10 章主要是卫星平台相关内容;第 11 章是卫星发射与火箭相关内容;第 12 章是空间环境相关内容;第 13 章是卫星通信系统可靠性与可用性相关内容。

全书翻译的统筹由孙晨华与王赛宇承担,并在全书成稿后完成对全书的校对。王赛宇参与第 1、3、6、10 章的翻译,并对年轻同志的翻译工作进行指导;贾钢主译第 4、5、9 章内容,参与第 6、7、11 章部分内容的翻译,并对第 1~8 章进行修正;张伟嘉主译第 3、6、7、11~13 章内容,并修正第 9~13 章;刘全主译了第 2、10 章内容;庞策主译了第 1、8 章内容。此外,特请原萨里大学教授、现上海复旦大学教授高跃对全书进行审核。

在此,对上述各位同仁的努力和付出表示感谢。同时感谢网络通信研究院科技处陈金勇主任、李喆处长、卫通部蒋宝强主任等对本书翻译出版给予的大力支持!

本书是一本不可多得的卫星通信专业书。卫星通信专业随着时代的发展和技术的进步而不断拓展,当前全球处于卫星互联网发展热潮,而卫星互联网的核心基础技术是卫星通信技术,希望本书对越来越多从事卫星互联网研究、设计及产品开发的专业人员提供帮助与指导,也恳请读者对书中的翻译错误与不妥之处给予批评指正。

孙晨华

2023 年 8 月

目　　录

第 1 章　卫星通信系统简介 ·· 1

  1.1　卫星通信的诞生 ·· 1
  1.2　卫星通信的发展 ·· 1
  1.3　卫星通信系统配置 ··· 3
      1.3.1　通信链路 ·· 5
      1.3.2　空间段 ··· 6
      1.3.3　地面段 ··· 10
  1.4　轨道类型 ·· 10
  1.5　无线电规则 ··· 15
      1.5.1　国际电信联盟 ··· 15
      1.5.2　空间无线电通信业务 ·· 16
      1.5.3　频率分配 ·· 17
  1.6　技术趋势 ·· 19
  1.7　服务 ··· 21
  1.8　未来的方向 ··· 23
  参考文献 ·· 26

第 2 章　轨道及相关问题 ··· 27

  2.1　开普勒轨道 ··· 27
      2.1.1　开普勒定律 ·· 27
      2.1.2　牛顿定律 ·· 27
      2.1.3　两个物体的相对运动 ·· 28
      2.1.4　轨道参数 ·· 31
      2.1.5　地球的轨道 ·· 35
      2.1.6　地球与卫星的几何关系 ··· 42

2.1.7　星蚀 ……………………………………………………… 49
　　2.1.8　日凌 ……………………………………………………… 50
　2.2　卫星通信的可用轨道 …………………………………………… 50
　　2.2.1　具有非零倾角的椭圆轨道 ………………………………… 50
　　2.2.2　零倾角的地球同步椭圆轨道 ……………………………… 62
　　2.2.3　倾角不为零的地球同步圆形轨道 ………………………… 63
　　2.2.4　倾角为零的太阳同步圆形轨道 …………………………… 66
　　2.2.5　地球静止卫星轨道 ………………………………………… 66
　2.3　轨道的摄动 ……………………………………………………… 75
　　2.3.1　摄动的性质 ………………………………………………… 75
　　2.3.2　轨道摄动的影响 …………………………………………… 78
　　2.3.3　地球静止卫星轨道的摄动 ………………………………… 80
　　2.3.4　地球静止卫星的位置保持 ………………………………… 87
　2.4　总结 ……………………………………………………………… 101
　参考文献 ……………………………………………………………… 102

第3章　基带信号、分组网络与 QoS ……………………………… 104
　3.1　基带信号 ………………………………………………………… 104
　　3.1.1　数字电话信号 ……………………………………………… 105
　　3.1.2　声音信号 …………………………………………………… 108
　　3.1.3　电视信号 …………………………………………………… 109
　　3.1.4　数据与多媒体信号 ………………………………………… 113
　3.2　性能指标 ………………………………………………………… 113
　　3.2.1　电话 ………………………………………………………… 113
　　3.2.2　音频 ………………………………………………………… 114
　　3.2.3　电视 ………………………………………………………… 114
　　3.2.4　数据 ………………………………………………………… 114
　3.3　可用性指标 ……………………………………………………… 116
　3.4　延迟 ……………………………………………………………… 117
　　3.4.1　地面网络中的延迟 ………………………………………… 117
　　3.4.2　卫星链路上的传播延迟 …………………………………… 117
　　3.4.3　基带信号处理延迟 ………………………………………… 117
　　3.4.4　协议处理引起的延迟 ……………………………………… 118
　3.5　IP 数据包传输 QoS 与网络性能 ……………………………… 118
　　3.5.1　ETSI 与 ITU-T 标准中的 QoS 定义 ……………………… 118

3.5.2　IP 数据包传输性能参数 ················· 119
　　3.5.3　IP 服务可用性参数 ··················· 121
　　3.5.4　IP 网络 QoS 等级 ···················· 121
　3.6　总结 ····························· 122
参考文献 ······························· 123

第 4 章　数字通信技术　126

　4.1　基带格式 ·························· 127
　　4.1.1　加密 ························· 127
　　4.1.2　加扰 ························· 128
　4.2　数字调制 ·························· 129
　　4.2.1　二相调制 ······················· 130
　　4.2.2　四相调制 ······················· 132
　　4.2.3　QPSK 的派生方式 ··················· 132
　　4.2.4　高阶 PSK 与 APSK ··················· 135
　　4.2.5　滤波前的调制载波频谱 ················· 137
　　4.2.6　解调 ························· 138
　　4.2.7　调制频谱效率 ····················· 142
　4.3　信道编码 ·························· 143
　　4.3.1　分组码与卷积码 ···················· 144
　　4.3.2　信道解码 ······················· 144
　　4.3.3　级联编码 ······················· 145
　　4.3.4　交织 ························· 147
　4.4　信道编码对带宽与功率关系的影响 ················ 148
　　4.4.1　可变带宽的编码 ···················· 148
　　4.4.2　恒定带宽的编码 ···················· 150
　　4.4.3　总结 ························· 152
　4.5　编码调制 ·························· 152
　　4.5.1　网格编码调制 ····················· 154
　　4.5.2　分组编码调制 ····················· 156
　　4.5.3　解码编码调制 ····················· 157
　　4.5.4　多级网格编码调制 ··················· 157
　　4.5.5　多维 TCM ······················· 158
　　4.5.6　编码调制的性能 ···················· 159
　4.6　端到端差错控制 ······················· 159

VII

4.7 卫星数字视频广播 ………………………………………………………… 160
      4.7.1 传输系统 …………………………………………………………… 161
      4.7.2 差错性能要求 ……………………………………………………… 165
   4.8 第二代 DVB-S …………………………………………………………… 165
      4.8.1 DVB-S2 的新技术 ………………………………………………… 165
      4.8.2 传输系统架构 ……………………………………………………… 167
      4.8.3 差错性能 …………………………………………………………… 168
      4.8.4 FEC 编码 …………………………………………………………… 169
   4.9 DVB-S2X 的新功能 ……………………………………………………… 174
   4.10 总结 ……………………………………………………………………… 175
      4.10.1 电话的数字传输 …………………………………………………… 175
      4.10.2 电视的数字传输 …………………………………………………… 176
   参考文献 …………………………………………………………………………… 178

第5章 上下行链路性能、整体链路性能及星间链路 ……………………………… 181

   5.1 链路构成 …………………………………………………………………… 181
   5.2 天线参数 …………………………………………………………………… 182
      5.2.1 增益 ………………………………………………………………… 182
      5.2.2 辐射方向图与波束角宽度 ………………………………………… 183
      5.2.3 极化 ………………………………………………………………… 186
   5.3 信号辐射功率 ……………………………………………………………… 188
      5.3.1 等效全向辐射功率 ………………………………………………… 188
      5.3.2 功率通量密度 ……………………………………………………… 188
   5.4 信号接收功率 ……………………………………………………………… 188
      5.4.1 信号接收功率与自由空间损耗 …………………………………… 188
      5.4.2 其他损耗 …………………………………………………………… 192
      5.4.3 总结 ………………………………………………………………… 193
   5.5 接收机输入端的噪声功率谱密度 ………………………………………… 194
      5.5.1 噪声来源 …………………………………………………………… 194
      5.5.2 噪声表征 …………………………………………………………… 194
      5.5.3 天线噪声温度 ……………………………………………………… 197
      5.5.4 系统噪声温度 ……………………………………………………… 202
      5.5.5 总结 ………………………………………………………………… 203
   5.6 链路性能 …………………………………………………………………… 204
      5.6.1 接收机输入端的载波功率与噪声功率谱密度比 ………………… 204

5.6.2　晴空上行链路性能 …… 205
　　5.6.3　晴空下行链路性能 …… 208
5.7　大气影响 …… 211
　　5.7.1　降水造成的损害 …… 211
　　5.7.2　其他损害 …… 221
　　5.7.3　相对重要的链路损害 …… 223
　　5.7.4　降水条件下的链路损害 …… 223
　　5.7.5　总结 …… 224
5.8　大气损害补偿 …… 224
　　5.8.1　去极化补偿 …… 224
　　5.8.2　衰减缓解 …… 224
　　5.8.3　空间分集 …… 225
　　5.8.4　自适应 …… 226
　　5.8.5　成本与可用性的均衡 …… 227
5.9　透明卫星整体链路性能 …… 227
　　5.9.1　卫星信道的特性 …… 228
　　5.9.2　整体链路载噪比表达式 …… 231
　　5.9.3　无干扰或互调的透明卫星的整体链路性能 …… 234
5.10　再生型有效载荷卫星整体链路性能 …… 237
　　5.10.1　无干扰的线性卫星信道 …… 238
　　5.10.2　无干扰的非线性卫星信道 …… 240
　　5.10.3　有干扰的非线性卫星信道 …… 240
5.11　多波束覆盖与单波束覆盖的链路性能对比 …… 242
　　5.11.1　多波束覆盖的优点 …… 243
　　5.11.2　多波束覆盖的缺点 …… 247
　　5.11.3　总结 …… 248
5.12　星间链路性能 …… 248
　　5.12.1　频带 …… 249
　　5.12.2　射频链路 …… 249
　　5.12.3　激光链路 …… 250
　　5.12.4　总结 …… 256
参考文献 …… 256

第6章　多址接入 …… 259

6.1　分层数据传输 …… 259

Ⅸ

- 6.2 业务参数 ·· 260
  - 6.2.1 话务量 ·· 260
  - 6.2.2 呼叫阻塞概率 ·· 260
  - 6.2.3 突发性 ·· 262
  - 6.2.4 呼叫延迟概率 ·· 262
- 6.3 业务路由 ·· 263
  - 6.3.1 每条站间链路分配一个载波 ································ 264
  - 6.3.2 每个发射站分配一个载波 ·································· 264
  - 6.3.3 对比 ·· 264
- 6.4 接入技术 ·· 265
  - 6.4.1 对特定转发器信道的多址接入 ······························ 265
  - 6.4.2 对卫星转发器的多址接入 ·································· 265
  - 6.4.3 性能评估——效率 ······································· 266
- 6.5 频分多址 ·· 267
  - 6.5.1 TDM/PSK/FDMA ··································· 267
  - 6.5.2 SCPC/FDMA ·· 268
  - 6.5.3 邻道干扰 ·· 268
  - 6.5.4 互调 ·· 269
  - 6.5.5 FDMA 系统效率 ·· 271
  - 6.5.6 总结 ·· 272
- 6.6 时分多址 ·· 273
  - 6.6.1 突发生成 ·· 273
  - 6.6.2 帧结构 ·· 276
  - 6.6.3 突发接收 ·· 277
  - 6.6.4 同步 ·· 278
  - 6.6.5 TDMA 系统效率 ·· 283
  - 6.6.6 总结 ·· 284
- 6.7 码分多址 ·· 285
  - 6.7.1 直接扩频 CDMA ·· 285
  - 6.7.2 跳频 CDMA ·· 288
  - 6.7.3 码生成 ·· 290
  - 6.7.4 同步 ·· 290
  - 6.7.5 CDMA 系统效率 ·· 292
  - 6.7.6 总结 ·· 294
- 6.8 固定分配与按需分配 ·· 296

6.8.1 原理 ·· 296
6.8.2 固定分配与按需分配的比较 ·················· 296
6.8.3 按需分配的集中式管理与分布式管理 ······ 297
6.8.4 总结 ·· 297
6.9 随机接入 ·· 298
6.9.1 异步协议 ·· 298
6.9.2 同步协议 ·· 302
6.9.3 支持按需分配的协议 ···························· 302
6.10 总结 ·· 303
参考文献 ·· 304

第7章 卫星网络 305

7.1 网络参考模型与协议 ···································· 305
7.1.1 分层原则 ·· 305
7.1.2 开放系统互联参考模型 ························ 306
7.1.3 IP 参考模型 ······································· 307
7.2 卫星网络的参考架构 ···································· 309
7.3 卫星网络的基本特征 ···································· 310
7.3.1 卫星网络拓扑 ····································· 310
7.3.2 链路类型 ·· 312
7.3.3 连接性 ··· 312
7.4 卫星星载连接 ·· 314
7.4.1 基于转发器跳接的星载连接 ·················· 315
7.4.2 基于透明处理的星载连接 ····················· 316
7.4.3 基于再生处理的星载连接 ····················· 320
7.4.4 基于波束扫描的星载连接 ····················· 324
7.5 经星间链路的连接 ······································· 325
7.5.1 地球静止轨道卫星与低地球轨道卫星间链路 ··· 325
7.5.2 地球静止卫星间的链路 ························ 326
7.5.3 低地球轨道星间链路 ···························· 330
7.5.4 总结 ·· 330
7.6 卫星广播网络 ·· 331
7.6.1 每个转发器单个节目 ···························· 331
7.6.2 每个转发器多载波多节目 ····················· 332
7.6.3 支持多节目时分复用的单条上行链路 ······ 332

XI

- 7.6.4 支持下行链路多节目时分复用的多条上行链路 ……… 333
- 7.7 宽带卫星网络 ……… 334
  - 7.7.1 DVB-RCS/RCS2 与 DVB-S/S2/S2X 网络概述 ……… 335
  - 7.7.2 宽带卫星网络的协议栈架构 ……… 337
  - 7.7.3 卫星物理层 ……… 337
  - 7.7.4 卫星 MAC 层 ……… 344
  - 7.7.5 卫星链路控制层 ……… 350
  - 7.7.6 服务质量 ……… 353
  - 7.7.7 网络层 ……… 355
  - 7.7.8 再生型卫星网状网体系架构 ……… 358
- 7.8 传输控制协议 ……… 364
  - 7.8.1 TCP 包头格式 ……… 364
  - 7.8.2 连接建立与数据传输 ……… 365
  - 7.8.3 拥塞控制与流量控制 ……… 366
  - 7.8.4 卫星信道特性对 TCP 的影响 ……… 367
  - 7.8.5 TCP 性能增强协议 ……… 368
- 7.9 卫星网络中的 IPv6 ……… 370
  - 7.9.1 IPv6 基础 ……… 370
  - 7.9.2 IPv6 过渡机制 ……… 372
  - 7.9.3 经卫星网络的 IPv6 隧道传输 ……… 372
  - 7.9.4 经卫星网络的 6to4 转换机制 ……… 372
- 7.10 总结 ……… 373
- 参考文献 ……… 373

第 8 章 地球站 ……… 377

- 8.1 地球站的构成 ……… 377
- 8.2 射频特性 ……… 378
  - 8.2.1 等效全向辐射功率 ……… 378
  - 8.2.2 地球站的品质因数 ……… 380
  - 8.2.3 国际组织与卫星运营商制定的标准 ……… 380
- 8.3 天线子系统 ……… 394
  - 8.3.1 主瓣辐射特性 ……… 394
  - 8.3.2 旁瓣辐射特性 ……… 394
  - 8.3.3 天线噪声温度 ……… 395
  - 8.3.4 天线类型 ……… 400

    8.3.5 地球站天线的指向角 …… 404
    8.3.6 指向可调天线的安装 …… 407
    8.3.7 跟踪 …… 412
  8.4 射频子系统 …… 422
    8.4.1 接收设备 …… 422
    8.4.2 发送设备 …… 424
    8.4.3 冗余 …… 431
  8.5 通信子系统 …… 431
    8.5.1 频率转换 …… 431
    8.5.2 放大、滤波与均衡 …… 434
    8.5.3 调制解调器 …… 436
  8.6 网络接口子系统 …… 438
    8.6.1 复用与解复用 …… 439
    8.6.2 数字语音插值 …… 439
    8.6.3 数字电路倍增设备 …… 440
    8.6.4 SCPC 传输专用设备 …… 443
    8.6.5 用于 IP 网络连接的以太网端口 …… 443
  8.7 监测与控制、辅助设备 …… 445
    8.7.1 监测、告警与控制设备 …… 445
    8.7.2 电源 …… 446
  8.8 总结 …… 446
  参考文献 …… 447

第9章 通信有效载荷 …… 449
  9.1 有效载荷的功能与特点 …… 449
    9.1.1 有效载荷的功能 …… 449
    9.1.2 有效载荷的特征参数 …… 450
    9.1.3 各射频特性间的关系 …… 451
  9.2 透明转发器 …… 451
    9.2.1 非线性特性 …… 452
    9.2.2 转发器结构 …… 461
    9.2.3 设备特点 …… 466
  9.3 再生转发器 …… 478
    9.3.1 相干解调 …… 478
    9.3.2 差分解调 …… 479

XIII

  9.3.3 多载波解调 · 479
9.4 多波束天线有效载荷 · 480
  9.4.1 固定互连 · 480
  9.4.2 可重构互连 · 481
  9.4.3 星上时域透明交换 · 481
  9.4.4 星上频域透明交换 · 483
  9.4.5 星上基带再生交换 · 484
  9.4.6 光交换 · 487
9.5 可重构有效载荷 · 487
9.6 固态元件技术 · 489
  9.6.1 空间环境 · 489
  9.6.2 模拟微波元件技术 · 490
  9.6.3 数字元件技术 · 490
9.7 天线覆盖 · 491
  9.7.1 服务区轮廓 · 491
  9.7.2 几何轮廓 · 494
  9.7.3 全球覆盖 · 495
  9.7.4 小范围覆盖或点覆盖 · 497
  9.7.5 天线指向偏差的计算 · 498
  9.7.6 小结 · 509
9.8 天线特性 · 510
  9.8.1 天线功能 · 510
  9.8.2 射频覆盖范围 · 512
  9.8.3 圆波束 · 513
  9.8.4 椭圆波束 · 515
  9.8.5 指向偏差的影响 · 516
  9.8.6 赋形波束 · 518
  9.8.7 多波束 · 521
  9.8.8 天线类型 · 523
  9.8.9 天线技术 · 525
9.9 总结 · 533
参考文献 · 534

第10章 卫星平台 · 537

10.1 子系统 · 539

10.2 姿态控制子系统 539
- 10.2.1 姿态控制功能 540
- 10.2.2 姿态敏感器 541
- 10.2.3 姿态确定 543
- 10.2.4 致动器 544
- 10.2.5 陀螺仪稳定原理 547
- 10.2.6 自旋稳定 549
- 10.2.7 三轴稳定 549

10.3 推进子系统 556
- 10.3.1 推进器特点 556
- 10.3.2 化学推进 558
- 10.3.3 电推进 562
- 10.3.4 推进子系统架构 567
- 10.3.5 用于位置保持与轨道转移的电推进 570

10.4 电源子系统 571
- 10.4.1 主能源 571
- 10.4.2 次能源 578
- 10.4.3 调节与保护电路 583
- 10.4.4 计算实例 588

10.5 遥测、跟踪和遥控与星载数据管理子系统 590
- 10.5.1 频率使用 590
- 10.5.2 遥控链路 592
- 10.5.3 遥测链路 592
- 10.5.4 遥控与遥测信息格式标准 593
- 10.5.5 星载数据管理 599
- 10.5.6 跟踪 603

10.6 热控制与结构子系统 607
- 10.6.1 热控制具体要求 607
- 10.6.2 被动控制 608
- 10.6.3 主动控制 611
- 10.6.4 结构子系统 611
- 10.6.5 总结 613

10.7 发展与趋势 613

参考文献 616

第11章 卫星部署与运载火箭 ... 618

11.1 在轨部署 ... 618
11.1.1 基本原理 ... 618
11.1.2 速度增量计算 ... 620
11.1.3 倾角修正与圆形化 ... 620
11.1.4 远地点发动机与近地点发动机 ... 628
11.1.5 使用常规运载火箭入轨 ... 633
11.1.6 由准圆形低轨道入轨 ... 635
11.1.7 部署期间的操作——定点捕获 ... 636
11.1.8 入轨地球静止轨道以外的轨道 ... 638
11.1.9 发射窗口期 ... 639

11.2 运载火箭 ... 640
11.2.1 巴西 ... 644
11.2.2 中国 ... 644
11.2.3 独联体 ... 645
11.2.4 欧洲 ... 651
11.2.5 印度 ... 658
11.2.6 以色列 ... 659
11.2.7 日本 ... 659
11.2.8 韩国 ... 662
11.2.9 美国 ... 663
11.2.10 可重复使用运载火箭 ... 672
11.2.11 在轨部署成本 ... 673

参考文献 ... 673

第12章 空间环境 ... 675

12.1 真空 ... 675
12.1.1 特征 ... 675
12.1.2 效应 ... 675

12.2 力学环境 ... 676
12.2.1 引力场 ... 676
12.2.2 地球磁场 ... 677
12.2.3 太阳辐射压 ... 678
12.2.4 陨石与物质粒子 ... 678

12.2.5　内源扭矩························679
　　12.2.6　通信发射效应····················679
　　12.2.7　总结····························680
12.3　辐射·································680
　　12.3.1　太阳辐射························681
　　12.3.2　地球辐射························681
　　12.3.3　热效应··························682
　　12.3.4　对材料的效应····················683
12.4　高能粒子流···························684
　　12.4.1　宇宙粒子························684
　　12.4.2　对材料的效应····················684
12.5　部署期间的环境·······················687
　　12.5.1　发射期间的环境··················687
　　12.5.2　转移轨道的环境··················687
参考文献·····································688

第13章　卫星通信系统的可靠性与可用性······689

13.1　可靠性概述···························689
　　13.1.1　故障率··························689
　　13.1.2　生存概率或可靠性················690
　　13.1.3　故障概率或不可靠性··············690
　　13.1.4　平均无故障时间··················691
　　13.1.5　卫星平均寿命····················691
　　13.1.6　磨耗期可靠性····················692
13.2　卫星系统可用性·······················693
　　13.2.1　无在轨备用卫星··················693
　　13.2.2　有在轨备用卫星··················693
　　13.2.3　总结····························694
13.3　子系统可靠性·························694
　　13.3.1　串联系统························695
　　13.3.2　并联系统························695
　　13.3.3　动态冗余························696
　　13.3.4　拥有多种故障模式的设备··········699
13.4　组件可靠性···························700
　　13.4.1　组件可靠性······················700

XVII

  13.4.2 元器件选择 …………………………………………………… 702
  13.4.3 制造 ………………………………………………………… 703
  13.4.4 质量保证 …………………………………………………… 703
参考文献 ………………………………………………………………… 705

缩略语 ………………………………………………………………… 706

符号定义 ……………………………………………………………… 717

第 1 章 卫星通信系统简介

本章介绍了卫星通信系统的特点与技术发展,旨在满足读者的好奇心,并通过引导阅读适当的章节,使读者无须从头到尾细读本书就可以对该方向有一个大致的了解,从而帮助读者更深入地理解本书的内容。

1.1 卫星通信的诞生

卫星通信是通信与空间技术领域的研究成果,其目标是以尽可能低的成本实现通信范围与容量的不断增加。

第二次世界大战激发了两种截然不同的技术——导弹技术与微波技术。这两种技术的结合使用,最终开启了卫星通信时代。通过卫星提供通信服务,有效地补充了过去仅由无线电和电缆的地面网络所提供的通信服务。

1957 年,太空时代随着第一颗人造卫星 Sputnik 的发射而揭开了序幕。随后几年中,人们进行了各种实验,包括为艾森豪威尔总统广播圣诞问候的 Score 卫星(1958 年)、反射式卫星 ECHO(1960 年)、进行存储转发传输的 Courier 卫星(1960 年)、动力中继卫星(1962 年的 Telstar 与 Relay),以及第一颗地球静止轨道卫星 Syncom(1963 年)。

1965 年,第一颗商业地球静止轨道卫星 Intelsat I(又名 Early Bird)的发射开启了 Intelsat 系列卫星的发展。同年,苏联发射了 Molniya 系列的第一颗卫星。

1.2 卫星通信的发展

首批卫星可提供的通信容量较低,但是成本相对较高。例如,Intelsat I 发射时重达 68kg,而容量只有 480 个电话频道,当时每个频道的年成本高达 32500 美元。这一成本由运载火箭高成本、卫星高成本、卫星短寿命(1.5 年)和低容量等因素共同造成。成本的降低是科技进步的结果,凭借可靠的运载火箭,可以将越来越重的卫星送入轨道(1975 年典型的发射质量为 5900kg,到 2008 年,Ariana 5 ECA 与 Delta IV 的发射质量分别达到 10500kg 和 13000kg)。时至今日,Delta IV Heavy 能够向近地轨道(LEO)发射 28790kg 的有效载荷,能够向地球静止转移轨道(GTO)

发射14220kg的有效载荷。SpaceX Falcon Heavy可以分别向近地轨道和地球静止转移轨道发射63700kg和26700kg的有效载荷，可向火星发射3500kg的有效载荷。

此外，微波技术方面的专业知识不断增加，使得适应陆地形状的多波束天线、波束间的频率复用以及星载更高功率的传输放大器成为现实。近些年来，卫星容量的增加使得每个电话信道的成本降低，相对于今天的数字时代而言，就是每比特成本的降低。

除了通信成本的降低，另一个最显著的特点是卫星通信系统所提供的服务种类繁多。最初，卫星通信用于两点之间的通信，就像使用电缆一样，卫星覆盖范围拓展被用来建立长距离链路。因此，Early Bird使得大西洋两岸的站点得以连通。然而，由于卫星性能有限，地球站需要配备大型天线，因此成本很高（配备30m直径天线的地球站大约需要花费1000万美元）。

随着卫星体积与功率的增加，地球站的体积随之减小，成本也随之降低，地球站数量从数千个增加到数百万个。通过这种方式，卫星的另一个特性得以利用：从多个不同地点采集信号或向多个不同地点广播信号。信号可以从单个发射机传输到分布在广阔区域的大量接收机，而不是在两点之间传输。同时信号也可以从大量站点传输到单个中心站点，该中心站点通常被称为"中心站"。通过这种方式，多点数据传输网络与数据收集网络以甚小口径终端网络(VSAT)[MAR-95]的名义发展起来。截至2008年，已安装超过100万台VSAT，2018年一年安装的VSAT就有约600万台。

就电视服务而言，卫星在卫星新闻采集(SNG)、广播公司之间的节目交换、将节目分发给地面广播电台与有线电视台，或直接分发给个人消费者等方面发挥着至关重要的作用。后者通常被称为卫星直播(DBS)系统或直播到户(DTH)系统。一项快速增长的服务是1991年初开发的卫星数字视频广播(DVB-S)。第二代系统(DVB-S2)已由欧洲电信标准协会(ETSI)标准化。作为DVB-S2扩展的DVB-S2X于2014年完成。这些DBS系统使用直径为0.5~1m天线的小型地球站工作。

在过去，客户站是单收(RCVO)站。随着双向通信站的引入，卫星成为提供交互式电视与宽带互联网服务的关键组成部分，这归功于服务提供商实施的数字视频广播卫星返回信道(DVB-RCS)标准。该标准启动于1999年并于2008年完成。DVB-RCS2作为下一代DVB-RCS于2009年完成，并于2014年成为ETSI标准，DVB-RCS2X是DVB-RCS2的拓展。DVB-RCS2使用传输控制协议(TCP)/互联网协议(IP)，支持卫星上的互联网、多播和网页缓存服务，转发信道工作速率为数兆比特每秒，这使得卫星能够为终端用户提供宽带业务应用，如直接访问与分发服务。基于IP的三网融合服务（电话、互联网和电视）越来越受欢迎。在人口密集地区，卫星无法与地面非对称数字用户线路(ADSL)或电缆竞争。然而，在城市周边与农村地区,卫星通信很好地补充了地面网络。

地球站天线尺寸的进一步减小,在数字音频广播(DAB)系统中得到体现。在DAB中,天线尺寸在几十厘米的量级。卫星传输多路复用数字音频节目,并通过向接收机提供网页内容的单向广播来补充传统的互联网服务。

此外,卫星在移动通信中十分有效。自20世纪70年代末以来,国际海事卫星组织(INMARSAT)一直为船舶和飞机提供遇险信号服务以及电话和数据通信服务,近期也为便携式地球站(Mini M或卫星电话)提供这些服务。使用小型手机的个人移动通信服务可以由非地球静止卫星星座(如Iridium与Globalstar)提供,也可由配备大型可部署天线(通常天线口径为10~15m,目前可超过25m)的地球静止轨道卫星提供,如Intelsat、Inmarsat和Eutelsat卫星。弥合固定、移动和广播无线电通信服务之间差异的下一步工作是向固定用户和移动用户提供卫星多媒体广播。卫星数字移动广播(SDMB)基于混合集成的卫星—地面系统为具有交互性的小型手持终端提供服务。

高通量卫星(HTS)技术迅猛发展,进一步降低了卫星的单位比特成本,将卫星的总容量从每秒兆比特增加到每秒千兆比特甚至每秒太比特。此外,像OneWeb这样的巨型低轨卫星星座将拥有数百甚至数千颗卫星,提供的总容量达到7Tbit/s。

1.3 卫星通信系统配置

图1.1给出了卫星通信系统的概览,并对其与地面实体的接口进行了说明。卫星系统由空间段、控制段和地面段组成。

(1)空间段是由一颗或多颗主用卫星及备用卫星有序组成的卫星星座。

(2)控制段包含用于控制与监测卫星的所有地面设施,也称为遥测、跟踪和指挥(TTC)站,以及用于管理卫星通信网络业务和其他相关资源的地面设施。

(3)地面段包含所有业务地球站。根据业务类型的不同,这些地球站的天线口径可以从几厘米到几十米不等。

表1.1给出了与1.7节中将要讨论的业务类型相关的业务地球站示例。如图1.1所示,地球站分为三类,其中:用户站,如手机、便携式设备、移动站和VSAT,允许用户直接访问空间段;接口站,又称网关站,将空间段与地面网络互联;业务站,如中心站或馈电站,通过空间段从用户站收集信息或向用户站分发信息。

用户之间的通信是通过用户终端建立的——过去由电话机、传真机和计算机等设备组成,现在由笔记本电脑和智能手机组成——这些用户终端与地面网络或用户站(如VSAT)连接,或者作为用户站的一部分(如移动终端)。

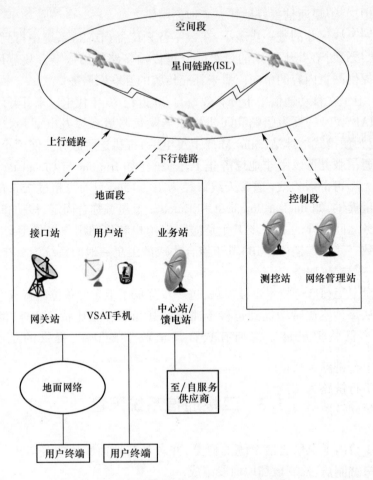

图 1.1 卫星通信系统与地面实体的接口

表 1.1 不同类型业务和地球站

服务类型	地球站类型	典型尺寸/m
点对点	网关站、中心站	2~10
	VSAT	1~2
广播/多播	馈电站	1~5
	VSAT	0.5~1.0
搜集	VSAT	0.1~1.0
	中心站	2~10
移动	手机、便携式设备、移动站	0.1~0.5
	网关站	2~10

从源用户终端到目的用户终端的连接称为单工连接。有两种基本方案：单路单载波(SCPC)，即调制载波仅支持一个连接；多路单载波(MCPC)，即调制载波支持多个时间或频率复用连接。两个用户之间的交互需要各自终端之间的双工连接，即每个方向上各有一个单工连接。这样每个用户终端就能够同时发送和接收信息。

服务提供商和用户之间的连接通过中心站或馈电站实现。从网关站、中心站或馈电站到用户终端的连接称为前向连接，反之称为反向连接。前向连接和反向连接都需要一条上行链路和一条下行链路，有时还需要一条或多条星间链路(ISL)。

1.3.1 通信链路

发送设备与接收设备之间的无线链路媒介基于无线电或激光。发送设备的性能通过其等效全向同性辐射功率(EIRP)来衡量，EIRP 由馈入天线的功率乘以所考虑方向上的天线增益得到；接收设备的性能由 G/T 值（天线接收增益 G 与所考虑方向上的系统噪声温度 T 之比）衡量：G/T 值称为接收机的品质因数。第 5 章将会详细介绍这些概念。

图 1.1 中的链路类型如下：

(1) 上行链路为从地球站到卫星的链路。
(2) 下行链路为从卫星到地球站的链路。
(3) 星间链路为卫星之间的链路。

上行链路和下行链路由射频调制载波组成，而星间链路既可以采用射频也可以采用激光。一些大容量数据中继卫星也使用激光链路与地球站进行连接。载波被基带信号调制后用于传递信息。

链路性能可以通过接收载波功率 C 与噪声功率谱密度 N_0 之比来衡量，表示为 C/N_0 的比值，单位为赫兹(Hz)。终端之间链路的 C/N_0 值决定了服务质量，而服务质量的优劣通常以数字通信的误码率(BER)来表示。

链路设计的另一个重要参数是载波占用的带宽 B，该带宽取决于信息数据速率、信道编码率（前向纠错）和用于调制载波的调制类型。对于卫星链路，所需载波功率和占用带宽之间的权衡对链路的成本效益设计至关重要。这是卫星通信的一个重要方面，因为功率会影响卫星质量和地球站大小，并且带宽受法规限制。

根据香农-哈特利(Shannon-Hartley)定理，在存在噪声的情况下，在指定带宽的通信信道上传输信息的最大速率可以表示为

$$R = B \log_2(1 + S/N)$$

式中：R 为最大速率；B 为带宽；S 为信号功率；N 为噪声功率。

此外，服务提供商从卫星运营商租用卫星转发器，并根据卫星转发器的可用功

率或带宽资源的最高份额向用户收取费用。服务提供商的收益基于已建立连接的数量,因此最大化链路吞吐量是服务提供商追求的目标,同时还需保持功率与带宽之间的平衡,该问题将在第4章进行讨论。

在卫星系统中,数个地球站将它们的载波传输到一个给定的卫星,这样该卫星就会成为网络中的一个节点。运营商用于实现卫星接入的技术称为多址技术(第6章)。

1.3.2 空间段

卫星由有效载荷与平台组成。有效载荷由接收天线、发射天线以及支持载波传输的所有电子设备组成。图1.2说明了两种类型的有效载荷结构。

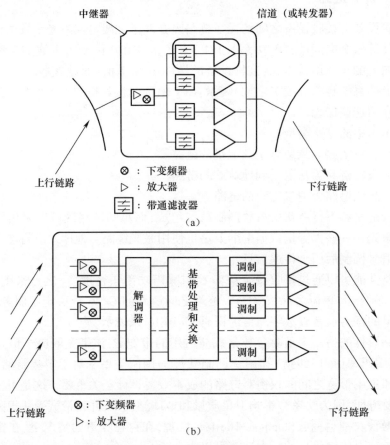

图1.2 载荷结构
(a)透明有效载荷;(b)再生有效载荷。

图1.2(a)显示了透明有效载荷(也称为弯管类型),它能放大载波功率并实现

频率的下变频。功率增益为100~130dB,需要将接收载波的功率水平从数十皮瓦提高到馈送至发射天线的载波功率水平(数瓦到数十瓦)。为了增加接收输入与发送输出之间的隔离度,需要进行频率转换。由于技术水平的限制,卫星整体有效载荷带宽被划分为几个子带,每个子带中的载波由专用功率放大器放大。与每个子带相关联的放大链路被称为卫星信道或转发器,带宽划分由一组称为输入多路复用器(IMUX)的滤波器实现,放大的载波在输出多路复用器(OMUX)中进行重组。

图1.2(a)显示了单波束卫星搭载的透明有效载荷,其中每个发射天线与接收天线只产生一个波束,当然也可以考虑应用多波束天线,有效载荷具有与上行波束、下行波束相同数量的输入、输出通道。载波从一个上行波束路由到一个给定的下行波束,也就意味着通过不同的卫星信道进行路由或转发器跳接,其取决于所选的上行链路频率。路由也可以通过具有透明星载处理能力的星载交换机实现。第7章将对这些技术进行介绍。

图1.2(b)显示了多波束再生有效载荷,上行链路载波在星上解调。它可实现基带信号的星上处理,以及通过星载交换机在基带实现从上行波束到下行波束的信息路由。频率转换通过在下行频率调制星上产生的载波实现。调制后的载波随后被放大并传送到下行目标波束。

图1.3显示了多波束卫星天线及相关覆盖区域。每个波束在地球表面定义为一个波束覆盖区域,也称为波束足迹。一颗给定的卫星可能有多个多波束天线,它们的综合覆盖区域定义了卫星覆盖区域。

基于多波束天线的带宽复用是实现高通量卫星的关键技术,其本质仍然是降低单位比特信息传输成本。可用带宽可分为3或4个子带(根据点波束的排列,也称为三色或四色复用技术),从而可将不同的子带(颜色)分配给不同的点波束;相邻点波束使用不同的子带(颜色)以避免相邻点波束之间的干扰。图1.3显示了4色复用的示例。

图1.4说明了瞬时系统覆盖与长期系统覆盖的概念。瞬时系统覆盖由参与星座的单个卫星覆盖区域在给定时间的聚合组成。长期覆盖是指星座中卫星天线随时间扫描过的地球区域。

覆盖区域应包含服务区,服务区与安装地球站的地理区域相对应。对于实时服务,瞬时系统覆盖应该在任何时刻都有覆盖服务区的波束足迹;而对于非实时(存储与转发)服务,瞬时系统应当对服务区有长期覆盖。

对于LEO与MEO卫星,需要大量卫星来提供连续的全球覆盖。对于LEO,第二代铱星星座(Iridium Next)有66颗卫星及6颗备用卫星。OneWeb计划拥有648颗卫星及252颗备用卫星。SpaceX的Starlink计划拥有4425颗卫星以及一些备用卫星。对于MEO,O3b有20颗卫星,其中包括3颗在轨备用卫星,这些卫星全

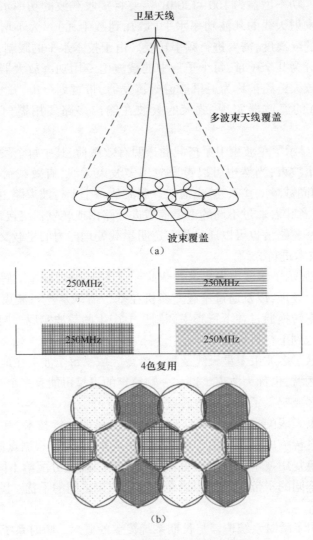

图 1.3 多波束卫星天线覆盖及频率复用
(a)多波束卫星天线及相关覆盖区域;(b)4 色复用示例。

部在赤道轨道上运行。

卫星平台由允许有效载荷运行的所有子系统组成。表 1.2 列出了这些子系统,并指出了它们各自的主要功能和特征。

有效载荷设备的详细结构和技术在第 9 章进行介绍;平台的结构和技术在第 10 章进行介绍;入轨操作与各种类型的运载火箭是第 11 章的主题;空间环境及其对卫星的影响在第 12 章进行介绍。

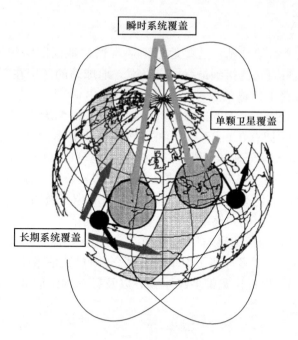

图 1.4 覆盖类型

表 1.2 平台子系统

子系统	主要功能	技术特征
姿态与轨道控制系统（AOCS）	姿态稳定、轨道确定	精度
推进	提供速度增量	比冲、推进剂质量
供电	提供电能	功率、电压稳定性
遥测、跟踪和指挥（TTC）	提供测量、监控与控制功能	信道数、通信安全
热控制	温度维持	散热能力
结构	设备支撑	刚性、轻质量

为确保服务具有满足指标要求的可用性,卫星通信系统必须利用多颗卫星以提供冗余。卫星可能因故障或已到达使用寿命而不再可用。对此,需要区分卫星的可靠性与寿命。可靠性是故障概率的度量,具体取决于设备的可靠性与提供冗余的方案。寿命是卫星保持在标称姿态的能力的度量,具体取决于推进系统和姿态与轨道控制系统（AOCS）的可用燃料量。在一个系统中,通常需要同时准备好在轨运行卫星、在轨备用卫星和地面备用卫星。系统的可靠性不仅涉及每颗卫星的可靠性,还涉及发射的可靠性。第 13 章将讨论解决这些问题的方法。

1.3.3 地面段

地面段包括所有地球站。这些地球站通常通过地面网络连接到最终用户终端；VSAT小型站可直接连接到最终用户终端。地球站的区别在于它们的大小，其大小根据卫星链路上传输的业务量和业务类型(电话、电视、数据、多媒体或互联网服务)而变化。过去，最大的地球站可配备直径30m的天线(Intelsat网络的标准A)。最小的地球站拥有0.6m天线(DBS接收站)或更小(0.1m)的天线(移动站、便携站或手机)。大部分地球站既可以发送信号也可以接收信号。当然也有单收地球站(RCVO)，广播卫星系统的接收站或数据信号分发系统的接收站就是这种情况。图1.5显示了地球站的典型结构。第5章介绍了链路预算中地球站的特征参数。第3章介绍了由用户终端直接或通过地面网络提供给地球站的信号特性，包括站内信号处理(如源编码与压缩、复用、信道编码、加扰与加密)、发送与接收(包括调制解调)。第7章介绍了卫星网络概念，卫星通信系统正与地面网络更加紧密地结合在一起，以提供宽带多媒体服务以及移动网络服务。第8章讨论了地球站设备与结构。

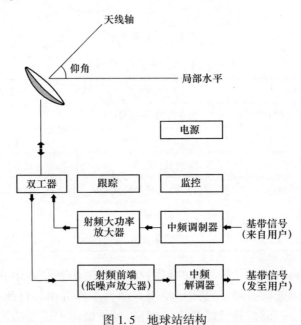

图1.5 地球站结构

1.4 轨道类型

轨道是卫星运行的轨迹，它就像一个平面内的椭圆，在远地点有最大的延伸，在近地点有最小的延伸。根据物理定律,随着与地球之间距离的增加,卫星在其轨道上的移动速度会变慢。第2章提供了轨道参数的定义。

最佳轨道如下:

(1)相对于赤道平面以64°角倾斜的椭圆轨道。这种类型的轨道在地面重力势能的不规则性方面特别稳定,并且由于其倾角的特殊性,使得卫星在经过远地点时能够在大部分轨道周期内覆盖高纬度地区。这种类型的轨道已被俄罗斯用于Molniya系统的卫星,周期为12h。图1.6显示了轨道的几何形状。卫星在位于远地点以下的区域上空停留大约8h,3颗不同相位不同轨道的卫星可以实现连续覆盖。此外,还有更多关于周期为24h(冻原轨道)或24h倍数的椭圆轨道研究方案。这些轨道对卫星移动通信特别有用,因为其能够为地面终端提供较高的仰角以避免由建筑物和树木等周围障碍物引起的掩蔽效应。事实上,当卫星靠近远地点,仰角接近90°时,倾斜的椭圆轨道可以为中纬度地区提供通信链路,而地球静止卫星无法在相同纬度提供这些有利条件。在20世纪80年代后期,欧洲空间局(ESA)在其阿基米德计划的框架内研究了椭圆高倾斜轨道(HEO)用于DAB和移动通信。这个概念在20世纪90年代末成为现实,天狼星(Sirius)系统使用三颗卫星在类似冻原轨道的HEO轨道上向美国数百万用户(主要是汽车)提供卫星数字音频无线电服务[AKT-08]。Molniya轨道也称"闪电轨道",它与冻原轨道都可以在高纬度地区为用户提供比地球静止轨道(GEO)更高的仰角。

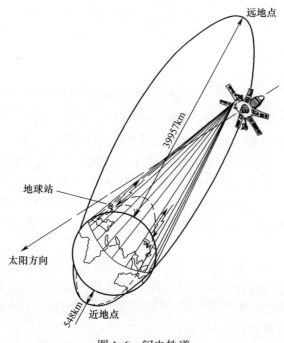

图1.6 闪电轨道

(2) 圆形低地球轨道。卫星的高度固定在数百千米。轨道周期约为 1.5h。由于卫星与地球自转的共同运动，这种轨道类型接近 90°倾角，保证了全球长期覆盖，如图 1.7 所示。这就是观测卫星选择这种轨道的原因(例如，SPOT 卫星：高度 830km，轨道倾角 98.7°，周期 101min)。若卫星具备信息存储能力，便可设想建立存储转发通信。由数十颗低轨卫星(如铱星系统在 780km 处有 66 颗卫星)组成的星座可以提供全球实时通信(图 1.8)。全球实时通信也可基于倾角小于 90°的非极地轨道(例如，GLOBALSTAR 星座包含 48 颗卫星，运行在 1414km 高度，轨道倾角为 52°)。

图 1.7　圆形低地球轨道(LEO)

(3) 圆形中地球轨道，也称为中等圆形轨道(ICO)，高度约为 10000km，倾角约为 50°，轨道周期为 6h。通过 10~15 颗卫星，可以保证全球连续覆盖，从而实现全球实时通信。此类计划中典型代表是 ICO 系统(产生于 INMARSAT 的 Project 21，但未实施)，其星座由 45°倾角的两个平面上的 10 颗卫星组成。O3b 星座高度为 8063km，由 20 颗卫星组成，是 MEO 圆轨道卫星星座的特例，每颗卫星有 12 个 Ka 频段可调天线，其中 2 个用于与网关站连接，10 个用于与用户终端连接(图 1.9)。

(4) 零倾角圆形轨道(赤道轨道)。最有代表性的是地球静止卫星轨道，卫星在赤道平面上随地球自转，高度为 35786km。轨道周期等于地球自转周期。因此，卫星显示为固定在天空中的一个点，并确保在卫星可见区域内(地球表面的 43%)作为实时无线中继而连续运行。

（5）混合系统,包括圆形与椭圆形轨道的组合。学者已经进行了很多研究,以确定如何组合不同轨道的卫星以实现通信与组网目标,这些混合系统已被用于导航卫星系统。

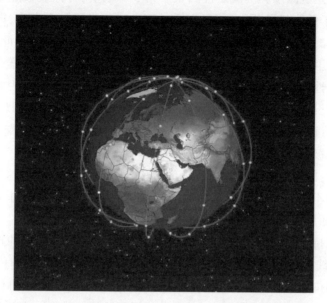

图 1.8 低地球轨道(LEO)卫星星座示例——铱星系统

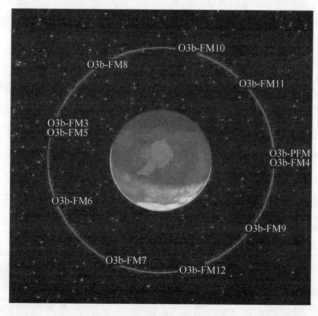

图 1.9 中地球轨道(MEO)卫星星座示例——O3b 星座

轨道的选择取决于任务的特点、可接受的干扰与运载火箭的性能。

(1) 被覆盖区域的范围与纬度：与普遍看法相反，对于给定的地球覆盖范围，卫星的高度不是链路预算的决定性因素。第 5 章表明，传播衰减随距离的平方成正比，这有利于低轨卫星，因为其高度低；然而，这忽略了一个事实，即要覆盖的区域是通过更大的卫星对地视场看到的。其结果是卫星天线增益降低，抵消了距离优势。低轨道卫星在特定时间和特定地点只能提供有限的地球覆盖范围。除非安装提供低方向性并几乎全向辐射的低增益天线（大约几个分贝），否则地球站必须配备卫星跟踪设备，这会增加系统成本。因此，地球静止轨道卫星似乎特别适用于广泛区域的连续覆盖，但其不能够覆盖极地地区，而倾斜椭圆轨道或极地轨道上的卫星可以覆盖极地地区。

(2) 仰角：倾斜或极地椭圆轨道上的卫星有时会出现在头顶，这使得在城市地区建立通信而不会遇到大型建筑物的障碍（仰角为 70°~90°）。对于地球静止轨道卫星，仰角随着地球站与卫星之间的纬度或经度差的增加而减小。

(3) 传输持续时间与延迟：地球静止轨道卫星为可见范围内的地球站提供连续中继，但无线电波从一个地球站传播到另一个地球站所需的时间约为 0.25s。这需要在电话信道上使用回声控制设备或用于数据传输的特殊协议。对于互联网，为了有效利用卫星链路资源，已引入性能增强协议（PEP）。在低轨道上移动的卫星可以缩短传播时间，因此，距离卫星很近且同时对卫星可见的不同地球站之间的传输时间较短，但若仅考虑存储转发传输，则远距离站点的传输时间可能会很长（几个小时）。对于巨型低轨卫星星座，需要复杂的动态路由机制，并且必须对星座中的卫星进行管理。

(4) 干扰：地球静止轨道卫星相对于与之通信的地球站在天空中具有固定位置。通过规划频段与轨道位置，可以防止系统之间的干扰。以相同频率运行的相邻卫星之间的轨道间距较小，会导致干扰电平增加，这阻碍了新卫星的部署。不同系统可以使用不同的频率，但这受到国际电信联盟（ITU）无线电规则（RR）为空间无线电通信分配资源的限制。在此情况下，人们仅可以使用有限的轨道与频谱资源。对于在轨卫星，每个系统的几何构型随时间变化，不同系统的几何构型变化相互独立，没有同步可言。因此，干扰的可能性很高。

(5) 运载火箭性能：可发射的质量随着高度的增加而减小。

地球静止轨道卫星无疑是最受欢迎的。目前，在整个轨道弧的 360°范围内，大约有 600 颗地球静止轨道卫星在运行。然而，该轨道弧的某些位置往往非常拥挤（如在美洲大陆与欧洲上方）。图 1.10 说明了卫星轨道高度（LEO、MEO、GEO）与覆盖区域大小的关系。

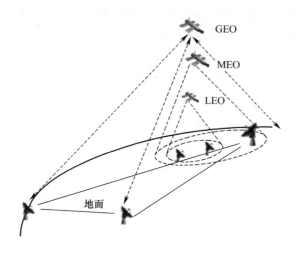

图1.10 轨道高度与覆盖示意图

1.5 无线电规则

最新的国际无线电规则是2016年版的国际电信联盟《无线电规则》[ITU-16]，可从互联网上的国际电信联盟网站免费获取。无线电规则对于确保所有通信系统（包括地面与卫星）有效且经济地使用无线电频谱是必要的。在这样做的同时，必须确保每个国家都对其电信行业进行有效监管。国际电信联盟的职责是促进、协调其成员之间相互协商，以在避免相互冲突的情况下满足各自的通信需求，其已针对全球卫星通信开展了进一步研究[ITU-12]。

1.5.1 国际电信联盟

国际电信联盟是一个联合国机构，根据其成员主管部门通过的公约进行运作。国际电信联盟发布《无线电规则》（RR），由国际电信联盟成员主管部门的代表在定期举行的世界无线电大会/区域无线电大会（WRC/RRC）上进行审查。

从1947年到1993年，技术与运营事务由两个委员会管理：CCIR（国际无线电通信咨询委员会）与CCITT（国际电信和电话咨询委员会）。国际频率注册委员会（IFRB）负责审查其成员主管部门提交给国际电信联盟的频率使用文件以符合《无线电规则》，并负责维护国际频率注册总表（MIFR）。自1994年以来，国际电信联盟已重组为三个部门：

（1）无线电通信部门（ITU-R），处理以前分别由IFRB和CCIR处理的所有监管和技术问题。

15

（2）电信标准化部门(ITU-T)，继续开展 CCITT 的工作以及 CCIR 开展的有关无线电通信系统与公共网络互连的研究。

（3）发展部门(ITU-D)，是世界通信和谐发展的论坛与咨询机构。

以前由 CCIR 与 CCITT 以报告和建议形式发表的技术文献现在已经以 ITU-R 和 ITU-T 系列建议的形式进行了重组。

1.5.2 空间无线电通信业务

空间无线电通信业务定义为用于特定电信应用的无线电波发射或接收[ITU-16]，主要包括：

（1）卫星固定业务(FSS)，是指通过一颗或多颗卫星，在给定位置的地球站之间提供的无线电通信业务。给定位置可以是指定的固定点或指定区域内的任何固定点。某些情况下，该业务包括应用于卫星星间业务(ISS)的星间链路。卫星固定业务还可以包括用于其他空间无线电通信业务的馈电链路。

（2）卫星移动业务(MSS)，是指移动地球站与一个或多个空间站之间的无线电通信，或多个移动地球站之间借助一个或多个空间站进行的无线电通信。该业务还可以包括支持其自身运行所需的馈电链路。

（3）卫星广播业务(BSS)，是指由空间站发送或转发的信号旨在供公众直接接收的一种无线电通信业务。此处的直接接收包括个人接收与团体接收。

（4）地球探测卫星业务(EES)，是指一种地球站与一个或多个空间站之间的无线电通信业务，其中包括空间站之间的链路。卫星上的主动传感器或被动传感器获得与地球及其自然现象相关的信息（包括与环境状态有关的数据）。也可从空中或地面平台收集类似的信息，并将这些信息分发给有关系统内的地面站（还包括平台询问）。该业务还可以包括支持其自身运行所需的馈电链路。

（5）空间研究业务(SRS)，是指一种用于航天器或空间中其他物体以科学或技术研究为目的的无线电通信业务。

（6）空间操作业务(SOS)，是指专门与航天器操作相关的无线电通信业务，特别是空间跟踪、空间遥测和空间遥控。这些功能通常由运行在空间站的服务提供。

（7）无线电测定卫星业务(RSS)，是指一种以无线电测定为目的的无线电通信服务，涉及一个或多个空间站。该业务还可以包括支持其自身运行所需的馈电链路。

（8）卫星星间业务(ISS)，是指一种在人造卫星之间提供连接的无线电通信业务。

（9）业余卫星业务(ASS)，是指利用地球卫星上的空间站进行的无线电通信业务，其目的与业余业务相同。

卫星通信的主要业务是卫星固定业务、卫星移动业务和卫星广播业务。当前卫星通信已经从传统的固定语音与数据业务转向基于移动 IP 的宽带多媒体互联网业务,从基本的基于频道的标准电视业务转向到高清、4K 甚至 8K 电视点播业务。

1.5.3 频率分配

频带被分配给各种无线电通信服务以便兼容使用。分配的频段可以是给定服务的专用频段,也可以是多个服务共享的频段。频率分配将全球划分为 3 个区域(图 1.11)。

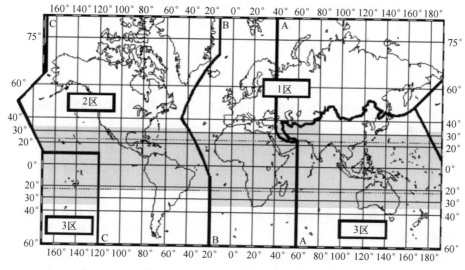

图 1.11 国际电信联盟无线电规则对全球的频率分配[ITU-16]

(1) 1 区:由东至 A 线、西至 B 线所限定的区域,此外还包括亚美尼亚、阿塞拜疆、俄罗斯联邦、格鲁吉亚、哈萨克斯坦、蒙古、乌兹别克斯坦、吉尔吉斯斯坦、塔吉克斯坦、土库曼斯坦、土耳其和乌克兰的全境以及位于 A 线和 C 线之间的俄罗斯北亚领土,但不包括伊朗的任何领土。

(2) 2 区:由东至 B 线、西至 C 线所限定的区域。

(3) 3 区:由东至 C 线、西至 A 线所限定的区域,包括伊朗全部领土,但不包括亚美尼亚、阿塞拜疆、格鲁吉亚、哈萨克斯坦、蒙古、乌兹别克斯坦、吉尔吉斯斯坦、塔吉克斯坦、土库曼斯坦、土耳其、乌克兰和俄罗斯北亚领土。

A 线、B 线和 C 线定义如下。

(1) A 线:由北极点出发,沿东经 40°线至北纬 40°线,然后沿大圆弧至东经 60°线与北回归线的交汇点,再沿东经 60°线直至南极点。

(2) B 线:由北极点出发,沿西经 10°线至北纬 72°线,然后沿大圆弧至西经

50°经线与北纬40°线交汇点,沿大圆弧至西经20°线与南纬10°线交汇点,再沿西经20°线直至南极点。

(3) C线:由北极点出发,沿西经169°42′线至北纬65°30′线与白令海峡国际分界线的交汇点,然后沿大圆弧方向至东经165°线与北纬50°线的交汇点,沿大圆弧至西经170°线与北纬10°线的交汇点,再沿北纬10°线至它与西经120°线交汇点,由此沿西经120°线直至南极点。

例如,卫星固定业务使用以下频段:

(1) 上行链路频段约为6 GHz,下行链路频段约为4 GHz(描述为6/4GHz或C频段)。这些频段被最早的系统(如Intelsat、美国国内系统等)占用并趋于饱和。

(2) 上行链路频段约为8GHz,下行链路频段约为7GHz(描述为8/7GHz或X频段)。根据主管部门之间的协议,这些频段保留供政府使用。

(3) 上行链路频段约为14GHz,下行链路频段约为12GHz(描述为14/12GHz或Ku频段)。该频段广泛应用于当前发展的业务(如Eutelsat等)。

(4) 上行链路频段约为30GHz,下行链路频段约为20GHz(描述为30/20GHz或Ka频段)。

自2010年以来,大量计划在Ka频段上运行的卫星被发射升空,以利用Ka频段巨大的可用带宽。结合Ka频段的多点波束和带宽复用技术,每颗卫星的容量显著增加了10倍甚至100倍,这些卫星称为高通量卫星。

30GHz以上频段将会根据发展需求与技术状况得以应用。表1.3对频段的划分与分配进行了汇总。

卫星移动业务使用以下频段:

(1) VHF(甚高频,下行链路频段为137~138MHz,上行链路频段为148~150MHz)和UHF(超高频,下行链路频段为400~401MHz,上行链路频段为454~460MHz)。这些频段仅适用于非地球静止系统。

(2) 上行链路频段约为1.6GHz,下行链路频段约为1.5GHz,主要用于IN-MARSAT等地球静止系统;1610~1626.5MHz用于非地球静止系统(如GLOBAL-STAR)的上行链路。

(3) IMT2000(国际移动通信)卫星部分的下行链路频段约为2.2GHz,上行链路频段约为2GHz。

(4) 上行链路频段约为2.6 GHz,下行链路频段约为2.5 GHz。

(5) 频段也已被分配到更高的频率,如Ka频段。

卫星广播业务的下行链路使用大约12GHz的频段。上行链路工作在卫星固定业务频段,称为馈电链路。表1.3总结了主要的频率分配,并指出了与一些常用术语的对应关系。

图1.12显示了波束覆盖范围和频段之间的关系。可以看出,频段越高,点波

束覆盖范围越小。

表 1.3 频段划分与分配

无线电通信业务	典型上/下行频段/GHz	常用术语
卫星固定业务(FSS)	6/4	C 频段
	8/7	X 频段
	14/12-11	Ku 频段
	30/20	Ka 频段
	50/40	V 频段
卫星移动业务(MSS)	1.6/1.5	L 频段
	30/20	Ka 频段
卫星广播业务(BSS)	2/2.2	S 频段
	12	Ku 频段
	2.6/2.5	S 频段

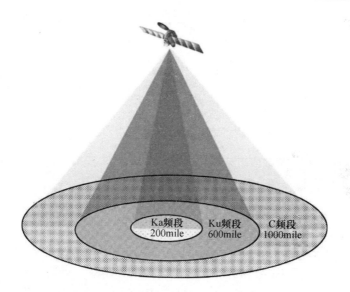

图 1.12 波束覆盖范围与频段的关系

1.6 技 术 趋 势

图 1.13 显示了卫星通信时代开启以来的发展情况。商业卫星通信可以追溯到 1965 年 Intelsat I(Early Bird)的启用。直到 20 世纪 70 年代初,卫星一直用于提

供大陆之间的电话和电视信号传输业务。卫星是为了补充海底电缆而设计的,基本上起到电话干线连接的作用。对卫星高容量的追求迅速导致了多波束卫星和频率复用的出现,而频率复用既可以通过正交极化实现,也可以通过角分离实现(见第5章)。

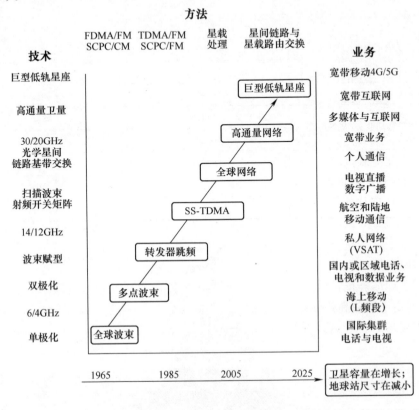

图1.13 卫星通信技术的演进

通信技术(见第4章)已经从模拟向数字转变。第二代DVB-S2虽然向下兼容DVB-S,但其利用了许多近年来开发的新技术,主要包括8相相移键控(8PSK)、16幅相键控(16APSK)、32幅相键控(32APSK)调制技术以及正交相移键控(QPSK),采用新型低密度奇偶校验(LDPC)码的高效前向纠错(FEC),自适应编码与调制(ACM)等技术。这些技术的使用使DVB-S2的效率比DVB-S高30%。此外,DVB-S2X(DVB-S2的扩展)具有更高阶的调制方式(64/128/256APSK)和更小的滚降系数(5%、10%和15%),与DVB-S2相比,其效率提高51%。

DVB-RCS可以提供高达20Mbit/s的前向链路速率与5Mbit/s的反向链路速率,可与非对称数字用户环线(ADSL)技术相媲美。DVB-RCS2将DVB-RCS的性能提高了30%。卫星的多址接入(见第6章)问题通过频分多址(FDMA)技术解决。随着对大量低容量链路的需求(如政府要求或船舶通信需求)日益增加,在1980年引入了按需分配(见第6章),首先采用的是支持单路单载波/频率调制(SCPC/FM)或相移键控(PSK)的FDMA,之后受益于数字技术的灵活性,又开始采用时分多址/相移键控(TDMA/PSK)(见第4章)。

同时,天线技术的进步(见第9章)使波束符合服务区域的覆盖范围。这样,链路的性能得到了提高,同时减小了系统间的干扰。

多波束卫星的出现,使得波束之间的互联能够通过转发器跳接或基于卫星星上交换时分多址(SS-TDMA)的星载交换来实现。扫描波束与跳波束技术已经实现了与星载处理的紧密结合。

多波束天线可以产生数百个波束,这提供了双重优势:由于使用非常窄的波束获得了卫星天线高增益,因此可以改善小型用户终端的链路预算;通过多次复用分配给系统的频段,容量得到了提高。

现在比以往任何时候都更需要波束之间的灵活互连,并且这种互连可以通过透明或再生星载处理在不同的协议层实现。由于载波得到解调,再生有效载荷可以直接处理基带信号,这部分内容将在第7章和第9章进行讨论。卫星星间链路是在多卫星星座框架内为民用应用开发的,如用于移动应用的铱星系统,星间链路技术最终将应用于地球静止轨道卫星(见第5章与第7章)。尽管存在降雨效应引起的传播问题,但由于当前高频段(30/20GHz的Ka频段)可用带宽较大,这使得卫星宽带业务的出现与高通量卫星的发展成为可能(见第5章)。

1.7 服 务

卫星链路最初被设计用于地面长途链路的中继,之后迅速占领了特定市场。卫星通信系统具有地面网络不具备或在较低程度上具备的3个特性:

(1) 大范围广播的可能性。
(2) 大带宽。
(3) 易于快速安装与重构。

凭借这些特性,卫星可以在世界各地提供电信服务,还可以支持移动通信,包括为飞机、游轮和高速列车提供服务。

对于大多数用户来说,可以将蜂窝网络和光纤相结合(包括对3G/4G/5G等移动通信蜂窝网络的回程支持),为全球范围内的大量人口提供广播服务,一直是卫星系统的主要优势之一。

此外,在地形恶劣或地面基础设施不发达的地方、偏远农村地区、岛屿和石油钻井平台等难以铺设光纤链路或成本过高的地方,均可以应用卫星业务。最后,当进行应急通信时,卫星业务非常重要,如救灾和救援服务、政府/军事通信系统以及科学探索。图1.14说明了典型的卫星业务和应用[SUN-14]。

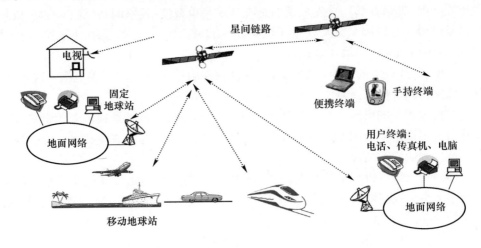

图1.14 典型的卫星业务与应用示意

本章描述了卫星通信技术的发展情况,并说明了地面段在减小地球站规模与降低地球站成本方面的进展。卫星通信技术应用之初,卫星通信系统只包含少量的地球站:每个国家仅有几个站,配备直径15~30m的大型天线,通过地面网络收集来自广阔区域的业务。随后,地球站的数量不断增加,其天线尺寸不断减小(1~4m天线),地理分布越来越大。地球站变得更靠近用户,并且可运输可移动。因此,卫星通信所提供的服务是多样化的。

(1) 集群电话与电视节目交换:这是原有服务的延续。相关业务是一个国家国际业务的一部分。该业务由地面网络以适合特定国家的规模采集与分发,如Intelsat与Eutelsat(互联网与数字广播服务的宽带连接)。地球站通常配备15~30m直径天线。

(2) 多业务系统:为地理上分散的用户组提供电话与数据业务。每个用户组通过地面网络接入同一个地球站,该地球站的范围仅限于城镇的部分城区或工业区。今天,这些多业务系统主要用于宽带互联网服务。这些地球站通常配备直径为3~10m的天线。

(3) VSAT系统:提供低容量数据传输(单向或双向)、电视或数字声音节目广播[MAR-95]。大多数情况下,用户直接连接到地球站。VSAT通常配备直径为0.6~1.2m的天线。Ka频段的引入,允许通过更小的天线(超小口径终端USAT)提供更大的数据传输容量,可实现多媒体交互、数据密集型商业应用、住宅与商业互联网连接、双向视频会议、远程学习与远程医疗。

(4) 数字音频、视频和数据广播:压缩标准的出现,如视频的MPEG(动态图像专家组)标准,促使卫星可以向安装在用户住所内、天线尺寸只有几十厘米的小型地球站提供数字服务。对于电视业务,使用 DVB-S/S2/S2X 标准的此类业务都已实现数字化,可以支持高清、4K 甚至 8K 电视。对于音频业务,已经推出了几个包含星载处理的系统,允许多个广播公司在上行链路进行 FDMA 接入,并在声音节目的单个下行链路载波上进行时分复用(TDM)。这种方法避免了不同广播公司向不同馈电地球站发送节目,同时能够使卫星有效载荷以全功率运行,从而结合了卫星的灵活性和高效利用。用户终端处理数字数据的能力为互联网通过卫星按需求分发文件铺平了道路,这里的需求是指信道需求,即地面信道或卫星信道(如 DVB-RCS 或 DVB-RCS2)。这预示着宽带多媒体卫星业务的到来[TS-15]。

(5) 移动与个人通信:尽管蜂窝和地面个人通信服务在世界各地迅速普及,但仍有广阔的地理区域未被任何无线地面通信覆盖。这些领域是移动与个人卫星通信的开放领域,是地球静止卫星(如 INMARSAT)运营商和非地球静止卫星星座(如 IRIDIUM 与 GLOBALSTAR)运营商的关键市场。弥合固定、移动和广播服务之间差异的下一步工作,涉及面向固定用户和移动用户的卫星多媒体广播。基于星地混合移动系统的智能覆盖广播网络,将有效地为终端用户提供全方位的互动娱乐服务[WER-07]。ETSI[ETSI-13]与第三代合作伙伴计划(3GPP)[3GPP-17]已经对卫星和地面网络之间的互联互通进行了研究。

(6) 多媒体服务:这些服务以通用数字格式聚合不同的媒体,如文本、数据、音频、图形、固定或慢速扫描图片和视频,以提供在线服务、远程办公、远程学习、互动电视、远程医疗等。因此,交互性是一项嵌入功能。与电话等传统服务相比,这需要增加带宽,并引发了信息高速公路的概念。卫星补充了地面、高容量光纤和基于电缆的网络,并具有以下特点:使用 Ka 频段、多波束天线、宽带转发器(通常为 125MHz)、星载处理与交换、大范围的服务速率(从数兆比特每秒至数百兆比特每秒),以及准无误码传输(通常为 10^{-11} BER)。

1.8 未来的方向

自从第一颗商业卫星"Early Bird"于 1965 年开始运营以来,卫星通信格局发生了重大变化。卫星技术的进步使卫星通信提供商能够扩大服务范围。卫星通信提供的服务不断发展:最初,模拟语音和电视的点对点中继是卫星提供的唯一服务;今天,通信卫星还提供数字音频和视频广播、移动通信、按需窄带数据服务以及宽带多媒体和互联网服务;将来,卫星通信提供的服务将继续发生重大变化。

卫星通信服务可分为卫星中继应用和终端用户应用(固定或移动)。对于卫星中继应用,信息提供商或运营商向卫星运营商租用容量,或使用自己的卫星系统将信息传输到地球站,并经地面网络将信息路由到最终用户。对于终端用户应用,通过小型天线(小于地球站)和手持卫星用户终端等消费设备直接向个人客户提供信息。2000年,卫星中继应用的销售额约100亿美元,终端用户应用的销售额约为250亿美元。

2008年6月11日,卫星工业协会(SIA)报告称,2007年全球市场为1230亿美元,平均年增长率从2002年至2007年的11.5%跃升至2007年的16%,其中:卫星业务379亿美元,增长18%,广播电视占3/4;发射32亿美元,增长19%;地面设备343亿美元,增长19%;卫星制造116亿美元,略有下降(因为大量微型卫星的出现)。2017年6月,SIA报告了卫星行业指标[SIA-17],2016年全球收入为2605亿美元,其中:卫星业务1277亿美元;地面设备1134亿美元;卫星制造139亿美元;发射55亿美元。

DVB-S2标准于2005年3月发布,并迅速被业界采用。据DVB论坛报道,欧洲的主要广播公司已开始将DVB-S2与MPEG-4结合用于提供高清电视服务,如英国和爱尔兰的BSkyB、德国的Premiere和意大利的Sky。DVB-S2也已部署在美洲、亚洲和非洲。DVB-S2X于2014年由ETSI完成,作为DVB-S2的扩展。

2008年出台了许多关于卫星通信的倡议与举措,主要包括:向一系列Ka频段(Telesat Anik F2、Eutelsat Ka-Sat)的固定终端提供多媒体服务[FEN-08];在飞机、火车和船舶上应用Ku或Ka频段宽带移动终端(移动中的卫星通信)[GIA-08];在S频段开展混合地面网络/卫星系统的固定和移动应用[SUE-08, CHU-08];提供空中交通管理服务[WER-07]。在SIA提供的2017年卫星业务收入报告中,卫星电视收入为978亿美元;卫星广播收入为46亿美元;卫星宽带收入为19亿美元;固定转发器协议和管理服务的收入分别为124亿美元和55亿美元;移动业务收入为34亿美元;地球观测收入为18亿美元。

为了满足全球电信新兴应用的巨大需求,许多新技术正在开发。改进的技术使得现在生产的卫星比早期型号具有更强的能力。更大的卫星(重达10000kg)能够携带更多的转发器、更强大的太阳能阵列和电池,这些设计将提供更高功率的电源(高达20kW)用以支持更多的转发器(最多150个)。新的平台设计增加了推进剂的容量,并采用了新型推进器,这些成就有助于将地球静止轨道卫星的使用寿命延长至20年。这些技术升级意味着卫星的容量增加,转发器增多,寿命更长,并且能够通过提高数据压缩率传输更多数据。

近年来,卫星业务收入以每年5%的速度增长,其中包括由卫星移动业务运营商提供的Ku频段和Ka频段卫星固定业务的收入(为海上、空中和其他移动应用提供服务)。尽管管理业务的收入增长了12%(主要由供应方的高通量卫星容量和需求方的空中服务推动),但由于转发器租赁业务收入的减少,卫星固定业务每年下降3%。

例如,ViaSat-1卫星于2011年10月19日发射,它是世界上容量最高的通信卫星,总容量超过140Gbit/s——超过当时覆盖北美大陆所有卫星容量的总和。

ViaSat-2卫星发射于2017年6月2日,容量为300Gbit/s,主要技术包括多点波束、频谱复用、高增益点波束和高增益天线,主要服务包括宽带接入、数据中继、移动通信和广播(包括4K电视)。

此外,卫星轨道也有了快速发展:典型的例子有O3b、OneWeb、Starlink,还有Iridium Next。表1.4显示了下一代巨型低轨卫星星座的一些示例,表1.5显示了星间链路的频率与激光波长分配。

表1.4 下一代巨型低轨卫星星座示例

	Iridium Next	LeoSat	OneWeb	Starlink	虹云计划
卫星数量	66	108	648(+1972)	4425(+7518)	156
轨道高度	781km	1400km	1200km	1200与340km	1000km
信号频段	L、Ka	Ka	Ku(V)	Ku、Ka、V	Ka
卫星容量	N/A	11.6Gbit/s	N/A	N/A	4Gbit/s
数据速率	128kbit/s 1.5Mbit/s 8Mbit/s	50Mbit/s~1.6Gbit/s 5.2Gbit/s	50Mbit/s	每秒吉比特量级	40Mbit/s
传输延迟	N/A	<20ms	N/A	~25ms	N/A
运营时间	2015	2022	2019	2019	2024
支持企业	Iridium Inc.	LeoSat	Qualcomm,Virgin Group,Airbus 等	SpaceX	中国航天科工集团公司

表1.5 星间链路(ISL)的频率与激光波长分配

射频或激光	频带或波长范围	可用带宽或技术
微波	22.55~23.55GHz	1000MHz
	24.45~24.75GHz(1区与3区)	300MHz
	25.25~27.50GHz	2250MHz
毫米波	32~33GHz	1000MHz
	54.25~58.20GHz	3950MHz
	59~64GHz	5000MHz
	65~71GHz	6000MHz
	116~134GHz	18000MHz
	170~182GHz	12000MHz
太赫兹	0.3~30THz	待说明
激光	10.6μm	CO_2激光
	1.06μm	Nd:YAG激光
	0.532μm	Nd:YAG激光
	0.8~0.9μm	AlGaAs激光

参 考 文 献

[3GPP-17] 3rd Generation Partnership Project. (2017). Study on new radio (NR) to support non-terrestrial networks. Technical report 38.811 (V0.2.1). 3GPP.

[AKT-08] Akturan, R. (2008). An overview of the Sirius satellite radio system. *International Journal of Satellite Communications* **26** (5): 349-358.

[SIA-17] Bryce Space and Technology. (2017). State of the satellite industry report. Satellite Industry Association (SIA).

[CHU-08] Chuberre, N. et al. (2008). Hybrid satellite and terrestrial infrastructure formobile broadcast services delivery: an outlook to the 'Unlimited Mobile TV' system performance. *International Journal of Satellite Communications* **26** (5): 405-426.

[ETSI-13] ETSI. (2013) satellite earth stations and systems (SES); combined satellite and terrestrial network scenarios. TR 103 124 (V.1.1.1)

[TS-15] ETSI. 2015. Satellite earth stations and systems (SES); broadband satellite multimedia (BSM); QoS functional architecture. TS 102 462 (V1.2.1).

[FEN-08] H. Fenech. (2008). The Ka-Sat satellite system. 14th Ka and Broadband Communications Conference, Matera, Italy, Sept 18-22.

[GIA-08] Giambene, G. and Kota, S. (2007). Special issue on satellite networks formobile service. *Space Communications Journal* **21** (1): 2.

[ITU-12] ITU. (2012). Regulation of global broadband satellite communications. Broadband series.

[MAR-95] Maral, G. (1995). *VSAT Networks*. Wiley.

[SUE-08] Suenaga, M. (2008). Satellite digital multimediamobile broadcasting (S-DMB) system. *International Journal of Satellite Communications* **26** (5): 381-390.

[SUN-14] Sun, Z. (2014). *Satellite Networking: Principles and Protocols*. Wiley.

[WER-07] Werner, M. and Scalise, S. (2008). Special issue on air traffic management by satellite. *Space Communications Journal* **21** (3): 4.

[ITU-16] ITU. (2016). Radio Regulations.

第 2 章 轨道及相关问题

本章研究了卫星围绕地球运动的有关内容,包括开普勒轨道、轨道参数、摄动、星蚀,以及卫星和地球站之间的几何关系。这些知识将用于第 5 章射频链路性能,以及第 7~12 章地球站运行、卫星发射及运行管控的相关章节中。

2.1 开普勒轨道

开普勒轨道是以约翰内斯·开普勒(德国数学家、天文学家和星象学家,1571 年 12 月 27 日—1630 年 11 月 15 日)的名字命名的,他在 17 世纪初确定了行星围绕太阳旋转的轨迹是椭圆,而不是毕达哥拉斯(古希腊哲学家,约公元前 570—公元前 495 年)时代以来人们一直认为的圆周运动组合。开普勒运动是两个天体在牛顿引力的唯一影响下而发生的相对运动。

2.1.1 开普勒定律

这些定律是开普勒在观察行星围绕太阳运动的过程中发现的:
(1) 行星在一个平面内运动,其轨道是以太阳为焦点的椭圆(1602 年)。
(2) 从太阳到行星的矢量在相同时间内扫过区域的面积相同(面积定律,1605 年)。
(3) 行星绕太阳旋转的周期 T 的平方,与行星围绕太阳旋转椭圆的半长轴 a 的立方之比,对所有行星都是一样的(1618 年)。

2.1.2 牛顿定律

艾萨克·牛顿爵士(英国数学家、天文学家、神学家、作家和物理学家,1642 年 12 月 25 日—1726 年 3 月 20 日)拓展了开普勒的研究,并在 1667 年发现了万有引力定律。该定律指出,两个质量分别为 m 和 M 的物体之间的引力与它们的质量成正比,与它们之间距离 r 的平方成反比,即

$$F = GMm/r^2 \qquad (2.1)$$

式中:G 为常量,称为万有引力常数,有 $G = 6.672 \times 10^{-11} \text{m}^3/(\text{kgs}^2)$。由于地球的质量 $M = 5.974 \times 10^{24} \text{kg}$,故 GM 之积为 $\mu = GM = 3.986 \times 10^{14} \text{m}^3/\text{s}^2$。

牛顿基于万有引力定律,并利用与开普勒同时期的伽利略·伽利莱(意大利博学者,1564年12月15日—1642年01月08日)的相关研究成果,成功证明了开普勒定律的数学机理,并验证了其假设条件(两个均质球体的问题)。他还引入了轨道摄动的概念修正了这些定律,将实际运动情况考虑在内。

2.1.3 两个物体的相对运动

卫星围绕地球的运动遵循开普勒第一定律。这一结论是基于牛顿定律和以下假设证明得到的:

(1) 卫星的质量 m 相对于地球的质量 M 来说是很小的,且地球被假定为球形的、均匀的。

(2) 运动发生在自由空间,唯一存在的物体只有卫星和地球。

卫星的实际运动必须考虑的情况包括:地球既不是球形的,也不是均匀的;太阳和月球存在引力;空间中还存在其他摄动力。

2.1.3.1 开普勒势

开普勒定律可通过应用牛顿定律处理两个物体的相对运动来解释。假设质量较大的物体是固定的,另一个物体在它周围做运动(由于两个物体相互的引力是相同的,由此产生的加速度对质量小的物体来说要比质量大的物体大得多)。

考虑一个图 2.1 所示的地心坐标系,其原点在地心,其 z 轴与两极线重合(假定在空间中是固定的)。卫星的质量为 m(m 远小于 M),其距离地心 O 的距离是 r(r 为由 O 到 SL 的矢量,其标量值记为 r)。

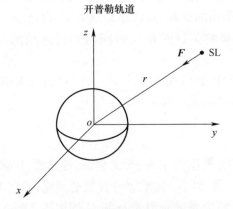

图 2.1 地心坐标系

作用在卫星上的引力 F 可表示为

$$F = GMmr/r^3 \quad (N) \tag{2.2}$$

式中:F 为以 SL 为中心沿 SL-O 指向的矢量。

该引力始终作用于两个物体的重心,特别是作用于地心 O。这是一种中心力,源于势梯度 U,且 $U = GM/r = \mu/r$。每单位质量的引力可表示为

$$F/m = d[\mu/r]/dr = \mathrm{grad} U \quad (\mathrm{m/s}^2) \tag{2.3}$$

2.1.3.2 系统的角动量

系统相对于 O 点的角动量 H 可表示为

$$H = r \wedge mV \quad (\mathrm{Nms}) \tag{2.4}$$

式中：V 为卫星的速度矢量。根据动量定理,瞬时角动量相对于时间的矢量微分等于外力对角动量原点的力矩 M,即

$$dH/dt = M \quad (\mathrm{Nm}) \tag{2.5}$$

在所考虑的系统中,唯一的外力 F 通过原点。因此,力矩 M 为零;故 dH/dt 等于零。由此可知,角动量 H 的大小、方向和符号都是恒定的。

由于角动量总是垂直于 r 和 V,卫星在一个通过地心的平面上运动,其在空间中的运动方向是固定的,且与角动量矢量垂直。

在该平面上,卫星由它的极坐标 r 和 θ 确定(图 2.2),故有

$$H = r \wedge mV = r \wedge m(V_\mathrm{R} + V_\mathrm{T}) = r \wedge mV_\mathrm{R} + r \wedge mV_\mathrm{T}$$

由于 V_R 经过 O,矢量乘积 $r \wedge mV_\mathrm{R} = 0$,

因此有 $H = r \wedge mV_\mathrm{T}$,即 $|H| = H = r \times mr d\theta/dt$。由此,可得

$$H = mr^2 d\theta/dt = C \quad (\mathrm{Nms}) \tag{2.6}$$

式中：C 为常量,因为角动量是常量。

表达式 $r^2 d\theta/dt$ 表示在 dt 时间内半径矢量 r 所扫过面积的两倍。因此,该面积是恒定的,即证明了开普勒的面积定律。

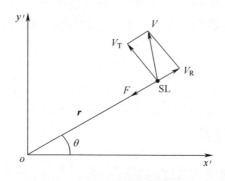

图 2.2　卫星在极坐标中的位置

2.1.3.3 运动方程

卫星在其运动轨迹的每一点上都处于惯性力和引力的平衡状态(图 2.2),有

$$F = -\mu mr/r^3 \quad (\mathrm{N})$$

根据这些力的径向分量平衡关系,有

$$d^2r/dt^2 - r(d\theta/dt)^2 = -\mu/r^2 \quad (m/s^2) \tag{2.7}$$

式中:d^2r/dt^2 为径向速度的变化;$r(d\theta/dt)^2$ 为向心加速度。

由式(2.6)可得 $r^2 d\theta/dt = H/m$,故有

$$d^2r/dt^2 - H^2/m^2r^3 = -\mu/r^2 \quad (m/s^2) \tag{2.8}$$

消除该方程中的时间,即可得到轨道方程。

r 相对于时间的导数表示为

$$dr/dt = (dr/d\theta)(d\theta/dt)$$

令 $\rho = 1/r$,鉴于有 $dr/d\theta = -(1/\rho^2)d\rho/d\theta$,以及

$$d\theta/dt = H/(mr^2) \tag{2.9}$$

故有

$$dr/dt = -(H/m)d\rho/d\theta$$
$$d^2r/dt^2 = -(H^2/m^2)\rho^2(d^2\rho/d\theta^2)$$

则式(2.8)变为

$$d^2\rho/d\theta^2 + \rho = \mu m^2/H^2 \tag{2.10}$$

式(2.10)经积分后,得到 $\rho = \rho_0 \cos(\theta - \theta_0) + \mu m^2/H^2$(式中,$\rho_0$ 和 θ_0 是积分的常数),此处将 ρ 替换为 $1/r$,则可以写为

$$r = (H^2/(\mu m^2))/[1 + \rho_0(H^2/(\mu m^2))\cos(\theta - \theta_0)]$$

故有

$$r = p/[1 + e\cos(\theta - \theta_0)] \quad (m) \tag{2.11}$$

式中,$p = (H^2/(\mu m^2))$,$e = (\rho_0 H^2/(\mu m^2))$。

这是一个圆锥截面的极坐标方程,其焦点位于原点 O,半径矢量为 r,参数 θ 为半径矢量相对于某轴线的转角,该轴线到圆锥截面对称轴的角度为 θ_0。

2.1.3.4 轨迹

在式(2.11)中,令 $(\theta - \theta_0) = 0$,可得 $r_0 = p/(1 + e)$。由此有

$$e = (p/r_0) - 1 = H^2/(\mu m^2 r_0) - 1$$

由于速度 V_0 垂直于最小径矢,则式(2.6)可转化为 $H = mr_0V_0$。

因此,参数 e 可转化为

$$e = (r_0 V_0^2/\mu) - 1 \tag{2.12}$$

圆锥截面的类型取决于参数 e 的值:

(1) 若 $e = 0$,$V_0 = \sqrt{\mu/r_0}$,其轨迹是一个圆。

(2) 若 $e < 1$,$V_0 < \sqrt{2\mu/r_0}$,其轨迹是一个椭圆。

(3) 若 $e = 1$,$V_0 = \sqrt{2\mu/r_0}$,其轨迹为抛物线。

(4) 若 $e > 1$,$V_0 > \sqrt{2\mu/r_0}$,则该轨迹为双曲线。

只有当 $e<1$，围绕地球运动的轨迹才是封闭轨道，因此才可用于通信卫星。当 $e \geq 1$，对应的轨迹会导致卫星脱离地心引力(成为空间探测器)。

2.1.3.5 卫星在轨道上的能量

卫星在轨道上的能量概念是通过将轨道上的当前点和所选原点(如最小长度半径矢量的极点)之间的势能变化设置为等于这两点之间的动能变化而引入的,即

$$(1/2)m(V^2 - V_0^2) = m\mu[(1/r) - (1/r_0)] \quad (J)$$

则有

$$(V_0^2/2) - \mu/r_0 = (V^2/2) - \mu/r = E_0 \quad (2.13)$$

对于单位质量 $(m=1)$，E_0 是一个常量,它等于动能 $V^2/2$ 与势能 $-\mu/r$(势值 μ/r 符号取反)之和,这个和就是系统的总能量。

2.1.4 轨道参数

通常,通信卫星的轨道是由式(2.11)定义的椭圆轨道,即

$$r = p/[1 + e\cos(\theta - \theta_0)], e < 1$$

2.1.4.1 形状参数:半长轴与偏心率

如图 2.3 所示,当 $\theta - \theta_0 = \pi$ 时,半径矢量 r 是最大的,并对应于轨道的远地点,有

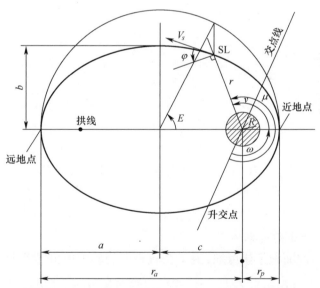

图 2.3 定义轨道形式的参数(半长轴 a,半短轴 $b = a\sqrt{1-e^2}$，$c = \sqrt{a^2 - b^2}$,偏心率 $e = c/a$。从地球中心到近地点的距离 $r_p = a(1-e)$,以及从地心到远地点的距离 $r_a = a(1+e)$。
$e = \sqrt{1 - a^2/b^2}; a^2/b^2 = (1 - e^2); e = (r_a - r_p)/(2a); a = (r_p + r_a)/2; b = \sqrt{r_p r_a}$)

$$r_a = p/(1-e) \quad (\text{m}) \tag{2.14}$$

径矢 r_p 对应于轨道的近地点,拥有半径矢量的最小长度 r_0,即 $r_p=r_0=p/(1+e)$。

鉴于 r_p+r_a 之和等于椭圆的长轴,长度为 $2a$,则有

$$a = \frac{1}{2}(r_p + r_a) = p/(1-e^2) \quad (\text{m}) \tag{2.15}$$

由此可得

$$H^2/(\mu m^2) = p = a(1-e^2)$$

令 $\theta-\theta_0$ 等于 v,则椭圆方程可转化为

$$r = a(1-e^2)(1+e\cos v) \quad (\text{m}) \tag{2.16}$$

由此可得到偏心率 e 和半长轴 a,这些参数定义了轨道的形状。

偏心率 e 可表示为

$$e = (r_a - r_p)/(r_a + r_p) \tag{2.17a}$$

$$r_p = a(1-e) \quad (\text{m}) \tag{2.17b}$$

$$r_a = a(1+e) \quad (\text{m}) \tag{2.17c}$$

2.1.4.2 卫星的能量与速度

从式(2.13)可知,单位质量的能量 $E_0 = (V_0^2/2) - \mu/r_0$,又因为 $H = mr_0V_0$(对于单位质量 $m=1$,$H = r_0V_0$),单位质量的能量可表示为

$$E_0 = (H^2 - 2\mu r_0)/2r_0^2$$

从式(2.15)中可知,半长轴可表示为

$$a = \mu r_0^2/(2\mu r_0 - H^2) \quad (\text{m})$$

故能量 E_0 可表示为

$$E_0 = -\mu/2a \tag{2.18}$$

将式(2.18)代入式(2.13)中,可得 $(V^2/2) - \mu/r = -\mu/2a$,则速度 V 可表示为

$$V = \sqrt{\mu[(2/r) - (1/a)]} \quad (\text{m/s}) \tag{2.19a}$$

式中:$\mu = GM = 3.986 \times 10^{14} \text{m}^3/\text{s}^2$。$r$ 为从卫星到地心的距离。在圆形轨道($r=a$)的情况下,速度是恒定的,即

$$V = \sqrt{\mu/a} \quad (\text{m/s}) \tag{2.19b}$$

2.1.4.3 轨道的周期

由式(2.6)的面积定律可知,卫星在轨道上旋转的时间或周期 T 与椭圆的面积 Σ 有关,有 $\Sigma = (H/m)(T/2)$。由式(2.15)可知 $H/m = \sqrt{a\mu(1-e^2)}$。椭圆的面积可表示为 $\pi ab = \pi a^2\sqrt{1-e^2}$,故有

$$\sqrt{(a\mu(1-e^2))}\,(T/2) = \pi a^2\sqrt{1-e^2}$$

则有

$$T = 2\pi\sqrt{a^3/u} \quad (\text{s}) \tag{2.20}$$

表2.1 列举了一些圆形轨道的周期 T 和速度 V 与卫星高度的关系(地球半径 R_E 设为6378km)。

表2.1 一些圆形轨道的高度、半径、周期和速度(地球半径 R_E =6378km)

高度/km	半径/km	周期/s	速度/(m/s)
200	6578	5309	7784
290	6668	5419	7732
800	7178	6052	7450
20000	26378	42636	3887
35786	42164	86164	3075

2.1.4.4 卫星在轨道上的位置:近点角

在轨道的平面内,使用图2.3中的符号,轨道的极坐标方程由式(2.16)给出,即

$$r = a(1 - e^2)/(1 + e\cos v) \quad (\text{m})$$

真近点角。卫星的位置由真近点角 v 的角度决定,其定义为在卫星运动方向上从0°开始向360°正向转动的角度,即近地点方向和卫星当前方向之间的夹角。

偏近点角。卫星的位置可以由偏近点角 E 的角度来确定,其定义为卫星当前位置在其椭圆轨迹映射到其半长轴外接圆上的投影点所对应的幅角(图2.3)。

由图2.3可知 $c = ae$,$c = a\cos E - r\cos v$,再结合式(2.16)可知,真近点角 v 与偏近点角 E 的关系为

$$\cos v = (\cos E - e)/(1 - e\cos E) \tag{2.21a}$$

$$\tan(v/2) = \sqrt{[(1+e)/(1-e)]}\tan(E/2) \tag{2.21b}$$

反之,偏近点角与真近点角的关系可表示为

$$\tan(E/2) = \sqrt{[(1-e)/(1+e)]}\tan(v/2) \tag{2.21c}$$

$$\cos E = (\cos v + e)/(1 + e\cos v) \tag{2.21d}$$

最后,下列表达式可避免计算中出现奇异点,即

$$\tan[(v - E)/2] = (A\sin E)/(1 - A\cos E) = (A\sin v)/(1 + A\cos v) \tag{2.21e}$$

$$A = e/[1 + \sqrt{(1 - e^2)}]$$

卫星与地心之间的距离 r 可表示为

$$r = a(1 - e\cos E) \quad (\text{m}) \tag{2.22}$$

平均运动。对于运动周期为 T 的卫星,其平均运动 n 可用它在轨道上运动的平均角速度来定义,即

$$n = 2\pi/T \quad (\text{rad/s}) \tag{2.23}$$

平近点角。卫星的位置也可由平近点角 M 来描述,其定义为卫星在相同周期 T 的圆形轨道上的真近点角。平近点角可用时间 t 的函数表示为

$$M = (2\pi/T)(t - t_p) = n(t - t_p) \quad (\text{rad}) \tag{2.24}$$

式中:t_p 为通过近地点的时刻。平近点角与偏近点角有关,如开普勒公式所示,即

$$M = E - e\sin E \quad (\text{rad}) \tag{2.25}$$

2.1.4.5 轨道平面在空间的位置

轨道平面在空间的位置是通过两个参数来确定的,即倾角 i 和升交点赤经 Ω。如图 2.4 所示,这些参数是在一个特定坐标系中定义的,该坐标系的原点是地球的质心,其 Oz 轴指向地球角动量方向(与赤道平面垂直的旋转轴),Ox 轴(与 Oz 垂直)位于赤道平面上并指向当前定义的参考方向,Oy 轴也在赤道平面上并确保该坐标系是规则的。

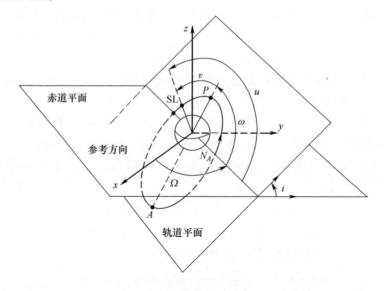

图 2.4 轨道在空间的位置

(Ω 为升交点赤经;ω 为近地点幅角;v 为真近点角;u 为升交距角;x 轴与春分点 γ 的方向一致)

轨道平面倾角。这个倾角 i 在 0°~180° 范围内,是赤道平面交点线法向(指向朝东)与轨道平面交点线法向(指向沿速度方向)之间在升交点 N_A 处的夹角。该角度同时也是轨道角动量 H 和 Oz 轴(极点方向)在坐标系中心的夹角。当倾角小于 90°时,卫星向东旋转,与地球自转方向相同(这种轨道称为顺行轨道,也可称为顺转轨道或非逆行轨道)。当轨道倾角大于 90°时,卫星沿地球自转的相反方向向

西旋转(这称为逆行轨道)。当轨道倾角等于90°时,它称为极地轨道。

升交点赤经。升交点赤经 Ω 取值为 0°~360° 之间,是指从参考方向出发,沿地球自转顺行方向,与轨道的升交点之间的角度(升交点为卫星从南向北运动时其轨道与赤道平面的交点)。

参考方向(图 2.4 中的 x 轴)是从坐标原点到赤道平面和黄道面交点的连线,其正向指向太阳(见 2.1.5.2 节与图 2.5)。根据开普勒假设的地球绕太阳运动的轨道,这条参考线(包含在赤道平面内)随着时间的推移在空间中始终指向一个固定方向,并在春分时穿过太阳,从而将 x 轴的指向定义为春分点 γ 的方向。

实际中,地球自转的不规则性(见 2.1.5.3 节)会导致平面相交部分的方向发生一些变化。故,以这种方式定义的坐标系不是惯性的,不允许对轨道运动进行积分。因此,人们就定义了特定的轴,如某个特定日期时坐标系的位置,通常采用的日期是 2000 年 1 月 1 日的中午。在这一天,在天球(以地球为中心的无限半径的球体)上指定连线的轨迹定义了点 γ_{2000}。

此外,人们还使用维斯(Veis)坐标系。在该坐标系中,Oz 轴是从地心指向北极,Ox 轴是 1950 年 1 月 1 日零时赤道平面与黄道面相交线于考察当日在赤道平面上的投影。该投影定义为假定点 γ_{50}(由于它并不总是在黄道面内,故称假定点)。Veis 坐标系的优点是仅通过一次旋转,就可以简单地将其转换到地球站所在的地理坐标系中。

2.1.4.6 轨道在其平面内的位置

轨道在其平面内的方向由其近地点幅角 ω 定义。该角度是卫星运动方向上 0°~360° 的正向角度,即升交点方向与近地点方向之间的夹角(图 2.4)。

2.1.4.7 小结

a、e、i、Ω 与 ω 这 5 个参数完全确定了卫星在空间中的运动轨迹,卫星在这一轨迹上的运动可由 (v, E, M) 中任意一个近点角来定义。

升交距角 u 也可以用来定义卫星在其轨道上的位置。这是升交点方向与卫星方向之间的正向夹角,沿卫星运动方向,在 0°~360° 范围内变化,有 $u = \omega + v$ (图 2.4)。该参数在无法确定近地点的圆形轨道场景中非常有用。

2.1.5 地球的轨道

2.1.5.1 地球

在开普勒定律的假设中,地球被假定为一个球形的匀质物体。但真实的地球并非如此,主要是在其两极出现了扁平化。地球表面相当于一个围绕两极线自转的椭球面,其参数取决于所选择的模型。自 1976 年以来,国际天文学联合会推荐使用半长轴的数值为6378.144km(平赤道半径R_E),扁率$A=(a-b)/a$的数值为1/298.257(b为半短轴)。

2.1.5.2 地球围绕太阳的运动

地球围绕太阳公转(图2.5)的轨迹是一个偏心率为0.01673、半长轴为149597870km的椭圆,其周期约为365.25天。其中,半长轴长定义为1个天文单位距离(AU)。

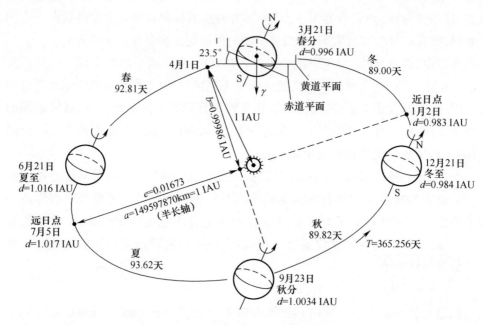

图2.5 地球绕太阳公转的轨道

1月2日前后,地球离太阳最近(近日点),而7月5日前后,地球处于远日点(约152100000km)。

轨道的平面被称为黄道面。黄道面与赤道平面的夹角为23.44°(黄道面的倾角每世纪减少约47″)。

太阳围绕地球相对于赤道平面的视运动是用太阳赤纬角(太阳方向与赤道平面之间的夹角,见2.1.5.4节)的变化来表示的。一年当中,太阳赤纬角在+23.44°(夏至点)与-23.44°(冬至点)之间变化。当地球处于二分点(春秋分点)时,太阳赤纬角为零。春分时,太阳方向确定了天球(以地心为圆心、半径无限大的球体)的春分点或γ点。太阳从南半球向北半球移动通过该点时,太阳赤纬角为零,之后逐渐转为正值。

太阳赤纬角δ与日期之间的关系可通过分析以下场景获得:太阳在椭圆率e为0.01673的轨道上围绕地球进行视运动,相对赤道平面的倾角为ε。因此,如

图 2.6 所示,有

$$\sin\delta = \sin\varepsilon \sin u \tag{2.26}$$
$$\sin\varepsilon = \sin 23.44° = 0.39795$$

式中: u 为太阳的升交距角,等于太阳的真近点角与近地点幅角 ω_{SUN} 之和。如果忽略二分点的进动(岁差),则太阳围绕地球的视运动轨道的近地点幅角多年基本维持不变,其数值大约为 280°。

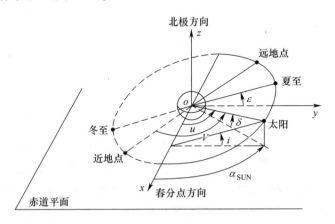

图 2.6 太阳围绕地球的视运动

太阳的真近点角可表示为其偏近点角 E_{SUN} 的函数,如式(2.21a)与(2.21b)所示;而偏近点角可表示为平近点角 M_{SUN} 的函数,如开普勒公式(2.25)所示。平近点角与时间的关系为

$$M_{SUN} = n_{SUN}(t - t_0)$$
$$n_{SUN} = 2\pi/365.25 \text{ rad}/\text{日} = 360°/365.25 = 0.985626°/\text{日}$$

式中: n_{SUN} 为太阳的平均运动速度; t_0 为通过近日点的日期(大约为 1 月 2 日)。图 2.7 显示了太阳赤纬角随日期变化的情况。

2.1.5.3 地球的自转

地球的自转轴在两极穿透其表面。相对于地球表面,极点随着时间的推移而轻微移动(在一个直径约 20m 的圆范围内)。自转轴也在空间中运动。其运动为多种组合,包括振幅有限的周期性运动(小于 20″)、章动、其他具有累积效应的非周期运动以及进动。进动与地球的角动量有关,其运动轨迹是围绕黄道极点(黄道面的法线轴)在 25770 年内描绘出的一个圆锥体。这些运动导致春分点 γ 以每年约 50″ 的速度沿黄道向西移动。去除周期项,就可以定义平赤道;这种定义方法也同样适用于受地球旋转不规则影响的各种要素(如坐标、平面、时间等)。

2.1.5.4 地理坐标系、赤道坐标系与时角坐标系

地理坐标系。地理坐标系中的某个位置定义如下。

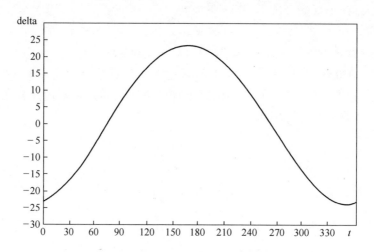

图 2.7　一年中太阳赤纬角的变化情况(时间 t 以天为单位,赤纬角 delta 以度为单位,其中 1 月 2 日时,$t=0$)

(1) 地理经度 λ:根据国际天文学联合会 1982 年以来的建议,在赤道平面上,本初子午线与所在位置的子午线之间的夹角,在 $0° \sim 360°$ 之间朝东正向取值(注意,这种约定并不是普遍适用的)。

(2) 地理纬度 φ:指定位置的地面法线与赤道平面之间的夹角,以度数表示,在 $-90°$(南极) $\sim +90°$(北极)之间变化。

该位置的子午线是通过两极线并包含当前位置的半平面与地球表面的交线。经度的本初子午线称为格林尼治国际子午线。

如果假设地球是球形的,任何地点的法线(当地水平面的垂直线)都会通过地心。地球的扁平化导致除 $0°$ 或 $90°$ 以外其他纬度位置的法线不能通过地心。故该地理纬度 φ 不同于地心纬度 φ'(地心纬度是指所在位置的地心方向与赤道平面的夹角)。这两个量的关系可表示为[PRI-93]

$$R_E^2 \tan\varphi' = b^2 \tan\varphi \tag{2.27a}$$

式中:b 为椭圆体的半短轴;R_E 为平均赤道半径。由当前位置到地心的距离 R_C 由椭圆方程的近似值给出,即

$$R_C = R_E(1 - A\sin^2\varphi') \tag{2.27b}$$

式中:A 为地球的扁率(见 2.1.5.1 节)。

赤道坐标系。某个以地心为原点的方向矢量(地心方向)在赤道坐标系中的定义如下。

(1) 赤经 α:在赤道平面上,从春分点 γ 方向到指定方向的子午面与赤道平面的交线之间的夹角(该子午面包含指定方向和两极线,并与赤道平面正交)。该角

度在顺行方向(地球自转方向)上取正值。

(2) 赤纬 δ：在所考虑方向的子午面上，赤道平面与当前指向之间的夹角。该角度朝北极指向的取值为正值。

时角坐标系。某个方向的本地时角坐标的定义如下。

(1) 时角 H：在赤道平面上以反方向(向西)取正值，从观察者所在位置的子午面到指定方向的子午面之间的角度。

(2) 赤纬 δ：在 2.1.5.2 节已定义。

H 最常见的度量单位是小时($1h = 15°$, $1min = 15'$, $1s = 15''$；而反过来，$1° = 4min$, $1' = 4s$, $1'' = 0.066s$)。由于地球沿顺行方向(向东)旋转，因此在空间中的一个固定方向看到的时角随着时间越来越大，而其赤纬 δ 保持不变。

以上定义的坐标系都是地心坐标系。也可以定义观测中心坐标系，即从地球表面某个特定位置到空间中任意一点的方向矢量组成的坐标系。这些坐标系是通过使用平行于赤道且穿过该位置的平面作为参考平面来定义的。因为存在视差(从空间中指定点位看到的该位置的地理半径所扫过的角度)，观测中心坐标系与地心坐标系不同。

黄道坐标系描述了方向矢量的天体经度与天体纬度，其参考平面是黄道平面而不是赤道平面。

最后，天文学家在水平坐标系中使用方位角和高度表示方向，天文方位角(简称方位角)表示在观测点所在的水平面上从正南方朝向该方向的投影的相反方向所取的角度；地平高度(简称高度)表示方向矢量与水平面之间的夹角。此外，还有天顶距的概念，它等于地平高度的余角(90°-地平高度)。为了确定地球站天线的指向，通常将从正北方向到该方向的水平投影的角度称为方位角，并将其高度称为仰角。不同的坐标系之间可进行转换，其转换公式可在大多数天文学书中找到。

恒星时。点 γ 的时角被称为地方恒星时(LST)。对于某个固定的方向矢量，其时角与地方恒星时的差(H-LST)是常量，可表示为(图 2.8a)

$$H = \text{LST} - \alpha \quad (\text{度,或时/分/秒}) \tag{2.28}$$

恒星时(ST)是国际子午线的 LST。如果 λ 为该位置的地理经度(向东为正)，则有

$$\text{ST} = \text{LST} - \lambda \quad (\text{度,或时/分/秒}) \tag{2.29}$$

格林尼治子午线处的恒星时随时间增加。忽略由基本平面的变化(误差小于百分之一度)引起的摄动，则有

$$\text{ST} = \text{ST}_0 + \Omega_E t \tag{2.30}$$

式中：ST_0 为世界时每年 1 月 1 日 00.00 所对应的格林尼治恒星时(如 2009 年为

100.776°,见表2.2);Ω_E 为地球的自转速度,且有 $\Omega_E = 15.04169(°)/h = 4.178 \times 10^{-3}(°)/s$。

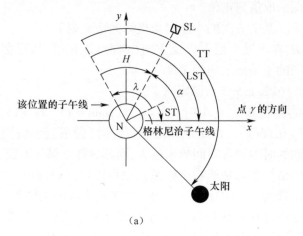

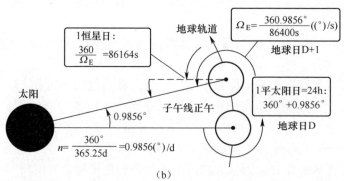

图 2.8 空间与时间参考
(a)角度的定义;(b)恒星日与平太阳日。

太阳时。真实的地方太阳时(TT)是太阳中心的时角。当太阳经过该位置的子午线时,真太阳时为 0。平太阳时(MT)是考虑因地球运动不规则带来的周期性变化 ΔE 而进行修正的太阳时。故有

$$MT = TT - \Delta E \tag{2.31}$$

式中:ΔE 为时差。这个时差考虑到了太阳在椭圆轨道上相对于地球的运动情况,以及黄赤交角的影响。

时差 ΔE 的近似表达式为

$$\Delta E = 460\sin n_{SUN}t - 592\sin2(\omega_{SUN} + n_{SUN}t) \quad (s) \tag{2.32}$$

式中:t 为经过近日点(1月2日前后)的时间,以天计。ΔE 的最大值为 4/15h 或 16min($n_{SUN} = 0.9856(°)/$天,$\omega_{SUN} = 280°$)。

表 2.2 世界时(UT)1 月 1 日 00.00 对应的恒星时 2000—2020 年期间的计算结果

年	2000	2001	2002	2003	2004	2005	2006
$ST_0/(°)$	99.968	100.714	100.476	100.237	99.999	100.746	100.507
年	2007	2008	2009	2010	2011	2012	2013
$ST_0/(°)$	100.268	100.029	100.776	100.538	100.299	100.060	100.807
年	2014	2015	2016	2017	2018	2019	2020
$ST_0/(°)$	100.568	100.330	100.091	100.838	100.599	100.361	100.122

2.1.5.5 时间参考

恒星日。各种恒星时与太阳时尽管名称不同,但都是角度。利用一颗固定恒星或点 γ 连续两次返回到某个位置的子午线的时间间隔,可以定义一种时间尺度,即真恒星日。消除周期项影响后,可以得到平均恒星日。该平均恒星日定义了地球自转的周期 T_E,其值为 23h56min4.1s 或 86164.1s。

地球的角速度为

$$\Omega_E = 360°/86164.1s = 4.17807 \times 10^{-3}(°)/s = 7.292 \times 10^{-5} \text{ rad/s}$$

太阳日。太阳连续两次返回到某个位置所在的子午线的间隔提供了另一种时间尺度,即真太阳日。消除周期项影响后,即可得到平太阳日,其持续时间为 24h 或 86400s。

恒星日与太阳日之所以不同,是因为地球围绕太阳公转,其平均值为每天 0.9856°(图 2.8b)。以恒星时测量的时间间隔必须乘以 86164.1/86400 或 0.9972696 以获得平均时间测量值。反之,以平均时间衡量的时间间隔必须乘以 86400/86164.1 或 1.0027379 以获得恒星时的测量值。

民用时、世界时与恒星时。民用时是指平太阳时增加 12h(民用日的开始时间比平太阳日晚 12h)。如果要定义与位置无关的时间,则可以使用格林尼治的民用时或世界时(有时也被误称为格林尼治标准时间,简称 GMT)。

恒星时(ST)。可由世界时间(UT)确定,其推导公式依选定的时间基准而不同。使用 J_{2000} 作为时间基准(2000 年 1 月 1 日的中午,见 2.1.4.5 节),有

$$ST(s) = UT(s) \times 1.0027379 + 24110.54841 + 8640184.812866 \times T + 0.093140 \times T^2 - 6.2 \times 10^{-6} \times T^3 \tag{2.33}$$

式中:$T = D/36525$ 为自基准时间 J_{2000} 到指定日期的世界时 12.00 时所经过的儒略世纪数(1 儒略世纪 = 36525 天);D 为自 2000 年 1 月 1 日世界时 00.00 时起到指定日期所经过的平太阳日数量,以度数表示。

儒略历自公元前 4713 年 1 月 1 日中午起,构成了一个时间度量系统。其中,一个世纪等于 36525 天。2000 年 1 月 1 日中午开始的儒略日,编号为

$JD_0 = 2451545$。

考虑到太阳日从世界时(格林尼治)00.00时起,则在儒略历上,将引入半天时间的差值。指定日期的 D 值可表示为

$$D = (\text{指定年份的日数} - 1.5) +$$
$$365(\text{指定年份} - 2000\ \text{年}) +$$
$$2000\ \text{年以来已完全过去的闰年数量(包含首尾)}$$

以下规则决定哪些年份是闰年:
(1) 可以被 4 整除但不能被 100 整除的年份是闰年。
(2) 可以被 100 整除但不能被 4 整除的年份不是闰年。
(3) 可以被 400 整除的年份是闰年。

这意味着 2004 年是闰年(规则 1),1900 年不是闰年(规则 2),2000 年是闰年(规则 3)。下面是一些闰年的例子:2000 年,2004 年,2008 年,2012 年,2016 年,2020 年,2024 年,等等。

例 2.1 式(2.33)用于计算式(2.30)中的 ST_0 的值。例如,在 2018 年 1 月 1 日(天数 = 1),自 2000 年以来有 5 个闰年,则计算公式为

$$D = (1 - 1.5) + 365 \times (2018 - 2000) + 5 = 6574.5$$

2000 年与 2004 年是闰年,2008 年、2012 年和 2016 年也是,但 2018 年在指定日期时还没有完全过去,那么完全过去的闰年数量只有 5 个。儒略日计算公式为

$$JD = JD_0 + D = 2451545 + 6574.5 = 2458119.5$$

由于 $T = D/36522 = 6574.5/36525 = 0.18000000000$ 儒略世纪,由此有

$$\begin{aligned}ST_0(s) &= 0.0 + 24110.54841 + 8640184.812866\,T + 0.093104\,T^2 - 6.2 \times 10^{-6} T^3 \\ &= 1579344\text{s} \\ &= 6.706616\text{h}(\text{以 24h 取模}) \\ &= 6.706616 \times 15(°)/\text{h} \\ &= 100.599°\end{aligned}$$

表 2.2 中列出了 2000—2020 年的计算结果。

法定时间与官方时间。大多数国家,根据其经度区域,使用一个时间。法定时间是由世界时经过小时数取整修正而得出的。在某些情况下,这种修正是半小时的倍数,或其他一些特别适用的修正。最后,考虑到经济因素,人们根据季节变化对法定时间进行了修正,如引入夏令时,这就产生了官方时间。

2.1.6 地球与卫星的几何关系

2.1.6.1 卫星轨迹

卫星在地球表面的运动轨迹是地心—卫星矢量与地球表面交汇点形成的轨

迹。该轨迹考虑了地球表面相对于地心—卫星矢量运动的实际位移(表示为真近点角的函数)。对于倾角与椭圆率固定的轨道,其轨迹方程可通过以下流程确定。

由图 2.9(a)可知,卫星在以地球为中心的固定参考框架内的坐标(λ_{SL}, φ)可表示(经度的取值以参考子午线为基准)为

$$\tan\varphi = \tan i \sin(\lambda_{SL} - \lambda_N) \tag{2.34}$$

式中:φ 为卫星的纬度;λ_{SL} 为相对于参考子午线(地球固定时)的经度;λ_N 为相对于参考子午线(地球固定时)的升交点经度;i 为轨道倾角。

弧线 N-SL 为卫星在固定地球表面上的投影轨迹,弧线 N-SL 对应角度 u(升交距角),由此可得

$$\sin\varphi = \sin i \sin u \tag{2.35a}$$
$$\tan(\lambda_{SL} - \lambda_N) = \tan u \cos i \tag{2.35b}$$
$$\cos u = \cos\varphi \cos(\lambda_{SL} - \lambda_N) \tag{2.35c}$$

轨迹上纬度最高的点称为最高点,而其经度 λ_V 与升交点的经度相差为 $\pi/2$,即 $\lambda_V = \lambda_N + 90°$。

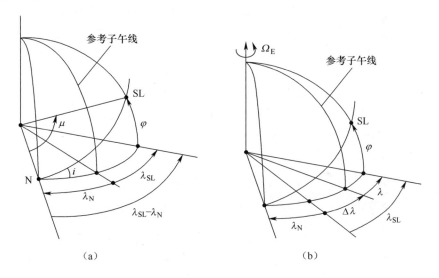

图 2.9 卫星轨迹的定义
(a)地球固定时;(b)地球旋转时。

实际中,有必要将卫星运动过程中参考子午线的旋转也考虑进来。令 Δt 为从卫星通过参考子午线(地球固定时)开始到现在的时间,即

$$\Delta t = t_S - t_0$$

式中:t_S 为从卫星通过近地点时刻起到当前时刻所经过的时间;t_0 为从卫星通过近地点时刻起到卫星通过参考子午线原点位置的时间。由于地球的自转,参考子午

线在 Δt 时间内向东的位移 $\Delta\lambda$ 为

$$\Delta\lambda = \Omega_E \Delta t = \Omega_E(t_S - t_0) \quad (2.36a)$$

式中：Ω_E 为地球自转的角速度(图 2.9b)。

从式(2.24)可知 $t_S = M_S/n + t_P$，$t_0 = M_0/n + t_P$，其中：n 为卫星的平均运动；M_S 和 M_0 分别为卫星在 t_S 和 t_0 时刻上的平近点角。故有

$$\Delta\lambda = \Omega_E \Delta t = \Omega_E(t_S - t_0) = \Omega_E(M_S - M_0)/n \quad (2.36b)$$

卫星相对于旋转参考子午线的相对经度可表示为

$$\lambda = \lambda_{SL} - \Delta\lambda \quad (2.37)$$

相对于升交点子午线的轨迹经度。如果参考子午线的原点位置是升交点，则其经度 λ_N 为零，即 $\lambda_N = 0$。式(2.34)与式(2.35b)转换为

$$\tan\varphi = \tan i \sin\lambda_{SL}$$

$$\tan\lambda_{SL} = \tan u \cos i \quad \text{或} \quad \cos\lambda_{SL} = \cos u/\cos\varphi$$

此外，M_0 等于升交点的平近点角 M_N。因此，卫星通过升交点时相对于参考子午线的经度可表示为

$$\lambda = \lambda_{SL} - \Delta\lambda = \arcsin[\tan\varphi/\tan i] - M(\Omega_E/n) + M_N(\Omega_E/n) \quad (2.38a)$$

或

$$\lambda = \lambda_{SL} - \Delta\lambda = \arctan[\tan u \cos i] - M(\Omega_E/n) + M_N(\Omega_E/n) \quad (2.38b)$$

或

$$\lambda = \lambda_{SL} - \Delta\lambda = \arccos[\cos u/\cos\varphi] - M(\Omega_E/n) + M_N(\Omega_E/n) \quad (2.38c)$$

式中：M 和 M_N 分别为 t 时刻的卫星平近点角和升交点平近点角，两者可通过开普勒公式(2.25)由偏近点角计算出来。

利用式(2.34)，可消除式(2.38a)中的卫星纬度 φ。同时，有 $u = \omega + v$（对 2π 取模）。由此可见

$$\lambda = \arcsin\left\{\sin(\omega + v)\cos i\left[1 - \sin^2 i \sin^2(\omega + v)\right]^{-\frac{1}{2}}\right\} -$$

$$\left[(\Omega_E/n)(E - e\sin E) - (\Omega_E/n)(E_N - e\sin E_N)\right] \quad (2.39a)$$

或

$$\lambda = \arctan(\tan(\omega + v)(\cos i)) -$$

$$\left[(\Omega_E/n)(E - e\sin E) - (\Omega_E/n)(E_E - e\sin E_N)\right] \quad (2.39b)$$

式中：E 为卫星在 t 时刻的偏近点角；E_N 为卫星通过升交点时的偏近点角。

卫星的纬度。纬度 φ 不受地球自转的影响，因此与参考子午线原点位置的选择无关。由式(2.35a)可得

$$\varphi = \arcsin[\sin i \sin(\omega + v)] \quad (2.40)$$

由式(2.21a)~式(2.21e)可得，λ 与 φ 可表示为仅包含参数 E 或 v 的一个函数。

对于某些轨道,卫星的平均运动 n 可设置为地球角速度 Ω_E 的 m 倍。在没有摄动的情况下,卫星的运动轨迹是唯一的(也就是说,卫星在转了 m 圈后会再次经过相同的点),并且相对于地球是固定的。但实际中,有必要考虑轨道平面的进动(进动是指由于地球势能的非均匀性导致升交点赤经的漂移,见 2.2.1 节)。

2.1.6.2 卫星距离

卫星与地球上某一点之间的距离。在图 2.10 中,卫星的坐标为:纬度 φ(圆心角为 $\angle TOA$,T 为星下点);经度 λ(相对于参考子午线)。图中特定 P 点的坐标为:纬度 l(圆心角 $\angle POB$),经度为 ψ(相对于同一参考子午线)。为了清晰起见,图中只绘出了 P 点经度和卫星经度的差值,即 $L = \psi - \lambda$(圆心角 $\angle AOB$)。圆心角 $\angle BOT$ 的值为 ζ,而圆心角 $\angle POT$(在地心、卫星 SL 和 P 点的平面内)的值为 ϕ。令卫星到 P 点的距离为 R,卫星到地心的距离为 r,地球的半径为 R_E。

考虑三角形 $\triangle OPS$(为简单起见,用 S 代替 SL),则 $R^2 = R_E^2 + r^2 - 2R_E r\cos\phi$,故有

$$R = \sqrt{R_E^2 + r^2 - 2R_E r\cos\phi} \tag{2.41}$$

剩下的就是评估 $\cos\phi$。

在球面三角形 $\triangle TPB$ 中,由余弦定律可得

$$\cos\phi = \cos\zeta\cos l + \sin\zeta\sin l\cos\angle PBT$$

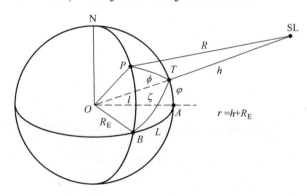

图 2.10 卫星与地球的几何关系

在球面三角形 $\triangle TAB$ 中,由正弦定律可得

$$\sin\angle TAB/\sin\zeta = \sin\angle TBA/\sin\varphi$$

由 $\angle TAB = \pi/2$,$\angle TBA = (\pi/2) - \angle PBT$,故 $\sin\zeta\cos\angle PBT = \sin\varphi$。

此外,在三角形 $\triangle TAB$ 中,$\cos\zeta = \cos L\cos\varphi$,由此有

$$\cos\phi = \cos L\cos\varphi\cos l + \sin\varphi\sin l \tag{2.42}$$

式(2.42)中,假定地球是球形的,半径为 R_E(平均半径)。为了获得更准确的计算结果,比较简便的是使用参考椭圆体定义的实际半径(见 2.1.5.1 节),并使

用该点的地心纬度 φ'，而其数值可利用式(2.27a)由地理纬度 φ 推导得到。

卫星高度。卫星的高度 h 表示它与星下点之间的距离(图 2.10 中的距离 SL-T)。由此可见

$$h = r - R_E \quad (2.43)$$

2.1.6.3 卫星位置：仰角与方位角

从地球表面上的 P 点确定卫星的位置需要两个角度。通常使用仰角与方位角。

仰角。仰角是指定点所在的地平线与卫星之间的夹角，其测量平面包含了该指定点、卫星和地心。这就是图 2.11 中的夹角 E，它代表图 2.10 中的三角形 $\triangle OPS$。接下来，考虑直角 $\angle OP'S$(通过 OP 的延长线形成)，并注意到角度 $\angle PSP'$ 等于 E，有

$$\cos E = (r/R)\sin\phi \text{ 或 } E = \arccos[(r/R)\sin\phi] \quad (2.44a)$$

式中：r 为卫星离地心的距离；R 为卫星距离 P 点的距离，其值可由式(2.41)计算；$\sin\phi$ 可从式(2.42)得到，且有 $\sin\phi = \sqrt{1-\cos^2\phi}$。

地球的半径 R_E 可表示为

$$\tan E = [\cos\phi - (R_E/r)]/\sin\phi \quad (2.44b)$$

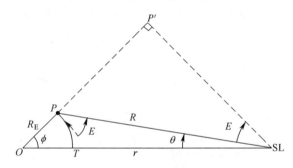

图 2.11　仰角与天底角

还有一种形式，即

$$\sin E = [\cos\phi - (R_E/r)]/(R/r) \quad (2.44c)$$

由式(2.41)可得

$$(R/r) = \sqrt{[1 + (R_E/r)^2 - 2(R_E/r)\cos\phi]}$$

方位角。方位角 A 在当前位置的水平面上测量，其定义是卫星、当前位置以及地心构成的平面(平面 OPS)在水平面的投影与地理北向之间的夹角。该角度在 $0°\sim360°$ 之间变化，与卫星和指定点之间的相对位置有关，即图 2.10 中球面三角形 $\triangle NPT$ 所对应的水平面角度。由此可得

$$\sin\angle NPT/[\sin(90-\varphi)] = \sin\angle PNT/\sin\phi$$

在三角形△NBA中,有

$$\sin\angle BNA/\sin L = \sin\angle BAN/\sin\angle AON = 1$$

由于角度∠BNA等于角度∠PNT(∠BNA = ∠PNT),则有

$$\sin\angle NPT = (\sin L\cos\varphi)/\sin\phi$$

计算得出的角度小于π/2,尽管图2.10中的情形其方位角大于π/2。这是由于正弦函数的对称特性造成的。计算的结果被作为一个中间参数,称为 a,用于最终确定方位角($a < \pi/2$),则有

$$\sin a = (\sin L\cos\varphi)/\sin\phi \tag{2.45}$$

故有

$$a = \arcsin[(\sin L\cos\varphi)/\sin\phi]\,(\phi > 0, L > 0)$$

真方位角 A 可根据星下点 T 相对于 P 点的位置,由 a 得到。表2.3中总结了各种情况。

表2.3 确定方位角 A

星下点 T 相对于 P 点的位置	A 与 a 的关系
东南	$A = 180° - a$
东北	$A = a$
西南	$A = 180° + a$
西北	$A = 360° - a$

2.1.6.4 天底角

如图2.11所示,在卫星 SL 处,地心 O 方向与 P 点方向之间的角度称为天底角 θ。在三角形△OPS中,有

$$\sin\theta = (\sin\phi)R_E/R \text{ 或 } \theta = \arcsin[R_E(\sin\phi)/R] \tag{2.46a}$$

若考虑仰角 E,则有

$$\phi + \theta + E = \pi/2 \tag{2.46b}$$

式中:由 $\sin\theta = [\sin(\pi - \theta - \phi)]R_E/r$ 可得

$$\sin\theta = (\cos E)R_E/r$$

故有

$$\theta = \arcsin[R_E(\cos E)/r] \tag{2.46c}$$

2.1.6.5 在特定仰角下的覆盖范围

覆盖区可理解为地球上以最小仰角 E 看到卫星的地理区域。覆盖区的轮廓是由一组地面参考点及其地理坐标确定的,因此可通过其相对经度 L 和相对纬度 l 来描述。由式(2.42)可得, L 和 l 之间的关系为

$$L = \arccos[(\cos\phi - \sin\varphi\sin l)/\cos\varphi\cos l] \tag{2.47}$$

ϕ 为覆盖区的纬度跨度。由式(2.46b)与式(2.46c)可得
$$\phi = \pi/2 - E - \arcsin[R_E(\cos E)/r]$$
将 $l=\varphi$ 代入式(2.47),即可得到覆盖区相对于星下点 T 的经度跨度。

2.1.6.6 传播时间:多普勒效应

传播时间。地球站与卫星之间的距离为 R,无线电波在该链路上传播需要的时间 τ 等于
$$\tau = R/c \quad (\text{s}) \tag{2.48}$$
式中:c 为光速(3×10^8 m/s)。

相对距离的变化——多普勒效应。当卫星相对地球运动时,从卫星到地球表面上某点的相对距离 R 是变化的。距离的变化率 $dR/dt = V_r$,可根据指定点定义($V_r = V\cos\zeta$,ζ 为指定点的方向与卫星速度 V 之间的夹角)。

这种正的或负的距离变化率,在接收端分别导致链路传输的无线电波的频率明显增加或减少(多普勒效应)。当然,这种现象在上行链路和下行链路都会发生。对于链路上频率为 f 的无线电波,其频率偏移量 Δf_d 可表示为
$$\Delta f_d = V_r f/c = V\cos\zeta(f/c) \quad (\text{Hz}) \tag{2.49}$$
式中:c 为光速,且有 $c = 3\times10^8$ m/s;f 为传输电波的频率(Hz);V_r 为距离变化率(m/s)。

系统的几何关系随着卫星相对于指定点的运动而变化;卫星的视速度随时间变化,并导致多普勒频移变化。

影响接收系统自动频率控制性能的重要参数之一是频率的变化率 $d(\Delta f_d)/dt$,即
$$d(\Delta f_d)/dt = d(V_r f/c)/dt \quad (\text{Hz/s}) \tag{2.50}$$
详细计算方法见文献[VIL-91]。在一个赤道圆轨道上,多普勒频移的最大值(当卫星在地平线上出现或消失时)可根据 CCIR – Rep 214 与 ITU – R S.730[ITUR-92a] 估算出来,即
$$\Delta f_d \cong \pm 1.54 \times 10^{-6} fm \quad (\text{Hz})$$
式中:m 为卫星相对于地球上某个固定点每天的旋转次数(轨道的周期 T 等于 $24/(m+1)$);f 为频率。若 $m=0$,则卫星的旋转周期为24h,卫星相对于地球保持静止不动(地球静止卫星,见 2.2.5 节),理论上多普勒频移为零。若 $m=3$,则周期 T 的值为6h(对应11000km 左右的高度),6GHz 频率的无线电波的多普勒频移为18kHz。

对于一个高偏心率的椭圆轨道($e>0.6$),当卫星的高度相对于地球半径较大时,即在远地点附近,距离 R 的变化几乎等同于径向距离 r 的变化。速度 V_r 可表示为
$$dr/dt = (dr/d\theta)(d\theta/dt)$$

由式(2.9)可得 $d\theta/dt = H/(mr^2)$；由式(2.10)可得 $dr/d\theta$。考虑到 $v=\theta$，则有

$$V_r = dr/dt = e\sqrt{\mu}\sin v / \sqrt{[a(1-e^2)]} \quad (\text{m/s}) \qquad (2.51)$$

式中：e 为偏心率；μ 为 GM（万有引力常数与地球质量的乘积）；a 为半长轴；v 为卫星的真近点角。当 $v = 90°$ 时，径向速度最大。

相对距离的变化，除了造成接收端入射信号频偏检测的相关问题外，还会导致源自不同地球站的信号同步问题（见6.6.4节）。距离的变化也会导致链路传播时间的变化（CCIR-Rep 383）[ITUR-92b,ITUT-03]。

2.1.7 星蚀

当卫星进入地球或月球的锥形阴影区域时，就会发生星蚀。星蚀的发生与持续时间取决于卫星轨道的特性。星蚀对卫星的影响包括两个方面。一方面，卫星的电源系统（包括将太阳能转换成电能的光伏电池）必须启用替代能源。另一方面，由于卫星不再被太阳辐射，卫星的热平衡状态发生巨变，温度往往会迅速下降。

2.1.7.1 由月球引起的星蚀

月球围绕地球旋转的轨道，其半长轴为384400km，周期为27天，相对于黄道的倾角为5.14°。黄道上的升交点赤经也受到逆行方向进动的影响，其周期为18.6年。

因此，人造地球卫星与自然卫星之间的相对运动关系很复杂，一般来说，要想确定人造卫星与日—月方向一致的日期并不容易。以下将列举地球静止卫星轨道的例子（见2.2.5.6节）。

由月球引起的星蚀现象不常发生，多数情况下持续时间较短，而且多数情况下不会完全遮挡太阳圆面。它们通常不会限制卫星的运转和操作，除非它们发生在由地球引起的星蚀之前或之后，延长了卫星处于黑暗中的总时间。

2.1.7.2 由地球引起的星蚀

假定太阳的光线是平行的，相当于把太阳假定为距地球无限远的一个点。当星蚀出现时，太阳的赤纬角 δ 与卫星纬度 l 之间的关系（图2.6）为

$$-\delta - \arcsin(R_E/r) < 卫星纬度 < -\delta + \arcsin(R_E/r)$$

星蚀中心对应卫星升交距角 u（等于近地点幅角 ω 与卫星真近点角 v 之和）的一个值，该值满足

$$\alpha_{SUN} + \pi = \Omega + \arctan(\tan u \cos i)$$

式中：α_{SUN} 为太阳赤经；Ω 为卫星轨道的升交点赤经。

星蚀的持续时间随距离 r 和卫星轨道倾角 i 相对太阳赤纬角的取值而变化。当太阳赤纬角等于轨道倾角时，可观察到最长的星蚀持续时间。

2.1.8 日凌

当从地球站看到太阳与卫星对齐时,就会出现日凌现象,并将导致地球站天线噪声温度大幅上升。当满足以下两个条件时,瞄准卫星轨道的地球站会出现这种情况:

(1) 卫星的纬度等于太阳赤纬角(角度δ,参考图2.6)。
(2) 卫星的时角(或经度)等于太阳的时角(或经度)α_{SUN}。

在2.2节中讨论了特定轨道类型日凌现象的发生条件和持续时间。第8章将研究日凌现象对地球站的影响。

2.2 卫星通信的可用轨道

原则上,轨道的平面可以有任意方向,而轨道可以有任意形式。轨道参数是由卫星发射入轨时的初始条件所决定的。在开普勒假设下,这些轨道参数以及轨道在空间的形状和方向,随着时间的推移而保持不变。下面的章节将看到,在各种摄动的作用下,轨道参数会随着时间的推移而变化。故,如果需要将卫星维持在一个特定的轨道上,就必须进行轨道控制操作。根据电信任务的限制条件,通过设置某些轨道参数的特定值,可使这些操作的成本降到最低。

人们已经提出了基于极地或非极地圆形轨道的卫星通信系统,利用低地球轨道(LEO)或中地球轨道(MEO)提供世界范围的通信服务(见1.4节)。这些系统需要由几颗卫星组成的星座,其卫星数量随着轨道高度的降低而增加。轨道高度越低,链路损耗就越小,传播延迟就越小。此外,无论用户的位置如何,都可以高仰角看到卫星。因此,这些星座对个人移动通信具有很大吸引力。

倾斜椭圆轨道对于向轨道远地点下面的地区提供区域通信服务最为有用。在这些地区,地球站可用接近天顶的仰角看到卫星。这对移动通信很有意义,但远地点的高度会带来很大的路径损失和延迟。这种轨道只需要几颗卫星就可以了。

地球静止卫星系统(赤道平面上的非逆行圆形轨道,高度为35785km)用一颗卫星就能覆盖地球的大片区域,或者用三颗卫星就能几乎覆盖全球(极地地区除外)。

2.2.1 具有非零倾角的椭圆轨道

在一个椭圆轨道上,卫星的速度不是恒定的。由式(2.19)可知,卫星速度在近地点最大,在远地点最小。因此,对于指定周期,卫星在远地点附近停留的时间比在近地点附近的停留时间更长,而且这种影响随着轨道偏心率的增加而增加。因此,对于位于远地点下的地球站来说,卫星在轨道周期的大部分时间里都是可见的,这样就可以建立长时间持续的通信链路。

为了建立重复的卫星通信链路,有必要使卫星在同一地区上空系统性地返回远地点。因此,这类轨道的周期是地球相对于轨道交点线进行一次旋转所需时间的约数。基于开普勒假设,交点线在空间中是固定的,该轨道周期等于一个恒星日。实际中,有必要考虑由于摄动的影响而导致轨道交点线的旋转,即升交点赤经的漂移(见2.3.2.3节)。因此,轨道的周期必须是地球转动($360°+\Delta\lambda$)所花的时间T_{EN}的约数,其中,$\Delta\lambda$为升交点在时间T_{EN}过程中的漂移量(图2.8)。该漂移量取决于轨道的倾角、偏心率和半长轴。

在一个非零倾角的轨道上,卫星会经过位于赤道两侧的区域,如果轨道的倾角接近90°,则卫星还可能经过极地区域。将拱线(近地点到远地点的连线)指向轨道交点线的法线附近(近地点幅角ω接近90°或270°),则卫星会在远地点处系统性地返回到某一特定半球的区域之上。因此,卫星有可能与位于高纬度的地球站建链(图2.4)。

如果轨道在其平面内没有旋转,也就是说近地点幅角的漂移为零,那么轨道的远地点将一直位于同一半球之上,开普勒假设就是如此。实际中,各种摄动会导致轨道参数的变化。将轨道倾角设置为63.45°,则近地点幅角的漂移为零(见2.3.2.3节)。

尽管卫星会在远地点附近停留几个小时,但它确实也会相对地球运动,经过一段时间之后,从地球站观察卫星的仰角将会下降至可接受数值以下,且该时间的长短取决于站点位置。为了建立永久链路,有必要在类似轨道上部署几颗相位设置合理的卫星,这些卫星以一定的空间间隔围绕地球运动(升交点赤经不同,如有规律地分布在$0\sim2\pi$之间),这样,从地球站来看,当一颗卫星远离远地点后,它又能在同一空间区域看到另一颗卫星。如此一来,地球站对卫星的捕获及跟踪问题得以简化。但是,通信链路从一颗卫星切换到另一颗卫星的问题仍然存在;为了避免干扰,各个卫星的通信频率可以不同。

可以设想出不同类型的轨道。下面的章节将讨论闪电轨道(周期12h)与冻原轨道(周期24h)[BOU-90]以及LOOPUS轨道。

2.2.1.1 闪电轨道

这些轨道的名称来自苏联部署的卫星通信系统,主要为北半球高纬度地区服务(图1.6)。轨道的周期T等于$T_{EN}/2$或大约12h。表2.4中给出了该类轨道的典型参数。

考虑到地球的角速度Ω_E约等于$n/2$,其中,n为卫星的平均运动,则其轨迹方程可参考2.1.6节的方法确定。因此,当卫星子午线通过升交点时,相对于卫星子午线的相对经度可通过式(2.38a)、式(2.38b)及式(2.38c)推导得出,有

表 2.4　闪电轨道示例

周期 T(半恒星日)	12h(11h58min2s)
半长轴 a	26556km
轨道倾角 i	63.4°
偏心率 e	0.6~0.75
近地点高度 h_p(如 e=0.71)	$a(1-e)-R_E$(1250km)
远地点高度 h_a(如 e=0.71)	$a(1+e)-R_E$(39105km)

$$\lambda = \lambda_{SL} - \Delta\lambda = \arcsin[\tan\varphi/\tan i] - (M/2) + (M_N/2) \quad (2.52a)$$

或

$$\lambda = \lambda_{SL} - \Delta\lambda = \arctan[\tan u \cos i] - (M/2) + (M_N/2) \quad (2.52b)$$

或

$$\lambda = \lambda_{SL} - \Delta\lambda = \arccos[\cos u/\cos\varphi] - (M/2) + (M_N/2) \quad (2.52c)$$

式中:φ 为轨道的纬度,可由式(2.40)得出,且有 $\varphi = \arcsin[\sin i \sin u]$;$M$ 和 M_N 分别为卫星的平近点角和升交点平近点角,可通过开普勒公式(2.25)由偏近点角计算出来;u 为升交距角,且等于 $\omega+v$,其中,真近点角 v 可通过式(2.21a)~式(2.21e)由偏近点角 E 推导出来。

图 2.12 所示为卫星在地球表面的轨迹线,其近地点幅角 ω 等于 270°。卫星在轨道的远地点处连续经过经度相隔 180°的两点。远地点位于北纬 63°以上区域(当近地点幅角等于 270°时,轨迹最高点的纬度等于轨道倾角的值,且远地点的星下点与轨迹的最高点重合)。轨道的大椭圆率导致卫星在北半球上空轨道的运动时间大于其在南半球上空轨道的时间。由于近地点幅角为 270°,则卫星在穿越赤道平面时,其真近点角 v 的数值为 v = 90°。因此,对应升交点的偏近点角 E_N 为 45°(由式(2.21d)计算得到,其中 e = 0.71)。

鉴于卫星的平均运动 $n=2\pi/T$,则由式(2.24)与式(2.25)可得出卫星从近地点到升交点的通过时间 t_N 等于 32min。故,卫星在南半球上空停留时间为 $2t_N$,大约 1h,在北半球上空停留时间为 $T-2t_N$,大约 11h。由此可知,卫星在远地点附近停留时间为几个小时,故在此期间,远地点附近的星下区域均可看到卫星。

当轨道倾角为 63.45°时,近地点幅角与远地点幅角的漂移量等于零(见 2.3.2.3 节)。若轨道倾角与此不同,则会导致近地点幅角与远地点幅角漂移量不为零,但如果轨道倾角与该标称值偏差不大,则漂移量仍然很小。举例来说,当轨道倾角 i = 65°时,其偏差为 1.55°,则近地点幅角的漂移量约为每年 6.5°。

当近地点幅角不是 270°时,卫星在远地点的纬度不再是其轨迹线上的最大纬度。卫星在轨道上的速度变化不再相对于最大纬度点对称,且卫星在地表上的轨迹线也不再相对该点处的子午线对称。

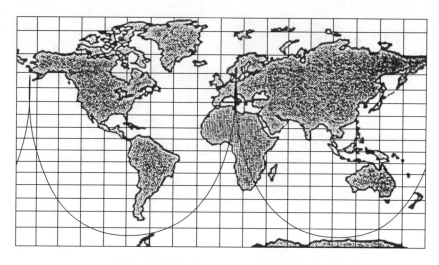

图 2.12 闪电轨道星下点轨迹($\omega = 270°$)
来源:经电气工程师协会许可转载自文献[ASH-88]。

2.2.1.2 冻原轨道

该轨道的周期 T 等于 T_E,近似等于 24h。表 2.5 中给出了该类轨道的典型参数。图 2.13 给出了一个冻原轨道的地表轨迹线示例,其近地点幅角等于 270°。

表 2.5 冻原轨道示例

周期 T(1恒星日)	24h(23h56min4s)
半长轴 a	42164km
轨道倾角 i	63.4°
偏心率 e	0.25~0.4
近地点高度 h_p(如 e = 0.25)	$a(1-e) - R_E$(25231km)
远地点高度 h_a(如 e = 0.25)	$a(1+e) - R_E$(46340km)

考虑到地球的角速度 Ω_E 与卫星的平均运动 n 差别很小,故 $\Omega_E/n = 1$,由此可以确定其轨迹方程。轨迹最高点被选为参考子午线的原点,因为高纬度地区是该轨道设计的重点服务区域;故在式(2.36)中,M_0 与轨迹最高点的平近点角 M_V 一致。轨迹最高点的经度 λ_N 的数值为 $\lambda_N = -\pi/2$。式(2.34)与式(2.35a~c)转化为

$$\tan\varphi = \tan i \cos\lambda_{SL}$$
$$\cotan\lambda_{SL} = -\tan u \cos i$$
$$\Delta\lambda = M(\Omega_E/n) - M_0(\Omega_E/n) \cong M - M_V$$

式中:M_V 为轨迹最高点的平近点角。

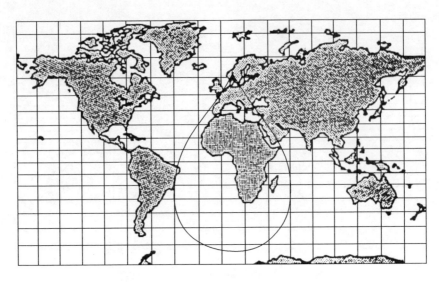

图 2.13 冻原轨道星下点轨迹($\omega = 270°$)
来源:经电气工程师协会许可转载自文献[ASH-88]。

卫星通过最高点时,相对于卫星子午线的经度可表示为

$$\lambda = \lambda_{SL} - \Delta\lambda = \arccos[(\tan\varphi)/(\tan i)] - M + M_V \quad (2.53a)$$

或

$$\lambda = \arccos\{[\sin(\omega + v)](\cos i)/\sqrt{[1 - \sin^2 i \sin^2(w + v)]}\} - (E - e\sin E) + (E_V - e\sin E_V) \quad (2.53b)$$

或

$$\lambda = -\text{arccotan}[(\tan u)(\cos i)] - (E - e\sin E) + (E_V - e\sin E_V) \quad (2.53c)$$

式中:E 为卫星的偏近点角;E_V 为轨迹最高点的偏近点角;φ 为轨迹的纬度,且有 $\varphi = \arcsin[\sin i \sin(\omega + v)]$。

当 $\omega = 270°$,$i = 63.4°$ 时,图 2.14 中给出了不同偏心率条件下 λ 与 φ 的变化情况。根据偏心率的变化,北半球上方的环形轨迹停留的时间也会发生相应的变化。对于偏心率等于 0 的情况,轨迹形状为八字形,上下两个环形大小相同,且相对于赤道是对称的(见 2.2.3 节)。当偏心率增加时,轨迹线的上环减小,交叉点向北移。在偏心率为 0.42 的情况下,上环就消失了。卫星在该环形轨迹上的过境时间占了轨道周期的很大一部分,且该时间随着偏心率的变化而变化。

通过改变近地点幅角 ω 与偏心率 e,可使环形的位置相对于最大纬度点向西或向东移动。图 2.15 中给出了一些示例,其中,不同轨迹线对应不同的近地点幅角和偏心率取值。

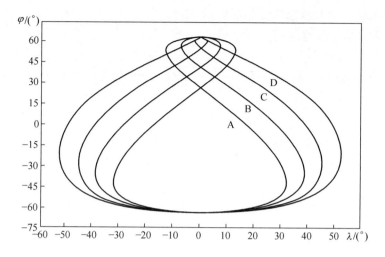

图 2.14 冻原轨道($i=63.4°,\omega=270°$)在不同偏心率情况下的轨迹，
A:$e=0.15$;B:$e=0.25$;C:$e=0.35$;D:$e=0.45$。

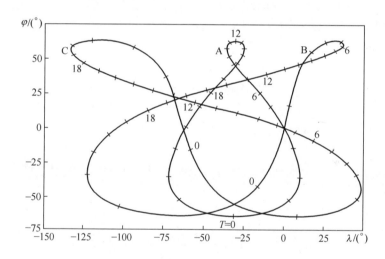

图 2.15 冻原轨道($i=63.4°$)轨迹变化与 e 及 ω 的关系，
A:$e=0.25,\omega=270°$;B:$e=0.6,\omega=315°$;C:$e=0.6,\omega=202.5°$。

2.2.1.3 卫星的可视性

仰角与可视时间是选择轨道类型时需要考虑的两个重要参数。最理想的情况是让卫星长期处于地球站的天顶。对一个运行系统来说，如果地球站配备了跟踪系统或者所使用的天线波束宽度较大，则其指向角度可以偏开天顶。仰角的最小值主要受限于天线噪声温度的增加以及无线电波传输链路的遮挡问题(特别是对卫星移动通信)。对于特定轨道的卫星而言，当它位于轨道上的某点时，其允许的指向角度相对天顶的偏离范围是确定的,由此可定义一个地理区域,在该区域内,当地球站仰角大于某个固定的最小值时,卫星可见。当卫星离地球越远,这个区域就越大。但是,在这些区域内,各地球站并非都能在相同的时间内看到卫星(因卫星相对于地球运动)。位于卫星星下点的地球站,特别是在远地点附近的地球站,可以看到卫星的时间比其他地球站更长。卫星的可视时间在不同位置是不一样的。

包含环形轨迹的轨道特别有用,因为对于环形下方区域来说,在卫星进入环形轨迹期间以及卫星在环形轨迹上运动期间,地球站都可用高仰角看到卫星在相同空间区域移动。

连续可视性。为了确保对这些地区的连续覆盖,系统需要部署几颗卫星,这样,对于该地区的任何一个地球站,当其跟踪的卫星消失在最小仰角以下时,可切换至另一颗仰角大于固定值的卫星。这些卫星轨道从轨迹形状(a,e)以及轨道倾角(i)等参数来看是非常相似的,但考虑到地球相对于轨道平面的旋转因素,这些卫星的轨道必须在不同的平面上,故其赤经的数值有所不同。图 2.16 对此进行了解释:位于子午线 M_1 上的地球站在 A 处捕获了卫星 S_1,在该点上,卫星是可用的。在卫星沿着长度为 2ρ 的轨道弧 AB 的轨迹运行期间,该站一直跟踪对准卫星 S_1。在 B 处,仰角小于要求的最小值,则该卫星变为不可用。子午线 M 在这段时间间隔内转动一定角度,现已处于位置 $2(M_2)$。通过对其轨道进行适当的相位调整,卫星 S_2 此时进入 BC 弧段,则地球站可用一个大于所需最小值的仰角捕获该卫星,由此,S_2 变为了可用卫星。在卫星从 A 到 B 的运动过程中,S_2 卫星的轨道赤经 Ω_2 有必要相对于 Ω_1 偏移 2θ 角度,站点的子午线也发生了转动(假定轨道平面在空间中是固定的)。

连续覆盖一个特定地理区域所需的卫星数量取决于确定的最小仰角和轨道的

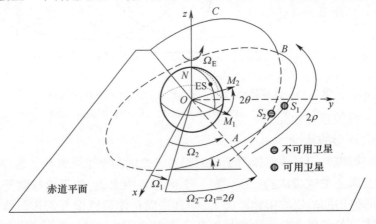

图 2.16　某个地球站仰角大于给定值时,可以连续看到在不同赤经轨道上的多颗卫星

特性。

闪电型轨道。对于闪电型轨道(周期=12h),在远地点之下的地区,通过使用大仰角地球站,卫星的可视时间可能超过8h(图2.17)。对于一个由三颗卫星组成的系统,若各卫星的赤经差值为120°,则在这些远地点以下地区可持续看到卫星。图2.18显示了空间中远离地球的固定观测者所看到的这些卫星的轨道。

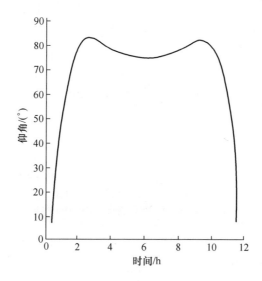

图2.17 对于闪电轨道,在远地点下方区域,地球站的卫星可视时间与其仰角关系示例

冻原型轨道。冻原型轨道(周期=24h),在高仰角的情况下,卫星可视时间可能超过12h。因此只需要有两颗赤经相差180°的卫星在轨道上就足够了。图2.15中的曲线给出了轨道的形状。图2.19显示了在仰角大于55°的情况下,可以看到可用卫星(或该系统中的两颗卫星)的星下点区域。轨道的典型参数为 $a=42164$ km, $e=0.35$, $i=63.4°$, $\omega=270°$(或90°)。

图2.20示意了围绕地球旋转的远端观测者看到的卫星运动轨迹。第二颗卫星在远地点两侧的有效轨迹上接替前一颗卫星。

LOOPUS轨道。在一个由几颗卫星组成的系统中,地球站需要解决的问题之一是在从一颗卫星切换至另一颗卫星的过程中,如何重新调整天线的指向。对于轨迹中包含环形的轨道,可以仅使用环形轨迹作为轨道的有效部分;卫星一旦离开环形,就很快被进入环形的另一颗卫星所接替。从一颗卫星切换到另一颗卫星是在轨迹的交叉点处完成的;在这一瞬间,从地球站观察两颗卫星的方向完全相同。因此,没有必要重新调整地球站天线的指向。这一原理被称为LOOPUS,即非静止卫星持续占据轨道的静止环,具体可详见文献[DON-84]。为实现对环形下方区域的连续覆盖,环形轨迹的过境时间必须是轨道周期的约数,而所需的卫星数量等

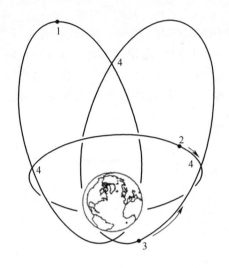

图 2.18 从空间中某个固定点观察 3 个闪电轨道的示意图
(3 个轨道之间的赤经差值为 120°)
来源:经 P. Dondl 许可转载自文献[DON-84]。

于该约数对应的阶数。通过增加地球上空轨道上按规律间隔部署的卫星数量,可将覆盖范围扩大到半球的其他区域。

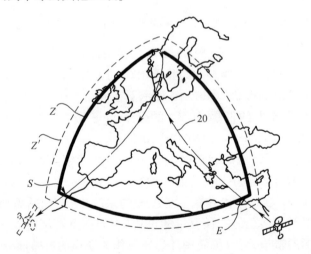

图 2.19 仰角大于 55°所对应的卫星覆盖区(两颗位于冻原轨道上的卫星)
资料来源:经电气工程师协会许可转载自文献[ROU-88]。

为了说明这个概念,考虑一个使用闪电型轨道(周期 12h)的系统,参数为 $a = 26562\text{km}, e = 0.72, i = 63.4°, \omega = 270°$。该轨道在地面上的轨迹包含了一个环形,且

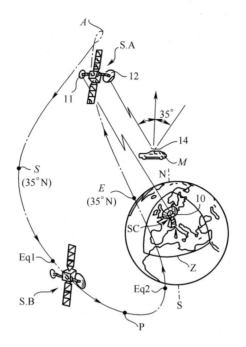

图 2.20 空间中与地球一起旋转的卫星的运动轨迹

在该环形轨迹上的过境时间为 8h。因此,三颗卫星可连续覆盖环形轨迹下的区域。

图 2.21 中的有效弧段 CC' 就对应于环形轨迹。对于 C 点与 C' 点,为了使两点在轨迹上重合,初始时刻通过 C 点的子午线要与卫星同时出现在 C'。因此,地球的转动量相当于真近点角变化值 2σ 在赤道平面上的投影 2ρ。

因此有

$$2\rho = 360°/(24h/8h) = 120°$$

近点角的变化量 σ 可表示为 $\tan\sigma = \cos i \tan\rho$,故 $\sigma = 32.8°$。交叉点(C 或 C')的纬度 φ 可表示为

$$\varphi = \arcsin(\sin i \cos\sigma)$$

其数值为 $\varphi = 45°$。

接续卫星从 C' 点开始,重新沿着 CC' 对应的弧段运动。因此,结点之间的赤经之差等于 2ρ 或 $120°$。

例 2.2 地球站指向角的变化范围仍然有限。例如,考虑一个位于轨道交叉点下方的地球站。当一颗卫星到达环形轨迹时,它就在该地球站的天顶上。随后,在卫星向北移动到远地点的 4h 内,地球站的仰角会不断减小。卫星从交叉点 B(天顶)运动至轨道的远地点 A 期间,仰角变化差值 ΔE 可根据图 2.22 计算,有

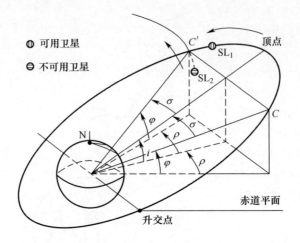

图 2.21　LOOPUS 轨道

$$OA = a(1 + e) = r$$
$$\Delta E = \theta + \Delta \varphi$$
$$\Delta \varphi = (远地点纬度 = i) - (B 点的纬度 = \varphi = 45°)$$
$$(\sin\Delta\varphi)R = (\sin\Delta E)/R_E$$
$$R = \sqrt{R_E^2 + r^2 - 2R_E r \cos\Delta\varphi}$$

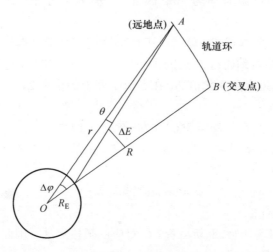

图 2.22　卫星通过环形轨迹期间的指向角度变化

在某个特定系统中,$e=0.72$,$\omega=270°$,$i=63.4°$,位于轨迹交叉点下方的地球站,其指向角与天顶的差值约为 20°,最小仰角为 70°。然后,仰角不断增大,经过 4h 后,在卫星离开环形轨迹的瞬间,增大至 90°。

2.2.1.4 大倾角椭圆轨道的优势

大仰角。倾斜椭圆轨道主要应用于相对地球视运动较小的卫星,确保以大仰角覆盖高纬度地区。对于卫星移动通信等应用来说,高仰角特别重要,它可以将由于卫星被建筑物和树木遮挡而造成无线电波通信链路阻断的影响降至最低。与以低仰角运行的系统(如地球静止卫星系统)相比,由各种障碍物连续反射而引起的多径效应也会减少。由于卫星相对地球的视运动较小,且可视时间较长,地球站跟踪卫星也变得更为方便,甚至可以使用 3dB 波束宽度为几十度、固定指向天顶附近的天线对准卫星。这样既降低了终端的复杂性与成本,又能保证足够的链路增益。最后,由于地球站天线工作在高仰角,其收到的地面噪声或因其他地面无线电系统干扰而引起的噪声也降至最低。

同时,穿过大气层与倾斜路径有关的所有信号衰减以及噪声产生的影响(大气、雨水等)都会降至最低。鉴于以上优势,俄罗斯长期使用这些轨道提供高纬度地区的覆盖;而且,这些轨道对于卫星移动通信系统也非常有益。这一概念已被天狼星卫星广播系统所采用[AKT-08]。该系统使用倾斜椭圆轨道,并具有多种分集传输模式,汽车广播服务应用深受其益。实际上,该系统的三颗卫星运行在冻原型轨道上,偏心率为 0.2684,升交点赤经相隔 120°,每颗卫星在地面轨迹上的过境时间与其他两颗相隔 8h。这些卫星的相位间隔与轨道椭圆率确保从北美服务区(远地点经度固定为 96°W)总能看到两颗可用卫星,平均仰角高于 60°。由于两颗可用卫星发射相同的信号,两个信号的间隔时间为 4s,通过空间分集(看到不同方向的卫星)和时间分集增加了用户收到信号(未遇到障碍遮挡或树木引起的衰减)的概率。

星蚀现象少。在一个基于高倾角椭圆轨道卫星的通信系统中,轨道用于业务通信的部分位于远地点的两侧,而且大多数情况下远地点都与轨道的最高点重合。如果轨道倾角为 63.4°,则卫星的最大纬度为 63.4°,其在轨道业务通信阶段的最小纬度取决于卫星在轨道最高点每一侧的活动范围。当卫星数量很多时,这一活动范围会缩小。在这种情况下,卫星在业务通信阶段的纬度仍然很高,而且在这个阶段星蚀并不多见(见 2.1.7 节)。这一点在由三颗卫星组成的闪电轨道系统和冻原轨道系统上得到了证实。对于由两颗卫星组成的冻原系统,星蚀的发生取决于升交点赤经的设计值。也可针对太阳干扰进行类似的分析。

2.2.1.5 大倾角椭圆轨道的劣势

卫星之间的业务切换。为了在一个特定的地理区域提供连续的服务,必须有至少两颗在轨卫星,这会增加空间段的成本。此外,有必要定期将通信业务从一颗卫星切换到另一颗卫星。这些特殊流程会增加控制中心的处理压力,并降低业务切换期间的通信容量;有必要在每个地球站设置两副天线,以同时对准两颗卫星,从而在服务不中断的情况下将通信业务从一颗卫星切换到另一颗卫星。

距离的变化。在卫星可用期间,闪电轨道上卫星之间的距离变化要比冻原轨道更大。这种距离的变化会造成以下后果:

(1) 传播时间的变化(闪电轨道的变化范围为 52ms)。

(2) 多普勒效应(对于 1.6GHz 的 L 频段,闪电轨道的频率偏差为 14kHz,冻原轨道的频率偏差为 6kHz[ASH-88])。

(3) 上行与下行链路接收到的载波电平变化(闪电轨道为 4.4dB)。

(4) 卫星天线的覆盖范围变化。图 2.23 显示了卫星在远地点时以及在两颗卫星发生业务切换时的覆盖情况。对于闪电轨道,卫星在远地点时看向欧洲的视角为 4.9°,而在交叉点时变为 8.4°(对于冻原轨道,对应的角度范围由 3.6°变为 4.6°)。天线的口径可进行优化,从而使交叉点处相对远地点处的覆盖区边缘增益下降,可通过减少自由空间损耗来进行补偿。

辐射。闪电轨道的特点是近地点高度为 1200km 左右,这意味着卫星在每个周期内要穿越两次范·艾伦辐射带(其高度在 20000km 左右,见第 11 章)。在这个辐射带内存在高能量辐射,会使卫星的半导体部件(如太阳能电池与晶体管)出现损坏。冻原轨道的优点是可以减少穿越这些辐射带的时间。

轨道的摄动。对于近地点高度较低的椭圆轨道,卫星受到地球势能不对称的影响较大,因此有必要对轨道的摄动进行控制。

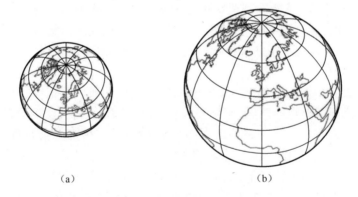

图 2.23　闪电轨道卫星在两个时刻的覆盖范围变化

(a)远地点(视角 16.1°);(b)从一颗卫星切换到另一颗卫星(视角 24.7°)。

来源:经 P. Dondl 许可转载自文献[DON-84]。

2.2.2　零倾角的地球同步椭圆轨道

倾角等于零。轨道的周期等于一个恒星日(不再有升交点的漂移)。卫星的平均运动 n 等于地球的角速度 Ω_E。卫星的轨道保持在赤道平面内,并围绕经度为 λ_P 的卫星近地点进行周期性的振荡,振荡周期为 T_E。

星下点相对于近地点的经度可表示为

$$\Lambda = \lambda - \lambda_P = v - \Omega t = v - M$$
$$= \arccos[(\cos E - e)/(1 - e\cos E)] - (E - e\sin E) \quad (2.54)$$

当 $d(\lambda - \lambda_P)/dE = 0$ 时,可得到最大经度变化量 Λ_{max},由此可得[BIE-66]

$$\cos E_m = [1 \pm (1 - e^2)^{1/4}]/e \quad (2.55)$$

图 2.24 给出了最大经度转动量 Λ_{max} 和达到这一点所需时间 t 与偏心率 e 的关系曲线。

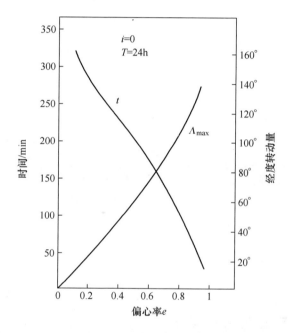

图 2.24 同步轨道卫星的最大经度转动量及其转动时间 t 与轨道偏心率的关系曲线

若偏心率小于 0.4,则有

$$\Lambda_{max} \cong 2e(\mathrm{rad}) = 114e(°) \quad (2.56)$$

如果偏心率很小($\leqslant 10^{-3}$),则 6h 后可达到最大值。如果偏心率较大,则时间也会相应减少。

2.2.3 倾角不为零的地球同步圆形轨道

偏心率等于零。轨道的周期与恒星日差别不大(差别原因主要是受到升交点漂移的影响)。因此,卫星的平均运动 n 与地球的角速度 Ω_E 差别不大。升交距角 u 的值为 $u = nt_{NS} \approx \Omega_E t_{NS}$,其中,$t_{NS}$ 为指卫星 S 从升交点 N 到当前位置所经过的时间。卫星在其轨道上以恒定的角速度运动。另一方面,这种运动在赤道平面上的投影不是以恒定速度进行的。因此,卫星相对于地球表面的参考子午线会有视运动(卫星通过这些结点上空时有相对运动)。

卫星轨道在赤道平面上的投影在图 2.25 中以虚线表示。A 点(在赤道平面上以参考子午线的速度旋转的虚拟卫星的位置)到交点线的垂直投影与该虚线相交于 B 点。在一个以地心为参考的赤道平面坐标系中,O_x 轴沿交点线方向,O_y 与 O_x 正交,则 B 点的坐标可表示为

$$x_B = R_E \cos\Omega_E t, \quad y_B = R_E \sin\Omega_E t \cos i$$

故有

$$\tan(\zeta t) = y_B / x_B = \cos i \tan(\Omega_E t)$$

由此有

$$\Omega_E t = \arctan\left[\left(\frac{1}{\cos i}\right)\tan(\zeta t)\right]$$

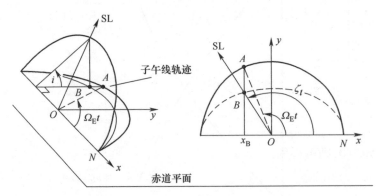

图 2.25 同步卫星轨道在一个非零倾角的圆形轨道上的投影

通过微分 $\Omega_E = d(\Omega_E t)/dt$,可得

$$\Omega_E = \zeta[1 + \tan^2(\zeta t)] / \{\cos i + \tan^2(\zeta t)/\cos i\} \quad (2.57)$$

在交点附近,ζt 趋向于 0,由此可知 $\Omega_E \cong \zeta / \cos i$,故有 $\zeta \cong \Omega_E \cos i$。卫星子午线的角速度小于参考子午线的角速度,卫星会向西漂移。在最大纬度点的附近,ζt 趋向于 $\pi/2$,由此可知 $\Omega_E \cong \zeta \cos i$,故有 $\zeta \cong \Omega_E / \cos i$。卫星子午线的角速度大于参考线的角速度,卫星向东漂移。

以经过升交点的卫星子午线为参考,则相对经度可由式(2.38)计算得到,即

$$\lambda = \lambda_{SL} - \Delta\lambda = \arcsin[(\tan\varphi)/(\tan i)] - \Omega_E t_{NS} \quad (2.58a)$$

故有

$$\lambda = \arcsin\{(\cos i \sin u)/\sqrt{1 - \sin^2 i \sin^2 u}\} - u \quad (2.58b)$$

$$\lambda = \arctan[(\tan u)(\cos i)] - u \quad (2.58c)$$

由式(2.40)可得纬度 φ 为

$$\varphi = \arcsin(\sin i \sin u)$$

图 2.26 显示了在不同倾角 i 下，u 在 $0°\sim360°$ 之间变化时所对应的卫星轨迹。计算得到的最大纬度 φ_m（最高点）等于轨道的倾角值 i，对应经度 λ 为零（相对于参考子午线）。

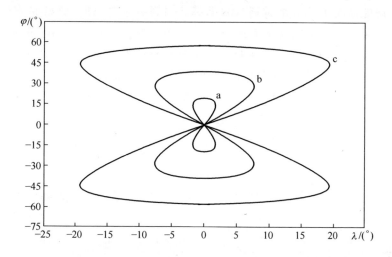

图 2.26　不同倾角值下圆形同步轨道的轨迹
(a) $i=20°$；(b) $i=40°$；(c) $i=60°$。

令 $d\lambda/du=0$，则可得到相对参考子午线的最大经度漂移量 $\lambda_{\max}$，由此可知

$$\tan u = 1/\sqrt{\cos i} \quad 或 \quad \sin u = 1/\sqrt{1+\cos i} = 1/(\sqrt{2}\cos(i/2))$$

由于

$$\lambda_{\max} = \arctan[\sqrt{(\cos i)}] - u = \arccos[1/\sqrt{(1+\cos i)}] - \arcsin[1/(1+\cos i)]$$

故有

$$\lambda_{\max} = \arccos[1/(\sqrt{2}\cos(i/2))] - \arcsin[1/(\sqrt{2}\cos(i/2))] \quad (2.59a)$$

或

$$\lambda_{\max} = \arcsin[(1-\cos i)/(1+\cos i)] = \arcsin[\sin^2(i/2)/\cos^2(i/2)] \quad (2.59b)$$

相应的最大纬度漂移量 φ_m 可表示为

$$\varphi_m = \arcsin(\sin i \sin u) = \arcsin\{(\sin i)/[(\sqrt{2})\cos(i/2)]\}$$

故有

$$\varphi_m = \sqrt{2}\sin(i/2) \quad (2.60)$$

若 i 值较小，则有

$$\lambda_{\max} = i^2/4, \varphi_m = i/\sqrt{2} \quad (\text{rad}) \quad (2.61)$$

2.2.4 倾角为零的太阳同步圆形轨道

在希望通信卫星提供通信服务的时间段内,必须能从指定的区域看到它;而这个时间段可能从每天几个小时到24h不等。当服务不连续时,最好是每天在相同时间段提供服务。在太阳同步赤道轨道运行的卫星,可以在每天的同一当地时间覆盖一个特定的地理区域。这种卫星可为地球表面某个特定区域提供不间断服务的时长,这个时长是卫星高度与接收机纬度的函数。表 2.6 列出了一些典型的卫星可视时长(CCIR-Rep 215)[ITUR-90]。这种轨道可考虑用于卫星广播系统。

表 2.6 在地球静止轨道或太阳同步赤道圆形轨道(非逆行)上的卫星可视时间

近似周期/h	高度/km	每天经过某一点的次数	每次过境时在地平线以上的近似可视时间/h			
			在赤道上	在±15°纬度	在±30°纬度	在±45°纬度
24*	35786	静止的[(24/h)-1]	连续的	连续的	连续的	连续的
12	20240†	1	10.1	10.0	9.9	9.3
8	13940†	2	4.8	4.7	4.6	4.2
6	10390†	3	3.0	2.9	2.8	2.5
3	4190†	7	1.0	1.0	0.9	0.6

注:*确切周期 = 23h56min4s。
† 近似值。

2.2.5 地球静止卫星轨道

2.2.4 节提到了一种特殊情况,即在赤道平面($i=0$)上有一种圆形轨道($e=0$)与地球同步。卫星的角速度与地球的角速度相同($n=\Omega_E$),且转动方向相同(顺行轨道)。卫星的轨迹投影被缩小为赤道上的一个点;卫星在这个点上永久保持静止状态。对于一个地面观察者来说,卫星似乎固定在天空中不动。表 2.7 给出了该轨道的特性。

表 2.7 地球静止卫星的开普勒轨道特性

半长轴	$a=r$	42164.2km
卫星速度	$V_S = \sqrt{a^3/\mu}$	3075m/s
卫星高度	R_0	35786.1km
平均赤道半径	R_E	6378.1km
比值	R_0/R_E	6.614

轨道的半长轴 a 可表示为

$$2\pi\sqrt{(a^3/\mu)} = T_E = 1 \text{ 恒星日} = 86164.1s$$

2.2.5.1 卫星离地球站的距离

对于地球静止卫星,式(2.41)可转换为

$$R^2 = R_E^2 + r^2 - 2R_E r\cos\phi, r = R_E + R_0$$

故有

$$R^2 = R_0^2 + 2R_E(R_0 + R_E)(1 - \cos\phi) \tag{2.62}$$

根据 R_0 与 R_E 的取值,可得 $R_E/R_0 = 0.178$,由此可知

$$(R/R_0)^2 = 1 + 0.42(1 - \cos\phi) \tag{2.63}$$

$$\cos\phi = \cos L \cos l \tag{2.64}$$

式中:l 为地球站的纬度;L 为卫星相对地球站的相对经度。图 2.27 给出了对于不同 L 值时,$(R/R_0)^2$ 与 l 的关系曲线。其中,$(R/R_0)^2$ 的最大值是 1.356。当 R^2 被替换为 R_0^2,则最大误差为 1.3dB。

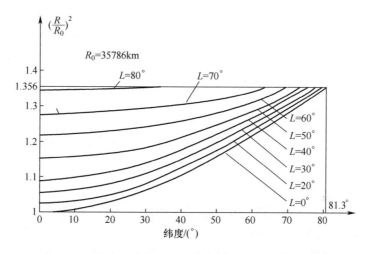

图 2.27 地球站-卫星距离 R 与其标称高度 R_0 之比的平方与
卫星地球站纬度 l 和相对经度 L 的关系曲线

2.2.5.2 仰角与方位角

从一个纬度为 l、与卫星相对经度为 L 的地球站出发,看到卫星的仰角 E 可由式(2.44)得到,故有

$$E = \arctan\{[\cos\phi - (R_E/(R_E + R_0))]/\sqrt{1 - \cos^2\phi}\}$$

式中:$r = R_E + R_0$,角度 ϕ 可由式(2.64)得到。

第8章图 8.12 显示了仰角 E 的取值与地球站相对卫星位置之间的关系曲线。
方位角 A 可通过式(2.45)由中间参数 a 得到,其中 $\varphi = 0$,故有

$$a = \arcsin[\sin L/\sin\phi](\phi > 0, L > 0) \tag{2.65}$$

表 2.8　方位角 A 的确定

地球站所在半球	卫星相对地球站的位置	A 与 a 的关系
北半球	东边	$A = 180° - a$
北半球	西边	$A = 180° + a$
南半球	东边	$A = a$
南半球	西边	$A = 360° - a$

通过使用表 2.8 与图 8.11，根据地球站相对卫星的位置，可由 a 得到真方位角 A。

2.2.5.3　天底角与最大覆盖范围

根据式(2.46)，天底角 $\theta = \arcsin[R_E(\cos E)/r]$。最大地理覆盖范围是指以卫星为顶点，并与地球表面相切的锥体所包含的那部分地球表面。

因此，极限仰角 $E = 0°$。圆锥体的顶点角度，即从地球静止卫星上看地球的角度可表示为

$$2\theta_{max} = 2\arcsin[R_E/(R_0 + R_E)] = 17.4° \tag{2.66}$$

最大纬度 l_{max} 或相对卫星的最大经度间隔 L_{max} 与式(2.46b)给出的 ϕ_{max} 相对应，其中 $E = 0°, \theta = \theta_{max} = 8.7°$，即 $\phi_{max} = l_{max} = L_{max} = 81.3°$。

2.2.5.4　传播时间

两个地球站之间通过卫星转发的链路距离在以下范围内变化。

最大值：$2R_{max}(L = 0°, l = 81.3°) = 83352.60 \text{km}$。

最小值：$2R_0 = 71572.2 \text{km}$。

传播时间大于 0.238s，最长可以达到 0.278s。

2.2.5.5　地球星蚀的影响

了解星蚀的持续时间和周期，对于使用太阳能电池作为能源的卫星来说非常重要，而且星蚀会引起热冲击，卫星设计时应充分考虑这一点。

星蚀的持续时间。图 2.5 中给出了地球围绕太阳运动的示意图。图 2.28 给出了太阳相对于赤道平面的视运动图。卫星的轨道垂直于图中的平面。在二至点时，卫星总是被照亮；但在二分点附近，它可能会经过地球的阴影。考虑将太阳近似为一个位于无限远处的点，这个阴影区域是一个与地球相切的圆柱体。如图 2.29 所示，在二分点(春分或者秋分)当天，星蚀的持续时间达到最大 d_{max}，即

$$d_{max} = (17.4°/360°) \times (23\text{h} \times 60\text{min} + 56\text{min}) = 69.4\text{min}$$

实际上，从地球上看，太阳的视直径为 0.5°，全星蚀时会出现一个锥体的阴影区域，而偏星蚀时则会出现半影区域(图 10.42)。半影的宽度等于太阳的视直

径 0.5°。

在其轨道上,卫星在 4min 内移动 1°;同时,星蚀的总时间等于 71.5min,其中有 2min 为开始与结束时的半影。

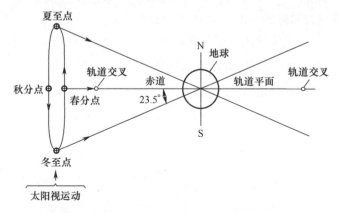

图 2.28 太阳相对于地球静止卫星轨道的视运动

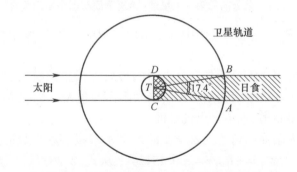

图 2.29 二分点的星蚀(赤道平面上的图像)

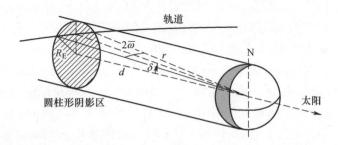

图 2.30 阴影区与轨道之间的几何关系(二分点除外)

为评估除二分点以外的星蚀持续时间,如图 2.30 所示,其中:$2\bar{\omega}$ 是半径为 R_E 的圆柱形阴影所对应的轨道弧;δ_{SUN} 为太阳赤纬角。由此可见:

$$\cos\bar{\omega}\cos\delta_{SUN} = d/r, d^2 + R_E^2 = r^2$$

则有

$$\cos\bar{\omega} = \sqrt{[1-(R_E/r)^2]}/\cos\delta_{SUN} = 0.9885/\cos\delta_{SUN} \quad (2.67)$$

星蚀的第一天和最后一天。春分点前星蚀的第一天取决于卫星与天体的相对位置,即当太阳照射地球形成的阴影区圆锥体与卫星轨道相切时,星蚀开始形成。

图 2.31 示意了秋分前的情况,此时太阳赤纬角逐渐减小。因此,$\bar{\omega}$ 的值是零($\cos\bar{\omega}=1$),而太阳赤纬角 δ_0 可表示为

$$\cos\delta_0 = \sqrt{[1-(R_E/r)^2]} \text{ 或 } \sin\delta_0 = R_E/r$$

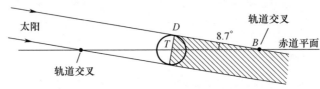

图 2.31 秋分前的第一天星蚀(赤道平面与图中平面垂直)

故有 $\delta_0 = \arcsin(R_E/r) = 8.7°$(图中的三角形 $\triangle BDT$ 与图 2.29 中相应的三角形相同)。

在二分点前的第一天星蚀与二分点后的最后一天星蚀时,太阳照射地球的阴影区几何图形关于赤道平面完全对称。当太阳赤纬角大于 δ_0 的绝对值时,地球的阴影不会影响卫星轨道,也不会出现星蚀。

只要确定了太阳赤纬角达到 $\delta_0 = \pm 8.7°$ 时的日期,就可以确定星蚀季的第一天和最后一天,即 $\sin\delta_0 = \pm R_E/r = \pm 0.15128$。从式(2.26)可得,太阳的升交距角值为 $u = \arcsin[\pm 0.15128/\sin\bar{\omega}]$,则 $u = \pm 22.34°$ 或者 $u = \pm 22.34° + 180°$。

在春分点和秋分点前后,太阳的真近点角可推导出来,即 $v = u + \bar{\omega}_{SUN}$。由式(2.21)和式(2.25)可得到偏近点角,故相关的平近点角也可计算出来,即 $M_1 = 54.17°, M_2 = 98.57°, M_3 = 232.34°, M_4 = 282.31°$。

通过近地点的日期可表示为 $t = M/n_{SUN}$,其中,$n_{SUN} = 2\pi/365.25$ 表示太阳的平均运动,单位是弧度/天。由此可知,$t_1 = 54d23h, t_2 = 99d23.5h, t_3 = 240d19h, t_4 = 286d10h$。由于通过近地点的时间是在 1 月 2 号到 3 号之间,则春分时,星蚀的开始和结束日期分别为 2 月 26 日和 4 月 12 日;而秋分时,星蚀的开始和结束日期分别为 8 月 31 日和 10 月 16 日。

此外,春分点和秋分点的日期相对于卫星通过近地点的时间差分别为 77d8h 和 263d18.5h,则相应的时间分为 3 月 21 日和 9 月 23 日。

因此,在春分前后,星蚀季会持续约 44d,而在秋分前后,其会持续约 46d。

只要知道指定日期对应的数值 d，就可由式(2.67)计算得到星蚀的每天持续时间。星蚀的总持续时间为 $8\bar{\omega}$。$\bar{\omega}$ 的单位用度数表示。图 2.32 给出了星蚀的每天持续时间，其中假设了阴影为圆柱形，且地球围绕太阳的轨道为圆形。

星蚀的时间。在每天持续时间过去一半时，卫星会穿过由太阳与地轴形成的赤道平面的正交平面。因此，在卫星所在的经度线上，这一时刻就是真太阳时的午夜。

星蚀开始于真太阳时的午夜之前 $24\bar{\omega}/360\text{h}$，并结束于午夜之后 $24\bar{\omega}/360\text{h}$。由真太阳时加上式(2.32)给出的时差 ΔE，就可以得到平太阳时，由此便可定义法定时间。在春分星蚀季期间，这个时差在 $0 \sim +12\text{min}$ 之间变化；而在秋分星蚀季期间，这个时差在 $-15 \sim 0\text{min}$ 之间变化。

例 2.3 本例计算秋分点时星蚀开始的时间。在二分点时，星蚀出现的总时长为 71.5min。

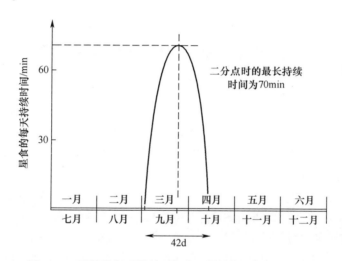

图 2.32 星蚀的每天持续时间与日期的关系(简化假设)

星蚀开始的真太阳时(对卫星所在子午线而言)为

$$\text{TL} = 12\text{h} - (71.5/2) = 11\text{h}24.25\text{min}\ (\text{真太阳时为 } 23\text{h}24.25\text{min})$$

9 月 23 日的时差为

$$\Delta E = 460\sin n_{\text{SUN}}t - 592\sin 2(\omega_{\text{SUN}} + n_{\text{SUN}}t) = -453\text{s} = -2.5\text{min}$$

$$t = 263\text{d}18.5\text{h}, n_{\text{SUN}} = 360/362.5 = 0.985626°/\text{d}, \omega_{\text{SUN}} = 280°$$

因此，星蚀开始的平太阳时为

$$\text{TM} = \text{TL} + \Delta E = 11\text{h}(24.25 - 2.5)\text{min} = 11\text{h}16.75\text{min}$$

对一个经度为 λ 的卫星，其世界时间 UT 的值为

$$\text{UT} = 11\text{h}16.75\text{min} - 12\text{h} + \lambda/15$$

例如,当 $\lambda = 19°W$ 时,则星蚀开始时的世界时为 0h33min。卫星业务区域的法定时间通常与 UT 相差若干个小时整;因此,以法国(夏季时间)为例,星蚀开始的时间 = UT+2 = 02h33min。

星蚀期间的操作。如果卫星使用太阳能作为动力来源,并且如果卫星必须提供连续的服务,那就有必要搭载一个能使卫星在二分点附近正常运行约 70min 的能量储存装置。

如果有条件,另一个解决方案是切换使用备份卫星。比较理想的情况是,这两颗卫星在经度上相距足够远,这样当一颗卫星处于阴影中时,另一颗卫星总能受到太阳辐射。两颗卫星的间隔必须大于 $17.4°$。不过,这样做也有两个缺点:

(1) 切换卫星要求地球站天线重新对准卫星,因此会造成服务中断,除非提供两副天线,或采用电子扫描天线。

(2) 两颗卫星覆盖完全相同的区域。

对于某些类型的卫星,如用于直接电视广播的卫星,可以设想不提供服务,因为星蚀总是发生在晚上,而用户可能正在睡觉。当卫星位于目标覆盖区域西边越远时,它们发生在晚间的时间就会越晚;卫星相对服务区域的经度向西移动 $15°$,对应的星蚀发生时间为服务区域的真太阳时 1h00min,也就是法定时间大约 02h00min 或 03h00min。

2.2.5.6 月球星蚀的影响

除了由于地球造成的星蚀之外,地球静止卫星也会被月球部分或全部遮挡。与地球造成的星蚀相比,由月球引起的星蚀发生时间及其程度是不规则的。在给定的轨道位置上,每年由于月球造成的星蚀次数从 0~4 次不等,平均为 2 次。在 24h 内,这样的星蚀可能会发生两次。星蚀的持续时间从几分钟到超过 2h 不等,平均为 40min 左右(CCIR-Rep 802)。图 2.33 的例子显示了一颗位于 $31°W$ 的卫星在 12 年时间内,由月球引起星蚀的出现时间、持续时间和星蚀深度。图中显示,在这一时间段中出现了 20 次深度大于 40% 的星蚀(此处的星蚀深度指的是从卫星上看太阳被月球阴影遮住的部分占整个太阳圆盘的百分比)。其中,有些持续时间超过 1h;还有一次持续时间超过 2h;有几次的深度超过 90%。如果在地球引发的星蚀出现前后,又发生了持续时间长、深度相当大的由月球引起的星蚀,则卫星很可能会出现电池过度放电、某些零部件温度大幅下降等相关问题。这种情况可能会发生,因为月球引发的星蚀现象在一年中会不断出现,而且有些可能还出现在春分或秋分期间。这些星蚀现象出现的次数和时间很大程度上取决于卫星的轨道位置,也取决于发射日期和任务持续时间。以上测算是系统任务初步分析工作的一部分,以便确定对卫星可能产生的影响。

2.2.5.7 日凌的影响

当从地球站指向卫星的天线波束轴线穿过太阳时,就会出现日凌现象。这意

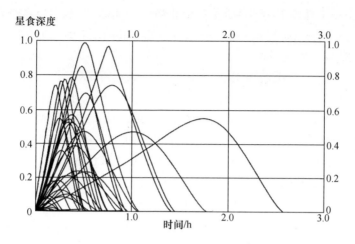

图 2.33 由月球引起的星蚀
(1999 年 1 月至 2010 年 12 月期间,31°W 的地球静止卫星的星蚀深度与其持续时间的关系)

味着太阳赤纬角等于天线的辐射轴线与赤道平面的夹角。无论该站在地球表面的位置如何,这个角度的最大值为 8.7°(见 2.2.5.3 节)。因此,日凌在一年中发生的时间接近二分点。

(1) 对北半球的地球站,发生在春分之前与秋分之后。

(2) 对南半球的地球站,发生在春分之后与秋分之前。

日凌日期。假设天底角 θ 为 8.7°,波束宽度无限窄,对于一个位于北半球卫星可视极限位置的站点来说,日凌现象出现在太阳赤纬角等于 8.7°的那些日期。这些日期就是 2.2.5.5 节中确定的春分前和秋分后的星蚀季,分别为 2 月 26 日和 10 月 16 日左右。

如果天底角小于 8.7°,则这些日期接近各自的二分点时间。日凌的日期和时间可以从地球站对准卫星的仰角 E(式(2.44a))和方位角 A(式(2.65))计算出来。如果需要更精确的计算,还需要考虑地球的扁率:一是由式(2.41)计算地球站与卫星距离 R 时,需将赤道半径 R_E 替换为地球站到椭圆体中心的距离 R_C(式(2.27b));二是由式(2.64)计算角度 ϕ 时,需将地理纬度替换为地心纬度(式(2.27a))。δ(赤纬)与 H(卫星的时角)的坐标可通过地平坐标到时角坐标的转换公式、仰角和方位角得到,同时还需要结合方位角的非天文学定义进行修正。由此可得

$$\sin\delta = \sin l' \sin E + \cos l' \cos E \cos A \tag{2.68a}$$

$$\cos H = (\cos l' \sin E - \sin l' \sin\delta \cos A)/\cos\delta \tag{2.68b}$$

日凌发生在太阳赤纬角 δ_{SUN} 等于卫星赤纬 δ 的时刻。太阳赤纬角与它的赤经 α_{SUN} 有关,即 $\delta_{SUN} = \tan\varepsilon \sin\alpha_{SUN}$(图 2.6)。太阳的两个赤经值对应于一个特定

的赤纬,其中一个位于春分点附近(对于北半球的地球站,在春分之前),即

$$\alpha_{SUN} = \arcsin[\tan\delta_{SUN}/\tan\varepsilon]$$

另一个位于秋分点附近,即

$$\alpha_{SUN} = 180° - \arcsin[\tan\delta_{SUN}/\tan\varepsilon]$$

考虑到格林尼治民用时间或世界时间 UT,等于平太阳时加 12h,式(2.28)与式(2.31)给出了日期和相应太阳赤经值之间的关系。平太阳时与真太阳时之间的差值可用式(2.31)计算得到。真太阳时是相对于通过太阳赤经 α_{SUN} 时的恒星时间 ST 的太阳时角,见式(2.28)。最后,对于 t 日期 0h 的 UT(其中,α_{SUN} 与 ST 均用小时表示),恒星时为

$$\alpha_{SUN} = ST + 12 - \Delta E \qquad (2.69)$$

利用式(2.33),可得到日期 JD0 时的恒星时间 ST(小时)。简化式(2.33),则可得

$$ST = (1/3600)[24110.6 + 8640184.812866 \times T]$$

式中:T 为指从日期 JD0 时到 2000 年 1 月 1 日 12 时之间的儒略世纪数(加或减 24h 的倍数,使得 0<ST<24h)。

由 α_{SUN} 计算得到 JD 比较困难,因为时差 ΔE 取决于日期。因此,有必要从一个初始日期开始迭代,这个初始日期通过查阅天文表获得,或者通过确定图 2.7 中所示的太阳赤纬 δ_{SUN} 的近似日期获得。

日凌时间。为获得 JD 当日日凌的具体时间,则从地球站看,卫星的时角 H 必须设定等于太阳时角。在此基础上,加上 JD 日的太阳赤经值就可以得到地方恒星时(LST),即

$$LST = H + \alpha_{SUN}$$

接下来,再减去该站向东偏开的经度,就可得到恒星时,即

$$ST = LST - \lambda$$

然后,通过减去 JD 日 0h 的恒星时,就可以得到以恒星时为单位的日凌时间 SU,即

$$SU = ST - ST(JD 日 0h)$$

有必要将恒星时间单位 SU 转换为世界时间 UT(见 2.1.5.5 节),即

$$UT = SU \times 0.9972696$$

这样就得到了卫星与太阳最深日凌的世界时间 UT(格林尼治时间)。地球站的当地时间将考虑到相应的时区,而且如果有必要,还应考虑日期(夏令时或冬令时)。

干扰的天数。日凌是指地球站、卫星和太阳排列在一条直线上。如果假设天线波束无限窄,则地球站遭受干扰仅发生在日凌那一刻。如果波束的等效口径为 θ_i,则由天底角 θ 所定义的初始日期前后连续几天都会发生干扰,在这期间,太阳赤纬角保持在 $\theta - \theta_i/2$ 与 $\theta + \theta_i/2$ 之间。

二分点附近的太阳赤纬角以大约每天 0.4° 的差值变化。故日凌干扰的连续

天数 N_i 为

$$N_i = 2.5\theta_i \quad (\text{天}) \tag{2.70}$$

式中：θ_i 为天线波束的等效口径，单位为(°)。举例来说，如果 $\theta_i = 2°$，则干扰连续发生五天，即从标称日期前两天开始，至后两天结束。

干扰的持续时间。考虑到太阳每天绕地球的视运动速度为 $0.25(°)/\min$，则受到太阳干扰的持续时间可由此计算出来。因此，干扰的持续时间 Δt_i 为

$$\Delta t_i = 4\theta_i \quad (\min) \tag{2.71}$$

鉴于 $\theta_i = 2°$，则干扰的持续时间等于 $8\min$。

在干扰过程中，天线的噪声温度会急剧增加。关于天线噪温的增加值，以及确定太阳干扰区的角直径 θ_i 的方法将在第 8 章讨论。

2.3 轨道的摄动

卫星在轨道上的运动是由作用在其质心上的力所决定的。在开普勒假设中，只针对有中心的、球形匀质物体的引力定义了保守力场（见式(2.3)）。由此得到的轨道是一个固定在空间中的平面，且可由一组恒定的轨道参数来描述。这些轨道参数可以通过几何变换由卫星的位置和速度矢量获得。在轨道摄动的情况下，轨道参数不再是恒定的，而是日期的函数。对于这些日期，需要进行几何变换。在考虑到各种摄动之后，可通过对运动方程的数值积分来进行轨道的推算。

轨道的摄动是各种施加在卫星上的作用力共同造成的结果。这些作用力主要包括：

（1）非均匀的地球引力。
（2）太阳与月球的引力。
（3）太阳辐射压。
（4）空气阻力。
（5）发动机推力。

前两种外力均来自摄动势能的引力。相比之下，其他作用力与卫星的质量无关，而且也不是保守力；它们是由卫星表面的运动量转化而来，取决于卫星的朝向与几何形状，因此人们可以对这些作用力进行控制。

2.3.1 摄动的性质

2.3.1.1 地球势能的不对称性

地球不是一个球形的、质量均匀的物体。空间中某一点的地球势能不仅取决于其与地球质心的距离 r，还取决于该点的经纬度以及时间。这是由于地球旋转和质量分布的不规则性造成的（这些不规则性由海洋与陆地潮汐运动引起，即在

月球引力和地球内部物理现象的作用下海洋表面和地壳发生的运动)。由于选择了与地壳相关的参照物,地球势的静态部分(使用平均系数)可简化展开为

$$u = (\mu/r)\left[1 - \sum_{n=2}^{\infty}(R_E/r)^n J_n P_n(\sin\varphi) + \sum_{n=2}^{\infty}\sum_{q=1}^{\infty}(R_E/r)^n J_{nq} P_{nq}(\sin\varphi)(\cos q(\lambda - \lambda_{nq}))\right] \quad (2.72)$$

$$P_n(x) = [1/(2^n n!)]\mathrm{d}^n/\mathrm{d}x^n[(x^2-1)^n]$$

P_{nq} 为相关的勒让德函数,有

$$P_{nq}(x) = (1-x^2)^{q/2}\mathrm{d}^q/\mathrm{d}x^q P_n(x)$$

式中:$\mu = 3.986 \times 10^{14} \mathrm{m}^3/\mathrm{s}^2$ 为地球的引力常数;r 为指定点相对于地心的距离;$R_E = 6378.14\mathrm{km}$ 为地球赤道平均半径;φ 与 λ 分别为指定点的纬度与经度;J_n 为带谐函数或扇谐函数;J_{nq} 为田谐函数或扇谐函数;P_n 为 n 阶勒让德多项式;J_n 与 J_{nq} 为常数,代表地球质量分布的特性;J_n 反映了势能对纬度的依赖性。由于地球的扁平化(约20km),J_2 比其他项的影响更大。J_{nq} 是田谐函数 ($n \neq q$),反映对经度和纬度的综合依赖,或者是扇谐函数 ($n = q$),只与经度有关。主导项 J_{22} 反映赤道椭圆率的特性(半长轴与半短轴之间相差150m)。

这些系数的值是由各种模型给出的(其中有许多势的展开公式),如戈达德太空飞行中心提出的模型、空间测量研究组和德国地球物理研究所的 GRIM 模型。这些系数的部分数值如下(GEM4 模型):

$$J_2 = 1.0827 \times 10^{-3}; J_{22} = 1.083 \times 10^{-6}; \lambda_{22} = -14.91°$$

当 $n>2$ 时,系数 J_n 与 J_{nq} 的数量级为 $10^{-5}/n^2$ [KAU-66]。摄动势可表示为

$$U_p = U - \mu/r \quad (2.73)$$

对于地球静止卫星来说,比值 R_E/r 的数值较小,且纬度 φ 接近于0。近似地,将展开项限制在2阶,则可得

$$U \approx \mu/r[1 + (R_E/r)^2\{J_2/2 + 3J_{22}\cos 2(\lambda - \lambda_{22})\}] \quad (2.74)$$

$$\lambda_{22} = -14.91° \approx 15°\mathrm{W}$$

2.3.1.2 月球与太阳的引力

月球与太阳各自产生了一个引力势,其表达式为

$$U_p = \mu_p\{1/\Delta - [(\boldsymbol{r}_p \cdot \boldsymbol{r})/|\boldsymbol{r}_p|^3]\}, \Delta^2 = |\boldsymbol{r}_p - \boldsymbol{r}| \quad (2.75)$$

式中:$\boldsymbol{r}$ 为地心到卫星的矢量;$\boldsymbol{r}_p$ 为地心到摄动天体的矢量;$\mu_p = GM_P$(M_P 为摄动天体的质量)为摄动天体(月球或太阳)的引力常数。对月球而言,有 $\mu_p = 4.8999 \times 10^{12}\mathrm{m}^3/\mathrm{s}^2$;对太阳而言,有 $\mu_p = 1.345 \times 10^{20}\mathrm{m}^3/\mathrm{s}^2$。

2.3.1.3 太阳辐射压

对于一个表面单元 $\mathrm{d}S$,其法线 $\boldsymbol{n}$ 与指向太阳的单位矢量 $\boldsymbol{u}$ 夹角为 θ,则该表面单元受到的辐射压为

$$d\boldsymbol{F}/dS = -(W/c)[(1+\rho)(\cos\theta)^2 \boldsymbol{n} + (1-\rho)(\cos\theta)\boldsymbol{n} \wedge (\boldsymbol{u} \wedge \boldsymbol{n})] \tag{2.76}$$

式中:ρ 为物体表面的反射率(反射通量与入射通量之比);W 为太阳光通量(每单位表面积接收的功率);c 为光速(对于 1 个国际天文单位 IAU,$W/c = 4.51 \times 10^{-6} N/m^2$)。

如果单元 dS 是完全反射的($\rho=1$),则辐射压与表面垂直可表示为

$$d\boldsymbol{F}/dS = (2W/c)(\cos\theta)^2 \boldsymbol{n}$$

如果表面单元 dS 是完全吸收的($\rho=0$),则辐射压可分解为一个法向分量和一个切向分量,其中:法向分量可表示为 $(dF/dS)_N = (W/c)(\cos\theta)^2$;切向分量可表示为 $(dF/dS)_T = -(W/c) \times (\cos\theta)^2 \sin\theta$。

若某颗卫星在太阳方向的视表面积为 S_a,反射率 ρ 等于 0.5(一个典型值),则卫星受到的摄动力可表示为

$$F_p = -1.5(W/c)S_a \quad (N) \tag{2.77}$$

如果卫星的质量是 m,则辐射压引起的加速度为

$$\Gamma = 6.77 \times 10^{-6} S_a/m \quad (m/s^2)$$

实际上,卫星的太阳能电池板构成了卫星相对太阳的整个视表面积。对于低功率的通信卫星(1kW),太阳能电池板的使用并不多见,而且比值 S_a/m 的数量级为 $2 \times 10^{-2} m^2/kg$。例如,Intelsat V 卫星的情况就是如此,对它来说 $S_a = 18m^2$,$m = 1000kg$,因此有 $S_a/m = 1.8 \times 10^{-2} m^2/kg$。对于这些卫星,由于辐射压而产生的加速度在 $10^{-7} m/s^2$ 左右,其影响是有限的。

对于大量安装太阳能电池板的高电功率卫星(如质量为 1000kg,表面积为 $100m^2$),比值 S_a/m 的数量级为 10^{-1},那么,在计算轨道摄动时,必须考虑到辐射压引起的加速度。

太阳辐射压的主要影响是修改轨道偏心率(见 2.3.3.5 节),其变化周期是一年。对于低轨道上的卫星,还有必要考虑从地球表面反射到卫星的太阳通量的辐射压(反照率),其影响相对太阳通量的影响来说也是十分显著的(可达到 20%)。

2.3.1.4　空气阻力

尽管在卫星高度处的大气密度很低,但在 200~400km 这样的低空,卫星的高速运动使得空气阻力造成的摄动还是非常显著的,只有高度达到约 3000km 以上时,这种摄动才可忽略不计。这种施加在卫星上的空气动力,其方向与卫星运动速度相反,它的表示形式为

$$F_{AD} = -0.5\rho_A C_D A_e V^2 \tag{2.78}$$

式中:ρ_A 为大气密度;C_D 为空气阻力系数;A_e 为垂直于速度方向的卫星等效表面积;V 为卫星相对于大气层的速度。

大气密度取决于高度(其变化是指数级的)、纬度、时间、太阳活动等多种因

素。人们已经开发了多种空气阻力的模型,如文献[JAC-77,HED-87]。空气阻力系数与物体表面的形式和特性有关。卫星相对于大气层的速度与其在惯性参考系中的速度不同,因为大气层受到地球旋转和风现象的拖拽而具有一定的速度。

如果卫星的质量是 m,则空气阻力引起的加速度为

$$\Gamma_{AD} = -0.5\rho_A C_D V^2 A_e / m \quad (\text{m/s}^2) \tag{2.79}$$

大气阻力的主要影响是由于轨道能量的减少而使轨道的半长轴减小。同样,圆形轨道也是如此,虽然形状不变,但它的高度降低,而卫星的速度增加。对于椭圆轨道,制动主要发生在近地点,远地点的高度下降,近地点的高度几乎保持不变,偏心率下降,轨道趋于圆形。举例来说,对于一个近地点高度为 200km、远地点高度为 36000km 的椭圆轨道(转移轨道,见第 11 章),在每一轨上,远地点的高度下降约 5km。

2.3.2 轨道摄动的影响

2.3.2.1 切触参数

卫星的实际运动是施加在其身上的惯性力 md^2r/dt^2 与其他各种作用力之间达到平衡后的结果。其他各种作用力包括:

(1) 球形匀质地球的势能所产生的引力。
(2) 由于各种摄动势而产生的力。
(3) 非保守的摄动力。

故有

$$md^2\mathbf{r}/dt^2 = m\mu(\mathbf{r}/r^3) + (m/r)\mathbf{r}dU_p/dr + \mathbf{f}_p \tag{2.80}$$

因此,可以通过在地心参考框架中的积分来确定卫星在每个瞬间的位置和速度。利用开普勒假设定义的几何变换,可以基于给定的数据获得 6 个轨道参数,用来描述卫星运动的特性。不同之处在于,开普勒轨道的参数是常量,而对于摄动轨道来说,这些参数是时间的函数。

这些对应当前日期 t 所确定的参数,称为切触参数。如果从日期 t 起开始消除摄动,则 t 的切触参数就是开普勒运动的轨道参数,可用于描述卫星运动特性。以这种方式定义的轨迹称为切触椭圆。这种命名其实是不恰当的,因为切触椭圆的弧线,尽管与日期 t 上的轨迹相切,但其实并不是实际运动曲线。

当考虑摄动影响时,使用切触参数是表征卫星轨道在有限时间范围内变化特性的一种简便方法。

2.3.2.2 轨道参数的变化

轨道参数的变化(da/dt,de/dt,di/dt,$d\Omega/dt$、$d\omega/dt$ 和 dM/dt)是通过高斯方程从以卫星为中心的正交坐标系中的摄动加速度分量得到的。

如果摄动加速场是由势引起的(只存在引力),微分方程组可用特定形式表示

为一个函数,其变量为摄动势相对于轨道参数的偏导数,这就是拉格朗日方程。对拉格朗日方程进行积分[KAU-66],得到的轨道参数为平均参数、短周期项和长周期项(相对于轨道周期),以及一些长期项(随时间变化的递增函数)之和。

2.3.2.3 长期累进

地球势能的摄动会产生长期累进效应,影响 ω(近地点幅角)、Ω(赤经)以及 M(平近点角)等参数。这些长期项与偶阶带谐函数有关,特别是 J_2。由此可得

$$d\omega/dt = (3/4)n_0 A J_2 [5\cos^2 i - 1] \tag{2.81a}$$

$$d\Omega/dt = -(3/2)n_0 A J_2 \cos i \tag{2.81b}$$

$$dM/dt = n_0 [1 + 3/4 A (1-e)^{1/2} J_2 (3\cos^2 i - 1)] \tag{2.81c}$$

$$A = R_E^2 / (a^2 (1-e^2)^2)$$

$$n_0 = 2\pi/T = \sqrt{\mu/a^3}$$

式中:R_E 为地球半径;e 为卫星轨道的偏心率;a 为卫星轨道的半长轴;i 为轨道倾角;n_0 为卫星的平均运动。

例如,对于一个倾角为 7° 的椭圆轨道,其近地点高度为 200km,远地点高度为 36000km(转移轨道,见第 11 章),近地点幅角的漂移 $d\omega/dt$ 的值为 0.817(°)/天。对于一个高度为 290km,倾角为 28° 的圆形轨道来说(空间传输服务的驻留轨道,见第 11 章),升交点赤经的漂移量(交点回退量)为 $d\Omega/dt = 25$(°)/天。对于极地轨道($i=90°$)来说,这个交点回退量是零。

合理选择某些轨道参数的值可以使另一个参数的漂移量固定为一个特定值。因此,为了使近地点幅角的漂移量 $d\omega/dt$ 为零,可合理设置轨道倾角,使式(2.81a)中 $5(\cos^2 i) - 1 = 0$,即 $i = 63.4°$。这样,近地点—远地点连线就不会在轨道平面内旋转,而远地点将永久保持在同一半球之上。这就是选择 63.4° 作为闪电轨道和冻原轨道倾角的原因(见 2.2 节)。

为 a 与 i 选择一对特定值,则可以得到一种特殊轨道,在该轨道上,升交点赤经每天的变化量等于太阳赤经的平均变化量,也就是说,式(2.81b)中的 $d\Omega/dt = 360°/365$ 天 $= 0.9856$(°)/天。对于圆形轨道,该条件可写为 $-6530 a^{-7/2} \cos i = 0.986$,其中 a 以 10^3 km 表示。

由此得到的轨道交点线与太阳平均方向的夹角全年保持不变。因此,太阳的光照条件在每一轨上是相同的,发生波动的原因是由于太阳赤纬角和时差的变化。这种卫星称为太阳同步卫星。如果轨道也符合相位关系,即它的周期是恒星日的约数或整数天,则卫星再次经过相同的位置点,周期等于对应的间隔天数。因此,这些轨道特别适合用于对地观测任务。例如,SPOT 卫星的轨道高度为 822km($a = 7200$km),倾角为 98.7°,周期为 101.3min,卫星每隔 26 天回到同一位置。

2.3.3 地球静止卫星轨道的摄动

在 2.2.5 节中,地球静止卫星的轨道被定义为在赤道平面($i=0$)上的非逆行圆形轨道($e=0$),其运动周期等于地球的自转周期($T=86164.1s$)。这样,利用开普勒定律进行计算便可得到半长轴 a_k 的数值为 42164.2km。

如果一颗卫星被放置在以这种方式定义的轨道上,可以看到,由于摄动的影响,轨道参数并不像开普勒方程预测的那样保持不变。卫星相对于地球的视运动如下:

(1) 相对于由卫星站点经度定义的标称位置,在东西方向上的位移(预想是固定不变的,因为卫星的转动速度已经与地球的自转速度相同了)。这种位移会伴随径向距离的变化。

(2) 相对于赤道平面的南北方向的位移。经过几周后,检查轨道参数会发现,轨道的半长轴、偏心率和倾角的值不再等于初始值,卫星不再是完全与地球同步了。

2.3.3.1 校正后的轨道参数

传统参数并不适合用来描述准地球同步轨道卫星的轨道特征。当倾角趋于零时,升交点的位置就变得不确定了;当偏心率趋于零时,近地点的位置也是如此。因此,合理的办法是描述 i 和 Ω 的同时累进变化,以及 e 和 $(\Omega+\omega)$ 的同时累进变化。

这可以通过引入下列矢量来实现。

(1) 倾角矢量 $\boldsymbol{i}$,可分解为
$$i_x = i\cos\Omega$$
$$i_y = i\sin\Omega$$

(2) 偏心率矢量 $\boldsymbol{e}$,可分解为
$$e_x = e\cos(\omega + \Omega)$$
$$e_y = e\sin(\omega + \Omega)$$

倾角矢量在图 2.34 中用一个沿交点线指向升交点的矢量表示,其模数等于倾角值。偏心率矢量在图 2.34 中用一个沿拱线指向近地点的矢量表示,其模数等于偏心率。

($\Omega+\omega$)是两个平面上的角度之和,两者原则上是不同的,但由于倾角仍然很小,所以很接近。倾角矢量也可用其他方式定义,如沿轨道角动量轴的矢量,其模数等于倾角。

此外,卫星在轨道中的位置特征不使用平近点角描述,而是用平均经度 λ_m 或真实经度 λ_v 来描述,两者可分别表示为

$$\lambda_m = \omega + \Omega + M - \mathrm{ST} \tag{2.82a}$$

$$\lambda_v = \omega + \Omega + v - \text{ST} \qquad (2.82\text{b})$$

式中:M 和 v 分别为平近点角和真近点角;ST 为格林尼治子午线的恒星时。

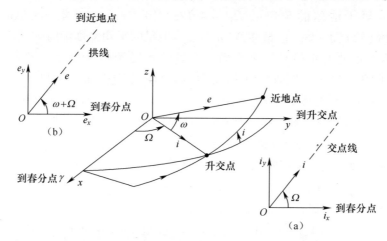

图 2.34 用于描述准地球静止卫星轨道特征的倾角矢量与偏心率矢量

由于地球的自转,格林尼治子午线的恒星时每小时增加$(360°+0.9856°)/24 = 15.04169°$(见式(2.30))。考虑到偏心率较小,平近点角与真近点角之间的关系可表示为

$$\lambda_v = \lambda_m + 2e(\sin M) \qquad (2.83)$$

因此,卫星的真实经度其实是在平均经度附近上下振荡,其一天内的振幅为 $2e$(见 2.2.2 节)。

综上,准地球静止卫星的轨道参数包括 a, e_x, e_y, i_x, i_y 和 λ_m。

2.3.3.2 地球同步环形轨道的半长轴

受摄动影响的地球同步环形轨道的半长轴与利用开普勒假设计算的半长轴 a_k 并不相同。由拉格朗日方程可推导出平均经度漂移量的表达式为

$$d\lambda_m/dt = -(2/na)(dU_p/dr)_{r=a} + n - \Omega_E \qquad (2.84)$$

式中:$\Omega_E = 4.178 \times 10^{-3}°/\text{s}$ 为地球的旋转角速度。

为了使卫星与地球同步,必须使平均经度的漂移量 $d\lambda_m/dt$ 等于零。那么,与地球同步轨道对应的半长轴 a_s 的值可表示为

$$a_s = a_k + 2J_2 a_k (R_E/a_k)^2 + \cdots = a_k + 2.09\text{km} = 42166.3\text{km}$$

式中:a_k 为开普勒轨道的半长轴。

消除因月球—太阳引力引起的长期漂移量,将进一步修正半长轴,则其最终数值为

$$a_s = 42165.8\text{km}$$

由式(2.84)可知,平均经度的导数 $d\lambda_m/dt$ 与半长轴相对于同步轨道相应值

a_s 的变化量 Δa 有关,由此可得

$$d\lambda_m/dt = -(3/2)(n_s/a_s)(\Delta a) = k_\lambda(a - a_s) \quad (2.85)$$

式中:n_s 等于地球的角速度 $\Omega_E = 4.178 \times 10^{-3}$°/s,$a_s = 42165.8$km,故 $k_\lambda = -0.0128$ (°)/(d·km)。请注意,$a > a_s$,卫星的平均经度随时间减小(因 k_λ 为负,故 $d\lambda_m/dt$ 也是负值),这就导致卫星的速度随着轨道半径的增大而降低;然后,卫星的角速度小于地球的角速度,则卫星的经度也会随之减小。

2.3.3.3 卫星经度的累进变化

对于一个准地球静止卫星,地球的摄动势可由式(2.74)近似表示为

$$U_p = \mu/r[(R_E/r)^2\{J_2/2 + 3J_{22}\cos2(\lambda - \lambda_{22})\}]$$

这个摄动势会产生一个切向加速度 Γ_T,使得

$$\Gamma_T = -(1/r)dU_p/d\lambda = (\mu/r^2)(R_E/r)^2 6J_{22}\sin2(\lambda - \lambda_{22}) \quad (2.86)$$

这个加速度导致卫星在轨道上的速度 V_{SL} 发生变化,有

$$\Gamma_T = dV_{SL}/dt = d[r\omega_{SL}]/dt = [dr/dt]\omega_{SL} + r(d\omega_{SL}/dt) \quad (2.87)$$

式中:ω_{SL} 为卫星的角速度。

由于轨道是准圆形的,可以考虑 $r \approx a_s$,即等于地球同步环形轨道的半长轴,而 $\omega_{SL} \approx n_s = \sqrt{(\mu/a_s^3)}$,则有

$$d\omega_{SL}/dt \approx -(3/2)(\omega_{SL}/r)(dr/dt), r = a_s \quad (2.88)$$

结合式(2.87)与式(2.88),可得

$$dr/dt \approx -(2/\omega_{SL})\Gamma_T, r = a_s \quad (2.89)$$

故卫星的横向加速度可表示为

$$d^2\lambda/dt^2 = d\omega_{SL}/dt \approx (3/a_s)\Gamma_T \approx D\sin2(\lambda - \lambda_{22}) \quad (2.90)$$

$$D = 18n_s^2(R_E/a_s)^2 J_{22} = 3 \times 10^{-5} \text{rad}/d^2 = 4 \times 10^{-15} \text{rad}/s^2$$

因此,横向加速度取决于卫星的经度。这个加速度相对于经度($\lambda_{22} = -14.91°$)呈正弦变化,当 $\lambda = \lambda_{22} + k\pi/2$ 时,该加速度为零。这样就确定了4个平衡点,其中两个点是稳定的平衡点(也就是说,如果卫星从平衡位置移开,它就会趋向于回到平衡位置),其他两个是不稳定的平衡点。

令 $\Lambda = \lambda - \lambda_{22} \pm 90°$ 为卫星相对于最近的稳定平衡点的经度,则卫星围绕平衡点的运动受制于

$$d^2\Lambda/dt^2 = -D\sin2\Lambda$$

经度漂移量 $d\Lambda/dt$ 与卫星相对于稳定平衡点的经度有关,两者的关系函数为

$$(d\Lambda/dt)^2 - D\cos2\Lambda = 常量 \quad (2.91)$$

图2.35给出了漂移量的变化 $d\Lambda/dt$ 与经度 Λ(相对于稳定平衡点的经度)之间的关系曲线。括号里的数字是卫星相对于稳定平衡点的振荡运动周期,它至少是两年。从图中还可以看到,若稳定平衡点的初始漂移量过大,在卫星到达邻近的

不稳定平衡点附近之前,自然加速度将不会抵消这种漂移。这样,卫星就过了不稳定的平衡点,并被引到下一个稳定的平衡点,并继续重复同样的过程。如此往复,漂移量永远不会被抵消,因此,卫星相对于地球的旋转是永久性的。

此处给出的结果,其计算过程忽略了摄动势的展开公式中大于2阶的项。图2.36给出了实际横向加速度与卫星地球站经度的关系曲线(CCIR-Rep 843)。稳定平衡点位置的经度约为102°W与76°E,两个不稳定平衡点位置的经度约为11°W与164°E。

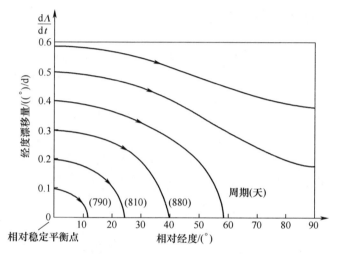

图2.35 经度漂移量的变化与经度(相对稳定平衡点)之间的关系

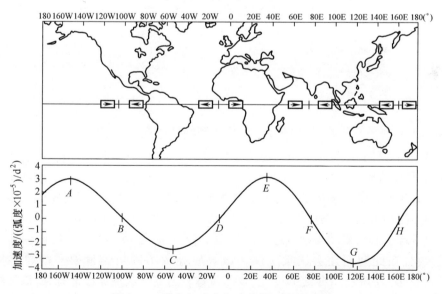

图2.36 横向加速度与地球站经度的关系

2.3.3.4 轨道倾角的累进变化

在图 2.37 中可以看到月球与太阳引力的作用,其中,O_y 轴在赤道平面上且垂直于春分点的方向,O_x 轴没有显示出来但指向图的正面,而 O_z 轴是极轴(图 2.6)。在夏至点,太阳(在黄道面中)位于赤道平面之上。月球轨道平面与黄道面形成了一个 5.14° 的夹角。图 2.37 中,月球轨道的轨迹在两条线所定义的区域内,这两条线与黄道的夹角为 ±5.14°,该轨迹是一个以月球轨道升交点赤经为变量的函数,且升交点赤经值在 18.6 年内变化 360°。在指定日期,太阳与月球被假定在图中的右边(这相当于地球上看到的新月)。

当卫星在图中的右边时,它受到的太阳和月球引力比在左边时更强,因为距离更小。地球—卫星系统就像受到了一个(净)摄动力 δF,如图 2.37 所示,这个力以某个方向作用于其中一半轨道,而用相反的方向作用于另一半轨道。经过半个月球周期(13d)后,当月球位于图中的左边(满月)时,也会出现同样的结果。如果太阳在左边的黄道面以下(冬至点),则对于月球出现的以上两种位置,卫星的摄动力方向和大小保持不变(除地球与太阳距离变化外)。当月球或太阳处于赤道平面时,由相关天体引起的摄动力在垂直于轨道平面的分量为零。

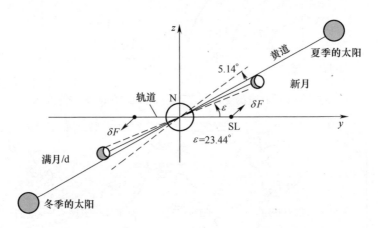

图 2.37 月球与太阳对地球静止卫星轨道的引力

摄动力在轨道平面上的分量则会影响到轨道的半长轴和偏心率。通过将半长轴 a_s 的数值调整为 42165.8km(见 2.3.3.2 节),可以抵消这种摄动力的长期影响。垂直于轨道平面的摄动力分量会影响轨道的倾角矢量。太阳对轨道的摄动力在二至点处最大,在二分点处最小。这导致倾角矢量的平均漂移量为 0.27(°)/年。由月球引起的摄动力在轨道法向平面上的分量,在每个月球周期内会出现两次最大,且在此期间还会出现零值。该效应导致了倾角矢量的平均漂移量在 0.48(°)/年~0.68(°)/年之间变化,且与月球轨道的升交点赤经值有关,该值的变化周期为 18.6 年。

月球和太阳引力对准地球静止卫星轨道的倾角矢量的综合影响主要包括：
(1) 振荡周期为 13.66d，振幅为 0.0035°。
(2) 振荡周期为 182.65d，振幅为 0.023°。
(3) 长期累进影响。

长期累进影响的分量可表示为

$$\mathrm{d}i_x/\mathrm{d}t = H = (-3.6\sin\Omega_M) \times 10^{-4} \ (°)/\mathrm{d}$$

$$\mathrm{d}i_y/\mathrm{d}t = K = (23.4 + 2.7\sin\Omega_M) \times 10^{-4} \ (°)/\mathrm{d}$$

$$\Omega_M(°) = 12.111 - 0.052954T \ (T = \text{自 1950 年 1 月 1 日以来的天数})$$

式中：Ω_M 为指定时间内月球轨道的升交点赤经。

图 2.38 显示了倾角矢量在某一指定日期的长期累进效应。在初始日期 t_0 至日期 t 期间，漂移方向 Ω_D 以及导数 $\Delta i/\Delta t$ 可表示为

$$\cos\Omega_D = H/\sqrt{H^2 + K^2}$$

$$\Delta i/\Delta t = \sqrt{H^2 + K^2} \tag{2.92}$$

在 Ω_M 的 18.6 年周期内，二者都是历元的函数：
(1) Ω_D 从 81.8°到 98.9°不等。
(2) $\Delta i/\Delta t$ 从 0.75 到 0.95(°)/年不等。

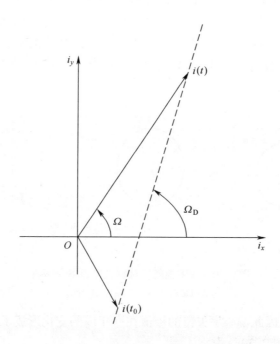

图 2.38　倾角矢量的长期累进变化

地球势能的带谐项会影响倾角矢量的累进变化,并导致升交点赤经 Ω 以 4.9(°)/年的值回退。

多种因素的综合影响,导致倾角矢量的极值平均在 54 年内形成一个圆,其圆心坐标为 $i_x = -7.4°, i_y = 0°$。该点构成了一个轨道平面长期漂移的稳定平衡点,对应的轨道倾角为 i 等于 $7.4°$,升交点赤经 Ω 等于 $0°$。

2.3.3.5 偏心率的累进变化

太阳辐射压产生了一种力,以卫星速度方向作用在一半轨道上,而以相反的方向作用在另一半轨道上。这样一来,一个圆形的轨道就趋向于变成椭圆形(图 2.39a)。轨道的拱线垂直于太阳的方向。

轨道的椭圆率不会永久性地增加。随着地球围绕太阳的运动,椭圆不断变形,而偏心率不会超过其最大值门限。

假设摄动加速度来自一个伪势,则偏心率的累进变化和近地点幅角可由拉格朗日方程中得到的偏心率矢量表示。假设太阳的视运动轨道是圆形,且是近赤道的,并且忽略了短周期项(周期为一天),则计算结果为

$$\mathrm{d}e_x/\mathrm{d}t = -(3/2)(C/(n_s a_s))\sin\alpha_{SUN}$$
$$\mathrm{d}e_y/\mathrm{d}t = (3/2)(C/(n_s a_s))\cos\alpha_{SUN}$$

式中:α_{SUN} 为太阳赤经;n_s 为地球静止卫星的平均运动(rad/s),等于地球的角速度 $\Omega_E = 4.178 \times 10^{-3}(°)/s = 7.292 \times 10^{-5}(°)/h$;$a_s$ 为地球同步轨道的半长轴,取值为 42165.8×10^3 m;S_a 为卫星在太阳方向的视表面积(m²);m 为卫星的质量(kg);ρ 为反射系数 ≈ 0.5;$W/c = 4.51 \times 10^{-6}$ N/m²;$C = (1+\rho)(S_a/m)(W/c)$。

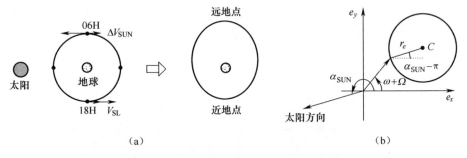

图 2.39 太阳辐射压对轨道偏心率的影响
(a)轨道的变形;(b)自然偏心圆。

假设 C 是恒定的,因此偏心率矢量的极值在一年内的变化形成了一个半径为 r_e 的圆,其圆心坐标(图 2.39b)为

$$C_x = e_x(t_0) - r_e\cos\alpha_{SUN}(t_0)$$

$$C_y = e_y(t_0) - r_e \sin\alpha_{SUN}(t_0)$$

这个圆被称为自然偏心圆,其半径的值为

$$r_e = (3/2) C/n_s a_s \Omega_{SUN}$$

式中:Ω_{SUN} 为太阳的平均角速度,且有 $\Omega_{SUN} = d\alpha_{SUN}/dt = 0.9856(°)/d$。

因此,有 $r_e = 1.105 \times 10^{-2}(1+\rho)(S_a/m)$,其中 $\rho \approx 0.5$,S_a 的单位是 m^2,m 的单位为 kg。

对于一颗功率为 2kW、视表面积 $S_a = 30m^2$、质量为 1000kg 的在轨卫星来说,自然偏心圆的半径在 5×10^{-4} 左右。偏心率矢量的定义如下:从自然偏心圆的中心到偏心率矢量极点的径矢,方向指向太阳。

最后,月球与太阳的引力也会引起偏心率的摄动,其周期约为一个月,幅度约为 3.5×10^{-5},这种摄动会叠加在辐射压引起的偏心率矢量的累进效应中。

2.3.4 地球静止卫星的位置保持

由于摄动的影响,地球静止卫星的轨道参数会偏离其标称值。轨道特性可用以下参数描述:倾角 i,偏心率 e 和经度漂移 $d\lambda/dt$,这些参数的值都很小,但并不是零。以下首先分析这些参数对卫星位置的影响,以确定轨道位置保持的要求,然后再提出轨道校正的流程。

2.3.4.1 卫星的位置与速度

在地心旋转参考坐标系中,卫星的球面坐标为半径 r、赤纬或纬度 φ 和经度 λ。由于偏心率 e 和倾角 i 很小,这些坐标与轨道参数的关系为

$$\begin{aligned} r &= a_s + \Delta a - a_s e \cos v = a_s + \Delta a - a_s \cos(\alpha_{SL} - (\omega + \Omega)) \\ &= a_s + \Delta a - a_s(e_x \cos\alpha_{SL} + e_y \sin\alpha_{SL}) \end{aligned} \tag{2.93a}$$

式中:Δa 为实际半轴和同步半轴之间的差值,其值等于 $-(2/3)(a_s/n_s)d\lambda_m/dt$,参见式(2.85);$\alpha_{SL}$ 为卫星的赤经,其值等于 $v + \omega + \Omega$。因为 i 很小,故有

$$\begin{aligned} \lambda &= \lambda_m + 2e\sin M = \lambda_m + 2e\sin[\alpha_{SL} - (\omega + \Omega)] \\ &= \lambda_m + 2e_x \sin\alpha_{SL} - 2e_y \cos\alpha_{SL} \end{aligned} \tag{2.93b}$$

$$\begin{aligned} \varphi &= \arcsin[\sin(\omega + v)\sin i] \\ &\approx i\sin(\omega + v) = i\sin(\alpha_{SL} - \Omega) \\ &= i_x \sin\alpha_{SL} - i_y \cos\alpha_{SL} \end{aligned} \tag{2.93c}$$

卫星在地心惯性参考坐标系中的速度可以被分解成以下几个部分:垂直于轨道平面向北的分量 V_N;在地球—卫星方向的分量 V_R;与速度方向轨道平面上的径矢垂直的分量 V_T。考虑到倾角和偏心率较小,忽略卫星角速度相对于地球旋转角速度 Ω_E 的变化,则导数 $d\alpha_{SL}/dt$ 约等于 Ω_E。由此,将 $a_s d\alpha_{SL}/dt$ 替换为 $V_S = a_s \Omega_E$,则同步卫星速度为(其中,$V_S = 3075m/s$)

$$V_R = a_s dr/dt = -a_s(-e_x \sin\alpha_{SL} d\alpha_{SL}/dt + e_y \cos\alpha_{SL} d\alpha_{SL}/dt)$$

$$= V_S(e_x\sin\alpha_{SL} - e_y\cos\alpha_{SL}) \tag{2.94a}$$

$$V_T = a_s(\cos i\, d\lambda/dt) + a_s\Omega_E = a_s(d\lambda/dt) + a_s\Omega_E$$
$$= a_s(d\lambda_m/dt) + V_S[1 + 2(e_x\cos\alpha_{SL} + e_y\sin\alpha_{SL})] \tag{2.94b}$$

$$V_N = a_s d\varphi/dt = V_S(i_x\cos\alpha_{SL} + i_y\sin\alpha_{SL}) \tag{2.94c}$$

2.3.4.2 非零偏心率与非零倾角的影响

非零偏心率导致卫星的经度围绕其定点位置(或星下点)的平均经度波动。图 2.40(a) 对此进行了说明,该图描述了两颗卫星的连续位置变化,其中:一颗卫星在周期为一个恒星日的圆形轨道上;另一颗卫星在同一周期的椭圆形轨道上。经度漂移 $\Delta\lambda$ 可由式(2.83)得到,其值 $\Delta\lambda = \lambda_v - \lambda_m = 2e\sin M$。经度的最大漂移 $\Delta\lambda_{\max}$ 的值为 $2e$ 弧度,即 $2\pi e/180 = 114e$°(见 2.2.2 节)。

如图 2.40(b) 所示,非零倾角导致卫星相对于赤道和定点位置经度每天发生视运动,其轨迹形状呈八字形(见 2.2.3 节)。纬度变化的幅度 $\Delta\varphi_{\max}$ 等于倾角 i 的数值。经度最大漂移 $\Delta\lambda_{\max}$ 的值为 $4.36\times10^{-3}i^2$(度),而相应的纬度 φ_m 为 0.707(见式(2.60))。在时间段 t 末期,经度漂移达到最大,则此时 $(2\pi t/T) = 1/[\sqrt{2}\cos(i/2)]$,当 i 较小时,$\Delta\lambda_{\max}$ 可忽略不计,如 $i=1°$,$\Delta\lambda_{\max} = 4.36\times10^{-3}$(°)。图 2.41 中给出了由于轨道的偏心率与倾角非零造成经度的最大日变化情况。

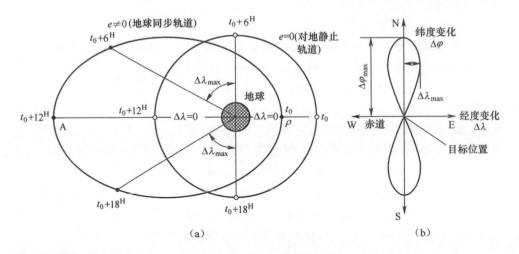

图 2.40 非零偏心率与非零倾角的影响
(a)非零偏心率的影响;(b)非零倾角的影响。

2.3.4.3 位置保持框

为了完成任务,卫星必须保持相对于地球的静止状态,并在赤道上空占据一个确定的位置。然而,因倾角、偏心率非零引起的 24h 周期性振荡,以及平均经度的长周期漂移,这些因素的综合影响导致卫星相对其标称位置会出现视运动。

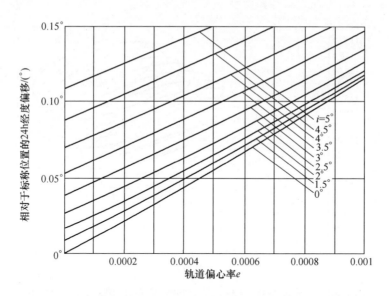

图 2.41　由于偏心率 e 与倾角 i 非零造成卫星经度的日变化情况
（峰-峰值的变化等于图中所给数值的两倍）
来源：经国际电信联盟许可转载自（CCIR-Rep 556-4）

图 2.42 给出了卫星相对于其标称位置的相对运动情况，其标称轨道参数为：半长轴 42164.57km，偏心率 $2×10^{-4}$，倾角 $0.058°$。实际中，确实不可能使卫星相对地球保持绝对不动，因此，人们定义了"位置保持框"。

"位置保持框"限定了卫星经度与纬度的最大允许偏离值。它可以表示为一个锥体的立体角，其顶点在地心，而卫星必须一直保持在这个锥体的立体角范围内。"位置保持框"由顶点的两个半角定义，一个在赤道平面内（东-西宽度），另一个在卫星子午面内（南-北宽度）。偏心率的最大值决定了径向距离的变化 $2ae$（由式（2.16）可知）。图 2.43 给出了卫星相对于"窗口"原始中心位置的位移范围，其典型参数是：经度与纬度变化 $±0.05°$，偏心率为 $4×10^{-4}$。

位置保持的目标是通过最经济的方式定期进行轨道校正，以控制轨道参数在摄动影响下的累进变化，使卫星保持在"位置保持框"内。

这个"位置保持框"的边界范围由具体任务确定。考量因素包括：

（1）位置保持的边界变化范围越小，地球站的天线指向与跟踪系统就越简单。

（2）当地球站天线的波束宽度较大时，或当地球站安装在飞机、船舶或卡车等平台上并具备跟踪卫星运动的能力时，"位置保持框"的边界范围较大也是可以接受的。

（3）地球静止卫星配备了窄波束天线，可指向地球上特定地点，但随着波束变窄，位置保持的精度要求会越高。在这种精度条件下，也允许地球站使用固定指向

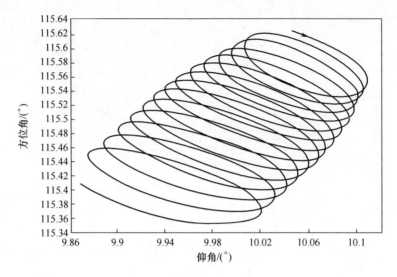

图 2.42 由非零偏心率(2×10^{-4})与非零倾角($0.058°$)的综合影响所造成的卫星视运动(在两次位置保持机动控制间隔的 14 天内)

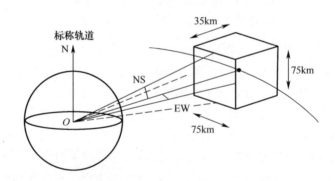

图 2.43 位置保持框(经纬度变化$\pm0.05°$,偏心率 $e=4\times10^{-4}$)

的天线。

(4) 要求卫星具备严格的位置保持精度,也有利于地球静止卫星的轨道和无线电频谱资源的使用(ITU-R Rec. S.484)[ITUR-92c]。

无线电通信规则[ITU-16]规定,固定和广播业务卫星的位置保持精度在经度方向上应达到$\pm0.1°$。对于不使用固定或广播卫星业务频段的卫星,允许其经度有$\pm0.5°$的误差。

2.3.4.4 轨道校正的影响

轨道校正是通过在轨道上的某一点对卫星施加速度增量 ΔV 来实现。这些速度增量是在特定方向上施加在卫星质心的作用力所产生的,其持续时间足够短(与轨道的周期相比),因此它们可被视为冲量。根据 2.3.4.1 节定义的轨道上某点的速度,对于一个参数为 r、λ 和 φ 的轨道,施加的这种冲量可以是径向的、切向的,也可以是沿轨道面法线方向的。这些冲量不会瞬时改变 r、λ 和 φ 的值,但会通过一个增量 ΔV 来改变速度的相关分量。这个速度增量对轨道参数的影响由式(2.94a)~式(2.94c)确定。可以证明:法向冲量可以修正倾角;径向冲量可以修正经度和偏心率;切向冲量可以修正漂移和偏心率。

安装在卫星上的致动器/推进器能够产生垂直于轨道的力,以控制其倾角和切向力(与速度平行)。考虑到经度的修正是从切向冲量产生的漂移中获得的,因此没有必要专门去产生径向推力,这也使得偏心率的控制成本可以降得相对较低。

因此,致动器可以通过调整倾角来独立控制轨道平面外的卫星运动,从而实现南北方向的位置保持;同时,也可以通过调整漂移和偏心率(如有必要)来控制轨道平面内的运动,从而实现东西方向的位置保持。

然而,由于卫星姿态控制的不准确性和致动器安装的偏差,可能会出现"耦合现象"。例如,这可能导致本应垂直于轨道的推力在实际操作中并不垂直,由此会产生一个作用于轨道平面的分量。最常用的致动器是通过燃烧一种被称为"推进剂"的化学物质来产生推力的,其可提供的速度增量与消耗的推进剂数量有关(见10.3.1节)。

2.3.4.5 南北向位置保持

南北向位置保持是通过垂直于轨道平面的推力来实现的,从而调整轨道的倾角。这种操作只需要校正倾角矢量的长期漂移,因为周期性摄动的幅度($2\times 10^{-2}(°)$)小于"窗口"的一般尺寸($0.1°$)。

最优的措施是在由式(2.92)定义的漂移量 Ω_D 的相反方向上引入对倾角矢量的调整,这就决定了轨道机动控制点的赤经值。在图2.44(a)中,外圈代表"窗口"的南北跨度范围。倾角的最大允许值由内圈表示,它与外圈的差值计算考虑了测量误差和轨道恢复误差。

在赤经点 α_{SL} 处,倾角矢量的分量 i_x 和 i_y 的修正量,与法向的速度增量 ΔV_N 之间的关系可表示为

$$\begin{cases} \Delta i_x = \Delta V_N \cos\alpha_{SL}/V_S \\ \Delta i_y = \Delta V_N \sin\alpha_{SL}/V_S \end{cases} \quad (2.95)$$

式中:V_S 为卫星在轨道上的速度,等于3075m/s。倾角修正的模数 $|\Delta i|$ 与法向速度增量 V_N 的模数之间的关系为

$$|\Delta i| = 0.01863 |\Delta V_N| \quad (2.96)$$

式中:$|\Delta V_N| = 53.7|\Delta i|$,$\Delta V_N$ 的单位为 m/s,Δi 的单位为(°)。

正如2.3.3.4节中所讨论的,从式(2.92)中计算得到的 $\Delta i/\Delta t$ 取值从0.75 (°)/年到0.95(°)/年不等,具体取决于所考虑的年份。因此,每年为补偿相应的倾角漂移而需要的速度增量在 $53.7\times0.75 = 40$m/s 与 $53.7\times0.95 = 51$m/s 之间变

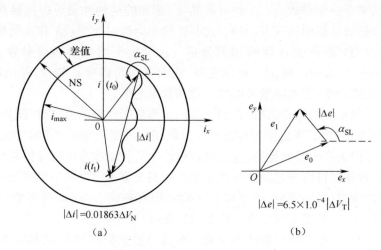

图 2.44 南北向位置保持措施
(a) 轨道倾角的修改;(b) 偏心率的修改。

化,具体取决于年份。ΔV 总量要根据发射日期进行计算,以确定南北位置保持所需的推进剂数量(见 10.3 节)。对于 15 年的任务寿命,这个总量为 665~695m/s。

在只纠正长期漂移的情况下,南北方向轨道控制的成本与所执行的机动控制次数无关。

可采用的策略有多种。

(1) 策略 1:先让倾角矢量漂移到最大允许值,然后在与漂移方向相反的方向上进行修正。这种策略可以最大限度地减少机动控制次数,但需要较大的速度增量,这会导致与东西方向位置保持的"耦合"问题。

(2) 策略 2:从卫星控制中心的运行负荷来看,合理协调南北方向和东西方向的机动控制是有益的,且后者的重现周期不同且更短。在这种情况下,在倾角达到极限值之前就要进行校正。

(3) 在这两种策略中,为了使轨道校正达到最佳效果,校正点的赤经值是由周期结束时的漂移矢量的位置所决定的。受制于轨道校正过程中所采用的卫星姿态控制技术,在轨道的某些位置可能不允许进行机动控制(如地球-卫星-太阳的几何形状可能影响姿态测量的准确性)。因此,在一年中的某些时间段,当赤经值落入禁区时,无法以最佳方式进行轨道校正。故这种控制策略包括在进入关键期之前先确定好倾角矢量的极点,以便使倾角矢量的漂移可以获得最大的允许区域范围。

应该注意的是,校正点的赤经不一定对应于轨道的一个节点。只有在希望将轨道倾角修正为零的情况下,该位置才是强制性的,而对于以上所描述的策略来说,通常不是这种情况。然而,漂移方向往往倾向于将倾角矢量引向图 2.4 中参考

框架的 y 轴（Ω 接近于 90°）。因此，对漂移的控制是全向的，可通过补偿轨道平面的旋转来实现，方法是向南施加推力使 Ω 接近 90°，或向北施加推力使 Ω 接近 270°。每天进行机动控制的时间取决于季节：向南的推力，在夏季需要在正午时分施加，在冬季则需要在接近午夜时分进行，在春季和秋季需要分别在晚上和早晨进行；向北的推力则需与向南的推力间隔 12h 施加。

最后，为了降低位置保持的成本，可以不提供倾角控制，允许出现较大的最大允许倾角值，如 3°。在卫星寿命初期，轨道倾角等于最大允许值，通过合理设置轨道的升交点赤经值，使初始倾角矢量与自然漂移的平均方向平行，然后在卫星寿命末期，使两者方向相反。在大约一半的卫星寿命期中，倾角一直不断下降，降至零后又开始增加，直到增加至最大值，此时卫星运行寿命结束。由于年平均漂移量在 0.85°左右，故一些卫星的在轨寿命可能会设置为 7 年左右。

非零倾角的主要后果是从地球站看到的卫星呈现出南北方向的振荡（见 2.2.3 节），且卫星天线的覆盖范围也会发生一定的偏移。这种偏移可通过使用可转向天线或通过卫星姿态控制进行补偿（具体参考文献[ATI-90]《通信卫星机动控制》）。

当卫星发射入轨且轨道机动控制尚不具备条件时（由于发射时间提前太多造成），可采用类似策略。发射时，卫星先是被送入一个驻留轨道，通过合理设置其倾角，然后借助自然漂移，最终使卫星投入运行时其轨道倾角为零。

2.3.4.6　东西向位置保持

东西向位置保持是由与轨道相切的推力来完成的。它包括漂移控制（平均经度保持）与偏心率控制（必要时）。

经度保持主要是补偿由于赤道椭圆率而产生的经度漂移，因此其数值取决于卫星的轨道位置。偏心率控制主要是保持偏心率小于偏心率最大允许值。

一个独立的切向冲量既修正半长轴，也修正漂移和轨道的偏心率。由式（2.19b）可知，半长轴的修正量 Δa 与切向速度增量 ΔV_T 有关，其函数表达式为

$$\Delta a = -(2/\Omega_E)\Delta V_T \quad (\text{m}) \tag{2.97}$$

式中：$\Omega_E = 7.292 \times 10^{-5}$ rad/s 为地球的旋转角速度；ΔV_T 的单位为 m/s。

根据式（2.85），修正后的漂移量 $\Delta d = \mathrm{d}\lambda_m/\mathrm{d}t$，其数值取决于 Δa 或 ΔV_T，具体可表示为

$$\Delta d = -(3\Omega_E/2a_s)\Delta a \tag{2.98a}$$

式中：a_s 为轨道的半长轴。因此有

$$\Delta d = (3/a_s)\Delta V_T = (3\Omega_E/V_S)\Delta V_T \quad ((°)/\text{天}) \tag{2.98b}$$

偏心率矢量的分量 e_x 和 e_y 的修正值与 α_{SL} 在某一赤经点上的切向速度增量 ΔV_T 有关，如图 2.44b 所示，其函数关系为

$$\begin{cases} \Delta e_x = 2\Delta V_T(\cos\alpha_{SL}/V_S) \\ \Delta e_y = 2\Delta V_T(\sin\alpha_{SL}/V_S) \end{cases} \quad (2.99a)$$

式中：V_S 为卫星在轨道上的速度，等于 3075m/s。偏心率修正量的模数 $|\Delta e|$ 与切向速度增量的模数 $|\Delta V_T|$ 之间的关系可表示为

$$\begin{cases} |\Delta e| = 2|\Delta V_T|/V_S = 6.5 \times 10^{-4} |\Delta V_T| \\ |\Delta V_T| = 1537.5|\Delta e| \end{cases} \quad (\text{m/s}) \quad (2.99b)$$

1）卫星漂移的校正

若切向速度增量 $\Delta V_T = 1\text{m/s}$，则半长轴减少量 $\Delta a = -27.4\text{km}$，正向漂移增量 $\Delta d = 7.11 \times 10^{-8} \text{rad/s} = 4.08 \times 10^{-6} (°)/\text{s} = 0.352(°)/$天，偏心率修正量 $|\Delta e| = 0.65 \times 10^{-3}$。

平均经度不会被施加的速度增量瞬间改变，而是在漂移和偏心率的共同作用下逐渐发生变化。图 2.45 所示为轨道的修正量和经度变化量随时间变化的情况，该卫星初始状态为对地静止，然后施加推力产生了向东的速度增量 ΔV。由于该冲量，经度先是朝东略增，然后向西持续减少。最终形成的新轨道 f 是一个椭圆轨道，其远地点高度高于初始轨道，而近地点就是施加冲量的位置。

如果需要在不改变偏心率的情况下单独修正漂移量，或反过来，仅修正偏心率，则可以通过施加两个方向相反的推力来实现，这两个推力相隔半个恒星日，即在两个赤经点处 α_{SL} 与 $\alpha_{SL} + \pi$ 分别施加这两个推力，由此可得

$$\Delta d = +(3\Omega_E/V_S)(\Delta V_{T1} + \Delta V_{T2})$$
$$\Delta e = (2/V_S)(\Delta V_{T1} - \Delta V_{T2})(\cos\alpha_{SL} + \sin\alpha_{SL})$$

用于控制自然漂移量的策略，取决于自然偏心圆的半径相对于最大允许偏心率的大小。

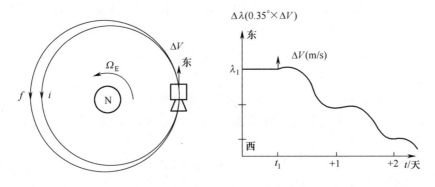

图 2.45　轨道切向冲量推力的影响

2）自然漂移控制

如果自然偏心圆的半径 r_e 小于允许的偏心率，则只能控制漂移的累进变化。

为了获得始终小于极限值的轨道偏心率,有必要将偏心圆的中心定位在参考坐标系的原点,并使偏心率矢量指向太阳方向。这意味着在卫星发射入轨时,必须使其轨道的偏心率不为零,其值等于偏心半径,且轨道的近地点必须在太阳方向。随着地球围绕太阳旋转,该轨道的方向与太阳方向一致,由此产生的轨道偏心率称为"自然偏心率",其值 e_n 等于 r_e,一直保持不变,并小于极限值。

单独用于控制漂移的策略取决于卫星相对于稳定点的位置。由于地球势能的不对称性,其在赤道平面的运动服从式(2.91),即

$$(d\Lambda/dt)^2 - D\cos2\Lambda = 常量$$

式中:$\Lambda = \lambda - \lambda_{22} \pm 90°$ 为卫星的经度(相对于最近的稳定平衡点);$D = 18n_s^2 \times (R_E/a_s)^2 J_{22} = 4 \times 10^{-15} \text{rad/s}^2$。

卫星必须维持标称的经度 Λ_N(相对于最近的稳定平衡点的位置),同时具备一个较小的容差范围,即在 Λ_N 两边的最大偏差值为 $\varepsilon/2$。这个经度偏差量 $\pm\varepsilon/2$,加上由轨道恢复误差、机动控制误差、短周期振荡分别引起的经度偏差量,最终确定了位置保持"窗口"的经度边界范围。

若由 Λ_N 测得的经度为 Δ,且 $\Delta = \Lambda - \Lambda_N$,则有

$$\cos2\Lambda = \cos2(\Lambda_N + \Delta) = \cos2\Lambda_N - 2\Delta\sin2\Lambda_N$$

而式(2.91)可变为

$$(d\Lambda/dt)^2 + 2D\Delta\sin2\Lambda_N = 常量 \qquad (2.100)$$

漂移量 $d\Lambda/dt$ 与 Δ 之间的关系曲线是一条抛物线,由标称经度 Λ_N 和初始条件定义。如果卫星最初在 I 点(标称位置),漂移量为零(图 2.46),则它将沿着式(2.100)给出的抛物线向稳定平衡点移动,其顶点在 I。

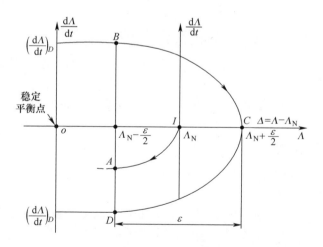

图 2.46 保持经度远离平衡点的策略

"倾斜平面"策略。当经度达到 $\Lambda = \Lambda_N - \varepsilon/2$（$A$ 点，西极限点）时，在卫星上施加推力产生一个速度增量，使其运动轨迹形成了一个抛物线，顶点为 $\Lambda = \Lambda_N + \varepsilon/2$（$C$ 点），即运动的东极限点。从 C 点开始，卫星向稳定平衡点靠近，到达 D 点（$\Lambda = \Lambda_N - \varepsilon/2$，西极限点）。若在该点上施加合适的"速度脉冲"生速度增量 ΔV_T，则漂移 $(d\Lambda/dt)_D$ 将改变符号，图 2.46 中的代表点由 D 变成 B。接下来，该循环重新开始。因此，东西向位置保持主要是使卫星沿如图 2.46 所示的曲线 BCD 移动。

所需的速度增量。在式(2.100)中，常量可从 C 点的位置计算得到（$\Delta = \varepsilon/2$；$d\Lambda/dt = 0$），故有

$$\text{常量} = 2D(\varepsilon/2)\sin 2\Lambda_N$$

式(2.100)变为

$$(d\Lambda/dt)^2 = -2D(\Delta - \varepsilon/2)\sin 2\Lambda_N \tag{2.101}$$

在 D 点位置，有 $\Delta = -\varepsilon/2$，则有

$$(d\Lambda/dt)_D^2 = 2D\varepsilon\sin 2\Lambda_N$$

由此可得

$$(d\Lambda/dt)_D = -\sqrt{2D\varepsilon\sin 2\Lambda_N} \tag{2.102}$$

为了从 D 点移动到 B 点，有必要引入漂移的变化量 $d\Lambda/dt$，其值等于 $-2(d\Lambda/dt)_D$。由式(2.98b)可计算得到相应的速度增量 ΔV_T，即

$$\Delta V_T = (V_S/3\Omega_E)\Delta d$$

式中，ΔV_T 与 V_S 的单位为 m/s；Ω_E 与 Δd 的单位为 rad/s。因此，对于 $\Delta d = -2(d\Lambda/dt)_D$，有

$$\Delta V_T = (V_S/3\Omega_E)2\sqrt{2D\varepsilon\sin 2\Lambda_N}$$

最后有

$$\Delta V_T = 2.5\sqrt{(\varepsilon\sin 2\Lambda_N)} \quad (\text{m/s}) \tag{2.103}$$

由于卫星总是在同一方向上漂移，故该速度增量也将始终施加在同一方向（自然漂移的方向）。

校正周期。施加"脉冲"的周期等于 T，对应于图 2.46 中从 B 点到 D 点沿抛物线运动的时间。该时间段 T 等于由式(2.101)在 $\varepsilon/2 \sim -\varepsilon/2$ 范围内进行积分得到的时间的两倍，即

$$T = [(2\sqrt{2})/\sqrt{D}]\sqrt{\varepsilon/\sin 2\Lambda_N} = 516\sqrt{\varepsilon/\sin 2\Lambda_N} \quad (\text{天}) \tag{2.104}$$

式中：ε 的单位是 rad。

速度脉冲和周期持续时间取决于卫星相对于稳定平衡点的位置以及"窗口"的边界范围。

年"脉冲"。每年要施加的"速度脉冲"（年速度增量）为 $\Delta V_{T\text{年}} = \Delta V_T(365/T)$，则有

$$\Delta V_{T年} = 1.77\sin 2\Lambda_N \quad (m/s) \tag{2.105}$$

它的值取决于卫星需要始终维持点位的经度,而不是取决于"窗口"的总宽度(如果只校正长期漂移而不校正短期变化)。最大时,它的值将达到2m/s的数量级。

上述的计算是基于2.3.3.3节给出的公式,而得到这些公式的前提是需要忽略地球势能展开公式中大于2阶的项。如考虑卫星所承受的实际加速度(图2.36),则所需的年速度增量见图2.47。

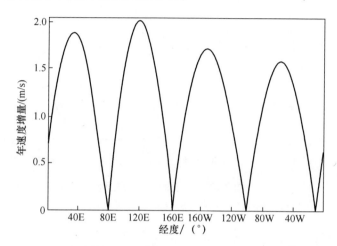

图2.47 控制东西向漂移所需的年速度增量与卫星经度的关系

"回归中心"策略。式(2.105)与图2.47表明,年速度增量取决于卫星标称轨道位置的经度。在平衡点附近,这个速度增量是非常小的。但实际上,它并不是由地球势能的不对称性所产生的那种必须进行补偿的漂移,而是因赤道平面法线方向的轨道校正(南北向轨道控制)所引起的速度增量的东西向分量。在这种情况下,所采取的轨道控制策略是将卫星定位在窗口的中心,以执行南北校正,从而提供最大的经度裕度;然后在卫星到达"窗口"极限点之前进行经度校正,使其返回到"窗口"中心。第二次的经度校正抵消了第一次南北校正引起的漂移。

例2.4 图2.48(a)揭示了在"倾斜平面"策略下卫星的经度变化情况。卫星的标称位置在49°E(印度洋上空),$\Lambda_N = |\lambda - \lambda_{22} - 90°| = 26°$。经度的自然漂移方向朝东。为了使"窗口"的边界范围满足 $\pm 0.5°$($\varepsilon = 1° = 0.017\text{rad}$)的要求,则轨道校正周期必须是75天,而年速度增量为1.5m/s。当卫星接近"窗口"的东侧边缘时,会施加推力以产生一定的速度增量,使漂移量在卫星到达"窗口"西侧边缘之前变为零。

"回归中心"策略如图2.48(b)示意。卫星的经度为11.5°W,接近不稳定的平衡点。可以看到,南北向轨道校正对初始经度漂移的影响,而东西向的轨道校正

97

会产生一定的漂移,使卫星回到"窗口"的中心。第二次东西向的轨道校正抵消了这种漂移。

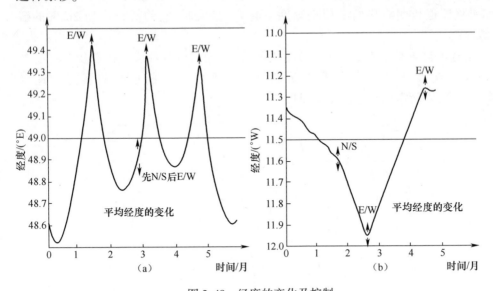

图 2.48　经度的变化及控制
(a)卫星远离平衡点;(b)卫星接近不稳定的平衡点。

3) 偏心率控制

前面的策略适用于轨道的偏心半径 r_e 足够小的情况,在这种情况下,轨道的偏心率不需要控制。如果不是这种情况,那么对于拥有大型太阳能电池板的卫星,轨道的自然偏心率($e_n = r_e$)引发的经度方向上的非受控运动($\Delta \lambda = 2e_n \sin M$)将占据"窗口"的绝大部分。

这就需要给偏心率设置一个上限值 e_{max},使得 $2\Delta \lambda_{max} = 4e_{max}$。该经度偏差量,与以下3种经度偏差量之和,共同确定了位置保持"窗口"的经度边界范围:①在两次东西向轨道机动控制之间的预期间隔时间内,受长期漂移影响而产生的平均经度变化;②轨道机动控制误差与轨道恢复误差引起的经度偏差;③因南北向轨道控制引起东西向漂移导致的经度偏差。

该策略的操作是:将偏心率矢量 e_0 定为偏心率最大允许变化范围所确定区域的边界圆(中心为原点 O,半径为 e_{max});太阳的赤经为 $(\alpha_{SUN})_0$(图 2.49)。偏心率矢量的极值在圆心为 C 点、半径为 r_e 的圆上变化,使得从 C 点到偏心率矢量极值的径矢 e 与太阳方向保持平行。当偏心率矢量再次到达边界圆 e_1,太阳的赤经为 $(\alpha_{SUN})_1$。然后,在卫星上施加推力产生速度增量,使边界圆上偏心率矢量的极值达到周期开始时的相同位置(e_2,相对于太阳)。

因此,位置保持策略的周期是由两次轨道校正的时间间隔所决定的,而当最大

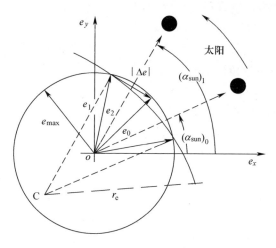

图 2.49　偏心率控制策略

允许的偏心率较小时,轨道校正的成本就会很高。所以,比较可行的办法是将偏心率控制与漂移控制结合起来。

2.3.4.7　操作方面:校正周期

轨道控制策略的目的是消耗尽量少的推进剂产生所需的速度增量,从而实现卫星位置保持。当然,还必须考虑实际操作与安全方面的限制因素。因此,比较合理的做法是以一个星期的倍数作为周期,重复开展轨道校正。

典型的例子是以 14 天为周期,包括南北向与东西向的轨道校正。单个周期内轨道校正的操作流程如下:

(1) 周期开始,校正轨道倾角。

(2) 测量与恢复轨道(有必要安排大约两天轨道测量时间,确保轨道校正的计算精度足够高)。

(3) 校正偏心率或漂移。

(4) 测量与恢复轨道;验证轨道校正的结果。

(5) 轨道自然累进变化。

(6) 在周期结束时对轨道进行测量与恢复,为下一个周期准备。

2.3.4.8　位置保持的总成本

只要周期性摄动的振幅在"位置保持框"的边界范围之内,这些摄动的影响就不需要校正,也不会影响位置保持的预期范围。

若只纠正长期漂移,则预期的量级为:

(1) 南北向控制(倾角校正),每年 43~48m/s。

(2) 东西向控制(经度漂移与偏心率校正),每年 1~5m/s。

实际总成本取决于:

(1) 位置保持的开始日期。
(2) 卫星的定点经度。
(3) 卫星在太阳方向上的视表面积 S_a 与卫星质量 m 之比 S_a/m。
(4) "窗口"的边界范围。

2.3.4.9 寿命末期的位置保持终止

卫星的位置保持是通过推进剂(推进器运行所不可缺少的)来实现的,这些推进剂被储存在储料罐/燃料箱中。当推进剂被消耗殆尽时,位置保持就无法继续进行,卫星会在各种摄动的影响下发生漂移。特别地,它在经度方向上会围绕稳定平衡点振荡运动(见2.3.3.3节),由此可能会造成与其他卫星碰撞,尽管碰撞概率很小,但并不代表不会发生碰撞(每年约 10^{-6} [HEC-81])。

因此,人们采用了特殊手段解决该问题,目的是在卫星寿命结束时将其从地球静止轨道上移走(ITU-R Rec. S.1003)[ITUR-10]。在储料罐中的推进剂完全耗尽之前,预留少量推进剂用于卫星的机动控制。这些机动控制措施会把卫星推到比地球静止卫星更高的轨道上,高度高出约150km,即 ΔV 要求为5.4m/s(较低高度的轨道是不可行的,因为这可能会与其他地球静止卫星的定点入轨操作发生碰撞)。对于一个处于寿命末期的3000kg左右的卫星,这种操作需要大约7kg的推进剂。该数量的推进剂可用来完成大约6周的位置保持机动控制,因此也可视为卫星的潜在可用量。

这其中主要的难点就在于如何估计某一时刻储料罐中剩余的推进剂数量。这种估计是通过推进剂储料罐中的增压气体的变化以及卫星寿命期内推进器的工作时间进行综合推算完成的。这种推算的误差很大,误差量可能与数月的卫星位置保持所需的推进剂数量相当。

2.3.4.10 测量与轨道参数的估计

要确定地球静止卫星的位置,需要先进行距离与角度的测量。

距离测量。卫星距离的测量取决于星地之间电磁波传播时间的测量。发射端与接收端之间的距离 d 是通过测量收、发两端无线电波的相移 $\Delta \Phi$ 来推算的,有

$$\Delta \Phi = 2\pi f(d/c) \quad (\text{rad})$$

实际测量的是发端遥控信号与收端遥测信号之间的相移,其中,发端信号是频率为 f 的正弦波对遥控载波进行调制后的信号,收端信号为该已调信号被卫星透明转发后的信号(见10.5节)。

角度测量。测量方法有以下几种。

(1) 测量天线指向的角度:使用卫星遥测信号接收天线的辐射方向图。控制接收天线的方向,使卫星处于天线主瓣的轴线上。根据天线的机械性能不同,测量精度在 $0.005°\sim1°$ 之间。

(2) 干涉测量法:两个间距为 L 的地球站 A 与 B,它们作为基准站接收来自卫

星的信号,如频率为 f 的遥测载波(图 2.50)。卫星与两个站 A 和 B 之间的距离差 Δd,产生相应的传播时间差 $\Delta t = \Delta d/c$;两站接收信号之间的相移 $\Delta\Phi = 2\pi f \times \Delta t$,所以有

$$\Delta\Phi = (2\pi L\cos E)/\lambda$$

仰角 E 的值可由这个公式推导出来,而卫星位于一个圆锥体的顶点处,其轴线为 AB,半角为 E。两个基准站联合,使卫星位于两个圆锥体的共同母线上。这种方法的测量精度在 $0.01°$ 左右。虽然这并不足以确定最终轨道,但这种类型的测量在卫星发射入轨阶段是有用的。

轨道参数的估计是通过一系列的距离或角度测量来实现的。根据操作站点的数量不同,可以采用不同的方法。对于地球静止卫星,目前的做法是只使用一个测量站,将不同时间完成的一系列距离与角度测量结果综合起来进行轨道参数估计。轨道参数估计的典型精度如下。

(1) 半长轴:60m。
(2) 偏心率:10^{-5}。
(3) 倾角:$3\times10^{-3}(°)$。
(4) 经度:$2\times10^{-3}(°)$。

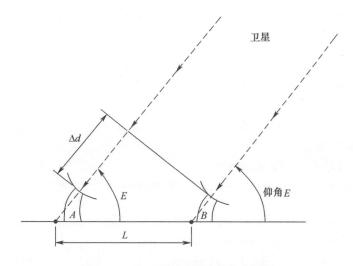

图 2.50 基于干涉测量法的角度测量

2.4 总　　结

本章介绍的轨道几何学相关内容是理解人造卫星设计与运行模式的基础。具体到卫星通信系统来说,这些内容决定了卫星发射与轨道控制程序、卫星平台设计

(包括姿态控制、热控制、电源、推进系统等)以及射频链路特性(如路径损耗、传播时间、天线指向以及星蚀与日凌现象)。

参 考 文 献

[AKT-08] Akturan, R. (2008). An overview of the Sirius satellite radio system. *International Journal of Satellite Communications* 26 (5): 349-358.

[ASH-88] Ashton, C.J. (1988). Archimedes: Land mobile communications from highly inclined satellite orbits. In: *Fourth International Conference on Satellite Systems for Mobile Communications and Navigation*, 133-132. IET.

[ATI-90] Atia, A., Day, S., and Westerlund, L. (1990). Communications satellite operation in inclined orbit: 'the Comsat Maneuver'. In: *13th International Communication Satellite Systems Conference, Los Angeles, March*, 452-455. AIAA.

[BIE-66] Bielkowicz, P. (1966). Ground tracks of earth-period satellites. AIAA Journal 4 (12): 2190-2195.

[BOU-90] Bousquet, M. and Maral, G. (1990). Orbital aspects and useful relations from earth satellite geometry in the frame of future mobile satellite systems. In: *13th AIAA International Communication Satellite Systems Conference and Exhibit, Los Angeles, CA, Technical Papers. Part 2 (A90-25601 09-32)*, 783-789. Washington, DC: AIAA.

[DON-84] Dondl, P. (1984). LOOPUS opens a new dimension in satellite communications. *International Journal of Satellite Communications* 2 (4): 241-250.

[HEC-81] Hechler, M. and Van Der Ha, J.C. (1981). Probability of collisions in the geostationary ring. *Journal of Spacecraft* 18 (4): 361-366.

[HED-87] Hedin, A.E. (1987). MSIS-86 Thermospheric model. *Journal of Geophysical Research* 92: 4649-4662.

[ITU-16] ITU. (2016). Radio regulations.

[ITUR-90] ITU-R. (1990). Systems for the broadcasting satellite service (sound and television). Report BO.215-7.

[ITUR-92a] ITU-R. (1992). Compensation of the effects of switching discontinuities for voice band data and of doppler frequency-shifts in the fixed-satellite service. S.730.

[ITUR-92b] ITU-R. (1992). The effect of transmission delay in fixed satellite service. CCIR report 383-4.

[ITUR-92c] ITU-R. (1992). Station-keeping in longitude of geostationary satellites in the fixed-satellite service. Recommendation S.484-3.

[ITUR-10] ITU-R. (2010). Environmental protection of the geostationary-satellite orbit. Recommendation S.1003-2.

[ITUT-03] ITU-T. (2003). One-way transmission time. G114.

[JAC-77] L. Jacchia et al. (1977). Thermospheric temperature, density and composition: new models.Smithsonian Astrophysical Observatory Special Report No. 375.

[KAU-66] Kaula, W. (1966). *Theory of Satellite Geodesy*. Waltham: Blaisdell.

[PRI-93] Pritchard, W., Suyderhoud, H., and Nelson, R. (1993). *Satellite Communication Systems Engineering*, 2e. Prentice Hall.

[ROU-88] Rouffet, D., Dulck, J.F., Larregola, R., and Mariet, G. (1988). SYCOMORES: a new concept for landmobile satellite communications. In: IEEE Conference on SatelliteMobile Communications, Brighton, Sept., 138-142. IEEE.

[VIL-91] Vilar, E. and Austin, J. (1991). Analysis and correction techniques of Doppler shift for nongeosynchronous communication satellites. *International Journal of Satellite Communications* 9 (2):122-136.

第3章 基带信号、分组网络与 QoS

在本章中,"信号"一词是指从一个用户终端传输至另一个用户终端携带信息(如语音、声音、视频或数据)的电压,这种信号称为基带信号,它决定了用户所感知到的服务质量(QoS)。为了接入卫星射频信道,基带信号需调制射频载波,调制前需要进行一些必要的处理。

这里考虑的基带信号为数字(电压取数量有限的离散值)信号,基带信号可以传送来自单个源或多个源(称为复合基带信号,由各源的信号复接产生)的信息。

本章讨论的基带信号类型与所考虑业务及其质量相关;讨论的 QoS 与性能指标、服务可用性及延迟相关。对于数字信号,性能由误码率(BER)衡量;可用性是以期望性能提供业务的时长占比;延迟是自信息发送至其接收的时延,由传播延迟与网络延迟组成。

基带数字信号以比特流或字节流的形式在网络间物理层传输。数据包在链路或网络级别以帧或包的字节块的形式传输。交换可以位于链路或网络级别。分组网络的 QoS 是在数据包层面上进行考虑的,特别是对于互联网与互联网协议(IP)数据包。

3.1 基带信号

考虑以下基带信号:
(1) 电话;
(2) 声音;
(3) 电视;
(4) 数据。

这些是最常见的基带信号。从历史角度来看,一些在电话信道上传输的信号(如电传与传真信号)与语音信号的特性不同。

一般来说,当今的电信业务由以下单个或多个媒体成分组成[ETSI-07]。
(1) 语音:语音远程通信。
(2) 音频:一般形式的声音的远程通信。
(3) 视频:全动态与静止图像的远程通信。

(4) 数据:信息文件(文本、图形等)的远程通信。

(5) 多媒体(MM):两个或多个上述成分(语音、音频、视频、数据)的组合,并且至少两个成分之间存在时间关联(如同步)。

3.1.1 数字电话信号

数字电话通过语音编码器实现,其采用的技术可以分为波形编码与声码器[FRE-91]两种。

3.1.1.1 波形编码

波形编码需要以下 3 个过程:

(1) 采样;

(2) 量化;

(3) 源编码。

最常用的编码技术为脉冲编码调制(PCM)、增量调制(DM)以及自适应差分PCM(ADPCM)。

1) 脉冲编码调制

脉冲编码调制以 f_s = 8kHz 的采样速率进行,该采样速率略高于奈奎斯特速率(其等于电话信号频谱最大频率 f_{max} = 3400Hz 的两倍)。量化将样本输出中的每个电压样本转换为有限数量 M 个离散电平(在欧洲, $M = 2^8 = 256$),这一过程会引入误差,称为量化噪声。

量化可以是均匀或非均匀的,均匀量化对应相同的量化步长,非均匀量化根据一个取决于样本幅度分布的压缩律来选取步长大小,为所有样本幅度保持一个恒定的信号——量化噪声功率比。常用的压缩法则有两个,即 G711 中规定的 μ 律与 A 律[ITUT-88a; SCH-80]。

源编码旨在生成反映量化样本序列的比特流。相应的编码比特率为 $R_b = mf_s$,其中 $m = \log_2 M$ 代表每样本的比特数。当 $M = 2^8 = 256$ 时,相应的比特率为 R_b =64kbit/s。

2) 增量调制

增量调制以 f_s = 16kHz 或 32kHz 的采样速率进行,该采样速率超过了奈奎斯特速率的两倍。量化应用于两个连续样本间的差,该差以 1bit 的形式编码。因此,根据不同的采样率,得到的比特率为 R_b = 16 或 32kbit/s。增量调制选择高采样率,是由于其一比特量化过程的信息含量较小。

3) 自适应差分 PCM

从先前输入样本获得输入信号估计值,并将估计值与输入信号本身做求差运算,从而生成差分信号。该差分信号使用每样本 4bit 进行量化。因为其考虑到局部波形,该估计器是自适应的,所得到的比特率为 R_b = 16 ~ 64kbit/s。

3.1.1.2 声码器

声码器设定一个语音产生机制,并传输该机制的参数。线性预测编码(LPC)技术假设语音产生机制可以由滤波器模拟,通过对给定数量的样本统计优化,周期性地更新该滤波器的参数。更新的周期将决定帧长(10~50ms),在该帧内,以低至2.4~4.8kbit/s的数据率 R_b 传输滤波器参数。

3.1.1.3 数字电话复用

图3.1 说明了时分复用(TDM)与解复用的原理。对于多路复用数字电话信道,存在两个广泛使用的体系(ITU-T Rec. G702 与 G704)[ITUT-88b; ITUT-88c]——欧洲使用的欧洲邮电会议(CEPT)体系,以及日本与北美(美国与加拿大)使用的T-载波体系。表3.1 总结了这些多路复用技术的特点。

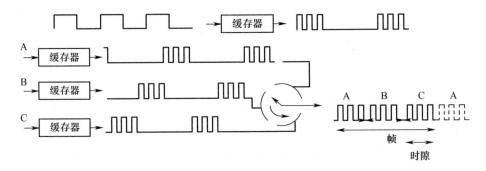

图 3.1 时分复用与解复用

表 3.1 CEPT 与 T 载波多路复用的特点

等级	欧洲邮电会议		美国/加拿大		日本	
	吞吐量/(Mbit/s)	容量(信道数)	吞吐量/(Mbit/s)	容量(信道数)	吞吐量/(Mbit/s)	容量(信道数)
1	2048	30	1544	24	1544	24
2	8448	120	6312	96	6312	96
3	34368	480	44736	672	32064	480
4	139264	1920	274176	4032	97728	1440
5	557056	7680			400352	5760

1) CEPT 层次体系

CEPT 层次体系基于由 256bit 构成的帧。帧长为 125ms,比特率为 2.048Mbit/s。复用容量为 30 个电话信道,每帧 16bit 用于信令与帧同步信号。通过连续使用相同容量的复用器以实现最高容量。这样一来,就建立了一个包含多个级别的复用层次结构;每个级别由复用 4 个复用器而构建,该层级的复用输入容量等于其紧临下一层级容量。

2) T-载波体系

T-载波体系基于由 192bit 构成的帧(多路复用 24 个样本,每个样本 8bit),且在此基础上又增加了一个帧对齐位。因此,每帧包含 193bit。帧长为 125ms,比特率为 1.544Mbit/s。多路复用容量为 24 个信道(23 个信道与 1 个信令信道)。日本与北美使用的多路复用体系不同。

3) 数字语音插值

数字语音插值(DSI)等数字语音集中技术是通过考虑电话信道的激活因子以减少传输给定数量的地面电话业务量所需的卫星信道(称为承载信道)数量。语音插值技术基于这样一个事实,即在正常的电话通话中,每个参与者仅有约一半的时间独占电话信道。随着音节、单词和短语间的沉默空隙增加,信道的空闲时间也随之增加。因此电路的激活因子 τ 约为 40%。通过利用电话信道的实际激活情况,可以允许多个用户共享同一个承载信道[CAM-76]。

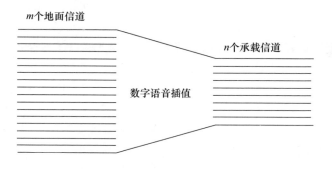

图 3.2 数字语音插值(DSI)

图 3.2 说明了这一原理。数字集中器的增益为 m/n 的比率。在国际卫星/欧洲卫星(Intelsat/Eutelsat)系统中,240 个地面电话信道仅需要 127 个承载信道加 1 个分配信道,其增益为 240/127=1.9,这一增益假设承载信道的比特率为 64kbit/s。通过为数字语音集中器增加一个低速率编码器(LRE),其增益可以进一步增加。例如,对于 32kbit/s 的编码,可以得到 2 倍的增益提高。这些技术应用于数字电路倍增设备(DCME)中,关于该设备的更多工作细节可参见 8.6 节。

4) 网络间同步

前面提到的 CEPT 体系与 T-载波体系均为准同步数字体系(ITU-T Rec. G7-2)[ITUT-88b],该体系意味着在其内部的一系列阶段中以给定的标称业务速率对信号进行多路复用,以达到在载波上发送的多路复用信号的最终比特率。在接收端,需要经过完整的解复用过程以提取复合比特流的各个组成信号。

由于卫星在轨运动,即便地球静止卫星也绝不是完全对地静止(见第 2 章),

107

卫星的运动导致多普勒效应,其接收的二进制速率并非总是等于发送的二进制速率。此外,当图3.1中的地面网络为数字网络时,并不总是具有严格同步的时钟。为补偿这些变化,站—网络接口处提供了缓冲存储器。在选择这些存储器的大小时,必须考虑到卫星定点保持参数以及数字接口间的准同步性。当每个网络的时钟精度约为$\pm 10^{-11}$时,即会存在准同步性,而这会导致每72天发生一次125μs的复用帧帧滑动。

5) 同步数字体系

同步数字体系(SDH)满足了接收地球站解复用整个PDH(在给定的体系级别)以提取组成信号的需求[ITUT-10,ITUT-17]。此外,SDH提供了在信息内容管理方面的附加特性。对于SDH,业务速率信号直接映射到适当大小的容器中,其自身与开销信号一起映射到虚拟容器(VC)中。虚拟容器可以被认为是一组有限的负载结构,其具有特定的大小与结构关系,并能够承载多个具有不同容量和格式的支路。虚拟容器可以匹配PDH的比特率,如VC11与VC12等级分别对应1.544Mbit/s和2.048Mbit/s的PDH支路。与PDH相比,SDH具有如下优势[ITUT-96]:

(1) 各支路更容易从复用中被识别和提取,因此降低了复杂度,并提高了复用和交叉连接设备的可靠性。

(2) 复用体系层级间的比特率整数倍增因子以及字节交织的多路复用,使更高阶的复用信号更容易形成。

(3) 全球性的国际标准替代了各不相同且成本高昂的国际互联方案。

(4) 增强的网络管理功能促进了网络运营商的合作。

SDH的第一个体系层级为STM-1,比特率为155.52Mbit/s。由于功率与带宽限制,其在卫星链路上的应用并不常见,而Sub-STM-1更为合适。

3.1.2 声音信号

高质量的声音广播节目占用40Hz~15kHz的频带。测试信号是频率为1kHz的纯正弦波,其相对于600Ω阻抗的零参考电平的功率为1mW或0dBm0s(后缀s表示该值与声音节目测试信号有关)。声音节目的平均功率为-3.4dBm0,峰值功率(在低于10^{-5}比例的时间内会超过该值)为12dBm0。

为发射数字编码的音频信号,模拟声音节目必须经模数转换器处理,即需要经过采样、量化及源编码,为此考虑PCM与自适应增量调制(ADM)两种编码技术。目前已经有使用32kHz、44.1kHz或48kHz采样率的多种格式被定义(S/PDIF,AES/EBU,MUSICAM等)。其中,MUSICAM是一种流行的数字音频压缩标准,它将音频频带划分为30个子频带。MUSICAM建议了多种压缩比(4~12),自48kHz采样率与16bit量化起始。MPEG-1与MPEG-2音频分别于1992年和1994年完成制定,更早的 MUSICAM 算法不再采用。

对于采用 PCM 编码、音频信号频带为 15kHz 的卫星广播,ITU-R 建议采样频率应为 32kHz,每个样本 14bit[ITUR-86]。

当卫星用于将音频节目广播至移动接收机(数字音频广播 DAB)时,可以使用正交频分复用(OFDM)技术。该技术将数据流分为多个平行的比特流以传输数据,其中每个比特流都具有较低的比特率,然后使用这些比特流调制多个载波。OFDM 时域波形选择需保证子载波相互正交,尽管子载波的频谱可能存在重叠。此外,编码正交频分复用(COFDM)能够克服移动卫星信道上常见的由多径引起的时间色散[SAR-94]。

3.1.3 电视信号

使用模拟技术的彩色电视传输起始于 20 世纪中期,随之出现了多个互不兼容的标准:NTSC(日本、美国、加拿大、墨西哥、部分南美洲国家及亚洲国家)、PAL(除法国外的欧洲、澳大利亚、部分美洲国家及部分非洲国家)与 SECAM(法国、前苏联成员国家、东亚国家及部分非洲国家)。用于卫星广播(直播电视)的时分复用模拟分量(MAC)标准于 20 世纪 80 年代提出,但最终未能发展成为成功的商业服务。基于全数字技术的视频压缩于 20 世纪 90 年代开发,并最终孕育了广泛认可的 MPEG 标准。电视信号的基带信号在数兆比特每秒量级,因而使得在无须大量无线电频谱的情况下传输数字电视成为可能(见第 4 章)。

与此同时,数字视频广播(DVB)的标准(特别是其卫星版本 DVB-S)的采用,使得卫星广播(直播电视)成为最成功的商业服务。

1993 年 11 月,ITU-R 发布 BT.709-1 建议书,标志着高清电视(HDTV)的发展。截止到 2015 年 6 月,HDTV 标准的最新版本为 BT.709-6。

2012 年,ITU-R 发布了 ITU-R BT.2020 建议书,又称超高清电视(UHDTV)标准或 4K 分辨率电视(或简称 4K 电视)。这一标准此后一直在迅速发展,该建议书的最新版本发布于 2015 年 10 月。目前,其卫星版本 DVB-S2 与 DVB-S2X 已经得到较好的开发,为 HDTV 与 UHDTV 提供了有力支持[DVB-17]。

3.1.3.1 亮度与色度分量

电视信号包含亮度信号(代表黑白图像)、色度信号(代表颜色图像)、声音信号三个分量。图 3.3 显示了亮度信号与色度信号的生成过程:在电视摄像机所扫描的图像(NTSC 标准为每帧图像 525 行,每秒 60 场,即每秒 30 张图像;PAL 与 SECAM 标准为每帧 625 行,每秒 50 场,即每秒 25 张图像)中的一点上会产生 E_R、E_B 与 E_G 三个电压,分别代表颜色的红(R)、蓝(B)与绿(G)分量。这些信号由 γ 滤波器过滤,以补偿接收阴极射线管的非线性响应,随后组合生成亮度信号 E_Y^*,即

$$E_Y^* = 0.3E_R^* + 0.59E_G^* + 0.11E_B^* \qquad (3.1)$$

而色度信号的两个分量为 $E_R^* - E_Y^*$ 与 $E_B^* - E_Y^*$，包含了重建原彩色信号所需的信息。

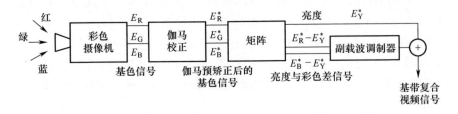

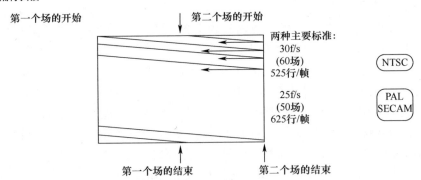

图 3.3 电视信号的生成

3.1.3.2 NTSC、PAL 与 SECAM 彩色电视信号

基带复合视频信号由 E_Y^* 信号与色度信号两个分量调制而来的子载波相加而形成(图 3.3)。此外，一个由声音调制的子载波被加入复合视频信号,所使用的调制技术视具体系统而定。图 3.4 显示了复合视频信号的频谱。

复合视频信号具有与单色视频信号兼容的优点,但同时也有以下缺点:

(1) 接收机无法完全分离亮度与色度分量,这导致交叉颜色与交叉亮度效应,接收机将亮度的快速变化解释为颜色的变化并使图像出现条纹。

(2) 声音不具备今日观众所习惯的数字声音的质量(数字录音或激光唱片)。

此外,电视广播公司一直致力于高清电视的推广,并提供质量接近 35mm 影院电影的电视图像。这意味着更宽的纵横比(16/9 而非 4/3)、更高的分辨率(每帧 1125 行、每秒 60 场,或每帧 1250 行、每秒 50 场),以及接近激光唱片质量的卓越音质。这些特点使信号带宽更大,通常为 30MHz。

为弥补复合视频信号的缺点并推广高清电视,数字标准开始出现。

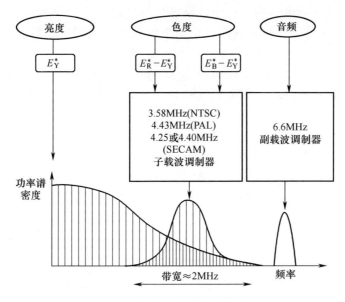

图 3.4 复合视频信号的频谱

3.1.3.3 数字压缩电视信号

DVB 使用 MPEG-2 压缩视频信号,使用 MP2(MPEG-1 音频层 2)或 AC3(杜比数字 2.0 或 5.1)压缩音频信号。通常使用的音频比特率 MP2 在 192~256kbit/s 范围内;AC3 比特率范围则为 192~448kbit/s。

MPEG-2 编码器有两个输出选项:基本流与节目(系统)流。基本流显示一个音频文件(.mp2)与一个视频文件(.m2v 或 .mpv);节目流由单独一个包含音频与视频的文件(通常为 .mpg)构成。在节目流格式中,编码器将音频与视频分为通用大小(大小可变)的数据包。

这种流称为分包基本流(PES),其中每个数据包拥有一个 8Byte 的包头。包头含有 3Byte 的起始码,其中 1Byte 用于流 ID;2Byte 用于表示数据包长度。此外,包头还包含两个时间戳:解码时间戳(DTS)与显示时间戳(PTS)。DTS 指示必须在何时对数据包进行解码,而 PTS 指示何时必须将解码的数据包发送至解码器输出。

这些时间戳允许双向编码(b 帧),而双向编码需要对某些帧进行乱序解码(举例来说,b 帧参考之前与未来的帧,且被参考的两个帧都必须可用才能进行解码。因此,如果 N 帧参考 $N-1$ 帧与 $N+1$ 帧,且 N 帧为 b 帧,则解码器必须按照 $N-1$、$N+1$、N 的顺序对帧进行解码,并将它们按照 $N-1$、N、$N+1$ 的顺序发送并输出[ISO/IEC-18])。

传输流(TS)是一种为传输一个或多个电视节目的各种分量(视频、声音、数据)而定义的特殊数据结构。一个传输流可以传送多个电视节目(全部称为节目簇),其中每个电视节目以不同的比特率编码且有不同的时间戳(与之相反的是,一个节目流只允许一个视频流)。

TS包全长为188Byte,前4Byte为包头,包含传输错误指示符、数据包识别、加扰信息(用于被加扰的电视频道)、连续计数器(使解码器可以判断是否有数据包被忽略、重复或乱序传输),以及一些可以用于处理传输流应用的特定字段。为了拥有一个公共时钟(以27MHz的频率计时),适配字段被定期用来插入一个全局时间戳(称为节目时钟参考PCR)。

为能够识别出哪些数据包属于哪个电视节目,需要附加信息——节目特定信息(PSI),用于告知解码器哪些数据包属于同一类(视频、音频及附加数据,如字幕、图文电视等)。根据PSI,解码器可以提取特定于某个电视频道的数据包标识符(PID),并只解码与该频道相关的数据包。

数字广播具有不同的分发与传输要求,如图3.5所示(FEC代表前向纠错)。广播公司产生的传输流包含多个电视节目。传输流没有针对错误的保护,而错误在压缩数据中可能产生较严重的后果。传输流需要准无误码(QEF)(误码率通常为10^{-11})地被传至发射机、卫星上行链路及有线电视前端。这项任务通常委托给电信网络运营商,它会根据需要使用一个附加的纠错层,该纠错层应对目的地透明。

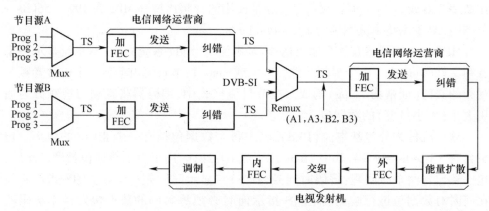

图3.5 节目复用与传输系统的功能模块

特定的发射机或有线电视运营商可能不需要传输流中的所有节目。它们可以接收多个传输流,可以通过复用器选择节目频道并将其编码为单个输出传输流。配置可动态变化。编码到传输流中的服务信息(DVB-SI)是用来描述传输的元数据,其包括在其他复用及服务中所携带节目(如图文电视)的详细信息[ETSI-16,ETSI-09]。

广播需要某种形式的标准化前向纠错,以便接收机能够对其进行处理。就发射机或有线传输而言,添加纠错机制将提高比特率。

3.1.4 数据与多媒体信号

数据正在成为各种服务中最常见的信息传输载体,包括语音电话、视频及计算机产生的信息交换。数据传输最吸引人的方面之一在于其能够将多个单独源生成的数据组合到单一传输流,从而产生称为复合业务(流量)的单一数据流。这对于传输集成了语音、视频和应用数据的多媒体业务至关重要。与单个信息源生成的业务相比,采用嵌入式统计复用的复合业务,通常显示出较小的比特率变化。网络运营商可以借此确定链路(特别是卫星链路)的容量,即小于各个信息源的比特率峰值之和。该容量确定方式既考虑了业务的突发性,又考虑了所采用的多路复用技术。

业务一般按数据包传输。为传输电视节目分量而开发的数据结构(传输流)可用于承载任何类型的数据(得益于广泛认可的标准及设备商按标准生产的设备)。例如,MPEG-2 传输流(MPEG-TS)数据包用于 DVB-S 数据传输。对于视频节目,MPEG-2 传输流(MPEG-TS)数据包具有 188Byte 的固定大小,其中 4Byte 用于数据包头,184Byte 用于负载。数据包头由 1 个同步字节、1 个 PID、1 个传输错误指示及 1 个适配选项构成。

异步传输模式(ATM)数据格式用于高数据速率的地面网络。称为 ATM 信元的 ATM 数据包大小固定为 53Byte,其中 5Byte 用于包头,48Byte 用于负载。包头由 1 个虚拟通道标识符(VCI)、1 个虚路径标识符(VPI)、1 个负载类型、1 个优先级及包头错误检查(HEC)字段构成。ATM 信元作为 MPEG-TS 的可选项用于卫星的 DVB 反向信道(DVB-RCS)。

3.2 性能指标

国际电信联盟建议书中已建立性能指标,基带信号的质量取决于用户与终端接口处或卫星网络与地面网络接口处的服务。基带信号与基带噪声功率比(S/N)是模拟信号的基本参数;误码率(BER)是数字信号的基本参数。

本书仅考虑数字信号与数字技术。数字信号的 BER 决定了用于鉴别传输业务质量的其他性能指标,如误码秒数或无误码秒数[ITUR-05a,ITUT-88d]。

3.2.1 电话

ITU-R 规定 BER 不可超过下列要求值[ITUR-94]。

(1) 对于任何月份超过 20% 的时间内(10min 的平均值):10^{-6}。

(2) 对于任何月份超过 0.3%的时间内(1min 的平均值):10^{-4}。
(3) 对于任何月份超过 0.05%的时间内(1s 的平均值):10^{-3}。

3.2.2 音频

对于以数字形式由卫星传输的音频节目,其性能指标由 BER 定义,传输错误会导致咔嗒声,将此咔嗒声出现的频率限制在约每小时一次,则对应的 BER 大约为10^{-9}[CCIR-90]。

3.2.3 电视

在 DVB-S 标准中,具体的性能指标为:使用维特比内码实现 BER 为 $2×10^{-4}$ 的传输[ETSI-97];使用里德-所罗门(RS)外码实现 BER 在 10^{-10} ~ 10^{-11} 范围内的 QEF 传输。这要求单位信息比特能量与噪声功率谱密度比(E_b/N_0)在 1/2 内码率的情况下必须小于或等于 4.5dB,在 2/3 内码率的情况下必须小于 5.0dB,在 3/4 内码率的情况下必须小于 5.5dB,在 5/6 内码率的情况下必须小于 6.0dB,在 7/8 内码率的情况下必须小于 6.4dB。上述条件不仅可为调制解调器增加 0.8dB 的余量,还为噪声带宽增加 0.36dB 的余量。

3.2.4 数据

ITU-R 规定,综合业务数字网(ISDN)在 64kbit/s 速率、低于 15GHz 频率的情况下,通过卫星传输数据的 BER 不得超过下列要求值[ITUR-05a]。
(1) 对于任何月份超过 10%的时间内:10^{-7}。
(2) 对于任何月份超过 2%的时间内:10^{-6}。
(3) 对于任何月份超过 0.03%的时间内:10^{-3}。

对于更高的比特率,请参见文献[ITUT-02]。

可以通过观察 ATM 信元的传输,估计包传输的性能参数(表 3.2)。

(1) 信元传输时延(CTD),适用于成功传输的信元,表示两个相应信元传输点出现同一个信元的时间差。CTD 由两个参数组成:平均 CTD 与信元延迟抖动(CDV)。

(2) 信元丢失率(CLR),是采样样本中总丢失信元与总传输信元之比。

(3) 信元错误率(CER),是采样样本中总错误信元与总成功传输信元(含标签信元与错误信元)之比。严重错误信元块中所包含的成功传输的信元、标签信元及错误信元不参与 CER 的计算。

(4) 信元误插入率(CMR),是在指定时间间隔内观察到的被错误插入的信元数量除以间隔时长(或连接中每秒的误插入信元数量)。严重错误信元块对应的误插入信元与时间间隔不参与 CMR 的计算。

（5）严重信元误块比(SECBR)，是严重错误信元块在采样样本中所占的比例。

表 3.2 中的数值仅为暂定值，这些数值仅在根据实际应用经验修改(增大或减少)后，才能应用于卫星网络。这些性能指标适用于公共 B-ISDN，并且认为跨越 27500km 距离的假定参考连接也能够实现。

表 3.2 暂定 QoS 类别定义与网络性能指标

	平均 CTD 上限	两点 CDV CTD 在 10^{-8} 上下之间差值的上限	CLR_{0+1} 信元丢失概率上限	CLR_0 信元丢失概率上限	CER 信元错误概率上限	平均 CMR 上限	SECBR 概率上限
默认指标	—	—	—	—	4×10^{-6a}	1/天[b]	10^{-4c}
QoS 等级 1（严格等级）	400ms[d,e]	3ms[f]	3×10^{-7g}	—	缺省	缺省	缺省
QoS 等级 2（容忍等级）	U[h]	U	10^{-5}	—	缺省	缺省	缺省
QoS 等级 3（双层等级）	U	U	U	10^{-5}	缺省	缺省	缺省
QoS 等级 4（U 级）	U	U	U	U	U	U	U
QoS 等级 5（严格的双层等级）	400ms[d]	6ms[f,i]	—	3×10^{-7}	缺省	缺省	缺省

注：a. 在不久的将来，网络能够实现 4×10^{-7} 的 CER，这是一个有待进一步研究的课题。
　　b. 已经观察到一些网络现象，其倾向于随着虚拟连接的信元速率的增加而 CMR 增加，对这些现象的更完整的分析最终可能会为高比特率连接提出更高的 CMR 指标。
　　c. SECBR 对信元流中的短暂(2~9s)中断很敏感，这将产生更多信元错误块，并可能使 SECBR 指标难以实现。
　　d. 关于某些应用程序的延迟要求的进一步说明，请参见文献[ITUT-03]。
　　e. 一些应用可能需要类似于 QoS 等级 1 的性能，但不需要 CTD 保障。这些应用程序可以采用 QoS 等级 1，但如果需要其他等级则有待进一步研究。
　　f. 当具有 34~45Mbit/s 输出链路的连接中不超过 9 个 ATM 节点且所有其他 ATM 节点以 150Mbit/s 或更高的速度运行时，两点 CDV 适用。两点 CDV 通常会随着传输速率的降低而增加。高比特率连接的 CDV 可能较小(有待进一步研究)。
　　g. 在不久的将来，QoS 等级 1 可能会提供 10^{-8} 的 CLR，该问题有待进一步研究。
　　h. U 表示未指定或无限制；ITU-T 没有为此参数建立指标，任何默认指标都可以忽略。
　　i. 选择 QoS 等级 5 时不一定遵循 6ms 的 CDV 限制(除非容易实现)，该目标需要进一步研究。

3.3 可用性指标

可用性是提供符合规范的服务的时间比例,其受设备故障与传播效应影响。ITU-R 规定电话的不可用性不得超过下列要求[ITUR-05b]:

(1) 一年时间的 0.2%(对于设备故障造成的服务中断,中断时长必须低于每年 18h)。

(2) 任何月份的 0.2%(对于传播效应造成的服务中断)。

第 5 章将讨论传播对链路质量的影响。故障既涉及地球站,也涉及卫星设备。对于地球站而言,由日凌现象(地球站、卫星与太阳形成一条直线)造成的服务中断视为故障。

从可靠性角度来说[ITUT-00],部分国际 B-ISDN ATM 半永久连接具有以下可用性要求:

(1) 其处于不可用状态(无法支持交互)的时间比例应尽可能低。

(2) 一旦交互建立,在预期的交互结束时间之前,该连接被关闭(如由于数据传输性能不足)或过早释放(如由于网络组件故障)的概率应尽可能低。

半永久连接部分的可用性定义为该部分能够支持交互的时间比例。相反,某部分的不可用性为该部分无法支持交互(处于不可用状态)的时间比例。文献[ITUT-00]中常用的可用性模型适用于任何半永久连接类型,该模型使用两种状态,分别对应网络能够维持一个可用连接和不能够维持一个可用连接,该模型两种状态间的转换由严重误码秒模式来控制。可用性是网络角度的概念,其性能与用户行为无关。

文献[ITUT-00]定义了两种可用性性能参数:

(1) 可用率(AR),适用于半永久连接部分。AR 定义为连接部分处于可用状态时间占预定服务时间的比例,由总服务可用时间除以预定服务时间时长计算。在预定服务时间内,用户可能会发送信元,也可能不发送信元。

(2) 平均停机间隔时间(MTBO),适用于半永久连接部分。MTBO 定义为连续可用时间段的平均持续时间。当预定服务时间不是连续的时间段时,在求 MTBO 时应将各时间段连接后再计算。

就卫星而言,有必要考虑其可靠性。卫星的可靠性取决于星载设备的故障、星蚀期间的中断(当星载设备唯一能源为太阳能时)以及卫星寿命。一般来说会提供一颗在役卫星、一颗在轨备用卫星及一颗地面备用卫星。可用性亦取决于运载火箭的可靠性,在卫星寿命结束时,使用运载火箭对卫星进行替换必不可缺。上述这些问题的解决方法将在第 13 章做详细说明。

3.4 延 迟

发送用户终端到目标用户终端的延迟主要来自以下方面:
(1) 地面网络中的延迟(如果存在)。
(2) 卫星链路上的传播延迟。
(3) 基带信号处理延迟。
(4) 协议处理引起的延迟。

3.4.1 地面网络中的延迟

地面网络中的延迟包括交换时间与传播时间,可估算为

$$t_{TN}(\text{ms}) = 12 + 0.004 \times 距离(\text{km}) \tag{3.2}$$

3.4.2 卫星链路上的传播延迟

在任意上行或下行射频链路及星间射频或激光链路上的传播延迟可表示为

$$t_{SL} = R/c \quad (\text{s})$$

式中:R 为发送设备至接收设备的距离;c 为光速($c = 3 \times 10^8 \text{m/s}$)。总传播延迟由构成地球站站间链路的各个链路的延迟累加而成。

对于没有星间链路的地球静止卫星,其总延迟(通常称为跳跃延迟)的最大与最小值计算如下。最小值对应两个终端地球站均位于星下点的情形,有

$$R_U = R_D = R_0 = 35786 \text{km}$$

式中:R_0 为地球静止卫星的高度。因此,总延迟为238ms。最大值对应两个终端地球站都位于覆盖边缘、仰角为 0°的情形,有

$$R_U = R_D = (R_0 + R_E)\cos(17.4°/2)$$

式中:R_E 为地球半径($R_E = 6378 \text{km}$)。因此,总延迟为278ms。

3.4.3 基带信号处理延迟

基带信号处理延迟源自地球站与星上再生处理卫星内的基带信号处理(透明转发卫星没有该处理过程),其取决于处理过程的类型。在源编码器中可能产生由信息压缩处理造成的延迟;在多路复用、解调和解码过程中,以及与交换和多址接入相关的缓冲过程中,都可能产生延迟。

3.4.4 协议处理引起的延迟

数据包的无差错传送意味着需要使用自动重传请求(ARQ)协议(如传输控制协议拥塞与流量控制)对未得到确认的消息进行重传。造成延迟的另一因素为临时拥塞,其主要影响"尽力而为"类型服务的数据传输。

对于电话业务,ITU-T 规定用户间的传输时延不得超过 400ms,其建议当传输时延在 150~400ms 时使用回声抑制器或回声消除器。

对于通过地球静止卫星建立的用户连接,有以下要求:

(1) 安装回声抑制器或回声消除器(见第 8 章)。

(2) 避免双跳(链路涉及两颗卫星却无星间链路)。若系统含星间链路,则两颗卫星间的传播时间 t_{ISL} 必须保持小于 90ms。对于星间传播时间为 $t_{ISL} = R_{ISL}/c$ 的两颗卫星,其轨道间隔为

$$\theta = 2\arcsin[ct_{ISL}/2(R_E + R_0)] \quad (3.3)$$

式中:$R_E = 6378km$,$R_0 = 35786km$,$t_{ISL} < 90ms$,由此可得 $\theta < 37°$。

3.5 IP 数据包传输 QoS 与网络性能

当前信息服务与应用已经朝着全 IP 化发展,包括电话、电视广播、移动通信、物联网(IoT)等,因此有必要涵盖这些方面与最新发展以及相关标准。由于本书的重点为通信系统、方法与技术,因此对于该主题仅点到为止。第 7 章介绍了卫星网络及相关原理与协议的更多细节,更深入的内容可以参见教材《卫星网络——原理及协议》[SUN-14]。

3.5.1 ETSI 与 ITU-T 标准中的 QoS 定义

服务质量(QoS)是学术界、工业界以及标准化机构深入研究的课题。本书在此根据 ETSI 标准[ETSI-15,ETSI-03] 及 ITU-T 标准[ITUT-92]对 QoS 进行解释。

服务质量(QoS)——IETF 定义:对业务分段或区分业务类型的能力,以使网络能够差异化对待特定业务。QoS 既包含服务分类,也包含每一分类的网络整体性能。QoS 亦指网络通过各种技术(可能采用任何底层技术)及 IP 路由网络为特定的网络业务提供更优服务的能力。

服务质量(QoS)——ITU 定义:QoS 定义为业务性能的集体效应,其决定了服务的用户满意度。QoS 的特点在于其集成了适用于所有业务性能因素的各个方面,如业务运行能力性能、业务接入能力性能、业务保持能力性能、业务集成能力性能,以及特定于每项业务的其他因素。

与 QoS 相关的是一些参数,可以规定或监控这些参数以保证 QoS。QoS 的服

务级别考虑了网络的端到端 QoS 能力,使其能够提供特定网络流量组合所需的服务。服务等级协议(SLA)用于描述服务提供商(SP)与用户间(或 SP 与接入网络运营商间)的协议。SLA 的特点在于可选择一种数据传输能力以及与此传输能力匹配的分配属性。

对于卫星网络,ETSI 建议宽带卫星多媒体(BSM)QoS 架构应支持以下服务要求[ETSI-15]:

(1) 对于集成网络内的端到端 IP 网络 QoS 参数、服务及机制的兼容性。

(2) 满足由 SLA 确定的跨集成网络的 IP 流的 QoS 要求。

(3) 支持对有关 QoS 及保证 QoS 的控制。

(4) 使用 BSM 业务类定义跨 BSM 子网传输 IP 数据包的 QoS 属性。

(5) 在 BSM 子网络边缘,IP 数据包的 QoS 属性至卫星独立服务接入点(SI-SAP)QoS 属性间映射。

3.5.2　IP 数据包传输性能参数

网络部分集成(NSE)是指任何连接的网络子集以及将它们互连的所有交换链路(EL)。成对的不同 NSE 由 EL 连接,NSE 一词也可用于表示整个端到端 IP 网络。NSE 由测量点(MP)界定。

任何 NSE 的性能都可以相对于任何给定的单向端到端 IP 服务进行测量。入口测量点是来自某服务的数据包进入该 NSE 时经过的一组测量点;出口测量点是来自该服务的数据包离开该 NSE 时经过的一组测量点。

文献[ITUT-16]中参照一个特定端至端 IP 业务定义了互联网协议分组数据包传输参考事件(IPRE)。当以下情况出现时,则会发生 IP 数据包传输:①IP 数据包经过一个 MP;②数据包头校验和有效;③IP 包头中的源地址和目的地址字段表示预期的源主机地址(SRC)和目的主机地址(DST)的 IP 地址。

4 种类型的 IP 数据包传输事件定义如下:

(1) IP 数据包进入主机事件。当 IP 数据包经过 MP,由连接的 EL 进入主机(NS 路由器或 DST)时发生。

(2) IP 数据包退出主机事件。当 IP 数据包经过 MP,由连接的 EL 退出主机(NS 路由器或 SRC)时发生。

(3) IP 数据包进入基本段或 NSE 的入口事件。当 IP 数据包经过入口 MP 进入基本段或 NSE 时发生。

(4) IP 数据包离开基本段或 NSE 的出口事件。当 IP 数据包经过出口 MP 离开基本段或 NSE 时发生。

文献[ITUT-16]根据在 MP 处的观察结果,就一组 IP 数据包信息传输性能参数提出了建议,以确定性能参数对 IP 网络中数据包集的适用性,为从源(SRC)到目标(DST)的 IP 数据包定义了性能参数。测量可以在网络内的 MP、网络边缘以及数据包的 SRC 与 DST 处进行。

3.5.2.1 数据包流

数据包流是与面向连接或无连接流相关联的一组数据包,这些数据包具有相同的 SRC、DST、服务类及会话标识(如来自高层协议的端口号)。当涉及这种数据包流时,其他文献可能会使用"微流"或"子流"等术语。

IPv6 数据包含一个附加字段,用于让源主机标记应在 IPv6 路由器中特殊处理的数据包序列,该字段称为流标签。流标签与源地址一起唯一地定义一个数据包流。

3.5.2.2 IP 数据包传输时延

IP 数据包传输时延(IPTD)为所有跨基本段或 NSE 的成功与错误传输的数据包而定义。IPTD 是指 IP 数据包的两个相对应的参考事件发生(入口事件 IPRE-1 发生于时间 t_1,出口事件 IPRE-2 发生于时间 t_2)时的时间间隔 $(t_2 - t_1)$,此处 $(t_2 > t_1)$ 且 $(t_2 - t_1) \leq T_{max}$。若数据包在 NSE 内被分片,则 t_2 为对应的最终出口事件的时间。端到端 IPTD 为源与目的地 MP 间的单向延迟。

IP 数据包延迟的测量涉及以下参数:

(1) 平均 IPTD,为采样样本中所有 IPTD 的算术平均值。

(2) 最小 IPTD,为采样样本中所有 IPTD 的最小值。其包含所有数据包共有的传播延迟与排队延迟,因此这一参数未必代表 MP 间路径的理论最小延迟。

(3) 中值 IPTD,为采样样本中 IPTD 频次分布的第 50 个百分位数。一旦传输时延按序排列,中值为中间值。当采样样本总数为偶数时,中间值取两个中心值的平均。

(4) 端到端两点 IP 数据包延迟抖动(IPDV)。IPTD 的变化也十分重要。流应用可使用关于 IP 延迟变化总范围的信息来避免缓冲区下溢和上溢。IP 延迟的极端变化会导致 TCP 重传计时器阈值增加,并可能导致数据包延迟重传或不必要的重传。端到端两点 IPDV 的定义基于对相应 IP 数据包到达入口与出口 MP(如 MPDST 与 MPSRC)的观察。这些观察描述了出口 MP 与入口 MP 处 IP 数据包到达事件模式(相对于参考延迟)的可变性特征。

源与目的地之间 IP 数据包 k 的 IPDV (v_k) 为数据包 k 的绝对 IPTD (x_k) 与相同两个 MP 之间定义的参考 IPTD $(d_{1,2})$ 之间的差值,即 $v_k = x_k - d_{1,2}$。

源与目的地之间的参考 IPTD $(d_{1,2})$ 是给定 IP 数据包在这两个 MP 间经历的绝对 IPTD。

两点 IP 数据包延迟抖动(IPDV)为正值,代表 IPTD 大于参考 IP 数据包经历的 IPTD;两点 IPDV 为负值,代表 IPTD 小于参考 IP 数据包经历的 IPTD。两点 IPDV 的分布与由值为 $d_{1,2}$ 的恒定值置换的绝对 IPTD 的分布相同。

3.5.2.3 IP 包错误率

IP 包错误率(IPER)是采样样本中总错误 IP 数据包数量同总成功传输 IP 数据包数量与总错误 IP 数据包数量之和的比。

3.5.2.4 IP 包丢失率

IP 包丢失率(IPLR)是采样样本中总丢失 IP 数据包数量与总传输 IP 数据包数量之比。

3.5.2.5 IP 包虚假率

出口 MP 处的 IP 包虚假率是特定时间间隔内在该出口 MP 处观察到的虚假 IP 数据包总数除以时间间隔的时长(等价于服务中每秒的虚假 IP 数据包数)。

3.5.2.6 IP 包重排率

IP 包重排率(IPRR)是采样样本中重新排序的 IP 数据包总数与总成功传输 IP 数据包数之比。

3.5.2.7 IP 包严重丢失块率

IP 包严重丢失时间块率(IPSLBR)是采样样本中 IP 数据包严重丢失块数量与总块数量之比。

3.5.2.8 IP 包重复率

IP 包重复率(IPDR)是采样样本中重复 IP 数据包的总数同总成功传输 IP 数据包数量与重复 IP 数据包总数之差的比。

3.5.3 IP 服务可用性参数

3.5.3.1 IP 服务不可用百分比

IP 服务不可用百分比(PIU)是总预定 IP 服务时间(T_{av} 间隔)中经 IP 服务可用性功能归类为不可用时间的比例。

3.5.3.2 IP 服务可用百分比

IP 服务可用百分比(PIA)是总预定 IP 服务时间(T_{av} 间隔)中经 IP 服务可用性功能归类为可用时间的比例。PIU 与 PIA 的关系为

$$PIU = 100 - PIA$$

由于 IPLR 通常跟随负载量的增加而增加,所以超过阈值的可能性也随负载量的增加而增加。因此,当源与目的之间的容量需求上升时,PIA 值很有可能会下降。

3.5.4 IP 网络 QoS 等级

文献[ITUT-11]的最新版本发布于 2011 年 12 月 14 日,该文件提供了 IP 网络的 QoS 等级定义与性能指标(表 3.3)。

表 3.3　IP 网络 QoS 等级定义与性能指标[SUN-14,ITUT-11]

网络 性能参数	网络性能指标	QoS 等级					
		等级 0	等级 1	等级 2	等级 3	等级 4	等级 5
IPTD	IPTD[a] 平均值上限	100ms	400ms	100ms	400ms	1s	U
IPDV	IPTD 的 1×10^{-3} 分位数的上限 减 IPTD[b] 最小值	50ms[c]	50ms[c]	U	U	U	U
IPLR	丢包率上限	1×10^{-3}[d]	1×10^{-3}[d]	1×10^{-3}	1×10^{-3}	1×10^{-3}	U
IPER	上限	1×10^{-4}[e]					U

一般说明：

这些指标适用于公共 IP 网络，被认为可以在通用 IP 网络中实现。网络提供商对用户的承诺是以实现每个适用指标的方式传递数据包。绝大多数符合 ITU-T Y.1541[ITUT-11]建议的 IP 路径应满足这些指标。对于某些参数，在较短或较简单的路径上的性能可能会更好。IPTD、IPDV 和 IPLR 的评估间隔暂定为 1min，在所有情况下都应报告间隔时间。单个网络提供商可以提供比这些指标更好的性能。

U 表示未定义或无边界。当与特定参数相关的性能被确定为 U 时，ITU-T 没有为此参数明确指标，任何默认的 Y.1541 指标都可以忽略。当某个参数的指标设置为 U 时，该参数的性能有时可能会非常差。所有的值都是临时的，网络不需要满足这些值，可根据实际操作经验对其进行修改（上调或下调）。

a. 传播时间太长很难实现端到端的低延迟指标。在此情况下，等级 0 和等级 2 的 IPTD 指标并不总能实现。每个网络提供商都会遇到这些情况，表中的 IPTD 指标范围提供了可实现的 QoS 等级作为备选方案。某一等级的延迟指标并不妨碍网络提供商提供具有更短延迟承诺的服务。根据 ITU-T Y.1541[ITUT-11]建议中 IPTD 的定义，数据包插入时间包含在 IPTD 指标中。建议用于评估这些指标的最大数据包信息字段为 1500B。

b. IPDV 指标的定义和性质正在研究中。更多详细信息请参见 ITU-T Y.1541[ITUT-11]建议的附录 II。

c. 该值取决于互联网链路的容量。当容量高于速率（T1 或 E1）时，或者当数据包信息字段小于 1500 字节时（参见 ITU-T Y.1541[ITUT-11]的附录 IV），延迟抖动范围会较小。

d. IPLR 的等级 0 和等级 1 指标部分基于研究成果：高质量语音应用和语音编解码器基本上不会受到 10^{-3} 量级 IPLR 的影响。

e. 该值是影响上层故障的主要因素，并且对于在 ATM 上的 IP 传输也适用。

3.6　总　　结

本章介绍了用于调制射频载波的基带信息的相关生成技术，也从性能指标（BER）与可用性指标等方面解释了 QoS 的概念。第 4 章将介绍使这些基带数字信号能够通过调制与编码进行传输的相关技术，以及 QoS 与射频链路性能 C/N_0（C 为载波功率，N_0 为噪声功率谱密度）间的重要函数关系。对于分组网络，所有 QoS 与性能测量都由 IP 数据包在 IP 网络层级进行。本章所提及的各方面都在卫星与地面网络应用的新技术与新标准中得到了良好的发展。近年来，卫星与地面网络的发展以及移动 4G/5G 的发展亦已同步进行。

参 考 文 献

［CAM-76］ Campanella, S.J. (1976). Digital speech interpolation. *COMSAT Technical Review* **6**(1): 127-157, Spring.

［CCIR-90］ CCIR. (1990). Digital sound-programme transmission impairments and methods of protection against them. Report 648.

［DVB-17］ Digital Video Broadcasting Project. (2017). Digital video broadcasting (DVB); specification for the use of video and audio coding in broadcast and broadband applications. DVB Document A001.

［ETSI-97］ ETSI. (1997). Digital video broadcasting (DVB); framing structure, channel coding and modulation for 11/12GHz satellite services. EN 300 421 (V1.1.2).

［ETSI-03］ ETSI. (2003). Satellite earth stations and systems (SES); broadband satellite multimedia; IP interworking over satellite; performance, availability and quality of service. TR 102 157 (V1.1.1).

［ETSI-07］ ETSI. (2007). Satellite earth stations and systems (SES); broadband satellite multimedia (BSM); services and architectures. TR 101 984 (V1.2.1).

［ETSI-09］ ETSI. (2009). Digital video broadcasting (DVB); guidelines on implementation and usage of service information (SI). TR 101 211.

［ETSI-15］ ETSI. (2015). Satellite earth stations and systems (SES); broadband satellite multimedia (BSM); QoS functional architecture. TS 102 462 (V1.2.1).

［ETSI-16］ ETSI. (2016). Digital video broadcasting (DVB); specification for service information (SI) in DVB systems. EN 300 468 (V1.15.1).

［FRE-91］ Freeman, R. (1998). *Telecommunications Transmission Handbook*, 4e. Wiley.

［ISO/IEC-18］ ISO/IEC. (2018). Information technology-generic coding of moving pictures and associated audio information-part 1: systems. 13818-1.

［ITUR-94］ ITU. (1994). Allowable bit error ratios at the output of the hypothetical reference digital path for systems in the fixed-satellite service using pulse-code modulation for telephony. Recommendation S.522.

[ITUR-86] ITU-R (1986) Digital PCM coding for the emission of high-quality sound signals in satellite broadcasting (15 kHz nominal bandwidth). Recommendation BO.651.

[ITUR-05a] ITU-R. (2005). Allowable error performance for a satellite hypothetical reference digital path in the fixed-satellite service operating below 15GHz when forming part of an international connection in an integrated services digital network. Recommendation S.614.

[ITUR-05b] ITU-R (2005) Availability objectives for a hypothetical reference circuits and hypothetical reference digital paths when used for telephony using pulse code modulation, or as part of an integrated services digital network hypothetical reference connection, in the fixed-satellite service operating below 15 GHz. Recommendation S.579-6.

[ITUR-15] ITU-R (2015) Parameter values for the HDTV standards for production and international programme exchange. Recommendation BT.709-6.

[ITUT-88a] ITU-T. (1988). Pulse code modulation (PCM) of voice frequencies. Recommendation G.711.

[ITUT-88b] ITU-T. (1988). Digital hierarchy bit rates. Recommendation G.702.

[ITUT-88c] ITU-T. (1988). Synchronous frame structures used at 1544, 6312, 2048, 8448 and 44 736 kbit/s hierarchical levels. Recommendation G.704.

[ITUT-88d] ITU-T. (1988). General quality of service parameters for communication via public data networks. Recommendation X.140.

[ITUT-96] ITU-T. (1996). Characteristics of a flexible multiplexer in a synchronous digital hierarchy environment. Recommendation G.785.

[ITUT-00] ITU-T. (2000). B-ISDN semi-permanent connection availability. Recommendation I.357.

[ITUT - 02] ITU-T. (2002). End-to-end error performance parameters and objectives for international, constant bit-rate digital paths and connections. Recommendation G. 826.

ITU-T. (2003). One-way transmission time. Recommendation G.114.

[ITUT-10] ITU-T. (2010). Terms and definitions for synchronous digital hierarchy (SDH) networks. Recommendation G.780.

[ITUT-11] ITU-T. (2011). Network performance objectives for IP-based services. Recommendation Y.1541.

[ITUT-16] ITU-T. (2016). Internet protocol data communication service-IP packet transfer and availability performance parameters. Recommendation Y.1540.

[ITUT-17] ITU-T. (2017). Synchronization layer functions. Recommendation G.781.

[SAR-94] Sari,H. and Jeanclaude, I. (1994).An analysis of orthogonal frequency-division multiplexing for mobile radio applications. In: *1994 IEEE VTC' 94*, *Stockholm*, *Sweden*, *June 1994*, 1635–1639. IEEE.

[SCH-80] Schwartz, M. (1980). *Information*, *Transmission*, *Modulation and Noise*. McGraw-Hill.

[SUN-14] Sun, Z. (2014). *Satellite Networking: Principles and Protocols*, 2e. Wiley.

第4章 数字通信技术

本章研究适应卫星信道远距离传输的基带信号处理技术。

卫星信道的最大特点是功率与带宽受限。功率与带宽资源如何均衡使用,是卫星通信的一个重要课题,因为功率对卫星质量和地球站(ES)的大小都有影响,而带宽则受到无线电规则的限制。本章目的是实现最佳均衡,即以最小的系统成本获得最大的容量。

图4.1为地球站基本通信功能示意图。

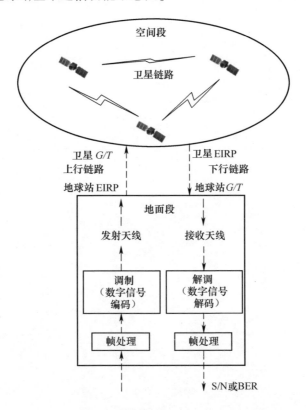

图4.1 地球站基本通信功能

图4.2提供了数字传输系统的基本构成[BOU-87]。3.1.1节讨论了信源编码与时分复用(TDM),本章主要讨论数字信号传输的以下典型功能:

(1) 基带处理或格式化。

(2) 数字调制与解调。

(3) 信道编码与解码。

信道编码是在调制之后介绍的,因为应该先讨论取决于单位比特能量同噪声功率谱密度(E_c/N_0)之比的误码率(BER)。本章还介绍了信道编码对已有数字传输标准(DVB-S、DVB-S2 和 DVB-S2X)的功率—带宽平衡关系的影响,并在最后给出实例。

正如第 3 章所述,数字通信系统的性能由误码率表示。本章说明了误码率与射频链路性能的关系,该性能由接收载波功率 C 与噪声功率谱密度 N_0 之比 C/N_0 表示。4.1 节提到了 EIRP 值与 G/T 值会影响 C/N_0,这两个概念在第 5 章会做详细介绍。

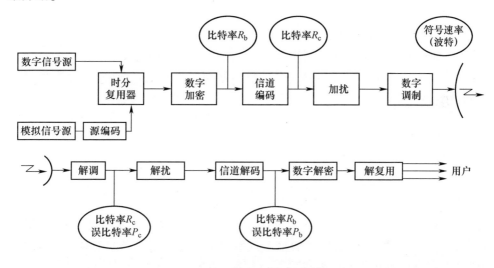

图 4.2　数字传输系统的基本构成

4.1　基带格式

4.1.1　加密

为了防止未经授权的用户利用或篡改传输信息,需要使用加密技术,加密为在二进制流上实时地、逐比特地进行运算。用于转换的一组参数称为密钥。虽然加密的使用通常与军事通信有关,但商业卫星系统的用户也越来越多地希望为其商业与行政网络提供加密服务。事实上,由于卫星的覆盖范围广大,小站很容易接入卫星网络进行窃听与数据伪造。

图4.3为加密传输原理框图。加密与解密单元使用由密钥生成单元提供的密钥进行运算。一个安全的密钥分配方法就是为加密单元与解密单元提供相同的密钥。

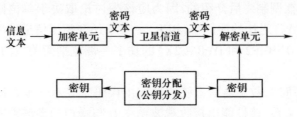

图4.3　加密传输原理框图

加密包括保密性(防止未经授权的人利用信息)与真实性(防止入侵者修改信息)。使用的两种技术如下[TOR-81]：

(1) 在线加密(流加密)。原始二进制流(明文)的每个比特都通过一个简单的运算(如模2加法运算)与一个由密钥设备产生的二进制流(密钥流)的每个比特相结合。密钥产生设备可以是一个伪随机序列发生器,这个伪随机序列发生器的结构由密钥定义。

(2) 按块加密(块加密)。根据密钥定义的逻辑,将原始二进制流逐块转化为加密流。

4.1.2　加扰

国际电信联盟(ITU)建议使用能量扩散技术(ITU-R Rec. S.446)[ITUR-93],以限制共享相同频段的无线电通信系统之间的干扰。在数字传输中,比特流是随机的,载波能量会扩散在调制信号的整个频谱中。通过限制卫星的EIRP,可以将地面的功率密度保持在限制的要求之下。相反,如果比特流以固定模式进行重复发送,那么调制载波的频谱就会出现线状频谱,其振幅会超过地面功率密度限制。能量扩散的原理是产生一个具有随机特性的调制比特流,而不管信息比特流的结构如何。这种在发射机调制前进行的运算称为加扰;在接收机解调后进行的逆运算称为解扰。

图4.4是一个加扰器与解扰器的实现实例。在加扰器中,每个传入的信息比特与伪随机序列发生器产生的比特进行模2运算。伪随机序列发生器由一个带有各种反馈路径的移位寄存器组成。解扰器包含相同的伪随机序列发生器,根据模2运算的特点,加扰后的二进制比特流与随机序列逐比特进行模2运算,恢复出信息内容。这意味着两个伪随机序列生成器要具备同步性,图4.4中的结构布局自动地确保了同步性。在 r 比特无误传输后,加扰和解扰移位寄存器的 r 级处于同一状态。然而,当一个比特发生错误时,则 r 比特时间间隔内产生的错误与反馈路

径中 a_i 的非零系数一样多。加扰的另一个优点是抑制连 0 或连 1 的序列,在非归零电平(NRZ-L)编码中,逻辑 0 或 1 的序列可能导致位定时恢复电路的失步,由于在判决瞬间会出现定时错误,导致在解调器输出端引入检测错误。加扰技术在 DVB-S 标准中得到了实际应用(见 4.7 节)。

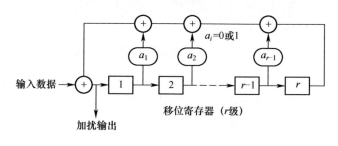

(a)

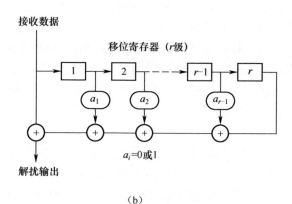

(b)

图 4.4 加扰器与解扰器的实现实例
(a)加扰器;(b)解扰器。

4.2 数字调制

调制器的原理与组成如图 4.5 所示,其由符号生成器、编码器和信号发生器构成。

符号生成器将输入比特流的 m 个连续比特生成具有 M 个状态的符号,其中 $M=2^m$。编码器在这些符号的 M 个状态和传输载体的 M 个可能状态之间建立对应关系。有两种类型的对应关系可以考虑:

(1) 直接映射:符号的状态定义了传输载体的状态。
(2) 变换编码(差分编码):符号的状态定义了传输载体两个连续状态之间的

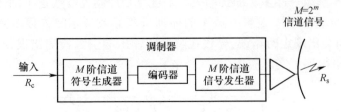

图 4.5 数字传输调制器的原理与组成

变换状态。

调制器入口的比特率 R_c(比特/秒)与调制器出口的符号率 R_s(每秒载波的状态变化数)之间的关系可表示为

$$R_s = R_c/m = R_c/\log_2 M \quad (\text{baud}) \tag{4.1}$$

相位调制,也称相移键控(PSK),特别适合于卫星通信信道。事实上,其有包络恒定的优势;而且,与频移键控(FSK)相比,频谱利用率更高(见 4.2.7 节)。根据每个符号所含的比特数 m,存在以下几种 M 相相移键控(MPSK)调制方式。

(1) 最简单的形式是基本的二相调制($M=2$),称为二进制相移键控(BPSK),它是标准的直接映射。当考虑差分编码时,它被称为差分编码 BPSK(DE-BPSK)。由于 DE-BPSK 可以简化解调过程(差分解调,见 4.2.6.1 节),所以在工程应用广泛。

(2) 用两个连续的比特来定义符号,即四相调制($M=4$),称为直接映射的正交相移键控(QPSK)。由差分编码的 BPSK 自然会想到差分编码的 QPSK(DE-QPSK),但它很少应用于工程实践中(除了 π/4-QPSK 的特定情况,见 4.2.3.2 节),因为当 M 大于 2 时,差分解调与标准相干解调相比性能下降明显。

(3) 高阶调制($M=8,8$PSK;$M=16,16$PSK;等),其中:8PSK 是指一个符号代表 $m=3$ 个比特;16PSK 是指一个符号代表 $m=4$ 个比特;更高阶 PSK 每符号的比特数更多。一方面,随着调制阶数的增加,频谱效率随着一个符号比特位数的增加而增加;另一方面,高阶调制需要更多的单位比特能量(E_b),这样才能在解调器输出端获得与低阶调制相同的误码率(见 4.2.6 节)。

对于高阶调制($M \geqslant 16$),幅相键控(APSK)可以获得更好的性能。载波的状态由载波相位与载波振幅(16APSK 有两种振幅;32APSK 有三种振幅)共同决定。

4.2.1 二相调制

二相相位调制器如图 4.6 所示。由于其为二进制调制,所以图中没有符号生成器。b_k 是调制器在 $[kT_c,(k+1)T_c]$ 的时间间隔内输入的比特值。编码器将输入比特 b_k 转换为逻辑值为 m_k 的调制位,这样可分为两种情况:

(1) 对于直接映射(BPSK),有 $m_k = b_k$。
(2) 对于差分编码(DE-BPSK),有 $m_k = b_k \oplus m_{k-1}$,其中⊕表示异或运算。

信道信号发生器由比特 m_k 控制,在时间间隔$[kT_c, (k+1)T_c]$内由电压$v(kT_c) = \pm V$ 表示。频率为 $f_c = \omega_c/2\pi$ 的载波在这个区间内可以表示为

$$C(t) = \sqrt{2C}\cos(\omega_c t + \theta_k) = v(kT_c)A\cos(\omega_c t) \quad (V) \quad (4.2)$$

$$\theta_k = \overline{m_k}\pi$$

式中:C 为调制载波功率;A 为载波振幅;$\overline{m_k}$ 为 m_k 的逻辑取反,即当 $m_k = 1$ 时,$\theta_k = 0$,当 $m_k = 0$ 时,$\theta_k = \pi$。

在此期间,载波表现出一个恒定的相位状态,相位为 0 或为 π。式(4.2)的最后一项表明,这种相位调制可以被看作是具有两个振幅状态±V的抑制载波振幅调制(注意包络保持不变)。如图 4.6 所示,这种调制可以简单地通过载波乘以$v(t)$来实现。表 4.1 说明了两种编码类型 b_k 与载波相位之间的关系。

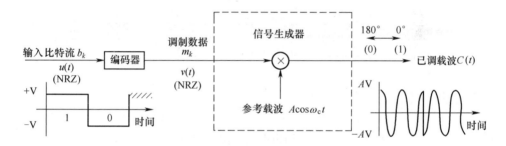

图 4.6 二相相位调制器(BPSK)

表 4.1 BPSK 中比特与载波相位的关系

(a)直接编码	
b_k	相位
0	π
1	0

(b)差分编码					
	上一个状态		当前状态		
b_k	m_{k-1}	相位	m_k	相位	
0	0	π	0	π	无相位变化
	1	0	1	0	
1	0	π	1	0	相位变化
	1	0	0	π	

4.2.2 四相调制

四相相位调制器如图4.7所示。符号生成器是一个串并转换器,从比特率为 R_c 的输入流中产生两个比特率均为 $R_c/2$ 的二进制流 A_k 与 B_k。符号 A_k 与 B_k 是两比特输入,占用的时间间隔 $[kT_s,(k+1)T_s]$ 等于两比特时间,即 $T_s = 2T_c$。映射器或编码器分别将 A_k 与 B_k 转换为2bit 的 I_k 与 Q_k。如前所述,通常只考虑直接映射,有

$$\begin{cases} I_k = A_k \\ Q_k = B_k \end{cases} \tag{4.3}$$

信号发生器以正交方式叠加两个载波,这两个载波被比特 I_k 与 Q_k 进行振幅调制(抑制载波)。

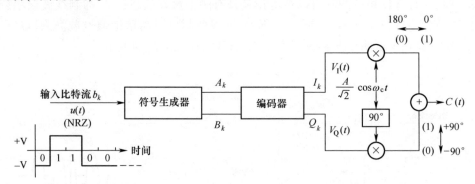

图 4.7 四相相位调制器(QPSK)

I_k 与 Q_k 在 $[kT_s,(k+1)T_s]$ 的时间间隔内可以由电压 $v_I(kT_s) = \pm V, v_Q(kT_s) = \pm V$ 来表征,所以在 $[kT_s,(k+1)T_s]$ 区间内载波的表达式为

$$C(t) = v_I(kT_s)\frac{A}{\sqrt{2}}\cos(\omega_c t) - v_Q(kT_s)\frac{A}{\sqrt{2}}\sin(\omega_c t) = AV\cos(\omega_c t + \theta_k) \quad (V)$$

(4.4)

式中: θ_k 为45°、135°、225°或315°,该值取决于电压 $v_I(kT_s)$ 与 $v_Q(kT_s)$ 的值。从图4.8可以看出,载波可以是四种相位状态之一,每种状态都与符号 $I_k Q_k$ 的一个值有关。一般来说,相位的变化值与 I_k 和 Q_k 输入相关联,如果 $I_k Q_k$ 采用格雷码编码方式,那么 $I_k Q_k$ 每次都只有1bit 变化时,载波相位的变化值都是90°。因此,接收机在识别到两个相邻相位之间存在错误变化时,该错误仅由其中1bit 错误而导致。表4.2说明了 $A_k B_k$ 与载波相位之间的对应关系。

4.2.3 QPSK 的派生方式

在 QPSK 调制中,两个载波进行正交调制的电压同时变化,载波会出现180°的

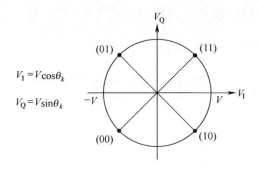

图 4.8 QPSK 星座

相位变化。由于卫星通信中大量使用滤波器等非线性器件,当载波的相位变化较大时,会引起载波的振幅调制,从而引入非线性调制。滤波器将这些振幅变化转化为相位变化(见第 9 章),会使解调器的性能下降。已有的几种 QPSK 的派生调制可以有效抑制 180°的相移。

表 4.2 采用 QPSK(直接编码)时,$A_k B_k$ 和载波相位之间的关系

$A_k B_k$	相 位
00	$5\pi/4$
01	$3\pi/4$
10	$7\pi/4$
11	$\pi/4$

此外,为了限制基带波形调制的频谱宽度,可以采用基带脉冲成形技术,即使用滤波器来平滑图 4.7 中的 NRZ 矩形脉冲。

常用的 QPSK 派生调制方式如下:
(1) 偏移正交相移键控(OQPSK)。
(2) π/4-QPSK。
(3) 最小频移键控(MSK)。

4.2.3.1 OQPSK

OQPSK 也称偏移四相相移键控(SQPSK),I_k 与 Q_k 的调制比特流偏移一半的符号时间,即 $T_s/2 = T_c$,即一个比特的时间。载波的相位在每个比特周期都会发生变化,但只会是±90°或 0°,这就避免了 QPSK 调制中 IQ 两路两个比特同时变化时出现的 180°相差。这样做的优点是:当调制载波被过滤时,包络变化变得舒缓。

国际海事卫星组织(INMARSAT)的航空服务使用航空正交相移键控(A-QPSK),它等同于 OQPSK,但没用采用图 4.7 的 NRZ 码,而是振幅为 V 的脉冲对升

余弦脉冲滤波器(传输函数 $H(f)$)的响应[PRO-01, p.546]，即

$$H(f) = \begin{cases} T_s, 0 \leq |f| \leq \dfrac{1-\alpha}{2T_s} \\ \dfrac{T_s}{2}\left\{1 + \cos\left[\dfrac{\pi T_s}{\alpha}\left(|f| - \dfrac{1-\alpha}{2T_s}\right)\right]\right\}, \dfrac{1-\alpha}{2T_s} \leq |f| \leq \dfrac{1+\alpha}{2T_s} \\ 0, |f| > \dfrac{1+\alpha}{2T_s} \end{cases} \quad (4.5)$$

式中：α 为滚降系数，A-QPSK 所选的 α 为 1。

4.2.3.2 π/4-QPSK

这种调制方案是避免产生 180°瞬时相移的另一种方法。它采用差分编码，在时刻 k 的调制数据 $I_k Q_k$ 由传入的二比特 $A_k B_k$ 和先前的二比特 $I_{k-1} Q_{k-1}$ 共同决定，通过变换实现，有

$$\begin{pmatrix} I_k \\ Q_k \end{pmatrix} = \begin{pmatrix} \cos\theta_k & -\sin\theta_k \\ \sin\theta_k & \cos\theta_k \end{pmatrix} \begin{pmatrix} I_{k-1} \\ Q_{k-1} \end{pmatrix}$$

式中：θ_k 为 π/4、3π/4、-3π/4 或 -π/4，取决于输入的二比特 $A_k B_k$(11,01,00,10)。例如，在 $k-1$ 时刻，载波相位是星座的 4 个相位之一，见图 4.9(a)；在时刻 k，载波可能的相位是星座图中的某一值，见图 4.9(b)。由于两个星座相对于对方移位 π/4，可能的相位变化是 ±π/4 或 ±3π/4，图 4.9(c)表示从时刻 k 的特定相位开始可能存在的相位变化。

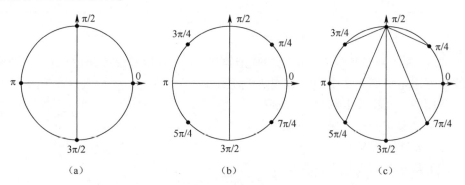

图 4.9 QPSK 调制
(a)星座 1；(b)星座 2；(c)连续符号可能的相位变换。

4.2.3.3 最小频移键控

MSK 调制方案是 OQPSK 的一个特例，将图 4.7 中的比特流 I_k、Q_k 的 NRZ 矩形脉冲替换为滤波器输出的脉冲响应，脉冲响应 $h(t)$ 如下[GRO-76]。

(1) 对于 I_k 流，有

$$h(t) = \begin{cases} \cos(\pi t/2T), & 0 \leq t \leq T \\ 0, & \text{其他} \end{cases}$$

(2) 对于 Q_k 流,有

$$h(t) = \begin{cases} \sin(\pi t/2T), & 0 \leq t \leq T \\ 0, & \text{其他} \end{cases}$$

在每个比特持续时间 T_c 期间,载波相位增加 $\pm\Delta\omega T_c$,$\Delta\omega = \pi/2T_c$,如图 4.10 所示。在每个比特持续时间 T_c 期间,相位随时间线性变化;在每个比特持续时间结束时,相位等于 $\pi/2$ 的整数倍。这种相位变化在每个比特期间转化为一个恒定的频率,这使得调制等同于 FSK 调制,但它有两个频率,即 $f_c - 1/4T_c$ 与 $f_c + 1/4T_c$,其中 f_c 为参考载波频率,在每个比特期间究竟是哪种频率取决于比特值。

为了避免图 4.10 中每个比特持续时间 T_c 结束时相位斜率的急剧变化,高斯滤波最小频移键控(GMSK)使用高斯滤波器对 NRZ 码进行低通滤波,然后再进行 MSK 调制。这样使得载波经历了 $\pi/2$ 相位的平滑,减小了频谱宽度。这种技术在带宽受限的情况下使用。GMSK 调制方式的缺点是引入了符号间干扰(ISI),这是由于每个比特位在超过比特持续时间(通常是 $3T_c$)的时间段内影响载波相位。

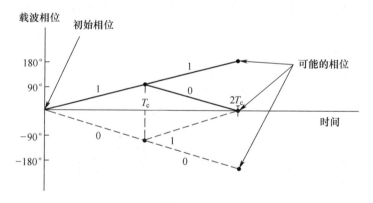

图 4.10 MSK 调制的载波相位

4.2.4 高阶 PSK 与 APSK

8PSK 调制($M=8$)的星座图如图 4.11(b)所示,每个符号都由三个连续比特定义,这便是三阶 PSK 调制,更高阶的 PSK 调制则由更多连续的比特定义符号。然而,随着调制阶数的增加,载波状态的相位差会减少,则需要增加载波的振幅以保持载波状态的相位差不变,以保证解调端的误码率不会变差(见 4.2.6.3 节)。

基于正交相位调制器的配置,即射频信号发生器以正交方式叠加两个载波,可以设想用两个正的与两个负的信号电压对每个载波的幅度进行调制(4 进制幅度符号)。这就产生了 16QAM 信号,其星座图如图 4.11(c)所示。这种调制不是包

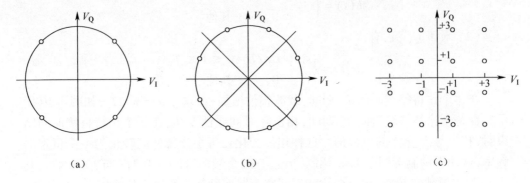

图 4.11　高阶调制方案

(a) QPSK；(b) 8PSK；(c) 16QAM 调制，$v_\mathrm{I}(kT_\mathrm{s})$ 与 $v_\mathrm{Q}(kT_\mathrm{s})$ 在 $\{\pm1, \pm3\}$ 域中取值。

络恒定的调制，因为载波有三种可能的振幅值，振幅值较多的载波不适合在具有非线性特性的卫星信道传输。

为了减少载波在非线性信道传输时的损伤，在保持相同数量的星座点（$M=16$）情况下，需要尽量减少载波的振幅值数量。如图 4.12(a) 所示，分别在两个同心圆上绘制星座图，内圆 4 个星座点、外圆 8 个星座点，星座点总数仍是 16，但是载波的振幅值数量变成了 2，这种调制方式被称为 16APSK。有 3 种振幅的 32APSK 调制载波可以考虑应用在准线性信道环境（得益于星载线性化器的出现与使用，见第 9 章），32APSK 调制星座图如图 4.12(b) 所示。

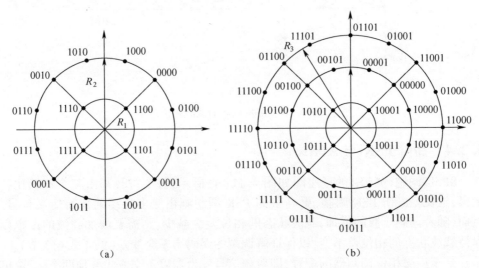

图 4.12　高阶 APSK 调制星座图
(a) 16APSK；(b) 32APSK。

4.2.5 滤波前的调制载波频谱

图 4.13 显示了几种数字调制方案的调制载波功率谱密度(W/Hz)曲线,纵轴为相对于未调制载波最大功率值的归一化功率谱密度,单位为分贝(dB);横轴为在单位比特率条件下频率 f 与未调制载波频率 f_c 的频率差。

图 4.13 中显示的频谱对应滤波前的调制载波。有两个问题:

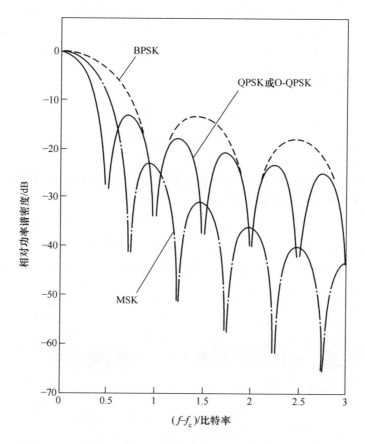

图 4.13 几种数字调制的载波相对功率谱密度(f_c 为载波频率)

(1)调制载波频谱主瓣的宽度决定了所需的带宽。
(2)旁瓣的频谱随频率衰减,其决定了对邻近载波的干扰。

因此,QPSK($M=4, m=2$)在频谱宽度方面优于 BPSK($M=2, m=1$)。一般来说,主瓣的宽度随着每个符号的比特数 m 的增加而减少,即每符号比特数 m 越大通常频谱效率越高。与 QPSK 相比,MSK 显示出更快的旁瓣衰减,但代价是主瓣宽度更大。

在实际应用中,为了限制对相邻带外载波的干扰,发射机与接收机都要进行滤波,滤波的效果将在4.2.7节讨论。

4.2.6 解调

解调器的作用是识别接收到的载波的相位(或相移),并从中推断出传输的二进制流的比特值。解调有两种方式:

(1) 相干解调。解调器在本地产生一个正弦参考信号,该正弦参考信号的频率和相位要与发射机的载波完全相同。解调器检测接收载波与正弦参考信号的相位差别。对于直接调制(BPSK 与 QPSK)与差分调制(DE-BPSK 与 DE-QPSK),相干解调都能够重建调制前的二进制码流。

(2) 差分解调。解调器比较接收到的载波在一个符号传输期间的相位与其在前一个符号期间的相位。因此,解调器检测相位变化。只有当传输的信息包含在相位变化中时才能被恢复,差分解调总是与传输时的差分编码有关,这种类型的调制解调称为差分调制解调(D-BPSK)。

下面将研究 BPSK 与 QPSK 解调器结构,然后比较各类型调制解调的性能。

4.2.6.1 相干与差分解调器

BPSK 的相干解调如图4.14(a)所示。收到的已调载波 $\cos(\omega_c t + \theta_k)$ 与载波恢复电路输出的参考载波 $\cos\omega_c t$ 相乘,其结果与 $\cos2(\omega_c t + \theta_k) + \cos\theta_k$ 成正比。低通滤波器滤除频率为 $2f_c = 2\omega_c/2\pi$ 的分量,并输出一个与 $\cos\theta_k$ 成正比的电压,

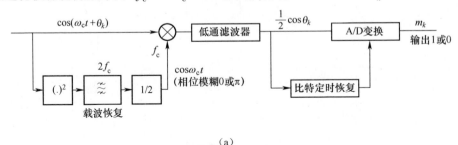

图 4.14 BPSK 的相干解调与差分解调
(a) BPSK 相干解调;(b) DE - BPSK 差分解调。

这个电压值是正值还是负值,取决于 θ_k 是 π 还是 0。比特定时恢复电路恢复出比特的判决时刻,在此判决时刻,比较电压与检测器的零阈值,并恢复当前的比特值。

DE-BPSK 的差分解调如图 4.14(b)所示。收到的 DE-BPSK 已调载波被送入延迟单元(延迟时间等于一个比特的持续时间),并将未延迟已调载波与延迟后输出的已调载波相乘。相乘之后的信号变为 $\cos(\omega_c t + \theta_k)\cos(\omega_c t + \theta_{k-1})$,经过低通滤波器后变为 $1/2\cos(\theta_k - \theta_{k-1})$,比特序列 m_k 的每个比特数值通过 $\cos(\theta_k - \theta_{k-1})$ 的正负号就可以推断出来。

QPSK 的相干解调如图 4.15 所示,其为 BPSK 相干解调的同相通道与正交通道的扩展。

4.2.6.2 符号错误概率与比特错误概率

噪声影响下的载波相位(或相移)变化会导致接收符号的识别错误,从而导致接收比特的错误。符号错误概率(SEP)是一个符号被错误检测的概率;比特错误概率(BEP)是一个比特被错误检测的概率。

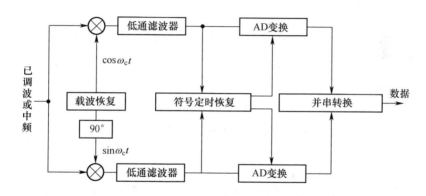

图 4.15 QPSK 相干解调

对于二相调制,符号等同于比特。因此,用 SEP 代表 BEP,有

$$\text{BEP} = \text{SEP} \tag{4.6}$$

对于四相调制,符号 $I_k Q_k$ 与相位状态的关系遵循格雷码,BEP 可表示为

$$\text{BEP} = \text{SEP}/2 \tag{4.7}$$

更通用地表达为

$$\text{BEP} = \text{SEP}/\log_2 M, M \geqslant 2 \tag{4.8}$$

表 4.3 给出了之前介绍的解调器 BEP 表达式[PRO-01]。图 4.16 显示了相应的 BEP 曲线。函数 erfc 为互补误差函数,定义为

$$\mathrm{erfc}(x) = (2/\sqrt{\pi})\int_{x}^{\infty} e^{-u^2}\mathrm{d}u \tag{4.9}$$

表 4.3 比特错误概率(BEP)的表达方式

调制解调类型	比特错误概率
相干解调:	
直接编码:	
BPSK	$(1/2)\mathrm{erfc}\sqrt{(E_c/N_0)}$
QPSK	$(1/2)\mathrm{erfc}\sqrt{(E_c/N_0)}$
差分编码:	
DE-BPSK	$\mathrm{erfc}\sqrt{(E_c/N_0)}$
DE-QPSK	$\mathrm{erfc}\sqrt{(E_c/N_0)}$
差分解调(仅差分编码):	
D-BPSK	$(1/2)\exp(-E_c/N_0)$

当 $E_c/N_0 \geq 4$ 即 6dB 时,$\mathrm{erfc}\sqrt{(E_c/N_0)}$ 有一个比较实用的近似表达式,即 $(1/\sqrt{\pi})(\exp(-E_c/N_0)/\sqrt{(-E_c/N_0)})$。

在误码率表达式中出现了 E_c/N_0 这个参数,其中 E_c 为每个信道比特的能量,是一个比特持续时间内接收到的载波功率的累积,即 $E_c = CT_c = C/R_c$。因此有

$$E_c/N_0 = (C/R_c)/N_0 = (C/N_0)/R_c \tag{4.10}$$

对于卫星透明转发链路,C/N_0 值表征了整体链路的性能,即 $(C/N_0)_T$,第 5 章将会提到。对于再生型有效载荷而言,C/N_0 值只表征上行链路或下行链路的性能。

4.2.6.3 误码率

误码率(BER)是记录比特发生差错的概率,通常用来衡量解调器的性能。对于比特总数为 N 的码流,如果错误比特数为 n,则有

$$\mathrm{BER} = n/N$$

误码率构成 BEP 的估计值,置信度与该估计值相关,关系可表示为

$$\mathrm{BEP} = \mathrm{BER} \pm (k \times \sqrt{n}/N)$$

对于 $k=1$,可以得到 63% 的置信度;对于 $k=2$,可以得到 95% 的置信度。例如,如果在总数为 $N=10^5$ 的一连串比特中观察到 $n=100$ 的错误个数,那么当置信度为 63% 时,BEP 就是 $10^{-3} \pm 10^{-4}$。

性能指标规定了在给定误码率条件下(3.2 节)确定要求的 E_c/N_0 值。表 4.4 列出了每种调制和解调类型实现给定 BEP 所需的 E_c/N_0 理论值。括号内的数字

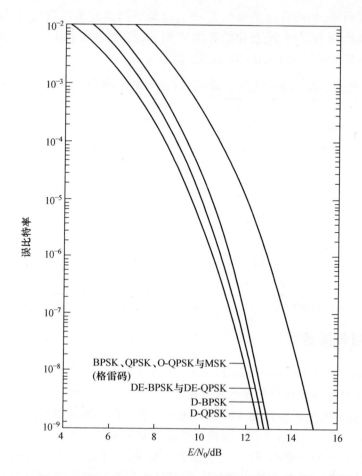

图 4.16 理论上的比特错误概率(BEP)

E 为单位比特能量(无编码时, $E=E_b$; 有编码时, $E=E_c$); N_0 为单边噪声功率谱密度(W/Hz)。

表示所用调制/解调类型的 E_c/N_0 值与用 BPSK 或 QPSK 类型时 E_c/N_0 之间的差值。

可以看出,要实现要求的 BEP,差分编码调制需要更高的 E_c/N_0 值,这就对 C/N_0 有更高的要求。然而,由于信息的传递是通过两个连续符号之间的相移来实现的,因此不需要恢复载波的确切参考相位,相比相干解调,差分解调避免了由载波恢复电路引入的参考载波相位模糊问题(由载波平方运算后再二分造成),见图 4.14 (a)。对于直接编码,相位模糊是通过在发送端插入一个已知的比特序列(前导码)并在接收端检测这个前导码来解决的,这增加了传输方案的复杂性;差分解调不需要恢复参考载波,这使解调器变得简单,但与相干解调相比,其性能有所下降。

由于解调器的影响,实际误码率的数值要高于表 4.4 中理论上的 BEP。为了获得想要的误码率,必须适当增加些 E_c/N_0,这是解调器的实现恶化,它取决于具体实现技术及所需的误码率,恶化的范围从 BPSK 调制的 0.5dB 到对信道非线性与同步错误敏感的高阶调制($M=16$ 或 32)的数分贝。

表 4.4　实现相应误码率的 E_c/N_0 理论值(E_c=每比特能量,N_0=噪声谱密度)

BEP	BPSK QPSK(dB)	DE-BPSK(Δ) DE-QPSK	D-BPSK(Δ)	D-QPSK(Δ)
10^{-3}	6.8	7.4dB（0.6dB）	7.9dB（1.1dB）	9.2dB（2.4dB）
10^{-4}	8.4	8.8dB（0.4dB）	9.3dB（0.9dB）	10.7dB（2.3dB）
10^{-5}	9.6	9.9dB（0.3dB）	10.3dB（0.7dB）	11.9dB（2.3dB）
10^{-6}	10.5	10.8dB（0.3dB）	11.2dB（0.7dB）	12.8dB（2.3dB）
10^{-7}	11.3	11.5dB（0.2dB）	11.9dB（0.6dB）	13.6dB（2.3dB）
10^{-8}	12.0	12.2dB（0.2dB）	12.5dB（0.5dB）	14.3dB（2.3dB）
10^{-9}	12.6	12.8dB（0.2dB）	13.0dB（0.4dB）	14.9dB（2.3dB）

注:Δ 代表所用调制/解调类型的 E_c/N_0 值与用 BPSK 或 QPSK 类型时 E_c/N_0 之间的差值。

4.2.7　调制频谱效率

调制频谱效率可定义为传输比特率 R_c 与载波所占带宽的比率。载波占用的带宽取决于已调载波的频谱及其滤波过程。

图 4.13 显示的是未经过滤波的调制载波频谱。在实际应用中,为了限制对相邻带外载波的干扰,在发射机与接收机两端都要实施滤波。然而,这种滤波会引入 ISI[PRO-01],与先前的理论结果相比,它降低了误码率性能。对于 BPSK 与 QPSK 使用的矩形脉冲,无 ISI 传输可以通过一个矩形的带通滤波器("砖墙"滤波器)来实现,该滤波器对应于最小的所需载波带宽。这个带宽(奈奎斯特带宽)等于 $1/T_s$,即信号或符号持续时间 T_s 的倒数,但这在实际应用中是无法做到的,因为在频域中矩形的滤波器无法实现。另外,时域响应的缓慢衰减会使接收机的时钟恢复电路的定时错误转化为检测过程中的判决错误,这些都不利于降低误码率。

无 ISI 传输可以通过在频域中表现更平滑的特定滤波器来实现,如式(4.5)引入的升余弦滤波器。但这需要更大的带宽,增大的带宽取决于滚降系数 α。对于滚降系数为 α 的升余弦滤波器,载波所占用的带宽 B 为

$$B = (1+\alpha)/T_s \quad (\text{Hz}) \tag{4.11a}$$

因此,M 相调制方案的频谱效率 Γ 为

$$\Gamma = R_c/B = R_c T_s/(1+\alpha) = \log_2 M/(1+\alpha) \quad (\text{bit/s/Hz}) \tag{4.11b}$$

式中:$m = \log_2 M$ 为每个符号的比特数。

在滚降系数 $\alpha=0.35$ 的情况下,所需带宽为 $1.35/T_s$。对于 BPSK,频谱效率为

$\Gamma=0.7$bit/s/Hz；对于 QPSK，$\Gamma=1.5$bit/s/Hz；对于 8PSK，$\Gamma=2.2$bit/s/Hz。

滤波是在传输链路的两端实施的。如果信道是线性的，理论上来说，整体滤波应该在发射机滤波器与接收机滤波器之间平均分配。卫星信道通常是非线性的，这是由地面站和卫星上的功率放大器的非线性特性造成的。前向滤波法并不能提供无 ISI 传输。此外，滤波后的已调载波经过非线性信道传输后会出现频谱扩散，这就增加了邻道干扰(ACI)。放大器饱和工作点回退是以降低载波发送功率为代价来减少频谱扩散的一种方法。

接收机的噪声功率为 $N=N_0 B_N$，其中 B_N 为接收机的噪声带宽。对于奈奎斯特滤波器，噪声带宽等于 $1/T_s$，与滚降系数 α 无关。但在实际应用中，所使用的滤波器的噪声带宽对滚降有一定的依赖性。因此，比较实用的是将接收机的噪声带宽取值为载波带宽，即 $B_N=B$，如式(4.11a)所示。

4.3 信道编码

信道编码原理如图 4.17 所示，其目的是在信息比特上增加冗余比特，这些冗余比特在接收机上用于检测与纠正错误[PRO-01]。这种技术被称为前向纠错(FEC)。编码效率定义为

$$\rho = n/(n+r) \tag{4.12a}$$

式中：r 为对应 n 个信息比特所增加的冗余比特数。

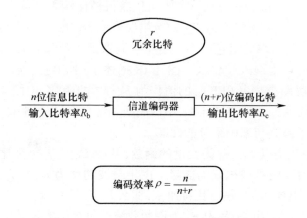

图 4.17 信道编码原理

如果编码器输入端的比特率是 R_b，则在输出端的比特率 R_c 肯定要大于 R_b，因此有

$$R_c = R_b/\rho \quad \text{(bit/s)} \tag{4.12b}$$

4.3.1 分组码与卷积码

常用的两种信道编码技术如下：

(1) 分组码。编码器将 r 个冗余比特与每块 n 个信息比特组合起来。每个编码块独立于其他块进行编码，编码比特由相应块的信息比特的线性组合产生。循环编码是最常用的编码方式，尤其是 Reed-Solomon(RS)编码和 BCH 编码，每个码字都是生成多项式的倍数。

(2) 卷积码。$(n+r)$ 比特由编码器从前面的 $(N-1)$ 个 n 比特信息中产生，乘积 $N(n+r)$ 定义了编码的约束长度。编码器由移位寄存器和异或加法器组成。

分组码与卷积码之间的选择由解调器输出的错误类型决定。误码的分布取决于卫星链路上遇到的噪声与传播损伤的性质。

(1) 在稳定的传播条件与高斯噪声信道下，错误是随机发生的，常用卷积码。

(2) 在衰落信道条件下，错误大多以突发形式出现。与卷积编码相比，分组码对突发错误的敏感度较低，所以在衰落条件下，首选分组码。

4.3.2 信道解码

对于 FEC，解码器使用在编码器处引入的冗余来检测与纠正错误。对分组码与卷积码的解码有多种可行方法。对于循环分组码，一种传统的方法是使用接收到的编码块除以生成多项式，得到校正子，如果传输没有错误，则校正子全为零。对于卷积码，用 Viterbi 解码算法[VIT-79]可以获得最佳性能。

在解码器输入端，比特率为 R_c，比特错误概率为 $(BEP)_{in}$；在输出端，信息速率是 R_b，即编码器输入端的信息速率。由于解码器提供纠错功能，解码器输出端的误比特率 $(BEP)_{out}$ 比输入端要低。图 4.18 描述了 $(BEP)_{out}$ 与 $(BEP)_{in}$ 之间的关系。根据调制解调类型，$(BEP)_{in}$ 的值作为 E_c/N_0 的函数，由图 4.16 中的一条曲线给出。通过将这条曲线与图 4.18 中的曲线相结合，可以绘制图 4.19 中的曲线，这些曲线确定了调制与编码系统的性能。

请注意，BEP 是以 E_b/N_0 为变量的函数，其中 E_b 代表每个比特的能量，即在信息比特持续时间内载波积累的能量。由于载波功率为 C，而信息比特的持续时间为 $T_b=1/R_b$，其中 R_b 为信息比特速率，那么 E_b 等于 C/R_b。

E_b/N_0 与 E_c/N_0 相关，其中 E_c 为调制载波的每个编码比特的能量(信道编码器输出端与信道解码器输入端的比特)，有

$$E_b/N_0 = E_c/N_0 - 10\log\rho \quad (\text{dB}) \qquad (4.13)$$

式中：ρ 为式(4.12a)定义的编码效率。解码增益 G_{cod} 定义为以分贝(dB)计量的差值，即在给定 BEP 与 E_b/N_0 时，使用编码与未使用编码两种情况下的差值。

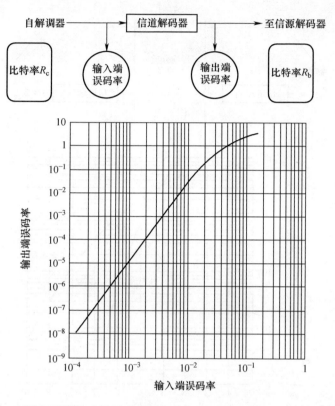

图 4.18　纠错解码器输出端误码率(BEP)与输入端误码率(BEP)之间的关系

表 4.5 显示了在 BEP 等于 10^{-6} 情况下,卷积编码比特流使用标准 Viterbi 解码时的典型解码增益值。按照解码器的迭代设计[BER-93],使用 Turbo 编码,会带来更大的解码增益值。同时,还有另一个有效的 FEC 方案,就是使用低密度奇偶校验码(LDPC)。此外,在内外编码与交织相结合的级联编码结构中(见 4.3.3 节),其性能距离香农信道容量极限约 0.7~1dB(BER<10^{-5},$E_b/N_0 = 0.7$dB)。

4.3.3　级联编码

分组码与卷积码可以结合在一个级联编码方案中(图 4.20),其结构是在一个内部编码器后跟随一个外部分组编码器。在接收端,内部解码器在解调器的输出端纠正错误,外部解码器能够纠正内部解码器偶然的突发错误,这种突发错误产生的原因是输入比特流中的错误数量超过了算法的纠正能力。在使用简单的外码器时,通过在外码器与内码器之间实施交织与去交织,可以提高级联编码的性能。

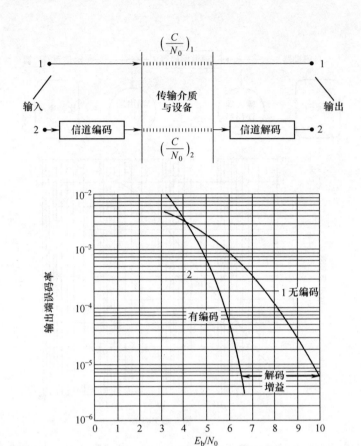

图 4.19 调制与编码系统的性能及解码增益

表 4.5 解码增益典型值

码率	BEP = 10^{-6} 所需 E_b/N_0/dB	解码增益/dB
1	10.5	0
7/8	6.9	3.6
3/4	5.9	4.6
2/3	5.5	5.0
1/2	5.0	5.5

DVB-S 标准[ETSI-97]中使用了级联编码。外编码器是一个 RS(204,188)编码器,16Byte 冗余添加到每个 188Byte 编码块中,产生输出 204Byte 的编码块(码率 $\rho = 188/204$);内部编码器采用卷积码,有 5 个不同的码率(1/2、2/3、3/4、5/6 和 7/8)。DVB-S2 标准也采用了级联编码:BCH 为外码,自适应编码调制(ACM)增益范围

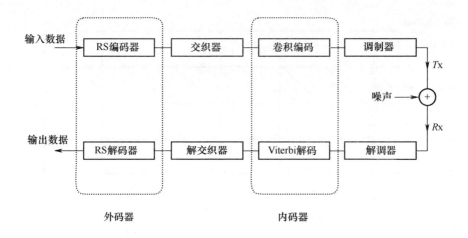

图 4.20 DVB-S 标准使用的级联编码方案

达 18dB；LDPC 为内码，其码率为 1/4、1/3、3/5、4/5、8/9 和 9/10（见 4.8 节）[ETSI-14]。DVB-S2x 有进一步的创新，有更多的调制与编码方式，如 256APSK[ETSI-15a]。

4.3.4 交织

交织是一种提高卷积编码应对突发错误性能的方法。发送端在传输前对编码比特按一定规则进行排序，接收端解码前对比特按相同规则进行解序，这样突发错误就实现了随机化。交织也用于级联编码，内部解码器通过交织将突发错误分散在不同的码块上（见 4.3.3 节）。常用的交织技术有两种：

（1）块交织，也称分组交织，如图 4.21(a) 所示。所有比特以块的形式进行拆分，每块 N 个比特，共拆分成 B 块，按顺序排列在 (N,B) 存储器阵列中，随后从 N 列中读出 B 个比特作为新块进行传输。一个跨越 N 比特的错误突发只影响到每个新传输块中的一个比特。这种技术引入了一个大约 $2NB$ 倍比特持续时间的延迟。

（2）卷积交织，如图 4.21(b) 所示。以 N 个比特为单位组织成块。每个块中的第 i 比特 $(i=1,2,\cdots,N)$ 通过一个 $(i-1)J$ 级移位寄存器延迟 $(i-1)NJ$ 时间单位，每隔 N 个比特时间计时一次，其中 $J=B/N$。因此，一个时间单位对应于一个块（N 个比特）的传输。输出的比特被串行传输。在接收端，以 N 个比特为单位的众多块被重新锁定，每个块中的第 i 个比特通过一个 $(N-1)J$ 级移位寄存器被延迟 $(N-1)J$ 时间单位。这种技术引入了 $(N-1)NJ$ 时间单位的恒定延迟，即 $(N-1)B$ 倍比特的持续时间。因此，该延迟约为 (N,B) 块交织器引入的延迟的一半。

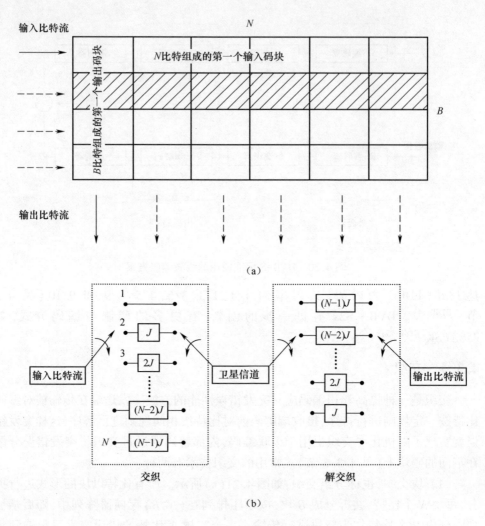

图 4.21　交织技术

(a)块交织(阴影框代表 N 个连续错误);(b)卷积交织。

4.4　信道编码对带宽与功率关系的影响

4.4.1　可变带宽的编码

编码允许以带宽换取功率,因此链路的性能可以根据成本进行优化,这在链路的设计中是最重要的。假设一条卫星链路,采用 BPSK 调制,频谱效率为 $\Gamma = 0.7\text{bit/s/Hz}$,比特率 $R_b = 2.048\text{Mbit/s}$,目标误码率为 $\text{BER} = 10^{-6}$。

(1) 无编码情形($\rho=1$)。

传输比特率为

$$R_c = R_b = 2.048 \text{Mbit/s}$$

使用带宽为

$$B_{nocod} = R_c/\Gamma = 2.048/0.7 = 2.9 \text{MHz}$$

表 4.5 给出了 E_b/N_0 的理论要求值(不考虑实现恶化),无编码情形时 E_b/N_0 为 10.5dB。C/N_0 的要求值为

$$(C/N_0)_{nocod} = (E_b/N_0)_{nocod} R_b = 10.5\text{dB} + 63.1\text{dBbit/s} = 73.6\text{dBHz}$$

这相当于透明卫星(星上没有再生型有效载荷)的整体(从发射地面站到接收地面站)链路性能 $(C/N_0)_T$ 的要求值,或再生型有效载荷卫星的上行链路 $(C/N_0)_U$ 或下行链路 $(C/N_0)_D$ 性能。

(2) 有编码情形($\rho<1$)。

假设 $\rho=7/8$,传输比特率 $R_c = R_b/\rho = 2.048/(7/8) = 2.34 \text{Mbit/s}$,使用带宽 $B_{cod} = R_c/\Gamma = 2.34/0.7 = 3.34 \text{MHz}$。

E_b/N_0 的理论要求值(不考虑实现恶化)取决于码率 ρ。如表 4.5 所列,当 $\rho=7/8$ 时,对应的 $(E_b/N_0)_{cod} = 6.9\text{dB}$。$C/N_0$ 的要求值为

$$(C/N_0)_{cod} = (E_b/N_0)_{cod} R_b = 6.9\text{dB} + 63.1\text{dBbit/s} = 70\text{dBHz}$$

表 4.6 编码对可变带宽的影响:目标误码率 = 10^{-6},BPSK 调制方式

码率 ρ	典型所需 E_b/N_0/dB	所需 C/N_0/dBHz	所需带宽/MHz
1	10.5	73.6	2.9
7/8	6.9	70.0	3.3
3/4	5.9	69.0	3.9
2/3	5.5	68.6	4.4
1/2	5.0	68.1	5.9

表 4.6 显示了不同码率下的结果。通过观察得知,选择的码率越小,C/N_0 所需值就越小,这种结果与降低功率就需要扩大带宽的事实也是相吻合的。减少的 $\Delta C/N_0$ 等于解码增益,即

$$\Delta C/N_0 = (E_b/N_0)_{nocod} - (E_b/N_0)_{cod} = G_{cod} (\text{dB})$$

E_b/N_0 的减少,实际是载波功率的减少,是通过牺牲卫星链路带宽来实现的。事实上,需要传输一个大于信息比特率 R_b 的比特率 R_c,根据式(4.12b),所用带宽为 $B = R_c\Gamma = R_b/\rho\Gamma$。牺牲的带宽大小为

$$\Delta B = \log 10 B_{cod} - 10\log B_{nocod} = -10\log\rho \quad (\text{dB})$$

图 4.22 说明了 C/N_0 与所需带宽 B 随码率 ρ 的变化而变化。随着码率的降

低,对功率的需求减少,但需要更多的带宽。

4.4.2 恒定带宽的编码

当卫星链路的宽带恒定时,就需要进行恒定带宽的编码。编码是在不改变载波带宽 B 的情况下进行的,也就是说传输速率 R_c 是恒定的。因此,信息比特率 R_b 必须减少。在没有编码的情况下,传输的比特率 R_c 受制于分配的带宽 B。假设 $B_{nocod} = 2.9\text{MHz}$,传输的比特率为 $R_c = (R_b)_{nocod} = \Gamma B = 2.048\text{Mbit/s}$,所需的 C/N_0 值可表示为

$$(C/N_0)_{nocod} = (E_b/N_0)_{nocod}(R_b)_{nocod} = 10.5 + 63.1 = 73.6\text{dBHz}$$

通过编码,无论码率如何,传输的比特率 R_c 都保持不变,并且信息比特率 R_b 的变化为 $(R_b)_{cod} = \rho R_c$。所需的 C/N_0 值为

$$(C/N_0)_{cod} = (E_b/N_0)_{cod}(R_b)_{cod}$$

缩减量 $\Delta C/N_0$ 为

$$\begin{aligned}\Delta C/N_0 &= (C/N_0)_{nocod} - (C/N_0)_{cod} \\ &= [(E_b/N_0)_{nocod} - (E_b/N_0)_{cod}] - 10\log\rho \\ &= G_{cod} - 10\log\rho \quad (\text{dB})\end{aligned}$$

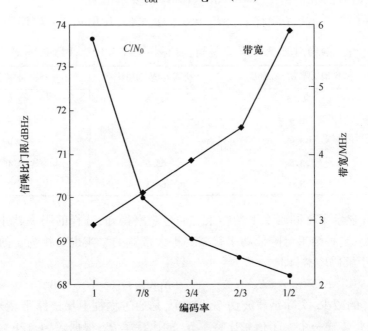

图 4.22 编码率与功率及带宽的变化关系

缩减量 $\Delta C/N_0$ 等于解码增益加 $-10\log\rho$(正的增益值,单位为 dB,其为信息比特率下降的结果)。

表4.7显示了不同码率下的 C/N_0 缩减量，这些值都没有考虑实现恶化。

表4.7 恒定带宽编码的影响：目标误码率 = 10^{-6}，BPSK调制方式

码率 ρ	典型解码增益/dB	$-10\log\rho$/dB	$\Delta(C/N_0)$
1	0.0	0.0	0.0
7/8	3.6	0.6	4.2
3/4	4.6	1.3	5.9
2/3	5.0	1.8	6.8
1/2	5.5	3.0	8.5
1/3	6.0	4.8	10.8

对比表4.6与表4.7可以发现，在恒定带宽的情况下，由于降低了信息比特率，所以 C/N_0 门限值的降低幅度更大。解调门限值的降低可以用来解决由于降雨造成的链路性能临时下降，其代价是链路上信息容量的临时减小。另一个应用是调整链路上的功率，以符合发射设备与接收设备的具体指标要求。

例4.1 星上再生转发器的下行链路编码

再生转发器的概念已在第1章中有所介绍，星上二进制数字处理为实现星上再生转发提供了可能，具体内容将在第9章描述。由于上行链路和下行链路可以使用不同的调制和编码格式，纠错编码可以用在上行链路或下行链路。对于下行链路，编码器位于卫星上，由远程指令(从地面站发送的命令)激活，因此该链路可以受益于解码增益；而且，传输速率增加的系数等于编码率的倒数，这意味着下行链路功率受限，而不是带宽受限。如果链路的带宽受限，传输速率必须保持不变，信息速率就必须减少(链路容量也随之减少)。信息速率的减少为 $(C/N_0)_D$ 提供了一个除解码增益外的余量，该部分内容在4.4.1节已有描述。

设 $(C/N_0)_1$ 与 $(C/N_0)_2$ 分别为无编码与有编码的 $(C/N_0)_D$ 值。因此，对于 $(C/N_0)_1$ 有

$$(C/N_0)_1 = (E_b/N_0)_1 R_{b1}$$

式中：R_{b1} 为信息速率，等于调制载波的速率 R_c。对于 $(C/N_0)_2$ 有

$$(C/N_0)_2 = (E_b/N_0)_2 R_{b2}$$

式中：$R_{b2} = \rho R_c$。

因此，这里实现的余量(以dB为单位)可表示为

$$\text{余量} = \Delta(C/N_0)_D = (C/N_0)_1 - (C/N_0)_2$$
$$= [(E_b/N_0)_1 - (E_b/N_0)_2] - 10\log\rho$$
$$= \text{解码增益} + \text{速率降低所提供的增益}$$

例如，在编码率 $\rho = 1/3$、解码增益为5dB、带宽不变的情况下，可以得到10dB的链路余量。付出的代价是信息速率降低1/3，从而降低了该下行链路的容量。

这个10dB的链路余量可以用来应对由于降雨造成的20GHz频率链路的暂时性链路性能恶化(见5.8节)。

4.4.3 总结

在BER不变的情况下，信息比特率R_b与C/N_0的函数关系如图4.23所示。图中的每条曲线对应于一个给定的传输方案，一个是没有编码的，另一个是有编码的。ab段和cd段对应于功率受限链路，任何R_b的增加都需要增加C/N_0。一旦$R_b = R_{bmax}$，整个可用带宽B_a就被完全利用了，C/N_0的任何增加都会产生功率余量，但信息比特率不会进一步增加。此时的链路是带宽受限的。

从a到c说明了在信息比特率不变的情况下实施可变带宽的编码，从无编码方案到编码方案，C/N_0的降低等于解码增益G_{cod}。利用的带宽从R_b/Γ扩展到$R_b/(\Gamma\rho)$，载波功率减少了，而占用的带宽增加了。这意味着以牺牲带宽的方式来节省功率。

从b到d说明了在恒定带宽下实施编码，从无编码方案到编码方案，此时C/N_0的降低等于解码增益与$-10\log\rho$之和。

最后，从a到d说明了未编码链路在不受带宽限制的条件下，信息比特率可以在恒定的C/N_0下增加。

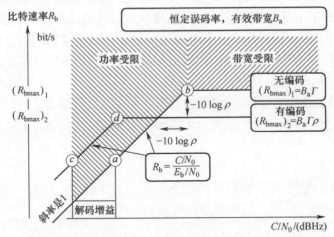

图4.23 在恒定误码率下，信息比特率R_b是C/N_0的函数

4.5 编码调制

4.2节与4.3节将发送端的调制与纠错编码视为两个独立的过程。由于发送端编码器增加了冗余比特，传输比特率R_c高于信息比特率R_b，这就需要更大的载

波带宽。使用传统的 QPSK,在 72MHz 的带宽上传输像 140Mbit/s、155Mbit/s 这样的高速比特流数据是不可行的,需要使用更高阶的调制方式,如 8PSK 与 16QAM(图 4.11)以及 16APSK 与 32APSK(图 4.12),它们具有更高的频谱效率。在第 k 个时间间隔 T_s 内传输的符号 S_k 为来自信号星座的复数元素,即 $S_k = v_I(kT_s) + jv_Q(kT_s)$。多电平多相位调制的载波 $\omega_c t$ 在 $[kT_s, (k+1)T_s]$ 的时间间隔内可以表示为 $C(t) = v_I(kT_s)\cos(\omega_c t) - v_Q(kT_s)\sin(\omega_c t)$。当在 $S_k = V\exp(j\theta_k)$ 和 $\theta_k = (2m_k + 1)\pi/M$ 且 $m_k = 0, \cdots, (M-1)$ 的条件下,也可以表示为 $C(t) = A\cos(\omega_c t + \theta_k)$。

然而,这些高阶调制方案相比 QPSK 需要更高的 E_b/N_0 以满足所需的误码率,因此要求链路上的功率更大。使用 FEC 编码进行补偿,确实是一种比较不错的手段,然而,如果编码的选择独立于调制,则整体的功率带宽性能与未编码的 QPSK 相比并没有明显的优势。此外,高阶调制尤其是 QAM 调制对卫星信道的非线性特性非常敏感。

编码调制技术中 FEC 和调制不是在两个单独的步骤中进行,而是合并为一个过程。冗余不是通过像 4.3 节描述的方案那样增加冗余位来实现的,而是通过提高低阶调制(如 BPSK 与 QPSK 等常用方案)的调制阶数来实现的。因此,为了在每个符号持续时间 T_s 上传输 n 个信息比特,使用了基于 $M = 2^m = 2^{n+1}$ 符号的高阶调制方式。每个符号传输 $n = m - 1$ 比特,而不是 m,这种技术的结果是调制载波的频谱效率略低于 M-PSK 调制,但对于所需的误码率来说,E_b/N_0 明显降低。例如,与未编码的 QPSK 相比,在相同的理论频谱效率(2bit/s/Hz)下,编码后的 8PSK 调制可以使 E_b/N_0 降低高达 6dB[UNG-82]。

在 kT_s 时间段内,编码调制传送了一个序列 $\{S_k\}$,S_k 为来自 M 相星座图的某个符号。所有序列都是一个特定集合的一部分,旨在使所有两对序列之间的最小距离(自由距离 d_{free})尽可能的大,以减少错误概率。d_{free} 的定义为

$$d_{\text{free}}^2 = \min_{\{S_k\} \neq \{S_k'\}} \left[\sum_k d^2(S_k, S_k') \right]$$

式中:$d(S_k, S_k')$ 为符号 S_k 和 S_k' 之间的欧几里得距离。渐进编码增益 $G_{\text{cod}}(\infty)$ 的最佳性能($E_b/N_0 \to \infty$ 时的编码增益)是以最大化 d_{free} 和最小化序列平均数 N_{free} 实现的。

渐进式编码增益通常是参照未编码的调制方式来计算的,即在每一符号持续时间 T_s 内传输相同的平均信息比特数。用以下方式表示 d_{unc} 未编码调制的所有两对符号之间的最小距离,渐进式编码增益可表示为

$$G_{\text{cod}}(\infty) = 10\log\left(\frac{d_{\text{free}}^2/E_{\text{cod}}}{d_{\text{unc}}^2/E_{\text{unc}}}\right)$$

式中:E_{cod} 和 E_{unc} 分别为编码和未编码方案的平均信号能量;$E_{\text{unc}}/E_{\text{cod}}$ 的比值为由

于编码调制的冗余度而导致星座扩展带来的损失[FOR-84],其数值小于或等于1。对于 PSK 方案,它等于1,因为所有符号都处于同一个圆周上,能量相等。

当 N_{free} 增加时,编码增益会减少。一个经验法则指出:N_{free} 每增加 2 倍,编码增益就会减少大约 0.2dB。

有两类主要的编码调制方式:

(1) 网格编码调制(TCM),使用卷积编码。

(2) 分组编码调制(BCM),使用分组编码。

进一步的实施方案包括多级网格编码调制(MLTCM)和多维 TCM。

4.5.1 网格编码调制

在网格编码调制(TCM)中,序列 $\{S_k\}$ 的集合代表网格的所有允许路径。对于这样的网格,节点代表编码器的状态,两个状态之间的分支对应一个符号。

根据 Ungerboeck[UNG-87] 提出的规则,符号由网格的每条分支确定。

(1) 对信号星座进行划分。图 4.24 中考虑了 8PSK($m=n+1=3$)编码调制,这是卫星信道的常用方式,分区需要更小的子集以最大程度增加子集内距离

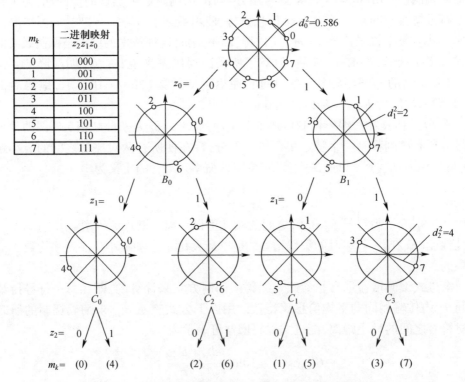

图 4.24 最大化集合内距离 d_i 的 8PSK 信号星座分区

$d_{i+1} \geqslant d_i$,每个分区都有分叉(两条分支)。

(2)将从集合分区中得到的符号或子集分配给网格的每个分支,并使其自由距离 d_{free} 最大化。图 4.25 显示了相应的网格,其中 σ_0、σ_1、σ_2 和 σ_3 代表 4 种可能的编码器状态。在卷积编码中,编码器状态的数量是 2^{k-1},其中 k 为编码的约束长度。每个分支相应的数字都是 8PSK 星座中的一个符号。源自给定状态或在给定状态下合并的分支用来自双向分区树的第一级(图 4.24 中的 B_0 与 B_1)的符号来标记。例如,符号{0,2,4,6}对应的分支,既源自 σ_0 或 σ_2 状态,又在状态 σ_0 或 σ_2 中合并。平行分支(源自同一状态并终止于同一状态的分支)取决于集合分区的第二步中的符号(图 4.24 中的 C_i,$i=0\sim3$)。

网格距离 d_{tr} 为在给定状态下分叉与合并的两条路径之间的最小距离(除平行分支外,因其合并了多个分支)。在图 4.25 中,虚线表示的路径(分支 2,1,2)与路径(分支 0,0,0)的网格距离相同。

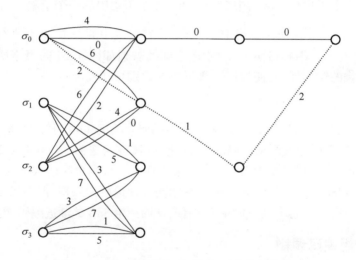

图 4.25 图 4.24 中 8PSK TCM 对应的网格编码

根据图 4.24 中的集合划分,有 $d_{\text{tr}}^2 = d_1^2 + d_0^2 + d_1^2 = 4.586$,又因为 $d_2^2 = 4.0$,所以距离 d_{tr} 大于两个平行分支之间的距离 d_2。

又因为 $d_{\text{free}}^2 = \min(d_2^2, d_{\text{tr}}^2) = 4$,且未编码 QPSK 最小距离的平方 $d_{\text{unc}}^2 = d_1^2 = 2$,所以 d_{free}^2 是 d_{unc}^2 的两倍,渐进编码增益为 $\gamma_{\text{dB}} = 10\log(d_{\text{free}}^2/d_{\text{unc}}^2) = 3\text{dB}$。

为了评估 E_{b}/N_0 实际性能的上限值(小于渐进编码增益),必须计算出编码的非线性距离分布[BIG-84,ZEH-87]。图 4.26 说明了 TCM 编码器的配置,其中:$\tilde{n}$ 个信息位(来自 b_1 到 $b_{\tilde{n}}$)用二进制卷积编码器进行编码;$n-\tilde{n}$ 个信息位(从 $b_{\tilde{n}+1}$ 到 b_n)不进行编码。卷积编码器的码率为 $\tilde{n}/(\tilde{n}+1)$,TCM 的码率为 $n/(n+1)$。

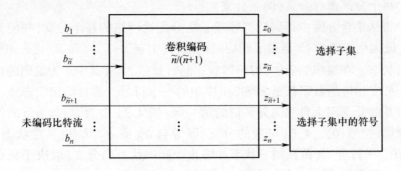

图 4.26　TCM 编码器的常规配置

图 4.24 中的集合分区树由编码器输出的 z_0 到 $z_{\tilde{n}}$（这里 $\tilde{n}=1$）来标记。$\tilde{n}+1=2$ 个输出比特决定了集合分区树中 $2^{\tilde{n}+1}=2^2=4$ 个子集中的一个子集，1 个未编码比特（$z_{\tilde{n}+1}\sim z_n$，即 z_2）选择该子集中 $2^{n-\tilde{n}}=2$ 个符号其中的一个，并对平行分支进行调整。8PSK 符号与编码器输出 z_0 到 z_n 之间的映射如图 4.24 的表格所示。使用卷积编码提供的错误保护，使最后一级子集的识别更加安全。

在图 4.25 所示的四相 TCM 中：

(1) $\tilde{n}=1$：分区级数为 2；二进制编码器的码率为 $\tilde{n}/(\tilde{n}+1)=1/2$。

(2) $n=2$：平行分支由未编码的 z_2 位决定；TCM 码率为 $n/(n+1)=2/3$。

假设 8PSK 的频谱效率为 3bit/s/Hz（最大理论值），则总频谱效率为 2bit/s/Hz。与未编码的 QPSK 相比，该 TCM 方案具有相同的理论频谱效率，但提供了一个潜在的 3dB 功率节省（因为 d_{free}^2 是 QPSK 的两倍，从而产生 3dB 的渐进编码增益）。

4.5.2　分组编码调制

分组编码调制（BCM）通过二进制分组编码器可获得一个 $L\times m$ 的传输序列集，其中 L 为调制后的符号数，m 为调制阶数。在映射过程中，相近符号的比特被强大的纠错码加以保护。图 4.27 采用了一个 8PSK 调制，其中 $L=2^m=8$（$m=n+1=3$），并说明了图 4.24 所示的集合分区树的多级结构[IMA-77,POT-89]，这种结构形成了一个由 $n+1$ 行与 L 列组成的二进制数组。每一列标记一个符号，这个符号来自 8PSK 的符号集。在 8PSK 分区树的第 i 层的比特序列 z_i 为 C_i 的码字。因此，调制需要一组 $(n+1)$ 个二进制分组码 C_i，每个分组码都有自己的码率 $\tilde{n}_i/L$，并且具有最小的汉明距离 $\delta_i\geq\delta_{i+1}$（$i=0,\cdots,n$）。以这种方式，z_i 比 z_{i+1} 得到了更好的保护。编码调制的归一化信息比特率单位是 bit/T_s（其中 T_s 为符号持续时间），表示为

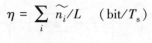

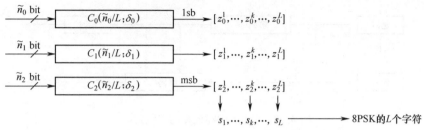

图 4.27 8PSK 多级结构的分组编码(lsb:最低有效位;msb:最高有效位)

根据图 4.24 中的分区距离,8PSK 的 BCM 自由距离为

$$d_{\text{free}}^2 = \min\{\delta_0 \times d_0^2; \delta_1 \times d_1^2; \delta_2 \times d_2^2\}$$

4.5.3 解码编码调制

解码基于最大似然法(ML),即计算收到的噪声序列与 TCM 中允许的序列集之间的欧几里得距离。

TCM 使用维特比算法[VIT-79]进行软解码,实现了 ML 网格搜索技术[FOR-73]。这种技术可以识别出与观察序列最接近的序列。一般来说,复杂度会随着网格中的状态数量呈指数增长。常用的二进制卷积编码器的码率是 1/2,更高码率的编码通过删余技术[CAI-79]获得。

解码 BCM 涉及每个码字的距离计算。由于 BCM 的网格结构并不简单,ML 解码似乎过于复杂,并且随着 $\sum_i \widetilde{n_i}$ 的增大而呈指数增长,而 $\sum_i \widetilde{n_i}$ 通常又很大。另一种方法是将 ML 以级联结构分别应用于每个组成码 C_i,如图 4.28 所示,其中 $\{y_k\}$ 是被噪声破坏的接收码字。码自身的多级结构为实现多级解码[CAL-89]提供了可行性。然而,该解码器受到了多级错误传播的影响。对于足够高的 E_b/N_0(通常是 7dB),解码器的性能接近于 ML 解码;对于较低的 E_b/N_0,使用次优策略(最近邻准则),但这将导致较大的恶化[SAY-86]。

4.5.4 多级网格编码调制

TCM 的多级结构可实现简单的多级解码,而且性能令人满意。因此,多级结构对于实现高效编码具有实际意义。一方面,这种结构还提供了使用现有二进制编码和解码电路的可能性(实用编码);另一方面,网格结构很适合 ML Viterbi 软解码。使用多级结构的卷积码可以从这两个特点中获益。

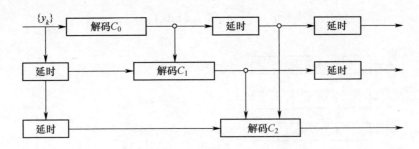

图 4.28 分组编码 8PSK 的多级解码

MLTCM 实现了显著的实际解码增益(2~3dB,在误码率为 10^{-5} 时),具有诱人的频谱效率(约为 2bit/s/Hz)和低解码复杂度[WU-92,KAS-90]。MLTCM 的研究领域仍然是开放的,特别是通过选择编码与相关的软解码电路。在性能与复杂性之间进行适当的取舍,可以改进多级解码过程。

还有一种编译码技术,称为 Turbo 码[BER-93](也称为并行级联码),通过简单的分量编码和迭代解码就可以具有接近信道容量限的性能(BER<10^{-5},E_b/N_0 = 0.7dB)。Turbo 码解码的迭代解码过程很适合 MLTCM 的多级解码[ISA-00],这得益于 Turbo 码的高解码增益。同时,Turbo TCM 也很值得考虑[BEN-96]。

4.5.5 多维 TCM

编码调制也包括多维 TCM,多维 TCM 是卫星通信编码方案的一种候选方案。以多维 8PSK TCM 为例,它由 L 个 8PSK 符号集产生,记为 $L×$8PSK。多维 TCM 是通过发送 8PSK 符号集的 L 个连续符号得到的。多维 TCM 的结构与图 4.26 中描述的相同。总码率为 $n/(n+1)$ 的编码器与 $L×$MPSK 符号集相结合,因此每个二维符号的平均信息比特数为 n/L(比特/符号)。对符号集的划分需要特别注意,有效方法在文献[PIE-90,WEI-89]中有描述。此外,映射过程涉及模 M 加法运算,并严格依赖于符号集的划分。

与传统的二维 8PSK TCM 相比,多维 8PSK TCM 显示出下列优势[PIE-90]:

(1) 每个符号持续时间 T_s 内,实现平均信息比特数为小数的灵活性。
(2) 对信号组的离散相位旋转不敏感。
(3) 由于其面向符号的特性,适合在级联编码方案中作为内部编码使用。
(4) 更高的解码速度。由于多维 TCM 的编码器速率大于二维 TCM(对于某些多维码,n 高达 15),解码器在算法的每个判决步骤中同时解码 n 个比特,解码速度更快。

多维 8PSK TCM 作为级联编码方案中的内码被研究应用于高速遥测,并建议用于与提供数字视频广播(DVB)服务相关的卫星新闻采集(SNG)服务。

4.5.6 编码调制的性能

当频谱效率相同时(以未编码 QPSK 为参考),不同类型编码调制的误码率与 E_b/N_0 的关系如图 4.29 所示,此处仅供参考。图中所示四相网格编码的 8PSK 调制(TCM)、分组码的 8PSK 调制(BCM)、多级网格编码的 8PSK 调制(MLTCM),以及六维 8PSK 网格编码调制(6D TCM)的复杂度基本相似。MLTCM 采用了级间交织,可以防止图 4.28 在解码过程中错误的级间传播。

与未编码的 QPSK 相比,BER = 10^{-5} 时的解码增益在 2.5~3.5dB 之间,这为卫星链路提供了潜在的功率节省空间。多级与多维编码调制是提供高效频谱的有效手段(高达 20%以上)。

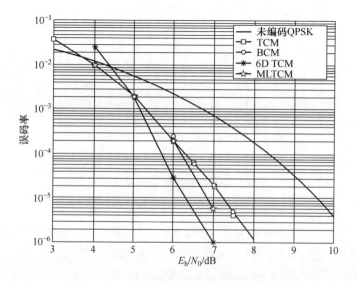

图 4.29 相同频谱效率不同调制方案的比较
(对于给定的误码率,编码调制方案所需 E_b/N_0 值(解码增益)与未编码 QPSK 所需值之间的差异,表明在带宽不变的情况下可节省功率)

4.6 端到端差错控制

以前的错误控制技术提供了准无误码(QEF)传输(误码率<10^{-10}),但却牺牲了功率或带宽。QEF 传输也可以通过使用基于端到端错误控制的技术来实现,这意味着发送端重新传输被接收端认定为损坏的信息,其代价是一个可变的传输延迟,这就是所谓的自动重复请求(ARQ)。由于延迟可变,这种技术特别适用于数据包传输。解码器检测到错误,并不纠正它们,而是向发送端发送一个重传请求。

因此,有必要提供一个返回通道,它可以是卫星通道或地面通道。使用的错误检测程序需要具有控制吞吐量和传输延迟可变的能力。解码器实现的简单性、适应不同错误统计的可能性和低错误率弥补了上述这些附加条件。

三种基本技术[BHA-81,MAR-95](图 4.30)主要如下：

(1) 带有停止与等待或接收确认的重传(ARQ-SW)。

(2) 连续重传(ARQ-GB)。

(3) 选择性重传(ARQ-SR)。

性能是以效率来衡量的,表示为在给定时间间隔内传输的信息比特的平均数与同一时间内可传输的信息比特总数的比率。

考虑一个容量为 $R=48\text{kbit/s}$ 的数字卫星链路,往返时间 $T_{RT}=600\text{ms}$,误码率为 $\text{BER}=10^{-4}$,传输是以每块 1000bit 为单位进行。

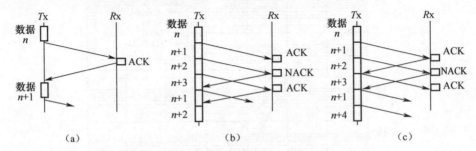

图 4.30　带有重传的错误检测

(a)ARQ-SW;(b)ARQ-GB;(c)ARQ-SR。

对于 $n\text{BEP}\ll 1$,块错误概率为 $P_B=1-(1-\text{BEP})^n=1-\exp(-n\text{BEP})$,所以 $P_B=0.1$。依据文献[MAR-95],假设任何错误都会被检测到。

(1) ARQ-SW 的效率: $\eta=n(1-P_B)/RT_{RT}=0.03$。

(2) ARQ-GB 的效率: $\eta=n(1-P_B)/[n(1-P_B)+RT_{RT}P_B]=0.2$。

(3) ARQ-SR 的效率: $\eta=1-P_B=0.9$。

新技术的出现意味着效率的提高,但也往往伴随着设备复杂性的增加。

4.7　卫星数字视频广播

欧洲电信协会(ETSI)是一个非营利性组织,为电信不同领域制定标准。标准化的无线电接口为接收设备提供了通用的、广泛的市场。考虑到过去因不同的模拟电视标准及其各种变化而引发许多问题,大多数参与者(广播公司、服务提供商、运营商、设备和芯片制造商等)在 20 世纪 80 年代末共同合作,定义了 DVB 标准。这个标准分为不同的版本,这取决于传输信道的具体属性,这些属性决定了物理层(PL)的特性:地面数字电视的 DVB-T、有线电视的 DVB-C、卫星的 DVB-S。之后引入的标准包括支持回传信道的 DVB-RCS、DVB-S2(第二代 DVB-S)、手持终端的 DVB-H、卫星手持终端的 DVB-SH 等。

ETSI 的文件以下列 4 类形式发布。

(1) 技术报告(TR)。通常是一套用于实施更具规范性的规范或标准的指南。它由提出该文件的 ETSI 技术委员会批准。

(2) 技术规范(TS)。可以包含规范性文本的文件,即强制性文本,如"应"。由提出该文件的 ETSI 技术委员会批准,通常是形成一个更稳定版本文件的基础。

(3) ETSI 规范(ES)。由技术委员会提出、经过所有 ETSI 成员批准的文件。它是一个比 TR 或 TS 更稳定的文件。

(4) 欧洲标准(EN)。由欧洲国家标准组织批准的最高级别的 ETSI 出版物。通常被纳入欧洲国家立法。

本节基于文献[ETSI-97]对 DVB-S 系统进行简要介绍。DVB-S 系统为消费者集成接收解码器(IRD)、共用天线系统(SMATV)和有线电视前端站提供直播到户(DTH)服务。该标准涵盖了由适配、成帧、编码、交织和调制组成的物理层,还涉及了实现服务质量(QoS)目标的差错性能要求。

尽管 DVB-S 标准最初是为卫星数字电视服务而设计的,但 DVB-S 的物理层可以传输任何类型的业务数据流。市场的大众化以及不同设备和相关构件的可用性,使该标准对传输电视信号以外的许多应用具有吸引力,如互联网。

4.7.1 传输系统

传输系统由在卫星信道上以 MPEG-2 格式传输基带电视信号的设备组成。传输系统对数据流进行以下处理:

(1) 传输适配与加扰,以保证能量扩散。

(2) 外部编码,即里德-所罗门(RS)。

(3) 卷积交织。

(4) 内部编码,即删余卷积编码。

(5) 基带成形。

(6) 调制。

数字卫星电视服务必须以相当小的天线(约 0.6m)传送到家庭终端,这便导致卫星下行链路的功率受限。为了在不过度牺牲频谱效率的情况下实现较高的功率效率,DVB-S 使用 QPSK 调制与卷积+RS 级联码。卷积码可以灵活地配置,以允许在给定的卫星转发器带宽下优化系统性能。

DVB-S 与 MPEG-2 编码的电视信号(由 ISO/IEC DIS 13818-1 定义)直接兼容。调制解调器的传输帧与 MPEG-2 多路传输数据包同步。如果接收到的信号

载噪功率比 C/N 高于参考门限,则 FEC 技术可以提供一个 QEF 质量目标。QEF 意味着在 MPEG-2 解复用器的输入端误码率小于 $10^{-10} \sim 10^{-11}$。

4.7.1.1 输入流加扰

DVB-S 输入流来自多路复用器的 MPEG-2 传输流(MPEG-TS)。MPEG-TS 的数据包长度为 188Byte,其中包括一个同步头(47_{HEX})。发端处理起始于最高有效位(MSB),即字节高位先传。为了遵守 ITU-R 无线电规则,并确保完整的二进制转换,根据图 4.31 所示的配置对输入数据进行加扰。

图 4.31 中所描述的伪随机二进制序列(PRBS)发生器的多项式定义为

$$1 + x^{14} + x^{15}$$

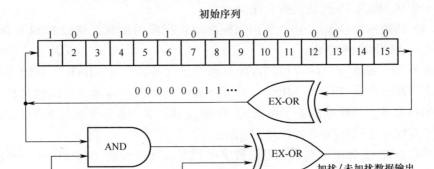

图 4.31 加扰器(解扰器)原理图

在每 8 组传输数据包的开始,序列 100101010000000 便向 PRBS 寄存器加载。为了给解扰器提供一个初始化信号,8 组数据包中的第一组数据包的 MPEG-2 同步字节被从 47_{HEX} 反转为 $B8_{HEX}$,此过程称为传输复用适配。

PRBS 发生器输出的第一个比特应用于 MPEG-2 反相同步字节($B8_{HEX}$)之后的第一个字节的最高有效位(MSB)。为了辅助其他同步功能,在随后 7 个 MPEG-2 同步字节传输期间,PRBS 发生器继续工作,但其输出被禁用,从而使这些同步字节未被加扰。因此,PRBS 序列的周期为 1503Byte。

当调制器的输入比特流不存在或不符合 MPEG-2 传输流格式(同步 1Byte+分组 187Byte)时,加扰仍需继续,这是为了避免调制器发射未经调制的载波干扰邻近的卫星。

4.7.1.2 RS 外码、交织与成帧

结构为 $RS(204,188,T=8)$ 的缩短码源自原始的 $RS(255,239,T=8)$ 码,帧结

构如图 4.32(a)所示,应用于图 4.32(b)所示的每个传输包(188Byte),用以生成一个纠错包,如图 4.32(c)所示,T 为 RS 纠错数据包中可被纠正的字节数。数据包同步字节无论是非反转的(47_{HEX})或反转的($B8_{HEX}$),都需要进行 RS 编码处理。

码生成器多项式为

$$g(x) = (x + \lambda^0)(x + \lambda^1)(x + \lambda^2)\cdots(x + \lambda^{15}), \lambda = 02_{HEX}$$

域生成器多项式为

$$p(x) = x^8 + x^4 + x^3 + x^2 + 1$$

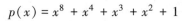

(a) MPEG-2 传送复接数据包

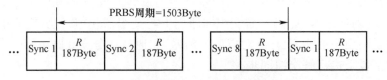

(b) 加扰后的数据包:同步字节和随机序列 R

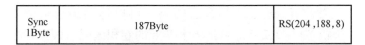

(c) RS(204,188,T=8)错误保护包

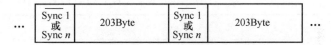

(d) 经过交织深度 I=12Byte 处理后的交织帧

图 4.32 DVB-S 系统的 RS 外编码、交织与成帧结构

(注: $\overline{Sync1}$ 是未加扰的反相同步字节;Sync n 是未加扰的同步字节,其中 n=2,3,…,8)

缩短的 RS 码通过将 RS(255,239)最开始的 51 个信息码字全部置 0 实现,在 RS 编码完成之后,这些空字节被丢弃。

按照图 4.33 中的概念,深度为 I=12 的卷积交织应用于纠错保护的数据包(图 4.32c),这就产生了一个交织帧(图 4.32d)。

交织帧由纠错数据包组成,并由反转或不反转的 MPEG-2 同步字节划定界限(保留了 204Byte 的周期性)。

交织器由 I=12 个分支组成,通过输入开关循环连接到输入字节流。每个分

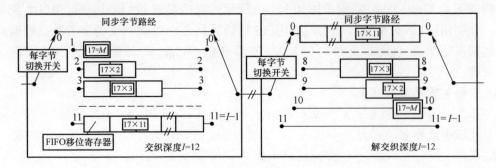

图 4.33 （解）交织器原理图

支是一个先进先出(FIFO)移位寄存器,深度为 $M \times j$ 个单元(其中 $M=17=N/I$,错误保护帧长度 $N=204$,交织深度 $I=12$,j 为分支索引)。FIFO 单元宽度为 1Byte,输入与输出开关同步。出于同步目的,同步字节与反转的同步字节总是在交织器的分支 0 路由(对应于零延迟)。解交织器原则上与交织器相似,但分支索引与延迟的对应关系同交织器相反($j=0$ 对应最大延迟)。通过在分支 0 路由第一个识别出来的同步字节来执行解交织同步。

4.7.1.3 内部卷积编码

DVB-S 允许使用一系列基于约束长度 $K=7$、码率为 1/2 的删余卷积码。对于给定的业务或数据率,通过选择合适的码率可以达到最合适的误码保护水平。DVB-S 允许码率为 1/2,2/3,3/4,5/6 和 7/8 的卷积编码。表 4.8 给出了删余卷积码的定义。

表 4.8 删余卷积码的定义(原始码:$K=7$;$G_1(x)=171_{\text{OCT}}$;$G_2(y)=133_{\text{OCT}}$)

码率	P				d_{free}
	X	Y	I	Q	
1/2	1	1	X_1	Y_1	10
2/3	10	11	$X_1 Y_2 Y_3$	$Y_1 X_3 Y_4$	6
3/4	101	110	$X_1 Y_2$	$Y_1 X_3$	5
5/6	10101	11010	$X_1 Y_2 Y_4$	$Y_1 X_3 X_5$	4
7/8	1000101	1111010	$X_1 Y_2 Y_4 Y_6$	$Y_1 Y_3 X_5 X_7$	3

注:1 为发送的比特;0 为未发送的比特。

4.7.1.4 基带成形与调制

DVB-S 采用传统的格雷码 QPSK 调制、直接映射(非差分编码)。在调制之前,IQ 两路信号(数学上由符号持续时间 $T_s=1/R_s$ 的一系列 Dirac-delta 函数表示的序列组成,有各自的符号位)进行平方根升余弦滤波,滚降系数 α 为 0.35。

4.7.2 差错性能要求

在满足外码解码器输出符合 QEF 传输要求情况下,且内码解码器(Viterbi 解码)误码率不高于 BER=2×10^{-4} 的条件下,调制解调器所需 E_b/N_0 与内码码率的关系如表 4.9 所示。表中 E_b/N_0 的数值对应于外码编码前的可用比特率,且其已包括调制解调器的 0.8dB 余量(应对实现恶化)以及由外码噪声带宽增加而引入的损失($10\log188/204\approx-0.36$dB)。

表 4.9 在满足误码率性能条件下,内码码率与 E_b/N_0 的关系

内码码率	内码解码器 BER≤2×10^{-4} 时所需 E_b/N_0
1/2	4.5
2/3	5.0
3/4	5.5
5/6	6.0
7/8	6.4

4.8 第二代 DVB-S

DVB-S 标准使用 QPSK 调制与 RS-卷积级联码,该标准已被全球大多数卫星运营商应用于电视与数据广播服务。自 1994 年 DVB-S 标准首次发布以来,数字卫星传输技术发展迅速。DVB-S 标准的第一个主要版本由 ETSI 在 1997 年 8 月发布[ETSI-97],以支持卫星上的数字与高清晰度电视(HDTV)广播服务。2014 年 11 月,第二代 DVB-S(DVB-S2)发布,对广播、交互服务(IS)、新闻采集和其他宽带卫星应用的帧结构、信道编码和调制系统进行了改进,此为 DVB-S2 标准的第一部分,即文献[ETSI-14];DVB-S2 的扩展在 2015 年 2 月发布,作为第二部分,即 DVB-S2X[ETSI-15b]。在不涉及标准太多细节的情况下,本节对 DVB-S2 与 DVB-S2X 的新技术、传输系统结构和性能进行简要介绍。

4.8.1 DVB-S2 的新技术

DVB-S2 利用了宽带卫星应用的新技术。其主要特点可以概括为以下几点:
(1)新的信道编码方案,实现了 30% 左右的容量增量。
(2)可变编码与调制(VCM),为不同的业务(如标清电视与高清电视、音频、多媒体)提供不同的错误保护。

(3)扩展灵活性,在没有明显增加复杂性的情况下,增加了对其他输入数据格式的支持(除了支持 DVB-S 中的单一 MPEG 传输流 MPEG-TS 之外,还支持多个传输流与通用数据格式)。

在交互式应用与点对点应用的情况下,VCM 功能与回传信道结合使用以实现 ACM。这种技术针对每个不同的接收终端提供了动态链路适配功能。ACM 系统有望使卫星容量提高 30%以上,这是通过反向链路告知卫星每个接收终端的信道状况(如载波功率与噪声干扰功率比值)来实现的。

DVB-S2 在以下功能中使用了新技术:

(1)流适配器,适用于操作各种类型的单一输入流和多个输入流(分包或连续的)。

(2)基于 LDPC 码与 BCH 码级联的 FEC,允许在距离香农极限为 0.7~1dB 处进行 QEF 操作。

(3)码率范围宽(1/4~9/10)。

(4)4 种星座(QPSK、8PSK、16APSK、32APSK),针对非线性转发器进行了优化,频谱效率范围 2~5bit/s/Hz。

(5)三种频谱成形系数 0.35、0.25 和 0.20。

(6)ACM 功能,优化信道编码,并在逐帧基础上进行调制。

DVB-S2 还设计用来支持更广泛的宽带卫星应用,包括:

(1)广播业务(BS)。数字多节目电视(TV)与高清电视在固定卫星业务(FSS)和广播卫星业务(BSS)频段进行主次分配。BS 有两种模式:非后向兼容的广播业务(NBC-BS)允许充分利用 DVB-S2 的优势,但与 DVB-S 不兼容;后向兼容的广播业务(BC-BS)与 DVB-S 后向兼容,从而为 DVB-S 向 DVB-S2 的过渡提供了条件。

(2)交互业务(IS)。包括互联网接入在内的数据业务,用于向消费者 IRD 和个人计算机提供互动业务,其中 DVB-S2 的前向路径取代了之前的 DVB-S。反向路径可以使用各种 DVB 互动系统来实现,如 DVB-RCS(ETSI-09)、DVB-RCP(ETS-300-801)、DVB-RCG(EN-301-195)和 DVB-RCC(ES-200-800)。

(3)数字电视与卫星新闻采集(DTVC/DSNG)。使用便携式或可搬移上行链路地球站,临时或偶发地传输以广播为目的的电视或声音信号。卫星的 DTVC 应用包括点对点或点对多点的传输,可连接固定站或可搬移收发地球站。该方式的服务对象并不是公共大众。

(4)专用业务(PS)。点对点或点对多点的数据内容分配、中继以及其他专业应用,包括向专业前端提供的互动服务,这些服务通过其他媒体重新分发服务。服务可以以(单一或多个)通用流(GS)格式传输。

卫星的数字传输受到功率与带宽的限制。DVB-S2 利用传输模式(FEC 编码与调制)在功率与频谱效率之间进行合适的取舍。

对于一些特定应用(如广播),如 QPSK 与 8PSK 的准恒定包络调试方式,适用于饱和状态下的卫星功率放大器(在每个转发器的单载波配置下)。当有更高的功率余量可用时,可以进一步提高频谱效率,以降低比特传输成本。在此情况下,如果通过预失真技术实现线性化,在卫星高功率放大器(HPA)接近饱和的情形下也可以单载波模式应用 16APSK 与 32APSK 调试方式。

采用传输流分组复用技术可使 DVB-2 与 MPEG-2/4 编码电视业务(ISO/IEC 13818-1)兼容,所有业务都时分复用在一个 TDM 数字载波上。

4.8.2 传输系统架构

DVB-S2 系统由一些设备功能模块组成,它们将一个或多个 MPEG 传输流复用器(ISO/IEC 13818-1)或通用数据源输出的基带数字信号适配到卫星信道。数据业务可以根据 EN-301-192 传输流格式(如使用 MPE)或 GS 格式进行传输。

DVB-S2 提供了一个 QEF 质量目标,即"在 5Mbit/s 单个电视业务解码器的水平上,每小时内发生不可纠的错误传输事件少于一次",对应于在解复用器之前的传输流包错误率(PER)小于 10^{-7}。

图 4.34 为 DVB-S2 系统的主要功能模块图。

(1) 相关应用的模式适配,提供以下功能模块:①输入流接口。②输入流同步(可选)。③空包删除(仅适用于 ACM 和传输流输入格式),CRC-8 编码用于接收机中数据包级别的错误检测(仅适用于数据包输入流)。④合并输入流(仅适用于多输入流模式),并将其切片成数据字段。⑤在数据字段前面附加一个基带头,用以通知接收机输入流的格式和模式适配类型。请注意,MPEG 多路传输包可以异步映射到基带帧。

(2) 流适配有两个功能:①通过填充来组基带帧;②基带帧加扰。

(3) FEC 编码由两个编码功能与一个交织功能完成:①BCH 外码。②LDPC 内码(速率分别为 1/4、1/3、2/5、1/2、3/5、2/3、3/4、4/5、5/6、8/9 和 9/10)。③应用于 8PSK、16APSK 和 32APSK 的 FEC 编码比特的交织。

(4) 根据不同的应用领域,将 FEC 的比特流映射成 QPSK、8PSK、16APSK 和 32APSK 星座。QPSK 与 8PSK 采用格雷映射。

(5) 物理层(PL)成帧用于与 FEC 帧同步,以提供如下功能:①物理层加扰实现能量扩散。②当通道上没有可用的数据发送时,可以插入虚拟的 Dummy 块。③PL 信令与导频插入(可选)。

(6) 由基带滤波与正交调制对信号频谱进行成形(平方根升余弦,滚降系数 $\alpha=0.35、0.25$ 或 0.20)并生成射频信号。

4.8.3 差错性能

为了满足 QEF 的要求，需要描述差错性能。表 4.10 说明了 DVB-S2 标准规定的差错性能，它是每个传输符号的平均能量 E_s 与噪声功率谱密度 N_0 之比（E_s/N_0，以 dB 表示）的函数。该性能是在假设载波同步恢复完好且没有相位噪声的情况下通过计算机模拟得到的。

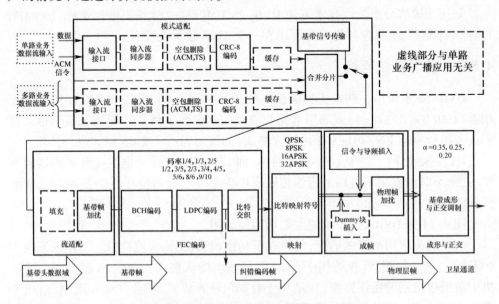

图 4.34　DVB-S2 系统主要功能模块结构图

表 4.10　准无误码时的 E_s/N_0（PER = 10^{-7}）

模式	频谱效率	长度 64800 纠错编码帧理想 E_s/N_0(dB)
QPSK 1/4	0.49	−2.35
QPSK 1/3	0.66	−1.24
QPSK 2/5	0.79	−0.30
QPSK 1/2	0.99	1.00
QPSK 3/5	1.19	2.23
QPSK 2/3	1.32	3.10
QPSK 3/4	1.49	4.03
QPSK 4/5	1.59	4.68
QPSK 5/6	1.65	5.18
QPSK 8/9	1.77	6.20

续表

模式	频谱效率	长度64800纠错编码帧理想 E_s/N_0(dB)
QPSK 9/10	1.79	6.42
8PSK 3/5	1.78	5.50
8PSK 2/3	1.98	6.62
8PSK 3/4	2.23	7.91
8PSK 5/6	2.48	9.35
8PSK 8/9	2.65	10.69
8PSK 9/10	2.68	10.98
16APSK 2/3	2.64	8.97
16APSK 3/4	2.97	10.21
16APSK 4/5	3.17	11.03
16APSK 5/6	3.30	11.61
16APSK 8/9	3.52	12.89
16APSK 9/10	3.57	13.13
32APSK 3/4	3.70	12.73
32APSK 4/5	3.95	13.64
32APSK 5/6	4.12	14.28
32APSK 8/9	4.40	15.69
32APSK 9/10	4.45	16.05

注:若系统频谱效率为 Γ_{tot},每个信息位的能量与单边噪声功率谱密度之间的比率为 $E_b/N_0 = E_s/N_0 - 10\log_{10}(\Gamma_{tot})$。

PER是经过FEC之后错误接收的MPEG传输流数据包(188Byte)个数与总的接收到的MPEG传输流数据包个数的比率。

此外该标准建议:对于短的FEC帧,必须考虑到0.2~0.3dB的额外恶化;对于链路预算,应考虑具体的卫星信道恶化情形,并计算正常FEC帧长度与无导频时的频谱效率。

4.8.4 FEC 编码

这里对前向纠错编码方案进行介绍,该方案以BCH多重纠错二进制分组码为外码、LDPC为内码[ETSI-14,ETSI-15b],这是ETSI在DVB-S2标准中推荐的。

在DVB-S2中,FEC编码包括外编码(BCH)、内编码(LDPC)和比特交织。输入流由基带帧组成,输出流由FEC帧组成。

每个基带帧由FEC编码子系统处理,生成一个FEC帧。系统BCH外码奇偶校验位附加在基带帧之后,内部 LDPC 编码器奇偶校验位附加在 BCH 外码奇偶校验位之后,如图 4.35 所示。

表 4.11 与表 4.12 分别给出了常规 FEC 帧 (n_{ldpc} = 64800bit) 与短 FEC 帧 (n_{ldpc} = 16200bit) 的 FEC 编码参数。

4.8.4.1 BCH 外码

一个纠正 t 个错误的 BCH (N_{bch}, K_{bch}) 码应用于每个基带帧以产生一个纠错包。对于 n_{ldpc} = 64800bit 的 BCH 码参数如表 4.11 所列;对于 n_{ldpc} = 16200bit 的 BCH 码参数如表 4.12 所列。

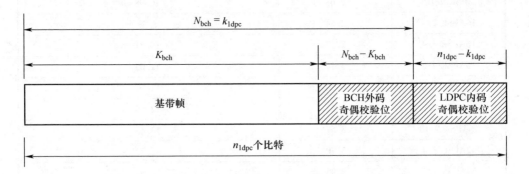

图 4.35 比特交织前的数据格式

(常规 FEC 帧,n_{ldpc} = 64800;短 FEC 帧,n_{ldpc} = 16200)

K_{bch}—BCH 未编码块的比特数;N_{bch}—BCH 编码块的比特数;

k_{ldpc}—LDPC 未编码块的比特数;n_{ldpc}—LDPC 编码块的比特数。

表 4.11 常规 FEC 帧的编码参数 (n_{ldpc} = 64800)

LDPC 码	BCH 未编码块 K_{bch}	BCH 编码块 N_{bch} LDPC 未编码块 k_{ldpc}	BCH 纠错个数 t	LDPC 编码块 n_{ldpc}
1/4	16008	16200	12	64800
1/3	21408	21600	12	64800
2/5	25728	25920	12	64800
1/2	32208	32400	12	64800
3/5	38688	38880	12	64800
2/3	43040	43200	10	64800
3/4	48408	48600	12	64800
4/5	51648	51840	12	64800
5/6	53840	54000	10	64800

续表

LDPC 码	BCH 未编码块 K_{bch}	BCH 编码块 N_{bch} LDPC 未编码块 k_{ldpc}	BCH 纠错个数 t	LDPC 编码块 n_{ldpc}
8/9	57472	57600	8	64800
9/10	58192	58320	8	64800

表 4.12 短 FEC 帧的编码参数($n_{ldpc}=16200$)

LDPC 码	BCH 未编码块 K_{bch}	BCH 编码块 N_{bch} LDPC 未编码块 k_{ldpc}	BCH 纠错个数 t	有效 LDPC 率 $k_{ldpc}/16200$	LDPC 编码块 n_{ldpc}
1/4	3072	3240	12	1/5	16200
1/3	5232	5400	12	1/3	16200
2/5	6312	6480	12	2/5	16200
1/2	7032	7200	12	4/9	16200
3/5	9552	9720	12	3/5	16200
2/3	10632	10800	12	2/3	16200
3/4	11712	11880	12	11/15	16200
4/5	12432	12600	12	7/9	16200
5/6	13152	13320	12	37/45	16200
8/9	14232	14400	12	8/9	16200
9/10	NA	NA	NA	NA	NA

表 4.13 中 $n_{ldpc}=64800$ 或表 4.14 中 $n_{ldpc}=16200$ 的前 t 个多项式相乘,就可以得到具有 t 个纠错能力的 BCH 编码器的生成器多项式。

BCH 编码的信息比特 $m=(m_{k_{bch}-1},m_{k_{bch}-2},\cdots,m_1,m_0)$ 编码到码字 $c=(m_{k_{bch}-1},m_{k_{bch}-2},\cdots,m_1,m_0,d_{n_{bch}-k_{bch}-1},d_{n_{bch}-k_{bch}-2},\cdots,d_1,d_0)$ 是通过以下方式实现的:

(1) 将多项式 $m(x)=m_{k_{bch}-1}x^{k_{bch}-1}+m_{k_{bch}-2}x^{k_{bch}-2}+\cdots+m_1x+m_0$ 乘以 $x^{n_{bch}-k_{bch}}$。

(2) 用 $x^{n_{bch}-k_{bch}}m(x)$ 除以生成多项式 $g(x)$,余数设定为 $d(x)=d_{n_{bch}-k_{bch}-1}x^{n_{bch}-k_{bch}-1}+\cdots+d_1x+d_0$。

(3) 设置码字多项式 $c(x)=x^{n_{bch}-k_{bch}}m(x)+d(x)$。

4.8.4.2 LDPC 内码

LDPC 编码器系统地将大小为 $k_{ldpc}(i=i_0,i_1,\cdots,i_{k_{ldpc}-1})$ 的信息块编码到大小为 n_{ldpc} 的码字,$c=(i_0,i_1,\cdots,i_{k_{ldpc}-1},p_0,p_1,\cdots,p_{n_{ldpc}-k_{ldpc}-1})$。

表 4.13 常规 FEC 帧的 BCH 多项式(n_{ldpc} = 64800)

$g_1(x)$	$1+x^2+x^3+x^5+x^{16}$
$g_2(x)$	$1+x+x^4+x^5+x^6+x^8+x^{16}$
$g_3(x)$	$1+x^2+x^3+x^4+x^5+x^7+x^8+x^9+x^{10}+x^{11}+x^{16}$
$g_4(x)$	$1+x^2+x^4+x^6+x^9+x^{11}+x^{12}+x^{14}+x^{16}$
$g_5(x)$	$1+x+x^2+x^3+x^5+x^8+x^9+x^{10}+x^{11}+x^{12}+x^{16}$
$g_6(x)$	$1+x^2+x^4+x^5+x^7+x^8+x^9+x^{10}+x^{12}+x^{13}+x^{14}+x^{15}+x^{16}$
$g_7(x)$	$1+x^2+x^5+x^6+x^8+x^9+x^{10}+x^{11}+x^{13}+x^{15}+x^{16}$
$g_8(x)$	$1+x+x^2+x^5+x^6+x^8+x^9+x^{12}+x^{13}+x^{14}+x^{16}$
$g_9(x)$	$1+x^5+x^7+x^9+x^{10}+x^{11}+x^{16}$
$g_{10}(x)$	$1+x+x^2+x^5+x^7+x^8+x^{10}+x^{12}+x^{13}+x^{14}+x^{16}$
$g_{11}(x)$	$1+x^2+x^3+x^5+x^9+x^{11}+x^{12}+x^{13}+x^{16}$
$g_{12}(x)$	$1+x+x^5+x^6+x^7+x^9+x^{11}+x^{12}+x^{16}$

表 4.14 短 FEC 帧的 BCH 多项式(n_{ldpc} = 16200)

$g_1(x)$	$1+x+x^3+x^5+x^{14}$
$g_2(x)$	$1+x^6+x^8+x^{11}+x^{14}$
$g_3(x)$	$1+x+x^2+x^6+x^9+x^{10}+x^{14}$
$g_4(x)$	$1+x^4+x^7+x^8+x^{10}+x^{12}+x^{14}$
$g_5(x)$	$1+x^2+x^4+x^6+x^8+x^9+x^{11}+x^{13}+x^{14}$
$g_6(x)$	$1+x^3+x^7+x^8+x^9+x^{13}+x^{14}$
$g_7(x)$	$1+x^2+x^5+x^6+x^7+x^{10}+x^{11}+x^{13}+x^{14}$
$g_8(x)$	$1+x^5+x^8+x^9+x^{10}+x^{11}+x^{14}$
$g_9(x)$	$1+x+x^2+x^3+x^9+x^{10}+x^{14}$
$g_{10}(x)$	$1+x^3+x^6+x^9+x^{11}+x^{12}+x^{14}$
$g_{11}(x)$	$1+x^4+x^{11}+x^{12}+x^{14}$
$g_{12}(x)$	$1+x+x^2+x^3+x^5+x^6+x^7+x^8+x^{10}+x^{13}+x^{14}$

码字按给定顺序从 i_0 开始,至 $p_{n_{ldpc}-k_{ldpc}-1}$ 时结束传输。LDPC 码的参数是 (n_{ldpc}, k_{ldpc})。

在常规 FEC 帧的内部编码期间,编码器的任务是为每块长度为 k_{ldpc} 的信息比特块$(i_0, i_1, \cdots, i_{k_{ldpc}-1})$确定长度为 $n_{ldpc}-k_{ldpc}$ 的校验比特$(p_0, p_1, \cdots, p_{n_{ldpc}-k_{ldpc}-1})$。处理过程如下:

（1）初始化 $p_0 = p_1 = p_2 = \cdots = p_{n_{ldpc}-k_{ldpc}-1} = 0$。

（2）在奇偶校验比特地址累加第一个信息比特 i_0。例如，对于码率 2/3，可以进行以下操作：

$p_0 = p_0 \oplus i_0$	$p_{2767} = p_{2767} \oplus i_0$
$p_{10491} = p_{10491} \oplus i_0$	$p_{240} = p_{240} \oplus i_0$
$p_{16043} = p_{16043} \oplus i_0$	$p_{18673} = p_{18673} \oplus i_0$
$p_{506} = p_{506} \oplus i_0$	$p_{9279} = p_{9279} \oplus i_0$
$p_{12826} = p_{12826} \oplus i_0$	$p_{10579} = p_{10579} \oplus i_0$
$p_{8065} = p_{8065} \oplus i_0$	$p_{20928} = p_{20928} \oplus i_0$
	$p_{8286} = p_{8286} \oplus i_0$

（3）对于之后的 359 比特 $i_m, m=1,2,\ldots,359$，它们的奇偶校验比特地址通过公式 $\{x+(m \bmod 360) \times q\} \bmod (n_{ldpc}-k_{ldpc})$ 进行计算，其中 x 表示第一个比特 i_0 对应的奇偶校验比特地址，而 q 为表 4.15 中规定的与码率相关的常数。继续应用该示例，对于 $q=60$、码率为 2/3，对信息比特 i_1 进行以下操作：

$p_{60} = p_{60} \oplus i_1$	$p_{2827} = p_{2827} \oplus i_1$
$p_{10551} = p_{10551} \oplus i_1$	$p_{300} = p_{300} \oplus i_1$
$p_{16103} = p_{16103} \oplus i_1$	$p_{18733} = p_{18733} \oplus i_1$
$p_{566} = p_{566} \oplus i_1$	$p_{9339} = p_{9339} \oplus i_1$
$p_{12886} = p_{12886} \oplus i_1$	$p_{10639} = p_{10639} \oplus i_1$
$p_{8125} = p_{8125} \oplus i_1$	$p_{20988} = p_{20988} \oplus i_1$
$p_{8286} = p_{8286} \oplus i_1$	

表 4.15 常规帧与短帧的 q 值

码率	q	
	常规帧	短帧
1/4	135	36
1/3	120	30
2/5	108	27
1/2	90	25
3/5	72	18
2/3	60	15

续表

码率	q	
	常规帧	短帧
3/4	45	12
4/5	36	10
5/6	30	8
8/9	20	5
9/10	18	NA

(4) 对于第 361 个信息比特的奇偶校验比特地址,其获取方法与 i_0 相同;对于之后 359 个信息比特($i_m, m=361,362,\cdots,719$)的奇偶校验比特地址,同样通过公式 $\{x+(m \bmod 360) \times q\} \bmod (n_{ldpc}-k_{ldpc})$ 获取,这里的 x 对应于信息比特 i_{360} 的奇偶校验比特地址。

(5) 对于每一组(360 个)新的信息比特都以相同的方式获取奇偶校验比特地址。

当所有的信息比特用完后,对奇偶校验比特进行如下操作:

(1) 从 $i=1$ 开始,依次进行以下操作,即
$$p_i = p_i \oplus p_{i-1}, i=1,2,\cdots,n_{ldpc}-k_{ldpc}-1$$

(2) $p_i(i=0,1,\cdots,n_{ldpc}-k_{ldpc}-1)$ 的最终值等于奇偶校验比特 p_i。

对于短 FEC 帧的内部编码,长度为 k_{ldpc} 的 BCH 编码比特被系统地编码生成长度为 n_{ldpc} 的编码比特。

4.9 DVB-S2X 的新功能

DVB-S2 扩展规范(DVB-S2X)的发布标志着 DVB-S2 扩展已成功完成[ETSI-15a,ETSI-15c]。DVB-S2X 是 DVB-S2 的扩展,更是 DVB-S2 的核心应用,包括直播到户、甚小口径终端(VSAT)和 DSNG,以及包括移动应用在内的新服务与提供其他应用的技术及功能,且性能与功能都有所提高。随着 DVB-S2 的成功,进一步的技术发展和新的应用需求使频谱效率得到了显著提高,并允许在非常低的 C/N 下(低至 -10dB 时)开展移动通信应用,包括海事、航空、铁路、紧急情况与救灾服务等。

DVB-S2X 采用以 LDPC FEC 为内部编码、BCH FEC 为外部编码的编码方案。其进一步升级改进的功能包括:

(1) 更小的滚降系数 0.05 与 0.1(DVB-S2 为 0.2、0.25 和 0.35)。

(2) 调制与编码模式的种类有了更精细的划分与扩展。

(3) 新的星座用于支持线性信道与非线性信道。

(4) 针对信道同频干扰情况,增加了加扰功能。

(5) 最多三个信道的信道绑定。

(6) 支持在超低信噪比(低至-10dB)环境下工作。

(7) 支持可选的超帧。

通过成帧、编码和调制这些操作,将信噪比范围降低到非常低的值(低至-10dB),这使得海上、空中和高速车辆上的卫星移动应用成为现实,并为移动与便携式用户终端提供非常小的定向天线。

未来 DVB-S2X 将实现支持宽带互联网的先进技术,以及将卫星更好地融合到包括 4G/5G 移动通信网络在内的全球宽带网络基础设施中。它未来将向 UHD(4K 电视)以及 8K 电视平滑演进。此外,它还将通过高效率的调制方案与高增益改进的 C/N 值,为其专业应用与 DSNG 应用提供更好的支持。

4.10 总 结

本节作为本章的最后部分,主要讲述电话与电视广播的数字传输。

4.10.1 电话的数字传输

假定 R_b 是电话信道的比特率,n 路话音以及占容量5%的信令以 R_b 的速率传输,编码后的速率传输变为 R_c,以该速率调制 QPSK 载波,占用带宽 $B=36\text{MHz}$,对应于卫星信道的典型带宽。

(1) 一条话音信道的比特率 $R_b(\text{bit/s})$。

(2) 多路复用容量 $R(\text{bit/s})$。

(3) 电话信道的数量 $n=R/(1.05R_b)$。

(4) 调制二进制流的比特率 $R_c=R/\rho$,其中 ρ 是码率。

(5) 带宽 $B=R_c/\Gamma$,其中 Γ 是 QPSK 调制的频谱效率($\Gamma=1.5\text{bit/s/Hz}$)。

总的来说,电话信道的数量为

$$n = B\rho\Gamma/(1.05R_b)$$

C/N_0 与 C/N 分别表示为

$$C/N_0 = (E_b/N_0)R = (E_b/N_0) \times \rho\Gamma B \quad (\text{Hz})$$

$$C/N = (C/N_0) \times 1/B$$

式中:E_b/N_0 的值根据选择的编码方案从表4.5得到;表4.16给出的是 $R_b=$

64kbit/s 时的计算结果。

如图 4.36 所示,表 4.16 的结果对应的是 TDM/QPSK 曲线。图中还比较了其他几种传输方案:模拟电话信道频率复用的模拟频率调制方案(FDM/FM)、提供了近两倍容量增加的压缩频率调制(FDM/CFM),以及具有数字语音插值的方案(DSI/TDM/QPSK)。数字语音插值的方案利用了电话语音激活技术(3.1.1 节),这部分内容还会在 8.6.2 节做介绍。数字传输方面,通过将低速率编码(用 32kbit/s 代替 64kbit/s)与 DSI[CAM-76]相结合,可获得 2 倍的系统容量,这是通过使用 8.6.3 节介绍的标准数字电路倍增设备(DCME)来实现的。

表 4.16 载波带宽 36MHz、数字电话复用容量 64kbit/s 时,C/N_0 与 C/N 值

码率 ρ	电话信道数 n	C/N_0/dBHz	C/N/dB
1	804	87.8	12.3
7/8	703	83.6	8.1
3/4	603	82.0	6.4
2/3	536	81.1	5.5
1/2	402	79.3	3.8

4.10.2 电视的数字传输

数字多节目电视服务的传输使用 FSS 与 BSS 频段的卫星。卫星信道典型带宽为 27MHz 与 36MHz。

采用 DVB-S 标准[ETSI-97]播放 MPEG-2 编码的电视,其 TDM 载波同时传送多个电视节目,应用 QPSK 调制与级联编码(4.2.2 节与 4.3.3 节),该级联编码基于码率为 ρ 的卷积码与 RS(204,188)码构建。QPSK 调制的频谱效率为 1.56bit/s/Hz,在给定使用带宽 $B = 27$MHz 时,对应的传输比特率可以表示为

$$R_c = 1.56 \times 27\text{MHz} = 42.1\text{Mbit/s}$$

信息比特率应考虑到内部编码(码率 ρ)与外部 RS 码(码率 188/204)的各自码率,即

$$R_b = (\rho \times 188/204) R_c \quad (\text{bit/s})$$

为了说明问题,考虑以下两个 ρ 值:

当 $\rho = 7/8$ 时,则 $R_b = 34$Mbit/s

当 $\rho = 1/2$ 时,则 $R_b = 19.4$Mbit/s

MPEG-2 格式允许广播公司根据节目内容与客户需求,以灵活的方式选择压缩率。通常情况下,节目信息比特率需要在 1.5Mbit/s~6Mbit/s 范围内。假设一

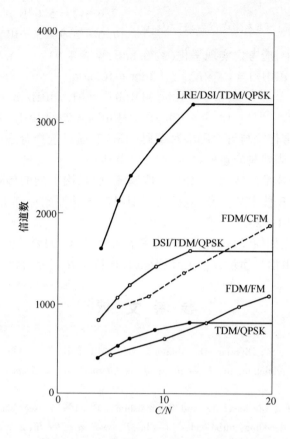

图 4.36 载波带宽 36MHz 时,模拟和数字传输各方案比较
(TDM/QPSK:64kbit/s 的源编码,数字时分复用,直接编码的四相相位调制,
以及相干解调;FDM/FM:频分复用,频率调制;DSI/TDM/QPSK:64kbit/s 的源编码,
数字语音插值,数字时分复用,直接编码的四相位调制与相干解调;FDM/CFM:
频分复用,压缩频率调制;LRE/DSI/TDM/QPSK:32kbits^{-1}的源编码,数字语音插值,
数字时分复用,直接编码的四相相位调制与相干解调)

个电视节目需要大约 3.8Mbit/s,卫星可以播出 5~9 个电视节目,具体取决于所选择的码率 ρ。

MPEG-2 解码器要求在外部 RS 解码器的输出端达到 QEF 传输(误码率为 $10^{-10} \sim 10^{-11}$)。如文献[ETSI-97]所述,这对应于内部(Viterbi)解码器输出的误码率不高于 2×10^{-4}。在没有内部解码的情况下,E_b/N_0 的理论要求值(不考虑实现恶化)将是 $(E_b/N_0)_{nocod} = 7.6$dB。内部卷积编码方案提供的解码增益记为 G_{cod},通常在 $\rho = 7/8$ 时 $G_{cod} = 2$dB,在 $\rho = 1/2$ 时 $G_{cod} = 3.9$dB。这意味着所需的 E_b/N_0 值可求解,即

$$(E_b/N_0)_{\text{cod}} = (E_b/N_0)_{\text{nocod}} - G_{\text{cod}} = \begin{cases} 7.6 - 2 = 5.6\text{dB}, \rho = 7/8 \\ 7.6 - 3.9 = 3.7\text{dB}, \rho = 1/2 \end{cases}$$

在实际应用中,应考虑实现恶化(约 0.8dB,见表 4.9)。C/N_0 的要求值是

$$C/N_0(\text{dBHz}) = (E_b/N_0)_{\text{cod}}(\text{dB}) + 10\log R_b$$

$$= \begin{cases} 6.4 + 10\log 34\text{Mbit/s} = 81.7\text{dBHz}, \rho = 7/8 \\ 4.5 + 10\log 19.4\text{Mbit/s} = 77.4\text{dBHz}, \rho = 1/2 \end{cases}$$

这说明了恒定带宽与可变码率对编码的影响,通过选择合适的码率可实现功率的降低,其代价当然是容量的减少,如 4.4 节所述。

所有的 DVB 技术都使用 MPEG-2 传输流,但采用不同的传输技术。本章介绍了卫星上的 DVB 技术与标准,包括数字卫星广播的原始标准 DVB-S 以及后续的 DVB-S2 与 DVB-S2X。

第 5 章将讨论如何设置载波噪声功率谱密度 C/N_0 的要求值,正如本章所述,该值由所需的基带信号质量、E_b/N_0 以及信息比特率 R_b 共同制约。

参 考 文 献

[BEN-96] Benedetto, S., Divsalar, D., Montorsi, G., and Pollara, F. (1996). Parallel concatenated trellis coded modulation. In: *Proceedings of the International Conference on Communications*, 974-978. IEEE.

[BER-93] Berrou, C., Glavieux, A., and Thitimajshima, P. (1993). Near Shannon limit error-correcting coding and decoding: turbo-codes (1). In: *Proceedings of the IEEE International Conference on Communications, Geneva, Switzerland, May*, 1064-1070. IEEE.

[BHA-81] Bhargava, V.K., Hacoun, D., Matyas, R., and Nuspl, P. (1981). *Digital Communications by Satellite*. Wiley.

[BIG-84] Biglieri, E. (1984). High-level modulation and coding for nonlinear satellite channels. *IEEE Transactions on Communications 32*: 616-626.

[BOU-87] Bousquet, M. and Maral, G. (1987). Digital communications: satellite systems. *Systems and Control Encyclopedia*: 1050-1057.

[CAI-79] Cain, J.B., Clark, G.C. Jr., and Geist, J.M. (1979). Punctured convolutional codes of rate (n-1)/n and simplified maximum likelihood decoding. *IEEE Transactions on Information Theory* **25**: 97-100.

[CAL-89] Calderbank, A.R. (1989). Multilevel codes and multistage decoding. *IEEE Transactions on Communications* **37**: 222-229.

[CAM-76] Campanella, S.J. (1976). Digital Speech Interpolation. *COMSAT Technical Review* **6** (1): 127-157.

[ETSI-97] ETSI. (1997). Digital video broadcasting (DVB): framing structure, channel coding and modulation for 11/12GHz satellite services. EN 300 421 (V1.1.2).

[ETSI-09] ETSI. (2009). Digital video broadcasting (DVB); interaction channel for satellite distribution systems. EN 301 790 (V1.5.1).

[ETSI-14] ETSI. (2014). Digital video broadcasting (DVB); second generation framing structure, channel coding and modulation systems for broadcasting, interactive services, news gathering and other broadband satellite applications; part 1: DVB-S2. EN 302 307-1 (V1.4.1)

[ETSI-15a] ETSI. (2015). Digital video broadcasting (DVB); second generation frame structure, channel coding and modulation systems for broadcasting interactive services, news gathering and other broadband satellite applications; part 2: DVB-S2 extensions (DVB-S2X). EN 302 307-2 (V1.1.1).

[ETSI-15b] ETSI. (2015). Digital video broadcasting (DVB); implementation guidelines for the second generation system for broadcasting, interactive services, news gathering and other broadband satellite applications; part 1: DVB-S2. TR 102 376-1 (V1.2.1).

[ETSI-15c] ETSI. (2015). Digital video broadcasting (DVB); implementation guidelines for the second generation system for broadcasting, interactive services, news gathering and other broadband satellite applications; part 2: S2 extensions (DVB-S2X). TR 102 376-2 (V1.1.1).

[FOR-73] Forney, G.D. Jr. (1973). The Viterbi algorithm. IEEE Proceedings 61 (3): 268–278.

[FOR-84] Forney, G.D. Jr., Gallager, R.G., Lang, G.R. et al. (1984). Efficient modulation for band-limited channels. *IEEE Journal on Selected Areas in Communications* 2 (5): 632–647.

[GRO-76] Gronomeyer, S. and McBride, A. (1976). MSK and offset QPSK modulation. *IEEE Transactions on Communications* 24 (8): 809–820.

[IMA-77] Imai, H. and Hirakawa, S. (1977). A new multilevel coding method using error correcting codes. *IEEE Transactions on Information Theory* 23: 371–377.

[ISA-00] Isaka, M. and Imai, H. (2000). Design and iterative decoding of multilevel modulation codes. In: *Proceedings of the 2nd International Symposium on Turbo Codes and Related Topics*, Sept, 193–196. IEEE.

[ITUR-93] ITU-R (1993) Carrier energy dispersal for systems employing angle modulation by analogue signals or digital modulation in the fixed-satellite service. Recommendation S.446.

[KAS-90] Kasami, T., Takata, T., Fujiwara, T., and Lin, S. (1990). A concatenated coded modulation scheme for error control. *IEEE Transactions on Communications* 38: 752–763.

[MAR-95] Maral, G. (1995). *VSAT Networks*. Wiley.

[PIE-90] Pietrobon, S.S., Deng, R.H., Lafanechere, A. et al. (1990). Trellis coded multidimensional phase modulation. *IEEE Transactions on Information Theory* 36: 63–89.

[POT-89] Pottie, G.J. and Taylor, D.P. (1989). Multilevel codes based on partitioning. *IEEE Transactions on Information Theory* 35: 87–98.

[PRO-01] Proakis, J.G. (2001). *Digital Communications*, 4e. McGraw-Hill.

[SAY-86] Sayegh, S.I. (1986). A class of optimum block codes in signal space. *IEEE Transactions on Communications* 34: 1043–1045.

[TOR-81] Torrier, D.J. (1981). *Principles of Military Communications Systems*. Artech House.

[UNG - 82] Ungerboeck, G. (1982). Channel coding with multilevel/phase signals. *IEEE Transactions on Information Theory* **28**: 55-67.

[UNG-87] Ungerboeck, G. (1987). Trellis-coded modulation with redundant signal sets, Parts I and II .*IEEE Communications Magazine* **25**: 5-20.

[VIT-79] Viterbi, A.J. and Omura, J.K. (1979). *Principles of Digital Communication and Coding*. NewYork: McGraw-Hill.

[WEI-89] Wei, L.F. (1989). Rotationally invariant trellis-coded modulations with multidimensional MPSK. *IEEE Journal on Selected Areas in Communications* **7**: 1281-1295.

[WU-92] Wu, J., Costello, D.J. Jr, and Perez, L.C. (1992). On multilevel trellis M-PSK codes. Presentation at the IEEE International Symposium on Information Theory.

[ZEH-87] Zehavi, E. and Wolf, J.K. (1987). On performance evaluation of trellis codes. *IEEE Transactions on Information Theory* **33**: 196-202.

第 5 章 上下行链路性能、整体链路性能及星间链路

本章结合第 1 章图 1.1 及第 4 章图 4.1 所示链路开展了性能评估,包括:
(1) 从地球站(ES)到卫星的上行链路。
(2) 从卫星到地球站的下行链路。
(3) 卫星之间的星间链路(ISL)。

上行链路与下行链路通常是微波链路,而 ISL 既可以是微波链路也可以是激光链路。基带信号携带需要传送的信息,载波被基带信号调制,如此一来,需要传送的信息便承载在已调制的载波之上。终端用户间的连接需要一条上行链路与一条下行链路,有时还需要一个或多个 ISL。已调制的载波就是在上述链路中传输。

链路性能决定了终端用户的服务质量(QoS),QoS 通常以数字通信的误码率(BER)来表征。第 4 章已介绍了 BER 如何确定单位信息比特能量与噪声功率谱密度之比(E_b/N_0)的所需值,以及该值如何影响链路性能(由接收载波功率 C 与噪声功率谱密度 N_0 的比值衡量,以 C/N_0 表示)。本章将讨论影响链路性能 C/N_0 的各个参数,并提供了在给定收发设备情况下评估单条链路性能的方法,以及确定收发设备相关参数以实现指定链路性能的方法。

本章首先考虑单条链路的性能,并提供载波功率预算与噪声功率预算的方法,然后介绍整体链路(从发送站到接收站)的链路性能概念,最后阐述多波束天线覆盖的链路性能并探讨其优缺点。随着技术的发展,多波束天线覆盖被认为是当今高通量卫星(HTS)发展的重大突破。此外本章还将介绍有关地球静止轨道(GEO)卫星星间链路、GEO 卫星与低地球轨道(LEO)卫星星间链路的性能。这些链路是构成未来巨型 LEO/巨型中地球轨道(MEO)卫星星座的关键技术。

5.1 链路构成

链路构成如图 5.1 所示。发射设备由发射机 T_X 组成,其通过馈线连接到增益为 G_T 的发射天线,发射设备在接收设备方向上辐射的功率为 P_T。发射设备的性能通过等效全向辐射功率(EIRP)来衡量,EIRP 定义为

$$\text{EIRP} = P_T G_T \quad (\text{W}) \tag{5.1}$$

辐射功率在其路径上的路径损耗为 L。

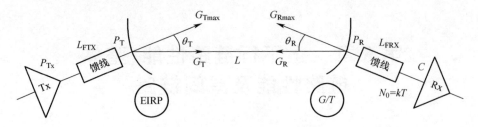

图 5.1　链路构成

接收设备包括接收增益为 G_R 的接收天线,其通过馈线连接至接收机 R_X。在接收机输入端,调制载波的功率为 C,链路中的所有噪声源都会对系统噪声温度 T 产生影响,该系统噪声温度决定了噪声功率谱密度 N_0,因此可以在接收机输入端计算链路性能 C/N_0。接收设备的性能通过其品质因数 G/T 来衡量,其中 G 代表接收设备的整体增益。

后续内容将介绍决定链路性能各相关参数的定义,并给出 C/N_0 的计算公式。

5.2　天线参数

5.2.1　增益

天线的增益是天线在给定方向上单位立体角辐射(或接收)的功率与以相同功率馈电的全向同性天线单位立体角辐射(或接收)的功率之比。增益在天线最大辐射方向(天线视轴)上最大,其值可表示为

$$G_{\max} = (4\pi/\lambda^2) A_{\mathrm{eff}} \tag{5.2}$$

式中:$\lambda = c/f$,$c = 3 \times 10^8 \mathrm{m/s}$ 为光速;f 为电磁波频率;A_{eff} 为天线的有效口径面积。对于具有圆形口径或反射器直径为 D 的天线,几何表面 $A = \pi D^2/4$,$A_{\mathrm{eff}} = \eta A$,其中 η 为该天线的效率。因此有

$$G_{\max} = \eta (\pi D/\lambda)^2 = \eta (\pi D f/c)^2 \tag{5.3}$$

以 dBi(相对于全向同性天线的增益)表示的实际最大天线增益为

$$G_{\max} = 10\log(\eta (\pi D/\lambda)^2) = 10\log(\eta (\pi D f/c)^2) \quad (\mathrm{dBi})$$

天线的效率 η 是照射效率、溢出效率、表面光洁度效率、电阻与阻抗失配损耗等多个因子的乘积,有

$$\eta = \eta_{\mathrm{i}} \times \eta_{\mathrm{s}} \times \eta_{\mathrm{f}} \times \eta_{\mathrm{z}} \times \cdots \tag{5.4a}$$

照射效率 η_{i} 指定了反射器相对于均匀照射的能力降低。均匀照射 ($\eta_{\mathrm{i}} = 1$) 会导致第二旁瓣增高,因此通过减少反射面边界(口径边缘变成锥形)处的照射来

实现折中。对于卡塞格伦天线(见 8.3.4.3 节),其在边界处照射减少了 10~12dB,达到了最佳折中,照射效率 η_i 约为 91%。

溢出效率 η_s 定义为被反射面截获的主源辐射能量与总的主源辐射总能量之比,两者之差即为溢出能量。反射面对主源的张角越大,溢出效率就越高。然而,对于给定的主源辐射图,反射面边界处的照射水平随着视角值的增大而降低,导致照射效率急速下降。所以,设计时要综合考虑照射效率与溢出效率,溢出效率通常约为 80%。

表面光洁度效率 η_f 考虑到表面粗糙度对天线增益的影响。实际的抛物面轮廓与理论轮廓曲面有差别。在实际应用中,必须对天线性能与制造成本进行折中。表面光洁度对轴向增益的影响可表示为

$$\eta_f = \Delta G = \exp[-B(4\pi\varepsilon/\lambda)^2]$$

式中:ε 为表面加工误差的均方根(rms),即垂直曲面上的实际轮廓与理论轮廓间的偏差;B 为一个小于或等于 1 的因子,其值取决于反射面的曲率半径,该系数随着曲率半径的减小而增加。对于焦距为 f 的抛物面天线,B 随比率 f/D 变化,其中 D 为天线直径。当 $f/D = 0.7$ 时,若 ε 为 $\lambda/30$,B 为 0.9,则表面光洁度效率 η_f 为 85%。

相比之下,包括电阻与阻抗失配损耗在内的其他损耗没有那么重要。总体而言,整体效率 η(单体效率的乘积)通常在 55%~75%之间。

图 5.2 给出了不同频率下 G_{max} 值与天线直径的函数关系,其显示的是频率为 12GHz 时 1m 天线的参考情况,相应的增益为 $G_{max} = 40$dBi,该参考情形很容易推导出其他情形。例如,将频率除以 2($f = 6$GHz) 会使增益降低 6dB ($G_{max} = 34$dBi);保持频率恒定 ($f = 12$GHz) 将天线尺寸翻倍 ($D = 2$m),会使增益增加 6dB ($G_{max} = 46$dBi)。

5.2.2 辐射方向图与波束角宽度

辐射方向图表示增益随方向的变化情况。对于具有圆形口径或反射面的天线,其方向图具有旋转对称性,并可以在平面内以极坐标形式或笛卡儿坐标形式表示,如图 5.3 所示。主瓣方向应有最大辐射,旁瓣辐射应尽可能小。

波束角宽度定义为对应于给定增益衰减的方向相对于最大增益方向所张开的角度。经常采用的是 3dB 波束宽度,如图 5.3(a) 中 θ_{3dB} 所示。3dB 波束宽度对应于增益下降到其最大增益一半时的方向角度。3dB 波束宽度与比率 λ/D 成正比,该比率系数的值取决于所选的照射规则。对于均匀照射,该系数的值为 58.5°。由于非均匀照射会导致反射器边界处的衰减,因此 3dB 的波束宽度会增加,并且该比率系数取决于该规则的具体特性,常用值为 70°。通常情况下,天线采用非均匀照射,由此可得

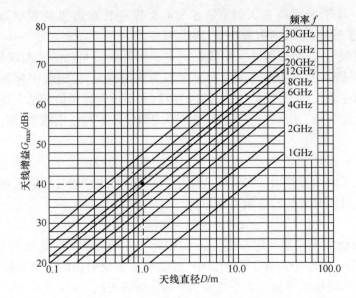

图 5.2　$\eta = 0.6$ 时不同频率下的最大天线增益与天线直径的函数关系
（直径 1m 的天线在 12GHz 时具有 40dBi 的增益）

$$\theta_{3dB} \approx \frac{70\lambda}{D} = \frac{70c}{fD} \quad (°) \tag{5.4b}$$

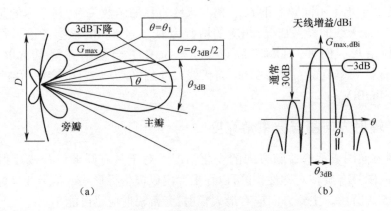

(a)   (b)

图 5.3　天线辐射方向图
(a)极坐标表示；(b)笛卡儿坐标表示。

在相对于视轴的 θ 方向上，增益值可表示为

$$G(\theta)_{dBi} = G_{max,dBi} - 12(\theta/\theta_{3dB})^2 \quad (dBi) \tag{5.5}$$

该表达式仅对足够小的角度有效（θ 介于 0 与 $\theta_{3dB}/2$ 之间）。

结合式(5.3)与式(5.4b)可以看出，天线的最大增益是 3dB 波束宽度的函数，并且该函数与频率无关，有

$$G_{max} = \eta(\pi Df/c)^2 \approx \eta(\pi 70/\theta_{3dB})^2 \qquad (5.6)$$

若考虑天线效率 $\eta = 0.6$,可得

$$G_{max} \approx 29000/(\theta_{3dB})^2 \qquad (5.7)$$

式中:θ_{3dB} 以度数表示。

图 5.4 显示了三种天线效率值下的 3dB 波束宽度与最大增益的关系。增益以 dBi 表示,3dB 波束宽度以度数表示,有

$$G_{max} = 44.6 - 20\log\theta_{3dB} \quad (dBi)$$

$$\theta_{3dB} = 170/10^{\frac{G_{max,dBi}}{20}} \quad (°)$$

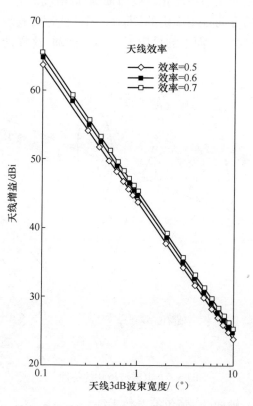

图 5.4 最大辐射方向上的天线增益与波束角宽度 θ_{3dB} 的函数关系(在 η 分别为 0.5、0.6、0.7 三种效率值下)

将式(5.5)对 θ 微分可得

$$\frac{dG(\theta)}{d\theta} = -\frac{24\theta}{\theta_{3dB}^2}$$

这能够计算与视轴角度为 θ 时的增益衰减 ΔG(以 dB 为单位),其对应关于 θ 方向的指向偏差角 $\Delta\theta$,有

$$\Delta G = -\frac{24\theta}{\theta_{3dB}^2}\Delta\theta \quad (\text{dB}) \tag{5.8}$$

增益衰减在3dB波束宽度的边缘处最大(式(5.8)中，$\theta = \theta_{3dB}/2$)，有

$$\Delta G = -\frac{12\Delta\theta}{\theta_{3dB}} \quad (\text{dB}) \tag{5.9}$$

5.2.3 极化

天线辐射的电磁波由电场分量与磁场分量组成。这两个分量正交且垂直于波的传播方向，它们随波的频率而变化。按照惯例，以电场的方向来定义电磁波的极化。一般来说，电场的方向是不固定的，即在一个周期内，表示电场矢量的末端轨迹在垂直于波传播方向的平面上的投影形成一个椭圆，这样的极化称为椭圆极化(图5.5)。

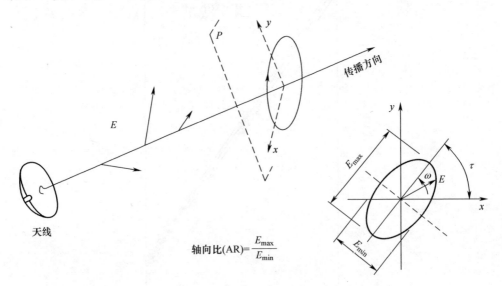

图 5.5 电磁波极化的特性

极化由旋转方向、轴向比、倾角等参数表征。

(1) 旋转方向(相对于传播方向)：电场矢量的末端轨迹顺时针方向旋转称为右旋；反之，逆时针方向则称为左旋。

(2) 轴向比(AR)：$AR = E_{max}/E_{min}$，即椭圆长轴与短轴的比值。当椭圆为圆($AR = 1$)，则称为圆极化；当椭圆缩减为一个轴(无限轴向比：电场保持固定方向)，则称为线极化。

(3) 椭圆的倾角 τ。

若两个电磁波的电场在相反方向上形成相同的椭圆，则它们处于正交极化状

态。具体而言,可以得到如下的正交极化波:

(1) 右旋圆极化波与左旋圆极化波(旋转方向对应于观察传播方向的观察者)。

(2) 水平线极化波与垂直线极化波(以本地参考为准)。

设计用于发射或接收给定极化波的天线,既不能发射也不能接收与给定极化波正交的电磁波。这个性质使得在一对收发设备间可以相同的频率同时建立两条链路,这称为正交极化的频率复用。为了实现这一目的,必须在收发两端提供两个极化天线,或者最好在收发两端分别使用一个以指定极化方式工作的天线。然而,这种做法必须考虑到天线的缺陷与传输介质对波的去极化效应(5.7.1.2 节),这些影响如果处理不好将导致两条链路相互干扰。

图 5.6 涉及两个正交线性极化的情况(这对于任何两个正交极化同样有效)。令 a 与 b 分别为同时传输的两个线性极化波的电场振幅,假设 a 与 b 相等;令 a_C 与 b_C 分别为接收到的本极化振幅,a_X 与 b_X 分别为接收到的正交极化振幅。可有如下定义。

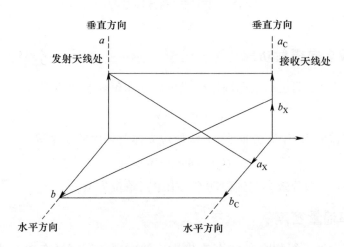

图 5.6 两个正交线性极化情况下发射与接收电场的振幅

(1) 交叉极化隔离度可表示为

$$\text{XPI} = a_C/b_X \text{ 或 } \text{XPI} = b_C/a_X$$

因此有

$$\text{XPI}(\text{dB}) = 20\log(a_C/b_X) \text{ 或 } \text{XPI}(\text{dB}) = 20\log(b_C/a_X) \quad (\text{dB})$$

(2) 交叉极化鉴别度(当传输单极化波时)可表示为

$$\text{XPD} = a_C/a_X$$

因此有

$$XPD(dB) = 20\log(a_C/a_X) \quad (dB)$$

在实际应用中,XPI 与 XPD 具有可比性,通常应用于极化隔离。

对于由轴向比 AR 描述的准圆极化,交叉极化鉴别度可表示为

$$XPD = 20\log\left[\frac{AR+1}{AR-1}\right] \quad (dB)$$

相反,轴向比 AR 可以表示为 XPD 的函数,即

$$AR = (10^{XPD/20} + 1)/(10^{XPD/20} - 1)$$

交叉极化鉴别度作为相对于天线视轴方向的函数而变化。因此,天线通过标称极化(共极化)的辐射方向图与正交极化(交叉极化)的辐射方向图来表征给定极化。交叉极化鉴别度通常在天线视轴方向上最大,并随着偏离视轴而下降。

5.3 信号辐射功率

5.3.1 等效全向辐射功率

由射频功率 P_T 馈送的全向同性天线单位立体角辐射的功率为

$$P_T/4\pi \quad (W)$$

在发送增益值为 G_T 的方向上,天线单位立体角辐射的功率等于

$$G_T P_T/4\pi \quad (W)$$

乘积 $G_T P_T$ 称为等效全向辐射功率(EIRP),单位为 W。

5.3.2 功率通量密度

某区域与发射天线相距为 R,且在发射天线方向处该区域有效口径面积 A 所对应的立体角为 A/R^2(图 5.7),其接收的功率为

$$P_R = (P_T G_T/4\pi)(A/R^2) = \Phi A \quad (W) \tag{5.10}$$

式中: $\Phi = P_T G_T/(4\pi R^2)$ 称为功率通量密度,单位为 W/m²。

5.4 信号接收功率

5.4.1 信号接收功率与自由空间损耗

如图 5.8 所示,收发天线相距为 R,则有效口径面积为 A_{Reff} 的接收天线接收到

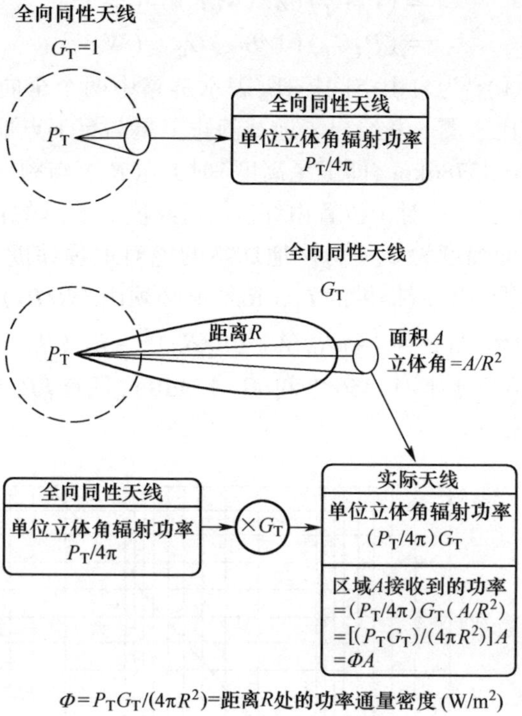

全向同性天线
G_T=1
P_T
全向同性天线
单位立体角辐射功率
$P_T/4\pi$
全向同性天线
G_T
P_T
距离R
面积A
立体角=A/R^2
全向同性天线
单位立体角辐射功率
$P_T/4\pi$
$\times G_T$
实际天线
单位立体角辐射功率
$(P_T/4\pi)G_T$
区域A接收到的功率
$=(P_T/4\pi)G_T(A/R^2)$
$=[(P_TG_T)/(4\pi R^2)]A$
$=\Phi A$
$\Phi=P_TG_T/(4\pi R^2)$=距离R处的功率通量密度(W/m^2)

图 5.7　功率通量密度

的功率为

距离R
P_T
P_R
A_{Reff}
G_T
G_R

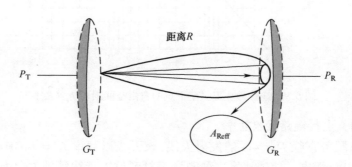

图 5.8　接收天线接收到的功率

$$P_R=\Phi A_{Reff}=(P_TG_T/(4\pi R^2))A_{Reff}\quad (W) \tag{5.11}$$

天线的有效面积由式(5.2)表示为接收增益 G_R 的函数,即

$$A_{Reff}=G_R/(4\pi/\lambda^2)\quad (m^2) \tag{5.12}$$

因此接收功率的表达式为

$$P_R=(P_TG_T/(4\pi R^2))(\lambda^2/4\pi)G_R$$

$$= (P_T G_T)(\lambda/(4\pi R))^2 G_R$$
$$= (P_T G_T)(1/L_{FS}) G_R \quad (W) \tag{5.13}$$

式中：$L_{FS} = (4\pi R/\lambda)^2$ 为自由空间损耗,表示链路中两个全向同性天线间的接收功率与发射功率之比。图 5.9 给出了地球静止卫星与星下点地球站进行星地通信（星地相距 $R = R_0 = 35786$ km,即卫星高度）时 $L_{FS}(R_0)$ 与频率的关系。应注意的是, L_{FS} 约在 200dB 上下。对于位置由纬度 l 与经度 L 表示的任何地球站而言（由于卫星位于赤道平面纬度为 0, l 为该地球站的绝对地理纬度, L 为地球站相对于卫星的相对经度）,图 5.9 所提供的 $L_{FS}(R_0)$ 值必须用 $(R/R_0)^2$ 进行修正,因此有

$$L_{FS} = (4\pi R/\lambda)^2 = (4\pi R_0/\lambda)^2 (R/R_0)^2 = L_{FS}(R_0)(R/R_0)^2$$

式中：$(R/R_0)^2$ 的值介于 1～1.356 之间（0～1.3dB）,且有 $(R/R_0)^2 = 1 + 0.42(1 - \cos l \cos L)$。

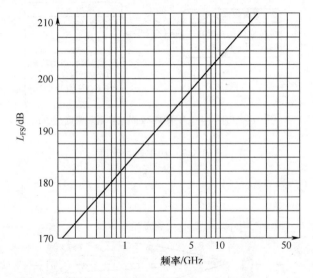

图 5.9 地球静止卫星星下点的自由空间损耗 $L_{FS}(R_0)$

例 5.1 上行链路接收功率

地球站配备直径 $D = 4$m 的发射天线,该天线以频率 $f_U = 14$GHz、功率 $P_T = 100$W（20dBW）馈电。地球站将这种能量辐射到位于天线视轴方向上的 40000km 外的地球静止卫星。卫星接收天线的波束宽度为 $\theta_{3dB} = 2°$。假设地球站位于卫星天线覆盖区域的中心,因此可用天线的最大增益考虑。假设卫星天线效率为 $\eta = 0.55$,地球站天线效率为 $\eta = 0.6$。

（1）位于地球站天线视轴方向上的卫星接收到的功率通量密度计算公式为
$$\Phi_{max} = P_T G_{Tmax}/(4\pi R^2) \quad (W/m^2)$$

由式（5.3）,地球站天线的增益为

$$G_{T\max} = \eta(\pi D/\lambda_U)^2 = \eta(\pi D f_U/c)^2$$
$$= 0.6(\pi \times 4 \times 14 \times 10^9/3 \times 10^8)^2 = 206340 = 53.1\text{dBi}$$

地球站的 EIRP(天线视轴方向上)可表示为

$$(\text{EIRP}_{\max})_{ES} = P_T G_{T\max} = 53.1\text{dBi} + 20\text{dBW} = 73.1\text{dBW}$$

功率通量密度可表示为

$$\Phi_{\max} = P_T G_{T\max}/(4\pi R^2) = 73.1\text{dBW} - 10\log(4\pi(4 \times 10^7)^2)$$
$$= 73.1 - 163 = -89.9\text{dBW/m}^2$$

(2) 卫星天线接收到的功率(以 dBW 为单位)由式(5.13)可得

$$P_R = \text{EIRP} - 自由空间衰减 + 接收天线增益$$

自由空间衰减为

$$L_{FS} = (4\pi R/\lambda_U)^2 = (4\pi R f_U/c)^2 = 207.4\text{dB}$$

卫星接收天线的增益 $G_R = G_{R\max}$ 由式(5.3)可得

$$G_{R\max} = \eta(\pi D/\lambda_U)^2$$

D/λ_U 的值由式(5.6)得到,因此 $\theta_{3dB} = 70(\lambda_U/D)$,由此可得

$$D/\lambda_U = 70/\theta_{3dB}$$

$$G_{R\max} = \eta(70\pi/\theta_{3dB})^2 = 6650 = 38.2\text{dBi}$$

当波束宽度以及相应的卫星天线覆盖区域确定后,天线增益与频率无关,上行链路接收功率总计为

$$P_R = 73.1 - 207.4 + 38.2 = -96.1\text{dBW}(0.25\text{nW} 或 250\text{pW})$$

例5.2 下行链路接收功率

馈送至地球静止卫星发射天线的功率 $P_T = 10\text{W}$,发射频率 $f_D = 12\text{GHz}$,波束宽度 $\theta_{3dB} = 2°$。配备4m 直径天线的地球站位于卫星天线视轴方向上,距离卫星40000km。假设卫星天线的效率为 $\eta = 0.55$,地球站天线的效率为 $\eta = 0.6$。

(1) 位于卫星天线视轴方向上的地球站接收到的功率通量密度计算公式为

$$\Phi_{\max} = P_T G_{T\max}/(4\pi R^2) \quad (\text{W/m}^2)$$

由于波束宽度设定相同,卫星天线的发射增益与接收增益相等(注意这需要卫星上具有两个独立天线,且其直径不可能相同,两者比率为 $f_U/f_D = 14/12 = 1.17$)。因此有

$$(\text{EIRP}_{\max})_{SL} = P_T G_{T\max} = 38.2\text{dBi} + 10\text{dBW} = 48.2\text{dBW}$$

功率通量密度为

$$\Phi_{\max} = P_T G_{T\max}/(4\pi R^2) = 48.2\text{dBW} - 10\log(4\pi(4 \times 10^7)^2)$$
$$= 48.2 - 163 = -114.8\text{dBW/m}^2$$

(2) 地球站天线接收到的功率(以 dBW 为单位)由式(5.13)可得

$$P_R = \text{EIRP} - 自由空间损耗 + 接收天线增益$$

自由空间衰减为

$$L_{FS} = (4\pi R/\lambda_D)^2 = 206.1\text{dB}$$

地球站接收天线的增益 $G_R = G_{Rmax}$ 由式(5.3)得到,因此有

$$G_{Rmax} = \eta(\pi D/\lambda_D)^2 = 0.6(\pi \times 4/0.025)^2 = 151597 = 51.8\text{dB}$$

下行链路接收功率总计为

$$P_R = 48.2 - 206.1 + 51.8 = -106.1\text{dBW}(25\text{pW})$$

5.4.2 其他损耗

在实际应用中,有必要考虑各种原因造成的损耗:
(1) 电磁波在大气中传播时的损耗。
(2) 发射与接收设备的损耗。
(3) 指向偏差损耗。
(4) 极化失配损耗。

5.4.2.1 大气损耗

大气中电磁波的衰减(以 L_A 表示)由对流层中的水(雨、云、雪和冰)与电离层中的气态成分引起。5.7 节将对这些因素的影响进行量化,可以通过将式(5.13)中的 L_{FS} 替换为路径损耗 L 来将这些因素对接收载波功率的整体影响纳入考虑。L_{FS} 与 L 关系可表示为

$$L = L_{FS}L_A \tag{5.14}$$

图 5.10 解释了终端设备中的损耗。

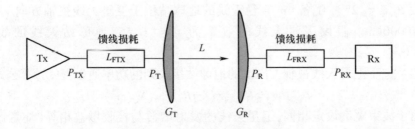

图 5.10　终端设备中的损耗

(1) 发射机与天线间的馈线损耗 L_{FTX}。如果以功率 P_T 对天线进行馈电,则需在发射机的输出端提供功率 P_{TX},且满足

$$P_{TX} = P_T L_{FTX} \quad (\text{W}) \tag{5.15}$$

可将 EIRP 表示为发射机额定功率的函数,即

$$\text{EIRP} = P_T G_T = (P_{TX}G_T)/L_{FTX} \quad (\text{W}) \tag{5.16}$$

（2）天线与接收机间的馈线损耗 L_{FRX}。接收机输入端的信号功率 P_{RX} 可表示为

$$P_{RX} = P_R/L_{FRX} \quad (W) \tag{5.17}$$

5.4.2.2 指向偏差损耗

图 5.11 描述了发射天线与接收天线未完全对准情况下的链路状态,其结果是天线增益相对于发射与接收的最大增益产生衰减,称为指向偏差损耗。此类损耗为发射偏差角度 θ_T 与接收偏差角度 θ_R 的函数,通过式(5.5)计算,其值可表示为

$$\begin{cases} L_T = 12(\theta_T/\theta_{3dB})^2 \quad (dB) \\ L_R = 12(\theta_R/\theta_{3dB})^2 \quad (dB) \end{cases} \tag{5.18}$$

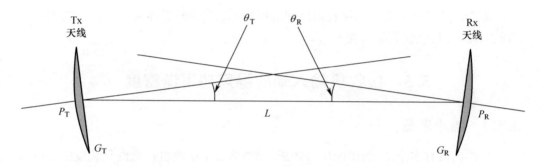

图 5.11 收发天线未完全对准时的链路状态

5.4.2.3 极化失配损耗

此外也需要考虑接收天线与接收波的极化方向不一致时产生的极化失配损耗 L_{POL}。在具有圆极化的链路中,发射波仅在天线视轴上为圆形极化,视轴外变为椭圆形极化。大气传播也会将圆形极化转变为椭圆极化(见 5.7 节);在线性极化的链路中,波经大气传播时,其极化平面会发生旋转,进而导致接收天线的极化平面可能与入射波的极化平面未对齐。若 Ψ 为两平面间的角度,则极化失配损耗 L_{POL}（以 dB 为单位）等于 $-20\log\cos\Psi$。在圆极化天线接收线性极化波或线性极化天线接收圆极化波的情况下,L_{POL} 值为 3dB。当考虑所有损耗源时,接收机输入端的信号功率可表示为

$$P_{RX} = (P_{TX}G_{Tmax}/(L_T L_{FTX}))(1/(L_{FS}L_A))(G_{Rmax}/(L_R L_{FRX} L_{POL})) \quad (W) \tag{5.19}$$

5.4.3 总结

式(5.13)与式(5.19)表示接收机输入端的接收功率,且具有相同的形式。它

们源于以下三个因素：
(1) EIRP 为发射设备的特性,可表示为
$$\text{EIRP} = (P_{TX}G_{T\max}/(L_T L_{FTX})) \quad (\text{W})$$
该表达式考虑了发射机与天线之间的损耗 L_{FTX} 以及由于发射天线未对准导致的天线增益下降 L_T。

(2) $1/L$ 为传输介质的特性,可表示为
$$1/L = 1/(L_{FS}L_A)$$
该表达式考虑了自由空间衰减 L_{FS} 与大气衰减 L_A。

(3) 接收机增益为接收设备的特性,可表示为
$$G = G_{R\max}/(L_R L_{FRX} L_{POL})$$
该表达式考虑了天线与接收机之间的损耗 L_{FRX}、接收天线未对准导致的天线增益损耗 L_R 与极化失配损耗 L_{POL}。

5.5 接收机输入端的噪声功率谱密度

5.5.1 噪声来源

噪声由所有多余的、无用的信号构成,噪声降低了接收机正确恢复载波中有用信息的能力。

噪声有以下来源：
(1) 由位于天线接收区域内的自然辐射源发出的噪声。
(2) 由接收设备内组件产生的噪声。
来自非通信对端的其他发射机的载波也被归类为噪声,称为干扰。

5.5.2 噪声表征

有害噪声功率是在所需调制载波的带宽 B 内出现的功率。一种常用的噪声模型为白噪声模型,其功率谱密度 N_0(W/Hz)在其相应频带内恒定(图 5.12)。由等效噪声带宽为 B_N 的接收机捕获的等效噪声功率 N 可表示为

$$N = N_0 B_N \quad (\text{W}) \tag{5.20}$$

真实的噪声源并不总是具有恒定的功率谱密度,但该模型便于表示在有限带宽内观察到的实际噪声。

5.5.2.1 噪声源的噪声温度

有效噪声功率谱为 N_0 的双端口噪声源的噪声温度为

$$T = N_0/k \quad (\text{K}) \tag{5.21}$$

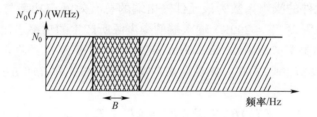

图 5.12 白噪声的频谱密度

式中：$k = 1.379 \times 10^{-23} = -228.6 \mathrm{dBWHz^{-1}K}$，$k$ 为玻尔兹曼常数；T 为与噪声源具有相同有效噪声功率的电阻的热力学温度（图 5.13）。有效噪声功率是噪声源传递到与其阻抗相匹配设备的功率。

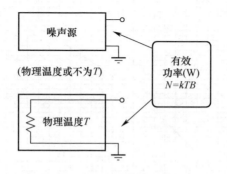

图 5.13 噪声源噪声温度的定义

5.5.2.2 有效输入噪声温度

对于四端口元件，首先假定其内部无噪声，然后在其输入端连接一个热力学温度为 T_e 的电阻，若该电阻在元件输出端输出的有效噪声功率与元件自身输出端实际输出的噪声功率相同，则认为该四端口元件的有效噪声温度为 T_e（图 5.14）。因此，T_e 为四端口元件内部组件所产生噪声的量度。

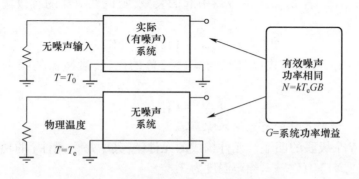

图 5.14 四端口元件的有效输入噪声温度

该四端口元件的噪声系数为该元件输出端的总有效噪声功率与该元件(其噪声温度等于参考温度 $T_0 = 290K$)输入端的噪声源所产生的功率之比。

假设该元件功率增益为 G,带宽为 B,且由噪声温度为 T_0 的噪声源驱动;输出端的总功率为 $Gk(T_e + T_0)B$。该功率来自噪声源的部分为 GkT_0B。因此噪声系数为

$$F = [Gk(T_e + T_0)B]/[GkT_0B] = (T_e + T_0)/T_0 = 1 + T_e/T_0 \quad (5.22)$$

噪声系数通常以分贝(dB)为单位,可表示为

$$F = 10\log F \quad (\text{dB})$$

图 5.15 显示了噪声温度与噪声系数(dB)间的关系。

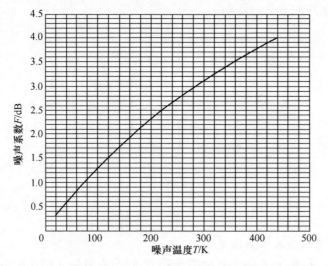

图 5.15 噪声系数与噪声温度的关系 $F(\text{dB}) = 10\log(1 + T_e/T_0)$,其中 $T_0 = 290K$

5.5.2.3 衰减器的有效输入噪声温度

衰减器是一个四端口元件,仅包含无源元件(可归类为电阻),所有元件都处于环境温度 T_{ATT}。若 L_{ATT} 为衰减器引起的衰减,则该衰减器的有效输入噪声温度为

$$T_{eATT} = (L_{ATT} - 1)T_{ATT} \quad (K) \quad (5.23)$$

若 $T_{ATT} = T_0$,通过对式(5.22)与式(5.23)的比较,衰减器的噪声系数可表示为

$$F_{ATT} = L_{ATT}$$

5.5.2.4 级联元件的有效输入噪声温度

考虑由 N 个级联的四端口元件构成的元件链,其中每个元件 j 的功率增益为 $G_j (j = 1, 2, \cdots, N)$,有效输入噪声温度为 T_{ej}。

整体有效输入噪声温度为

$$T_e = T_{e1} + T_{e2}/G_1 + T_{e3}/(G_1 G_2) + \cdots + T_{eN}/(G_1 G_2 \cdots G_{N-1}) \quad (K)$$
(5.24)

噪声系数由式(5.22)可得

$$F = F_1 + (F_2 - 1)/G_1 + (F_3 - 1)/(G_1 G_2) + \cdots + (F_N - 1)/(G_1 G_2 \cdots G_{N-1})$$
(5.25)

5.5.2.5 接收机的有效输入噪声温度

图 5.16 显示了接收机结构。通过使用式(5.24),接收机的有效输入噪声温度 T_{eRX} 可以表示为

$$T_{eRX} = T_{LNA} + T_{MX}/G_{LNA} + T_{IF}/(G_{LNA} G_{MX}) \quad (K) \quad (5.26)$$

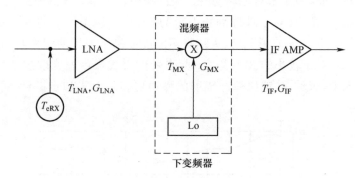

图 5.16 接收机结构

例 5.3 低噪声放大器(LNA)参数为

$$T_{LNA} = 150K, G_{LNA} = 50dB$$

混频器参数为

$$T_{MX} = 850K, G_{MX} = -10dB$$

中频放大器参数为

$$T_{IF} = 400K, G_{IF} = 30dB$$

因此,接收机的有效输入噪声温度 T_{eRX} 为

$$T_{eRX} = 150 + 850/10^5 + 400/(10^5 \times 10^{-1}) = 150K$$

应注意 LNA 高增益的优点在于将接收机的噪声温度 T_{eRX} 压低至 LNA 的噪声温度 T_{LNA}。

5.5.3 天线噪声温度

天线会接收到在其辐射方向图内的其他辐射体的信号进而产生噪声。天线输出的噪声是其指向方向、辐射方向图及其周围环境状态的函数。天线被假设成一个噪声源,以其噪声温度为特征,该噪声温度称为天线噪声温度 $T_A(K)$。

令 $T_b(\theta,\varphi)$ 为位于方向 (θ,φ) 的辐射体的辐射亮温,该方向上天线的增益值为 $G(\theta,\varphi)$。天线的噪声温度由对其辐射方向图中所有辐射体的贡献进行积分而得到。因此天线的噪声温度为

$$T_A = (1/4\pi) \iint T_b(\theta,\varphi) G(\theta,\varphi) \sin\theta d\theta d\varphi \quad (K) \quad (5.27)$$

需要考虑以下两种情况:
(1) 卫星天线(上行链路)。
(2) 地球站天线(下行链路)。

5.5.3.1 卫星天线(上行链路)的噪声温度

天线捕获的噪声是来自地球与外太空的噪声。卫星天线的波束宽度等于或小于卫星对地球的视角(对于地球静止卫星为 17.5°),该条件下的主要噪声贡献来自地球。对于 17.5°的波束宽度,天线噪声温度取决于卫星的频率与轨道位置,如图 5.17 所示。对于较小的波束宽度(点波束),天线噪声温度取决于频率及覆盖区域,如图 5.18 所示,陆地比海洋辐射的噪声更多。对于初步设计,可使用 290K 作为保守值。

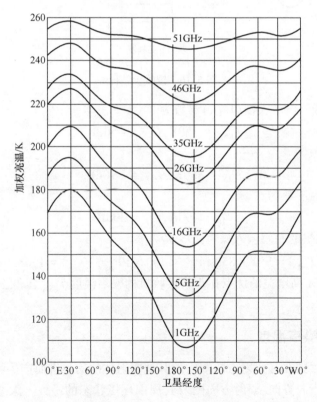

图 5.17 全球覆盖时卫星天线噪声温度与频率和轨道位置的函数关系
来源:经美国地球物理联盟许可转载。

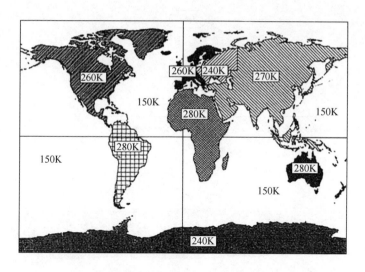

图 5.18　欧洲航天局(ESA)与欧洲电信卫星组织(EUTELSAT)的 Ku 频段地球亮温模型
来源：经许可转载自文献[FEN-95]。

5.5.3.2　地球站天线(下行链路)的噪声温度

天线捕获的噪声包括来自天空的噪声与来自地球辐射的噪声，如图 5.19 所示。

1)"晴空"情况

在大于 2GHz 的频率下，最大的噪声贡献为大气的非电离区域，这种吸收性介质即为噪声源。在晴空的情况下，天线噪声温度主要来自天空与周围地面的贡献，如图 5.19(a)所示。

天空的噪声贡献由式(5.27)确定，其中 $T_b(\theta,\varphi)$ 为天空在 (θ,φ) 方向的亮温。实际上，只有天线视轴方向上的天空才对该积分有贡献，因为增益仅在该方向具有较大值。因此，晴空的噪声贡献 T_{SKY} 可以与对应于天线仰角的亮温相关联。图 5.20 显示了晴空亮温关于频率与仰角的函数关系。

地球站附近的地面辐射由天线辐射方向图的旁瓣捕获。当仰角较小时，其小部分亦被主瓣捕获。每波瓣贡献由 $T_i = G_i(\Omega_i/4\pi)T_G$ 决定，其中 G_i 是立体角为 Ω_i 的波瓣的平均增益，T_G 为地面亮温，这些噪声贡献的总和记为 T_{GROUND}，以下计算结果可作为第一近似参考值[CCIR-90b]。旁瓣的仰角记为 E，有

$$T_G = \begin{cases} 290\text{K}, & \text{当 } E < -10° \text{ 时} \\ 150\text{K}, & \text{当 } -10° < E < 0° \text{ 时} \\ 50\text{K}, & \text{当 } 0° < E < 10° \text{ 时} \\ 10\text{K}, & \text{当 } 10° < E < 90° \text{ 时} \end{cases}$$

因此，天线噪声温度可表示为

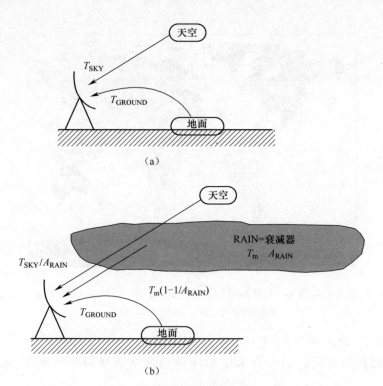

图 5.19 对地球站噪声温度的贡献
(a)晴空情况;(b)降雨情况。

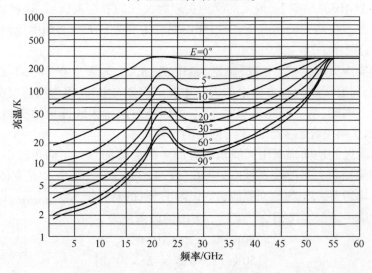

图 5.20 晴空的亮温关于频率及仰角 E 的函数关系,对应平均大气湿度
(地面湿度为 7.5gm^{-3})及地面标准温度与压力条件
来源:来自 CCIR Rep 720-2,经国际电信联盟许可转载[ITUR-16b]。

$$T_A = T_{SKY} + T_{GROUND} \quad (K) \tag{5.28}$$

位于天线视轴方向附近的单个噪声源产生的噪声也可以直接添加到总的噪声中。对于角直径 α 的某无线电发射源，经大气衰减后的地面测得噪声温度为 T_n，则波束宽度为 3dB 的天线的额外噪声温度 ΔT_A 可表示为

$$\Delta T_A = \begin{cases} T_n(\alpha/\theta_{3dB})^2 & (K), \theta_{3dB} > \alpha \\ T_n & (K), \theta_{3dB} \leq \alpha \end{cases} \tag{5.29}$$

指向地球静止卫星的地球站只需考虑太阳及月球的影响。太阳与月球的表观角直径均为 0.5°，当这些天体位于卫星与地球站所在直线上且卫星处在中间时，噪声温度将升高。这种天文现象是可以预测的。具体来说，12GHz 时的 13m 天线在宁静太阳噪声情况下，噪声温度增量 $\Delta T_A = 12000K$。ΔT_A 值与天线直径及频率的函数关系在第 2 章及第 8 章有详细讨论。对于月球，4GHz 时的噪声温度增量最多，为 250K[CCIR-90b]。

图 5.21 显示了在晴空条件下不同频率、不同天线的天线噪声温度 T_A 与仰角 E 的函数关系[CCIR-90a,ITU-02]，可以看出天线噪声温度随仰角增加而降低。

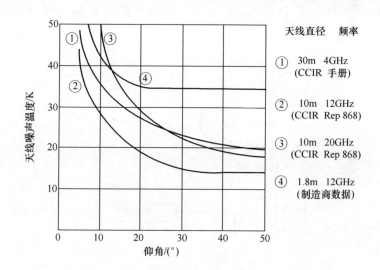

图 5.21 以仰角 E 为函数的天线噪声温度 T_A 的典型值
（曲线 1：直径 = 30m，频率 = 4GHz，经国际电信联盟许可转载自文献[ITU-85]。曲线 2：直径=10m，频率=12GHz。曲线 3：直径=10m，频率=20GHz。曲线 4：直径=1.8m，频率=12GHz，经 Alcatel Telspace 许可转载）

2）"降水"情况

如图 5.19(b)所示，当云或雨等气象形态存在时，天线噪声温度会升高，这些

气象形态构成吸收性介质,随后成为发射性介质。根据式(5.23),天线噪声温度变为

$$T_A = T_{SKY}/A_{RAIN} + T_m(1 - 1/A_{RAIN}) + T_{GROUND} \quad (K) \quad (5.30)$$

式中:A_{RAIN} 为雨衰;T_m 为所考虑气象形态的平均热力学温度,可使用 275K 作为 T_m 的假定值[THO-83,CCIR-82a]。

3) 总结

总而言之,天线噪声温度 T_A 为以下变量的函数:

(1) 频率。

(2) 仰角。

(3) 大气条件(晴空或降水)。

因此,必须针对频率、仰角和大气条件等特定条件来确定地球站的品质因数。

5.5.4 系统噪声温度

图 5.22 所示的接收系统包括接收机以及连接接收机与天线的馈线。馈线会产生损耗,热力学温度为 T_F(接近 T_0 = 290K),其引入的衰减记 L_{FRX},对应增益 $G_{FRX} = 1/L_{FRX}$ 且小于 1,即 $L_{FRX} > 1$。接收机的有效输入噪声温度 T_e 记为 T_{eRX}。

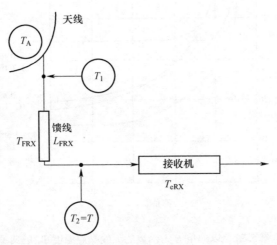

图 5.22 接收系统:T 为接收机输入端的系统噪声温度

噪声温度可以通过以下两方面确定:

(1) 天线输出端,在馈线损耗之前的噪声温度 T_1。

(2) 接收机输入端,在馈线损耗之后的噪声温度 T_2。

天线输出端的噪声温度 T_1 是天线的噪声温度 T_A 与馈线和接收机级联组成的

子系统的噪声温度之和。馈线的噪声温度由式(5.23)得到。根据式(5.24),子系统的噪声温度为 $(L_{FRX} - 1)T_F + T_{eRX}/G_{FRX}$,再加上天线(通常认为来自噪声源)的贡献,噪声温度变为

$$T_1 = T_A + (L_{FRX} - 1)T_F + T_{eRX}/G_{FRX} \quad (K) \tag{5.31}$$

接下来考虑接收机输入端。该噪声须经过 L_{FRX} 倍的衰减。以 $1/L_{FRX}$ 代替 G_{FRX} 可得接收机输入端的噪声温度 T_2,即

$$T_2 = T_1/L_{FRX} = T_A/L_{FRX} + T_F(1 - 1/L_{FRX}) + T_{eRX} \quad (K) \tag{5.32}$$

该噪声温度 T_2 将天线产生的噪声及馈线产生的噪声与接收机噪声一并考虑在内,称为接收机输入端的系统噪声温度 T。应注意,在考察点位置测量到的噪声仅反映该点上游的噪声贡献。实际上,系统噪声温度考虑了接收设备内的所有噪声源。

例 5.4 考虑具有以下参数的图 5.22 所示的接收系统。
(1) 天线噪声温度:$T_A = 50K$。
(2) 馈线热力学温度:$T_F = 290K$。
(3) 接收机的有效输入噪声温度:$T_{eRX} = 50K$。

接收机输入端的系统噪声温度将在两种情况下计算:①天线与接收机间没有馈线损耗;②馈线损耗 $L_{FRX} = 1dB$。通过式(5.32),即 $T = T_A/L_{FRX} + T_F(1 - 1/L_{FRX}) + T_{eRX}$,可进行下列计算。

对于第 1 种情况有　　$T = 50 + 50 = 100K$

对于第 2 种情况有　　$T = 50/10^{0.1} + 290(1 - 1/10^{0.1}) + 50 = 39.7 + 59.6 + 50 = 149.3K \approx 150K$

注意馈线损耗的影响,降低了天线噪声,但本身贡献了噪声,最终导致系统噪声温度升高。使用以下方法可以快速估计馈线损耗对噪声的贡献,接收机前每 0.1dB 的馈线损耗对接收机输入端的系统噪声温度的贡献为 $290(1 - 1/10^{0.01}) = 6.6K \approx 7K$。为实现低噪声温度的接收系统,必须避免接收机前的馈线损耗。

5.5.5 总结

在接收机的输入端,链路中的所有噪声源都会对系统噪声温度 T 产生影响。这些噪声源包括天线捕获的噪声与馈线产生的噪声(实际上可以在接收机输入端测量);至于接收机的内部噪声,可以把接收机建模成内部无噪声、输入端有一个虚拟噪声源的形式。

叠加在接收载波功率上的噪声功率谱密度可表示为

$$N_0 = kT \quad (W/Hz) \tag{5.33}$$

式中:k 为玻尔兹曼常数。

5.6 链路性能

链路性能由接收载波功率 C 与噪声功率谱密度 N_0 的比值评估,称为 C/N_0。当然也可以使用其他比率评估链路性能。例如:

(1) C/T 表示载波功率除以系统噪声温度,单位为瓦特/开尔文(W/K),计算公式为 $C/T = (C/N_0)k$,其中 k 为玻尔兹曼常数。

(2) C/N 表示载波功率除以噪声功率,无量纲,计算公式为 $C/N = (C/N_0)(1/B_N)$,其中 B_N 为接收机噪声带宽。

5.6.1 接收机输入端的载波功率与噪声功率谱密度比

接收机输入端接收到的功率为载波的功率,如式(5.19)所示,因此有

$$C = P_{RX}$$

该位置的噪声功率谱密度为 $N_0 = kT$,其中 T 由式(5.32)给出,则有

$$C/N_0 = [(P_{TX}G_{Tmax}/L_T L_{FTX})(1/L_{FS}L_A)(G_{Rmax}/L_R L_{FRX}L_{POL})]/$$
$$[T_A/L_{FRX} + T_F(1 - 1/L_{FRX}) + T_{eRX}](1/k) \quad (Hz) \quad (5.34)$$

该表达式可解释为

$$C/N_0 = (发射机\ EIRP)(1/路径损耗) \times$$
$$(天线接收增益/噪声温度) \times (1/k) \quad (Hz) \quad (5.35)$$

C/N_0 也可表示为功率通量密度 Φ 的函数,即

$$C/N_0 = \Phi(\lambda^2/4\pi)(天线接收增益/噪声温度)(1/k) \quad (Hz) \quad (5.36)$$
$$\Phi = (发射机\ EIRP)/(4\pi R^2) \quad (W/m^2)$$

可以证明,在接收链路的任一点上计算 C/N_0,只要载波功率与噪声功率谱密度是在同一点的值,其计算结果是相同的。

关于 C/N_0 的计算,式(5.35)引入了三个因素:

(1) EIRP,表征发射设备的能力。

(2) $1/L$,表征传输介质的路径损耗。

(3) 天线接收增益与噪声温度的比值表征接收设备性能,称为接收设备的品质因数或 G/T。

通过观察式(5.34)可以看出,接收设备品质因数 G/T 为天线噪声温度 T_A 与接收机有效输入噪声温度 T_{eRX} 的函数。

综上所述,式(5.34)可归结为

$$C/N_0 = (EIRP)(1/L)(G/T)(1/k) \quad (Hz) \quad (5.37)$$

5.6.2 晴空上行链路性能

上行链路形态如图 5.23 所示。假设地球站位于卫星接收天线 3dB 覆盖范围的边缘。

已知数据如下。

(1) 发射频率为 f_U = 14GHz。

(2) 地球站(ES)数据：

发射机功率为
$$P_{TX} = 100W$$

发射机与天线间的损耗为
$$L_{FTX} = 0.5dB$$

天线直径为
$$D = 4m$$

天线效率为
$$\eta = 0.6$$

最大指向误差为
$$\theta_T = 0.1°$$

(3) 地球站到卫星的距离为
$$R = 40000km。$$

(4) 大气衰减为 L_A = 0.3dB(该频率下仰角为 10° 时大气衰减的典型值)。

(5) 卫星(SL)数据：

接收波束半功率角宽为
$$\theta_{3dB} = 2°$$

天线效率为
$$\eta = 0.55$$

接收机噪声系数为
$$F = 3dB$$

天线与接收机间的损耗为
$$L_{FRX} = 1dB$$

馈线的热力学温度为
$$T_F = 290K$$

天线噪声温度为
$$T_A = 290K$$

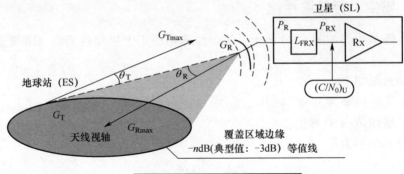

图 5.23 上行链路形态

按以下步骤计算晴天情况下的上行链路性能 C/N_0。

(1) 计算地球站的 EIRP, 即

$$(\text{EIRP})_{ES} = P_{TX} G_{T\max} / (L_T L_{FTX}) \quad (\text{W}) \tag{5.38}$$

式中: $P_{TX} = 100\text{W} = 20\text{dBW}$

$$G_{T\max} = \eta \left(\frac{\pi D}{\lambda_U}\right)^2 = \eta \left(\frac{\pi D f_U}{c}\right)^2$$

$$= 0.6[\pi \times 4 \times (14 \times 10^9)/(3 \times 10^8)]^2 = 206340 = 53.1\text{dBi}$$

$$L_T(\text{dB}) = 12 (\theta_T/\theta_{3\text{dB}})^2 = 12 (\theta_T D f_U/70c)^2 = 0.9\text{dB}$$

$$L_{FTX} = 0.5\text{dB}$$

因此有

$$(\text{EIRP})_{ES} = 20\text{dBW} + 53.1\text{dB} - 0.9\text{dB} - 0.5\text{dB} = 71.7\text{dBW}$$

(2) 计算上行链路衰减 L_U, 即

$$L_U = L_{FS} L_A \tag{5.39}$$

$$L_{FS} = (4\pi R/\lambda_U)^2 = (4\pi R f_U/c)^2 = 5.5 \times 10^{20} = 207.4\text{dB}$$

$$L_A = 0.3\text{dB}$$

因此有

$$L_U = 207.4\text{dB} + 0.3\text{dB} = 207.7\text{dB}$$

(3) 计算卫星(SL)的品质因数 G/T, 即

$$(G/T)_{SL} = G_{R\max}/(L_R L_{FRX} L_{POL})/[T_A/L_{FRX} + T_F(1 - 1/L_{FRX}) + T_{eRX}] \quad (\text{K}^{-1}) \tag{5.40}$$

$$G_{Rmax} = \eta (\pi D/\lambda_U)^2 = \eta (\pi 70/\theta_{3dB})^2 = 0.55 (\pi 70/2)^2 = 6650 = 38.2\text{dBi}$$

$$L_R = 12 (\theta_R/\theta_{3dB})^2$$

由于地球站位于3dB覆盖区域的边缘,有 $\theta_R = \theta_{3dB}/2$, $L_R = 3\text{dB}$。假设 $L_{POL} = 0\text{dB}$,且 $L_{FRX} = 1\text{dB}$。又因 $T_A = 290K$,$T_F = 290K$,则 $T_{eRX} = (F-1)T_0 = (10^{0.3} - 1)290 = 290K$。

因此有

$$(G/T)_{SL} = 38.2 - 3 - 1 - 10\log[290/10^{0.1} + 290(1 - 1/10^{0.1}) + 290]$$
$$= 6.6\text{dBK}^{-1}$$

应注意,当天线与卫星接收机间馈线的热力学温度接近天线噪声温度时(实际应用时常有的情况),接收机输入端的上行系统噪声温度为 $T_U \approx T_F + T_{eRX} \approx 290 + T_{eRX}$。因此,没必要在卫星上安装噪声系数非常低的接收机。

(4) 计算上行链路的 C/N_0,即

$$(C/N_0)_U = (\text{EIRP})_{ES}(1/L_U)(G/T)_{SL}(1/k) \quad (\text{Hz}) \tag{5.41}$$

因此有

$(C/N_0)_U = 71.7\text{dBW} - 207.7\text{dB} + 6.6\text{dBK}^{-1} + 228.6\text{dBW/HzK} = 99.2\text{dBHz}$

图5.24总结了晴空时整个上行链路功率电平的变化。

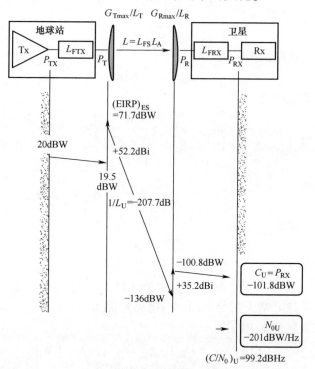

图5.24 晴空时上行链路的功率变化

5.6.3 晴空下行链路性能

下行链路形态如图 5.25 所示。假设接收地球站位于卫星接收天线 3dB 覆盖区域的边缘。相关数据如下。

(1) 下行频率为 $f_D = 12\text{GHz}$。

(2) 卫星(SL)数据：

发射机功率为
$$P_{TX} = 10\text{W}$$

发射机与天线间的损耗为
$$L_{FTX} = 1\text{dB}$$

发射波束半功率角宽为
$$\theta_{3dB} = 2°$$

天线效率为
$$\eta = 0.55$$

(3) 地球站到卫星的距离为 $R = 40000\text{km}$。

(4) 大气衰减为 $L_A = 0.3\text{dB}$（该频率下仰角为 10° 时大气衰减的典型值）。

(5) 地球站(ES)数据：

接收机噪声系数为
$$F = 1\text{dB}$$

天线与接收机间的损耗为
$$L_{FRX} = 0.5\text{dB}$$

馈线热力学温度为
$$T_F = 290\text{K}$$

天线直径为
$$D = 4\text{m}$$

天线效率为
$$\eta = 0.6$$

最大指向误差为
$$\theta_R = 0.1°$$

地面噪声温度为
$$T_{GROUND} = 45\text{K}$$

按以下步骤计算晴天情况下的下行链路性能 C/N_0。

(1) 计算卫星的 EIRP，即
$$(\text{EIRP})_{SL} = P_{TX} G_{Tmax}/(L_T L_{FTX}) \quad (\text{W}) \tag{5.42}$$
$$P_{TX} = 10\text{W} = 10\text{dBW}$$

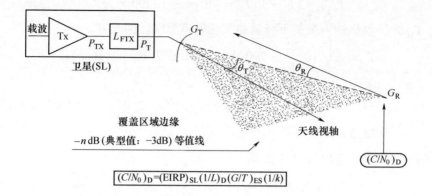

$$(C/N_0)_D = (EIRP)_{SL}(1/L)_D(G/T)_{ES}(1/k)$$

图 5.25 下行链路形态

$G_{Tmax} = \eta(\pi D/\lambda_D)^2 = \eta(70D/\theta_{3dB})^2 = 0.55(\pi 70/2)^2 = 6650 = 38.2 \text{dBi}$

$L_T(\text{dB}) = 3\text{dB}(覆盖区域边缘的地球站)$

$L_{FTX} = 1\text{dB}$

因此有

$(EIRP)_{SL} = 10\text{dBW} + 38.2\text{dBi} - 3\text{dB} - 1\text{dB} = 44.2\text{dBW}$

(2) 计算下行链路衰减 L_D，即

$$L_D = L_{FS}L_A \tag{5.43}$$

$L_{FS} = (4\pi R/\lambda_D)^2 = (4\pi Rf_D/c)^2 = 4.04 \times 10^{20} = 206.1\text{dB}$

$L_A = 0.3\text{dB}$

因此有

$L_D = 206.1\text{dB} + 0.3\text{dB} = 206.4\text{dB}$

(3) 计算地球站在接收方向的品质因数 G/T，即

$(G/T)_{ES} = (G_{Rmax}/L_R L_{FRX} L_{POL})/T_D(\text{K}^{-1})$

$T_D = T_A/L_{FRX} + T_F(1 - 1/L_{FRX}) + T_{eRX}$

$G_{Rmax} = \eta(\pi D/\lambda_D)^2 = \eta(\pi Df_D/c)^2 = 0.6(\pi \times 4 \times 12 \times 10^9/3 \times 10^8)^2$

$= 151597 = 51.8\text{dBi}$

$L_R(\text{dB}) = 12(\theta_R/\theta_{3dB})^2 = 12(\theta_R Df_D/70c) = 0.6\text{dB}$

$L_{FRX} = 0.5\text{dB}$

$L_{POL} = 0\text{dB}$

$T_A = T_{SKY} + T_{GROUND}$

$T_{SKY} = 20\text{K}$ (图 5.20 中, $f = 12\text{GHz}, E = 10°$)

$T_A = 65\text{K}$

$T_F = 290\text{K}$

$$T_{eRX} = (F-1)T_0 = (10^{0.1} - 1)290 = 75K$$

式中：T_D 为接收机输入端的下行链路系统噪声温度。因此有

$$T_D = 65/10^{0.05} + 290(1 - 1/10^{0.05}) + 75 = 164.5K$$

则有

$$(G/T)_{ES} = 51.8 - 0.6 - 0.5 - 1\log[65/10^{0.05} + 290(1 - 1/10^{0.05}) + 75]$$
$$= 28.5 \text{ dBK}^{-1}$$

（4）计算下行链路的 C/N_0，即

$$(C/N_0)_D = (EIRP)_{SL}(1/L_D)(G/T)_{ES}(1/k) \quad (\text{Hz}) \tag{5.44}$$

因此有

$$(C/N_0)_D = 44.2\text{dBW} - 206.4\text{dB} + 28.5\text{dBK}^{-1} + 228.6\text{dBW/HzK} = 94.9\text{dBHz}$$

图 5.26 总结了晴空时整个下行链路功率电平的变化。

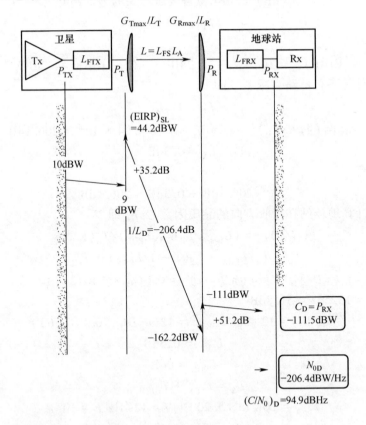

图 5.26 晴空时下行链路的功率变化

5.7 大气影响

载波在上行链路与下行链路上均需穿越大气层。第1章曾提到该过程所涉及的频率范围为 1~30GHz,从电波传播的角度来看,大气衰耗主要发生在对流层和电离层。对流层是从地面延伸到 15km 左右的高度,电离层位于 70~1000km 的高度;对流层的最大影响在地面附近,电离层的最大影响在大约 400km 的高度。

5.4.2.1 节已经提到了大气的影响,从而将大气导致的损耗 L_A 引入式(5.14)并将其与天线噪声温度相关联。事实上也可能会出现其他现象,下面将解释这些现象的特性及效应。

载波传输中的主要影响来源于由对流层降水(雨与雪)引起的吸收与去极化。干降雪的影响十分微弱,湿降雪会比等效降水造成更大的衰减,但这种情况较少见,对衰减统计影响可忽略。降水对高于 10GHz 的频率影响尤其显著,降水事件由超过特定降水率的时间百分比定义。低降水率对应于高百分比的时间,其影响可忽略不计,这些时段可称为"晴空";具有显著影响的高降水率对应的时间百分比很小(通常为 0.01%),被描述为"降水",这些影响会降低链路质量,使其低于可接受的阈值。因此,链路可用性与降水率时间统计直接相关。鉴于此类影响的重要性,下面将首先介绍降水的影响,其他现象的影响将在后面讨论。

5.7.1 降水造成的损害

降水强度以降水率 R_p 衡量,单位为 mm/h。降水时间统计由累积概率分布给出,该分布表示一年内超过降水率 R_p 的时间百分比 $p(\%)$。对于处在没有降水数据地区的地球站,可使用图 5.27[ITUR-17b]中的数据。在欧洲,如图 5.27(b)所示,降水率 $R_{0.01}$ 约为 30mm/h,某些地中海地区的风暴(短时内强降水)可导致 $R_{0.01}$ = 50mm/h;在赤道地区,$R_{0.01}$ = 120mm/h(如中美洲或东南亚)。降水将导致传输衰减与波的去极化。

5.7.1.1 雨衰

降水导致的衰减值 A_{RAIN} 由特定衰减 γ_R(dB/km)与雨中电磁波的有效路径长度 L_e(km)决定,即

$$A_{RAIN} = \gamma_R L_e \quad (dB) \tag{5.45}$$

γ_R 取决于降水的频率与强度 R_p(mm/h),其值代表衰减值,超过该值的时间百分比为 p。A_{RAIN} 分几个步骤确定:

(1) 根据图 5.27,确定地球站所在位置在普通年份一年内超过 0.01% 时间的降水率 $R_{0.01}$。

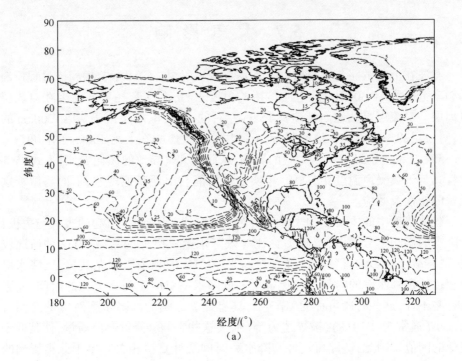

(a)

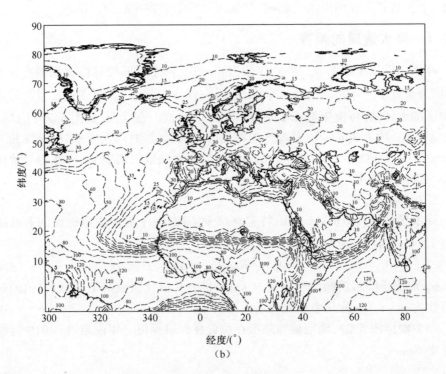

(b)

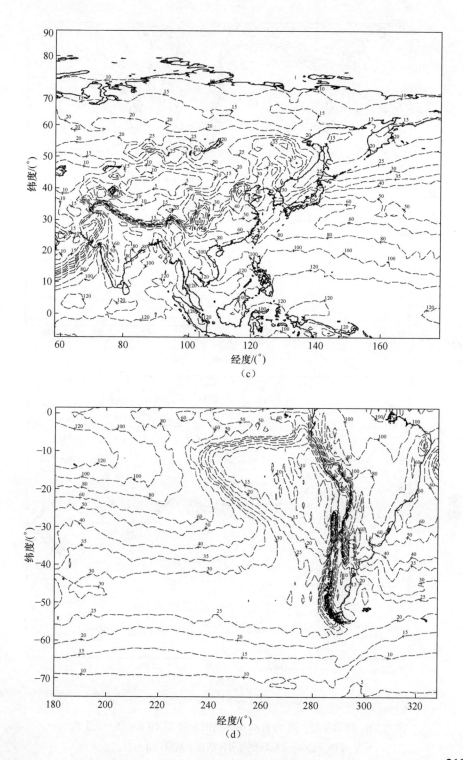

(c)

(d)

213

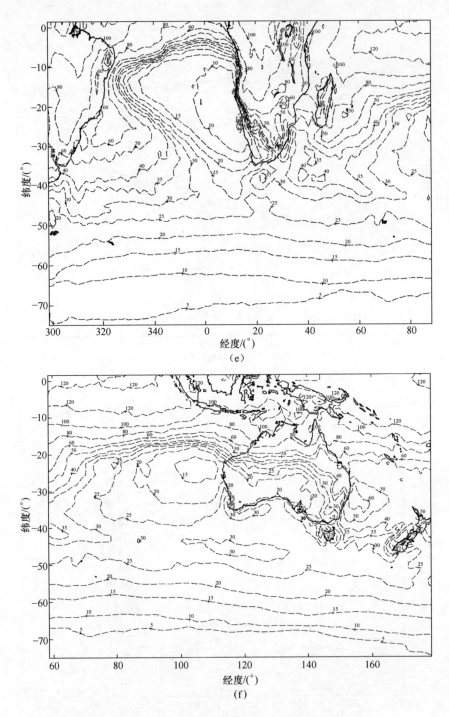

图 5.27 普通年份一年内有 0.01% 的时间降雨率(mm/h)超过 $R_{0.01}$

来源:经国际电信联盟许可转载自文献[ITUR-17c]。

（2）计算文献[ITUR-13]中给出的有效降雨高度 h_R，即
$$h_R(\text{km}) = h_0 + 0.36\text{km}$$
式中：h_0 为平均 0℃ 等温线高度，由图 5.28 给出。

（3）计算降雨高度下的倾斜路径长度 L_s，即
$$L_s = \frac{h_R - h_s}{\sin E} \quad (\text{km})$$
式中：$h_s(\text{km})$ 为高出平均海平面的地球站高度；E 为卫星仰角。该公式适用于 $E \geq 5°$ 的情况。

（4）计算倾斜路径长度的水平投影 L_G，即
$$L_G = L_s \cos E \quad (\text{km})$$

（5）特定衰减 γ_R 是表 5.1 中频率与 $R_{0.01}$ 的函数，文献[ITUR-05]给出了频率相关系数，即
$$\gamma_R = k (R_{0.01})^\alpha \quad (\text{dB/km})$$
$$k = [k_H + k_V + (k_H - k_V) \cos^2 E \cos 2\tau]/2$$
$$\alpha = [k_H \alpha_H + k_V \alpha_V + (k_H \alpha_H - k_V \alpha_V) \cos^2 E \cos 2\tau]/2k$$
式中：E 为仰角；τ 为相对于水平方向的极化倾斜角（对于圆极化，$\tau = 45°$）。若需快速对 γ_R 取估计值，可使用图 5.29 的数据。对于圆极化，取每个线性极化衰减的平均值。

表 5.1 频率相关系数 k_H、k_V、α_H、α_V（log 以 10 为底数，即 log10 = 1）的值与插值公式

频率/GHz	系　　数	频率/GHz	系　　数
$f=1$	$k_H = 0.0000387$ $k_V = 0.0000352$ $a_H = 0.912$ $a_V = 0.880$	$2<f<4$	$k_H = 3.649\times10^{-5}\times f_{\text{GHz}}^{2.0775}$ $k_V = 3.222\times10^{-5}\times f_{\text{GHz}}^{2.0985}$ $a_H = 0.5249\log f_{\text{GHz}} + 0.8050$ $a_V = 0.5049\log f_{\text{GHz}} + 0.7710$
$1<f<2$	$k_H = 3.87\times10^{-5}\times f_{\text{GHz}}^{1.9925}$ $k_V = 3.52\times10^{-5}\times f_{\text{GHz}}^{1.9710}$ $a_H = 0.1694\log f_{\text{GHz}} + 0.9120$ $a_V = 0.1428\log f_{\text{GHz}} + 0.8800$	$f=4$	$k_H = 0.000650$ $k_V = 0.000591$ $a_H = 1.212$ $a_V = 1.075$
$f=2$	$k_H = 0.000154$ $k_V = 0.000138$ $a_H = 0.963$ $a_V = 0.923$	$4<f<6$	$k_H = 2.199\times10^{-5}\times f_{\text{GHz}}^{2.4426}$ $k_V = 2.187\times10^{-5}\times f_{\text{GHz}}^{2.3780}$ $a_H = 1.0619\log f_{\text{GHz}} + 0.4816$ $a_V = 1.0790\log f_{\text{GHz}} + 0.4254$

续表

频率/GHz	系　　数	频率/GHz	系　　数
$f=6$	$k_H = 0.00175$ $k_V = 0.00155$ $a_H = 1.308$ $a_V = 1.265$	$6<f<7$	$k_H = 3.202\times10^{-6}\times f_{GHz}^{3.5181}$ $k_V = 3.041\times10^{-6}\times f_{GHz}^{3.4791}$ $a_H = 0.35851\log f_{GHz}+1.0290$ $a_V = 0.7021\log f_{GHz}+0.7187$
$f=7$	$k_H = 0.00301$ $k_V = 0.00265$ $a_H = 1.332$ $a_V = 1.312$	$7<f<8$	$k_H = 7.542\times10^{-6}\times f_{GHz}^{3.0778}$ $k_V = 7.890\times10^{-6}\times f_{GHz}^{2.9892}$ $a_H = -0.0862\log f_{GHz}+1.4049$ $a_V = -0.0345\log f_{GHz}+1.3411$
$f=8$	$k_H = 0.00454$ $k_V = 0.00395$ $a_H = 1.327$ $a_V = 1.310$	$8<f<10$	$k_H = 2.636\times10^{-6}\times f_{GHz}^{3.5834}$ $k_V = 2.102\times10^{-6}\times f_{GHz}^{3.6253}$ $a_H = -0.5263\log f_{GHz}+1.8023$ $a_V = -0.4747\log f_{GHz}+1.7387$
$f=10$	$k_H = 0.01010$ $k_V = 0.00887$ $a_H = 1.276$ $a_V = 1.264$	$10<f<12$	$k_H = 3.949\times10^{-6}\times f_{GHz}^{3.4078}$ $k_V = 2.785\times10^{-6}\times f_{GHz}^{3.5032}$ $a_H = -0.7451\log f_{GHz}+2.0211$ $a_V = -0.8083\log f_{GHz}+2.0723$
$f=12$	$k_H = 0.0188$ $k_V = 0.0168$ $a_H = 1.217$ $a_V = 1.200$	$12<f<15$	$k_H = 1.094\times10^{-5}\times f_{GHz}^{2.9977}$ $k_V = 7.718\times10^{-6}\times f_{GHz}^{3.0929}$ $a_H = -0.6501\log f_{GHz}+1.9186$ $a_V = -0.7430\log f_{GHz}+2.0018$
$f=15$	$k_H = 0.0367$ $k_V = 0.0335$ $a_H = 1.154$ $a_V = 1.128$	$15<f<20$	$k_H = 4.339\times10^{-5}\times f_{GHz}^{2.4890}$ $k_V = 3.674\times10^{-5}\times f_{GHz}^{2.5167}$ $a_H = -0.4402\log f_{GHz}+1.6717$ $a_V = -0.5042\log f_{GHz}+1.7210$
$f=20$	$k_H = 0.0751$ $k_V = 0.0691$ $a_H = 1.099$ $a_V = 1.065$	$20<f<25$	$k_H = 8.951\times10^{-5}\times f_{GHz}^{2.2473}$ $k_V = 3.674\times10^{-5}\times f_{GHz}^{2.2041}$ $a_H = -0.3921\log f_{GHz}+1.6092$ $a_V = -0.3612\log f_{GHz}+1.5349$
$f=25$	$k_H = 0.1240$ $k_V = 0.1113$ $a_H = 1.061$ $a_V = 1.030$	$25<f<30$	$k_H = 8.779\times10^{-5}\times f_{GHz}^{2.2533}$ $k_V = 1.143\times10^{-4}\times f_{GHz}^{2.1424}$ $a_H = -0.5052\log f_{GHz}+1.7672$ $a_V = -0.3789\log f_{GHz}+1.5596$

频率/GHz	系 数	频率/GHz	系 数
$f=30$	$k_H = 0.187$ $k_V = 0.167$ $a_H = 1.021$ $a_V = 1.000$	$f=35$	$k_H = 0.263$ $k_V = 0.233$ $a_H = 0.979$ $a_V = 0.963$
$30<f<35$	$k_H = 1.009\times10^{-5}\times f_{GHz}^{2.2124}$ $k_V = 1.075\times10^{-5}\times f_{GHz}^{2.1605}$ $a_H = -0.6274\log f_{GHz}+1.9477$ $a_V = -0.5527\log f_{GHz}+1.8164$	$35<f<40$	$k_H = 1.304\times10^{-4}\times f_{GHz}^{2.1402}$ $k_V = 1.163\times10^{-4}\times f_{GHz}^{2.1383}$ $a_H = -0.6898\log f_{GHz}+2.0440$ $a_V = -0.5863\log f_{GHz}+1.8638$
		$f=40$	$k_H = 0.350$ $k_V = 0.310$ $a_H = 0.939$ $a_V = 0.929$

（6）计算0.01%时间的水平缩减因子$r_{0.01}$（以km为单位代入L_G；以dB/km为单位代入γ_R；以GHz为单位代入f），即

$$r_{0.01} = \left[1 + 0.78\sqrt{L_G\gamma_R/f} - 0.38(1-e^{-2L_G})\right]^{-1}$$

（7）计算0.01%时间的垂直调整因子$v_{0.01}$，有

$$\xi = \arctan\left(\frac{h_R - h_s}{L_G r_{0.01}}\right) (°)$$

$$L_R(\text{km}) = \begin{cases} L_G r_{0.01}/\cos E, & \xi > E \\ (h_R - h_s)/\sin E, & 其他 \end{cases}$$

$$\chi = \begin{cases} 36 - |纬度|, & 当|纬度| < 36° \\ 0, & 其他情况 \end{cases}$$

$$v_{0.01} = \left[1 + \sqrt{\sin E}\left(31(1-e^{-(E/(1+\chi))})\frac{\sqrt{L_R\gamma_R}}{f^2} - 0.45\right)\right]^{-1}$$

（8）有效路径长度为

$$L_E = L_R v_{0.01} \quad (\text{km})$$

（9）超过普通年份0.01%时间的预测衰减为

$$A_{0.01} = \gamma_R L_E \quad (\text{dB})$$

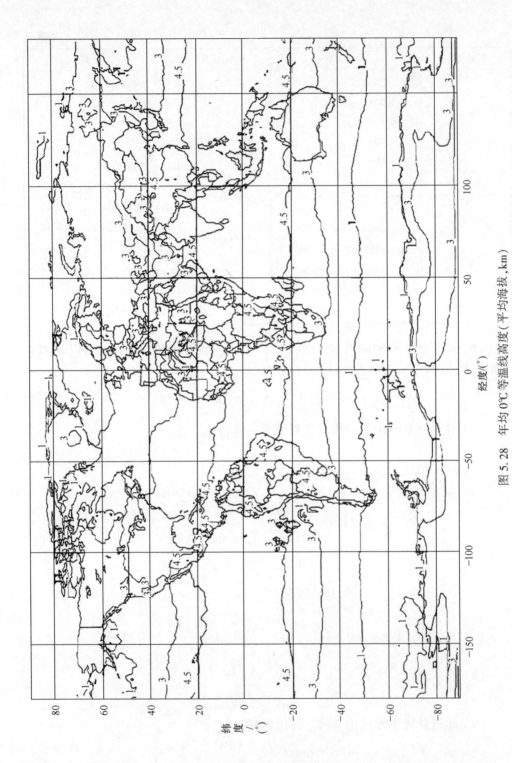

图 5.28 年均 0℃ 等温线高度（平均海拔，km）

（10）根据超过普通年份0.01%时间的衰减,确定超过普通年份其他百分比(0.1%~5%)的估计衰减值,即

$$\beta = \begin{cases} 0, \text{当} p \geq 1\% \text{ 或} |\text{纬度}| \geq 36° \\ -0.005(|\text{纬度}|-36), \text{当} p < 1\%, |\text{纬度}| < 36°, E \geq 25° \\ -0.005(|\text{纬度}|-36) + 1.8 - 4.25\sin E, \text{其他} \end{cases}$$

$$A_p = A_{0.01}\left(\frac{p}{0.01}\right)^{-(0.655+0.033\ln p - 0.045\ln A_{0.01} - \beta(1-p)\sin E)} \quad (\text{dB})$$

有时需要估计超过任意月份(最差月份)百分比 p_ω 的衰减。对应的年度百分比(对于 $1.9 \times 10^{-4} < p_\omega < 7.8$)可表示为

$$p = 0.3(p_\omega)^{1.15} \quad (\%) \tag{5.46}$$

性能指标通常规定 $p_\omega = 0.3\%$（3.2节）,对应年度百分比 $p = 0.075\%$。

对于降水量 $R_{0.01}$ 在30mm/h~50mm/h范围内且超过普通年份0.01%时间的地区,可由之前的步骤推断出其典型衰减值,即:4GHz时通常为0.1dB;12GHz时为5~10dB;20GHz时10~20dB;30GHz时25~40dB。

5.7.1.2 去极化

交叉极化在5.2.3节中被定义为从一种极化方式到其正交极化的能量转移。5.2.3节考虑了给定天线发射或接收的两个正交极化状态下的波之间的不完全隔离,现在将考虑由雨与冰云引起的波去极化导致的交叉极化。

降水引起去极化是由于两个正交极化之间存在不同的衰减和不同的相移,这来源于雨滴的非球面形状。通常对降落的雨滴采用的模型是长轴相对于水平面倾斜的扁平椭圆体,其形变取决于相同体积的球体半径,假定倾斜角随空间、时间随机变化。

交叉极化鉴别度 XPD_{rain} 的统计值可由雨衰的统计值导出,即衰减值(定义为共极化衰减) $A_{RAIN}(p)$,其为对于所考虑极化在年百分率 p 内超过的衰减值。

冰云,即接近0℃等温层的冰晶体,其也能引起交叉极化。然而,与雨相比,其影响并不带来衰减。

对应在每年 $p\%$ 的时间内的最大交叉极化鉴别 $XPD(p)$ 可表示为

$$XPD(p) = XPD_{rain} - C_{ice} \quad (\text{dB}) \tag{5.47}$$

式中:XPD_{rain} 为降水时的交叉极化鉴别度;C_{ice} 为冰云造成的影响。

$$XPD_{rain} = C_f - C_A + C_\tau + C_\theta + C_\sigma \quad (\text{dB})$$
$$C_{ice} = XPD_{rain}(0.3 + 0.1\log p)/2 \quad (\text{dB})$$

式中:$C_f = 30\log f$

$$C_A = V(f)\log A_{RAIN}(p)$$

$$V(f) = \begin{cases} 12.8 f^{0.19}, \text{当} 8 \leq f \leq 20(\text{GHz}) \text{时} \\ 22.6, \text{当} 20 \leq f \leq 35(\text{GHz}) \text{时} \end{cases}$$

$$C_\tau = -10\log[1 - 0.484(1 + \cos4\tau)]$$
$$C_\theta = -40\log(\cos E), 当 E \leqslant 60° 时$$

f 为频率(GHz);τ 为线极化电场矢量相对于水平方向的倾斜角(对于圆极化,使用 $\tau = 45°$);E 为仰角;σ 为雨滴倾角分布的标准偏差,单位为度数,对于 $p = 1\%$、0.1%、0.01%、0.001% 的时间百分比,σ 分别取 0°、5°、10° 和 15°。

$$C_\sigma = 0.0052\sigma^2$$

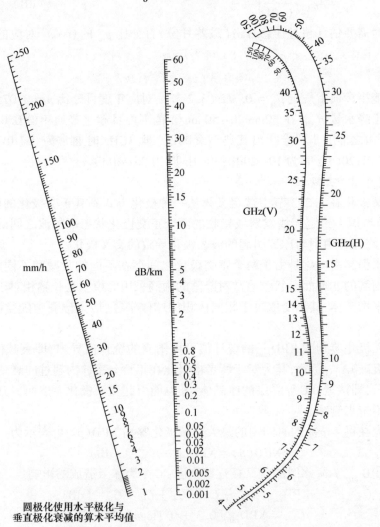

圆极化使用水平极化与
垂直极化衰减的算术平均值

图 5.29 用于确定以频率(GHz)与降水率 R (mm/h)为函数的特定衰减 γ_R 的列线图

来源:经国际电信联盟许可转载自文献 CCIR Rep. 721。

式(5.47)与 $8\text{GHz} \leqslant f \leqslant 35\text{GHz}$、仰角 $E \leqslant 60°$ 条件下的长期测量结果一致。

对于低至 4GHz 的较低频率,可根据式(5.47)先计算频率 f_1(8GHz $\leq f_1 \leq$ 30GHz)下的 $XPD_1(p)$,再推导出频率 f_2(4GHz $\leq f_2 \leq$ 8GHz)下的 $XPD_2(p)$,即

$$XPD_2(p) = \frac{XPD_1(p) - 20\log\left[f_2[1 - 0.484(1 + \cos 4\tau_2)]\right]^{0.5}}{f_1[1 - 0.484(1 + \cos 4\tau_1)]^{0.5}}$$

式中: τ_1、τ_2 分别为频率 f_1、f_2 处的极化倾斜角。

5.7.2 其他损害

5.7.2.1 大气气体造成的衰减

大气气体造成的衰减取决于频率、仰角、站高度及水蒸气浓度[ITUR-16a]。图 5.30 显示了标准地面水汽含量条件下的大气衰减。对 10GHz 以内的频率衰减可忽略不计;在 22.24GHz(对应水蒸气吸收带的频率)频率且仰角大于 10°时衰减不超过 3dB。

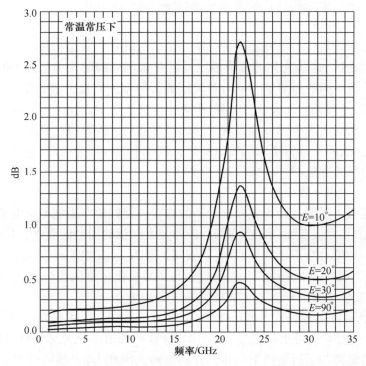

图 5.30　在 7.5gm^{-3} 地面水汽含量的标准条件下,大气衰减与频率及仰角的关系

5.7.2.2 雨、雾或冰云引起的衰减

由雨、云或雾引起的衰减可根据文献[ITUR-17a]计算。特定衰减 γ_C 的计算公式为

$$\gamma_C = KM \quad (\text{dB/km}) \tag{5.48}$$

式中:K 取近似值,取 $1.2\times10^{-3}f^{1.9}$,单位为 $(\text{dB/km})/(\text{g/m}^3)$,$f$ 取值范围 1~30,单位为 GHz;M 为云或雾的水分浓度(g/m^3)。

与雨造成的衰减相比,云与雾造成的衰减通常较小,但影响的时间范围较长。对于仰角 $E=20°$、超过一年 1% 时间的雨云引起的衰减,在北美与欧洲,当频率为 12GHz 时约为 0.2dB,20GHz 时约为 0.5dB,30GHz 时约为 1.1dB;在东南亚,当频率为 12GHz 时约为 0.8dB,20GHz 时约为 2.1dB,30GHz 时约为 4.5dB。对于浓雾情况 $(M=0.5\text{g/m}^3)$,30GHz 时衰减约为 0.4dB/km。由冰云引起的衰减与降水衰减相比通常较小。

5.7.2.3 沙尘暴造成的衰减

衰减(dB/km)的具体值与能见度成反比,且很大程度上取决于颗粒的湿度。14GHz 情况下,对于干粒子,衰减约为 0.03dB/km;对于 20% 湿度的粒子,衰减约为 0.65dB/km。如果路径长度为 3km,则衰减可达 1~2dB。

5.7.2.4 闪烁

闪烁是由对流层与电离层的折射率变化引起的接收载波幅度变化。在 Ku 频段及中纬度地区,这些变化的峰值幅度可以在 0.01% 的时段内超过 1dB。对流层与电离层具有不同的折射率,其中:对流层的折射率随高度升高而降低,并随气象条件而变化,且与频率无关;电离层的折射率取决于频率以及电离层电子含量。对流层与电离层的折射率都可能出现快速的局部波动。折射将造成波轨迹的弯曲及波速的变化,从而导致传播时间发生变化。最棘手的闪烁为电离层闪烁,当频率较低或地球站靠近赤道时,电离层闪烁会更大。

5.7.2.5 法拉第旋转

电离层引入了线性极化波极化平面的旋转。旋转角度为电离层电子含量的函数,与频率的平方成反比,因此随时间、季节及太阳活动周期而变化。4GHz 时的旋转角度约为数度。对于小部分时间,其衰减结果为 $L_{POL}(\text{dB})=-20\log(\cos\Delta\psi)$(见 5.4.2.3 节),其中 $\Delta\psi$ 是由于法拉第旋转与交叉极化分量的出现而导致的极化失配角,该交叉极化分量降低了交叉极化鉴别度 XPD 值。

XPD 值可以通过公式 $\text{XPD}(\text{dB})=-20\log(\tan\Delta\psi)$ 计算得到。对于 4GHz 频率,$\Delta\psi=9°$ 情形下,可求得 $L_{POL}=0.1\text{dB}$,XPD = 16dB。从地球站可观察到,极化平面在上行链路与下行链路上以相同方向旋转。因此,若天线同时用于发射与接收,则无法通过旋转天线来消除法拉第旋转效应。

5.7.2.6 多径效应

当地球站天线较小并具有较大角宽的波束时,接收到的载波可以是来自直接路径,也可以是来自地面或周围障碍物的反射路径(多径反射)。在极差情形(反相)下,将导致较大的衰减。当地球站配备有方向性灵活的天线来消除多径效应时,这种影响将变得很弱。对于具有非定向终端天线的移动通信而言,多径效应非常明显。

5.7.3 相对重要的链路损害

在低频(低于10GHz)下,衰减 L_A 通常较小,链路恶化的主要原因是由电离层以及对流层中的高海拔冰晶引起的交叉极化;在较高频率下,会同时出现衰减与交叉极化现象,这些现象主要由大气气体、降水及其他水凝物引起。

从统计学角度而言,当时间百分比更短时,这些现象会变得更明显。若这些效应可以得到消除,则链路可用性将增加。5.8节将讨论目前一些用来消除这些效应的方法。

5.7.4 降水条件下的链路损害

5.7.4.1 上行链路性能

在降水条件下,大气中雨雪引起的衰减 $A_{RAIN} = 10\text{dB}$,该衰减与大气气体造成的衰减(0.3dB)同时存在。对于温带气候地区(如欧洲)的地球站,可认为降水造成的衰减具有 $A_{RAIN} = 10\text{dB}$ 的典型值。对于14GHz频率,在普通年份内不超过0.01%的时间内会高于该典型值,此时 $L_A = 0.3\text{dB} + 10\text{dB} = 10.3\text{dB}$。

因此有
$$L_U = 207.4\text{dB} + 10.3\text{dB} = 217.7\text{dB}$$

对于5.6.2节中示例,降水条件下的上行链路性能变为
$$(C/N_0)_U = 71.7\text{dBW} - 217.7\text{dB} + 6.6\text{dBK}^{-1} + 228.6\text{dBW/HzK} = 89.2\text{dBHz}$$

上行链路的 $(C/N_0)_U$ 在普通年份99.99%的时间内大于该计算值。

5.7.4.2 下行链路性能

接下来考虑5.6.3节的示例,使用 $A_{RAIN} = 7\text{dB}$ 作为位于温带气候地区(如欧洲)地球站的降水衰减典型值,对于12GHz频率,在普通年份内不超过0.01%的时间内会高于该典型值,由此可得 $L_A = 0.3\text{dB} + 7\text{dB} = 7.3\text{dB}$。因此,$L_D = 206.1\text{dB} + 7.3\text{dB} = 213.4\text{dB}$。天线噪声温度可表示为

$$T_A = T_{SKY}/A_{RAIN} + T_m(1 - 1/A_{RAIN}) + T_{GROUND} \quad (\text{K}) \tag{5.49}$$

式中:
$$T_m = 275\text{K}$$

所以
$$T_A = 20/10^{0.7} + 275(1 - 1/10^{0.7}) + 45 = 269\text{K}$$
$$T_D = 269/10^{0.05} + 290(1 - 1/10^{0.05}) + 75 = 346\text{K}$$

因此有
$$(G/T)_{ES} = 51.8 - 0.6 - 0.5 - 10\log[269/10^{0.05} + 290(1 - 1/10^{0.05}) + 75]$$
$$= 25.3\text{dBK}^{-1}$$

计算下行链路的 C/N_0，即
$$(C/N_0)_D = (\text{EIRP})_{SL}(1/L_D)(G/T)_{ES}(1/K) \quad (\text{Hz})$$
因此有
$(C/N_0)_D = 44.2\text{dBW} - 213.4\text{dB} + 25.3\text{dBK}^{-1} + 228.6\text{dBW/HzK} = 84.7\text{dBHz}$

下行链路的 $(C/N_0)_D$ 在普通年份 99.99% 的时间内大于该计算值。

5.7.5 总结

发射机与接收机间的链路质量可通过载波功率与噪声功率谱密度的比值 C/N_0 表征，其取决于发射机 EIRP、接收机品质因数 G/T 与传输介质属性。两地球站间的卫星链路必须考虑两条链路——由 $(C/N_0)_U$ 表征的上行链路与由 $(C/N_0)_D$ 表征的下行链路。大气中的传播条件对上行链路与下行链路的影响不同：雨水通过降低接收功率 C_U 减小 $(C/N_0)_U$ 的值；通过降低接收功率 C_D 及增加下行链路系统噪声温度来减小 $(C/N_0)_D$ 的值。以 $\Delta(C/N_0)$ 表示产生的恶化，可得

$$\Delta(C/N_0)_U = \Delta C_U = (A_{\text{RAIN}})_U \quad (\text{dB}) \tag{5.50}$$

$$\Delta(C/N_0)_D = \Delta C_D + \Delta(G/T) = (A_{\text{RAIN}})_D + \Delta T \quad (\text{dB}) \tag{5.51}$$

5.8 大气损害补偿

5.8.1 去极化补偿

补偿方法依赖于对地球站极化特性的改进（见第 8 章）。补偿方法实现如下：
(1) 对于上行链路，通过预估来校正发射天线的极化，以达到波与卫星天线匹配。
(2) 对于下行链路，将天线极化与接收波的极化相匹配。

补偿可以自动化执行，必须令卫星发射的信号保持可用（信标），以便能够检测传播介质的影响，并推导出所需的控制信号。

5.8.2 衰减缓解

任务指定在给定时间百分比 $(100-p)\%$ 内所需的 C/N_0 应大于或等于 $(C/N_0)_{\text{required}}$。例如，99.99% 的时间即 $p = 0.01\%$。如 5.7.5 节所示，降水造成的衰减 A_{RAIN} 导致 C/N_0 比值降低，上行链路的情况可表示为

$$(C/N_0)_{\text{降雨}} = (C/N_0)_{\text{晴空}} - A_{\text{RAIN}}(\text{dB}) \quad (\text{dBHz}) \tag{5.52}$$

下行链路的情况可表示为

$$(C/N_0)_{降雨} = (C/N_0)_{晴空} - A_{RAIN}(dB) - \Delta(G/T) \quad (dBHz) \quad (5.53)$$

式中：$\Delta(G/T) = (G/T)_{晴空} - (G/T)_{降雨}$ 为由噪声温度增量导致的地球站品质因数的降低(dB)。

成功的传输任务必须满足 $(C/N_0)_{降雨} = (C/N_0)_{required}$，这可以通过在晴空链路预算中留出余量 $M(p)$ 来实现，其定义为

$$M(p) = (C/N_0)_{晴空} - (C/N_0)_{required} = (C/N_0)_{晴空} - (C/N_0)_{降雨} \quad (dB) \quad (5.54)$$

式中：A_{RAIN} 值为时间百分比 p 的函数，随着 p 的减小而增加。

提供余量 $M(p)$，意味着需要更高的 EIRP，即发射功率增加。对于高衰减(出现的时间百分比很小、链路频率极高的情况)(见 5.7.1.1 节)，若所需的额外功率超过设备发射能力，则必须考虑其他解决方案：空间分集与自适应。

5.8.3 空间分集

高衰减是由较小地理范围的集中降水引起的。位于两个不同位置的两个地球站可根据给定时间 t 与卫星分别建立衰减为 $A_1(t)$ 与 $A_2(t)$ 的两条链路，只要两个地球站地理距离足够远，则 $A_1(t)$ 与 $A_2(t)$ 便不会相同。因此，信号将切换至受衰减影响较小的链路，该链路的衰减为 $A_D(t) = \min[A_1(t), A_2(t)]$。单个位置的平均衰减定义为 $A_M(t) = [A_1(t) + A_2(t)]/2$，所有值均以分贝为单位。

量化位置分集中存在两个概念[ITUR-17c]：
(1) 分集增益。
(2) 分集改善系数。

5.8.3.1 分集增益

分集增益 $G_D(p)$ 为单个位置超过时间百分比 p 的平均衰减 $A_M(t)$ 与超过相同时间百分比 p 的分集衰减 $A_D(p)$ 之间的差异(以 dB 为单位)。因此举例来说，对于下行链路，给定位置所需的余量 $M(p)$ 可表示为

$$M(p) = A_{RAIN} + \Delta(G/T) \quad (dB) \quad (5.55)$$

采用空间(站址)分集后，因为有分集增益 $G_D(p)$，所需余量变为

$$M(p) = A_{RAIN} + \Delta(G/T) - G_D(p) \quad (dB) \quad (5.56)$$

5.8.3.2 分集改善系数

分集改善系数 F_D 为单个站点平均衰减超过 $A(dB)$ 值的时间百分比 p_1 与分集衰减超过同一 $A(dB)$ 值的时间百分比 p_2 间的比率。

图 5.31 显示了作为两站址间距离函数的 p_2 与 p_1 间的关系，这些曲线可通过

以下关系建模,有

$$p_2 = (p_1)^2(1 + \beta^2)/(p_1 + 100\beta^2) \tag{5.57}$$

当距离 $d > 5\text{km}$ 时,有 $\beta^2 = 10^{-4}d^{1.33}$。

空间分集还能减轻闪烁及交叉极化干扰的影响。

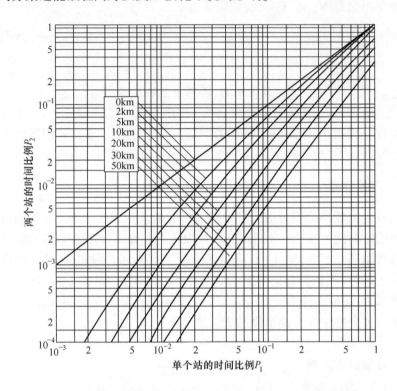

图 5.31 相同衰减情况下,分集与不分集的时间百分比之间的关系

5.8.4 自适应

自适应涉及在衰减期间对链路的某些参数进行改变,从而维持所需的 C/N_0 比值。可设想以下几种方法[CAS-98]:

(1) 将通常备用的额外资源分配给受衰减影响的链路,该额外资源可包括:①无论是否应用纠错码,均可通过增加传输时间维持所需的 C/N_0 比值(如 TDMA 多址情况下,多占用一个帧时隙,见第 6 章);②使用受衰减影响更小的低频率频段;③在上行链路上使用更高的 EIRP。

(2) 降低容量。在数字传输情况下,在所提供带宽内使用前向纠错编码会降低所需的 C/N_0 值,但以降低信息比特率 R_b 为代价(见 4.4 节)。所需余量即为

C/N_0 降低的大小。该方法可用于透明转发卫星的整体链路(见 5.9 节)与再生转发卫星的上行链路或下行链路(见 5.10 节)。

5.8.5 成本与可用性的均衡

较低的不可用性(如 0.01% 的时间内)对应较高的可用性(0.01% 的时间内不可用对应 99.99% 的时间内可用)。若仅将传播介质的影响视为不可用性的原因,则可接受的不可用性记作 p,其表示超出给定衰减门限值的时间百分比。当 p 较小(可用性较高)时,该衰减门限值较高。随着衰减的提高,用于缓解衰减的成本会变得更加昂贵,因此指定的可用性对系统成本有显著影响。链路成本与可用性的关系如图 5.32 所示。

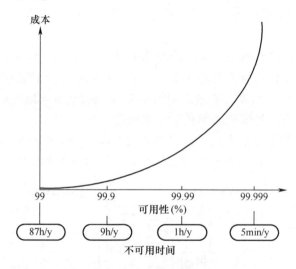

图 5.32 链路成本与可用性的关系

5.9 透明卫星整体链路性能

5.6 节介绍了以 C/N_0 为衡量标准的链路性能,本节将讨论站到站的整体链路性能表达式,整体链路包含透明卫星(无星载解调与再调制)、一条上行链路和一条下行链路。到目前为止,上行链路与下行链路上的噪声仅被认为是热噪声。而在实际应用中必须考虑来自频带中其他载波的干扰噪声及由非线性放大器多载波工作导致的互调噪声。5.9.2 节对整体链路性能的讨论最开始并不涉及干扰与互调,干扰与互调的影响会在之后的表述中依次引入。

符号定义如下:

(1) $(C/N_0)_U$ 为卫星接收机输入端的上行链路载波功率与噪声功率谱密度

比,未考虑除上行链路系统热噪声温度 T_U 外的其他噪声。

(2) $(C/N_0)_D$ 为地球站接收机输入端的下行链路载波功率与噪声功率谱密度比,未考虑除下行链路系统热噪声温度 T_D 外的其他噪声。

(3) $(C/N_0)_I$ 为接收机输入端的载波功率与干扰噪声功率谱密度比。

(4) $(C/N_0)_{IM}$ 为非线性放大器输出端的载波功率与互调噪声功率谱密度比。

(5) $(C/N_0)_T$ 为地球站接收机输入端的载波总功率与噪声功率谱密度比。

5.9.1 卫星信道的特性

图 5.33 显示了透明转发器有效载荷,其功能包括对载波进行下变频和功率放大。总带宽被分成多个子带,每个子带中的载波由专用功率放大器放大。每个子带的放大链路称为卫星信道或转发器信道,用于放大一个或多个载波。符号定义如下:

(1) C_U 为卫星接收机输入端的载波功率,饱和时记为 $(C_U)_{sat}$。

(2) P_{in} 为卫星信道放大器输入端的功率(i=输入, n = 信道中的载波数)。

(3) P_{on} 为卫星信道放大器输出端的功率(o=输出, n = 信道中的载波数)。

(4) $n = 1$ 对应卫星信道的单载波工作情形。

(5) $(P_{i1})_{sat}$ 为卫星信道放大器在单载波工作时的饱和输入功率。

(6) $(P_{o1})_{sat}$ 为卫星信道放大器在单载波工作时的饱和输出功率。

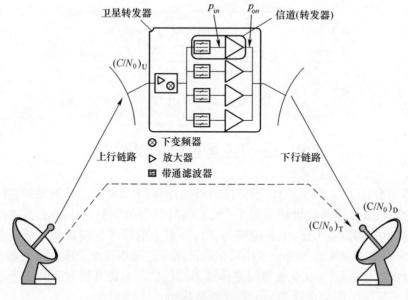

图 5.33 透明卫星的站到站整体链路

饱和是指放大器在单载波工作时以最大输出功率运行(9.2.1.2 节)。卫星运营商使用饱和通量密度 Φ_{sat} 与饱和 $EIRP_{sat}$ 来表征卫星信道的性能。

5.9.1.1 卫星饱和功率通量密度

5.3.2 节已介绍功率通量密度的定义,该通量由发射地球站提供并由卫星接收天线接收(例 5.1),其在卫星信道放大器饱和状态下的标称值可表示为

$$\Phi_{sat,nom} = \frac{(P_{il})_{sat}}{G_{FE}} \frac{L_{FRX}}{G_{Rmax}} \frac{4\pi}{\lambda_U^2} \quad (W/m^2) \tag{5.58}$$

式中:G_{FE} 为卫星接收机输入端至卫星信道放大器输入端的前端增益;L_{FRX} 为卫星接收天线出口至卫星接收机输入端的损耗;G_{Rmax} 为卫星接收天线的最大增益(天线视轴方向上)。式(5.58)假设发射地球站位于卫星接收覆盖范围的中心(天线视轴方向上)。

实际应用中,由给定地球站提供、将卫星信道放大器驱动至饱和状态的功率通量密度取决于卫星覆盖范围内地球站的位置以及卫星接收天线相对于上行链路载波极化的极化失配损耗。假设在地球站发射方向上的卫星接收天线增益经历了相对于最大增益的衰减 L_R 及极化失配损耗 L_{POL},地球站需提供的实际通量密度大于或等于 Φ_{sat},Φ_{sat} 定义为

$$\Phi_{sat} = \Phi_{sat,nom} L_R L_{POL} = \frac{(P_{il})_{sat}}{G_{FE}} \frac{L_{FRX}}{G_{Rmax}} \frac{4\pi}{\lambda_U^2} L_R L_{POL} \quad (W/m^2)$$

5.9.1.2 卫星饱和 EIRP

5.3.1 节已介绍 EIRP 的概念。当卫星信道放大器饱和时,天线视轴方向上的卫星 $EIRP_{sat,max}$ 与饱和时的卫星信道放大器输出功率 $(P_{o1})_{sat}$ 相关,具体关系可表示为

$$EIRP_{sat,max} = \frac{(P_{o1})_{sat}}{L_{FTX}} G_{Tmax} \quad (W) \tag{5.59}$$

式中:L_{FTX} 为功率放大器出口至发射天线之间的损耗;G_{Tmax} 为卫星发射天线的最大增益(天线视轴方向上)。

实际应用中,当地球站不在发射覆盖中心(卫星天线视轴方向上)时,决定地球站接收机可用载波功率的卫星 $EIRP_{sat}$ 需考虑卫星发射天线的增益衰减 L_T(在地球站接收方向上的增益衰减相对于最大增益而定义),即

$$EIRP_{sat} = \frac{EIRP_{sat,max}}{L_T} = \frac{(P_{o1})_{sat}}{L_{FTX}} \frac{G_{Tmax}}{L_T} = \frac{(P_{o1})_{sat}}{L_{FTX}} G_T \quad (W) \tag{5.60}$$

5.9.1.3 卫星转发器增益

卫星转发器增益 G_{SR} 为卫星接收机输入端至卫星信道放大器出口的功率增益,饱和时称为 G_{SRsat},有

$$G_{SR} = G_{FE} G_{CA} \tag{5.61}$$

式中:G_{FE} 为前端增益(卫星接收机输入端至卫星信道放大器输入端);G_{CA} 为卫星信道放大器自身增益。

5.9.1.4 输入与输出回退

在实际应用中,卫星信道(功率)放大器并不总是在饱和状态运行,卫星信道放大器的工作点 Q 可以很容易地通过输入功率 $(P_{in})_Q$ 与输出功率 $(P_{on})_Q$ 确定。分别对 $(P_{il})_{sat}$ 与 $(P_{ol})_{sat}$ 进行归一化,输入回退(IBO)与输出回退(OBO)定义为

$$\text{IBO} = (P_{in})_Q / (P_{il})_{sat} \tag{5.62}$$

$$\text{OBO} = (P_{on})_Q / (P_{ol})_{sat} \tag{5.63}$$

在一般情况下,工作点功率值可以不标注下标 Q。

5.9.1.5 卫星接收机输入端载波功率

在卫星接收机输入端,驱动卫星信道放大器至工作点 Q 所需的载波功率可表示为

$$C_U = \frac{(P_{in})_Q}{G_{FE}} = \text{IBO} \frac{(P_{il})_{sat}}{G_{FE}} \quad (W) \tag{5.64}$$

载波功率也可表示为卫星信道放大器输出功率的函数,即

$$C_U = \text{IBO} \frac{P_{on}}{G_{FE} G_{CA}} = \text{IBO} \frac{(P_{ol})_{sat}}{G_{FE} (G_{CA})_{sat}} \quad (W) \tag{5.65}$$

式中:$(G_{CA})_{sat}$ 为卫星信道放大器饱和时的增益。最后,C_U 可表示为

$$C_U = \text{IBO} (C_U)_{sat} \quad (W) \tag{5.66}$$

此处:

$$(C_U)_{sat} = \frac{(P_{il})_{sat}}{G_{FE}} = \frac{(P_{ol})_{sat}}{G_{FE} (G_{CA})_{sat}}$$

将卫星信道放大器驱动至饱和时所需的卫星接收机输入端载波功率记为 $(C_U)_{sat}$,也可表示为 Φ_{sat} 的函数,即

$$(C_U)_{sat} = \Phi_{sat} \frac{G_{Rmax}}{L_{FRX}} \frac{\lambda_U^2}{4\pi} \frac{1}{L_R L_{POL}} \quad (W) \tag{5.67}$$

或

$$(C_U)_{sat} = \Phi_{sat,nom} \frac{G_{Rmax}}{L_{FRX}} \frac{\lambda_U^2}{4\pi}$$

应注意,IBO 也可表示为在某工作点运行的卫星信道放大器所需的功率通量密度 Φ 与饱和时的卫星功率通量密度之比,即

$$IBO = \frac{C_U}{(C_U)_{sat}} = \frac{\Phi}{\Phi_{sat}}$$

5.9.2 整体链路载噪比表达式

5.9.2.1 无干扰与互调时的 $(C/N_0)_T$ 表达式

地球站接收机输入端接收到的载波功率为 C_D。地球站接收机输入端的噪声包含以下各项之和：

（1）下行链路系统噪声（$T_D = T_2$，由式(5.32)给出），定义了下行链路的 C/N_0 比率，即 $(C/N_0)_D$，可以按照5.6.3节的示例进行计算，其中 $(N_0)_D = kT_D$。

（2）卫星转发时携带的上行链路噪声。

因此有

$$(N_0)_T = (N_0)_D + G(N_0)_U \quad (W/Hz) \tag{5.68}$$

式中：$G = G_{SR}G_T G_R/(L_{FTX}L_D L_{FRX})$ 为卫星接收机输入端与地球站接收机输入端之间的总功率增益。G 考虑了由卫星接收机输入端至卫星信道放大器出口的卫星转发器增益 G_{SR}、卫星发射天线的增益 G_T/L_{FTX}（包括由功率放大器出口至发射天线的增益衰减与损耗 L_{FTX}）、下行路径损耗 L_D 以及接收站接收天线增益 G_R/L_{FRX}。

因此可得

$$(C/N_0)_T^{-1} = (N_0)_T/C_D$$
$$= [(N_0)_D + G(N_0)_U]/C_D = (N_0)_D/C_D + (N_0)_U/(G^{-1}C_D) \quad (Hz^{-1}) \tag{5.69}$$

在式(5.69)中，$G^{-1}C_D$ 表示卫星接收机输入端的载波功率。因此有

$$(N_0)_U/G^{-1}C_D = (C/N_0)_U^{-1}$$

最后可得

$$(C/N_0)_T^{-1} = (C/N_0)_U^{-1} + (C/N_0)_D^{-1} \quad (Hz^{-1}) \tag{5.70}$$

$$(C/N_0)_U = (P_{il})/(N_0)_U = IBO(P_{il})_{sat}/(N_0)_U$$
$$= IBO(P_{ol})_{sat}/G_{SRsat}(N_0)_U$$
$$= IBO(C/N_0)_{Usat} \quad (Hz)$$

$$(C/N_0)_D = OBO(EIRP_{sat})_{SL}(1/L_D)(G/T)_{ES}(1/k)$$
$$= OBO(C/N_0)_{Dsat} \quad (Hz)$$

式中：$(C/N_0)_{Usat}$ 与 $(C/N_0)_{Dsat}$ 分别为卫星信道在饱和状态下上行链路与下行链路的 C/N_0 值；L_D 为下行链路上的衰减；$(G/T)_{ES}$ 为地球站品质因数。

5.9.2.2 有干扰时的 $(C/N_0)_T$ 表达式

干扰是在有用载波占用的频带内出现了无用载波。任一链路都可能会受到来自其他卫星链路或同频带地面系统的干扰。实际上,分配给了空间无线电通信的大部分频段也以共享的方式分配给了地面无线电通信。为达成频率共享,《无线电规则》S21 条与 S9 条中引入了一系列规定,并为地面站及地球站建立了协调规则(《无线电规则》第 11 条)。

系统间的干扰可分为 4 类:

(1) 卫星对地面站的干扰。
(2) 地面站对卫星的干扰。
(3) 地球站对地面站的干扰。
(4) 地面站对地球站的干扰。

上述地面站专指地面无线电通信站,地球站专指卫星通信地球站。

图 5.34 为这些干扰形式的示意图。

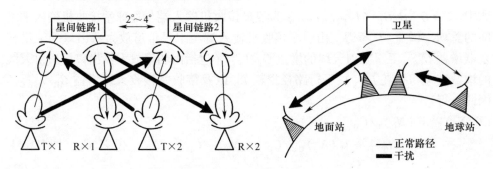

图 5.34 系统间干扰示意

其他系统发射的干扰载波在两个地方叠加到站间通信链路的有用载波上,具体包括:

(1) 上行链路的卫星转发器输入端。
(2) 下行链路的地球站接收机输入端。

干扰效应类似于通信链路上增加了热噪声,以谱密度增加的形式引入公式:

$$N_0 = (N_0)_{\text{无干扰}} + (N_0)_I \quad (\text{W/Hz}) \tag{5.71}$$

式中:$(N_0)_I$ 表示由干扰引起的噪声功率谱密度增加。$(C/N_0)_I$ 表示信号功率与干扰频谱密度比值,可以与 $(N_0)_I$ 相结合,即上行链路的 $(C/N_0)_{I,U}$ 与下行链路的 $(C/N_0)_{I,D}$。因此,式(5.70)可替换为

$$\begin{cases} (C/N_0)_U^{-1} = [(C/N_0)_U^{-1}]_{\text{无干扰}} + (C/N_0)_{I,U}^{-1} & (\text{Hz}^{-1}) \\ (C/N_0)_D^{-1} = [(C/N_0)_D^{-1}]_{\text{无干扰}} + (C/N_0)_{I,D}^{-1} & (\text{Hz}^{-1}) \end{cases} \tag{5.72}$$

总表达式变为

$$(C/N_0)_T^{-1} = (C/N_0)_U^{-1} + (C/N_0)_D^{-1} + (C/N_0)_I^{-1} \quad (Hz^{-1}) \quad (5.73)$$

式中：$(C/N_0)_U$ 与 $(C/N_0)_D$ 在式(5.70)中已定义。$(C/N_0)_I$ 的定义为

$$(C/N_0)_I^{-1} = (C/N_0)_{I,U}^{-1} + (C/N_0)_{I,D}^{-1} \quad (Hz^{-1}) \quad (5.74)$$

5.9.2.3 有干扰与互调时的 $(C/N_0)_T$ 表达式

当多个载波被非线性放大器放大时,输出不仅包括放大后的载波,还包括互调产物。互调产物表现为由输入载波频率经线性组合后的各频率(6.5.4节)。其中,一些互调产物的频率位于有用载波的频带内,表现为频谱密度为 $(N_0)_{IM}$ 的噪声,载波功率与互调噪声谱密度之比为 $(C/N_0)_{IM}$。

互调噪声与本章分析的其他噪声都属于噪声。式(5.73)中整个站到站链路的载波功率—噪声功率谱密度比 $(C/N_0)_T$ 将修改为

$$(C/N_0)_T^{-1} = (C/N_0)_U^{-1} + (C/N_0)_D^{-1} + (C/N_0)_I^{-1} + (C/N_0)_{IM}^{-1} \quad (Hz^{-1})$$
$$(5.75)$$

$$(C/N_0)_{IM}^{-1} = (C/N_0)_{IM,U}^{-1} + (C/N_0)_{IM,D}^{-1}$$

式中：$(C/N_0)_{IM,U}^{-1}$ 为地球站发射的互调噪声；$(C/N_0)_{IM,D}^{-1}$ 为卫星转发器信道产生的互调噪声。

在这种情况下,输入载波信号、$(C/N_0)_U$、$(C/N_0)_D$ 和 $(C/N_0)_{IM}$,以及 IBO、OBO 一起作用于放大器。放大器工作在多载波模式下,输出功率被各个载波、热噪声、互调噪声和干扰噪声共享。

P_{in} 与 P_{on} 分别表示 n 个载波中的一个载波的输入与输出功率,则 IBO 与 OBO 定义如下：

(1) 单载波 IBO 可表示为

$$IBO_1 = 单载波输入功率/饱和时单载波输入功率 = P_{i1}/(P_{i1})_{sat}$$

以 dB 为单位表示为

$$IBO_1(dB) = 10\log\{P_{i1}/(P_{i1})_{sat}\}$$

(2) 单载波 OBO 可表示为

$$OBO_1 = 单载波输出功率/饱和时单载波输出功率 = P_{o1}/(P_{o1})_{sat}$$

以 dB 为单位表示为

$$OBO_1(dB) = 10\log\{P_{o1}/(P_{o1})_{sat}\}$$

(3) 总 IBO 可表示为

$$IBO_t = 所有输入载波功率之和/饱和时单载波输入功率 = \sum P_{in}/(P_{i1})_{sat}$$

以 dB 为单位表示为

$$IBO_t(dB) = 10\log\{\sum P_{in}/(P_{i1})_{sat}\}$$

(4) 总 OBO 可表示为

$$OBO_t = 所有输出载波功率之和/饱和时单载波输出功率 = \sum P_{on}/(P_{o1})_{sat}$$

以 dB 为单位表示为

$$OBO_t(dB) = 10\log\left\{\sum P_{on}/(P_{ol})_{sat}\right\}$$

若 n 个载波的功率相同,则有以下结果:① $IBO_1 = IBO_t/n$,以 dB 为单位表示为 $IBO_1(dB) = IBO_t(dB) - 10\log n$。② $OBO_1 = OBO_t/n$,以 dB 为单位表示为 $OBO_1(dB) = OBO_t(dB) - 10\log n$。

若放大器输入端的各载波功率不相等,则放大器输出端的载波功率与噪声功率会不均匀地分配。因此,放大器对所有载波的功率增益不相等,并产生捕获效应,即功率较高的载波比功率较低的载波获得更高功率。对于功率较高的载波,该比值大于式(5.75)给出的值;对于功率较低的载波,该比值小于式(5.75)给出的值。上行链路的噪声与载波之间也会存在互调产物,该互调产物可以作为通道入口处噪声温度的增量进行考量。

5.9.2.4 回退的影响

图 5.35 显示了式(5.75)中各项与 IBO 的函数关系(假设等效干扰噪声可忽略不计)。由于 $(C/N_0)_{IM}$ 项与 $(C/N_0)_U$ 和 $(C/N_0)_D$ 两项的变化方向相反,因此 $(C/N_0)_T$ 对于非零回退值时存在最大值。因此使用相同转发器信道放大多个载波会出现下述结果:

(1) 信道输出端的总功率小于无回退时的总功率。

(2) 互调产物会占用一部分总功率,所以载波的有用功率会降低。

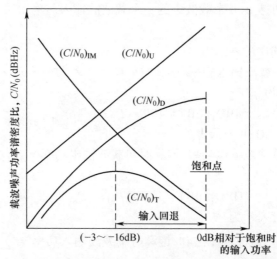

图 5.35 $(C/N_0)_U$、$(C/N_0)_D$、$(C/N_0)_{IM}$、$(C/N_0)_T$ 与输入回退(IBO)的函数关系

5.9.3 无干扰或互调的透明卫星的整体链路性能

假设两个位于卫星天线覆盖中心的地球站需要建立通信链路(图 5.33),其参

数如下。

(1) 上行链路频率为 $f_U = 14\text{GHz}$。

(2) 下行链路频率为 $f_D = 12\text{GHz}$。

(3) 下行链路路径损耗为 $L_D = 206\text{dB}$。

(4) 对于卫星(SL)：

卫星信道放大器饱和所需的功率通量密度为

$$(\Phi_{\text{sat,nom}})_{\text{SL}} = -90\text{dBW/m}^2$$

在卫星接收天线视轴方向上的卫星接收天线增益为

$$G_{\text{Rmax}} = 30\text{dBi}$$

在卫星接收天线视轴方向上的卫星品质因数为

$$(G/T)_{\text{SL}} = 3.4\text{dBK}^{-1}$$

卫星信道放大器特性(单载波工作)建模为

$$\text{OBO}(\text{dB}) = \text{IBO}(\text{dB}) + 6 - 6\exp[\text{IBO}(\text{dB})/6]$$

在卫星发射天线视轴方向上的卫星饱和 EIRP 为

$$(\text{EIRP}_{\text{sat}})_{\text{SL}} = 50\text{dBW}$$

卫星发射天线在其视轴方向上的增益为

$$G_{\text{Tmax}} = 40\text{dBi}$$

(5) 其他损耗：

卫星接收与发射的馈线损耗为

$$L_{\text{FRX}} = L_{\text{FTX}} = 0\text{dB}$$

卫星天线极化失配损耗为

$$L_{\text{POL}} = 0\text{dB}$$

卫星天线指向损耗为

$$L_R = L_T = 0\text{dB}（天线视轴处的地球站）$$

(6) 对于地球站(ES)，地球站品质因数 $(G/T)_{\text{ES}} = 25\text{dBK}^{-1}$，假设干扰不存在。

5.9.3.1　卫星转发器饱和时增益

卫星转发器饱和时的增益记作 G_{SRsat}，则 $G_{\text{SRsat}} = (P_{\text{o1}})_{\text{sat}}/(C_U)_{\text{sat}}$，其中 $(C_U)_{\text{sat}}$ 是将卫星信道放大器驱动至饱和时所需的卫星接收机输入端的载波功率。

由式(5.60)可得

$$(P_{\text{o1}})_{\text{sat}} = (\text{EIRP}_{\text{sat}})_{\text{SL}} L_T L_{\text{FTX}}/G_{\text{Tmax}} \quad (\text{W})$$

因此有

$$(P_{\text{o1}})_{\text{sat}} = 50\text{dBW} - 40\text{dBi} = 10\text{dBW} = 10\text{W}$$

由式(5.67)可得

$$(C_U)_{\text{sat}} = (\Phi_{\text{sat}})_{\text{SL}} G_{\text{Rmax}}/(L_{\text{FRX}} L_R L_{\text{POL}}(4\pi/\lambda_U^2)) \quad (\text{W})$$

因此有

$$(C_U)_{sat} = -90\text{dBW/m}^2 + 30\text{dBi} - 44.4\text{dBm}^2 = -104.4\text{dBW} = 36\text{pW}$$
$$G_{SRsat} = (P_{o1})_{sat}/(C_U)_{sat} = 10\text{dBW} - (-104.4\text{dBW}) = 114.4\text{dB}$$

5.9.3.2 卫星转发器饱和时上下行链路及整体链路 C/N_0

卫星转发器饱和时上下行链路及整体链路 C/N_0 分别为

$$(C/N_0)_{Usat} = (C_U)_{sat}/kT_U = (C_U)_{sat}(G/T)_{SL}/(kG_{Rmax}/L_R L_{FRX} L_{POL})$$
$$= -104.4 + 3.4 - (-228.6) - 30 = 97.6\text{dBHz}$$
$$(C/N_0)_{Dsat} = (\text{EIRP}_{sat})_{SL}(1/L_D)(G/T)_{ES}(1/k)$$
$$= 50 - 206 + 25 - (-228.6) = 97.6\text{dBHz}$$
$$(C/N_0)_{Tsat}^{-1} = (C/N_0)_{Usat}^{-1} + (C/N_0)_{Dsat}^{-1}$$
$$(C/N_0)_{Tsat} = 94.6\text{dBHz}$$

5.9.3.3 实现 $(C/N_0)_T = 80\text{dBHz}$ 时的输出回退及对应的 $(C/N_0)_U$ 与 $(C/N_0)_D$

由于

$$(C/N_0)_U^{-1} + (C/N_0)_D^{-1} = 10^{-8}\text{ Hz}^{-1}$$

因此有

$$\text{IBO}^{-1}(C/N_0)_{Usat}^{-1} + \text{OBO}^{-1}(C/N_0)_{Dsat}^{-1} = 10^{-8}\text{ Hz}^{-1}$$

由此可得

$$10^{-\text{IBO}(\text{dB})/10} + 10^{-\text{OBO}(\text{dB})/10} = 10^{1.76}$$
$$\text{OBO}(\text{dB}) = \text{IBO}(\text{dB}) + 6 - 6\exp(\text{IBO}(\text{dB})/6)$$

又因解得

$$\text{IBO} = -16.4\text{dB}$$
$$\text{OBO} = -10.8\text{dB}$$

因此有

$$(C/N_0)_U = \text{IBO}(C/N_0)_{Usat} = -16.4\text{dB} + 97.6\text{dBHz} = 81.2\text{dBHz}$$
$$(C/N_0)_D = \text{OBO}(C/N_0)_{Dsat} = -10.8\text{dB} + 97.6\text{dBHz} = 86.8\text{dBHz}$$

5.9.3.4 降水导致上行链路 6dB 衰减时的 $(C/N_0)_T$ 值

上行链路 6dB 的衰减将 IBO 降低 6dB，新的 IBO 值为

$$\text{IBO}(\text{dB}) = -16.4\text{dB} - 6\text{dB} = -22.4\text{dB}$$

相应的新的 OBO 值为

$$\text{OBO}(\text{dB}) = \text{IBO}(\text{dB}) + 6 - 6\exp(\text{IBO}(\text{dB})/6) = -16.5\text{dB}$$

因此有

$$(C/N_0)_U = \text{IBO}(C/N_0)_{Usat} = -22.4\text{dB} + 97.6\text{dBHz} = 75.2\text{dBHz}$$
$$(C/N_0)_D = \text{OBO}(C/N_0)_{Dsat} = -16.5\text{dB} + 97.6\text{dBHz} = 81.1\text{dBHz}$$

根据式(5.70)，有

$$(C/N_0)_T = 74.2\text{dBHz}$$

若要满足 $(C/N_0)_T = 80\text{dBHz}$，需将地球站发射的 $(EIRP)_{ES}$ 增加6dB。

5.9.3.5 降水导致下行链路6dB衰减并由于天线噪声温度增加导致地球站品质因数降低2dB的 $(C/N_0)_T$ 值

$(C/N_0)_D$ 值减少8dB，因此有 $(C/N_0)_D = 86.8\text{dBHz} - 8\text{dB} = 78.8\text{dBHz}$，进而可得 $(C/N_0)_T = 76.8\text{dB}$。

为保证 $(C/N_0)_T = 80\text{dBHz}$，需将地球站发射的 $(EIRP)_{ES}$ 增加以满足

$$IBO^{-1}(C/N_0)_{Usat}^{-1} + OBO^{-1}(C/N_0)_{Dsat}^{-1} = 10^{-8}\text{ Hz}^{-1}$$

$$(C/N_0)_{Usat} = 97.6\text{dBHz}$$

$$(C/N_0)_{Dsat} = 97.6\text{dBHz} - 8\text{dB} = 89.6\text{dBHz}$$

由此可得

$$IBO = -13\text{dB}$$
$$OBO = -7.7\text{dB}$$

需将地球站发射 $(EIRP)_{ES}$ 增加 $-13\text{dB} - (-16.4\text{dB}) = 3.4\text{dB}$。因此有

$$(C/N_0)_U = IBO(C/N_0)_{Usat} = -13\text{dB} + 97.6\text{dBHz} = 84.6\text{dBHz}$$
$$(C/N_0)_D = OBO(C/N_0)_{Dsat} = -7.7\text{dB} + 89.6\text{dBHz} = 81.9\text{dBHz}$$

5.10 再生型有效载荷卫星整体链路性能

图5.36显示了再生型有效载荷卫星转发器与透明卫星转发器的区别。再生转发器将上行链路已调制载波在星上解调器输出端恢复出基带信号，该基带信号

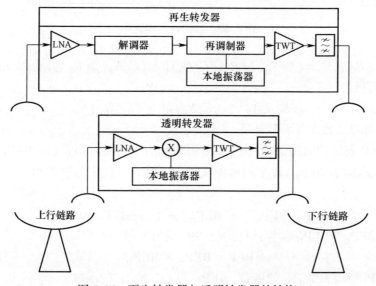

图5.36 再生转发器与透明转发器的结构

用于调制下行链路载波。因此,对于透明转发器而言,上行链路频率至下行链路频率的变换仅通过星上本地射频振荡器混频来实现;对于再生转发器而言,在上行链路频率至下行链路频率的变换过程中还存在先解调再调制的过程。

5.10.1 无干扰的线性卫星信道

假设解调器输出端的错误概率为理论概率值(表4.4),即不存在由滤波或非线性导致的恶化。

5.10.1.1 透明转发器链路

链路性能(图5.37)由地球站解调器输出的误码概率(BEP)规定。BEP 为 4.2.6.2 节式(4.10)给出的 $(E/N_0)_T$ 函数。在此回顾其公式,即

$$(E/N_0)_T = (C/N_0)_T / R_c \tag{5.76}$$

式中:R_c 为载波数据速率;$(C/N_0)_T$ 为站到站链路的载波功率与噪声频谱密度比值,由式(5.70)给出。在此回顾其公式,即

$$(C/N_0)_T^{-1} = (C/N_0)_U^{-1} + (C/N_0)_D^{-1} \tag{5.77}$$

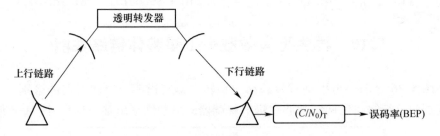

图 5.37 透明转发器链路

定义 $(E/N_0)_U = (C/N_0)_U / R_c$,$(E/N_0)_D = (C/N_0)_D / R_c$,并应用式(5.76)与(5.77),可得

$$(E/N_0)_T^{-1} = (E/N_0)_U^{-1} + (E/N_0)_D^{-1} \tag{5.78}$$

5.10.1.2 再生转发器链路

以 BEP 表征的链路性能(图5.38)可表示为上行链路出错(由 BEP_U 表征)且下行链路无错($1-BEP_D$)或上行链路无错($1-BEP_U$)且下行链路出错(由 BEP_D 表征),即

$$BEP = BEP_U(1 - BEP_D) + (1 - BEP_U)BEP_D \tag{5.79}$$

由于BEP_U与BEP_D远小于1,式(5.79)变为

$$BEP = BEP_U + BEP_D \tag{5.80}$$

式中:BEP_U 为 $(E/N_0)_U$ 的函数;BEP_D 为 $(E/N_0)_D$ 的函数。

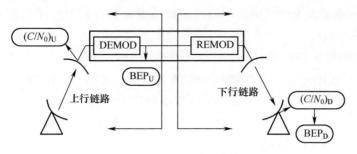

图 5.38 再生转发器链路

5.10.1.3 恒定误码概率的比较

恒定误码概率 BEP 值如下：

（1）对于透明转发器，$(E/N_0)_T$ 值由该链路指定的 BEP 确定。通过式(5.78)便可以确定一组 $(E/N_0)_U$ 与 $(E/N_0)_D$ 的值。如图 5.39 中的曲线 A 所

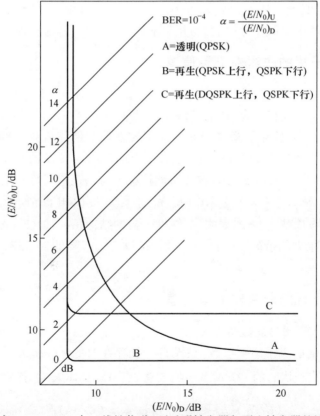

图 5.39 相同误码率（$BEP = 10^{-4}$）（线性信道）下透明转发器与再生转发器的站到站链路性能比较
(a)透明转发器；(b)上行链路与下行链路采用 QPSK 调制与相干解调的再生转发器；
(c)上行链路采用 QPSK 调制与差分解调、下行链路采用相干解调的再生转发器。

示,其中错误概率为 10^{-4},采用的调制解调技术为具有相干解调的正交相移键控(QPSK)。

(2) 对于再生转发器,通过式(5.80)中的 BEP_U、BEP_D 与 BEP 的关系,结合 BEP 的限定(BEP 为 10^{-4} 量级的某个常数)推导出 $(E/N_0)_U$ 与 $(E/N_0)_D$ 的数值,将得到图 5.39 中的曲线 B 与 C。两条曲线对应上行链路 QPSK 相干解调(曲线 B)与 QPSK 差分解调(曲线 C);对于下行链路,两种情况均为相干解调。其中,参数 $\alpha = (E/N_0)_U / (E/N_0)_D$。

通过比较曲线 A 与 B 可以看出,当上下行链路性能相同($\alpha = 0dB$)时,再生转发器上行链路与下行链路所需的 E/N_0 值降低了 3dB,这是由于再生转发器不会像透明转发器那样将上行链路噪声放大后再传给下行链路。

然而,当上下行链路性能相差较大时($\alpha > 0dB$),这种优势将会消失。例如,当该值大于 12dB 时,A 与 B 两条曲线接近,此时上行链路噪声可以忽略不计,两种情况下整体链路的性能都表现为下行链路的性能。

曲线 C 表明,通过使 $(E/N_0)_U$ 值比 $(E/N_0)_D$ 大 4dB,可以在不降低整体链路性能的情况下使用星载差分解调,与相干解调相比,其更容易实现。

5.10.2　无干扰的非线性卫星信道

无干扰的非线性卫星信道更接近于真实系统,因为真实信道为非线性且带宽有限。非线性与滤波相结合,造成了解调器性能的下降,且链路中非线性环节(如滤波器、功放)越多,性能下降越严重。透明转发器的链路就是这种情况(两处明显的非线性环节及各自的滤波处理分别位于地球站与转发器)。对于再生转发器,上行链路与下行链路的隔离,意味着此情况下每条链路仅有一处非线性与滤波处理。图 5.40 显示了 $(E/N_0)_U$ 比 $(E/N_0)_D$ 至少大 12dB 的情况下,经计算机模拟[WAC-81]得到的结果。该图表明,与线性分析的结论相反,即使在 $\alpha = (E/N_0)_U / (E/N_0)_D$ 比值很大的情况下,再生转发器可以将 E/N_0 降低 2~5dB(相对于透明转发器)。

5.10.3　有干扰的非线性卫星信道

5.10.3.1　透明转发链路

$(C/N_0)_T$ 值取决于两个参数:在没有干扰存在时的 $(C/N_0)_{T无干扰}$、上行链路与下行链路存在干扰时的 $(C/N_0)_I$(见 5.9.2 节)。具体来说,有

$$(C/N_0)_T^{-1} = (C/N_0)_{T无干扰}^{-1} + (C/N_0)_I^{-1} \qquad (5.81)$$

式中:
$$(C/N_0)_{T无干扰}^{-1} = (C/N_0)_U^{-1} + (C/N_0)_D^{-1}$$

$$(C/N_0)_I^{-1} = (C/N_0)_{I,U}^{-1} + (C/N_0)_{I,D}^{-1}$$

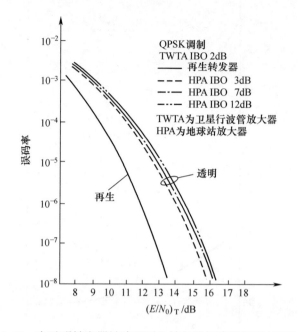

图 5.40 在透明转发器链路和再生转发器链路情形下(无干扰),
BEP 与 $(E/N_0)_T$ 的函数关系,其中 $\alpha = (E/N_0)_U / (E/N_0)_D$ 较大(高于12dB)
来源:经许可转载自文献[WAC-81] © 1981 IEEE。

使用 $E/N_0 = C/N_0 / R_c$,可推导出各 E/N_0 值之间的关系,即

$$(E/N_0)_T^{-1} = (E/N_0)_{T无干扰}^{-1} + (E/N_0)_I^{-1} \qquad (5.82)$$

从图 5.40 的曲线可见,使用 QPSK 调制时,BEP = 10^{-4} 要求 $(E/N_0)_T$ = 11dB。图 5.41 上方的曲线显示了式(5.82)中 $(E/N_0)_I$ 与 $(E/N_0)_{T无干扰}$ 两者间的关系。

5.10.3.2 再生转发链路

考虑 α 较大的情况,站到站链路的 BEP 由下行链路 BEP 定义。根据图 5.40,BEP = 10^{-4} 需要 $(E/N_0)_T$ = 9dB。图 5.41 下方的曲线显示了该情况下 $(E/N_0)_I$ 与 $(E/N_0)_{T无干扰}$ 两者间的关系。

对比图 5.41 的两条曲线可知,对于给定链路质量(BEP = 10^{-4})时,再生转发链路的 $(E/N_0)_I$ 较小。这意味着尽管有更高的干扰,仍能获得所需的链路性能。这是多波束卫星的一大优势,因为与单波束卫星相比,多波束卫星面临更多的干扰(5.11.2 节)。

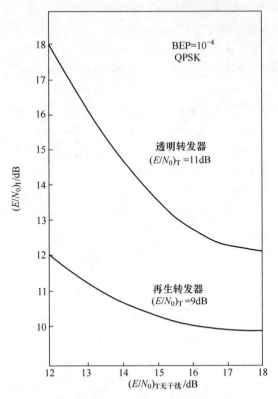

图 5.41 在透明转发器链路和再生转发器链路情形下,当 BEP = 10^{-4} 时,$(E/N_0)_I$ 与 $(E/N_0)_{T无干扰}$ 两者间的函数关系

5.11 多波束覆盖与单波束覆盖的链路性能对比

由 5.2 节可以看出,射频链路整体质量取决于卫星天线的增益。根据式(5.7)可见,无论链路工作的频率如何,卫星天线增益都受其波束宽度的限制。因此,天线增益取决于覆盖待服务区域的天线波束的角宽度(参见 9.7 节)。使用单个天线波束覆盖服务区域,称为单波束覆盖。

单波束覆盖的特征如下:

(1) 卫星可提供以卫星为视角的整个地球区域的覆盖(全球覆盖),从而允许长距离链路的搭建,如从一个大洲至另一个大洲。在此情形下,卫星天线的增益受限于覆盖范围的波束宽度。对于地球静止卫星,对应全球覆盖的 3dB 波束宽度为 17.5°,因此天线增益不超过 $G_{max}(dBi) = 10\log(29000) - 20\log(17.5) = 20dBi$。

(2) 卫星可通过窄波束(区域波束或点波束)提供部分地球(地区或国家)覆

盖,3dB 波束宽度为 1°至数度,因此可受益于天线波束宽度减小带来的天线高增益,但卫星无法为覆盖范围之外的地球站提供服务。

因此,有必要为单波束天线的覆盖范围做出抉择:为地理上分散的地球站提供较大范围的覆盖、低质量的服务;为地理上集中的地球站提供较小范围的覆盖、高质量的服务。

多波束天线覆盖使得以上两种方案能够趋于一致。较大的卫星覆盖可以通过并行部署多个窄波束覆盖来实现,其中:每个波束提供的天线增益随天线波束宽度减小(每波束覆盖范围减少)而增加;链路性能随波束数量的增加而提高。当然要实现上述目标,受限于天线技术,天线技术的复杂性随波束数量与服务质量的增加而增加,该复杂性源于更详细的卫星天线技术(多波束天线,见第 9 章)以及提供覆盖区域星载互连的要求,以确保在卫星有效载荷能力范围内实现载波从任意上行链路到任意下行链路的路由(见第 7 章)。

5.11.1 多波束覆盖的优点

如图 5.42(a)所示,卫星以 $\theta_{3dB} = 17.5°$ 的波束宽度提供全球覆盖;如图 5.42(b)所示,卫星以 $\theta_{3dB} = 1.75°$ 的波束宽度使用点波束提供较小的覆盖。在两种情况下,卫星网络中的所有地球站都在卫星覆盖范围内。

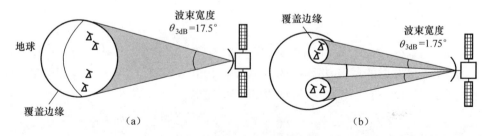

图 5.42 波束覆盖
(a)全球覆盖;(b)多点窄波束覆盖。

5.11.1.1 对地面段的影响

上行链路 $(C/N_0)_U$ 可表示为(见 5.6.2 节)

$$(C/N_0)_U = (EIRP)_{ES}(1/L_U)(G/T)_{SL}(1/k) \quad (Hz) \tag{5.83}$$

假设卫星接收机输入端的噪声温度为 $T_{SL} = 800K = 29dBK$,且与波束覆盖无关(严格地讲并非如此,但满足第一近似值),令 $L_U = 200dB$ 并忽略其他损耗,则式(5.83)可变化为(所有项以 dB 为单位)

$$\begin{aligned}(C/N_0)_U &= (EIRP)_{ES} - 200 + (G_R)_{SL} - 29 + 228.6 \\ &= (EIRP)_{ES} + (G_R)_{SL} - 0.4 (dBHz)\end{aligned} \tag{5.84}$$

式中：$(G_R)_{SL}$ 为卫星接收天线在地球站信号发射方向上的增益。对于下列两种情况，其关系如图 5.43 所示：

(1) 全球覆盖（$\theta_{3dB} = 17.5°$），可得 $(G_R)_{SL} = 29000/(\theta_{3dB})^2 \approx 20\text{dBi}$。

(2) 点波束覆盖（$\theta_{3dB} = 1.75°$），可得 $(G_R)_{SL} = 29000/(\theta_{3dB})^2 \approx 40\text{dBi}$。

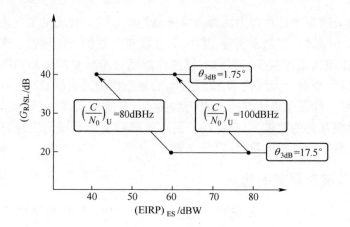

图 5.43　全球覆盖（$\theta_{3dB} = 17.5°$）与多点窄波束覆盖
（$\theta_{3dB} = 1.75°$）情况下地球站所需 EIRP 值的比较

下行链路 $(C/N_0)_D$ 可表示为

$$(C/N_0)_D = (\text{EIRP})_{SL}(1/L_D)(G/T)_{ES}(1/k) \quad (\text{Hz}) \qquad (5.85)$$

假设卫星发射的载波功率为 $P_T = 10\text{W} = 10\text{dBW}$。令 $L_U = 200\text{dB}$ 并忽略其他损耗，则式(5.85)可变化为（所有项以 dB 为单位）

$$(C/N_0)_D = 10 - 200 + (G_T)_{SL} + (G/T)_{ES} + 228.6$$

$$= (G_T)_{SL} + (G/T)_{ES} + 38.6(\text{dBHz}) \qquad (5.86)$$

对于下列两种情况，其关系如图 5.44 所示：

(1) 全球覆盖（$\theta_{3dB} = 17.5°$），可得 $(G_T)_{SL} = 29000/(\theta_{3dB})^2 \approx 20\text{dBi}$。

(2) 点波束覆盖（$\theta_{3dB} = 1.75°$），可得 $(G_T)_{SL} = 29000/(\theta_{3dB})^2 \approx 40\text{dBi}$。

图 5.43 与图 5.44 中斜箭头表示当从全球覆盖变为多点窄波束覆盖时，$(\text{EIRP})_{ES}$ 与 $(G/T)_{ES}$ 在减小。在此情形下，多波束卫星使地球站尺寸的减小与成本的降低成为可能。例如，$(\text{EIRP})_{ES}$ 与 $(G/T)_{ES}$ 减少 20dB，可使天线尺寸降低 10 倍（如从 30m 减小至 3m），地球站成本自然地降低（从几百万欧元节省至几万欧元）；若地球站保持相同配置（图中圆点向上垂直位移），则可以实现 C/N_0 的增加；若有足够的可用带宽，其在同样的信号质量下（以误码率计算）可转化为容

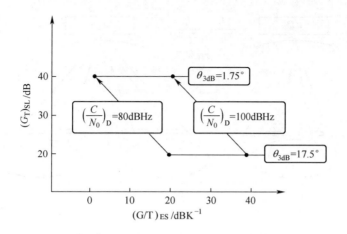

图 5.44　全球覆盖(θ_{3dB} = 17.5°)与多点窄波束覆盖(θ_{3dB} = 1.75°)情况下地球站所需品质因数 G/T 的比较

量的增加。

5.11.1.2　频率复用

频率复用是指多次使用相同的频带,在不增加带宽的情况下提升网络总容量。5.2.3 节显示了经正交极化进行频率复用的示例。在多波束卫星情况下,可以利用天线方向性产生的隔离在不同的波束覆盖范围内重复使用相同的频带。图 5.45 说明了正交极化的频率复用原理以及波束指向角分离的复用原理,波束与给定的极化及给定的覆盖范围相关联。在上述两种情况下,分配给系统的真实带宽都为 B。对于上行链路,系统以 f_U 为频带中心使用该带宽;对于下行链路,系统以 f_D 为频带中心使用该带宽。在通过正交极化复用的情况下,带宽 B 仅被重复使用两次;在通过波束指向角分离复用的情况下,带宽 B 可以在干扰电平允许的范围内复用于尽可能多的波束。这两种类型的频率复用也可结合使用。

频率复用因子定义为带宽 B 被使用的次数。理论上,具有 M 个单极化波束(其中每个波束被分配带宽 B)、结合了波束指向角分离复用与正交极化复用的多波束卫星的频率复用因子等于 $2M$。这意味着其将拥有等同于使用 $2M \times B$ 带宽、单极化的单波束卫星提供的容量。在实际应用中,频率复用因子取决于服务区的配置,而服务区的配置在卫星提供服务前决定了覆盖范围。若服务区由数个相隔很远的区域组成(如被广大农村区域隔开的城区),则可在所有波束中重复使用相同的频段,此时频率复用因子可达理论值 M。

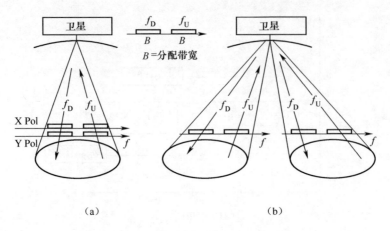

(a)　　　　　　　　　　　　　　(b)

图 5.45　多波束卫星系统的频率复用
(a)基于正交极化的频率复用；(b)基于指向角分离的频率复用。

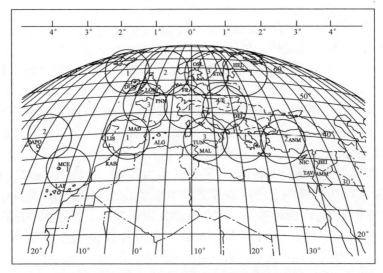

图 5.46　某多波束卫星系统的欧洲地区覆盖范围[LOP-82]
来源：经欧洲航天局许可转载。

图 5.46 显示了多波束覆盖的示例。由于波束覆盖是连续的，因此从一个波束覆盖到下一个波束覆盖不能使用相同的频带。在该示例中，分配的带宽被划分为三个相等的子带，各自用于彼此具有足够角间距的波束覆盖 1、2、3。对于 $M=13$ 时，在无正交极化复用的情况下，等效带宽值为 $6 \times (B/3) + 4 \times (B/3) + 3 \times (B/3) = 4.3B$，即频率复用因子为 4.3 而非 13。若在每个波束覆盖内使用正交极

化复用,则波束数 $M=13$,频率复用因子为 8.6。

5.11.2 多波束覆盖的缺点

5.11.2.1 波束间干扰

图 5.47 显示了多波束卫星系统内部的干扰情况,有时称为自干扰。所分配的带宽 B 分为 2 个子带:B_1 与 B_2。该图显示了 3 个波束:波束 1 与波束 2 使用相同的频带 B_1;波束 3 使用频带 B_2。

在上行链路上,如图 5.47(a)所示,波束 2 地球站在带宽 B_1 内发射频率为 f_{U1} 的载波被波束 1 天线的旁瓣接收(增益较低但非零),该载波的频谱与波束 1 地球站发射的相同频率的载波(在天线最大增益的主瓣内接收)频谱叠加。因此,波束 2 的载波在波束 1 的载波频谱中表现为干扰噪声,该噪声称为同频干扰。此外,由于输入多路复用器(IMUX)滤波器的非理想滤波(见第 9 章),引入了波束 3 地球站发射的频率为 f_{U2} 载波的部分功率。这种情况称为邻道干扰(ACI),其类似于在 6.5.3 节描述的频分多址遇到的干扰。

在下行链路上,如图 5.47(b)所示,波束 1 地球站接收的频率为 f_{D1} 的载波是由波束 1 发射天线的主瓣以最大增益发射的。叠加在下行链路载波频谱上的干扰包括以下内容:

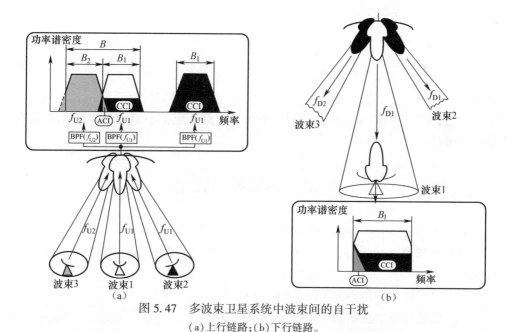

图 5.47 多波束卫星系统中波束间的自干扰
(a)上行链路;(b)下行链路。

(1)卫星转发上行链路相邻信道的频谱(ACI)及同频干扰(CCI)噪声。

(2) 波束 2 以最大增益发射频率为 f_{D1} 的载波频谱,其在波束 1 地球站接收方向上具有较小但非零的增益,即构成额外的同频干扰(CCI)。

在与 5.9.2 节分析的系统间干扰噪声相同的条件下,自干扰的影响表现为热噪声增加,该热噪声须包含于式(5.75)中的 $(C/N_0)_I$ 项。考虑到干扰源的多样性(随着波束数量增加,干扰源数量也会增加),$(C/N_0)_I$ 值的增加将损害链路性能。由于现代卫星系统通常会尽可能多地复用频率以增加容量,多波束卫星链路中的自干扰噪声可占总噪声的 50%。

5.11.2.2 覆盖区域间的互联

使用多波束覆盖的卫星有效载荷必须能够实现网络内地球站间的互联,因此必须提供覆盖区域间的互联。有效载荷的复杂性增加了多波束卫星天线子系统的复杂性,而多波束天线卫星子系统本身要比单波束卫星天线子系统复杂得多。

根据星载处理能力(无处理、透明处理、再生处理等)的不同,可考虑使用不同的技术用于覆盖区域间的互联:

(1) 通过转发器跳接互联(无星载处理)。
(2) 通过星载交换互联(透明处理与再生处理)。
(3) 通过波束扫描互联。

上述方案将在第 7 章进行讨论。

5.11.3 总结

多波束卫星系统使地球站的尺寸减小,从而降低了地球站的成本。波束间的频率复用允许在不增加带宽的情况下增加系统容量。然而,对于使用相同频率的波束,其相邻信道间的干扰限制了系统的扩容。对于配备小型天线的地球站,这种干扰更明显。

5.12 星间链路性能

卫星星间链路(ISL)有以下 3 种类型:

(1) 地球静止(GEO)卫星与 LEO 卫星间的星间链路,又称轨道间链路(IOL)。
(2) 地球静止卫星间的 GEO 到 GEO 链路。
(3) 低地球轨道卫星间的 LEO 到 LEO 链路。

当然也可以考虑任意轨道类型卫星间的 ISL,但以上 3 种类型为实际应用中常见的配置。关于实际应用的讨论请参阅 7.5 节,本章仅涉及传输方面。

5.12.1 频带

表5.2显示了《无线电规则》分配给ISL的频带。这些频带的选定已经充分考虑到避免ISL与地面系统间的干扰,但这些频带的大气吸收非常强烈,而且这些频带与其他空间服务共享,这样便会对ISL的频率选择构成限制[CCIR-90c,ITUR-93,CCIR-82b,CCIR-92c,ITU-95,ITUR-99,ITUR-02,ITUR-12]。表5.2还显示了激光链路的预期波长,这些都由器件的传输特性决定。

表5.2 星间链路频段

星间服务	频 率
微波	22.55~23.55GHz
	24.45~24.75GHz
	32~33GHz
	54.25~58.2GHz
激光	0.8~0.9μm(AlGaAs 激光二极管)
	1.06μm(Nd:YAG 激光二极管)
	0.532μm(Nd:YAG 激光二极管)
	10.6μm(CO_2 激光器)

表5.3 射频星间链路终端设备的典型值

频率/GHz	接收机噪声系数/dB	发送功率/W
23~32	3~4.5	150
60	4.5	75
120	9	30

5.12.2 射频链路

5.1~5.6节提到的链路预算公式适用于此。由于不涉及穿越大气层,传播损耗仅包含自由空间损耗。天线指向偏差可以保持在波束宽度的约1/10范围内,对应指向误差损失约为0.5dB。在没有日凌的情况下,GEO-GEO链路的天线噪声温度约为10K。表5.3给出了终端设备的典型值,实际应用中天线尺寸为1~2m。考虑到60GHz频率以及1dB的发送与接收损耗,可得:

(1) 接收机品质因数 G/T 为 $25~29\text{dBK}^{-1}$。

(2) 发射机 EIRP 为 72~78dBW。

由于天线的波束宽度相对较宽(对于2m天线,60GHz时为0.2°),因此链路建立并非难事。每颗卫星将其接收天线以约0.1°的精度定向到对向卫星的方向,以获取信标信号,随后利用信标信号进行跟踪。

地球静止卫星系统的高容量意味着波束间大量的频率复用。鉴于卫星间的角间距较小,最好使用旁瓣更小的窄波束天线,以避免系统间的干扰。又考虑到大型可展开天线的技术复杂性及运载火箭的限制,建议使用高频段。在此情况下,星间采用激光链路是不错的方案。

5.12.3 激光链路

与射频链路相比,激光链路具有很多特点,此节将对其进行简要介绍,更完整的内容请参阅文献[KAT-87;GAG-91,第10章;IJSC-88;WIT-94;BEG-00]。

5.12.3.1 链路建立

激光链路的建立有两方面应特别指出:

(1) 专用望远物镜的直径小,通常约为 0.3m,这样可以避免有效载荷中天线的拥塞与口径阻塞问题。

(2) 激光束的宽窄通常为 $5\mu rad$。应注意,该宽度比无线电波束的宽度低几个数量级。这是防止系统间干扰的一种优势,但也是缺点,因为激光束宽度远小于卫星姿态控制的精度(通常为 0.1° 或 1.75mrad),因此需要先进的指向设备,而这也是一项极为困难的技术问题。

激光通信分为三个基本阶段:

(1) 捕获。为了减少采集时间,发射机的激光束必须尽可能宽,但这需要一个高功率的激光发射设备。当然也可以使用平均功率较低的激光器,但其须能够发射具有低占空比的高峰值功率脉冲。激光束扫描接收机预期可能存在的空间方位,接收机在接收到信号时进入跟踪阶段,并沿接收信号的方向发射返回信号。在接收到来自接收机的返回信号时,发射机便进入跟踪阶段。该捕获过程的典型持续时间为 10s。

(2) 跟踪。激光束减小至它们的标称宽度,激光开始连续传送。在该阶段中(以及接下来的所有时刻)指向误差控制设备必须考虑到平台的运动与两颗卫星的相对运动。此外,由于两颗卫星的相对速度不为零,因此接收机激光束与发射机激光束之间存在前导角。因为前导角大于激光束宽度,所以前导角必须准确确定。

(3) 通信。两端间交换信息。

5.12.3.2 前导角

考虑两颗卫星 S_1 与 S_2 分别以速度矢量 V_{S_1} 与 V_{S_2} 运动。在时刻 t , V_{S_1}、V_{S_2} 与 S_1S_2 连线垂直的速度分量分别为图 5.48 中 V_{T1} 与 V_{T2} 表示的两个矢量。

激光从 S_1 到 S_2 的传播时间为 $t_p = d/c$,其中: d 为时刻 t 时两颗卫星的距离;c 为光速($c = 3 \times 10^8 m/s$)。

前导角 β 可表示为

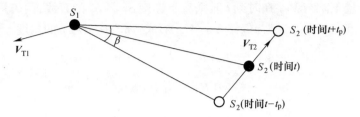

图 5.48 两颗卫星 S_1 与 S_2 间链路的前导角。时间 t 时，
S_1 与 S_2 具有速度矢量分量 V_{T1} 与 V_{T2}
（位于垂直于连接 S_1 与 S_2 的直线的平面内），t_p 为激光从 S_1 到 S_2 的传播时间。

$$\beta = 2|V_{T1} - V_{T2}|/c \quad (\text{rad}) \tag{5.87}$$

式中：$|V_{T1} - V_{T2}|$ 为 $V_{T1} - V_{T2}$ 矢量的模数。

接下来考虑两种情况：两颗地球静止卫星间的 ISL、地球静止卫星与低地球轨道卫星间的 ISL。

1) 相距 α 角度的两颗 GEO 卫星，即两颗 GEO 卫星的分离角为 α

由于两颗卫星都在同一圆形轨道上（图 5.49），因此与轨道相切的速度矢量 V_{S_1} 与 V_{S_2} 的模数相等，即

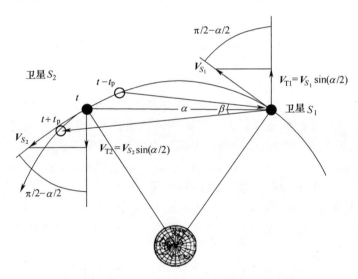

图 5.49 两颗地球静止卫星的星间链路前导角

$$|V_{S_1}| = |V_{S_2}| = \omega(R_0 + R_E) = 3075 \text{m/s}$$

式中：$\omega = 7.293 \times 10^{-5}$ rad/s 为地球静止卫星的角速度；$R_0 = 35786$ km 为地球静止卫星的高度；$R_E = 6378$ km 为地球半径。

矢量分量 V_{T1} 与 V_{T2} 在时刻 t 时垂直于连接 S_1 与 S_2 的直线,两矢量都位于轨道平面内且方向相反,分别与矢量 V_{S_1}、V_{S_2} 形成 $(\pi/2 - \alpha/2)$ 的角度。因此有

$$|V_{T1} - V_{T2}| = 2\omega(R_0 + R_E)\cos(\pi/2 - \alpha/2)$$
$$= 2\omega(R_0 + R_E)\sin(\alpha/2) \quad (\text{m/s}) \quad (5.88)$$

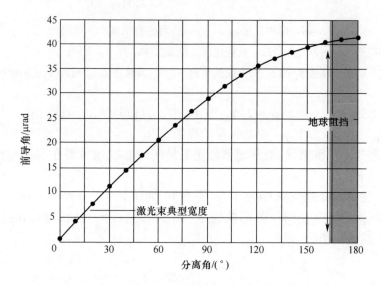

图 5.50 两颗地球静止卫星间前导角与分离角的函数关系

由式(5.87)可得

$$\beta = 2|V_{T1} - V_{T2}|/c = 4\omega(R_0 + R_E)\sin(\alpha/2)/c \quad (\text{rad}) \quad (5.89)$$

图 5.50 显示了两颗地球静止卫星间的前导角 β 与分离角 α 的函数关系。应注意,当分离角大于 15° 时,前导角大于激光束宽度(通常为 5μrad)。例如,当 $\alpha = 30°$ 时,$\beta = 10.6$μrad;当 $\alpha = 60°$ 时,$\beta = 20.5$μrad;当 $\alpha = 120°$ 时,$\beta = 35.5$μrad。

2) GEO 卫星与具有圆形轨道的 LEO 卫星

两颗卫星的相对速度(图 5.51)随时间变化,前导角的值也随时间变化。当 LEO 卫星穿越赤道面时,前导角的最大值出现。若将 LEO 卫星轨道倾角表示为 i,则有

$$|V_{T1} - V_{T2}| = \{|V_{S_1}|^2 + |V_{S_2}|^2 - 2|V_{S_1}||V_{S_2}|\cos i\}^{1/2} \quad (5.90)$$

这里:
$$|V_{S_1}| = \omega_{GEO}(R_0 + R_E) = 3075 \text{m/s}$$
$$|V_{S_2}| = \omega_{LEO}(h + R_E)$$

式中:h 为 LEO 卫星高度;$\omega_{LEO} = \mu^{1/2}(h + R_E)^{-3/2}$ 为 LEO 卫星角速率($\mu = 3.986 \times 10^{14} \text{m}^3\text{s}^{-2}$)。

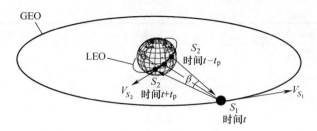

图 5.51 GEO 卫星与 LEO 卫星轨道间链路中 GEO 卫星处的前导角

根据式(5.87),前导角可表示为

$$\beta = 2|V_{T1} - V_{T2}|/c$$
$$= (2/c)\{|V_{S_1}|^2 + |V_{S_2}|^2 - 2|V_{S_1}||V_{S_2}|\cos i\}^{1/2} \quad (\text{rad}) \quad (5.91)$$

两颗卫星的前导角相同。考虑 $i = 98.5°$ 与 $h = 800\text{km}$,则 $\beta = 57\mu\text{rad}$。应注意,该值大于两颗地球静止卫星间的对应值。

5.12.3.3 发送

激光源以单频或多频模式运行。在单频模式下,频谱宽度在 10Hz ~ 10MHz 范围内;在多频模式下,频谱宽度在 1.5 ~ 10nm 范围内。发射功率取决于激光器的类型,激光器发射功率对应的典型值如表 5.4 所列。

调制既可以是内部的,也可以是外部的。内部调制是指对激光器直接修改;外部调制是对发射后的光束进行修改。激光的强度、频率、相位和极化都可以被调制。相位与极化调制为外部调制;强度与频率调制可以是内部调制也可以外部调制。极化调制要求接收机中有两个探测器,每个极化使用一个探测器。因此,最好为两个信道进行极化复用。

激光束的强度分布(相对于最大强度)是角度的函数,遵循高斯定律。轴向增益可表示为

$$G_{T\max} = 32/(\theta_T)^2 \quad (5.92)$$

式中:θ_T 为 $1/e^2$ 处的总光束宽度,其中 $e = 2.718$。θ_T 的选择取决于指向精度。当指向精度较低时,较大的 θ_T 更佳,但损失增益;若减小 θ_T,增益增加,但指向误差损耗相应增加。

可以看出,如果指向误差本质上是对准误差,则当 $\theta_T = 2.8 \times$ 指向误差时,乘积(最大增益 × 指向误差损失)最大[KAT-87]。一般来说,对于任何类型的指向误差,光束宽度均可与之适应。

表 5.4 激光器发射功率的典型值

激光器类型	波长/μm	发射功率
固态激光器(激光二极管)		
AlGaAs	0.8~0.9	约 100mW

续表

激光器类型	波长/μm	发射功率
InPAaGa	1.3~1.5	约100mW
Nd:YAG	1.06	0.5~1W
Nd:YAG	0.532	100mW
气体激光器		
CO_2	10.6	几十瓦

除了指向误差引起的损耗之外,还存在光学发射器件的传输损耗与波前退化。

5.12.3.4 传输损耗

传输损耗简化为仅有自由空间损耗,即

$$L = (4\pi R/\lambda)^2 \tag{5.93}$$

式中:λ 为波长;R 为发射机到接收机的距离。

5.12.3.5 接收

天线的接收增益可表示为

$$G_R = (\pi D_R/\lambda)^2$$

式中:D_R 为接收天线的有效直径。

接收机可以是直接检测接收机(图 5.52)或相干检测接收机(图 5.53)。在直接检测中,入射激光被光电探测器转换为电子,随后光电检测出口处的基带电流被放大,然后由匹配滤波器检出。在相干检测中,入射激光的光信号场与本地激光器的信号混合,得到的光场被光电探测器转换成带通电流,随后由中频放大器放大。解调器通过包络检测或相干解调,可检出有用信号。

接收损耗包括光传输损耗,对于相干检测,还包括与波前退化相关的损耗(对于光电探测器前端处的接收信号场与本地振荡器场最佳混合,波前质量是一个重要特性)。通过滤波滤除带外激光的过程也引入了损耗,因为传输系数随带宽而降低。典型的滤波器宽度为 0.1~100nm。

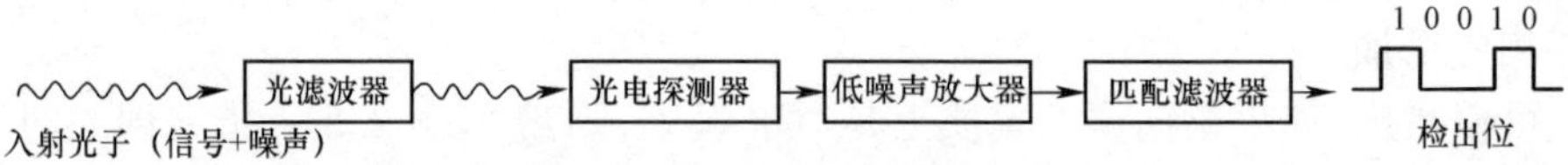

图 5.52 直接检测接收机

探测器输出的信噪功率比取决于检测类型。

对于直接检测(图 5.52),有

$$S/N = I_{Sdd}^2 / i_{dd}^2 \tag{5.94}$$

$$I_{Sdd} = (P_S/hf) \eta_p eG \quad (A)$$

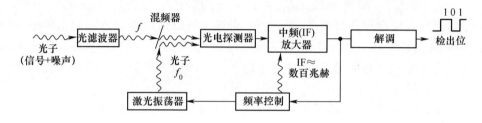

图 5.53 相干检测接收机

式中:I_{Sdd} 为信号电流强度;P_S 为有用光信号功率(W);$h = 6.6 \times 10^{-34}$ J/Hz 为普朗克常数;f 为激光频率(Hz);η_p 为光电探测器的量子效率,对于雪崩光电探测器(APD)通常为 0.8;电子电荷 e 为 1.6×10^{-19} C;G 为光电探测器增益,对于 APD 为 50~300,对于真空管光电倍增器则为 $10^4 \sim 10^6$ 的数量级。

此外,(P_S/hf) 表示每秒接收的光子数,$K = \eta_p e/hf$ 表示光电探测器的灵敏度(A/W)。因此有

$$I_{Sdd} = KGP_S \quad (A) \tag{5.95}$$

$$i_{dd}^2 = i_{nS}^2 + i_{nB}^2 + i_{nD}^2 + i_{nT}^2 \quad (A^2) \tag{5.96}$$

式中:i_{dd} 为均方根噪声电流强度;$i_{nS}^2 = 2eKP_S G^2 f(G) B_N$ 为信号散粒噪声;$i_{nB}^2 = 2eKP_n G^2 f(G) B_N$ 为背景散粒噪声;$i_{nD}^2 = 2e i_0 B_N$ 为暗电流散粒噪声;$i_{nT}^2 = N_0 B_N$ 为电子放大电路的热噪声。

在以上公式中,P_n 为接收到的背景光噪声功率(W);$f(G)$ 为光电探测器中次级电子产生噪声的放大系数(通常 $f(G) = a + bG$,其中 $a \approx 2$,$b \approx 0.01$);i_0 为暗电流强度(A);N_0 为电子放大器热噪声谱密度(A^2/Hz);B_N 为噪声带宽(Hz)。

假设可以消除除信号散粒噪声外的其他所有噪声($i_0 = 0, P_n = 0, N_0 = 0, f(G) = 1$),则可以达到量子限的 S/N 值,即

$$(S/N)_{q1} = \eta_p P_S / 2hfB_N \tag{5.97}$$

对于相干检测(图 5.53),有

$$S/N = I_{Scd}^2 / (i_{dd}^2 + i_{LO}^2) \tag{5.98}$$

$$I_{Scd} = KG\eta_m L_p (2 P_S P_{LO})^{1/2} \quad (A)$$

$$i_{LO}^2 = 2eKP_{LO} G^2 f(G) B_{IF}$$

式中:I_{Scd} 为信号电流强度;η_m 为混合效率;L_p 为极化失配造成的损耗;i_{dd} 为本地振荡器功率,用于直接检测的均方根噪声电流强度,由式(5.96)确定;i_{LO} 为补充噪声源,即本地振荡器均方根噪声电流强度;B_{IF} 为中频放大器的噪声带宽(Hz)。

在相干检测中,P_{LO} 可增加至 i_{LO},进而成为最主要的噪声源,有

$$S/N \approx I_{Scd}^2 / i_{LO}^2 = \eta_m L_p \eta_p P_S / f(G) B_{IF} hf$$

相干检测比直接检测具有更高的 S/N 值,理论上可以达到式(5.97)给出的量子限的 S/N 值:$(S/N)_{ql}$($\eta_m = 1, L_p = 1, f(G) = 1, B_{IF} = 2B_N$)。然而在本振与光束信号之间有分配误差的情况下,综合效率将下降。因此这种类型的检测不能同时用于捕获与跟踪。

对于低数据速率,直接检测接收机可同时用于通信、捕获与跟踪,而相干检测技术进行通信时需借助独立的直接检测接收机进行捕获与跟踪,后者方案在质量和功率方面不存在任何优势;对于高数据速率(通常大于1Gbit/s),直接检测所需的功率过大,对此可考虑采用相干检测。

5.12.4 总结

无线电链路与激光链路的选择取决于提供服务的质量与可用功率。一般而言,对于低吞吐量(小于1Mbit/s),射频链路具有优势;对于大容量链路(几十兆比特每秒),激光链路更值得考虑。

对于包含一条上行链路、一条或多条星间激光链路与一条下行链路的卫星通信链路,应参考再生转发器链路模型来对站间通信整体链路性能进行建模分析。

事实上无论是射频技术还是激光技术实现的星间链路,优点都是星上信号可再生、星载交换更灵活。

参 考 文 献

[BEG-00] Begey, D.L. (2000). Laser cross links systems and technology. *IEEE Communications Magazine* 38 (8):126-132.

[CAS-98] Castanet, L., Lemorton, J., and Bousquet, M. (1998). Fade mitigation techniques for new satcom services at Ku band and above: a review. In: *4th Ka Band Utilisation Conference*, Venice, 119-128.

[CCIR-82a] CCIR. (1982). Propagation data required for space telecommunication systems. Report 564.

[CCIR-82b] CCIR. (1982). Frequency sharing between the inter-satellite service when used by the fixed-satellite service and other space services. Report 874.

[CCIR-82c] CCIR. (1982). Sharing between the Inter-satellite service and broadcasting satellite service in the vicinity of 23GHz. Report 951; also referred to as ITU-R Report BO.951-0.

[CCIR-90a] CCIR. (1990). Earth-station antennas for the fixed-satellite service. Report 390.

[CCIR-90b] CCIR. (1990). Contributions to the noise temperature of an earth-station receiving antenna. Report 868.

[CCIR-90c] CCIR. (1990). Factors affecting the system design and the selection of frequencies for inter-satellite links of the fixed-satellite service. Report 451.

[FEN-95] Fenech, H.T., Kasstan, B., Lindley, A. et al. (1995). G/T predictions of communications satellites based on new earth brightness model. *International Journal of Satellite Communications* 13 (5):367-376.

[GAG-91] Gagliardi, R.M. (1991). *Satellite Communications*, 2e. Van Nostrand Reinhold.

[ITU-02] ITU (2002). *ITU Handbook on Satellite Communications*, 3e. Wiley.

[ITUR-93] ITU-R. (1993). Reference earth-station radiation pattern for use in coordination and interference assessment in the frequency range from 2 to about 30 GHz. Recommendation S.465.

[ITUR-95] ITU-R. (1995). Sharing between the inter-satellite service involving geostationary satellites in the fixed-satellite service and the radionavigation service at 33 GHz. Recommendation S.1151.

[ITUR-99] ITU-R. (1999). Sharing between spaceborne passive sensors of the Earth exploration satellite service and inter-satellite links of geostationary-satellite networks in the range 54.25 to 59.3GHz. Recommendation S.1339.

[ITUR-02] ITU-R. (2002). Sharing of inter-satellite link bands around 23, 32.5 and 64.5GHz between non-geostationary/geostationary inter-satellite links and geostationary/geostationary inter-satellite links. Recommendation S.1591.

[ITUR-05] ITU-R. (2005).Specific attenuation model for rain for use in prediction methods. Recommendation P.838-3.

[ITUR-12] ITU-R. (2012). Protection criteria and interference assessment methods for non-GSO inter-satellite links in the 23.183-23.377GHz band with respect to the space research service.Recommendation S.1899.

[ITUR-13] ITU-R. (2013). Rain height model for prediction methods. Recommendation P.839-4.

[ITUR-16a] ITU-R. (2016). Attenuation by atmospheric gases. Recommendation P.676-11.

[ITUR-16b] ITU-R (2016) Radio noise, P series-radiowave propagation. Recommendation P.372-13.

[ITUR-17a] ITU-R. (2017). Attenuation due to clouds and fog. Recommendation P.840-7.

[ITUR-17b] ITU-R. (2017). Characteristics of precipitation for propagation modelling. Recommendation P.837-7.

[ITUR-17c] ITU-R. (2017). Propagation data and prediction methods required for the design of Earth-space telecommunication systems. Recommendation P.618-13.

[KAT-87] Kaitzman, M. (ed.) (1987). *Laser Satellite Communications*. Prentice-Hall.

[LOP-82] Lopriore, M., Saitto, A., and Smith, G.K. (1982). A unifying concept for future fixed satellite service payloads for Europe. *ESA Journal* 6 (4): 371-396.

[IJSC-88] Peters, R.A. (ed.) (1988). *International Journal of Satellite Communications* 6 (2): 77-240. Special Issue on Intersatellite links.

[THO-83] Thorn, R.W., Thirlwell, J., and Emerson, D.J. (1983). Slant path radiometer measurements in the range 11-30GHz at Martlesham heath, England. In: *3rd International Conference of*

Antennas and Propagation, ICAP 83, 156-161. IEEE.

[WAC-81] Washira, M., Arunachalam, V., Feher, K., and Lo, G. (1981). Performance of power and bandwidth efficient modulation techniques in regenerative and conventional satellite systems. In:*International Conference on Communications*, Denver, 37.2.1-37.2.5. IEEE.

[WIT-94] Wittig, M. (1994). Optical space communications. *Space Communications* 12 (2).

第 6 章　多址接入

本章涉及使来自多个地球站的多个载波能够同时接入卫星的技术。卫星的通信有效载荷主要包括一个或多个转发器,转发器位于发射天线与接收天线之间,每个转发器占用卫星总带宽的一部分(见第 9 章)。多个地球站之间的信息传输意味着通过给定的卫星转发器建立多个同时存在的、站与站之间的通信信道。

本章仅考虑基于单波束天线的有效载荷网络,更复杂的多波束天线有效载荷网络将在第 7 章讨论。在单波束有效载荷的情况下,各地球站发射的载波接入同一卫星接收天线波束;各地球站也可以接收由卫星转发的所有载波。

本章首先介绍分层传输的概念以及业务参数,然后通过介绍以下 3 个基本技术依次分析路由信息与多址接入技术:

(1) 频分多址(FDMA)。
(2) 时分多址(TDMA)。
(3) 码分多址(CDMA)。

在本章的最后,将针对不同业务需求的应用对固定分配、按需分配与随机分配等进行解释,最后以 6.10 节的总结结束本章。

6.1　分层数据传输

从生成代表信息的电信号到为终端用户智能呈现的信息,通信网络中源与目的地间的信息交换涉及大量交互功能。为完全掌握各类交互并方便设计,有必要对性质上相似的任务进行识别并归类,并将归类后各组间的交互通过一个结构良好的体系进行解释。因此,系统的功能被划分为多个层,层与层之间的信息交换由一组规则(协议)来管理。

分层原则为定义参考模型提供了强有力的支撑。20 世纪 80 年代,国际标准化组织(ISO)基于简单明了的原则推出了称为开放系统互联(OSI)参考模型的 7 层参考模型(见第 7 章图 7.1)。关于 OSI 模型的完整描述请参见 7.1 节。

第 1 层的特性涉及第 3~5 章提到的内容。第 1 层为物理层,指定了电接口

(电位与波形)以及物理层传输介质(传播信道)。在卫星网络中,第 1 层由调制与信道编码技术组成,这些技术能够实现比特流的传输,并使用无线链路作为物理传输介质。

第 2 层的特性与本章及第 7 章的内容相关。第 2 层为数据链路层,向上一层(网络层)传送未检测到传输错误的数据流。称为介质访问控制的特殊子层(MAC)负责处理通信终端之间的物理资源共享。

6.2 业 务 参 数

6.2.1 话务量

1946 年,国际电信联盟(ITU)(前身为国际电报电话咨询委员会(CCITT))决定使用爱尔兰作为话务量的单位,以纪念丹麦数学家、统计学家及工程师 A. K. 爱尔兰(1878 年 1 月 1 日—1929 年 2 月 3 日)对于电信领域的贡献及其发明的通信业务量工程与排队论。

话务量 A 定义为

$$A = R_{\text{call}} T_{\text{call}} \quad (\text{Erlang}) \tag{6.1}$$

式中:R_{call} 为每单位时间的平均通话次数(s^{-1});T_{call} 为平均通信持续时间(s)。

6.2.2 呼叫阻塞概率

假设产生呼叫的用户数量远大于为终端提供的通信信道数量 C,且被阻塞的呼叫不会被存储。在此条件下,爱尔兰 B 公式表示 n 个信道被占用的概率($n \leq C$),即

$$E_n(A) = (A^n/n!) \Big/ \sum_{k=0}^{k=C} (A^k/k!) \tag{6.2}$$

阻塞概率由($n = C$)得到,即

$$B(C,A) = E_C(A) \tag{6.3}$$

爱尔兰 B 公式的 B 是指阻塞,即新到达的呼叫会被阻塞(无法得到服务)并从系统中清除。若该呼叫重新发起,它将被视作一个新的呼叫,且对系统没有任何影响。

图 6.1(a)显示了给定呼叫阻塞概率时,所需通信信道数与话务量的关系。在已知话务量 A 的情况下,所需信道数的近似值为

$$C = A + \alpha A^{1/2} \tag{6.4}$$

式中:α 为阻塞概率目标 $10^{-\alpha}$ 中的指数。

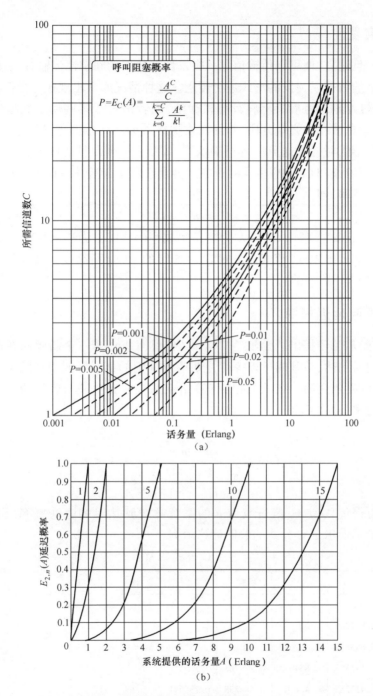

图 6.1 呼叫阻塞概率

(a) 给定呼叫阻塞概率下,确保连接设置正常工作所需的通信信道数与话务量的关系;

(b) 当所提供话务量为 A 时,具有 n 个信道的系统的呼叫阻塞概率。

6.2.3 突发性

连接一旦建立,便可以传输信息。突发性与数据的间歇性传输有关,信息在随机时刻生成的数据以突发的形式进行传送。这种情况通常出现在当操作者使用计算机时,经过片刻思考后突然将计算机激活;或者出现于某些用于数据传输的协议,其中当信息被发送终端分段,并且在发送终端即将传输其他分段前,接收终端以短消息的形式对已发送分段进行确认[MAR-04]。一个常见的例子就是传输控制协议/互联网协议(TCP/IP)生成的业务。突发性定义为活动信息源的峰值比特率除以平均比特率,即

$$BU = R/(\lambda L) \tag{6.5}$$

式中:R 为峰值比特率(bit/s);λ 为消息生成率(s^{-1});L 为消息长度(bit)。连续的信息流对应低突发性(流式业务对应 1~5 级的 BU),而高度间歇性的业务具有高突发性($BU = 10^3 \sim 10^5$)。

6.2.4 呼叫延迟概率

此外,爱尔兰还提出了爱尔兰 C 公式(C 指拥塞):若一个新呼叫在所有信道全部被占用时到达,该呼叫可以等待并期望系统中的某些呼叫很快结束。爱尔兰 C 公式(又称爱尔兰第二公式)能够计算给定系统业务负载与容量情况下呼叫需要等待的概率,即

$$E_{2,n}(A) = \frac{\dfrac{A^n}{n!} \dfrac{n}{n-A}}{\sum_{i=0}^{n-1} \dfrac{A^i}{i!} + \dfrac{A^n}{n!} \dfrac{n}{n+A}}, A < n$$

由此可得负载为 A 、信道数为 n 的系统呼叫到达时的阻塞概率(图 6.1b)。表 6.1 显示了爱尔兰 C 公式的数值计算示例。

表 6.1 爱尔兰 C 公式的数值计算示例

$E_{2,n}(A)$	$A = 1$	2	3	4	5	6	7	8
$n = 1$	1							
$n = 2$	0.837209	1						
$n = 3$	0.683544	0.812030	1					
$n = 4$	0.541353	0.639053	0.779783	1				
$n = 5$	0.413265	0.484305	0.584838	0.738041	1			
$n = 6$	0.301910	0.350903	0.418875	0.519508	0.683785	1		
$n = 7$	0.209438	0.241221	0.284377	0.346339	0.442825	0.613830	1	

续表

$E_{2,n}(A)$	A = 1	2	3	4	5	6	7	8
n = 8	0.136903	0.156157	0.181713	0.217271	0.270131	0.356981	0.526140	1
n = 9	0.083751	0.094584	0.108636	0.127591	0.154558	0.195981	0.267736	0.422384
n = 10	0.047707	0.053352	0.060512	0.069893	0.082715	0.101299	0.130654	0.183963
n = 11	0.025232	0.027957	0.031342	0.035660	0.041358	0.049222	0.060780	0.079430
n = 12	0.012385	0.013607	0.015096	0.016951	0.019326	0.022474	0.026848	0.033337
n = 13	0.005650	0.006161	0.006773	0.007520	0.008452	0.009647	0.011237	0.013454

爱尔兰 C 公式与 B 公式的关系为

$$E_{2,n}(A) = \frac{E_{1,n}(A)}{1 - A\{1 - E_{1,n}(A)\}/n}, A < n$$

或

$$\frac{1}{E_{2,n}(A)} = \frac{1}{E_{1,n}(A)} - \frac{1}{E_{1,n-1}(A)}$$

若呼叫阻塞,则必须在队列中等待。令 L 为队列长度,则队列长度 $L > 0$ 的概率可计算为

$$p\{L > 0\} = \frac{A}{n} E_{2,n}(A)$$

平均队列长度可计算为

$$L_n = \frac{A E_{2,n}(A)}{n - A}$$

给定队列长度 $L > 0$ 时,平均队列长度可计算为

$$L_{nq} = \frac{n}{n - A}$$

6.3 业务路由

对于包含 N 个地球站的网络业务需求,有必要在每两个地球站间建立合适的信息传输能力。使用图 6.1 的曲线,根据业务量与可接受阻塞概率(典型值为 0.5%~1%)表征的函数来计算系统的服务能力。

令 C_{XY} 为容量,表示站 X 向站 Y 传输业务的通信信道数。在 N 个站间交换所需容量的集合可以由一个 N 维矩阵($C_{XX} = 0$)描述。表 6.2 给出了包含 3 个站(X = A,B,C;Y = A,B,C)的网络所需的容量。

表 6.2　包含 3 个站点的网络所需的容量

来源站	目的站		
	A	B	C
A	—	C_{AB}	C_{AC}
B	C_{BA}	—	C_{BC}
C	C_{CA}	C_{BC}	—

信息传输遵循第 4 章介绍的技术,卫星信道转发的射频载波为调制波。在网络层面,将考虑以下两种用于业务路由的技术(图 6.2):

(1) 每条站间链路分配一个载波。
(2) 每个发射站分配一个载波。

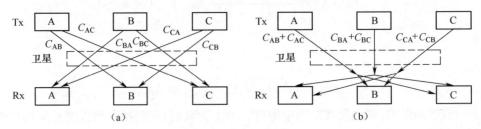

图 6.2　业务路由技术
(a) 每条站间链路一个载波;(b) 每发射站一个载波。

6.3.1　每条站间链路分配一个载波

如图 6.2(a)所示,一个载波将业务 t_{XY} 从站 X 传送至站 Y。总载波数等于相应矩阵中非零系数的个数 $N(N-1)$,矩阵系数定义了每个载波所需的容量。

6.3.2　每个发射站分配一个载波

如图 6.2(b)所示,该技术借助于卫星的广播特性,使得每个站都能够接收到卫星转发的所有载波(对于单波束卫星)。在此条件下,可以看出将全部业务从站 X 传送至其他所有站的任务可以由单个载波完成。因此,所需的总载波数等于站的数量 N。每个载波的容量由对应于发射站的矩阵行的系数之和给出。

6.3.3　对比

从图 6.2 中可以看出,图 6.2(a)中的方法较图 6.2(b)中的方法需要更多的载波数量,且每个载波的容量较小。然而,在图 6.2(a)中,每个接收站只接收到其应当接收的业务;在图 6.2(b)中,接收站 Y 必须从接收载波的全部业务中提取"X

到Y"的业务。

这两种方法间的选择在于各方面的均衡,具体而言取决于卫星信道数量、卫星信道带宽和多址接入技术等方面。总的来说,相比卫星转发大量的低容量载波,传输少量的高容量载波更高效。因此,"每个发射站分配一个载波"是最常用的方法。

6.4 接 入 技 术

当作为网络节点的卫星转发器同时处理多个载波时,便会涉及多址接入问题。卫星转发器由多个相邻信道组成,每个信道的带宽为转发器总带宽的一部分(第9章),任一载波都有对应的转发器信道。对于多址接入,需要考虑以下两方面:

(1) 对特定转发器信道的多址接入。
(2) 对卫星转发器的多址接入。

6.4.1 对特定转发器信道的多址接入

当信道处于工作状态时,每个卫星转发器信道(转发器)对落入其通带内的载波都会进行放大。因此,每个信道提供的资源可以在时间-频率平面中以矩形的方式表示,该矩形表示信道的带宽及其运行时间(图6.3)。在没有特殊预防措施的情况下,多个载波将同时占据该矩形并相互干扰。为避免这种干扰,接收机(透明卫星转发时的接收机为地球站接收机,再生型有效载荷卫星的接收机为星载卫星接收机)必须能够对接收到的各载波进行区分,区分可通过以下方式实现:

(1) 通过频域区分载波。若每个载波的频谱各自占据不同的子带,则接收机可通过滤波来区分载波,即频分多址(FDMA,见图6.3(a))的原理。

(2) 通过时域区分载波。将接收机依次接收到的多个载波进行时隙控制,既使这些载波可能占用相同的频带,但在一个时隙内只可能有一个载波,即时分多址(TDMA,见图6.3(b))的原理。

(3) 通过地址码区分载波。这确保即使所有载波同一时刻占用相同频带,也能够正确识别每个载波。最常用的地址码实现方法是利用伪随机码(伪噪声[PN]码),码分多址(CDMA,见图6.3(c))由此而得名。与仅由有用信息调制信号相比,使用伪随机码具有拓宽载波频谱的效果,所以CDMA有时也称为扩频多址(SSMA)。

以上定义的几种多址接入类型可以组合应用,图6.4显示了组合的种类。

6.4.2 对卫星转发器的多址接入

对特定转发器信道的多址接入先于对卫星转发器进行多址接入。对卫星转发

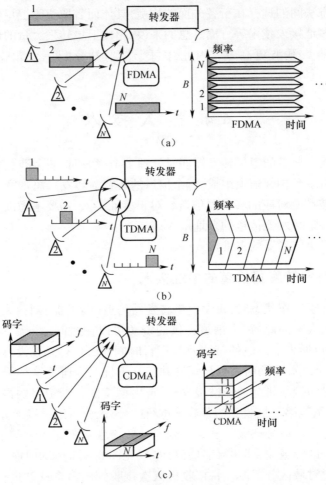

图 6.3 多址接入原理
(a)频分多址(FDMA);(b)时分多址(TDMA);(c)码分多址(CDMA)。
(B=信道或转发器带宽)

器的多址接入通过载波的不同频率与不同极化方式实现。

对于具有给定极化和频率的每个载波,必须对转发器进行 FDMA 接入,同时对每个信道进行 FDMA、TDMA 或 CDMA 接入。因此,图 6.4 所示的各种组合应用可认为是对卫星转发器多址接入的描述。在任何情况下,载波占用的频谱都不得超过信道(转发器)带宽。

6.4.3 性能评估——效率

多址方案的效率 η 由两个参数决定:第一个参数是所选多址模式下转发器的

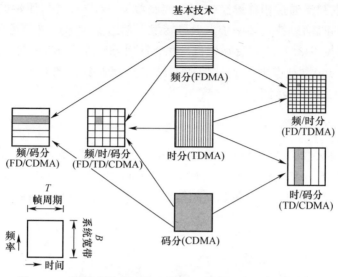

图 6.4 3 种基本的多址接入类型组合应用为混合多址接入

可用容量;第二个是以全带宽、饱和状态运行的转发器在单载波接入时的可用容量。具体关系为

$$\eta = 第一个参数/第二个参数$$

载波的容量等于其所携带信息的比特率 R_b,有时也称为载波吞吐量。因此,多址接入方案的效率为转发器中多址接入的所有载波吞吐量之和与单个载波的最大吞吐量之比,即为归一化的吞吐量。

6.5 频分多址

转发器信道带宽被划分为多个子带,每个子带都被分配给地球站的发射载波。使用该类型的接入方式,地面站可以连续传输。信道同时传输多个不同频率的载波,因此有必要在载波占用的频带之间提供保护间隔,以避免由于振荡器和滤波器的缺陷而引起干扰。接收机根据其预设的频率接收对应的载波,滤波功能由中频(IF)放大器提供。

根据所使用的多路复用和调制方法,可以考虑多种传输方案。但无论哪种方案,卫星信道都需要同时承载多个载波。卫星信道的非线性特性会造成一个严重问题——载波间互调,该问题可以通过使用再生型卫星转发器来避免(7.4.3.3 节)。

6.5.1 TDM/PSK/FDMA

地球站的基带信号是数字信号,这些信号组合成时分复用(TDM)信号。该复用信号的二进制流通过相移键控(PSK)调制载波,并与来自其他站的其他频率的载波在相同的时间以特定频率接入卫星转发器信道。为尽量减少互调产物进而减少载波数量(见6.3.2节),最好根据"每个发射站一个载波"的原则执行业务路由。TDM信号包含从发射站到其他所有站的全部业务。图6.5显示了一个由3个地球站组成的网络示例。

6.5.2 SCPC/FDMA

地球站的基带信号各自单独调制一个载波,称为单路单载波(SCPC)。每个载波在其特定频率与其他频率上(来自相同或不同站)的载波同时接入卫星转发器信道。因此,信息路由根据"每条站间链路一个载波"的原则执行。

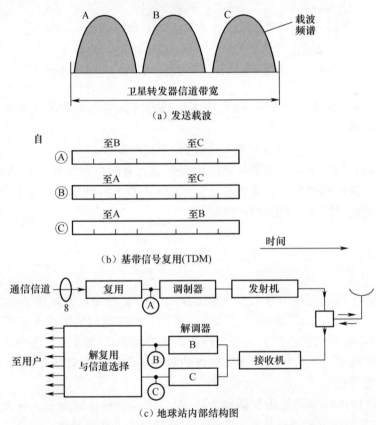

图 6.5 使用"每个发射站一个载波"的 3 站 FDMA 系统

6.5.3 邻道干扰

如图 6.6 所示,信道带宽被多个不同频率的载波占用,该信道将这些载波传输至位于卫星天线覆盖区域内的所有地球站。载波必须由每个地球站的接收机进行滤波,当各载波频谱被较宽的频率保护带彼此分开时,滤波会更易实现。然而,较宽的频率保护带会导致空间段内信道带宽的低效率以及更高的单载波运营成本,因此需要在技术与成本之间做出权衡。无论选择何种方案,对于某个载波,调谐至该载波频率的接收机都会捕获该载波相邻载波的部分功率。这种干扰称为邻道干扰(ACI),其体现为噪声。领道干扰是5.9.2节分析的系统间干扰之外的另一种干扰,该干扰可以包含在关于$(C/N_0)_T$的表达式(5.73)中的$(C/N_0)_I$项内。

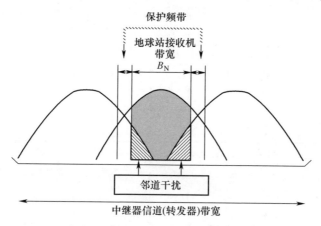

图6.6　FDMA载波与邻道干扰的频谱

6.5.4　互调

6.5.4.1　互调产物的定义

由5.9.1节已知卫星转发器信道具有非线性传输特性。根据FDMA的特点,卫星转发器信道将同时放大不同频率的多个载波。地球站本身也有一个非线性功率放大器,而该放大器可以接收不同频率的多个载波。一般来说,当频率为f_1,$f_2,\cdots,f_N$的N个正弦信号通过非线性放大器,输出将不仅包含N个原始频率的信号,而且还将包含不需要的信号,称为互调产物。这些互调产物出现在由各输入频率线性组合的频率f_{IM}上,可表示为

$$f_{IM} = m_1 f_1 + m_2 f_2 + \cdots + m_N f_N \tag{6.6}$$

式中:$m_1, m_2, \cdots, m_N$为正整数或负整数。

X称为互调产物的阶数,定义为

$$X = |m_1| + |m_2| + \cdots + |m_N| \tag{6.7}$$

当通带放大器的中心频率与其带宽相比较大时(数吉赫兹的中心频率与几十兆赫兹的带宽相比,即卫星转发器信道的情况),仅奇数阶互调产物($\sum m_i = 1$)存在

于放大器带宽内。此外,互调产物的幅度随其阶数的增加而减小。因此,在实际应用中只需要考虑3阶内的产物(有时也考虑5阶内的产物,但其比3阶产物幅度要小很多)。图6.7显示了由频率为f_1与f_2的两个未调制载波产生的互调产物,可以看出:在幅度不等的未调制载波情况下,若幅度较大的载波具有更高的频率,则更高频率的互调产物幅度更大;若幅度较大的载波具有更低的频率,则更低频率的互调产物幅度更大。这意味着在信道带宽的边缘处布置功率最强的载波具有如下优点:功率最强的互调产物落在信道带宽之外,因而不会在下行链路上传播。

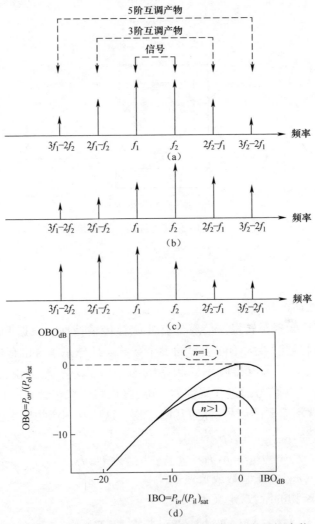

图6.7 两个正弦信号(未调制载波)情况下的互调产物
(a)幅度相等;(b)与(c)幅度不等;(d)单载波($n=1$)与多载波($n>1$)工作下的非线性放大器的传输特性(IBO为输入回退,OBO为输出回退)。

6.5.4.2 多载波工作时非线性放大器的传输特性

图 6.7(d)显示了单载波模式下卫星转发器信道的功率传输特性。一般来说,这种形式对于每个非线性放大器都是有效的。现在有必要将该模型扩展到多载波模式。为此,使用以下符号:

(P_{i1}) = 单载波模式下($n = 1$)放大器输入处(i 指输入)的载波功率

(P_{in}) = 多载波模式下($n > 1$)放大器输入处(n 个载波中)的一个载波的载波功率

(P_{o1}) = 单载波模式下($n = 1$)放大器输出处(o 指输出)的载波功率

(P_{on}) = 多载波模式下($n > 1$)放大器输出处(n 个载波中)的一个载波的载波功率

$(P_{\mathrm{IM}X,n})$ = 多载波模式下($n > 1$)放大器输出处的 X 阶互调产物的功率

输入回退(IBO)与输出回退(OBO)在单载波模式下的定义已在 5.9.1 给出,并可应用于多载波模式的情况:

n 个载波中的一个载波的输入回退可表示为 $\mathrm{IBO}_1 = (P_{in})/(P_{i1})_{\mathrm{sat}}$

n 个载波中的一个载波的输出回退可表示为 $\mathrm{OBO}_1 = (P_{on})/(P_{o1})_{\mathrm{sat}}$

在上述表达式中,下标 sat 指饱和时的值。转发器单载波与多载波模式下的 OBO 与 IBO 典型函数关系也如图 6.7(d)所示。

6.5.4.3 互调噪声

在对载波进行调制后,互调产物的频谱不再是线性的,因为互调产物的功率分散在一个延伸至不同频带的频谱上[GAG-91]。若载波数量足够多,互调产物频谱的叠加会导致频谱密度在整个放大器带宽上几乎恒定,此即为将互调产物视为白噪声(具有恒定功率谱密度的噪声,表示为 $(N_0)_{\mathrm{IM}}$)的原因。

6.5.4.4 载波与互调噪声功率谱密度比

互调噪声的功率谱密度 $(N_0)_{\mathrm{IM}}$ 取决于放大器的传输特性以及被放大载波的数量与类型(9.2 节)。载波与互调噪声功率谱密度比 $(C/N_0)_{\mathrm{IM}}$ 适用于放大器输出端的每个载波,该比值可以由图 6.7(d)所示的放大器特性曲线推导得出,如将 $(N_0)_{\mathrm{IM}}$ 估计为 $(P_{\mathrm{IM}X,n})/B$,其中 B 为调制载波的带宽。因此有

$$(C/N_0)_{\mathrm{IM}} = (P_{on}/P_{\mathrm{IM}X,n})B$$

图 6.8 显示了 $(C/N_0)_{\mathrm{IM}}$ 与 IBO 及载波数的典型变化关系。可以看出,$(C/N_0)_{\mathrm{IM}}$ 的值在接近放大器饱和时下降(非线性特性变得更严重)。当载波数增加时,$(C/N_0)_{\mathrm{IM}}$ 的值也会变小(由两方面原因综合导致:①每个载波分享转发器信道总可用功率更小的份额;②互调产物的总功率增加)。

6.5.5 FDMA 系统效率

由图 5.35 可见,$(C/N_0)_{\mathrm{T}}$ 总是小于单载波在饱和状态工作下的值。另一方

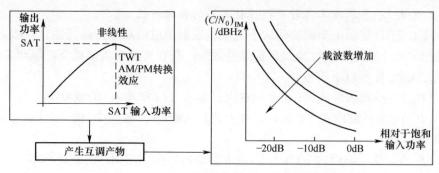

图 6.8　$(C/N_0)_{IM}$ 与 IBO 及载波数的函数关系

面,当回退增加时,$(C/N_0)_T$ 的最大值随之减小,这与载波数增加时,$(C/N_0)_T$ 的变化趋势相同。图 6.9 显示了 36MHz 带宽的卫星转发器信道总容量的相对变化,传输体制为使用正交相移键控(QPSK)调制的 TDM/PSK/FDMA 类型。每个载波平均分享卫星转发器带宽与功率。当载波数增加时,每个载波能够分享到的功率降低,这意味着需要使用前向纠错(FEC)机制来维持每个载波在解调器输出端的目标误码率(BER)。随着每个载波的吞吐量下降,总吞吐量(为各载波吞吐量之和)也下降。图 6.9 显示了 FDMA 系统的效率与接入数的关系。转发器带宽为 36MHz 时,单个 QPSK 调制的 FDMA 载波的接入容量为 54Mbit/s;若有 10 个单独的 FDMA 载波,则效率为 $\eta=40\%$,总吞吐量为 $0.4\times54\text{Mbps}=21.6\text{Mbps}$。

6.5.6　总结

FDMA 具有在给定频带内连续接入卫星的特点。该技术的优点是其具有简单性,然而也具有下列缺点:

(1) 缺乏重新配置的灵活性。为适应容量的改变,必须改变频率规划,这也就意味着需要修改地球站的发射频率、接收频率以及滤波器带宽。

(2) 当接入载波数增加时会因互调产物而损失容量,需要降低卫星发射功率(回退)以保证系统正常运行。

(3) 需要控制地球站的发射功率,使卫星输入端的各载波功率相同,以避免捕获效应。这种控制必须实时进行,且必须适应上行链路的雨衰。

在通信领域中,捕获效应或调频(FM)捕获是一种与 FM 接收相关的现象,具体是指两个在相同或相近频率(或信道)的信号中只有较强的信号会被解调。

FDMA 是最早的接入技术,尽管其存在诸多缺点,但时至今日依然被广泛使用。由于过去的各种投入以及显而易见的优势(包括地球站间不需要同步),FDMA 的使用有望延续下去。

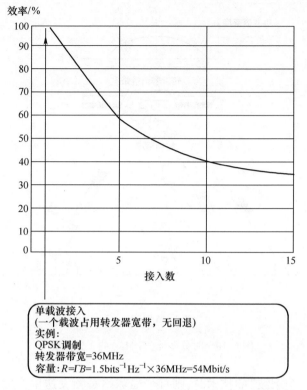

图 6.9 FDMA 传输效率,曲线代表带宽为 36MHz 的转发器的总吞吐量随接入数 (TDM/QPSK/FDMA 载波数)增加的相对变化关系(100%处所表示的值为多路复用的 总容量(54Mbit/s),对应所调制的单载波接入转发器信道饱和工作的情况)

6.6 时分多址

TDMA 的工作原理如图 6.10 所示。地球站依次发射持续时间为 T_B 的各个载波突发,各载波突发具有相同的频率,并占据整个转发器信道带宽。因此,卫星转发器信道每时刻仅承载一个载波。各突发被嵌入至一个持续时间为 T_F 的周期性时间结构,该周期性时间结构称为帧。

6.6.1 突发生成

突发对应地球站业务的传输。当使用 6.3.1 节所述的"每条站间链路分配一个载波"的技术时,每个地球站每帧发送 $N-1$ 个突发,其中 N 为网络中地球站的数量。因此网络中每帧的总突发数为 $P=N(N-1)$。若使用 6.3.2 节介绍的"每

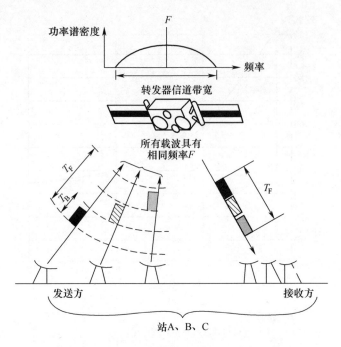

图 6.10 时分多址（TDMA）的工作原理

个发射站分配一个载波"的技术时,则每个地球站每帧发送单个突发,且同时发送给其他所有地球站。因此帧内突发数 P 等于 N,每个突发包含多个站到站的子突发。考虑到信道吞吐量随突发数的增加而降低（见 6.6.5 节）,一般采用"每个发送站分配一个载波"的技术。

图 6.11 显示了突发的生成过程。地球站从网络或用户接口处将业务以 R_b 比特率的连续二进制流形式接收,在等待突发发送时刻到来的过程中,必须将该信息存入缓冲存储器中。当突发发送时刻到来,存储器中的内容将在 T_B 的时间间隔内传输。因此,调制载波的比特率 R 为

$$R = R_b(T_F / T_B) \quad (\text{bit/s}) \tag{6.8}$$

当突发持续时间较短时,R 值较高,发射站的传送周期 (T_B / T_F) 较低。因此,假如 $R_b = 2\text{Mbit/s}$,$(T_F / T_B) = 10$,则调制比特率为 20Mbit/s。应注意 R 代表网络的总容量,即每个地球站的容量之和,单位为 bit/s。若所有地球站的容量相同,则 (T_F / T_B) 代表网络中地球站的数量。

图 6.11 显示了突发的帧结构,更具体的细节见图 6.12。突发帧由帧头（前导符）与业务字段组成。帧头主要功能如下：

（1）地球站的解调器将其本地振荡器与接收到的载波进行同步（在相干解调

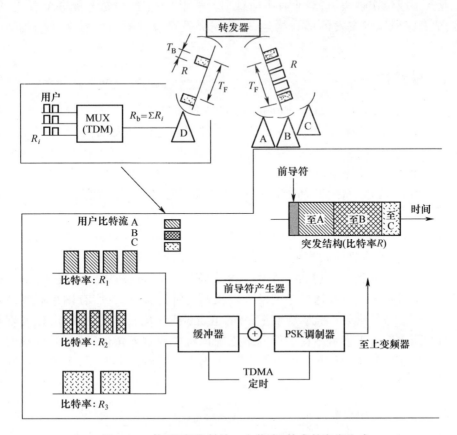

图 6.11 使用"每发射站一个载波"技术的突发生成

R_i = 用户速率（bit/s）；R_b = 多路复用的信息速率（bit/s）= $\sum R_i$；

T_B = 突发持续时间（s）；T_F = 帧持续时间（s）。

的情况下）。帧头的第一部分是比特序列,其提供用于快速载波恢复的恒定载波相位。

（2）地球站的比特序列检测器使其比特判决时钟与符号速率同步,帧头的第二部分为提供相位交替反转的比特序列。

（3）地球站通过相干解调器检测一组称为独特字的比特序列来识别一个突发的起始。帧头的第三部分为独特字,其使接收机能够在相干解调的情况下解决载波相位模糊问题。

（4）在地球站之间传送信令信息。

已知突发的起始位置及比特率,并且在已解决（若需要）相位模糊的情况下,接收机可识别独特字之后的所有比特。

业务字段位于帧头后,对应有用信息。若采用"每个发射站分配一个载波"的技术,业务字段以子突发的形式构建,这些子突发对应发射站发射至其他各站的信息。

6.6.2 帧结构

图 6.12 显示了 Intelsat 与 Eutelsat 系统中使用的帧结构,并提供了关于突发结构的详细信息。该帧长度为 2ms,由依次排列的地球站发射的所有突发组成(假设所有站均能同步传输)。考虑到同步可能不够完善,因此在每两个突发之间留出一个不进行传输的时间段,称为保护时间。图 6.12 中,保护时间占用 64 个符号(128bit),这一保护时间对应 1μs 的时间间隔。应注意存在两种类型的突发:

(1) 业务站的突发。包含一个由 280 个符号(560bit)组成的突发头,以及一个由 64 个符号的倍数构成的业务字段(根据各站的容量)。

(2) 参考站的突发。包含一个由 288 个符号(576bit)组成的突发头,不含业务字段。参考站是通过发送参考突发来定义帧时钟的特殊站;所有网络业务站必须以相对于参考站突发(称为参考突发)的恒定延迟来安排它们的突发,以实现与参考站的同步。由于参考站在确保网络正确运行中的重要角色,其数量可根据需求适当增加。这就是为什么每帧会有两个相同内容的参考突发,每个参考突发都由两个互相同步的参考站其中之一发送。

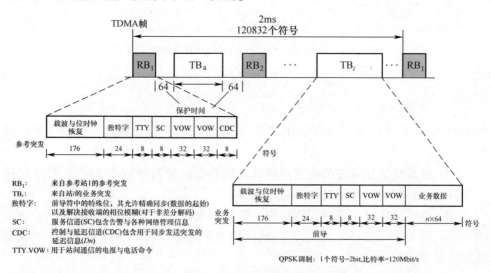

图 6.12 Intelsat/Eutelsat 系统的突发帧结构
来源:经 ITU 许可转载自 CCIR-Rep 88。

6.6.3 突发接收

在下行链路上,每个站对帧内的所有突发都要接收,图 6.13 显示了接收站的处理过程。

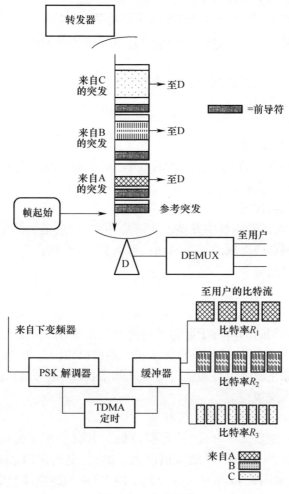

图 6.13 突发接收

接收站通过检测独特字来识别帧内每个突发的起始,然后从每个突发的业务字段的子突发中提取本站接收的业务。接收站以非连续的形式接收该业务,接收速率为比特率 R。为了使接收到的业务恢复为原始比特率 R_b 的连续二进制流形式,解调后的比特被送入缓存处理器缓存一帧的时长,并在下一帧的时长内以 R_b 的速率被读取。

接收站必须能够在每个突发的起始处检测到独特字,这是接收站识别突发内容的基础。独特字检测器在接收机比特检测器(与独特字长度相同)的输出端建立每个比特序列与存储在相关器中的独特字副本之间的相关性。在接收到的序列中,仅那些产生大于预设阈值的相关峰值的序列才会被识别为独特字。独特字检测器的性能由以下两个参数衡量[FEH-83]:

(1) 未检出概率,即突发接收开始时未能检测到独特字的概率。

(2) 错检出概率,即在任何二进制序列(如业务字段)中错误地识别出独特字的概率。

以下情形可降低"独特字未检出"的概率。

(1) 链路 BER 较低。

(2) 独特字长度较短。

(3) 相关峰阈值较低。

以下情形可降低"独特字错检出"的概率,但与链路 BER 无关:

(1) 独特字的长度较长。

(2) 相关峰阈值较高。

因此,必须寻求二者的折中方案。实际应用中,通过借助帧结构的先验知识,可以仅在独特字预期会出现的时间间隔内判断相关性,从而在不增加未检测概率的情况下降低错检出概率。

6.6.4 同步

网络中不同站间的同步对于避免帧内突发互相重叠十分重要。这种重叠会产生一定程度的干扰,使地球站接收机无法正确地检出比特。在讨论同步技术之前,有必要确定地球静止轨道卫星通信自身带来的干扰(确定与地球静止卫星轨道不理想性相关的干扰量级)。

6.6.4.1 地球静止卫星的残余移动

卫星的轨道控制定义了一个"位置保持框",其典型尺寸为 0.1°。此外,轨道的偏心率被限制在约 $4×10^{-4}$ 的最大值以内。因此,卫星在约 75km×75km×35km 的矩形框内移动,如图 6.14 所示。这导致了约 35km 的卫星高度变化,其以 24h 为周期。这便造成以下两个效应。

(1) 约 250μs 的往返传播时间变化:该值对应在没有矫正措施的情况下,帧中突发每天的潜在滑动量,该值将与帧持续时间(2~20ms)进行比较。

(2) 多普勒效应:若卫星的最大位移速度为 10km/h,多普勒效应将使来自某站的帧内突发以约 20ns/s 的速率位移。当两个突发间的保护时间为 1μs,并假设帧内两个相邻突发相向而行的特殊情况,这种位移将历时约 $(1/2)(1×10^{-6}/20×10^{-9})$s=25s 的时间将两突发间的保护时间耗尽,该时长也决定了能够及时采取纠正措施的时间量。应注意,该时长大于突发的往返传播时间,这意味着可以通过基于对突发位置误差的观察来进行突发位置控制。

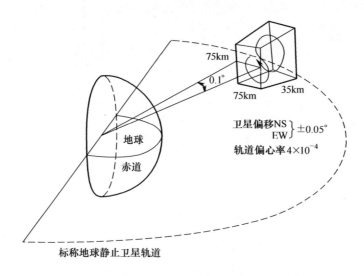

图6.14 地球静止卫星轨道周期(24h)内位置的变化

6.6.4.2 发送帧起始时间与接收帧起始时间的关系

任何站 n ($n = 1,2,\cdots,N$) 都必须以相对于参考突发延迟 d_n 的方式将其突发发送至卫星。如图6.15所示,延迟 d_n 的具体值取决于每个站。通过所有 d_n 的值,可以决定帧内突发的排列,称为突发帧计划。因此,当站 n 相对于发送帧起始($SOTF_n$)时间以 d_n 的延迟进行传输时,突发的位置才是正确的。时间 $SOTF_n$ 为发射站应当发射突发的时刻,以保证所发射突发能够出现在参考突发为其定义的正确帧时隙内。因此,使站 n 同步的问题等价于确定 $SOTF_n$ 的值。该时刻一旦确定,站 n 仅需相对于 $SOTF_n$ 以 d_n 的延迟时间进行发送。

对于单波束卫星,站 n 接收下行链路上所有的帧。检测出参考突发中独特字的时刻,即决定接收帧的起始时间,称为接收帧起始($SORF_n$)。图6.16显示了 $SOTF_n$ 与 $SORF_n$ 的时间关系。$SORF_n$ 等于卫星上帧(k)的起始时间加下行链路上的传播时间 R_n/c,其中 R_n 为卫星到地面站 n 的距离,c 为光速。帧($k+m$)的起始时间(m 为整数)等于 $SOTF_n$ 加上行链路上的传播时间 R_n/c。在卫星处,帧(k)与帧($k+m$)的起始时间的时间间隔定义为 mT_F。因此有

$$SOTF_n - SORF_n = D_n = mT_F - 2R_n/c \quad (s) \tag{6.9}$$

为使式(6.9)结果大于0,需要选择合适的 m 值,以确保对于距离卫星最远的站 n 而言,mT_F 大于 $2R_n/c$。例如,若 m 的值取14,帧时长 $T_F = 20ms$,则距卫星最远的站的最大往返传播时间不应超过280ms。

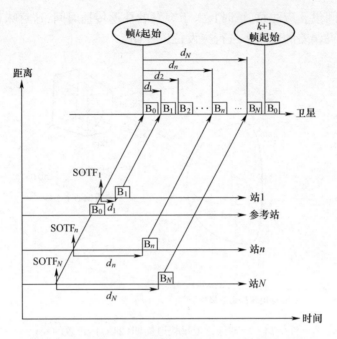

图 6.15 突发帧计划(每个站根据相对于参考突发 B_0 (定义帧的起始)的延迟 $d_n(n=1,2,\cdots,N)$ 在卫星层面确定其所发送突发的位置。站 n 处的垂直箭头表示该站的发送帧起始($SOTF_n$))

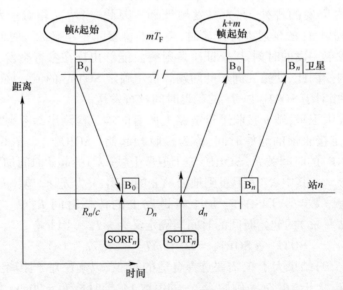

图 6.16 站 n 的帧发送起始时间 $SOTF_n$ 与帧接收起始时间 $SORF_n$ 之间的关系

综上所述，站 n 通过检测参考突发的独特字来确定 $SORF_n$，随后又经过 $D_n + d_n$ 的时间后，将其发送。根据 D_n 值确定方法的不同，有以下两种同步技术：

(1) 闭环同步。

(2) 开环同步。

6.6.4.3 闭环同步

图 6.17 显示了闭环同步方法。站 n 通过测量并检测参考突发独特字与自身突发独特字的时间间隔，观察其突发在帧中相对于参考突发的位置。设 $d_{on}(j)$ 是在接收帧时检测到的值，$D_n(j)$ 为已确定传输时间，差值 $e_n(j) = d_{on}(j) - d_n$ 是突发位置误差。然后，发射站根据以下算法调整 D_n 的值，有

$$D_n(j+1) = D_n(j) - e_n(j) \quad (s) \tag{6.10}$$

并使用新的 D_n 值确定传输时间。应注意，进行一次矫正所需的最短时间等于从最远发射站到卫星的往返传播时间，通常约为 280ms。

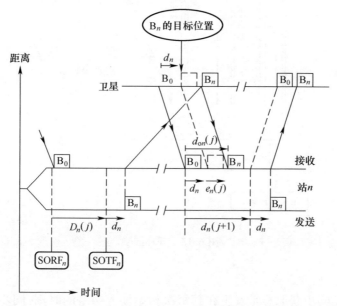

图 6.17 闭环同步：站 n 观测到其突发的位置并修正发送时间

6.6.4.4 开环同步

开环同步方法尤其适用于按需分配的网络，在此网络中，业务站突发的位置由参考站控制(见 6.8 节)，该方法依赖于对卫星位置信息的掌握以及卫星至每个地面站距离 R_n 的计算。卫星位置可由轨道控制站(空间段)提供，若需要将空间段与地面段的职责进行分离，则除参考站外还必须提供两个辅助站。如图 6.18 所示，两个辅助测距站 B 与 C 配合参考站 A 进行测量。两个辅助测距站将传播时间

值发送给参考站,参考站通过三角测量确定卫星的位置,并计算卫星到网络内各站的距离。参考站依次向所有业务站发送由式(6.9)计算出的 D_n 值,并使用控制与延迟信道(CDC)作为参考突发的信令信道(图 6.12)。应注意,校正前的时间等于测量传播时间(往返)所需的时长加上两个辅助站向参考站(往返)发送信息所需的时长,再加上计算出的 D_n 值、分发 D_n 值所用的时长。这一时间可达几秒钟,因此意味着需要比闭环同步更长的保护时间。

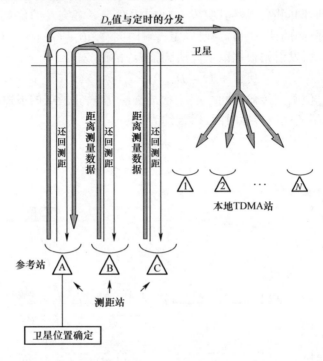

图 6.18 开环同步

6.6.4.5 同步获取

地球站的同步获取总是发生在其每次初始接入网络的时刻,同步的工作方式可以是闭环同步也可以是开环同步。

在闭环同步中,地球站发送一个通常由伪随机序列调制的低功率突发,并观察其位置,然后将其位置校正至标称位置,最后以全功率运行并发送有用信息。对于使用伪随机序列的调制,伪随机序列的自相关性使其能够测量位置误差,且能量的扩散可以限制其加入网络时对其他地球站的干扰,从而有利于同步获取。

在开环同步中,新加入网络的地球站接收到来自参考站的 D_n 值,并在接收到参考突发后的 $D_n + d_n$ 时刻进行发射。

6.6.5 TDMA 系统效率

在单载波模式中,最大吞吐量为 $R = B\Gamma$,式中:B 为信道带宽(Hz);Γ 为调制频谱效率(bit/s/Hz)。使用多址接入时,实际总吞吐量为 $R \times (1 - \sum t_i / T_F)$,其中 $\sum t_i$ 代表不用于传输业务的所有时间(保护时间、突发包头)之和。因此,TDMA 的帧效率为

$$\eta = 1 - \sum t_i / T_F \tag{6.11}$$

当帧长 T_F 更长,或 $\sum t_i$ 更小时,其效率更高。帧效率取决于帧内的突发数量 P,令 p 为突发包头的比特数,g 为保护时间(以比特为单位的等效时长)。假设帧内包含两个参考突发,则有

$$\eta = 1 - (P + 2)(p + g)/(RT_F) \tag{6.12}$$

式中:R 为帧的比特率(bit/s)。

效率随接入数变化,接入数即为网络中地球站的数量 N,因此效率取决于具体所采用的业务路由技术(6.6.1 节):

(1) 在使用"每条站间链路分配一个载波"技术的情况下,有 $P = N(N - 1)$。

(2) 在使用"每个发射站分配一个载波"技术的情况下,有 $P = N$。

P 值越高效率越低,因此采取"每个发射站分配一个载波"具有明显优势。

6.6.5.1 关于帧长

帧长越长,要求地面站的接收缓存与发射缓存具有更高的存储能力。此外,帧持续时间决定了从一个地面站到另一个地面站的信息传递延迟。实际上,这一延迟等于往返传播时间加上发射缓存与接收缓存时间。由于缓存时间基本等于一帧的时长,可以得到:

两个地面站缓存接口之间的传递延迟 = 往返传播时间 + $2T_F(s)$ (6.13)

对于电话传输,一般认为用户间的传播时间不得超过 400ms。考虑到无线电波的往返传播时间不超过 278ms,并且要求信息在地面的传播时延最大 30ms,因此有

$$T_F \leq \frac{1}{2}(400 - 278 - 30) = 46\text{ms} \tag{6.14}$$

在实际应用中,帧长通常在 750μs~20ms。

6.6.5.2 关于保护时间与突发包头

对于给定的帧长,帧效率随 $\sum t_i$ 的减少而增加。这意味着需要:

(1) 减少保护时间。受限于同步方法的精度。从该角度而言,闭环方法优于开环方法。

(2) 减少突发包头长度。能够使接收机中的电路实现快速载波恢复与比特定时恢复,也可考虑差分解调(而非相干解调),但这样做的代价是误码率的增加。最后,可以尝试减少独特字的长度,但这会增加独特字的错检概率(6.6.3节)。

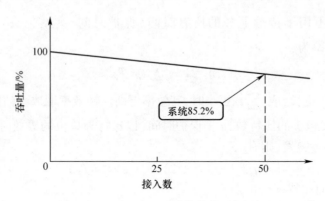

图 6.19　Intelsat/Eutelsat TDMA 系统的效率(单次接入 100%值对应经转发器连续传输的单载波容量)

例 6.1　吞吐量随业务突发数量 P 而变化,其中突发数量 P 等于业务站数量 N 或接入数量。将 Intelsat/Eutelsat 系统帧的突发结构(图 6.12)代入式(6.12)计算吞吐量。取 $p=560, g=128, R=120.832\text{Mbit/s}$,$T_F=2\text{ms}$,可得

$$\eta = 1 - 2.85 \times 10^{-3}(P+2) \tag{6.15}$$

式(6.15)由图 6.19 表示。应注意,随着接入数增加,系统效率降低较为缓慢(与图 6.9 中 FDMA 的变化趋势相比)。例如,当接入数为 50 时,TDMA 系统效率仍高达 85%。

6.6.6　总结

TDMA 的特点在于其对信道的时隙接入,优点如下:

(1) 在每一时刻,卫星转发器信道仅放大占据转发器信道全带宽的单个载波,不存在互调产物,并且载波可独享信道的饱和功率。

(2) 在地球站大量接入的情况下,TDMA 依然保持较高的效率。

(3) 无须对地球站的发射功率进行控制。

(4) 所有地球站以相同的频率发送或接收,无论突发的起始地或目的地,简化了载波频率的分配与调谐工作。

然而,TDMA 也具有以下缺点:

(1) 需要复杂的同步流程以及两个参考站。方便的是,同步流程可以由计算机程序自动化执行。

(2) 与 FDMA 相比,高突发比特率需要增加功率与带宽。

考虑一条地球站站间链路,其性能指标由误码率表征,而误码率决定了所需的 E/N_0 值,而 E/N_0 值又进而决定了所需的 C/N_0 比值,即

$$C/N_0 = (E/N_0)R \qquad (6.16)$$

可以看出,C/N_0 与 R 成正比(R 的表达式由式(6.8)给出)。对于容量 R_b,地球站必须确定发送比特率 R 的功率与带宽。由式(6.8)可知,R 随突发周期 T_B/T_F 减小而增加(在 FDMA 中,地球站的发射比特率为 R_b,因此所需 C/N_0 较小)。TDMA 的这一缺陷可以在一定程度上由卫星转发器在下行链路提供更高的功率进行补偿(FDMA 需要输出回退)。

总体而言,TDMA 在地球站大量接入的情况下具有较高的效率,因此可以提供更高的空间段资源利用率。此外,TDMA 可以由软件进行自动化控制:突发帧计划可由软件计算,并根据地球站报告的业务负荷自动调整,因此需求分配很容易实现(6.8 节讨论)。

6.7 码 分 多 址

如果网络内各地球站在卫星转发器信道的同一频带内同时、连续地传输业务,则各地球站的信号之间存在相互干扰。这种干扰可以通过识别各发射站地址码的方法进行解决,该地址码由一个二进制序列构成,称为码字。码字与传输的有用信息进行结合,所使用的码字必须具有如下性质:

(1) 码字自身随时间变化产生副本,每个码字都必须能轻而易举地与其副本区分开来。

(2) 无论网络使用何种码字,每个码字都必须能轻而易举地与其他码字区分。

与仅传输有用信息相比(使用第 4 章介绍的技术),将有用信息与码字结合在一起传输需要更大的射频带宽,因此又称为扩频传输。CDMA 使用了以下两种扩频传输技术:

(1) 直接序列(DS)。

(2) 跳频(FH)。

6.7.1 直接扩频 CDMA

6.7.1.1 原理

直接扩频 CDMA(DS-CDMA)的原理如图 6.20 所示。比特率为 $R_b = 1/T_b$ 的待传输二进制消息 $m(t)$ 经 NRZ 编码,使得 $m(t) = \pm 1$,然后与一个自身也经 NRZ 编码的二进制码组 $p(t)$ ($p(t) = \pm 1$)相乘。码组 $p(t)$ 的比特率为 $R_c = 1/T_c$,其

值大于 R_b（R_c 比 R_b 大 $10^2 \sim 10^6$）。码组 $p(t)$ 中的二进制元素称为码片，区别于二进制比特消息，因此 R_c 称为码片速率。合成后的信号 $m(t)p(t)$ 随后以 PSK 方式去调制一个载波（如 BPSK，见 4.2.1 节），所有地球站共用同一个载波频率。调制后的载波 $c(t)$ 可表示为

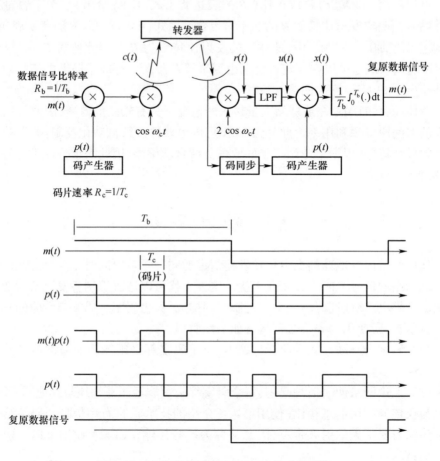

图 6.20 直接序列 CDMA（DS-CDMA）的原理

$$c(t) = m(t)p(t)\cos \omega_c t \quad (\text{V}) \tag{6.17}$$

接收机用本地载波乘以接收到的信号，从而对信号进行相干解调。在忽略热噪声的情况下，低通滤波（LPF）检测器输入端的信号 $r(t)$ 可表示为

$$\begin{aligned}r(t) &= m(t)p(t)\cos \omega_c t(2\cos \omega_c t)\\&= m(t)p(t) + m(t)p(t)\cos 2\omega_c t \quad (\text{V})\end{aligned} \tag{6.18}$$

LPF 将位于 $2\omega_c$ 的高频成分滤除，仅保留低频成分 $u(t) = m(t)p(t)$。随后该分量与接收机处的本地码组 $p(t)$ 相乘，其中本地码组 $p(t)$ 与接收到的码组同相，

乘积 $p(t)^2 = 1$,则乘法器的输出为

$$x(t) = m(t)p(t)p(t) = m(t)p(t)^2 = m(t) \quad (V) \qquad (6.19)$$

随后在一个比特周期内对该信号进行积分,以滤除噪声。最终,传输消息 $m(t)$ 在积分器的输出端被恢复出来。

6.7.1.2 频谱占用

某个载波 $c(t)$,功率为 C,频率为 F_c,则其频谱为

$$C(f) = \left(\frac{C}{R_c}\right)\left\{\frac{\sin[\pi(f-F_c)/R_c]}{\pi(f-F_c)/R_c}\right\}^2 \quad (W/Hz) \qquad (6.20)$$

为方便对比,图 6.21 显示了两种调制方法的频谱。可以看出在使用 CDMA 时,$c(t)$ 的频谱按扩频比 R_c/R_b 被扩展,而这正符合消息与码片序列结合的结果。接下来将叙述这种结合如何实现多址接入。

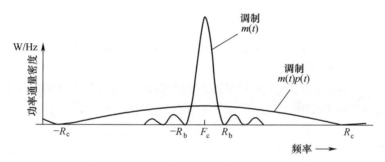

图 6.21 扩频后的载波频谱与未扩频的载波频谱

6.7.1.3 多址接入的实现

地球站从信道接收到的载波 $c(t)$ 与在同一频率传输的其他 $N-1$ 个用户的载波 $c_i(t)(i=1,2,\cdots,N-1)$ 叠加在一起,因此有

$$r(t) = c(t) + \sum c_i(t) \quad (V) \qquad (6.21)$$

式中:

$$c(t) = m(t)p(t)\cos\omega_c t$$

$$\sum c_i(t) = \sum m_i(t)p_i(t)\cos\omega_c t$$

乘法器的输出信号为

$$x(t) = m(t)p(t)^2 + \sum m_i(t)p_i(t)p(t) = m(t) + \sum m_i(t)p_i(t)p(t) \quad (V)$$
$$(6.22)$$

由于干扰的存在,消息叠加于噪声之上。若尽可能地选择具有较低互相关函数的码字,则噪声会更小。接收机处 $\sum m_i(t)p_i(t)$ 与 $p(t)$ 相乘将每个已经扩展的频谱进行二次扩展。因此,噪声频谱密度 $\sum m_i(t)p_i(t)p(t)$ 很低。相应地,在有用消息 $m(t)$ 带宽内的干扰噪声功率也很低。

上述讨论假设二进制消息与码片序列相乘是在基带上进行的。应注意,载波被二进制消息调制后,再与码片序列相乘,同样可以得到式(6.17)的结果。同理,在接收机处解调与解扩的操作也可以颠倒进行。若是将扩频传输用于多址接入,则在接收端最好先进行解扩再进行解调。否则,如第4章所述,进行相干解调需要对参考载波进行恢复(通过对被扩展的已调载波进行非线性处理实现),然而此时频谱中包含的其他参考载波的频谱功率更高,因此不利于参考载波的恢复。通过先解扩,无用载波的频谱将被扩展,因此对所需参考载波的恢复将在更有利的信噪比条件下进行。在发送时,一般倾向于先扩频再调制,从而在技术层面更容易实现。

6.7.1.4 干扰保护

对于共用相同频带的系统,其发射的信号可以是窄带载波,如中等容量的 TDMA/PSK/FDMA 载波。令 $f(t)\cos\omega_c t$ 为一个窄带载波,则乘法器的输出信号为

$$x(t) = m(t) + f(t)p(t) \quad (\text{V}) \tag{6.23}$$

干扰噪声由接收机扩频,因此在有用消息 $m(t)$ 带宽内的干扰功率较小。这样操作有很大的优势:

(1) 对于军用场景,当希望规避敌方在窄带内的高功率干扰时,该操作十分有效(鉴于载波的低频谱密度,扩频传输也为隐蔽传输提供了可能性)。

(2) 对于民用场景,当希望使用小型天线接收拥塞频段(如4GHz)的信号时,该操作十分有效。由于天线波束的大口径,该接收站会以相对较高的增益接收来自各相邻卫星的载波。此情况下,接收站对各载波进行扩频将限制来自相邻卫星的干扰功率。

6.7.1.5 多径保护

当无线电波沿不同长度的路径到达接收机并以有用信号与其时延信号相互叠加的形式被接收机接收时,该链路即受到多径影响。举例来说,该现象会产生于移动卫星链路中,如当下行波与其反射波一同被接收,反射信号即为干扰。若直射波与反射波间的时延大于一个码片的持续时间 T_c,则对于反射波而言,接收到的码组与本地码组不再有相关性,反射信号的频谱被扩展,这是非常好的抗多径传输手段。

6.7.2 跳频 CDMA

6.7.2.1 原理

跳频 CDMA(FH-CDMA)的技术原理如图 6.22 所示。以 $R_b = 1/T_b$ 比特率传输的二进制消息 $m(t)$ 经 NRZ 编码,然后对由频率合成器生成的 $F_c(t) = \omega_c(t)/2\pi$ 载波进行调制,其中频率合成器由二进制序列(码)生成器控制,该序列生成器以 R_c 比特率提供码片。跳频 CDMA 技术的原理将以 BPSK 调制为例进行

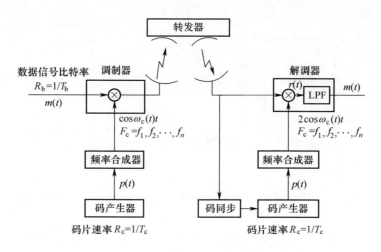

图 6.22 跳频(FH-CDMA)的技术原理

说明(也可以使用其他多种调制方式,如 FSK)。传输的载波可表示为

$$c(t) = m(t)\cos\omega_c(t)t \tag{6.24}$$

载波频率由一组 $\log_2 N$ 个码片确定,其中 N 是可能的载波频率的数目。每当 $\log_2 N$ 个连续码片生成时,载波频率都会相应变化,因此,载波频率以跳跃的形式变化,跳速为 $R_H = R_c / \log_2 N$。

在接收机处,载波乘以与发射机相同条件下产生的本地码,若本地码与接收码同相,则乘法器的输出信号为

$$r(t) = m(t)\cos\omega_c(t)t \times 2\cos\omega_c(t)t = m(t) + m(t)\cos 2\omega_c(t)t \tag{6.25}$$

式中第二项由解调器的 LPF 滤除。

6.7.2.2 频谱占用

可以考虑以下 3 种类型的跳频系统:
(1) 每比特一跳,即 $R_H = R_b$,每比特一次跳频。
(2) 快速跳频(FFH),即 $R_H \gg R_b$,每比特多次跳频。
(3) 慢速跳频(SFH),即 $R_H \ll R_b$,多个比特一次跳频。

图 6.23 显示了 $R_H \ll R_b$ 的传输示例。短期的载波频谱(周期 $T_H = 1/R_H$ 的频谱)具有由比特率 R_b 的二进制流调制的 BPSK 载波的特性。因此占用的带宽 b 近似等于 R_b。长期的载波频谱由 N 个短期频谱叠加而成,因而具有更宽的频谱 B,扩展因子为 B/b。载波传输的过程可在图 6.23 中的频率—时间网格上表示,其中每个方格代表载波在特定时间的频率状态。

6.7.2.3 多址接入的实现

各载波在图 6.23 中的网格上遵循不同的轨迹。在接收端,只有与本地合成器

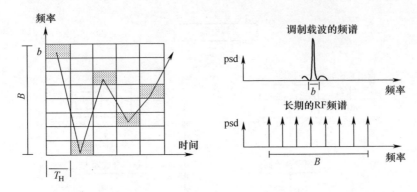

图 6.23 FH-CDMA 的频谱分布（$R_H \ll R_b$）（psd—功率谱密度）

再生载波轨迹一致的载波才会被解调。因此，在时间间隔 T_H 内（此期间合成器频率恒定且等于 $\omega_c/2\pi$），乘法器的输出信号为

$$r(t) = [m(t)\cos\omega_c t + \sum m_i(t)\cos\omega_{ci}(t)] \times 2\cos\omega_c t \quad (6.26)$$

在 LPF 输出端，可能存在伴随着 $m(t)$ 由其他载波（$\omega_{ci} = \omega_c$）造成的噪声。当网格上的频带数量较多时，即当频谱扩展因子 B/b 较大时，同时存在干扰载波的概率较小，因此可以使得长期干扰噪声频谱的频谱密度变小。

6.7.2.4 干扰保护

与直接序列 CDMA 的情况类似，由固定频率载波引起的干扰会在接收机处被频谱扩展，从而限制了有用消息 $m(t)$ 带宽内的噪声功率。

6.7.3 码生成

图 6.24 显示了用于生成伪随机码序列的示例。序列生成器由 r 个触发器组成，这些触发器构成了一组提供支持反馈的异或运算移位寄存器。触发器的状态以时钟速率 R_c 变化，输出端的码片流呈周期性，码片周期为 $2^r - 1$。每个周期包含（$2^{r-1} - 1$）个等于 0 的码片及 2^{r-1} 个等于 1 的码片。图 6.24 也显示了该序列的自相关函数形式及频谱。

6.7.4 同步

接收机与发送侧的伪随机序列的同步对于实现 CDMA 多址传输是必需的。只有在同步的情况下，接收机才能够检测到有用消息 $m(t)$。同步包括两个阶段：序列捕获与跟踪。捕获原理以直接序列传输（DS-CDMA）为例进行解释。

6.7.4.1 捕获

图 6.25 显示了 DS-CDMA 码捕获原理，接收到的载波 $c(t) = s_1(t)$ 与本地生

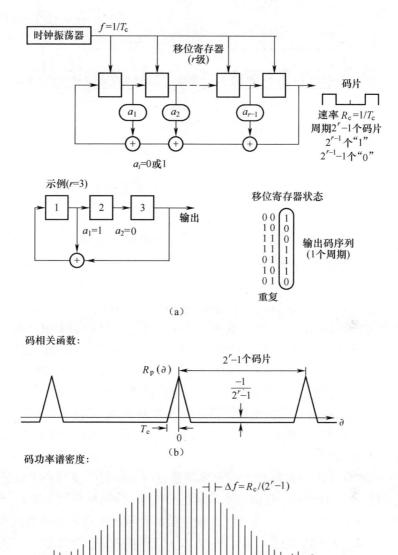

图 6.24 伪随机码序列示例
(a)生成;(b)自相关函数;(c)功率谱密度。

成序列 $p(t+\partial)$ 相乘,该本地生成序列与接收到的序列 $p(t)$ 不同相,∂ 表示相移。乘法器输出 $s_2(t)$ 被馈入以载波频率 ω_c 为中心的带通滤波器(BPF),该滤波器的带宽比 $m(t)$ 频谱宽,但相对于 $p(t)$ 频谱较窄。因此,该滤波器具有对乘积

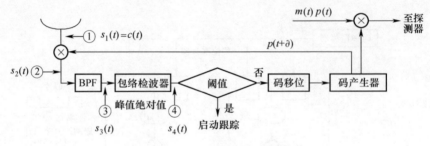

图 6.25　DS-CDMA 码捕获原理

$p(t)p(t+\partial)$ 求平均的效果,滤波器的输出信号可表示为

$$s_3(t) = m(t) \overline{p(t)p(t+\partial)} \cos \omega_c t \tag{6.27}$$

使用一个包络波检测器,检测出滤波器输出信号的峰值。由于 $m(t)$ 调制的载波具有恒定的幅度,包络检波器输出的信号将提供 $p(t)$ 的自相关函数的绝对值,因此有

$$s_4(t) = \overline{|p(t)p(t+\partial)|} = |R_p(\partial)| \tag{6.28}$$

如图 6.24(b)所示,上述函数在 $\partial = 0$ 处具有明显的最大值。对于给定的 ∂ 值,对包络检波器的输出电压进行幅度测量,若该电压小于某固定阈值,则 ∂ 以码片 T_c 的持续时间为单位进行递增。重复该操作直至包络检波器输出的幅度超过固定阈值,即意味着已达到 $\partial = 0$ 的相关峰值,之后便进入跟踪模式。

通过在包络检波器与阈值检测器之间放置积分器,对给定 ∂ 的多次测量结果进行积分,是一种很实用的做法。积分器的时间间隔为伪随机序列周期的整数倍。

6.7.4.2　跟踪

图 6.26 显示了跟踪原理。捕获循环通过一个超前分支与一个延迟分支不断重复地对信号进行处理。超前分支与延迟分支中,伪随机序列生成器产生的信号分别为 $p(t+T_c/2)$ 与 $p(t-T_c/2)$。包络检波器输出的两路信号相减产生误差信号 $e(\partial) = |R_p(\partial + T_c/2)| - |R_p(\partial - T_c/2)|$,该误差信号经滤波后控制序列生成器的超前量或延迟量。$e(\partial)$ 是以 ∂ 为变量的函数,其符号表示需要调整的方向(超前或延迟)。

某些捕获与跟踪的实现方式将包络检波器替换为能量探测器(平方律检波器)[SIM-85],这并不改变该方法的原理,但的确改变了误差信号的特征形式。其他可行的方法还包括对接收信号与本地生成码通过卷积方式进行数值计算[GUO-90]。

6.7.5　CDMA 系统效率

CDMA 系统的效率可以看作转发器信道同时传输多个 CDMA 载波的总容量

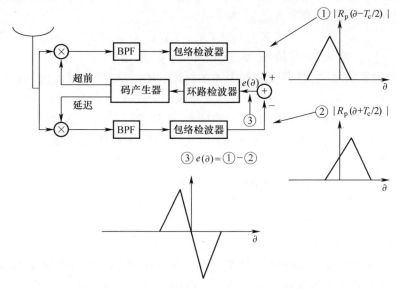

图 6.26　DS-CDMA 系统的码跟踪原理

与单载波接入情况下(单个仅被调制而未被扩频的载波)转发器信道提供的总容量之比。其中转发器信道的总容量为单个载波的容量与载波数(接入数)的乘积。

6.7.5.1　最大接入数

考虑直接序列调制情况(DS-CDMA)。为简单起见,假设 N 个接收到的载波都具有相同的功率 C。因此,接收机输入端的有用载波功率为 C。由于该有用载波承载的信息速率为 R_b,所以每个信息比特的能量为 $E_b = C/R_b$。忽略接收机输入端噪声功率中的热噪声,仅考虑干扰噪声,则接收机输入端的噪声功率谱密度 $N_0 \approx (N-1)C/B_N$,其中 B_N 为接收机的等效噪声带宽。

由此可得

$$E_b/N_0 = B_N/(R_b(N-1)) \qquad (6.29)$$

其数字调制频谱效率 $\Gamma = R_c/B_N$ 可以引入上述表达式,可得

$$E_b/N_0 = R_c/(R_b(N-1)\Gamma) \qquad (6.30)$$

链路质量由给定的误码率限定,也因此限定了 E_b/N_0 的值。由此,可从式(6.30)推导出最大接入数 N_{max},即

$$N_{max} = 1 + (R_c/R_b)/(\Gamma(E_b/N_0)) \qquad (6.31)$$

CDMA 也支持 FEC 传输(4.3 节),此时编码比特率为 R_b/ρ。由于码片速率 R_c 保持不变,所使用的带宽保持不变,因此最大接入数为

$$N_{max} = 1 + \rho(R_c/R_b)/(\Gamma(E_b/N_0)_2) \qquad (6.32)$$

式中:ρ 为编码率;$(E_b/N_0)_2$ 为所需的 (E_b/N_0) 值。

式(6.31)与式(6.32)中第一项的1在实际计算中可以忽略,由式(6.32)给出的编码传输的最大接入数 $(N_{max})_2$ 为

$$(N_{max})_2 = (N_{max})_1 \rho\, G_{cod} \tag{6.33}$$

式中:$(N_{max})_1$ 为未编码情况下的接入数;ρ 为编码率;$G_{cod} = (E_b/N_0)_1/(E_b/N_0)_2$ 为解码增益,其典型值如表4.7所列。ρG_{cod} 大于1,因此接入数增加了。

由式(6.29)显而易见,CDMA的容量受限于干扰 $N_0 = (N-1)C/B_N$。语音激活是一项关于电话信号传输的干扰消除技术,该技术仅在用户讲话时传输载波,其在电话信道上引入语音激活因子 τ,使得式(6.30)中的干扰项变为 $(N-1)\tau$,式(6.32)变为

$$\begin{aligned} N_{max} &= 1 + \rho(R_c/R_b)/(\Gamma\tau\,(E_b/N_0)_2) \\ &\approx \rho(R_c/R_b)/(\Gamma\tau\,(E_b/N_0)_2) \end{aligned} \tag{6.34}$$

当 $\tau = 0.4$ 时,接入数增加2.5倍。

6.7.5.2 CDMA 效率

CDMA系统的最大总吞吐量为 $N_{max}R_b$,未经频谱扩展且占用带宽 B_N 的单载波调制的吞吐量等于码片速率 R_c。因此,CDMA的吞吐量 η 为

$$\eta = N_{max} R_b / R_c \tag{6.35}$$

例6.2 考虑一个占用整个36MHz卫星转发器信道的CDMA网络,接收带宽为 $B_N = 36$MHz,假设每个载波的容量为64kbit/s。在理论频谱效率 $\Gamma = 1$bit/s/Hz 的BPSK调制方式下,码片速率 $R_c = B_N/\Gamma = 36$Mbps,扩频比 $R_c/R_b = 36 \times 10^6/64 \times 10^3 = 563$,$\eta = N_{max}/563$。

表6.3显示了最大接入数、网络最大总吞吐量以及对于所需误比特率的相应效率。CDMA的效率在约10%的较低量级,低于TDMA的效率(6.6.5节)。表中所列为乐观值:忽略了热噪声,假设用户码字完全正交,且未考虑解调器的性能退化。

表6.3 BPSK调制、36MHz转发器信道的CDMA网络接入性能
(每个载波的容量为64kbit/s)

要求误比特率	E_b/N_0/dB	最大接入数 N_{max}	最大吞吐量/(Mbit/s)	效率/(%)
10^{-4}	8.4	82	5.3	15
10^{-5}	9.6	62	4.0	11
10^{-6}	10.5	51	3.3	9

6.7.6 总结

CDMA系统扩频传输原理如图6.27所示,用于扩展频谱的码序列可以理解为发射机的地址码,接收机通过正交解扩,将扩展频谱载波压缩恢复为未扩展频谱载

波,并解调恢复出有用信息,同时还扩展了其他用户的频谱,并使其表现为低频谱密度的噪声。

CDMA 具有以下优点。

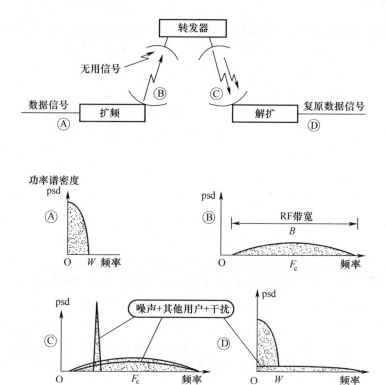

图 6.27　CDMA 系统的扩频传输原理

（1）操作简单:无需任何站间的同步传输,唯一的同步是接收机与接收载波序列的同步。

（2）提供有效的干扰保护特性:可防止来自其他系统的干扰或多径造成的干扰,这使其对于宽波束天线及小型站构成的网络更具吸引力,对于卫星移动网络更是如此。

（3）使用多波束卫星时,在波束间能够提供 100% 的频率复用(第 5 章)。

CDMA 的主要缺点是效率低,仅在 10% 左右。因为相对于单个未扩频载波的吞吐量而言,整个空间段带宽的总网络容量低(该说法仅针对单波束网络),但相邻波束间重复使用频谱的可能性极大地提高了系统整体效率。另一缺点在于能够满足所需互相关特性的码字数量有限,即在保证所需质量的前提下,允许的用户数量有限。

6.8 固定分配与按需分配

6.8.1 原理

业务路由意味着由地球站发射的每个载波都能接入相应的射频信道。对于 FDMA、TDMA 与 CDMA 三种基本模式,每个载波都能够分配到卫星提供的部分资源,即卫星信道(可以是频带、时隙、码序列等)。上述分配既可以一劳永逸地定义(固定分配),也可根据需要定义(按需分配)。

对于固定分配,每个地球站所分得的容量是固定的,与来自其所连接地面网络的业务需求无关,而实际上地球站的业务量很可能大于该站所分得的容量。因此该地球站必须拒绝一些呼叫——阻塞(尽管此时其他地球站可能拥有多余的可用容量)。正因为如此,卫星网络提供的资源未得到很好的利用。

对于按需分配,可根据需求将卫星网络资源以可变方式分配给各地球站。使用此方式能够将容量从需求低的地球站转移至需求高的地球站。

对于 CDMA 或 FDMA 系统,在按需分配方式下,系统将根据用户站的请求将一定的容量分配给发射站。具体方法是在该地球站的业务期间内,为该站从一组正交码内分配一个指定的码,或分配一个指定的频带。在使用"每条站间链路分配一个载波"(6.3 节)与"单路(连接)单载波"(SCPC)方案相结合的情况下,按需分配的使用十分简单直接;若使用"每个发射站分配一个载波"的按需分配技术,则必须在地球站多路复用器中实现到各地球站的按需可变连接;若使用"每条站间链路分配一个载波"技术,且在地球站有多个连接的情况下,地球站必须配备多个发射机(最多为网络中其他地球站的数量),并配备容量可变的多路复用器。这意味着设备可能会十分昂贵并缺乏灵活性。

对于 TDMA 系统,按需分配方式提供了最大程度的灵活性,其通过调整突发的长度与位置来实现,当然需要调整突发帧计划。但由于地球站具有同步设备,地球站硬件的复杂度增加不大,而且随着电气与软件控制技术的发展,其实施既容易又经济。容量的增量可以小至一个信道,并且可以逐呼叫地执行分配。

6.8.2 固定分配与按需分配的比较

假设一个卫星网络有 20 个地球站,其中每个地球站都必须与其余 19 个地球站交互业务,卫星转发器的总容量 S 用 1520 条卫星通信信道来表征,阻塞概率为 0.01。以下按固定分配与按需分配两种情况分别计算每个通信信道的话务量。

6.8.2.1 固定分配

卫星通信信道总容量由 20 个站共享,因此每个站拥有 1520/20 = 76 个可用通信信道。这些信道将被 19 个目的站共享,因此每个目的站有 76/19 = 4 个信道。最大话务量 A 必须确保阻塞概率 $B(C=4,A)=E_{C=4}(A)<0.01$,通过使用式(6.2)或图 6.1 可得 $A=0.87$Erlang,即每通信信道话务量为 0.217Erlang。

6.8.2.2 按需分配

卫星通信信道总容量可分配给任意站,无关乎该站的目的站。因此在 $B(S=1520,A)=E_{S=1520}(A)<0.01$ 的条件下,可得 $A=1491$(对于 1520 个通信信道),则每通信信道话务量为 $A/1520=0.98$Erlang。

6.8.3 按需分配的集中式管理与分布式管理

当在单个站点内执行管理时,称为集中式管理,普通业务站应将需求消息发送至中心站,中心站确定资源分配并将该分配发送至整个网络;当各站在公共的信令信道上传输各自的需求时,称为分布式管理,每个普通业务站都进行需求分析和需求提报,且资源状态在每个业务站点处更新。

集中式管理与分布式管理的优缺点对比如表 6.4 所列。

表 6.4 集中式管理与分布式管理的优缺点对比

原　则	优　点	缺　点
集　中　式		
业务站向中心站发送请求	不必每个站都参与分配	网络的正确运行取决于中心站
由中心站分配资源,并将资源分配给整个网络	设备成本低,减少信令-分配无须通知全网	可靠性降低、需要冗余控制站,连接的建立时间长(需要双跳)
分　布　式		
请求在公共信令信道上传输	无须控制站、网络可靠性高	每个站的设备更复杂
每个站都需要更新资源状态	减少了连接建立时间	成本较高、更多的信令

6.8.4 总结

对于仅在少数高容量地球站之间传输大量业务的网络,建议使用固定分配;对于地球站数量较多、需求变化量较大的网络,按需分配能够提供更好的卫星网络利用率,与固定分配的情况相比,每个地球站都能够最大限度受益于系统容量。对资源分配进行管理需要大约 1s 的建链时间,而对于需要保持数分钟连接时长的情况,该建立时间就变得无关紧要。因此,需求分配技术的选择须考虑以下方面:

(1) 用户方的需求指标,包括业务量、目的站数及阻塞概率。

(2) 需求分配操作产生的收益。这涉及在给定阻塞概率下较高的业务吞吐量所带来的收益增长与为实现管理需求分配而安装设备所带来的成本增长。

(3) 集中式管理与分布式管理间的选择。

连接建立时长是某些业务类型(如数据处理系统之间的数据交换)的一项决定性因素。计算机(网络设备或业务终端)之间业务通信的特点是消息的持续时间与消息的到达间隔时间变化较大。此外,用户有一个普遍期望,即一条消息的传输时间一定要短于消息间的时间间隔。在此条件下:一方面,建立连接的时长如果超过使用时长,便会导致网络使用效率低下;另一方面,连接建立时长过长可能会使用户无法接受。在上述情况下,最好采用6.9节介绍的随机接入技术。

6.9 随机接入

这种接入方式非常适合包含大量地球站且每个地球站都需要传输随机生成短数据(且数据间隔时间较长)的网络。随机接入的原理在于以有限持续时间的数据包的形式,实现几乎不受限制的消息传输。数据包对应调制载波的突发,而这些突发占用了转发器信道的全部或部分带宽。因此,随机接入是具有时分与随机传输特征的多址接入技术。基于该技术,卫星上载波突发之间发生冲突的可能性可以接受。在发生冲突的情况下,地球站接收机面临干扰噪声,干扰噪声可能会影响解调、目标误码率和消息的识别。此时需要重新传输全部或部分突发。

随机接入的性能由归一化吞吐量与平均传输时延衡量。6.4.3节已将归一化吞吐量定义为效率,在此将归一化吞吐量重新定义为目的地接收业务量与可用带宽中可传输的最大业务量之比。此处细微的不同在于接收到的业务量不一定等于实际业务量负载,实际上接收到的业务量可能更小——这是因为部分消息存在多次传输。因此,传输时间(时延)是一个取决于消息的传输次数的随机变量,而其平均值表示从消息生成到目的地地球站正确接收之间的平均时间。

自1970年以来,随机接入技术一直是众多研究的热点。在使用小型站(甚小口径终端VSAT)的专用网络中,随机接入技术非常重要,网络中的小型站已被广泛开发用于计算机和远程终端之间的卫星通信。文献[MAR-04]描述了VSAT网络使用的基于随机与按需接入协议。

6.9.1 异步协议

6.9.1.1 ALOHA协议

基于ALOHA协议的多址随机接入原理如图6.28所示[ABR-77,HAY-81,ABR-73]。数据包(图中标识为X与Y)由每个地球站发送,而对于发送时刻没有任何限制,因此,ALOHA协议为异步协议。在没有冲突的情况下,如图6.28(a)所示,目的地地球站(标识为Z)正确识别数据包内容,并发送一个短确认包(ACK)作为对正确接收的确认。

图6.28(b)显示了数据包存在冲突的情况。目的站接收机无法识别消息,进

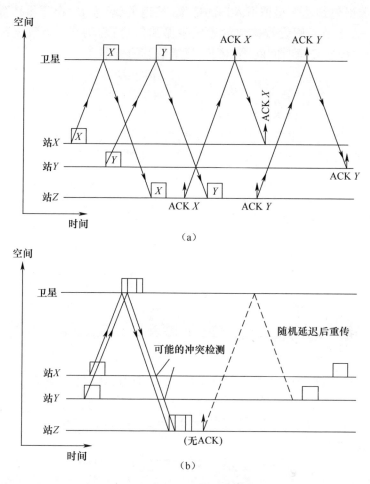

图 6.28 基于 ALOHA 协议的多址随机接入原理
(a)无冲突;(b)有冲突。

而不会发送确认。发送站在发送消息后,若在固定时间间隔内未收到确认,则将重发该消息。时间间隔设置为略大于载波往返传播时长两倍的值,重发的消息在一段随机时长后发送,这个随机时长对每个地球站都不相同,以避免进一步的冲突。

考虑一个卫星信道与 M 个具有突发业务的地球站,其中 M 个地球站的平均总数据包生成率为 λ (s^{-1}),即每个地球站数据包生成率为 λ/M (s^{-1})。任何发出的数据包都具有固定的持续时间 $\tau(s)$。一个新数据包生成(业务生成)的概率为

$$S = \lambda\tau(每个数据包)$$

由于冲突的存在,部分数据包将被重传,因此卫星信道既传送新的数据包,也传送重传的数据包。

一个数据包到达卫星信道入口的概率(信道负载)为 G,由于重传数据包的存在,因此 G 大于 S。假设数据包的生成遵循泊松过程,则在 t 个数据包持续时间内,k 个数据包在任意时间间隔内到达卫星信道的概率为

$$P[k,t] = \frac{(Gt)^k \exp(-Gt)}{k!}$$

考虑某个数据包到达卫星信道,该事件的概率为 G。当一个或多个数据包与该数据包部分或完全重叠,则会产生冲突,即这些数据包都落入 $t=2$ 的(冲突)窗口内,如图 6.29 所示(纯 ALOHA)。无冲突的概率为

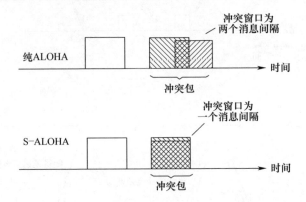

图 6.29 纯 ALOHA 与时隙 ALOHA(S-ALOHA)协议的冲突示意图

$$P[\text{无冲突}] = P[k=0, t=2] = \exp(-2G)$$

成功传送的概率为

$$S = P[\text{成功}] = P[\text{包到达}]P[\text{无冲突}]$$
$$= G \times P[k=0, t=2]$$
$$= G \exp(-2G) \tag{6.36}$$

式中:G 为每时隙的数据包数(每个时隙时长等于数据包持续时间);S 对应归一化吞吐量,其为接入方法效率的度量(应注意 λ 为包吞吐量,$1/\tau$ 为最大包速率,比值为 $S = \lambda\tau$)。图 6.30 显示了 S 与 G 的关系曲线,图 6.31 显示了平均传输时间与 S 的变化关系。可以看出,ALOHA 协议的归一化吞吐量不超过 18%,且由于冲突数量与数据包重传的增加,平均传输时间随业务量的增长而增长。

6.9.1.2 选择性拒绝 ALOHA 协议

对于异步传输,数据包间的冲突通常为部分冲突。使用 ALOHA 协议时,即使是部分冲突也将破坏数据包的完整性。因此,尽管数据包只有一部分遭遇冲突,却仍将重传整个数据包的内容。选择性拒绝(SREJ)ALOHA 协议[RAY-87]的设计旨在避免完全重传。在该协议中,传输的数据包被分成多个子数据包,每个子数据包

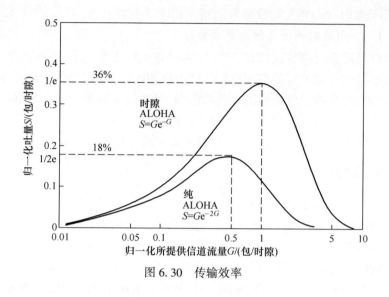

图 6.30 传输效率

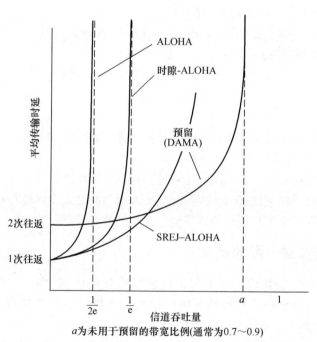

a 为未用于预留的带宽比例(通常为0.7~0.9)

图 6.31 平均传输时间与归一化吞吐量 S 的关系

拥有自己的包头与协议位。当发生冲突时,仅重传涉及冲突的子数据包。该协议的效率高于 ALOHA 协议,其实际效率上限约为 30%,该上限是向子数据包添加包头造成的。SREJ-ALOHA 协议非常适用于长度可变的消息。

6.9.1.3 到达时间冲突解决算法协议

到达时间冲突解决算法协议[CAP-79]通过避免一个已遇到冲突的数据包在其重传过程中再次冲突的可能性,改进了 ALOHA 协议。为实现这一方法,在为已遭受第一次冲突的数据包所提供的重传时隙内,发送站应避免进行新数据包的传输。该协议意味着需要特定的程序来识别已遇到冲突的数据包以及对传输进行临时协调。该协议的效率在 40%~50% 之间,然而其实现通常较为复杂。

6.9.2 同步协议

6.9.2.1 时隙 ALOHA 协议

在时隙 ALOHA(S-ALOHA)协议中,来自各地球站的传输是同步的:数据包严格位于网络时钟定义的各时隙内,时隙等于数据包持续时间。因此,不会存在部分冲突,且每次冲突只存在数据包的完全重叠。冲突的时间尺度减少为一个数据包的时长,而 ALOHA 协议的冲突时间尺度为两个数据包的时长,如图 6.29 所示。使用 S-ALOHA 时,未发生冲突的概率为

$$P[无冲突] = P[k=0, t=1] = \exp(-G)$$

成功传送的概率为

$$\begin{aligned} S &= P[成功] = P[包到达]P[无冲突] \\ &= G \times P[k=0, t=1] \\ &= G \exp(-G) \end{aligned} \tag{6.37}$$

S-ALOHA 引入同步机制后提高了传输效率,如图 6.30 所示。

6.9.2.2 宣布式重传随机接入协议

宣布式重传随机接入(ARRA)协议通过引入带时隙编号的帧结构来提高 S-ALOHA 的效率。每个数据包包含附加信息,表示为冲突发生时进行重传所预留的时隙编号。该协议避免了新消息与重传消息之间的冲突,其效率在 50%~60% 之间。

6.9.3 支持按需分配的协议

支持按需分配的协议旨在通过提前预留容量的机制,进一步提高效率(按需分配多址接入,DAMA)。地球站在帧内预留一个特定的时隙供自己使用,预留既可以是隐式的也可以是显式的[RET-80]:

(1)隐式预留是通过占用进行预留:来自某地球站的数据包在占用某帧某时隙后,随后各帧中的该时隙仍分配给该地球站,该协议称为 R-ALOHA[CRO-73,ROB-73]。其缺点是地球站将所有帧的对应时隙都据为己有;其优点是节省了预留的设置时间。

(2)在显式预留中,地球站将占用特定时隙的请求发送至控制中心。R-

TDMA 与 C-PODA(基于竞争且面向优先级的需求分配)[JAC-78] 为该类型的两个例子。这些协议的缺点在于其建立时间的时长,因此某些交互式应用程序无法使用这些协议。图 6.31 显示了使用显式预留的 DAMA 类型协议的传输时间与效率(归一化吞吐量)的关系。

此类协议的效率可高达 70%~90%,具体取决于预留过程中信令消息的容量占比。

6.10 总 结

卫星多址接入已存在众多的解决方案。接入类型的选择首先取决于经济因素,包括投资与运营成本方面的全局成本和运营收益。

可以根据业务的类型判断选择的大致方向。以长消息为特征的业务(如电话业务、电视传输与视频会议)意味着需要连续或准连续的载波传输,FDMA、TDMA与 CDMA 接入技术对于此类业务最为合适;对于载波业务量较大且接入次数较少的情况,FDMA 具有运行简便的优势;当载波业务量较小且接入次数较多时,FDMA在空间段的使用效率损失较大,此情况下 TDMA 与 CDMA 为最佳选择,但是TDMA 需要相对昂贵的地球站设备;对于存在强烈干扰的小型站,尽管 CDMA 效率不高,但其仍是首选。

FDMA 与 TDMA 多址接入技术的选择意味着固定分配与按需分配的选择,该选择主要考虑经济因素,需要权衡更高业务量带来的收入与安装用于控制按需分配设备所带来的开销。图 6.32 对各接入方案效率进行了比较与总结。

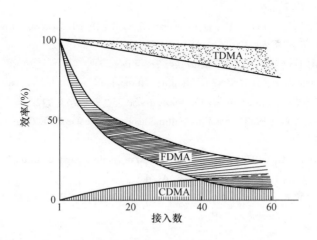

图 6.32 不同多址接入方案的比较(100%的效率对应仅有一个接入时达到的吞吐量,即单个转发器信道在饱和状态下运行单个载波)

对于以短消息、随机生成以及消息间静默时间长为特征的业务，随机接入是最佳选择。图 6.31 显示了低效率的短传输时延（纯 ALOHA）与高效率的长传输时延（S-ALOHA 或 DAMA）的性能比较。

参 考 文 献

[ABR-73] N. Abramson (1973) Packet switching with satellites, NCC AFIPS Conference Proceedings,42, pp. 695-702.

[ABR-77] Abramson, N. (1977). The throughput of packet broadcasting channel. *IEEE Transactions on Communications* 25 (1): 117-128.

[CAP-79] Capetenakis, J.I. (1979). Tree algorithms for packet broadcast channels. *IEEE Transactions on Information Theory* 25 (5): 505-513.

[CRO-73] Crowther, W., Rettberg, R., and Walden, D. (1973). A system for broadcast communications:reservation ALOHA. In: *Proceedings of the 6th International System Science Conference*, 371-374.Hawaii.

[FEH-83] Feher, K. (1983). *Digital Communications*. Prentice Hall.

[GAG-91] Gagliardi, R.M. (1991). *Satellite Communications*, 2e. Van Nostrand Reinhold.

[GUO-90] Guo, X.Y., Maral, G., Marguinaud, A., and Sauvagnac, R. (1990). A fast algorithm for the pseudonoise sequence acquisition in direct sequence spread spectrum systems. In: *Proceedings of the Second International Workshop on Digital Signal Processing Techniques Applied to Space Communications*,Turin (Italy). ESA-WPP-019. ACM.

[HAY-81] Hayes, J.F. (1981). Local distribution in computer communications. *IEEE Communications Magazine* 19 (2): 6-14.

[JAC-78] Jacobs, I.M., Binder, R., and Hoversten, E.V. (1978). General purpose packet satellite networks.*Proceedings of the IEEE* 66 (11): 1448-1467.

[MAR-04] Maral, G. (2004). *VSAT Networks*, 2e. Wiley.

[RAY-87] Raychaudhuri, D. (1987). Stability, throughput and delay of asynchronous selective reject ALOHA. *IEEE Transactions on Communications* 35 (7): 767-772.

[RET-80] Retnadas, G. (1980). Satellite multiple access protocols. *IEEE Communications Magazine* 18(5): 16-22.

[ROB-73] Roberts, L.G. (1973). Dynamic allocation of satellite capacity through packet reservation. In:*National Computer Conference*, 711-716. ACM.

[SIM-85] Simon, M.K., Omura, J., Scholtz, R.A., and Levitt, B.K. (1985). *Spread Spectrum Communications*.Computer Science Press.

第 7 章 卫星网络

本章首先介绍了地面网络分层模型与协议的基础知识,卫星网络的设计同样应遵循地面网络实施的协议与接口设计原则[sun-14]。接着介绍了卫星网络架构的基本概念,从拓扑、连接和链路类型等方面介绍了卫星网络的基本特征,描述了典型的卫星网络架构(包括使用星间链路(ISL)的架构),涵盖了透明处理与再生处理的路由和交换问题,并给出了相关示例,这些示例包括点对点通信的网状网络、点对多点(数据分发)和多点对点(数据采集)通信的星状网络、固定与移动终端的广播与多播网络以及含星状和网状拓扑的混合网络;然后简要介绍了基于卫星数字视频广播(DVB-S)与 DVB-RCS 的 IP 网络,概述了互联网传输控制协议(TCP)及针对卫星网络所做的改进;最后讨论了卫星网络中的 IPv6 协议。

7.1 网络参考模型与协议

7.1.1 分层原则

如第 6 章所述,通信网络中源与目的地间的信息交换涉及众多交互功能。为了掌握这些交互功能并便于设计,对类似任务进行标识与分类,并在结构良好的架构中阐明不同类别任务之间的交互是非常有用的。因此,系统功能被划分为不同的层,规则集(称为协议)负责层间信息的交互。

参考模型提供了专用于每层的特定类型功能组的所有角色,并定义了与相邻层之间所需的接口。若各层都遵循参考模型中定义的角色,则各层都可以相互通信。

每层旨在为其上层提供特定的服务,并将这些层与服务的实际实现方式细节隔离开。每层都有一个用于访问所提供服务的包含原语操作(由值、访问数据的方式与操作、处理数据的方式组成的数据类型)的接口。实体是每层中的活动元素,如用户终端(UT)、交换机与路由器。对等层实体是层中能够使用相同协议进行通信的实体。

协议是通信双方之间通过协定、在会话中使用的规则与约定。基本的协议功能包括分段与重组、封装、连接控制、有序传送、流量控制、错误控制、路由与多路复用。协议使得各方能够相互识别接收到的信息。

协议栈是一个多层的协议列表(每层一个协议)。网络协议体系架构是由不同层与不同协议构成的集合。

国际标准对于在全球范围达成一致十分重要。鉴于已开发的众多各异的标准,国际标准中描述的协议通常都以参考模型为背景。分层原则是网络协议与参考模型的重要概念。国际标准化组织(ISO)于20世纪80年代推出了图7.1所示的7层参考模型。

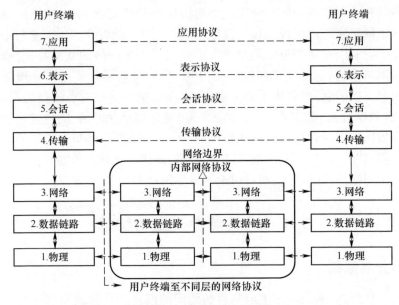

图 7.1 OSI/ISO 参考模型

7.1.2 开放系统互联参考模型

开放系统互连(OSI)参考模型是首个作为国际标准开发的完整参考模型,OSI模型有7层,其分层原则如下:

(1) 每层的抽象定义应不同于其他任何层。
(2) 每层的功能都有一个明确的定义。
(3) 每层的功能应形成国际标准化协议。
(4) 选择的层边界应使跨层的信息流最小化。

7层OSI参考模型各层的简要概述如下。

第1层:物理层描述电性能接口与物理传输介质。在卫星网络中,物理层包括调制与信道编码技术,它使比特流能够按照特定格式和分配的频带进行传输,无线电链路充当物理传输介质。

第2层:数据链路层为网络层呈现一条近似无错传输链路。媒体访问控制(MAC)是其中的一个子层,它处理通信终端间的物理资源共享问题,是第6章多址技术(FDMA、TDMA、CDMA等)及按需分配(DAMA)的讨论对象。广播网络在数据链路层解决很多问题,如如何控制对共享媒体的访问。

第3层:网络层将数据包从源路由至目的地,功能包括网络寻址、拥塞控制、计费、拆包与重组以及应对异构网络协议与技术。在广播网络中,所有数据包的源地址都是相同的,且数据包总沿相同的路径到达目的地,因此该情况下路由问题较为简单。

第4层:传输层为在更高层的进程提供可靠(无错误)的数据传输服务,它是与通信服务提供方相关的服务最高层,保证有序交付、错误控制、流量控制与拥塞控制。

更高层与用户数据服务相关。

第5层:会话层建立在传输层之上,其任务是组织和协调两个会话进程之间的通信,并对数据交换进行管理。

第6层:表示层涉及数据转换、数据格式化与数据语法。

第7层:应用层是 ISO 架构的最高层,为应用程序进程提供服务。

设计卫星网络的重点主要放在第1~4层,但为了使卫星网络不降低通信端到端的服务质量,良好的上层进程和性能也是必要的。卫星有效载荷可以参与第1层或第2层的处理过程。得益于星载处理器(OBP)技术的发展,有效载荷的处理过程已经扩展至第3层。

电信网络的一个普遍趋势是向全 IP 网络技术发展,而卫星网络也遵循同样的趋势。

7.1.3 IP 参考模型

IPs(互联网协议簇)最早并不是由国际标准化组织开发的,而是由美国国防部(DoD)研究项目开发,旨在将不同供应商设计的诸多不同网络连接成一个网络("互联网"——不同类型的网络互联)。该项目最初是成功的,其提供了一些基本服务,如跨大量不同网络(包括局域网、城域网和广域网)进行文件传输、电子邮件与 telnet 远程登录。

IP 参考模型的主要部分是 TCP/IP 协议的 TCP 套件与 IP 套件。IPs 可以构建几乎没有中央管理的庞大网络。

同其他所有通信协议一样,TCP/IP 也由不同的层组成。图 7.2 显示了 IP 参考模型以及不同层的协议与应用示例:IP、TCP、用户数据报协议(UDP)、超文本传输协议(HTTP)、简单邮件传输协议(SMTP)、文件传输协议(FTP)、终端与应用程序接口协议(Telnet)、实时传输协议(RTP)、实时传输控制协议(RTCP)等。

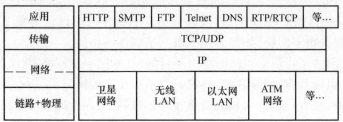

图7.2 互联网协议参考模型

7.1.3.1 网络层

IP网络层基于数据报方法,仅提供尽力而为的服务,即没有任何QoS保证。IP协议根据4Byte的目标IP地址(IPv4模式下)将数据包从一个路由器传送至下一个路由器,直到数据包抵达目的地。IP地址的管理与分配是互联网管理方的责任。

同一子网中的主机可以直接相互通信,但如果它们位于不同子网,则必须经由路由器或网关进行通信。共同工作并由同一机构管理的路由器,采用相同的路由协议。

路由器通常被组织成一个自治系统(AS)。AS是由一个或多个网络运营商使用某个明确定义的路由策略运行的一组路由器。

对于AS,一般来说所有路由器都运行相同的路由协议。但随着网络的发展,多种路由协议也可以共存。路由策略是一组确定如何在AS内管理业务的规则,任何运营商都必须遵守这些规则。

AS内部的路由协议称为内部路由协议(如路由信息协议RIP与开放最短路径优先协议OSPF),AS外部的协议称为外部路由协议(如边界网关协议BGP)。

7.1.3.2 传输层

TCP与UDP是IP参考模型的传输层协议,它们源于双向通信流的端点,允许终端用户服务与应用程序通过互联网发送和接收数据。

TCP负责验证连接到Internet的主机客户端与服务器之间的数据传输是否正确。因为数据可能会在网络中丢失,所以TCP增加了检测错误或数据丢失的功能,对错误或丢失的数据进行重新传输,直到数据被正确和完整接收。因此,TCP提供可靠的服务,尽管下层网络可能并不可靠。也就是说,IPs不要求可靠的数据包传输,但可靠的传输的确可以减少重传次数,提高网络性能。

UDP提供尽力而为的服务,因为它不会重传任何错误或丢失的数据包。因此,UDP是一种提供不可靠用户数据传输的协议,但该特点对于实时应用程序非常有用,因为任何数据包重传都可能导致额外的延迟,继而可能造成除数据包丢失之外的更多问题。

7.1.3.3 应用层

应用层协议设计实现了用户终端或服务器的应用功能。经典的互联网应用层协议包括用于 Web 的 HTTP、用于文件传输的 FTP、用于电邮的 SMTP、用于远程登录的 Telnet 以及用于域名服务的 DNS,也包括用于实时服务的 RTP、RTCP,以及其他一些用于动态、活动的网页服务。所有这些应用程序都是由互联网通过 TCP/IP 协议提供的。

7.2 卫星网络的参考架构

卫星网络用于提供两种主要类型的服务:电视服务(广播服务)与电信服务(双向通信服务、对称电话或非对称的互联网接入)。

在单个卫星的覆盖范围内可以部署一个或多个卫星网络,并由卫星网络运营商运营。卫星网络依赖于地面段,并使用部分卫星星载资源(使用部分卫星信道)。地面段由用户段与控制管理段组成,后者有时也被认为是空间段的一部分。

在用户段,卫星终端(ST)可以直接连接用户的终端接入设备(CPE),也可以通过 LAN 与集线器或通过关口站间接地连接 CPE。关口站有时也称网络接入终端(NAT),它与地面网络相连。

(1) 卫星终端是连接到 CPE 的地球站,向卫星发送载波或从卫星接收载波,卫星终端构成网络的卫星接入点。当卫星网络为 DVB-RCS 网络时(带有反向信道以支持卫星数字视频广播的互动,根据 DVB-RCS 标准设计),卫星终端又称为反向信道卫星终端(RCST)。

(2) CPE 又称用户终端(UT),包括电话机、电视机、个人计算机及智能手机等设备。UT 独立于网络技术,可用于地面与卫星网络。

(3) 关口站(GW)提供卫星网络与互联网或卫星网络与地面网络间的互联功能。

控制与管理段包括:

(1) 任务与网络管理中心(MNMC),负责部署卫星覆盖范围内的所有卫星网络的非实时、高级管理功能。

(2) 网络管理中心(NMC),又称交互式网络管理中心(INMC),用于单个卫星网络相关的非实时管理功能。

(3) 网络控制中心(NCC),为卫星网络内的终端分配资源,并负责与资源相关的实时控制。

卫星网络(又称为卫星通信网络)包括一组卫星终端、一个或多个关口站以及一个由运营商运营并使用部分卫星资源(或容量)的 NCC。图 7.3 显示了在卫星覆盖范围内部署的两个卫星网络以及两个网络要素之间构建的链路。

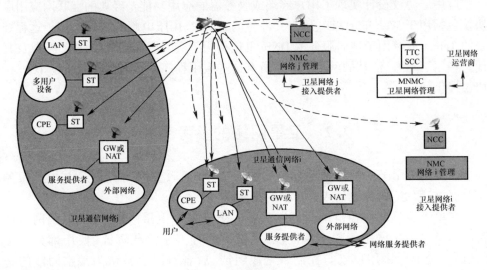

图 7.3 卫星网络组成

7.3 卫星网络的基本特征

卫星网络由其拓扑结构(网状、星状或多星状)、链路类型以及其在地球站间提供的链路所表征。

7.3.1 卫星网络拓扑

7.3.1.1 网状网络拓扑

在网状网络中,每个节点都能够与其他任一节点进行通信,如图 7.4(a)所示。网状卫星网络由一组通过射频载波构成的卫星链路进行相互通信的地球站组成。图 7.4(b)显示了包含 3 个地球站的网状卫星网络示例。正如第 6 章所讨论的,该情况要求多个载波可以同时接入给定的卫星(卫星接入为频分多址),并且这些载波中的一部分还可同时接入给定的转发器(转发器接入方式可以是 FDMA、TDMA、CDMA 或其组合)。

网状卫星网络可以依赖透明转发卫星或再生型有效载荷卫星。在透明转发卫星的情况下,任意两地球站间的射频链路质量必须足够高,才能为终端用户提供合格误码率(BER)的服务,即在给定卫星转发器工作点的情况下,每个地球站都需

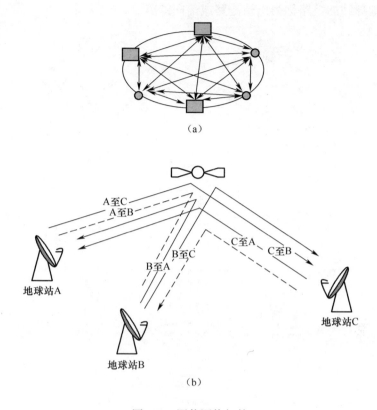

图 7.4 网状网络拓扑

(a)抽象表示;(b)包含 3 个地球站的示例(箭头表示由卫星中继的载波所传送的信息流方向)。

具有足够的等效全向辐射功率(EIRP)和 G/T。在再生型有效载荷卫星的情况下,星载信号解调对地球站的 EIRP 和 G/T 的限制较低。

7.3.1.2 星状网络拓扑

在星状网络中,每个节点仅能与一个通常称为中心站的中央节点进行直接通信,如图 7.5(a)所示。多星网络拓扑中,定义多个中心节点(中心站),其他节点仅可与这些中心节点通信,如图 7.5(b)所示。星状卫星网络由称为中心站的中央地球站和仅能与中心站进行通信的远端地球站组成。图 7.5(c)显示了星状卫星网络的示例。

中心站通常是一个大型地球站(天线尺寸从几米到 10m 以上不等),其 EIRP 与 G/T 高于网络中其他地球站。与依赖透明卫星的网状网络拓扑相比,由于地球站与大型地球站(中心站)进行通信,星状网络拓扑对地球站的 EIRP 与 G/T 限制更少,因而这种配备小型地球站(天线尺寸约 1m)(称为甚小口径终端)的网络很受欢迎[MAR-04]。从任一地球站到中心站的链路称为入站链路或反向链路,由中心站至其他地球站的链路称为出站链路或前向链路。

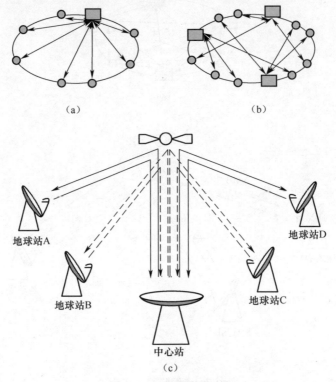

图 7.5　星状网络拓扑
(a)单中心星状抽象表示；(b)多中心星状抽象表示；
(c)包含4个地球站与1个中心站的示例(箭头表示由卫星中继的载波所传送的信息流方向)。

7.3.2　链路类型

通过卫星网络可以建立两种类型的链路：单向链路——其中一个或多个站仅发送，其他站仅接收；双向链路——地球站同时发送与接收。在面向卫星广播的网络中，单向链路通常与星形拓扑相对应。双向链路可以与星形或网状拓扑相对应，并且提供双向的电信服务。

7.3.3　连接性

连接性表征了网络节点相互连接的方式。图 7.6 显示了电信网络中存在的连接方式。

通过卫星网络建立通信链路时，需要区分两个级别的连接：服务级连接与星上连接。服务级连接定义了 CPE 或网络设备间以及卫星终端或网关间为终端用户

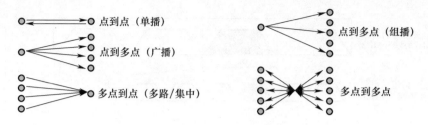

图 7.6 电信网络中存在的连接方式

提供服务所需的连接类型。这种连接主要在地面上进行,并依赖于与会话及第 2、3 层连接相关的标识符。

图 7.7 显示了通信服务的两个示例。互联网接入服务的特点为多点对点连接的星状或多星状拓扑,其中:客户流量须通过 POP,而 CPE 连接至用户 ISP 最近的POP;虚拟专网(VPN)服务的特点为点对点连接的网状拓扑(VPN 多播服务也可请求多点对多点连接),该服务允许将公司不同的 LAN 互联以形成单个 LAN。

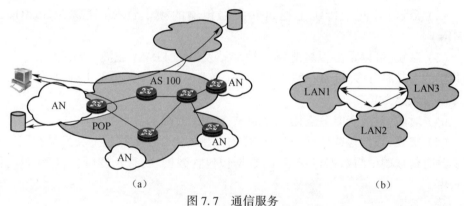

图 7.7 通信服务
(a)互联网接入;(b)虚拟专用网络(VPN)。

卫星的星上连接定义了如何在星上切换卫星网络资源以满足服务级连接的要求,因此,它取决于卫星资源(波束、信道、载波等)在卫星上行链路和下行链路上的组织方式,更取决于卫星系统提供的覆盖类型。在全球覆盖的情况下,原则上覆盖范围内的任何用户都可以连接到其他任一用户;对于多波束覆盖的情况,在不同波束内用户的互连需要在星上对波束以及分配给波束的资源进行星载互连。

图 7.8 显示了可在卫星上互连的资源类型。这些资源对应不同的粒度级别,需要不同的处理类型(见 7.4 节),可在以下级别提供卫星星载连接。

(1)点波束:单个波束的全部频率资源可在星上切换,可对应一个或多个信道(Ka 波段中通常为 125MHz 或 250MHz)。

313

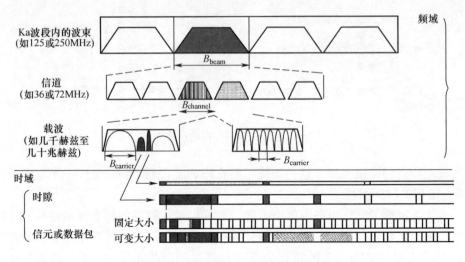

图 7.8 可在卫星上互连的资源类型

(2) 信道：等同于传统上通过转发器传输的频率资源（通常为 36MHz 或 72MHz）。

(3) 载波：可以是由卫星终端或地球站发送的 FDMA 载波，或由多个卫星终端共享的多频时分多址（MF-TDMA）载波（通常从几千赫到几十兆赫，具体取决于地球站射频能力）。

(4) 时隙：对应于时分复用（TDM）或 TDMA 时隙。

(5) 突发、数据包或信元：对应于任何类型的第 2 层数据包。突发是在同一链路上分时传输的一组数据包或信元；数据包包含数据块，且长度可变；信元具有固定长度。

7.4 卫星星载连接

正如第 5 章所述，多波束卫星系统使得地球站的尺寸大幅减小，从而降低地球站的成本。波束间的频率复用能够在不增加系统带宽资源的情况下增加容量。采用多波束的卫星有效载荷，必须能够互连所有地球站，因此必须提供覆盖区域（波束）互连的功能。

根据星上处理能力及网络层的不同，考虑了不同的星载互联技术：

(1) 转发器跳接（在无星载处理时使用）。

(2) 星载交换（在透明处理和再生处理时使用）。

(3) 波束扫描。

7.4.1 基于转发器跳接的星载连接

系统频带被分成与波束数相同的子频带。星上的一组滤波器根据子带的划分将载波分开,每个滤波器的输出通过转发器连接至目的波束天线,需要使用的滤波器与转发器数量至少等于波束数的平方,图7.9以两个波束为例说明了这一概念。根据覆盖类型,地球站必须能够在多个频率和极化上发射或接收载波,以便从一个转发器跳至另一个转发器。表7.1列举了不同覆盖类型下确保波束间互连所需的频率变换要求。在系统带宽定义的总容量内,通过修改子带分配,继而修改输入滤波器与转发器之间的连接,可以在波束间改变业务容量。这种操作由遥控指令实现,根据业务的变换情况可随时执行。

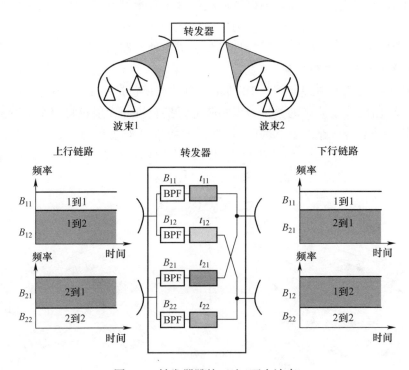

图7.9 转发器跳接互连(两个波束)

表7.1 各覆盖类型下的频率变换要求

覆盖类型		频率变换
上行	下行	
全球覆盖	全球覆盖	发送或接收时
点覆盖	全球覆盖	接收时

续表

覆盖类型		频率变换
上行	下行	
全球覆盖	点覆盖	发送时
点覆盖	点覆盖	发送和接收时

7.4.2 基于透明处理的星载连接

当波束数量较少时,通过转发器跳接进行波束交换是一种解决方案。因为转发器的数量随着波束数量的平方增加,所以在大量波束的情况下,卫星有效载荷将变得过于繁重。因此有必要考虑以更低的粒度进行星载交换(从波束交换转向信道交换)。有两种技术可以提供这种连接:使用中频交换矩阵的模拟技术(SS-TDMA)和基带(BB)数字处理技术(特别是数字透明处理器)。

7.4.2.1 模拟透明交换

模拟透明交换的原理如图 7.10 所示。有效载荷包括一个可编程交换矩阵,其输入数与输出数等于波束的数量。该矩阵通过接收机和发射机将每个上行链路波束连接到每个下行链路波束。因此,转发器的数量等于波束的数量。与交换矩阵相关联的分配控制单元(DCU)在相应时间段内构建每个输入与输出间的连接状态序列,每一个到达卫星的载波都被路由至目的地波束。

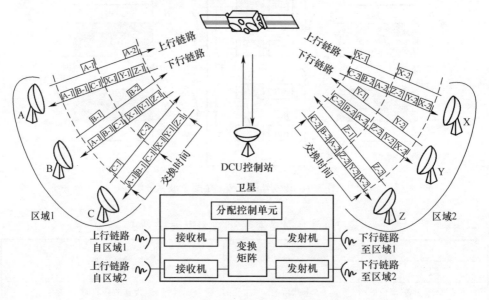

图 7.10 星上交换时分多址(SS-TDMA)原理

由于两个波束间的互联是时断时续且周期循环的,当分隔两次连接状态的时间段为一帧时,各地球站必须存储来自用户的业务信息,当波束间实现所需的互联时,以突发的形式进行发送。因此,这种技术实际上只能用于 TDMA 类型的数字传输与接入,这就是星上交换时分多址(SS-TDMA)。SS-TDMA 所能够提供的连接粒度就是大容量频率载波的时隙。

1) 帧结构

图 7.11(a)显示了三波束卫星的帧结构。该帧包含一个同步字段和一个业务字段。来自地球站的突发依据其业务字段内的目的地进行路由选择。业务字段需要进行一连串的交换。在给定的交换状态期间,交换矩阵保持相同的连接状态。在业务量需求小于容量的情况下,业务字段含有一定的增长空间。上行波束与下行波束间连接的持续时间称为窗口。一个窗口可以跨越数个交换状态的持续时间。

图 7.11(b)显示了由交换矩阵实现的交换状态序列,以便根据图 7.11(a)的帧结构来路由业务。

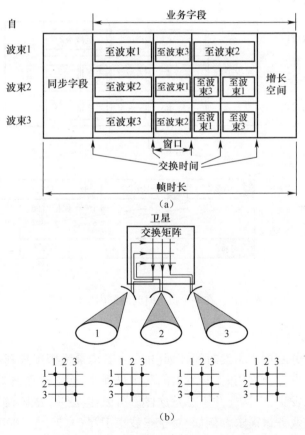

图 7.11　三波束 SS-TDMA 卫星
(a)帧结构;(b)交换状态序列。

2) 窗口结构

图 7.12 显示了如何在一个窗口时间间隔内定位突发,该图显示了站点 A、B、C 在(对应从波束 3 到波束 2 的连接)一个窗口中发送的突发。在每个窗口时间内,每个站发送的突发都由数个子突出组成。

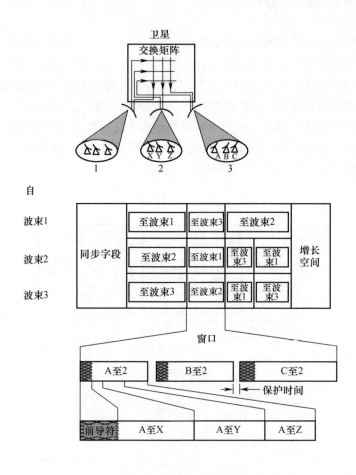

图 7.12 在一个窗口时间间隔内定位突发

3) 帧内突发分配

帧内的突发分配称为突发时间计划(BTP),其应最大限度地利用卫星转发器。当窗口被业务突发完全占用时,转发器的利用最理想,而这仅在波束间的业务分布均匀时才有可能发生,但情况并不总是这样。可以建立一个矩阵,描述从一个波束到另一个波束的业务量需求。例如,对于三波束卫星(1、2、3),该矩阵如表 7.2 所列,其中 t_{XY} 表示波束 X 至波束 Y 的业务量需求。

表7.2 三波束卫星的业务量需求矩阵

	至波束1	至波束2	至波束3	
自波束1	t_{11}	t_{12}	t_{13}	S_1
自波束2	t_{21}	t_{22}	t_{23}	S_2
自波束3	t_{31}	t_{32}	t_{33}	S_3
	R_1	R_2	R_3	

表7.2中,每行S_i($i=1,2,3$)之和代表波束i中所有站点的上行业务量,每列R_j($j=1,2,3$)之和代表波束j中的下行业务量。当波束间的业务量分布均匀时,S_i之和与R_j之和相等,否则行S_i的和或列R_j的和总有最大值与最小值。矩阵中对应该最大值的行或列称为临界线。

可以看出,路由所有站点业务突发所需的最小时间是在当前速率条件下传送矩阵临界线业务量所需的时间[INU-81]。众多算法以最小化有效业务字段持续时间的方式用突发对帧进行填充。文献[MAR-87]介绍了此类算法的分类。

SS-TDMA网络可以在固定分配或按需分配的情况下运行。按需分配时,分配给各地球站的容量通过突发长度变化获得,即与TDMA一样(6.6节)。地球站突发长度的变化伴随着其他地球站突发位置的变化,从而导致其他突发分配的变化(BTP变化)。对于涉及交换状态序列的变化,新的交换状态序列必须经专用链路(可以是远程控制链路)加载到DCU内存中。加载后生效的时间必须是在超帧的起始时刻,以确保所有地球站与卫星同步更改。

4)帧效率

6.6.5节给出了效率的定义,其表达式为

$$\eta = 1 - \Sigma t_i / T_F \tag{7.1}$$

式中:Σt_i为非用于信息传输的时间(停滞时间)之和;T_F为帧时长;Σt_i包含5个元素:

(1)同步字段。

(2)包头与保护时间,包括为星载矩阵交换保留的时间间隔(如果某个站的数据包被送往多个波束,则该站必须在帧内传输若干次;由于每个数据包都有包头,因此将有更多的停滞时间)。

(3)由于波束间业务量不均匀而导致的帧窗口未填充(临界线决定了交换状态序列的最短持续时长;个别窗口没有填充,从而使转发器处于非激活状态,见图7.13)。

(4)给定时刻早于最佳突发时间。例如在新的交换状态序列加载生效之前,窗口中会出现停滞时间。

(5)增长空间——若波束中对应于临界线的业务量需求小于转发器的容量。

总的来说,由于吞吐量取决于业务量分布,因此很难提供具体的效率值。仿

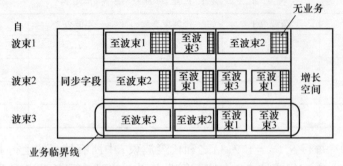

图 7.13 业务非均匀分布时的 SS-TDMA 帧封装(矩阵的临界线对应 S_3，即波束 3 上行的业务流量决定了交换状态序列的最短持续时长)

真结果显示其值为 75%~80%[TIR-83]。不管哪种假设,其效率都低于单波束卫星。

7.4.2.2 数字透明交换

当需要以小于信道的粒度进行连接时,模拟技术已不能胜任,因为这会导致载荷复杂度增加,此时可以借助于数字滤波与交换的数字技术。图 7.14 显示了数字透明交换(DTP)的原理,其能够将上行链路载波从一个点波束交换至另一个点波束并允许频率变换。

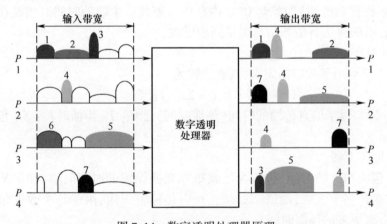

图 7.14 数字透明处理器原理

7.4.3 基于再生处理的星载连接

星上数字解调及解码技术为实现星上连接提供了更多的可能,尤其是允许在星上引入二层交换。再生型有效载荷的链路预算问题已于第 5 章讨论。第 9 章将讨论有效载荷的实现。

320

7.4.3.1 基带交换

由于星上上行链路载波解调器输出端可以获得二进制比特信息,这允许收发天线间的信号可进行基带交换,而不再仅依赖射频交换。完成基带交换的设备将在 9.4.5 节进行介绍。射频交换时须将接收到的信息立即路由至目的地下行链路,而基带交换无此要求。这允许地球站在同一突发中传输其所有信息,每帧仅传输一个突发,因此,每帧的突发数量大大减少,提高了帧的效率。

图 7.15 说明了在星上再生处理条件下基带交换支持的资源类型及交换粒度。

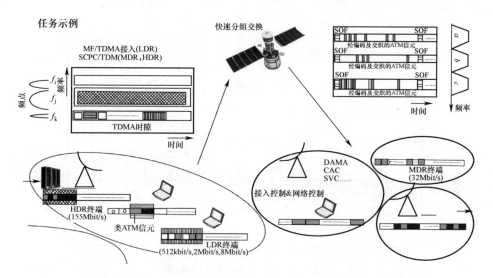

图 7.15 使用数字星载处理进行交换(HDR/MDR/LDR——高/中/低数据速率)

7.4.3.2 速率转换

使用透明卫星转发器无法改变上行链路与下行链路的速率,因此地球站之间的信息交换仅能由相同容量的载波进行,这样限制就比较大。例如,承载高速干线业务的大型站与承载低速业务的小型站(VSAT)的互联,需借助地面连接与双跳实现互通,如图 7.16(a)所示。相比之下,利用星载处理可使不同数据速率的业务在基带级交换,并在各下行链路传输前根据其目的地进行组合,且与载波的容量无关[NUS-86],如图 7.16(b)所示。为避免非必要或过高的功耗,仅发往低速率地球站的高速率载波会被路由至高速率解调器进行解调,其他高速载波在 RF 处交换,因此无须解调。

7.4.3.3 FDMA/TDM 系统

与透明卫星系统相比,再生型有效载荷卫星系统可以通过在上行链路上使用 FDMA 及在下行链路上使用 TDM 的方式降低地球站的 EIRP 与 G/T,从而实现地球站成本的降低。该方案允许地球站在上行链路上进行连续传输,在下行链路上

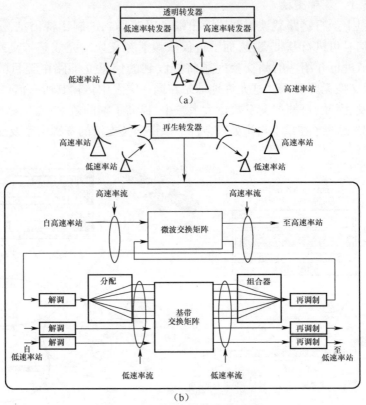

图 7.16 不同容量载波的互联
(a)透明转发器;(b)再生转发器。

经卫星放大器进行饱和传输,而不会产生互调噪声。卫星广播的方式 4(7.6.4 节)正是基于该方法实现。

1) 地球站 EIRP 的降低

上行链路的参数设计通常比较保守,因此整体链路的 C/N_0 性能取决于下行链路的性能,而下行链路的性能受限于星上可用功率。对于透明转发器,需要提供约 10dB 的比值 $\alpha = (E/N_0)_U / (E/N_0)_D = (C/N_0)_U / (C/N_0)_D$。对于再生转发器,图 5.39 中的曲线表明当 α 大于 2dB 时,上行链路的误码率与下行链路相比可忽略不计。α 的降低转化为地球站 EIRP 的降低,从而降低其成本。

另一因素也带来 EIRP 的降低。由于基带交换矩阵中的比特存储,地球站可以在不同频率上连续进行发射(FDMA 多址方式),如图 7.17 所示。与 TDMA 相比,每个站的传输速率要小一些。具体情况如下。

(1) 对于 TDMA,有

$$(C/N_0)_U = (E/N_0) R_{TDMA}$$

(2) 对于 FDMA,有

$$(C/N_0)_U = (E/N_0) R_{FDMA}$$
$$R_{FDMA} = R_{TDMA}(T_B/T_F) \tag{7.2}$$

式中:T_B 为以 TDMA 传输的突发持续时长;T_F 为帧持续时间。由 T_B/T_F 小于 1 可见,FDMA 所需的 C/N_0 值小于 TDMA。

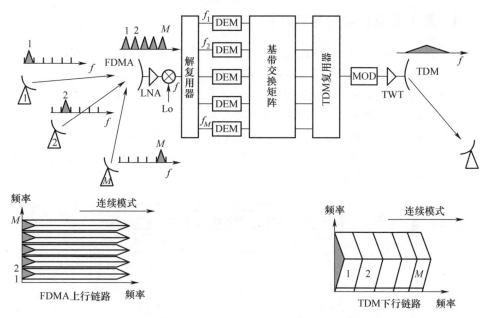

图 7.17 支持多条 FDMA 上行链路与单条 TDM 下行链路的再生转发器

2) 地球站 G/T 的降低

如图 7.17 所示,卫星放大器(使用行波管 TWT 时)处理经 TDM 多路复用的比特流调制的单载波(发往相应波束的地球站)。与透明 FDMA 系统相比,该放大器可以在饱和状态工作,不会在下行链路上产生互调噪声。

下行链路得益于卫星的最大 EIRP,且不存在互调噪声,因此可以降低地面站的品质因数 G/T。与透明 TDMA 系统相比,地球站接收到的突发是由卫星振荡器统一发出的,而不是变频转发各个地球站的。因此,不再需要为地球站接收机提供载波与比特快速捕获电路。

7.4.3.4 总结

星上再生处理提供了很多优势,如本节及第 5 章所述。星上再生处理有效载荷比透明型有效载荷可以承受更高的干扰电平,并使地球站更简单。当然,这样也同时带来额外的星载复杂度及对有效载荷可靠性的影响。此外,在卫星上执行快速处理对卫星有效载荷的功耗提出了较高的要求,因此也对卫星质量提出更高要求。

最后，星上再生处理有效载荷意味着预先选定了某种传输模式，从而提供预定类型的服务。而一旦卫星投入运行，或许会发现所选的传输模式并不理想，这也带来了应对业务需求(数量与质量)的意外变化和新的运行问题。多年来，该问题一直令卫星运营商望而却步，他们倾向于最小化风险，而非追求不确定的高效益。使用可编程硬件(如软件定义的有效载荷)可以解决上述问题。

7.4.4 基于波束扫描的星载连接

每个覆盖区域都由天线波束循环照射，天线波束的方向由 BFN 控制，BFN 是卫星天线子系统的一部分。当某区域被波束照射时，区域内地球站将发送或接收突发。对于透明型与再生型有效载荷，都可以考虑基于波束扫描的互联。

7.4.4.1 基于透明型有效载荷的扫描波束

在不具备星载存储的情况下，每个时刻至少需要两个波束：一个波束用于建立上行链路；另一个波束用于建立下行链路(图 7.18)。波束覆盖持续时长与两个区域间的业务量大小成正比。

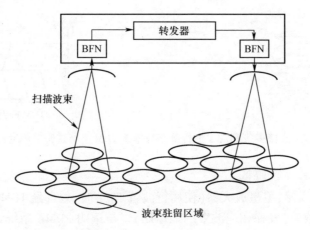

图 7.18　透明型卫星通过波束扫描实现星载连接

7.4.4.2 基于再生型有效载荷的扫描波束

天线波束的动态实时形成可以考虑这样的单波束卫星：其波束依次扫描服务区的各个区域(图 7.19)。由波束顺序覆盖的一组驻留区域即构成系统的覆盖区域。当波束位于给定的驻留区域时，该区域中的地球站接收由星载存储器下发的多路复用载波信号；与此同时，这些地球站也将向位于其他区域的地球站发送信息，这些信息发送到卫星并存储于星载存储器内，以便稍后在波束通过目标区域时进行转发。

该类型系统有着一个非常明显的优势，即同一时刻系统仅有一个波束在工作，因此不存在同频干扰(CCI)。

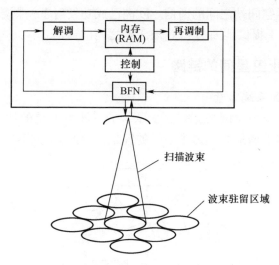

图 7.19　再生型卫星通过单波束扫描实现星载连接

7.5　经星间链路的连接

星间链路可以被认为是多波束卫星的一种特殊波束,该类型波束并非指向地球,而是指向其他卫星。卫星间的双向通信需要两个波束——一个用于发送,一个用于接收。网络连接意味着在有效载荷层面上将专用于星间链路的波束与其他链路波束进行互连。

星间链路可分为三类:

(1) 地球静止轨道(GEO)卫星与低地球轨道(LEO)卫星间的链路(GEO-LEO),又称轨道间链路(IOL)。

(2) 地球静止卫星间的链路(GEO-GEO)。

(3) 低地球轨道卫星间的链路(LEO-LEO)。

7.5.1　地球静止轨道卫星与低地球轨道卫星间链路

GEO-LEO 类型的链路用于通过地球同步卫星的中继在一个或多个地球站与运行在距地面约 500~1000km 高度的 LEO 卫星之间建立链接。为了实现地球站每时每刻都可以看到至少一个 LEO 卫星,出于经济和政治原因,人们又不希望建立过于庞大且复杂的地球站网络,因此将一颗或多颗地球静止卫星用于中继通信,这些卫星必须保证对地球站和 LEO 卫星同时可见。此外,该技术还能够克服地面网络可能存在的某些限制。

这一概念目前通过跟踪与数据中继卫星(TDRS)已在 NASA 跟踪网络中运行,

特别是提供与国际空间站之间的通信。欧洲已成功发射了一颗数据中继有效载荷（Artemis）卫星，用于提供地面与 LEO 航天器之间的通信。

7.5.2 地球静止卫星间的链路

7.5.2.1 增加系统容量

考虑一个多波束卫星网络，图 7.20 显示了三波束卫星的情况，如图 7.20（a）所示。假设业务需求增加并超过了卫星的容量，一种解决方案是发射一颗更大容

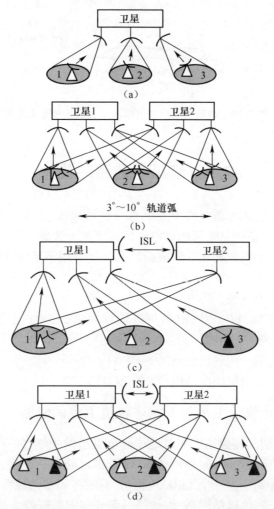

图 7.20 使用星间链路增加系统容量无须在地面段进行大量投入

(a)具有单颗卫星的网络；(b)发射第二颗卫星以增加空间段的容量——这些地球站必须配备两台天线；
(c)使用星间链路时，仅负载最重地区的地球站须配备两台天线；
(d)地球站分布在两颗卫星间时，星间链路承载两组站间的业务。

量的替代卫星,但这涉及开发成本、风险,以及运载火箭的可用性;另一种方案是发射两颗相同的卫星,由两颗卫星共同分担业务。为避免干扰,两颗卫星的轨道位置必须足够远,但为了提供足够大的相同覆盖范围,也不能距离太远。为确保所有地球站间的互联,必须为所有地球站配备两台天线,分别指向不同的卫星,如图7.20(b)所示。使用带有星间转发器的卫星可以实现以下场景:

(1) 为区域1的地球站配备第二台天线,区域2、区域3的地球站配置保持不变,如图7.20(c)所示。星间链路承载区域1的超载业务。

(2) 将地球站分成两组,其中每个地球站配备一台天线,每组地球站可与一颗卫星相对应,如图7.20(d)所示。星间链路承载两组间的业务。

这些都是比较经济实用的做法,实际选择取决于具体情况。

7.5.2.2　扩展系统覆盖范围

星间链路允许两个网络的地球站相互连接,因此将两颗卫星的地理覆盖范围合并,如图7.21(a)所示。其他解决方案有:

(1) 如果两颗卫星覆盖范围存在重合区域,则在重合区域设立一个配备两台天线的互联地球站,如图7.21(b)所示。

(2) 在没有星间链路的情况下,通过地面网络将两个卫星覆盖区进行互联,如图7.21(c)所示。

7.5.2.3　增加地球站最小仰角

地球站同单颗地球同步卫星通信时,如果距离星下点过远,会存在仰角过小(有时小于10°)问题,这会导致接收站 G/T 值下降(见5.5.3节),并增加地面干扰的风险。若链路中嵌入两颗由星间链路连接的地球静止卫星,地球站的通信仰角将大大增加。

如图7.22(a)所示,地球站与单颗地球静止卫星通信,其通信仰角为5°;如图7.22(b)所示,在有两颗卫星且相隔30°的情况下,地球站通信仰角将变为20°(对于赤道的地球站)或15°(位于纬度45°的地球站)。

7.5.2.4　减少对轨道位置的限制

卫星的轨道位置通常是经过轨道位置协调使各方协商一致后确定的,而卫星运营商当然希望卫星能够在最佳轨道覆盖服务区,既能为服务区的用户提供高仰角,又能避免现有系统的干扰。上述矛盾在大陆上空更加严重,特别是在美洲大陆上空的轨道。星间链路允许在不同轨道位置的多颗卫星之间共享业务量,为运营商给卫星定点提供了一定的自由度。图7.23显示了一个解决方案,该方案将两颗卫星定点在拥挤的轨道弧线末端,同时保证运营商能够实现对全美国的覆盖[MOR-89]。

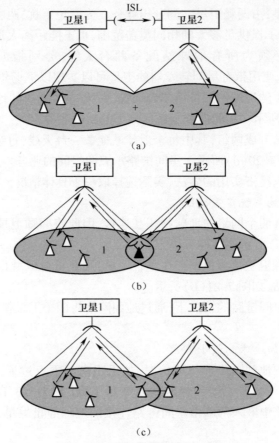

图 7.21 系统覆盖范围的扩展

(a)通过星间链路将各覆盖范围内的地球站相互连接;(b)在没有星间链路的情况下,通过两个网络的公共地球站进行互联;(c)在没有星间链路的情况下,通过地面网络进行互联。

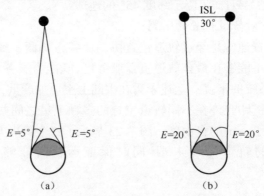

图 7.22 增加地球站的最小仰角

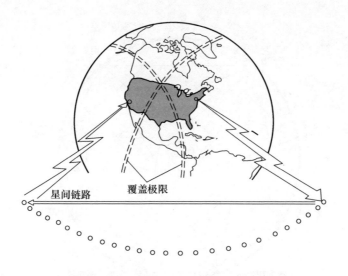

图 7.23　在轨道弧上卫星已饱和情况下,依然能提供对全美国的覆盖[MOR-89]

资料来源:经 Morgan N. L. 与 Gordon G. D. (1989)许可转载;

经《通信卫星手册》,©John Wiley & Sons 许可转载。

7.5.2.5　星群

星群原理是将多颗独立的卫星定位在同一轨道位置,相距数十千米,并通过星间链路互联,这个概念于多年前就已经被提出[VIS-79,WAD-80,WAL-82]。因此,这些卫星都位于地球站天线的主瓣中,看起来相当于一颗大容量卫星,而现实中没有任何现有的运载火箭能够发射单颗如此大容量的卫星。多颗卫星通过被连续发射至同一地点的相近位置而形成星群。由于所有卫星都受到相同的扰动影响,因此轨道控制得以简化,当然卫星的定点保持操作仍需要严谨地、逐次地执行。在一颗卫星发生故障的情况下,可以在群内进行替换。此外,可以根据业务需求对星群的配置进行相应的修改。这种共址卫星的概念广泛用于卫星广播,目的是更好地利用 Ku 波段较宽的无线电频谱。约 2GHz 带宽的频谱资源分布在数十条卫星信道上,从而能够传输数百个电视节目。

然而,当前这种星群都还没有使用星间链路。具有标准化功能、可重新配置的小型 GEO 星群可以在不久的将来重新引起人们的兴趣,因为这确实是对成本高昂、体型巨大、高功率 GEO 卫星的一种很好的替代方案。

7.5.2.6　全球网络

图 7.24 显示了一种基于 9 颗地球静止"星群"卫星的全球网络设计,这些卫星构成了全球通信的基础,卫星经星间链路彼此互连[GOL-82]。

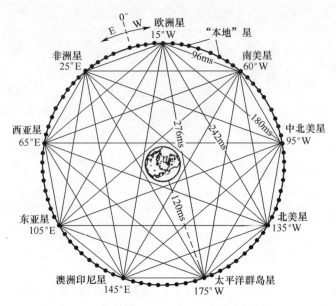

图 7.24 基于 9 颗地球静止"星群"卫星的全球网络[GOL-82]
来源:经美国航空航天学会许可转载。

7.5.3 低地球轨道星间链路

LEO 轨道上运行的卫星具有超低传输延迟的优势,这对于某些服务(通常是语音)具有极大的吸引力。然而,一颗 LEO 卫星仅在很短的时间内对地(固定区域)可见,因而限制了通信的持续时间。包含大量 LEO 卫星的网络可以缓解这一缺点,这些卫星通过星间链路互连并配备波束间的交换装置。文献[BRA-84,BIN-87]提出了一个该类型网络的示例;另一个例子是自 1997 年 5 月 5 日至 2002 年 6 月 20 日期间部署完成的包含 66 颗卫星的铱星(Iridium)系统。下一代铱星星座(Iridium Next)已自 2014 年 1 月 14 日至 2018 年 12 月 30 日期间完成发射。

7.5.4 总结

星间链路使以下配置成为可能:
(1) 使用地球静止卫星作为低轨卫星与少数地球站网络间永久链路的中继。
(2) 通过组合多颗地球静止卫星来增加系统容量。
(3) 灵活性更高的系统规划。
(4) 使用低轨卫星提供永久链路和全球覆盖的系统可作为地球静止卫星系统的替代方案。

对于大容量链路,激光技术在质量和能耗方面更具优势。

7.6 卫星广播网络

一个卫星广播网络由一个发射主站和多个单收地球站组成,并使用通信卫星的一个或多个信道(转发器)资源。卫星广播网络采用星状拓扑网络结构和点对多点连接,链路都是从主站到单收地球站的单向链路。主站通常是一个具有较大发射能力的大型地球站,而单收地球站可以非常小(其典型天线尺寸为0.5m)。这种小型地球站成本低廉(不到100欧元),希望在家中直接从卫星接收电视或音频节目的终端用户能够负担得起,这种卫星广播服务称为直播到户。主站位于广播公司所在地(由广播公司自己运营)或其他位置(此时通常由卫星运营商运营)。根据无线电规则中的术语定义,上行链路称为馈电链路,主站通常称为馈电地面站。出境链路(来自主站的馈电链路)由所有终端用户地面站接收。在这种网络中,没有入境链路或反向链路。

这种网络架构及其相关服务也在逐步演进,尤其是交互性服务的引入,而这要归功于从地球站向主站传输的低数据速率返回链路,其能够提供交互式电视(iTV)或视频点播服务。这些网络实际上可以认为类似于7.7节所讨论的星状网络。

当仅关注广播服务时,广播公司支持多种广播方式。

7.6.1 每个转发器单个节目

图7.25给出了每个转发器单个节目的示意(方式1)。每个广播公司的上行链路载波占用从卫星运营商租用的整个转发器,不同的广播公司租用同一颗卫星

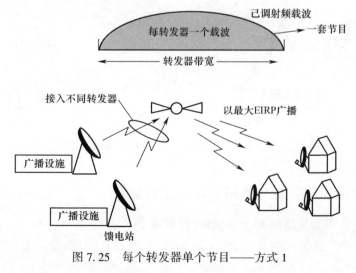

图7.25 每个转发器单个节目——方式1

的不同转发器并分享卫星的容量,载波由卫星以最大 EIRP 进行广播。这种方式在早期使用模拟 FM 体制传输卫星电视广播节目时比较流行,需要占用卫星转发器较大带宽,并需要卫星以最大 EIRP 发送,以便在终端用户家中使用小型接收地球站进行接收。然而,由于广播公司仅为传输一个电视节目就支付转发器的全部租赁费用,因此费用是比较昂贵的。现在采用压缩技术的数字电视需要的带宽远小于转发器典型带宽(DVB-S 载波可以窄到几兆赫,而转发器带宽可高达 72MHz),因此考虑两种选择:每个转发器多载波多节目,或多节目(数字电视节目)时分复用在单条上行链路载波上。

7.6.2 每个转发器多载波多节目

使用压缩数字电视及 DVB-S 等标准,电视载波的带宽减少,因而能够通过卫星转发器带宽的一小部分进行传输。多个广播公司可以使用 FDMA 接入方式以共享租用一个转发器,如图 7.26 所示。但正如 FDMA 本身的特点,卫星转发器必须在一定的回退下运行(以相对于饱和时的最大 EIRP 较低的 EIRP 运行),而这可能会损害服务质量,除非终端客户使用更大(且成本更高)的地球站或使用 EIRP 更高的新型卫星。

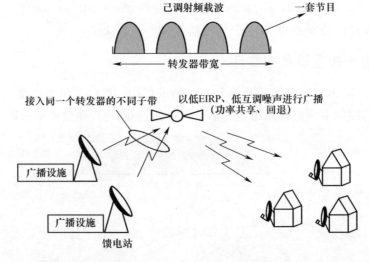

图 7.26 每个卫星转发器多载波多节目(对卫星转发器的 FDMA 接入)——方式 2

7.6.3 支持多节目时分复用的单条上行链路

为了充分利用卫星的最大 EIRP,最好避免通过馈电链路进行 FDMA 接入。对于来自多个广播公司的节目,可采用 TDM 复用方式,以单载波占用整个转发器带宽的方式进行发送,如图7.27所示。应注意,复用发生在调制前,且必须在馈电站执行。馈电站通常位于卫星运营商所在地,而广播公司必须通过地面网络(也可以是卫星链路)将其节目转发至馈电站。

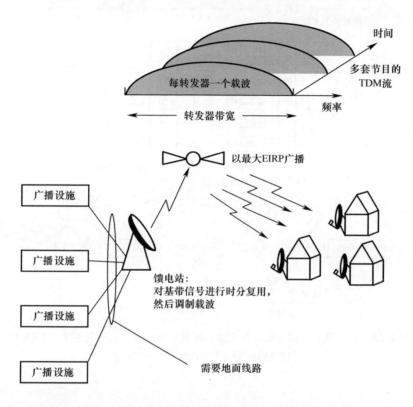

图 7.27 对节目时分复用(TDM)的单条上行链路——方式 3

7.6.4 支持下行链路多节目时分复用的多条上行链路

通过再生型有效载荷卫星及星载处理,可以在星上实现节目的多路复接,如图7.28所示。各广播公司依托自己的(小型)馈电站在单个载波上传输其电视节目,以 FDMA 模式接入卫星转发器(如方式2),这些馈电站可以位于卫星接收覆盖范围内的任何位置,甚至位于不同国家。各载波在卫星上解调,先进行时分复用并形成数字 TDM,再调制成下行链路载波。该下行链路载波可以占用完整的转发器带宽,并以卫星转发器的最大 EIRP 进行广播。此外,该方式还具有方式 3 的优点。

333

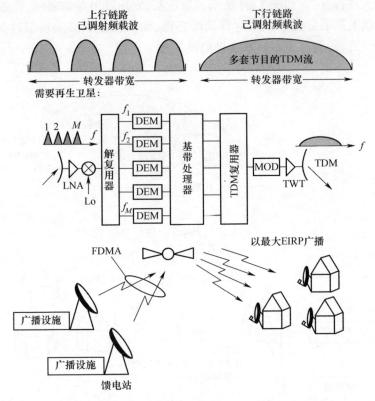

图 7.28 具有星载处理功能的再生型有效载荷卫星支持上行链路多个 FDMA、下行链路时分复用(TDM)——方式 4

7.7 宽带卫星网络

宽带卫星网络由一个或多个网关站(或中心站)以及多个具有收发能力的卫星终端组成,并使用通信卫星的一个或多个信道(转发器)资源,它具有多种网络拓扑(星状、多星状、网状或星状/网状混合型)并提供多种类型的连接,链路都是双向的。卫星终端、网关或中心站的特性会根据其目标市场而有较大差异。消费市场需要廉价且高度集成的卫星终端,其中网关是较大型的地球站;专业市场可能需要能够集成局域网业务的高端卫星终端。

宽带卫星网络旨在提供地面互联网提供的大部分服务。卫星提供的互联网服务主要采用数字视频广播(DVB)标准,特别是其卫星版本(DVB-S 原始版本[ETSI-06]、第二代版本 DVB-S2[ETSI-14d],以及对 DVB-S2 的扩展——DVB-S2X[ETSI-15b]),其中最初设计用于传输视频与音频流的数据格式已扩展至承载 IP

数据报。卫星专用的 DVB 反向信道卫星标准（DVB-RCS 为原始标准,而 DVB-RCS2 是新一代标准）提供了从 DVB-RCST 到网关的返回链路规范[ETSI-14e,ETSI-14f,ETSI-14g,ETSI-14h,ETSI-14i]。来自欧洲电信标准化协会（ETSI）与互联网专家任务组（IETF）的多项标准论述了 IP 网络协议及网络架构的实施细节。这些标准与技术规范促进了用于广播与网络服务的卫星系统的发展。本章末尾的参考文献列出了涉及的标准。

7.7.1　DVB-RCS/RCS2 与 DVB-S/S2/S2X 网络概述

本节提供了一个遵循 7.2 节描述的网络示例。为方便清楚地解释,除某些特别需要专门讨论和澄清的情况外,将以 DVB-S 与 DVB-RCS 作为各代标准的典型代表。

7.7.1.1　网络特征

DVB-S 与 DVB-RCS 网络具有以下特征：

（1）RCST 的上行链路根据 DVB-RCS 标准的 MPEG（运动图像专家组）标准框架使用 MF-TDMA 方式。

（2）从卫星到 RCST 的下行链路完全兼容 DVB-S 标准。

（3）由于动态分配,卫星系统可支持对称预测流量,以及大量用户产生的突发流量。

（4）卫星系统支持与 PSTN 或 ISDN 等地面网络及服务提供商（SP）所属的专用 IP 网络的互通。

（5）卫星系统支持集成基于 IP 的数据服务及本地 MPEG 视频广播。

（6）星状卫星网络支持卫星网络用户与地面网络用户间经卫星网关（GW）的单跳连接。网状卫星网络支持卫星网络用户间的单跳连接,它需要一个星载处理器（OBP）,并允许灵活地将 MPEG 包从上行链路波束路由至下行链路波束（并可在星上进行数据复制以支持多播服务）。

7.7.1.2　管理站

管理站（MS）由 NMC 与 NCC 组成。NMC 为所有网元和网络提供管理服务。NCC 负责交互式网络的管控,如为用户的卫星接入请求提供服务。

7.7.1.3　卫星网关

卫星网关（GW）提供卫星与地面网络（如电话网络或面向宽带多媒体的 Internet/Intranet 网络）间的互通功能。GW 可以作为透明卫星接入网络星状拓扑内主站功能的一部分,能够根据不同的 QoS 标准及不同的服务订阅级别为用户提供服务保证。

根据连接的需要,GW 可配置不同的设备。例如,GW 可以由交互式接收解码器（IRD）、一个 IP 路由器、一个多会议单元（MCU）以及一个语音和视频网关组成。

7.7.1.4 回传信道卫星终端

为遵循 DVB-RCS 标准使用的术语,用户地球站(第 1 章术语)在本章中称为 RCST,由两个主要单元组成:室内单元(IDU)与室外单元(ODU)。

上行传输功能包括基带到 RF 上变频(基带信号在中频阶段调制载波,然后将载波上变频至 RF 频段)与 RF 放大,以使得信号在经发射天线传输前得到放大。其 EIRP 必须满足链路预算要求。在下行链路接收中,RCST 功能包括射频低噪声放大、下变频至中频、中频 DVB-S 解调以及基带解码。

ODU 由射频发射机、射频接收机和天线组成。IDU 包含 DVB-S 与 DVB-RCS 调制解调器以及到本地网络的接口。RCST 可通过 LAN 连接互联网子网。

RCST 允许不同用户之间通过单跳(网状连接)或经 GW 的双跳(星状连接)相互通信,也可以使用户通过单跳经 GW 与地面网络用户进行通信,如电信或基于 IP 的互联网服务。

7.7.1.5 星载处理器

对于支持星载处理的有效载荷,星载处理器(OBP)是网状卫星系统的核心(图 7.4)。它结合了 DVB-RCS 与 DVB-S 卫星传输标准,允许上行链路波束与下行链路波束间的完全交叉连接,从而使用户终端(UT)能够通过卫星收发其他终端的信号。

上行链路 DVB-RCS 载波由射频下变频至中频(IF);基带处理器(BBP)在中频对载波进行解复用、解调与解码,提取上行链路数据包中的路由信息并生成符合 DVB-S/S2 标准的 MPEG-2 数据包;在完成可选码率的信道编码(FEC)之后,于 IF 执行 QPSK(DVB-S)或更高阶调制(DVB-S2/S2X)以生成载波,随后将其频率上变频至下行链路的射频频段上。

7.7.1.6 网络接口

用于卫星网络组件相互通信的接口(见 7.7.8 节图 7.44)。

(1) T 接口:RCST IDU 与 UT(主机)或 LAN 间的用户接口(UI)。

(2) N 接口:NCC 与 RCST 间的接口,用于支持用户平面(U-plane)服务(同步、DVB 表及连接控制信令)的控制与信令。

(3) M 接口:NMC 与 RCST 间用于管理的接口(简单网络管理协议及管理信息库交互)。

(4) U 接口:卫星有效载荷与 RCST 的空中接口。

(5) P 接口:两个 RCST 间的逻辑接口,用于处理对等层信令业务及用户数据业务。

(6) O 接口:NCC 与 OBP 间的接口,用于 OBP 控制与管理(如适用)。

7.7.2 宽带卫星网络的协议栈架构

宽带卫星组网是基于卫星关口站支持所有 IETF IP 协议组的假设基础上的。事实上,卫星网络被视为一种无线电技术,如同地面的无线电技术一样。因此,卫星组网的重点放在协议栈的较低层。卫星协议栈架构使用分层原理以及 IP 互联通用协议栈架构的概念进行描述,两个主要层为卫星物理层与链路层。

链路层由媒体访问控制(MAC)与逻辑链路控制(LLC)子层组成。将链路层拆分为子层的原因是区分哪些功能与卫星相关、哪些功能与卫星无关。

宽带卫星多媒体(BSM)的协议架构参考模型如图 7.29 所示,该图显示了卫星相关、卫星无关的功能适配[ETSI-07]。

RCST 可以与其他 RCST 进行对等通信以实现网状通信,或与其他 GW 进行对等通信以实现星状通信。在 OSI/ISO 参考模型方面,独立于卫星的服务访问协议(SI-SAP)[ETSI-15c, ETSI-15d]位于链路层与网络层之间。卫星网络协议由卫星链路控制(SLC)、卫星媒体访问控制(SMAC)和物理(PHY)3 个子层组成。

SLC 子层与网络层交换 IP 数据报;SMAC 子层具有传输功能,用于传输 MPEG 数据包突发与接收 TDM 中的 MPEG 数据包,以及传输通用流封装(GSE)数据包;PHY 子层负责通过具有同步和比特纠错功能的物理介质传输数据。

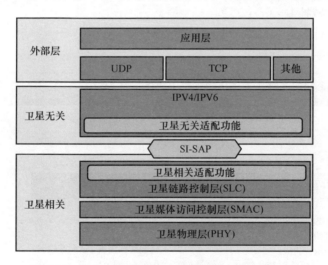

图 7.29 宽带卫星多媒体(BSM)协议架构参考模型
来源:经 ETSI 许可转载。

7.7.3 卫星物理层

物理层是协议栈的最低层,从卫星 MAC 层接收数据帧,并通过物理介质以数据包形式传输数据。

7.7.3.1 MPEG 数据包传输流

MPEG 数据包传输流构成了使用 DVB-S 标准的卫星网络中在前向链路上传输数据的格式。不同的数据包格式可供选择：DVB-S、GSE 及异步传输模式（ATM）。传输流的概念起源于 MPEG 标准，其中定义了由给定长度的数据包组成的预定义数据结构，以承载可变长度的视频与音频基本流数据包（ESP）[ISO/IEC-96]，如图 7.30 所示，每个 MPEG-2 传输包包括一个 1472bit（184Byte）的负载字段及一个 32bit（4Byte）的包头。

包头的起始是一个已知的同步字节。一组标志位用于标识如何处理有效载荷。一个 13bit 的数据包标识符（PID）用于唯一标识每个接收到的流。PID 使接收机能够将每个流与其他流区分开来。MPEG 数据包格式与包头结构解析如下：

(1) 同步字节,用于同步解码——47_H（TP 的起始）:8bit;
(2) 传输错误指示符:1bit;
(3) 负载字段开始指示符(PUSI):1bit;
(4) 传输优先级:1bit;
(5) 数据包标识符(PID):13bit;
(6) 传输加扰控制:2bit;
(7) 适配域控制:2bit;
(8) 连续计数器:4bit。

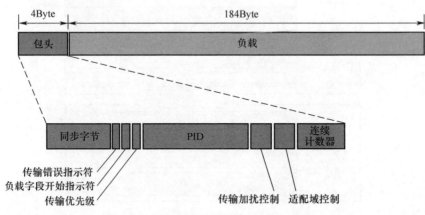

图 7.30 MPEG 数据包传输流数据结构

7.7.3.2 反向链路物理层

为了提供合适的机制和参数,保障 SMAC 通过物理层正确传输数据流,反向链路物理层具有以下三个主要功能：

(1) 传输功能,在 RCST 与卫星间执行基带信号处理与无线传输,包括使用伪随机二进制序列(PRBS)进行能量扩散及适当的二进制转换,使用 RS 码/卷积或 Turbo 码进行信道编码(FEC),以及基于根升余弦滤波的 QPSK 调制(滚降系数为 0.35)。

(2) 同步功能,为满足 RCST 接入 MF-TDMA 时在时间与频率上的严格要求,网络时钟基准(NCR)为频率同步提供 27MHz 的参考,使所有信号均满足同步要求。

(3) 功率控制功能,补偿无线信道变化并最大限度地减少卫星接收信号的干扰,以优化系统容量与可用性。

RCST 向 NCC 报告物理参数值,以实现业务流与信令流监控(同步与功率控制功能)。作为响应,SLC 层提供实时配置参数、登录参数和经空口传输的业务包。

7.7.3.3 反向链路多址接入技术

如图 7.31 所示,上行链路采用 MF-TDMA 方式。当选择 MPEG 传输流格式时,MF-TDMA 上行链路是基于最多 24 个 MPEG 数据包的突发传输和用于用户登录与同步处理的特定数据包的突发传输。

为了方便地、合理地分配物理资源,信号被构造成超帧、帧和时隙等,它们在 MF-TDMA 信道的载波上传输。NCC 为每个活跃的 RCST 分配一系列突发。每个突发由遵循 MF-TDMA 模式的频率、带宽、起始时间和持续时间来定义。

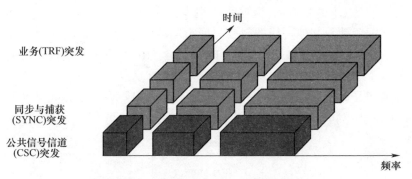

图 7.31 多频时分多址(MF-TDMA)

1) 时隙与突发

时隙是可以分配给终端的最小容量。每个时隙包括单个突发及突发边缘的保护时间,该保护时间用于应对系统时序错误及 RCST 启动瞬态。考虑三种类型的突发:业务(TRF)突发、公共信号信道(CSC)突发,以及同步(SYNC)突发。这些突发包含用于定时恢复及抑制相位模糊的固定长度前导码(255 个符号)。

(1) 业务(TRF)时隙格式:TRF 突发用于承载数据包以及信令和其它控制信息。TRF 突发由前导码与经过编码的数据包组成。前导码的最后 48 个符号用作突发检测的独特字(UW)。编码数据包可以是 GSE、MPEG 或 ATM 信元。一个突发中 MPEG-2 数据包的数量(最多 24 个)取决于编码方式和其对应上行链路帧的突发数量设置。

（2）同步(SYNC)时隙格式：在精确同步与保持过程中，需要 SYNC 突发来准确定位 RCST 的突发传输，以及发送容量请求。SYNC 突发由 16Byte 的卫星访问控制(SAC)字段组成，其中：64bit 用于容量请求；16bit 用于 MAC 字段；24bit 用于组/登录 ID；16bit CRC 校验用于错误检测；8bit 用于填充(将 SAC 填充至 16Byte，插入在 CSC 前)。这些字段被加扰与编码，并冠以用于突发检测的前导码。

（3）公共信号信道(CSC)时隙格式：在登录过程中，RCST 使用 CSC 突发来识别自身。CSC 突发总长度为 16Byte，其中：24bit 为描述 RCST 容量的字段；48bit 为 RCST 的 MAC 地址；40bit 为保留字段；16bit 为循环冗余校验(CRC)字段。这些字段被加扰与编码，并冠以用于突发检测的前导码。

2）帧

帧由时隙组成，占用从 RCST 到卫星的上行链路上时间和频率的一小段。无论载波数据速率与 Turbo 码率如何，上行链路帧持续时长都是固定的。69632ms 为帧持续时间默认值，对应于 1880064 个参考时钟(PCR)的计数间隔。一帧跨越一组载波。根据不同的载波速率，对于载波速率 C_i，帧可以构造为 2^i 的子帧，其中 $i=1,2,\cdots,5$。

以载波速率 C1 的帧为例，根据每个突发的 MPEG-2 数据包数量和每个帧的突发数量来配置帧。其他可能的载波类型由与载波速率 C1 具有相同结构的子帧组成。表 7.3 描述了基于 Turbo 编码(TC)、包含 TRF 突发的帧结构。每个 TRF 突发包含整数个 MPEG 数据包并分配给同一个 RCST。

每帧或每子帧的一个 TRF 突发的配置是面向视频业务的。表 7.4 列出了每帧 18 个 TRF 数据包情况下不同载波可能的主要参数。

表 7.3 帧结构

C1:TRF 突发/帧 其他:TRF 突发/子帧	TC=4/5 每突发 MPEG 包	每帧 MPEG 包	TC=3/4 每突发 MPEG 包	每帧 MPEG 包
配置 1:6TRF	4	24	3	18
配置 2:18TRF	1	18	1	18
配置 3:1TRF	24	24	24	24

注：Turbo 码在 DVB-RCS 标准中有详细说明(见文献[ETSI-09b]，8.5.5.4 节)，但此帧结构示例中仅使用了其中的两种(4/5 与 3/4)。来源：经 ETSI 许可转载。

表 7.4 载波主要参数(每帧 18 个 TRF 包)

载波类型	C1	C2	C3	C4
每载波最大信息速率/(kbit/s)	388.79	777.57	1555.15	3110.29

续表

载波类型	C1	C2	C3	C4
QPSK 符号速率/(ks/s)	350.99	701.98	1403.95	2807.90
每 MF-TDMA 信道的载波数量	64	32	16	8
MF-TDMA 信道的信息速率/(Mbit/s)	24.88	24.88	24.88	24.88

来源:经 ETSI 许可转载。

3) 超帧

超帧由多个连续帧组成。一个超帧中的默认帧数为2,但帧数也可以为1~31。

超帧标识与分配给 RCST 组一组资源相对应,超帧标识符标识了 RCST 组的上行链路资源,这样不同的 RCST 组便可以分别管理。在其典型实现中,每个超帧定义一组载波。图 7.32 描述了时间维度与频率维度上的超帧结构。

对于每个超帧,时隙的分配通过 DVB-RCS 标准中描述的时间突发表计划(TBTP)传达给 RCST。RCST 获准仅在分配给它的时隙(专用接入)或随机接入时隙(竞争接入)中传输突发。某些分配给 RCST 的时隙(如 SYNC 突发)的周期可以比一个超帧时间长得多,这些时隙的周期取决于系统,但通常为1s量级。

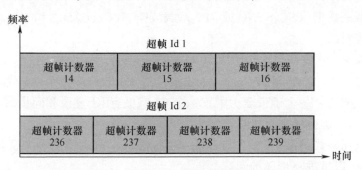

图 7.32 超帧结构

来源:经 ETSI 许可转载。

4) 载波类型与帧组成

MF-TDMA 信道将一定宽度的带宽划分为多个子带,每个子带可以由特定的载波类型或多种载波类型组合组成。

考虑三种类型的载波:

(1) 登录载波:一个 CSC 突发与多个 TRF 突发或 CSC 突发与 SYNC 突发。

(2) 同步载波:SYNC 突发与 TRF 突发或单独的 SYNC 突发。

(3) 业务载波:TRF 突发。

登录载波与同步载波只能是 C1 载波,而业务载波有多种定义,每个子带的载波数量取决于每类载波占用的带宽。图 7.33 显示了 C1 载波配置的示例。

341

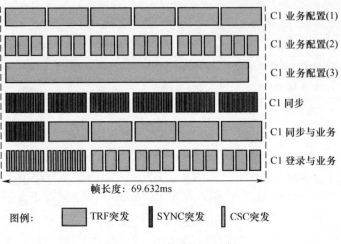

图 7.33　C1 载波配置示例
来源:经 ETSI 许可转载。

5) 上行链路 MF-TDMA 信道频率规划

根据载波类型(CSC、SYNC 或 TRF)、载波速率(C1、C2、C3 和 C4)和载波配置将帧划分为时隙。

MF-TDMA 的典型配置是使用 36MHz 的带宽,分为 4 个 9MHz 的子带,其中每个子带配置有 16 个 C1 载波、8 个 C2 载波、4 个 C3 载波或 2 个 C4 载波。每个子带可以独立配置。一个子带至少配置一个 C1 载波,用于登录和同步需求。

7.7.3.4　前向链路物理层

前向链路格式遵循 DVB-S 与 DVB-S2 标准。本章末尾的参考资料提供了最新版本标准,以供进一步详细阅读。

采用 DVB-S 标准时,TDM MPEG-2 数据包先加扰,然后进行信道编码(RS 与带有交织的卷积编码,见第 4 章),并在滚降系数为 0.35 的脉冲成形后,进行 QPSK 调制。可以使用 DVB-S 标准中定义的任何可能的卷积码率(1/2,2/3,3/4,5/6 和 7/8)。

DVB-S2 标准在前向链路上提供了更高的容量,这得益于使用更高效的信道编码(LDPC 与 BCH 码级联后的高编码增益,见第 4 章)以及更高频谱效率的调制方式[MOR-04]。4 种调制方式可用,分别为 QPSK、8PSK、16APSK 和 32APSK。

可以根据链路预算条件选择调制与码率的多种组合。根据卫星覆盖范围内的卫星终端位置补偿链路预算(可以以静态方式进行)。表 7.5 显示了系统波形配置。

表 7.5　DVB-S2 系统波形配置(N:规范,O:可选)

	码率配置	广播服务	互动服务
QPSK	1/4,1/3,2/5	O	N
	1/2,3/5,2/3,3/4,4/5,5/6,8/9,9/10	N	N
8PSK	3/5,2/3,3/4,5/6,8/9,9/10	N	N
16APSK	2/3,3/4,4/5,5/6,8/9,9/10	O	N
32APSK	3/4,4/5,5/6,8/9,9/10	O	N

来源:经 ETSI 许可转载。

这种方案也允许使用自适应编码调制(ACM)策略以降低 RF 链路损耗。在 ACM 策略中,发射机根据接收机的接收性能数据以自适应的形式改变编码与调制方案并发送调制编码(MODCOD)信息;接收机根据 MODCOD 信息改变接收信号的解码/解调方法。

采用 DVB-S2 标准时,输入数据包被安排在用户数据包中,并添加一个 8bit 的 CRC 码字(流自适应)。可对多个输入流进行切片并复用(合并器/切片器)到具有 10Byte 包头(BBHeader 数据字段)的数据包中,然后对数据包进行加扰,对基带帧进行编码。在 FEC 编码器中进行 BCH 码的外编码与 LDPC 码的内编码,以便每个奇偶位添加到基带帧中,从而构成 FEC 帧。FEC 帧由常规帧的 64800bit 块或短帧的 16200bit 块组成,具体取决于 LDPC 码的块长度。物理层(PL)组帧单元将 FEC 帧划分为 90 个符号的时隙,用于调制后的实际传输。每帧起始点(SOF)信息、通知传输模式的 MODCOD 信令信息以及导频信号被依次插入,最后构成 PL 帧。图 7.34 显示了模式适配在 MPEG 数据包传输流中的应用。

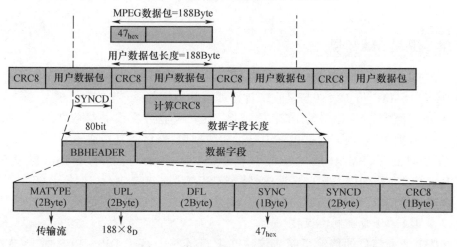

图 7.34　DVB-S2 模式适配传输流 MPEG 数据包
来源:经 ETSI 许可转载。

由 BCH 与 LDPC 编码形成的 FEC 帧具有固定长度(64800bit 或 16200bit),其与编码率及调制方式无关,因此,PL 帧的长度根据调制方式与编码率可变。基带帧长度与 BCH 码的块长度对齐(图 7.35)。帧中数据字段的长度(Date Field Length,DFL)为 $K_{bch} - 80 \geq DFL \geq 0$。$K_{bch} - 80$,对应于 BCH 未编码块长度的与 BBHeader 长度(10Byte)比特差,BCH 未编码块长度取决于 FEC 帧长度(常规帧或短帧)和编码率。

对于广播应用,数据字段填充至最大容量($K_{bch} - 80$bit);对于单播应用,数据字段可以包括整数个用户数据包,以便在使用 ACM 时正确恢复用户信息。因此,恒定长度 K_{bch} 的基带帧需要通过填充来实现,这种操作也发生在可用数据不足以填充基带帧时。流适配子系统负责在 DFL < $K_{bch} - 80$ 时提供填充,并在编码器输入端对信息进行加扰。基带帧包头字段(图 7.34)由 MATYPE 字段(输入流特性及滚降)、UPL 字段(用户数据包长度)、DFL、SYNC(用户数据包同步字节的副本)、SYNCD(数据字段的起始至第一个用户数据包的比特距离)及一个 8bit CRC 构成。

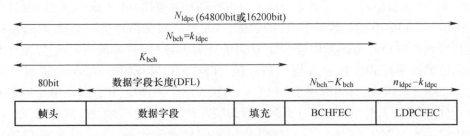

图 7.35 FEC 帧
来源:经 ETSI 许可转载。

7.7.4 卫星 MAC 层

卫星 MAC 层(SMAC 层)位于物理层之上、IP 网络层之下,为 IP 网络层提供传输服务。SMAC 负责发送与接收来自物理层的数据包。

在用户面中,SMAC 层与 PHY 层连接,以发送业务突发并接收 TDM 中所有 MPEG-2 数据包,并根据数据包标识符过滤数据包,然后将其传递给上层。

在控制面中,SMAC 层的功能包括 RCST 的登录与同步。SMAC 层以 S-ALOHA 模式向物理层发送登录请求(特定 CSC 突发、48bit MAC 地址与 24bit 终端容量)与容量请求(特定 SYNC 突发)。

7.7.4.1 传输机制协议栈

RCST 业务信息的传输机制协议栈在上行链路上基于 DVB-RCS 标准(ATM 或 MPEG 数据包),在下行链路上基于 MPEG-2 标准(MPEG-2 传输流)。异步传输模式适配层(AAL)用于通过 ATM 信元发送 IP 数据报。多协议封装(MPE)、单向轻量级封装(ULE)或 GSE 封包用于通过 MPEG-2 数据包发送 IP 数据报。图 7.36 显示了本地 IP 终端协议栈。

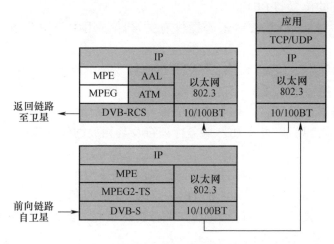

图 7.36 本地 IP 终端协议栈
来源:经 ETSI 许可转载。

反向信令消息由专用于连接控制协议消息的控制(CTRL)与管理(MNGM)消息组成,这些消息是封装的数据单元标记方法(DULM),以及特定登录(CSC)与同步(SYNC)突发。

容量请求通过与每个 SYNC 突发关联的 SAC 字段发送,容量请求具有多种类型:

(1) 连续速率分配(CRA):分配给 RCST 固定容量(周期=1 个超帧)。

(2) 基于速率的动态容量(RBDC):RCST 请求数据速率;请求由 NCC 处理,请求生命周期设置为两个超帧(默认值)。

(3) 基于通信量的动态容量(VBDC):RCST 请求容量,容量请求是累积的。

(4) 基于通信量的绝对动态容量(AVBDC):与 VBDC 一样,但每个请求都会覆盖前一个请求,容量请求是不累积的。

(5) 自由容量分配(FCA):容量分配给 RCST,无须请求信令。

7.7.4.2 MPEG-2、DVB-S 与 DVB-RCS 表

信令消息采用 DVB 标准机制以及 MPEG-2、DVB-2、DVB-RCS 表和消息进行传输。基于 DVB-S 标准,前向信令表被封装在节目专用信息(PSI)或业务信息(SI)中。RCS 终端信息消息(TIM)使用 DVB-RCS 标准中定义的数字存储介质——指令与控制(DSM-CC)封装。

文献[ISO/IEC-96]规定了被称为 PSI 的业务信息(SI)。PSI 数据提供信息以

实现接收机的自动配置，从而对多路复用的各种节目流进行解复用与解码。PSI数据被构造为4种类型的表[ETSI-16,ETSI-09a]。

（1）节目关联表（PAT）：对于复用中的每个服务，PAT指示相应节目映射表（PMT）传输流的位置与PID值。

（2）条件访问表（CAT）：该表提供有关多路复用中使用的条件访问（CA）信息。

（3）节目映射表（PMT）：该表标识并指明构成每个服务流的位置以及服务的节目时钟参考字段的位置。

（4）网络信息表（NIT）：该表描述了参与DVB网络的传输流（由其网络标识符标识）与载波信息，以查找RCS服务标识符及其相关的传输流（TS）标识符和卫星链路参数。

除PSI外，还需要一些数据用来向用户提供服务与事件的标识。这些数据被放置在DVB标准指定的表中，并带有语法与语义的详细信息。例如：

（1）业务群关联表（BAT）提供有关业务群的信息。除给出业务群名称外，还列出每种业务群的服务列表。

（2）服务描述表（SDT）包含描述系统中服务的数据，如服务名称、服务提供者等。

（3）事件信息表（EIT）包含有关事件或节目的数据，如事件名称、开始时间、持续时长等。

（4）时间与日期表（TDT）提供与当前时间和日期相关的信息。由于其经常更新，此信息在单独的表中给出。

DVB-RCS表描述的格式与语义遵循DVB-RCS标准规范[ETSI-09b]。

（1）RCS映射表（RMT）：该表描述了用于访问前向链路信令（FLS）服务的传输流调整参数。RMT可以包含一个或多个连接描述符，每个连接描述符指向一个FLS服务。对于一组定义的RCST群体，每个FLS服务承载一组信令表，例如SCT、FCT、TCT、SPT、CMT、TBTP及TIM。

（2）超帧组成表（SCT）：该表描述了将网络资源划分为超帧和帧的情况。对于每个超帧，该表包含一个超帧标识、一个中心频率、一个用NCR值表示的绝对开始时间及一个超帧计数号码。

（3）帧结构表（FCT）：该表描述了帧到时隙的划分。

（4）时隙结构表（TCT）：该表描述了由时隙标识符标识的每个时隙类型的传输参数。它提供有关时隙属性的信息，如符号率、码率、前导码、有效载荷内容（TRF—业务、CSC—公共信号信道、ACQ—采集、SYNC—同步）等。

（5）卫星位置表（SPT）：该表包含定期更新突发位置所需的卫星星历数据。

（6）校正信息表（CMT）：该表由NCC发送给各RCST组。其告知已登录的RCST对其传输的突发进行了哪些校正（对突发频率、时序及幅度的校正）。

(7) 终端突发时间计划(TBTP):此消息由 NCC 发送给一组终端,包含连续时隙块的分配。每个业务分配由块中起始时隙的编号与表明连续时隙分配数量的重复因子来描述。

(8) 多播映射表(MMT):该表为 RCST 提供 PID,用以解码接收到的特定 IP 多播会话。

(9) 终端信息消息(TIM):此消息由 NCC 发送到由其 MAC 地址(单播消息)寻址的独立 RCST,或作为广播发送到使用预留广播 MAC 地址的所有 RCST,并包含关于前向链路的静态或准静态信息,如配置信息。

在卫星系统中,所有的表和消息都由 NCC 格式化与分发。根据信息来源(NCC、NMC 或服务提供商)、表类型(PSI、SI 或 DVB-RCS)以及更新内容的方式,标准中规定了不同的分类。

7.7.4.3 IP 数据报封装

目前已为 IP 数据报开发了不同的分段与重组解决方案,用于在 MPEG-2 数据包传输流或其他第一层封装形式(如 DVB-S2 的基带帧[IETF-05])上打包 IP 数据报,其基本机制为多协议封装(MPE)。使用 ULE 或新开发的 GSE 方案可以降低开销。

1) 多协议封装

多协议封装(MPE)提供了一种用于在 DVB 网络中 MPEG-2 传输流(MPEG-TS)之上的传输数据网络协议的机制。它已针对 IP 传输进行了优化,使用 LLC/SNAP 封装,也可以用于任何其他网络协议的传输(图 7.37)。其涵盖单播、多播和广播。封装通过支持数据包的加密来实现数据的安全传输。

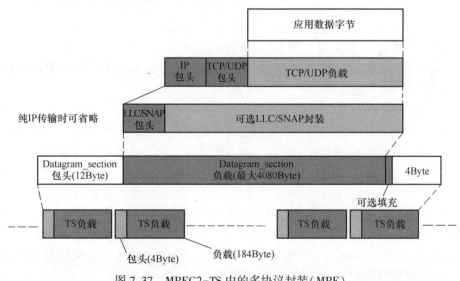

图 7.37 MPEG2-TS 中的多协议封装(MPE)
来源:经 ETSI 许可转载。

MPE 节是分组化的视频、音频或数据。该节可以寻址高达 64kbit,但如果节的开头与结尾可以识别,则可以是任何长度。节长度并非 MPEG 数据包负载的整倍数,并且 MPE 节的最后一个 MPEG 数据包几乎为空。为提高卫星带宽利用率,可以在 MPEG 数据包的中间开始一个新节,紧跟在前一节结尾。这可以通过 MPEG2-TS 的 PUSI 标志(IETF-14b 包头与 MPEG2-TS 负载第一个字节的单字节指针)来实现。

2) 单向轻量级封装

单向轻量级封装(ULE)是一种在 MPEG-2 传输流(MPEG-TS)之上传输数据网络协议并减少开销的机制[IETF-14b]。每一个用于通过 MPEG-2 进行多路传输的协议数据单元 PDU(如以太网帧、IP 数据报和其他网络层数据包)被传递至封装器,通过添加封装包头与完整性校验尾部将每个 PDU 格式化为子网数据单元(SNDU)。SNDU 被分割成一系列的一个或多个 MPEG-TS 数据包,这些数据包通过单个 TS 逻辑信道发送。

ULE 数据结构如图 7.38 所示。封装包头由以下部分组成:

| D | 长度 | 类型 | 目的地址 | PDU | CRC32 |

图 7.38 ULE 数据结构

来源:经 ETSI 许可转载。

(1) 1bit 目标地址缺省字段(D)。
(2) 15bit 长度字段,标识了从下一个负载类型字段到 CRC 尾部的长度。
(3) 16bit 负载类型字段(0x0800—IPv4 负载;0x86DD—IPv6 负载)。
(4) 提供 MAC 目的地址的 6Byte SNDU 字段。

尾部由一个 32bit CRC 组成。D 与长度字段组合在 0xFFFF 值中,表示所有数据都已发送(END 指示符)。

3) 通用流封装

MPE 为用于在 MPEG-TS 数据包上封装数据及其他内容的 DVB 标准。DVB-S2 标准具有用于承载 MPEG-TS 向后兼容模式以及用于承载可变长度的任意数据包的通用模式的特征,被称为通用流。其旨在传输一系列数据比特或数据包,或以帧的形式构造,但没有特定的时间或速率限制。引入通用流封装(GSE)是为了改善在 DVB-S2 的基带帧上传输 IP 数据(以及其他网络与链路层数据包)的效率,并同时减少开销(3%)[ETSI-11]。将网络层传输的协议数据单元(PDU)封装上一个 GSE 包头,用以构成大小可变的 GSE 数据包。GSE 分组在基带帧数据字段中级联。如果基带帧数据字段未被完全占用,则下一个 PDU 被分割成两个 GSE 数据包,其中一个 GSE 包填充剩余的基带帧数据字段的空间,另一个在下一个基带帧中传输。图 7.39 说明了封装与分段概念[ETSI-14a,ETSI-14,ETSI-14c]。

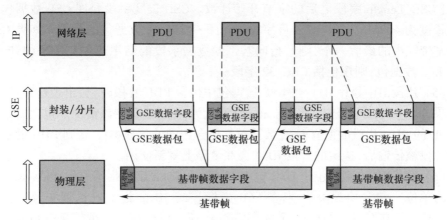

图 7.39　通用流封装与分段
来源:经 ETSI 许可转载。

GSE 的包头结构(图 7.40)与 ULE 有些许相似之处。如需要,可在标签字段中设置目标地址(数据包过滤)。2bit 标签类型指示符标识了标签的类型(0、3、6Byte 或标签重用)。当 GSE 数据包分布在不同的基带帧上时,通过标签类型指示符进行重组。

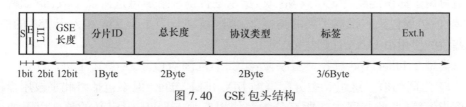

图 7.40　GSE 包头结构

以下提供了有关 GSE 数据包头语义的详细信息。

(1) 开始指示(S,Start_Indicator):值为 1 表示此 GSE 数据包包含封装的 PDU 起始部分。值为 0 表示 PDU 起始部分不在此 GSE 数据包中。对于填充,S 设置为 0。

(2) 结束指示(EI,End_Indicator):值为 1 表示此 GSE 数据包包含封装的 PDU 结尾。值为 0 表示该 GSE 数据包中不存在 PDU 结尾。对于填充,EI 设置为 0。

(3) 标签类型指示(LTI,Label_Type_Indicator):这是一个 2bit 字段。对于 Start 与 Complete GSE 数据包,用于指示正在使用的标签字段的类型。对于 Intermediate 与 End GSE 数据包,其值设置为 11;对于 Padding GSE 数据包,其值设置为 00。01 表示存在一个 3 字节的标签,用于过滤;10 表示不存在标签字段的广播,所有接收方都应处理此 GSE 数据包。当第 2 层没有应用过滤但使用 IP 包头处理时,这种组合也用于非广播系统。

（4）GSE 长度：这是一个 12bit 字段，用于表示在这个 GSE 包中后续的字节数，自 GSE_Length 字段之后的字节开始计数。GSE 长度字段允许 GSE 数据包的最大长度为 4096Byte。GSE 长度字段指示下一个 GSE 数据包的开始。如果 GSE 包是基带帧中的最后一个，则其指向基带帧数据字段的结尾或填充字段的开头。对于 End 数据包，则还包括 CRC_32 字段。

（5）片段 ID(分片 ID)：当 GSE 数据包中包含 PDU 片段时，会出现这种情况；而如果 Start_Indicator 与 End_Indicator 都设置为 1，则不存在该情况。包含属于同一 PDU 的 PDU 片段的所有 GSE 数据包都包含相同的片段 ID。直到 PDU 的最后一个片段被传输后，选定的片段 ID 才会在链路上重新使用。

（6）总长度：该字段位于 GSE 包头中。这个 16bit 字段指示总长度值（长度以字节为单位），包含协议类型、标签（6Byte 标签或 3Byte 标签）、扩展头及完整的PDU。接收机在对其重组后执行总长度检查，还可以使用总长度信息来预分配缓冲区空间。虽然单个 GSE 数据包的长度被限制在约 4096Byte，但通过分片可以支持更大的 PDU，总长度可达 65536Byte。

（7）协议类型：这个 16bit 字段表示 PDU 中携带的负载类型，或指示下一个包头（Next-Header）的存在。分配给该字段的一组数值被分成两个数值范围，类似于以太网的分配。

类型 1，Next-Header 类型字段：第一个范围对应于十进制 0~1535 的范围。这些值可用于标识链路特定协议和（或）指示是否携带附加可选协议字段（例如桥接封装）的扩展包头。根据扩展的类型，该范围被细分为小于 256 和大于 256 的值。这些值的使用由 IANA 注册中心协调。

类型 2，EtherType 兼容类型字段：第二个范围对应于 0x600（十进制 1536）与 0xFFFF 之间的值。这组类型分配遵循 DIX/IEEE 分配（但不包括将此字段用作帧长度指示符）。此空间中的所有分配都使用专为 EtherType 定义的值。以下两个 Type 值用作示例（取自 IEEE EtherTypes 注册表）：0x0800 用于 IPv4；0x86DD 用于 IPv6。

（8）标签：这个 48bit（或 24bit）字段用于寻址。

（9）数据字节：这些字段包含包头扩展字节与 PDU 数据。可选的包头扩展字节用于携带一个或多个扩展头，扩展头格式由 ULE 规范[IETF-14b]定义。

（10）CRC_32：该字段仅存在于携带最后一个 PDU 片段的 GSE 数据包中。

7.7.5　卫星链路控制层

卫星链路控制层（SLC 层）由一组控制功能与机制构成，主要确保 IP 数据包流对物理层的访问，并控制 IP 数据流在远距离点之间的传输。如图 7.41 所示，RCST SLC 层包括以下功能：

（1）会话控制功能。该会话是指通信会话，是在某个时间点建立并在随后的时间点拆除的通信设备间的半永久性的信息交换。会话控制功能包括前向链路获取、登录/注销过程、同步过程等功能。

（2）资源控制功能。此功能负责生成容量请求、缓冲区调度与数据包发送控制、分配消息处理（TBTP）及信令发送控制。

（3）连接控制功能。此功能负责建立、发布和修改两个或多个 RCST 之间的连接，或 RCST 与 NCC 之间的连接。

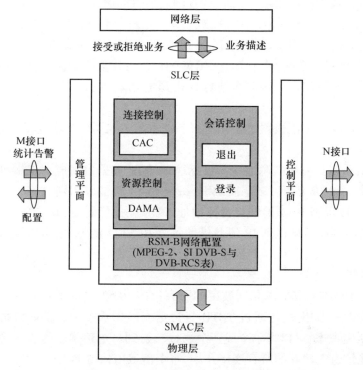

图 7.41　RCST 卫星链路控制层功能
来源：经 ETSI 许可转载。

RCST 物理层与管理平面（M 平面）、控制平面（C 平面）相接。RCST 通过管理平面向 NMC 汇报告警及统计信息，由 NMC 管理与配置（基于 SNMP 与 MIB 交互）；RCST 向 NCC 报告物理参数值，以允许通过控制平面监控数据包与信令流（同步与功率控制功能）。作为回应，SLC 提供实时配置参数、登录参数和即将通过空口发送的数据包。

会话控制基于 DVB-RCS 标准，用于 RCST 与 NCC 之间的交互信息交换。会话控制通过会话控制上下文中的 RCST 与 NCC 间的信令消息交换来实现。

资源控制基于 DVB-RCS 标准进行时隙分配。突发时间编排计划通过 BTP 表(SCT、FCT 与 TCT)定义,终端突发时间分配由终端突发时间计划(TBTP)表给出。

7.7.5.1 连接控制

本节介绍连接控制协议(C2P)的基本概念,定义连接的接收、建立、修改及释放所需的机制与消息。连接由流组成,流由信道组成,而信道由 IP 流组成。

1) 连接

连接定义为将相同优先级的数据包(业务或信令)从一个卫星网络节点传输至一个(单播)或多个(多播或广播)远程网络节点的途径。

这些卫星网络节点对应于 RCST 或 GW。在两个 RCST/GW 之间,可以有系统定义的不同优先级的连接。在基于 DVB-S/RCS 的卫星系统中,有 4 个优先级。因此,对于卫星网状系统,两个 RCST/GW 间最多可建立 4 个连接。连接参考标识符允许每个 RCST/GW 能够在本地标识出所有活动连接,因此每个连接都可被识别。

C2P 信元(IE)字段根据终端用户服务需求将不同属性关联至相关连接。

2) IP 流

IP 流由众多具有相同源地址与目标地址的 IP 数据包组成。连接可以承载一个或多个单一 IP 流。通过多字段识别,每个 RCST 都能够识别 IP 流。

例如,可以根据 IP 源地址与目标地址、区分服务代码点(DSCP)值、协议类型以及源与目标端口号来识别 IP 流。借助每个 RCST 上的流表,可以配置多字段过滤准则。

3) 信道

信道是 RCST 与其共享相同波束的所有目的 RCST 之间的逻辑接入链路。信道除了与物理路由相关,还通过 TBTP 与特定 MF-TDMA 上行链路资源相关。根据 QoS 与路由考虑,可以将单个或多个连接映射到一个信道。每个信道分配的全部容量由该信道上建立的所有连接共享,每个信道由信道标识符标识。

4) 流

流是指 DVB 中数据包的 MPEG-2 传输流。因此,每个连接都是根据 MPEG-2 TS 流标识符来识别的。根据 MPEG-2 传输流命名法则,这些流标识符又称为节目标识符。在双向连接的情况下,两个流标识符将唯一标识业务的发送与接收。在单向连接的情况下,只需要一个流标识符来识别流量的发送或接收。

7.7.5.2 连接类型

存在两种类型的连接:用于控制与管理的信令连接和用于用户数据的业务连接。

信令连接用于 MS(NCC 与 NMC)与 RCST 间的通信。每个信令连接仅传送控制与管理信息,在终端登录时隐式开启,无需 C2P 消息。因此,没有为它们分配真正的连接参考标识符。信令连接所需的所有信息都包含在 RCST 收到的登录消息内。

信令连接用于向 NCC 发送 C2P 控制消息以及向 NMC 发送 SNMP 管理消息。每个连接都有不同的 PID 值用于发送与接收，不同的内部队列缓冲器被分配给 RCST 中的每个信令连接。两个连接共享在预留信令信道标识符 0 上分配的时隙，这些连接对应于 RCST 的控制与管理平面。

7.7.6 服务质量

QoS 的配置基于应用需求、RCST 的业务类别、IP 层的 IP 流分类以及卫星链路层连接参数及其适配[ETSI-15f, ETSI-15g]。

IP 网络层 QoS 定义为满足从源主机到目的主机的每个 IP 流所要求 QoS 的概率。网络层 QoS 取决于卫星系统的业务状况及 RCST 的业务状况。网络层 QoS 参数只有在业务类型一致时才能定义。

网络层 QoS 基于 IP 流，必须映射到 SLC 层以获得最合适的传输参数，具体取决于所涉及的应用程序。

7.7.6.1 应用层的 QoS 要求

不同应用程序的 QoS 要求不同。视频与语音传输等实时应用对时间非常敏感，但对数据丢失不太敏感。与文件传输、电子邮件和 Web 等非实时应用程序相比，这些实时应用需要更快的响应。非实时应用程序的时间敏感性较低，但对数据丢失非常敏感。

7.7.6.2 RCST 中的业务类别

RCST 的 QoS 等级应基于使卫星连接参数适应应用的需求，这需要识别每种应用类型并管理每个应用流。RCST 能够将 IP 业务分类为多个 IP 流，每个 IP 流由多字段过滤器进行识别。IP 流之间的排队与调度取决于 RCST 中定义的 QoS 策略。

DVB-RCS 终端中定义了以下流量优先级。

（1）尽力传输或低优先级(LP)：用于没有特定延迟与抖动约束的应用。这种业务在终端的传输调度程序中分配最低的优先级。令牌桶算法或加权公平队列（WFQ）算法用于避免其队列被实时、非抖动敏感的业务队列阻塞。

（2）实时、非抖动敏感或高优先级(HP)：用于对延迟敏感但对抖动不敏感的应用。该业务在终端的传输调度器中分配最高优先级。

（3）实时、抖动敏感或具有抖动约束的高优先级(HPj)：用于对延迟与抖动敏感的应用。这种业务获得特定的传输资源，确保 TDMA 传输抖动最小化。这些传输资源与其他类型业务资源相隔离。

（4）流式传输或流式传输优先级(StrP)：通常用于视频业务或基于音频的

应用。

7.7.6.3 IP 层的流分类

流分类机制允许 RCST 与 GW 为不同类型的应用提供不同的行为。RCST 与 GW 根据 IP 数据包中的以下字段识别 IP 数据流[ETSI-15h]：

(1) 源地址。

(2) 目标地址。

(3) TCP/UDP 源与目标端口号。

(4) DSCP 值。

(5) 负载中携带的协议类型。

DSCP 在 QoS 架构下的区分服务(DiffServ)中被定义(见文献[ETSI-15h, IETF-02, IETF-18])。DiffServ 域中的路由器根据 DSCP 值(加速转发、保证转发、尽力而为)处理每个 IP 数据包。

RCST 在这些字段上配置了一组掩码，根据这些掩码将 RCST 接收的数据包分类为不同类型的流。

7.7.6.4 链路层连接 QoS 适配

每当一个新的 IP 数据包流进入系统时，RCST 或 GW 必须确定是否存在适合承载该流的连接，若不存在则创建。在这种情况下，根据流的类型确定向 NCC 请求的连接参数，特别是优先级与带宽参数，例如映射在 CRA 上的可持续数据速率(SDR)以及映射到 RBDC 的峰值数据速率(PDR)。

流类型与连接参数之间的关联关系在 RCST MIB 中配置。最多可以定义 5 种流类型和 1 种默认流类型。MIB 中每个条目的功能描述如下。

(1) IP 包头掩码包括：①源地址与掩码；②目的地址与掩码；③源端口号范围；④目的端口号范围；⑤协议类型与掩码。

(2) SLC-C2P 参数包括：①活跃计时器；②优先级；③SDR 返回；④PDR 返回；⑤SDR 转发；⑥PDR 转发；⑦方向性。

根据流划分的类型，RCST 自动估计：

(1) SLC-C2P 参数：连接类型(单播/多播)、方向性(单向/双向)、高优先级(HP)或低优先级(HP)、该业务类型接收和发送的保证数据速率与 PDR、当业务不再存在时无线资源释放的超时计量。

(2) 缓冲队列：HP 与 LP 缓冲区(SMAC 缓冲区)之间的区别。

对于所有业务，可以定义一个能够保证的最大比特率。如果为特定业务类别配置了保证比特速率，则一旦该 QoS 级别的请求流数据包进入卫星网络，就可预留保证容量。一旦不再有此类业务的数据包进入网络，容量分配将超时，无线电资源将被释放。如果需要，终端请求更多的容量，并被分配最大峰值速率。

这种类型的预留称为软预留：预留的资源被隐式释放；使用传统的硬状态连接

资源时,释放信号发出前资源不会释放。

图 7.42 说明了从一个 RCST-A 到一个子网的单播连接的典型配置,该子网向 ch_ID-1 通道(其有一个 HP 连接,包含 IP 流 1、2 和 3 的保证数据速率服务;一个 LP 连接,包含 IP 流 4、5 和 6 的尽力而为服务)传输流量:

(1) 到 RCST-C 的 HP 连接由(ch_ID-1、PID A-1 HP、RCST-C MAC 地址)标识。
(2) 到 RCST-B 的 LP 连接由(ch_ID-1、PID A-1 LP、RCST-B MAC 地址)标识。

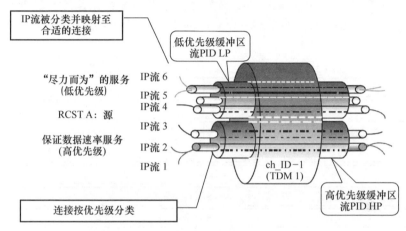

图 7.42　连接、信道标识符与 PID 间的关系
来源:经 ETSI 许可转载。

7.7.7　网络层

网络层借助网络交换机与路由器的外部接口为不同应用网络服务的业务数据提供端到端的连接,例如 VoIP、IP 多播、互联网访问和 LAN 互连。

RCST 网络层用户面(U-plane)有以下接口:

(1) 带有 SLC 层的 IP 数据报。
(2) RCST 与用户终端(UT)间的 IP 数据报。

在控制平面中,网络层根据其所提供的服务实现各种控制平面功能。

7.7.7.1　IPv4 数据包头格式

IP 数据报由包头部分与负载部分组成。包头格式如图 7.43 所示,包含一个 20Byte 的固定部分与一个可变长度的可选部分。它以大端序传输:从左到右,版本字段的长度顺序位在前。在小端序的机器上,UT 与路由器中的发送与接收都需要软件转换。

版本:该字段标识数据报所属协议的版本。通过每个数据报中的版本字段,路由器可以对数据报进行相应地处理。

由于包头长度非固定,包头中以一个 4bit 互联网包头长度(IHL)字段表示包头的长度,以 32bit(4Byte)为一个单位。其最小值为 5,适用于不存在任何选项的情况。其 4bit 字段的最大值为 15,将包头限制为 60Byte,因此可选项字段限制为 40Byte。

区分服务代码点(DSCP):该字段最初定义为服务类型(ToS),现指定区分服务(DiffServ)。

显式拥塞通知(ECN):该字段定义为允许在不丢弃数据包的情况下对网络拥塞进行端到端通知。这是两个端点在底层网络支持下使用的可选功能。

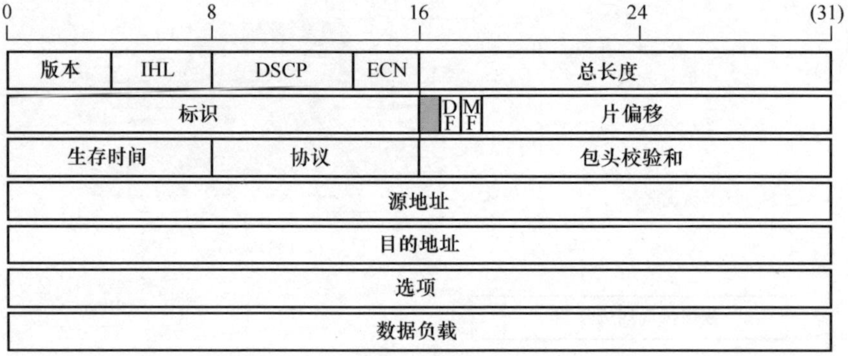

0		8		16		24	(31)
版本	IHL	DSCP		ECN	总长度		
标识					DF MF	片偏移	
生存时间		协议			包头校验和		
源地址							
目的地址							
选项							
数据负载							

图 7.43 IPv4 包头格式

标识:该字段使目的主机确定新到分段属于哪个数据报。一个数据报的所有分段都包含相同的标识值。如有需要(目标主机无法将这些分段重组),可以通过标记 DF(代表不分段)位来整体发送数据报,也可以通过标记 MF(更多分段)位来发送更多分段。

片偏移:该字段表明该分段在当前数据报中的位置。除最后一个分段外,数据报中的所有分段的段偏移必须是 8Byte(基本片段单元)的整数倍。由于提供了 13bit,因此每个数据报最多有 8192 个片段,对应 65536Byte 的最大数据报长度。

生存时间:该字段是用来限制数据包寿命的计数器,最初以秒为单位计算时间,允许 255s 的最大生存周期。现用于跳数计算,经过一个路由器时自减 1。当其为零时,数据包将被丢弃,并且向源主机发送一个警告数据包。

协议:该字段表明使用哪个传输层进程(TCP、UDP 等),以便网络层组装数据报时明白如何对其进行处理。它也可以是具体的网络层协议,例如互联网控制消息协议(ICMP)或地址解析协议(ARP)。

包头校验和:该字段仅用于对包头进行校验。校验和对于检测路由器内部错误十分有用。应注意必须在每一跳时重新计算头部校验和,因为每一跳都会有至少一个字段的数值发生改变。

源地址与目的地址:这两个字段指明了网络号与主机号,分别唯一识别主机与其对应的网络。

选项:该字段旨在允许协议的后续版本包含原始设计中不存在的信息。目前定义了5个选项:

(1) 安全性用于指定数据报的保密程度。

(2) 严格源路由用于给出需遵循的完整路径。

(3) 松散源路由用于给出不可或缺的路由器列表。

(4) 记录路由用于使每个路由器附加其 IP 地址。

(5) 时间戳用于使每个路由器附加时间戳。

7.7.7.2 IP 寻址

RCST 具有路由功能,它可以承载多个用户子网。RCST 与用户子网的接口称为用户接口(UI)。这些子网可以由公共或私有 IP 地址组成。如果目的主机直接连接到子网,则直接传送 IP 包,否则将 IP 包转发至路由协议指定的路由器或默认路由器。通过 RCST 访问多个子网,则需要使用这些子网中的至少一个路由器。

1) 公共 IP 地址

互联网上的每台主机与路由器都有一个网络号与主机号的 IP 地址编码。IP 地址长度为 32bit,应用于 IP 数据包的源地址与目的地址字段。

2) 私有 IP 地址

RFC-1918 中定义了为私有网络保留的 3 个 IP 地址块。若用户想要访问互联网,可以通过隧道或 RFC-1631 中定义的网络地址转换(NAT)功能来实现。

7.7.7.3 IP 路由与地址解析

IP 路由为网络层功能。卫星网状网络中的路由功能由分布式路由器实现。对于客户端-服务器类型的架构,路由功能的一部分位于 RCST/GW 中,另一部分位于 NCC 中。NCC 为路由服务器,RCST/GW 为客户端。

当客户端需要路由 IP 数据包时,客户端都会向服务器问询路由该数据包所需的信息。服务器发送的路由信息保存在客户端内,当 IP 数据包传入卫星网状网络时,RCST 或 GW 都会确定将数据包发送到何处,其最终目标是获取目标设备的 MAC 地址。RCST 或 GW 将查看其路由表,如果卫星路径上的路由不存在,则 RCST 或 GW 通过 C2P 连接请求消息向 NCC 发出地址解析协议(ARP)请求。

与路由器一样,RCST 执行 IP 路由功能。当 IP 数据包进入 RCST 时,RCST 会确定将数据包发至何处,获取目标设备 MAC 地址或下一跳路由器(NHR)MAC 地址。

路由与寻址功能以及连接的控制与管理功能之间有着密切的关系。将卫星网络作为跨任何类型网络的路由器互连多个远程点,只有在知道中转点与端点(地址)以及连接这些点的路径(路由信息)的情况下才能实现端点间的连接。

所有这些信息都以建立端点间的连接为目的,且都集中在 NCC 中。端点可以是依附于 RCST(UI 端)的子网上的任何用户设备,这些用户设备被分配属于 RCST 子网掩码的 IP 地址。然而,由于卫星网络上的传输是基于 MPEG-2 TS 数据包格式的,因此必须知道终端 RCST 的 MPE MAC 地址才能建立连接。NCC 提供将用户设备的 IP 地址与 RCST 的 MPE MAC 地址相关联的机制,将 IP 地址映射到 MAC 地址的机制称为地址解析协议。

为加快连接建立,ARP 功能与连接建立可以同时进行,即:来自 RCST 的连接建立请求消息包含 ARP 请求;NCC 的响应中也包含 ARP 响应(目标 MAC 地址与子网)与连接参数。这些都在一次交换中实现。

RCST 路由表配置包括:

(1) 涵盖卫星网络所有用户的所有私有 IP 地址范围的一个或多个路由前缀。

(2) 标识卫星网络内允许的公共 IP 地址范围的一个或多个路由前缀(也可特定于每个 RCST)。

(3) 一个可选的默认路由器。路由表上未显示路由地址的任何数据包都会被发送到默认路由器。

根据卫星网络寻址计划,RCST 可能有默认路由器,也可能没有。默认路由器是需要 RCST 授权的,默认路由条目的使用取决于 RCST 支持的服务类型。

7.7.8 再生型卫星网状网体系架构

本节在之前讨论的基于 DVB 的卫星网络的通用概念与特征的基础上,进一步描述了再生型卫星网络的特点及在星状网络和网状网络中 IP 多播的应用。本节所述的卫星网络基于再生型卫星,使用 DVB-S2 和 DVB-RCS 标准。此外,DVB-S2 还允许使用 ACM 技术,这些技术显著增加了系统容量,并提供了有效的方法来减轻传输损耗。

再生型有效载荷卫星网络包含以下要素:

(1) 星载处理器(OBP)。

(2) 管理站(MS)。

(3) 再生型有效载荷卫星网关(RSGW)。

(4) 返向信道卫星终端(RCST)。

卫星网络的各部分通过 7.7.1.6 节所述的接口及 NCC 和 OBP 之间的 O 接口相互通信,如图 7.44 所示。

OBP 是再生型有效载荷卫星网络系统的核心,它将 DVB-RCS、卫星传输标准和再生多波束有效载荷相结合。OBP 允许以灵活的方式将 MPEG 数据包从

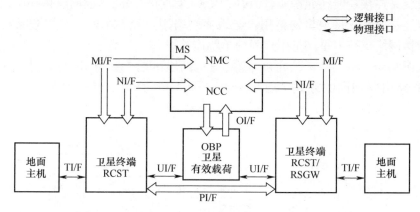

图 7.44　再生型有效载荷卫星网状网络架构中的接口
来源：经 ETSI 许可转载。

DVB-RCS 上行链路路由至 DVB-S2 下行链路，以实现不同上行链路波束与下行链路波束间的完全交叉连接。利用星上的数据复制可以支持多播服务（见 7.7.8.3 节）。

图 7.45 显示了通过星载处理可以实现的网络架构。所有 DVB-RCS UT（RCST）经卫星的星载处理与网关（RSGW）连接，形成星状拓扑网络。OBP 提供的

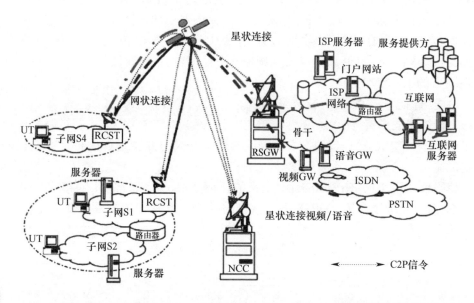

图 7.45　DVB-RCS 用户终端（RCST）的再生星状与网状网络
（在星状网络中，RCST 连接到关口地球站（RSGW）；在网状网络中，RCST 相互连接）
来源：经 ETSI 许可转载。

多波束交叉连接功能还允许所有 DVB-RCS UT 直接互连,形成网状拓扑网络。卫星星状连接网络支持卫星网络用户与地面网络用户经 RSGW 的单跳连接。卫星网状连接网络支持卫星网络用户间的单跳连接。

如图 7.46 所示,从网络角度来看,卫星网络可用于支持 IP 网络,其中 RCST 以与 IP 路由器相同的方式实现路由功能,而 OBP 充当 MPEG-2 层面的电路交换机。

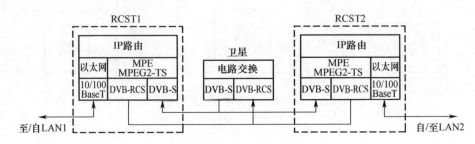

图 7.46　卫星有效载荷提供星载交换的网状网络协议栈
来源:经 ETSI 许可转载。

7.7.8.1　物理层

卫星有效载荷由多波束天线和带有下变频器、解调器、基带处理器(BBP)、调制器及上变频器的再生转发器组成。下变频器在载波解调前将来自每个上行链路波束的输入射频载波转换为中频;BBP 将来自不同上行波束的数据包路由到 MPEG-2 数据包复用器中;每个数据包流在 IF 阶段进行 QPSK(或 DVB-S2 的更高阶调制)调制,并且调制后的载波被上变频至下行链路波束的 RF 频率。

1) 遵循 DVB-RCS 的上行链路

上行链路波形符合 DVB-RCS 标准,多址方式为 MF-TDMA。上行链路采用基于多至 24 个 MPEG 数据包的突发传输以及用于登录与同步过程的特定数据包的突发传输。

编码可使用文献[ETSI-09b]中定义的任何 Turbo 码,通常使用 4/5 与 3/4 两种码率,后文会继续介绍。QPSK 调制信号的脉冲成形基于滚降系数 0.35 的根升余弦滤波。表 7.6 列出了上行链路传输参数配置。

表 7.6　上行链路传输参数配置

	CSC 突发	SYNC 突发	TRF 突发
负载	16Byte	16Byte	MPEG 包
调制	QPSK	QPSK	QPSK
编码	CRC-16/Turbo*	CRC-16/Turbo*	CRC-32/Turbo*

续表

	CSC 突发	SYNC 突发	TRF 突发
内码序	正常	正常	正常
滤波	根升余弦,滚降系数为 0.35	根升余弦,滚降系数为 0.35	根升余弦,滚降系数为 0.35

注:* Turbo 码的具体参数在 DVB-RCS 标准中有详细说明(见文献[ETSI-09b],第 8.5.5.4 条)。来源:经 ETSI 许可转载。

2) 遵循 DVB-S 的下行链路

在本例中,下行链路遵循 DVB-S 标准。星载 DVB 处理器将来自不同 MF-TDMA 上行链路信道的固定长度的 MPEG-2 数据包进行同步,并多路复用为 TDM 下行链路信号。在多路复用器输出 TDM 比特流之后,紧接着进行编码(Reed-Solomon 与卷积编码)操作。可以使用 DVB-S 标准中定义的所有可能的卷积码率(1/2,2/3,3/4,5/6,7/8)。经 QPSK 调制后,下行链路的传输速率为 54Mbit/s,即每秒传输 27 兆个符号。

考虑到在下行帧内映射上行信道数为整数并与所选编码无关的前提下,表 7.7 显示了复用到一个下行链路 TDM 帧中速率为 C1(518.3kbit/s)的不同上行载波数目、不同的卷积码率(CVR)对每帧中 MPEG-2 数据包最大数量的影响,表 7.8 显示了不同 CVR 下 TDM 载波的最大比特率。

表 7.7 下行链路 TDM 载波中每帧数据包数

CVR	数据包个数/帧
1/2	48 载波(96 × 1/2) × 24 = 1152
2/3	64 载波(96 × 2/3) × 24 = 1536
3/4	72 载波(96 × 3/4) × 24 = 1728
5/6	80 载波(96 × 5/6) × 24 = 1920
7/8	84 载波(96 × 7/8) × 24 = 2016

来源:经 ETSI 许可转载。

表 7.8 下行链路 TDM 载波最大比特率

D/L CVR	1/2	2/3	3/4	5/6	7/8
含 RS 与 CVR 的 TDM 原始数据速率/(Mbit/s)	54	54	54	54	54
RS 码(188/204)	0.92	0.92	0.92	0.92	0.92
TDM 数据速率(非 RS)/(Mbit/s)	49.76	49.76	49.76	49.76	49.76
TDM 数据速率(非 RS、非 CVR)/(Mbit/s)	33.18	37.32	37.32	41.47	43.54

来源:经 ETSI 许可转载。

7.7.8.2 MAC 层

本节所述的再生型有效载荷卫星网络(RSM)是 DVB-RCS 网络。因此,FLS

信息基于 DVB-RCS 标准描述的机制与流程,以及 7.7.4.2 节讨论的 MPEG-2、DVB-S 及 DVB-RCS 表与消息。

对于再生系统,RCST 利用星上的 NCR 数据包流来再生其内部时钟并辅助网络同步;如果 NCR 是在地面中心站产生的,则必须测量中心站与卫星间(以及反向路径)的延迟,因为有保护时间的存在,所以允许一定的测量误差。星载 NCR 时钟有助于实现包含前向链路交换的系统架构[NEA-01]。NCR 源于星载参考时钟,它由 PCR 插入 TS 包中传送并由 OBP 分发。每个下行 TDM 拥有一个 NCR 计数器,这些计数器必须一致以确保系统同步。

7.7.8.3 IP 多播

网络层借助网络交换机与路由器的外部接口,为不同应用网络服务的业务数据提供端到端的连接,例如 VoIP、IP 多播[ETSI-15e]、互联网访问和 LAN 互连。

基于两种拓扑,卫星网状系统支持两种类型的 IP 多播服务。

(1) 星状 IP 多播:多播流从一个 GW 发送到多个 RCST。多播源位于地面网络中,并向 GW 转发其多播流。

(2) 网状 IP 多播:多播流从源 RCST 发送到多个目标 RCST。多播源位于地面网络中,并将其多播流转发到源 RCST。

图 7.47 显示了星状 IP 多播的网络拓扑。星状 IP 多播网络拓扑涉及的网络实体包括用户终端(UT)、RCST、RCST 的 IP 子网上的路由器以及网关(RSGW)。

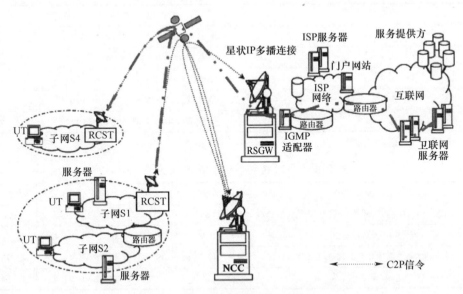

图 7.47 星状 IP 多播网络拓扑
来源:经 ETSI 许可转载。

星状IP架构基于文献[ETSI-04b]中定义的互联网组管理协议(IGMP)架构。多播流的发送是动态的:IGMP协议在RCST与GW间运行,用于多播组成员身份设置。

仅当至少有一个RCST请求加入多播组时,GW才会在上行链路上发送多播流。

GW包含一个IGMP适配器。IGMP适配器是按照文献[ETSI-04a]针对卫星环境优化的IGMP代理,执行特定功能以优化卫星网络的IGMP协议引入的信令负载,它有一个面向GW RCST的接口和一个面向多播边缘路由器的接口。

图7.48显示了网状IP多播的网络拓扑,除GW外,该拓扑具有与星状拓扑相同的网络实体类型。

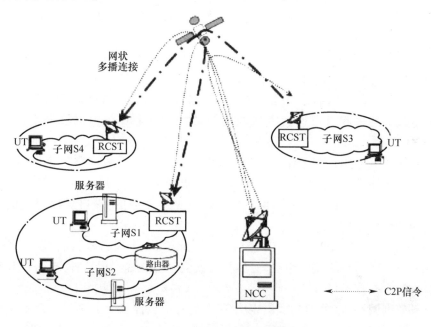

图7.48 网状IP多播网络拓扑
来源:经ETSI许可转载。

网状IP多播将源自RCST的IP多播流搭载到同一卫星网络中的所有TDM上,以提供网状IP多播服务。

UT位于经UI连接到RCST的IP子网上,具有订阅/取消订阅多播组的IGMP主机功能。RCST处理UI上的UT订阅。在卫星空口上,RCST没有IGMP功能,当收到请求时,它根据其组成员表将从卫星空口接收的多播数据流转发到UI。此外,RCST存有IP多播组地址列表,该列表由RCST定义,并由管理层配置,而且列表可被授权发送到卫星空口上。RCST通过点对多点连接将这些被授权的IP多播流从 UI 转发到卫星空口。

由服务提供商管理的每个卫星网络都具有根据文献[IETF-98]建议分配的 IP 多播地址池。每个 RCST 都有一个被授权转发的 IP 多播地址池。

7.8 传输控制协议

TCP 是 UT 之间的协议,是一种面向连接的端到端协议。TCP 在主机中的一对进程之间提供可靠的进程间通信。

TCP 假定其可以从较低级别的协议(例如 IP)获得简单、不太可靠的数据报服务。原则上,TCP 应能够在多种通信系统上运行:有线 LAN、分组交换网络、电路交换网络、无线局域网(WLAN)、无线移动网络(3G/4G/5G)以及卫星网络。

7.8.1 TCP 包头格式

TCP 包头包含的字段如图 7.49 所示。

(1) 源端口与目标端口:16bit 字段用于指定源端口号与目标端口号,以便源和目标主机中的进程可以通过发送与接收数据相互通信。主机身份由 IP 地址识别。

(2) 序列号:32bit 字段用于标识该段中的第一个 8bit 数据字节序号(SYN 控制位存在时除外)。若 SYN 存在,则序列号为初始序列号(ISN),并且第一个数据字节序列号为 ISN + 1,这是互联网中的接收主机所期望的;端口号标识主机内接收 IP 数据包的应用进程。

(3) 确认号:如果设置了 ACK 控制位,则此 32bit 字段有效,包含发送者期望接收的下一个序列号的值。连接一旦建立,就会一直发送。以这种方式,接收机确认其接收的所有数据包。

(4) 数据偏移:这个 4bit 字段表明 TCP 包头中包含多少个 32bit 数,表示数据在数据字节流中的起始位置。TCP 头(包括选项)是一个 32bit 位长的整数。

(5) 预留:这个 6bit 字段为将来使用预留(默认情况下须为零)。

(6) 控制位:这个 6bit 字段(从左到右)具有以下含义:①URG,应急指针字段标志;②ACK,确认字段标志;③PSH,推送功能;④RST,复位连接;⑤SYN,同步序列号;⑥FIN,完成,表明不再有来自发送方的数据。

(7) 窗口:16bit,表示接收端的缓存容量,以字节计(从确认字段中指示的字节开始),用于表示该字段的发送者期望接收的数据数量。

(8) 校验和:该字段由 16bit 组成。

(9) 应急指针:用 16bit 应急指针的当前值对该段报文的序列号做正偏移,即应急数据的序列号。

（10）选项域:这些字段长度可变,选项域字段允许将附加功能引入协议。

（11）填充:TCP 包头填充用于确保 TCP 包头的 32bit 对齐,而数据也在此开始。填充由零组成。

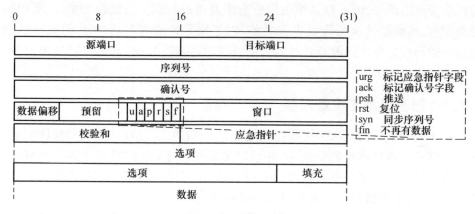

图 7.49 TCP 包头

为识别可处理的单独数据流,TCP 提供了一个端口标识符。由于端口标识符由每个 TCP 独立选择,因此它们可能不是唯一的。为了在每个 TCP 中提供唯一的地址,标识 TCP 的互联网地址与端口标识符相关联,以在连接到互联网的所有子网中创建唯一的套接字(socket)。套接字是 TCP 协议的一种实现方式。

TCP 连接完全由端处的一对套接字指定。本地套接字可以参与不同外部套接字的多个连接。连接可用于双向传输数据(全双工连接)。

TCP 可以自由地将端口与任何进程相关联。然而,在任何实现中都需要明确几个基本概念。众所周知,套接字是一种方便的机制,用于先验地将套接字描述符与标准服务相关联。例如,Telnet 服务器进程永久分配的套接字是 23;FTP 数据分配的套接字为 20;FTP 服务器的套接字为 21;TFTP 的套接字为 69;SMTP 的套接字为 25;POP3 的套接字为 110;HTTP 的套接字为 80。

7.8.2 连接建立与数据传输

在系统中调用 OPEN 原语用于指定本地套接字与外部套接字连接。TCP 提供一个本地连接名称作为回应,用户通过该名称在后续调用中引用该连接。有一种称为传输控制块(TCB)的数据结构专门用来存储上述信息。

建立连接的步骤是利用同步(SYN)控制标志并进行三次消息交互,称为三次握手。当序列号在两个方向上都同步时,连接即完成建立。连接的清除还涉及段的交换,在这种情况下携带 FIN 控制标志。

在连接上传送的数据可以被认为是 8bit 字节组成的流。发送进程在系统调用

SEND 时指示,通过设置 PUSH 标志,该调用(以及任何先前的调用)中的数据应立即推送到接收进程。

发送 TCP 获准从发送进程收集数据,并在合适时机分段发送这些数据,直到推送功能发出信号,随后其必须发送所有未发送的数据。当接收 TCP 发现 PUSH 标志时,在将数据传递给接收进程之前,它不能等待来自发送 TCP 的其他数据。推送函数与段边界之间没有必然的关系,任何特定段中的数据都可能是单次或多次 SEND 调用的结果。

7.8.3 拥塞控制与流量控制

基于终端主机的互联网拥塞控制是 TCP 的功能之一,这是互联网整体稳定性的关键部分。在拥塞控制算法中,在最抽象的层次上,TCP 假定网络由承载数据包传输的链路及用于缓存数据包的队列组成。队列在可能溢出的情况下为链路提供输出缓冲,平滑瞬时业务突发以适应链路带宽。

当发送需求远远超过链路容量并导致缓存队列溢出时,数据包就会被丢弃。一种丢弃数据包的做法是丢弃最近的数据包。TCP 在端到端的基础上使用序列号与确认(ACK)来提供可靠、有序、一次性的传送。TCP ACK 是累加的,即每个 ACK 都隐式地确认截至目前所收到的每个段。如果数据包丢失,ACK 将停止累加。

对于传统有线网络技术,最常见的丢包原因是拥塞,因此 TCP 将丢包视为网络拥塞的指标(这种假设不适用于无线网络或卫星网络,因为这两者的丢包多是因为传输错误导致的)。此过程是自发的,子网不需要知道任何关于 IP 或 TCP 的信息,仅在必要时丢弃数据包。

TCP 通过两种方式恢复丢失的数据包,其中最重要的是超时重传。如果 ACK 在一段时间后未能到达,TCP 将重新传输最早的未确认的数据包。TCP 将此作为网络拥塞的提示,在继续传输之前等待该重传的 ACK 确认。只要不再出现超时,TCP 就会逐渐增加传输的数据包数量。

超时重传会明显损害网络性能,因为发送方在长时间间隔内处于空闲状态,并在超时后以一个段的拥塞窗口重新启动(慢启动)。为了能够做到对批量传输中偶发丢包的快速恢复,可以引入一种称为快速恢复的替代方案[IETF-99b]。快速恢复依赖于这样一个事实:当单个数据包在批量传输中丢失时,接收机会继续对后续数据包返回 ACK,但这些 ACK 实际上并不确认任何数据,它们被称为重复确认。发送 TCP 可以将重复确认用作数据包丢失的提示,并且可以在无需等待超时的情况况下重新发送数据包。

重复确认有效地构成了对丢失数据包的否定确认(NAK),序列号等于传入 TCP 包中的确认字段。TCP 首先等待,直到看到 3 个重复确认才假设丢包发生,这有助于避免在无序传输时不必要的重传。

除拥塞控制之外,TCP 还负责流量控制以防止发送方的发送能力超出接收方的接收能力。TCP 拥塞避免[IETF-99b]算法是基于 TCP 的端到端系统拥塞控制及流量控制算法。该算法在发送方与接收方之间维护一个拥塞窗口,对任一时间点传输的数据量进行控制。缩小拥塞窗口会减少连接获得的总带宽;同样,增加拥塞窗口会提高性能,上限为可用带宽限制。

TCP 将拥塞窗口设置为一个数据包,然后在收到接收方返回的每个 ACK 时,将拥塞窗口扩大一个数据包来探测可用的网络带宽,这就是慢启动机制。当检测到数据包丢失(或其他机制发出拥塞信号)时,拥塞窗口重设为 1,并重复慢启动过程,直到拥塞窗口达到丢包前设置的一半。自此开始,拥塞窗口继续增加,但速度较之前要慢得多,以避免拥塞。如未发生进一步的丢包,拥塞窗口最终会达到接收方通告的窗口大小。图 7.50 显示了拥塞控制与拥塞避免算法。

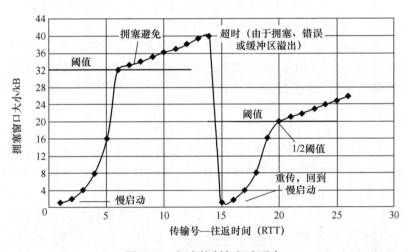

图 7.50 拥塞控制与拥塞避免

7.8.4 卫星信道特性对 TCP 的影响

互联网不同于单一网络,因为其不同部分可能具有不同的拓扑、带宽、延迟和数据包大小。TCP 在文献[IETF-81]中正式定义,并在文献[IETF-89]中进行了更新,又在文献[IETF-14a]中得到扩展。TCP 连接是字节流而非消息流,并且消息边界并非端到端地保留。所有 TCP 连接都是全双工与点对点连接。因此,TCP 不支持多播或广播。

进行发送和接收的 TCP 实体以段的形式交换数据。一个段由一个固定的 20Byte 头(加上一个可选部分)与零个或多个数据字节组成(图 7.49)。两个因素限制了 TCP 段的大小：

（1）65535Byte 的 IP 负载（文献［IETF-97］描述了调整 TCP 与 UDP 以支持更大数据报的 IPv6）。

（2）网络最大传输单元（MTU）实际上为数千字节，因此定义了段大小的上限。例如，以太网可以支持最大 1500Byte 的 MTU 大小。

卫星信道具有一些与大多数地面信道不同的特征，可能会降低 TCP 的性能。这些特征包括：

（1）长反馈循环。由于卫星传输的传播延迟，TCP 发送方需要花费大量时间来确定数据包是否已在最终目的地成功接收。这种延迟会影响交互式应用，如 Telnet、IP 语音（VoIP）以及部分 TCP 拥塞控制算法。

（2）DB 值（大延迟×带宽）。为充分利用可用的信道容量，DB 值定义了协议在任意时刻正在传输中的数据量（已传输但尚未确认的数据）。这里的延迟为往返延迟（RTT），带宽为网络路径中瓶颈链路的容量。由于卫星环境中的延迟较高，TCP 需要缓存大量已发送并等待确认的数据包。

（3）传输错误。卫星信道可能比地面网络具有更高的误码率。TCP 旨在将丢包用作网络拥塞的指示信号，并试图通过减小窗口大小来缓解拥塞。在不知道丢包原因（网络传输错误或接收机损坏）的情况下，TCP 会认为丢包是由于网络拥塞造成的，以避免拥塞崩溃。因此，由于传输错误而引起的数据丢失会导致 TCP 减小其滑动窗口的大小，显然这些丢失的数据包并不是网络拥塞导致的。

（4）非对称使用。由于返向信道上的数据速率受限（功率受限链路），卫星网络通常是非对称的。在使用互联网时，用户接收的数据总是比他们发送的多。这种不对称可能会对 TCP 性能产生影响。

（5）可变往返时间（RTT）。在 LEO 星座中，传播延迟随时间而变化。特别是发生卫星切换时，连接会中断，因此延迟时间可能会由于切换而突然改变。

（6）间歇性连接。对于非 GEO 卫星通信系统，TCP 连接可能从一颗卫星转移到另一颗卫星，或从一个地面站转移到另一个地面站。如果没有正确执行，这种切换会导致数据包丢失。

7.8.5　TCP 性能增强协议

根据协议的原理，协议的每层都应只利用其下层协议为本层提供服务，而本层为其上层协议提供服务。TCP 是一种传输层协议，提供端到端、面向连接的服务。TCP 连接之间或其下 IP 层之间的任何功能都不应干扰或中断 TCP 数据传输。在本节中，首先列出标准机制，然后讨论卫星应用中广泛使用的两种提升 TCP 性能的方法：TCP 欺骗与 TCP 级联（也称为拆分 TCP）。这些技术被称为 TCP 性能增强协议（PEP）。

7.8.5.1 标准机制

目前已发展出多种技术与机制用于提高 TCP 在卫星网络上的性能[IETF-99a,CHO-00,SUN-00]：

(1) 具有更大初始窗口的慢启动增强。

(2) 损失恢复增强。

(3) 选择性确认(SACK)增强。

(4) 快速重传与快速恢复。

(5) 检测损坏损失。

(6) 拥塞避免增强。

(7) 多数据连接。

(8) 在相似连接之间共享 TCP 状态。

(9) TCP 包头压缩。

(10) 确认增强。

这些方法可以独立应用或组合应用。

7.8.5.2 TCP 欺骗

TCP 欺骗旨在绕过 GEO 卫星网络的慢启动。在数据经卫星链路传输前,路由器便向发送方发回 TCP 数据的确认,从而给发送方一种路径延迟短的错觉。路由器随后自行处理从接收方返回的确认而不再转发给发送方,并负责重新发送丢失的数据包片段。

该方案有一系列问题：

(1) 路由器在发送确认后必须做大量的工作。它必须缓冲数据段,因为原始发送方现在可以丢弃其副本(因该数据段已被确认),因此如果该数据段在路由器与接收方之间丢失,路由器必须承担重新传输该数据段的全部责任,所以路由器必须为可能的数据重传而建立并保留 TCP 段队列。与 IP 数据报不同,在路由器从接收端获得相关确认之前,无法删除该数据。

(2) 需要对称路径。数据与确认必须沿着相同的路径通过路由器。然而在大部分互联网中,非对称路径非常普遍。

(3) 易受意外故障的影响。如果路径改变或路由器崩溃,数据可能丢失。数据甚至可能在发送方完成发送、收到路由器的数据成功传输确认后丢失。

(4) 一旦 IP 数据报中的数据被加密,该方案就会失效,因为路由器无法读取 TCP 包头。

7.8.5.3 级联 TCP

使用级联 TCP(又称为拆分 TCP)时,一个 TCP 连接将被划分为多个连接,这种特殊的 TCP 连接可以在卫星链路上运行。实际上,考虑到卫星链路的特性,可以修改卫星链路上运行的 TCP，使其更快地运行。

由于每个 TCP 连接都会被终止，级联 TCP 不易受到不对称路径的影响。在应用主动参与 TCP 连接管理(如 Web 缓存)的情况下，它也能很好地工作。否则，级联 TCP 存在与 TCP 欺骗相同的问题。

7.9 卫星网络中的 IPv6

IP 正从当前的 IPv4 协议过渡到 IETF 开发的替代协议——IPv6。这种过渡对协议的所有层都有潜在影响，包括处理能力、缓冲空间、带宽、复杂性、实施成本和人为因素等。在卫星网络中，需要考虑以下两种场景：

（1）卫星网络已启用 IPv6。该场景引出了关于 UT 与地面 IP 网络的问题。在实际应用中，升级地面 UT 与网络设备要容易得多。即使所有网络都启用了 IPv6，由于 IPv6 的开销很大，如何保证带宽效率仍然是个大问题。

（2）卫星网络已启用 IPv4。该场景面临与前一种情况类似的问题，但如果所有地面网络与终端都运行 IPv6，卫星网络可能会被迫向 IPv6 演进。在带宽充足的地面网络中，可以以牺牲带宽为代价来实现演进，然而在卫星网络中，这种办法不切实际。因此，合适的时间、稳定的 IPv6 技术及合适的演进策略都是至关重要的。

7.9.1 IPv6 基础

IPv6 支持在数据包头中使用流标识符进行快速分组交换，网络可以使用该标识符来识别流，就像 VPI/VCI 用于识别 ATM 信元流一样。资源预留协议(RSVP)有助于将表征流量参数的流规范与每个流相关联，就像 ATM 流量合约与 ATM 连接相关联一样。

基于这种机制及 RSVP 等协议的定义，IPv6 可以支持具有 QoS 的集成服务。IPv6 扩展了 IPv4 协议以解决当前互联网面临的一些问题。IPv6 协议特点如下：

（1）支持更多主机地址。
（2）减小路由表的大小。
（3）简化协议使得路由器更快地处理数据包。
（4）具有更好的安全性(身份验证与隐私)。
（5）提供不同类型的服务，包括实时数据。
（6）支持多播。
（7）支持移动性(不更改地址的情况下漫游)。
（8）允许协议演进。
（9）允许新旧协议共存。
（10）提供演进策略。

与IPv4相比,为了在网络层功能上实现下一代互联网的目标,IPv6对数据包格式进行了重大修改。图7.51显示了IPv6包头格式,各字段的功能总结如下。

(1) 版本:与IPv4相同(IPv6为6,IPv4为4)。

(2) 业务类别:具有特定实时传送需求的数据包的标识符。最重要的6bit表征区分服务(DS)字段,与IPv4相同。其余2bit用于ECN,也与IPv4相同。

(3) 流标签:允许源与目标设置具有特定属性和要求的伪连接。

(4) 负载长度:40Byte包头之后的字节数(而不是IPv4中的总长度)。

(5) 下一个包头:指明包头后接的扩展头类型或上层协议类型(类似于IPv4中的协议字段)。

(6) 跳数限制:用于限制数据包生存时间的计数器,以防止数据包永远留在网络中(类似于IPv4中的生存时间字段)。

(7) 源地址与目的地址:网络号与主机号(比IPv4大4倍)。

(8) 扩展头:类似于IPv4中的选项(见表7.9)。

图7.51 IPv6包头格式

表7.9 IPv6扩展头

扩展头	描述
逐跳选项	路由器的其他信息
目的地选项	目的地的其他信息
路由	要访问的路由器的松散列表
分段	数据报片段的管理
身份认证	发件人身份验证
加密的安全负载	有关加密内容的信息

每个扩展头由下一个包头字段以及类型、长度和数值字段组成。在 IPv6 中，IPv4 的可选性功能成为强制性功能：安全性、移动性、多播和转换。IPv6 尝试通过以下方式实现高效且可扩展的 IP 数据报：

（1）IP 头包含更少的字段，从而实现高效的路由性能。
（2）IP 头的可扩展性可很方便地实现功能的拓展。
（3）流标签提供了对 IP 数据报的有效处理。

7.9.2　IPv6 过渡机制

过渡机制是向 IPv6 成功迁移的一个重要因素。此前由于缺乏过渡场景及工具，许多新技术未能成功。IPv6 从一开始就设计过渡以及有关过渡的策略。对于终端系统，IPv6 使用双栈方法；对于网络集成，IPv6 使用隧道技术（从纯 IPv6 网络到纯 IPv4 网络的某种转换）。

双栈意味着一个节点同时拥有 IPv4、IPv6 的栈和地址。启用 IPv6 的应用同时需要目的地的 IPv4 地址与 IPv6 地址。DNS 解析器将 IPv6 地址或 IPv4 地址或这两个地址返回给应用，应用根据需要选择地址，既可以通过 IPv4 与 IPv4 节点通信，也可以通过 IPv6 与 IPv6 节点通信。

7.9.3　经卫星网络的 IPv6 隧道传输

以 IPv4 构建 IPv6 隧道是一种将 IPv6 数据报文封装成 IPv4 数据报文的技术，并将 IP 报文包头协议字段设置为 41。可能有多种拓扑，包括路由器到路由器、主机到路由器和主机到主机。隧道端点负责封装，这一过程对中间节点透明。隧道是一种十分重要的过渡机制。在隧道技术中，隧道端点是显式配置的，并且隧道端点必须是双栈节点。

IPv4 地址是隧道的端点，它需要可访问的 IPv4 地址。隧道配置意味着需要手动配置源与目标 IPv4 地址以及源与目标 IPv6 地址。隧道可以被配置在两台主机间、一台主机与一台路由器间，或者不同的两个 IPv6 网络的路由器间。

7.9.4　经卫星网络的 6to4 转换机制

6to4 转换是一种通过自动建立隧道将 IPv6 域连接到 IPv4 网络上的技术，通过在 IPv6 地址中嵌入 IPv4 目标地址，从而无需像使用隧道技术那样建立明确的隧道。该技术使用预留前缀"2002::/16"（意为 6to4），根据站点的外部 IPv4 地址向站点提供一个完整的 48bit 地址。IPv4 外部地址被嵌入"2002:<ipv4 ext. address>::/48"，格式为"2002:<ipv4add>:<subnet>::/64"。

为支持 6to4，实现 6to4 的出口路由器必须具有可访问的外部 IPv4 地址。它是一个双栈节点，通常使用环回地址进行配置。单个节点不需要支持 6to4。前缀

2002 可以从路由器通告中接收,它不需要双栈。

从 IPv6 到 IPv4 的转换会产生以下问题:

(1) IPv4 的外部地址空间远小于 IPv6。

(2) 如果出口路由器更改其 IPv4 地址,其必须重新为整个 IPv6 内部网络编号。

(3) 只有一个入口点可用,很难有多个网络入口点来实现冗余。

IPv6 转换的应用方面会带来其他问题:

(1) 操作系统与应用对 IPv6 的支持是不相关的。

(2) 双栈并不意味着同时拥有 IPv4 与 IPv6 应用。

(3) DNS 无法确定要使用哪个 IP 版本。

(4) 很难支持多版本的应用程序。

不同情况的应用程序过渡可总结如下:

(1) 双栈节点中的 IPv4 应用应移植到 IPv6。

(2) 双栈节点中的 IPv6 应用应使用"::FFFF:x.y.z.w"映射 IPv4 与 IPv6 地址,以使 IPv4 应用在 IPv6 双栈上运行。

(3) 双栈节点中的 IPv4/IPv6 应用应使用独立于协议的 API。

(4) 仅 IPv4 节点中的 IPv4/IPv6 应用应根据应用与操作系统支持情况逐案处理。

7.10 总　　结

本章讨论了许多与卫星网络相关的重要概念,包括卫星星状网络与卫星网状网络、星上交换、广播以及卫星网络上的多播。还讨论了协议分层原则、OSI 与 IP 参考模型、IP、基于 DVB-S/S2/S2X 和 DVB-RCS/RCS2 的卫星 IP 网络、传输层协议 TCP 及其针对卫星网络的增强。目前已有大量研究尝试解决卫星 IP 的问题,未来的挑战在于如何在卫星上有效部署 IPv6 与其他接入技术的互通(如 WLAN、WiMAX 等)[FAN-07]。

参 考 文 献

[BIN-87] Binder, R., Huffman, S.D., Guarantz, I., and Vena, P.A. (1987). Crosslink architectures for a multiple satellite system. Proceedings of the IEEE 75 (1): 74–82.

[BRA-84] Brayer, K. (1984). Packet switching for mobile earth stations via low orbiting satellite network. Proceedings of the IEEE 72 (11): 1627–1636.

[CHO-00] Chotikapong, Y. and Sun, Z. (2000). Evaluation of application performance for TCP/IP via satellite links. Presentation at the IEE Colloquium on Satellite Services and the Internet.

[ETSI-04a] ETSI. (2004). satellite earth stations and systems (SES); broadband satellite multimedia (BSM) services and architectures; IP interworking over satellite; multicast group management;IGMP adaptation. TS 102 293 V1.1.1.

[ETSI-04b] ETSI. (2004). Satellite earth stations and systems (SES); broadband satellite multimedia (BSM) services and architectures; IP interworking via satellite; multicast functional architecture. TS 102 294 V1.1.1.

[ETSI-06] ETSI. (2006). Digital video broadcasting (DVB); second generation framing structure, channel coding and modulation system for broadcast, interactive services, news gathering and other broadband satellite applications. EN 302 307 V1.1.2.

[ETSI-07] ETSI. (2007). Satellite earth stations and systems (SES); broadband satellite multimedia (BSM); services and architectures. TR 101 984 V1.2.1.

[ETSI-09a] ETSI. (2009). Digital video broadcasting (DVB); guidelines on implementation and usage of service information (SI). TR 101 211V1.9.1.

[ETSI-09b] ETSI. (2009). Digital video broadcasting (DVB); interaction channel for satellite distribution systems. EN 301 790.

[ETSI-11] ETSI. (2011). Digital video broadcasting (DVB); generic stream encapsulation (GSE) implementation guidelines. TS 102 771 V1.2.1.

[ETSI-14a] ETSI. (2014). Digital video broadcasting (DVB); generic stream encapsulation (GSE); part 1: protocol TS 102 606-1V1.2.1.

[ETSI-14b] ETSI. (2014). Digital video broadcasting (DVB); generic stream encapsulation (GSE); part 2: logical link control (LLC). TS 102 606-2V1.2.1.

[ETSI-14c] ETSI. (2014). Digital video broadcasting (DVB); generic stream encapsulation (GSE); part 3: robust header compression (ROHC) for IP. TS 102 606-3V1.1.1.

[ETSI-14d] ETSI. (2014), Digital video broadcasting (DVB); second generation framing structure, channel coding and modulation systems for broadcasting, interactive services, news gathering and other broadband satellite applications; part 1: DVB-S2. EN 302 307-1V1.4.1.

[ETSI-14e] ETSI. (2014).Digital video broadcasting (DVB); second generation DVB interactive satellite system (DVB-RCS2); part 1: overview and system level specification. TS 101 545-1V1.2.1.

[ETSI-14f] ETSI. (2014). Digital video broadcasting (DVB); second generationDVB interactive satellite system (DVB-RCS2); part 2: lower layers for satellite standard. EN 301 545-2V1.2.1.

[ETSI-14g] ETSI. (2014).Digital video broadcasting (DVB); second generationDVB interactive satellite system (DVB-RCS2); part 3: higher layers satellite specification. TS 101 545-3V1.2.1.

[ETSI-14h] ETSI. (2014). Digital video broadcasting (DVB); second generation DVB interactive satellite system (DVB-RCS2); part 4: guidelines for implementation and use of EN 301 545-2. TR 101545-4V1.1.1.

[ETSI-14i] ETSI. (2014). Digital video broadcasting (DVB); second generation DVB interactive satellite system (DVB-RCS2); part 5: guidelines for the implementation and use of TS 101 545-3.

TR 101545-5V1.1.1.

[ETSI-15a], ETSI. (2015). Digital video broadcasting (DVB); DVB specification for data broadcasting.EN 301 192 V1.6.1.

[ETSI-15b] ETSI. (2015).Digital video broadcasting (DVB); second generation framing structure, channel coding and modulation systems for broadcasting, interactive services, news gathering and other broadband satellite applications; part 2: DVB-S2 extensions (DVB-S2X). EN 302 307-2V1.1.1.

[ETSI- 15c] ETSI. (2015). Satellite earth stations and systems (SES); broadband satellite multimedia (BSM); guidelines for the satellite independent service access point (SI-SAP). TR 102 353 V1.2.1.

[ETSI-15d] ETSI. (2015). Satellite earth stations and systems (SES); broadband satellite multimedia (BSM); address management at the SI-SAP. TS 102 460 V1.2.1.

[ETSI- 15e] ETSI. (2015). Satellite earth stations and systems (SES); broadband satellite multimedia (BSM); multicast source management. TS 102 461 V1.2.1.

[ETSI- 15f] ETSI. (2015). Satellite earth stations and systems (SES); broadband satellite multimedia (BSM); QoS functional architecture. TS 102 462 V1.2.1.

[ETSI- 15g] ETSI. (2015). Satellite earth stations and systems (SES); broadband satellite multimedia (BSM); interworking with IntServ QoS TS 102 463 V1.2.1.

[ETSI-15h] ETSI. (2015). Satellite earth stations and systems (SES); broadband satellite multimedia (BSM); interworking with DiffServ QoS. TS 102 464 V1.2.1.

[ETSI- 16] ETSI. (2016). Digital video broadcasting (DVB); specification for service information (SI) in DVB systems. EN 300 468 V1.15.1.

[FAN-07] Fan, L., Cruickshank, H., and Sun, Z. (eds.) (2007). (*IP Networking over Next-Generation Satellite Systems.*) Springer.

[GOL-82] Golden, E. (1982). The wired sky. In: (*AIAA 9th International Conference, San Diego*), 174-180.AIAA.

[IETF-81] IETF. (1981). Transmission control protocol. DARPA Internet program protocol specification.RFC 793.

[IETF-89] IETF. (1989). Requirements for Internet hosts - communication layers. RFC 1122.

[IETF-97] IETF. Borman, D. (1997). TCP and UDP over IPv6 jumbograms. RFC 2147.

[IETF-98] IETF. Meyer, D. (1998). Administratively scoped IP multicast. RFC 2365.

[IETF-99a] IETF. Allman, M., Glover, D., and Sanchez, L. (1999). Enhancing TCP over satellite channels using standard mechanisms, BCP 28. RFC 2488.

[IETF-99b] IETF. Allman, M., Paxson, V., and Stevens, W. (1999). TCP congestion control. RFC 2581.

[IETF-02] IETF. Grossman, D. (2002). New terminology and clarifications for diffserv. RFC 3260.

[IETF-05] IETF.Montpetit, M.-J., Fairhurst,G., Clausen, H. et al. (2005).Aframework for transmission of IP datagrams over MPEG-2 networks. RFC 4259.

[IETF-14a] IETF. Borman, D., Braden, B., Jacobson, V., and Scheffenegger, R. (2014). TCP extensions for high performance. RFC 7323.

[IETF-14b] IETF. Fairhurst, G. (2014). IANA guidance for managing the unidirectional lightweight encapsulation (ULE) next-header registry. RFC 7280.

[IETF-18] IETF. Fairhurst, G. (2018). Update to IANA registration procedures for pool 3 values in the differentiated services field codepoints (DSCP) registry. RFC 8436.

[INU-81] Inukai, T. and Campanella, S.J. (1981). On board clock correction for SS/TDMA and baseband processing satellites. *COMSAT Technical Review* 11 (1): 77-102, Spring.

[ISO/IEC-96] ISO/IEC (1996) Generic coding of moving pictures and associated audio information, ISO IEC 13818.

[LEO-91] Leopold, R.J. (1991). Low earth orbit global cellular communications network. In: ICC' 91,1108-1111. IEEE.

[MAR-04] Maral, G. (2004). *VSAT Networks*, 2e. Wiley.

[MAR-87] Maral, G. and Bousquet, M. (1987). Performance of fully variable demand assignment SS-TDMA system. *International Journal of Satellite Communications* 5 (4): 279-290.

[MOR-04] Morello, A. and Reimers, U. (2004). DVB-S2, the second generation standard for satellite broadcasting and unicasting. *International Journal of Satellite Communications and Networking* 22 (3):249-268.

[MOR-89] Morgan,W.L. and Gordon, G.D. (1989). *Communications Satellite Handbook.*Wiley.

[NEA-01] Neale, J. and Bégin, G. (2001). Terminal timing synchronisation in DVB-RCS systems using on-board NCR generation. *Space Communications* 17 (1-3): 257-266.

[NUS-86] Nuspl, P.P., Peters, R., and Abdel-Nabi, T. (1986). On-board processing for communications satellite systems. In: *7th International Conference on Digital Satellite Communications*, 137-148.

[SUN-00] Sun, Z.,Chotikapong, Y., and Chaisompong,C. (2000). Simulation studies of TCP/IP performanceover satellite. Presentation at the 18th AIAA International Communication Satellite Systems Conference and Exhibit, Oakland.

[SUN-14] Sun, Z. (2014). *Satellite Networking: Principles and Protocols*, 2e.Wiley.

[TIR-83] Tirro, S. (1983). *Satellites and switching. Space Communications and Broadcasting* 1 (1): 97-133.

[VIS-79] Visher, P.S. (1979). Satellite clusters. *Satellite Communications* 3 (9): 22-27.

[WAD-80] Wadsworth, D.V.Z. (1980). Satellite cluster provides modular growth of communications functions. In: *International Telemetering Conference* ITC80, 209. IFT.

[WAL-82] Walker, J.G. (1982). The geometry of satellite clusters. *Journal of the British Interplanetary Society* 35: 345-354.

第8章 地球站

本章专门讨论地球站的构成,特别对地球站内决定卫星通信系统性能的各方面以及子系统进行了讨论。因此,一方面,本章对天线、发射和接收子系统以及通信设备的特性进行了详细论述;另一方面,那些自身特性与卫星通信没有直接关系的设备,例如与地面网络的接口、交换、多路复用和供电设备,则仅考虑其功能方面。

8.1 地球站的构成

地球站的常规构成如图 8.1 所示,由天线子系统、射频设备、地面通信设备组成,同时还包括与地面网络的接口设备以及各种监测与供电装置。原则上,卫星地球站的构成与其他类型电信站(如地面微波链路的电信站)的构成并无本质区别。卫星地球站的特殊功能是包含天线跟踪功能,在某些情况下跟踪单元可能相当简单。

由于成本与体积原因,天线通常是发射与接收共用的;发射与接收的隔离通过双工器实现。天线通常能够在正交极化(圆极化或线性极化)上发射与接收,旨在允许频率复用(见 5.2.3 节)。

尽管卫星和地球站存在相对运动,但跟踪单元能使天线一直指向卫星的方向。即使是地球静止轨道卫星,轨道摄动也会引起卫星发生明显位移,但这种位移仅限于"位置保持框"内(见 2.3.4 节)。此外,地球站可以安装在移动车辆上,其位置与方向将会随着时间的推移而发生变化。

跟踪单元的性能要求由于天线波束和卫星轨道的不同而不同。对于小型天线,可以取消跟踪单元(固定安装),这样可以降低成本。

地球站的大小与复杂性取决于要提供的服务以及卫星的等效全向辐射功率(EIRP)和品质因数(G/T)。最简单的地球站只有接收功能,并配备直径为几十厘米的抛物面天线;最大的天线来自国际通信卫星组织的第一个标准 A 类地球站,其天线直径达到 32m。

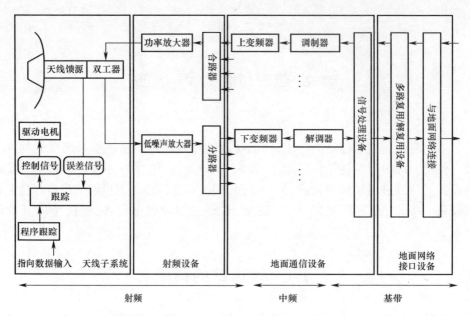

图 8.1 地球站常规构成

8.2 射频特性

地球站的射频性能指标由其上行链路与下行链路的链路预算表达式决定,第 5 章对此进行了讨论,即

$$(C/N_0)_U = (P_T G_T)_{ES} (1/L_U)(G/T)_{SL}(1/k) \quad (Hz) \quad (8.1)$$

$$(C/N_0)_D = (P_T G_T)_{SL} (1/L_D)(G/T)_{ES}(1/k) \quad (Hz) \quad (8.2)$$

式中:$(P_T G_T)_{ES}$ 为地球站的 EIRP;$(G/T)_{ES}$ 为地球站的品质因数。

上述链路预算表达式是针对特定链路建立的,其链路指标取决于采用的载波频率、波的极化方式、调制类型和占用带宽。一个地球站通常发送和接收多个载波,这些载波的特性(尤其是 EIRP)可能不同。

还应注意,由于发射与接收使用同一天线,因此发射增益与接收增益相互关联。

8.2.1 等效全向辐射功率

EIRP 是在特定工作频率下天线输入端所加载波的可用功率与天线在卫星方向上发射增益的乘积 $(P_T G_T)_{ES}$(见 5.3 节)。

8.2.1.1 可用功率 P_T

天线输入端可用载波功率 P_T 是功率放大器的额定功率 $(P_{HPA})_{ES}$、放大器输出和天线输入之间的发射馈电损耗 $(L_{FTX})_{ES}$ 以及多载波操作所需的功率回退 $(L_{MC})_{ES}$ 的函数,即

$$P_T = (P_{HPA})_{ES}(1/L_{FTX})_{ES}(1/L_{MC})_{ES} \quad (W) \tag{8.3}$$

在大多数应用中,如果地球站采用频分多址(FDMA)方式接入卫星(见 6.5 节)或卫星为多波束模式(通过转发器跳接变频选择目的地,见 7.4.1 节),则该地球站会向卫星发射多个载波,站内功率放大系统的配置将取决于多个发射载波的组合方式。$(P_{HPA})(1/L_{MC})$ 是功率放大系统输出载波的可用功率,为简单起见,在 5.4.2.1 节中称为发射机功率 P_{TX}。功率减损值 L_{MC} 是指发射机放大器输出回退(OBO,用于放大前的耦合)或耦合设备的损耗(用于放大后的耦合)。放大器的额定功率 P_{HPA} 是指单载波饱和时的输出功率,也可表示为 $(P_{o1})_{sat}$。

8.2.1.2 发射增益 G_T

对于直径为 D 的天线,其最大增益 G_{Tmax} 在载波频率 f_U 下被定义为(参考式(5.3))

$$G_{Tmax} = \eta_T (\pi D f_U / c)^2 \tag{8.4a}$$

式中:η_T 为天线的传输效率;c 为光速。由于天线无法精准地指向卫星,实际发射增益 G_T 与最大增益 G_{Tmax} 相差一个系数 L_T,即

$$G_T = (G_{Tmax}/L_T)_{ES} \tag{8.4b}$$

式中:L_T 为指向误差角的函数。

指向偏差损耗 L_T 值为(参考式(5.18))

$$L_T = 10^{1.2(\theta_T/\theta_{3dB})^2}$$

式中:θ_T 为指向误差角,其值取决于天线跟踪类型;θ_{3dB} 为天线在工作频率下的半功率波束角度。天线跟踪类型的影响将在 8.3.7.7 节进行讨论。

8.2.1.3 EIRP 限制

为了限制不同卫星系统间的相互干扰,国际电信联盟规定了对离轴 EIRP 值的限制[ITUR-06]。以 Ku 频段卫星固定业务地球站的 EIRP 密度(每 40kHz)为例,在离轴角 θ 大于 2.5°,且地球静止卫星轨道 3°以内的任意方向上,EIRP 密度不应超过表 8.1 中的值;对于地球静止卫星轨道 3°以外区域内的任意方向,EIRP 密度可超出表 8.1 中的限值,但不能超过 3dB。

表 8.1 EIRP 密度的限制

离轴角	最大 EIRP 值/(dBW/40kHz)
2.5° ≤ θ ≤ 7°	39−25log θ
7° < θ ≤ 9.2°	18

续表

离轴角	最大 EIRP 值/(dBW/40kHz)
$9.2°<\theta\leqslant48°$	$42-25\log\theta$
$48°<\theta\leqslant180°$	0

8.2.2 地球站的品质因数

地球站接收机的品质因数 $(G/T)_{ES}$ 被定义为综合接收增益 G 与地球站系统噪声温度 T 之比。

8.2.2.1 综合接收增益 G

综合接收增益 G 由实际天线增益 G_R 确定,其考虑了载波在天线接口和接收机之间的馈电链路上所产生的损耗 L_{FRX}。实际天线接收增益 G_R 与最大增益 G_{Rmax} 相差一个系数 L_R,该系数是指向误差角 θ_R 的函数。直径为 D 的天线的最大增益 G_{Rmax} 在下行频率 f_D 下定义为 $G_{Rmax} = \eta_R (\pi D f_D/c)^2$,其中 η_R 是接收天线的效率。

$$G = (G_R/L_{FRX})_{ES} = (G_{Rmax}/L_R)_{ES} (1/L_{FRX})_{ES} \tag{8.5}$$

指向误差角 θ_R 与 θ_T 的值通常是相同的。对于给定值 $\theta_R = \theta_T$,接收和发射对应的指向偏差损耗 L_R 与 L_T 是不同的。事实上,L_R 与 L_T 不仅取决于下行与上行链路频率 f_D 和 f_U,还取决于跟踪类型。跟踪类型对增益的影响将在 8.3.7.7 节进行介绍。

8.2.2.2 系统噪声温度 T

5.5.4 节描述了系统噪声温度 T 的概念。噪声温度为

$$T = (T_A/L_{FRX})_{ES} + T_F(1 - 1/L_{FRX})_{ES} + T_{eRX} \quad (K) \tag{8.6}$$

系统噪声温度 T 是天线噪声温度 T_A、馈电损耗 L_{FRX}、馈线的热力学温度 T_F 和接收机的有效噪声温度 T_{eRX} 的函数。回想一下,地球站的天线噪声温度 T_A 取决于气象条件,降雨引起的信号衰减会导致天空噪声温度的升高(见 5.5.3.2 节)。天线噪声温度还取决于仰角。

综上所述,在最小仰角和晴空条件下,定义了地球站的品质因数 G/T。在链路预算中考虑降雨条件会导致地球站品质因数降低 $\Delta(G/T)$。

8.2.3 国际组织与卫星运营商制定的标准

早期,国际卫星通信服务由国际组织提供。这些组织(现在已经私有化)为地面站的运行制定了各种标准,这些地球站与其所运营的卫星相关联。这些标准为不同的服务和应用规定了许多参数,例如品质因数 G/T。

8.2.3.1 Intelsat 标准

Intelsat 网络中使用的地球站的特性被归入 Intelsat 地球站标准(IESS)模组(根据 2005 年 3 月 10 日发布的 IESS-101 标准第 61 修订版)。

(1) 1 组(100 系列,IESS N° 101)——引言:引言以及批准的 IESS 文件清单。

(2) 2 组(200 系列,IESS N° 207 与 IESS N° 208)——天线与射频设备特性:授权站的分类(天线性能、G/T、旁瓣电平等)。

(3) 3 组(300 系列,IESS N° 307-311 与 IESS N° 314-317)——调制与接入特性:接入、调制和编码,以及载波 EIRP。

(4) 4 组(400 系列,IESS N° 401,IESS N° 402,IESS N° 408-412,IESS N° 415,IESS N° 417-420 与 IESS N° 422-424)——补充:补充规范,如卫星特性、地理优势、互调电平和业务通信电路。

(5) 5 组(500 系列,IESS N° 501-503)——基带处理:系统规范,如数字电路倍增设备(DCME)与数字电视传输。

(6) 6 组(600 系列,IESS N° 601)——通用地球站标准:性能特性,适用于接入 Intelsat 空间段的地球站,用于其他国际地球站未涵盖的国际与国内服务(标准 G)。

(7) 7 组(700 系列,IESS N° 701,IESS N° 702)——Intelsat 管理的电信网络:互联网中继服务与专用视频解决方案的性能需求(仅空间段)。

1) 标准的发展

第一批通信卫星(1965 年 Intelsat I——Early Bird)的性能比现在的通信卫星低得多,且地球站的尺寸很大。Intelsat 标准 A 地球站的品质因数 G/T 为 40.7dB/K(直径 32m 的天线配有单脉冲跟踪系统和接收放大器,使用微波激射器和参数放大器,噪声温度小于 30K)。这些特点导致设备成本非常高(约 1000 万美元)。然而,与空间段的成本相比,这只是成本的一小部分。后来得益于卫星性能的提高,对地球站的要求降低了(修订后的标准 A 见表 8.2)。

在 20 世纪 70 年代中期,推出了一个新的地球站标准,即标准 B,其目的是促进稀路由链路的发展。标准 B 地球站的 G/T 值为 31.7dB/K(比标准 A 地球站的 G/T 值低 9dB),允许使用直径约 11m 的天线和简化的跟踪系统(步进跟踪)。这种类型的地球站以 SCPC/PSK(速率为 64kbit/s)或 FDM/CFM 方式运行,可以实现数十个信道的路由,这是标准 A 地球站无法做到的。

随着 Intelsat V 代的出现(1981 年)和 14/11GHz 频段的应用,第三个标准地球站的规范出现了,即标准 C,其特点是晴空 G/T 值为 37dB/K。地球站天线直径约为 15m,其在 14/11GHz 时的性能与标准 A 地球站相当。这是一种昂贵的地球站(超过 500 万美元),主要适用于干线业务(大业务量)。同样,其标准要求在稍后阶段有所放宽。

表 8.2 Intelsat 地球站标准

标准	频率/GHz（上行/下行）	最小 G/T 值/(dB/K)	天线直径/m	服务类型
A(旧)	6/4	$40.7 + 10\log(f_{\text{GHz}}/4)$	30	电视或 FDM/FM/FDMA 或 TDM/PSK/TDMA（IESS 201）
A	6/4	$35 + 10\log(f_{\text{GHz}}/4)$	16	
B	6/4	$31.7 + 10\log(f_{\text{GHz}}/4)$	11~14	电视或 SCPC/QPSK 或 FDM/FM/FDMA（IESS 202）
C(旧)	14/11	$39 + 10\log(f_{\text{GHz}}/11)$	14~18	电视或 FDM/FM/FDMA 或 TDM/PSK/TDMA（IESS 203）
C	14/11	$37 + 10\log(f_{\text{GHz}}/11)$	11~13	
E-1	14/11	$25 + 10\log(f_{\text{GHz}}/11)$	2.4~4.5	IBS 和 IDR（IESS 205）
E-2		$29 + 10\log(f_{\text{GHz}}/11)$	4.5~7	
E-3		$34 + 10\log(f_{\text{GHz}}/11)$	7.7	
F-1	6/4	$22.7 + 10\log(f_{\text{GHz}}/4)$	3.7~4.5	IBS 和 IDR（IESS 207）
F-2		$27 + 10\log(f_{\text{GHz}}/4)$	5.5~7.5	
F-3		$29 + 10\log(f_{\text{GHz}}/4)$	7.3~9	
G	6/4 和 14/11	未规定	最大 7	标准 A~F 未覆盖的国际和国内服务
H-2	6/4	$15.1 + 10\log(f_{\text{GHz}}/4)$	1.8	Intelsat DAMA，VSAT IBS 或宽带 VSAT
H-3		$18.3 + 10\log(f_{\text{GHz}}/4)$	2.4	
H-4		$22.1 + 10\log(f_{\text{GHz}}/4)$	3.7	
K-2	14/11	$19.8 + 10\log(f_{\text{GHz}}/11)$	1.2	VSAT IBS 或宽带 VSAT
K-3		$23.3 + 10\log(f_{\text{GHz}}/11)$	1.8	

自 1983 年以来，由于 Intelsat 卫星特性的增强（更高的 EIRP 与更多的频率复用）、数字技术的广泛使用（特别是纠错码）和新业务的大量出现，导致了与越来越多样的接入和调制系统相关的新 IESS 标准的引入。

（1）标准 E 地球站的标称 G/T 值：对于直径约为 3m 的天线（Ku 频段），其 G/T 值为 25.0dB/K（标准 E-1）；对于直径约为 5m（Ku 频段）的天线，其 G/T 值为 29.0dB/K（标准 E-2）；对于运行在 14/11 或 14/12GHz 频段，用于 Intelsat 商业服务（IBS）、IDR 国际服务和宽带 VSAT（BVSAT）服务的天线，其 G/T 值为 34.0dB/K（标准 E-3）。

(2) 标准 F 地球站的标称 G/T 值:对于直径约为 4m 的天线(C 频段),其 G/T 值为 22.7dB/K(标准 F-1);对于直径约为 6.3m 的天线(C 频段),其 G/T 值为 27.0dB/K(标准 F-2);对于直径为 7.3m、运行在 6/4GHz 频段,用于 IBS、IDR 国际服务、CFDM/FM 运营商和宽带 VSAT(BVSAT)服务的天线,其 G/T 值为 29.0dB/K(标准 F-3)。

(3) 标准 G 地球站没有标称的 G/T 值:天线直径从小于 1m 到 7m 不等,可在 C 频段或 Ku 频段接入 Intelsat 空间段,提供标准 A~F 地球站未涵盖的国际和国内服务。标准 G 地球站还允许使用 Intelsat 规定和批准以外的调制和接入技术,并仅根据一般射频边界条件定义性能特征。

(4) 标准 H 地球站的标称 G/T 值:对于直径约为 2m 的天线(标准 H-2),其 G/T 值为 15.1dB/K;对于直径约为 2.4m 的天线(标准 H-3),其 G/T 值为 18.3dB/K;对于运行在 6/4GHz 频段,用于 Intelsat DAMA、VSAT IBS 和宽带 VSAT(BVSAT)服务的天线,其 G/T 值为 22.1dB/K(标准 H-4)。

(5) 标准 K 地球站的标称 G/T 值分别为 19.8dB/K(标准 K-2)和 23.3dB/K(标准 K-3),在 14/11GHz 和 14/12GHz 频段运行,用于 Intelsat VSAT IBS 和宽带 VSAT(BVSAT)服务。

表 8.3 显示了 IBS 与 VSAT IBS 服务的更多详细信息。

表 8.3 VSAT IBS 与 Intelsat IBS 服务

特性	IBS	VSAT IBS
网络类型	开放,封闭	开放,封闭
卫星	Ⅵ,Ⅶ/ⅦA,Ⅷ 和 Ⅸ	Ⅵ,Ⅶ/ⅦA,Ⅷ 和 Ⅸ
波束	所有波束	除全球波束外的所有波束
发射或接收地球站标准	标准 A,B,C,E 和 F	标准 E-1,F-1,H 和 K
地面网络连接	与公共交换网络(PSN)无连接	与公共交换分组数据网络(PSPDN)有连接
信息速率	64kbit/s~2048Mbit/s(开放网络); 64kbit/s~8.448Mbit/s(封闭网络)	64kbit/s~8.448Mbit/s (开放网络和封闭网络)
前向纠错(FEC)	速率 1/2 和 3/4 卷积编码/维特比解码 (开放网络); 未规定(封闭网络)	速率 1/2 和 3/4 卷积编码/维特比解码(开放网络); 未规定(封闭网络)
RS(219,201)外编码	可选(开放网络和封闭网络)	必选(开放网络); 可选(封闭网络)
调制	QPSK	QPSK,BPSK
质量(开放网络)	晴空下:≤10^{-8} BER(≥95.9%全年); 阈值:10^{-3} BER(≥99.96%全年)	晴空下:<<10^{-10} BER(≥95.9%全年); 阈值:10^{-3} BER(≥99.6%全年)

2) 接入与调制模式

处理 FDMA 模拟传输的 IESS 301(FDM/FM)、302(CFDM/FM)、303(SCPC/QPSK)、305(SCPC/CFM)和 306(TV/FM)已于 2002 年 10 月 31 日移除。在此进一步考虑以下载波类型:

(1) SCPC/QPSK(Iess 303)有 4 个与标准 A 和标准 B 地球站有关的选项:①4.8kbit/s 及以下速率的话音或话音带宽数据;②使用(120,112)前向纠错的 4.8kbit/s 以上速率的话音或话音带宽数据;③使用 3/4 卷积编码的 48kbit/s 或 50kbit/s 速率的数字数据;④使用 7/8 卷积编码的 56kbit/s 速率的数字数据。

(2) TDMA(IESS-307)提出了速率为 120Mbit/s 的时分多址(TDMA)传输方式,该传输方式应用于标准 A 地球站之间的相互通信,工作频段为 6/4GHz,使用 80MHz 带宽的半球波束和区域波束转发器。在晴空条件下,TDMA 系统通常提供优于 10^{-10} 的标称误码率(BER)。在有链路衰减(雨天)条件下,TDMA 系统预计在一年的 99.96% 时间内提供优于 10^{-6} 的标称误码率。该系统的主要特点有:①TDMA 帧长度标称是 2ms;②采用 QPSK 调制、相干解调;③采用绝对编码(不采用差分编码);④将前向纠错(FEC)用于业务突发;⑤采用数字语音插值(DSI)。

每个卫星信道(转发器)由两个参考站提供服务,使终端能够使用主参考脉冲和备用参考脉冲进行操作。每个参考站对每个转发器产生一个参考脉冲,以执行以下功能:①向业务终端和其他参考站提供开环采集信息;②向业务终端和其他参考站提供同步信息;③提供突发时间计划变更控制;④在多个卫星转发器之间提供公共同步,允许转发器跳接;⑤提供话音和传真。

(3) QPSK/IDR(IESS 308)是在 FDMA 模式下使用卷积编码/维特比解码和 QPSK 调制相结合的中等数据速率(IDR)数字载波传输(从 64kbit/s 到 44.736Mbit/s),适用于标准 A、B、C、E 和 F 地面站。在晴空条件下,链路误码率在全年 95.90% 以上的时间内 $\leq 2\times10^{-8}$,在全年 99.36% 以上的时间内 $\leq 2\times10^{-7}$;在雨衰条件下,在全年 99.96% 以上的时间内 $\leq 7\times10^{-5}$,在全年 99.98% 以上的时间内 $\leq 10^{-3}$。采用 RS 外部编码,可选择按 G.826 标准提升链路纠错能力[ITUT-02],其中:在晴空条件下,其误码率在全年 95.90% 以上的时间内 $\leq 10^{-9}$,在全年 99.36% 以上的时间内 $\leq 10^{-8}$;在雨衰条件下,其误码率在全年 99.96% 以上的时间内 $\leq 10^{-6}$,在全年 99.98% 以上的时间内 $\leq 10^{-5}$。

(4) IBS(IESS 309)代表 Intelsat 商业服务。定义了两种不同的产品。

① IBS 采用数字载波,采用 QPSK 调制和 FDMA 技术。IBS 是为标准 A、B、C、E 和 F 地球站之间的通信而设计的,这些地球站可用作国家网关、城市网关或客户驻地设施。该服务未计划用于公共交换电话。IBS 网络既可以在开放网络中运行,也可以在封闭网络中运行。链路设计可在全年 99.96% 以上的时间内提供优

于 10^{-3} 的误码率。IBS 的晴空误码性能在 C 频段通常小于 10^{-8},在 Ku 频段几乎没有误码。

② VSAT IBS(来自或发往小型地球站的 IBS)采用 FDMA 数字 BPSK 或 QPSK 调制载波。必要时使用 BPSK 调制来降低信号功率密度,从而最大限度地增加 VSAT IBS 地球站组建规模。VSAT IBS 网络可以在开放式网络或封闭式网络配置下运行。VSAT IBS 载波被定义为仅供标准 E-1、F-1、H 和 K 型地球站收发使用。VSAT IBS 的基带编码/调制方案是速率 1/2 卷积编码/维特比解码与 RS(219,210)外部编码及 QPSK 调制的级联。对于高于标准 E-1、F-1、H 和 K 的接收地球站的 VSAT IBS 载波传输,用户可以要求使用速率 3/4 卷积编码/维特比解码与 RS(219,210)外部编码的级联作为替代方案。链路设计可在全年 99.6% 以上的时间内提供 ≤ 10^{-10} (1/2 或 3/4 码率的 FEC)的误码率。在 C 频段,由于使用速率 1/2(或 3/4)卷积编码/维特比解码与 RS(219,201)外部编码的级联,晴空下的误码率性能远远优于 10^{-10} (几乎无误码);在 Ku 频段,由于分配了较大的链路余量来减轻雨衰的影响,使用以上任意一种前向纠错方案(对于所有信息速率)的晴空误码率性能基本上都可获得较好的纠错效果(无差错传输)。

8.2.3.2 欧洲通信卫星组织标准

Eutelsat 地球站标准(EESS)由欧洲通信卫星组织发布,旨在为用户提供地球站及相关设备接入 Eutelsat 空间段和建立通信链路所需的性能指标提供通用参考。EESS 最初包括 6 组文件:

(1) EESS 100,包括文件的介绍和概述。

(2) EESS 200(电话业务),包括用于 120Mbit/s TDMA 服务的 T-2 标准(EESS 200)、TDMA/DSI 系统规范(EESS 201)、DCME 规范(EESS 202),以及中间速率数字载波(IDC)地球站标准 I-1、I-2 和 I-3(EESS 203)。Eutelsat 系统中的 IDC 数字载波使用相干 QPSK 调制和 3/4 或 1/2 码率的卷积编码与维特比解码。

(3) EESS 300(电视服务),包括所有电视上行链路地球站,无论是用于高质量的回传链路、租赁转发器的电视转播,还是包括卫星新闻采集设备(SNG)的临时电视转播。

(4) EESS 400,包括提供电视、电话或数据服务的通用标准,并包含接入租用容量的基本技术和操作要求(标准 L)。

(5) EESS 500,处理卫星多业务(SMS):

① 卫星多业务系统主要采用 QPSK/FDMA/SCPC 用于数据载波传输。针对卫星多业务开放网络服务,定义了 4 种标准地球站类型:标准 S-0、S-1、S-2 和 S-3。标准 S-0 与 S-1 具有相同的 G/T 值,但标准 S-0 要求能够在更宽的频率范围内工作,并配备双极化操作。

② EESS 501 包含标准架构应用或开放网络等方面。规定了使用 3/4 或

1/2 码率前向纠错和维特比解码的 QPSK 传输的基带和调制设备。在 1/2 码率的前向纠错中,所覆盖的用户比特率范围为 64kbit/s~2Mbit/s(8Mbit/s 比特率应用 3/4 码率)。

③ EESS 502 描述了 M 标准,用于在 PSK/FDMA/SCPC 模式下通过非标准架构类型的卫星多业务载波接入卫星多业务转发器。这些传输被称为封闭网络。具有 0.9~1.8m 天线口径的 VSAT 地球站就属于这一类别。

(6) EESS 600(G) 描述了 EutelTracs 系统,提供用于移动设备的双向数据通信和位置报告服务,工作频段为 11~12/14GHz。

从 2007 年 10 月起,所有之前发布的 Eutelsat 标准(L、M、S 和 I 标准)已合并为一个标准,并保持了 M 标准的名称。该标准的目的是定义基本技术和操作要求,根据这些要求可向申请人授予"接入 Eutelsat 空间段的许可"。现有的 EESS 和指南以 EESS 文件的形式进行归类和维护(依据 EESS 101(G)—2008)。表 8.4 显示了 EESS 与相关指南的列表。

表 8.4 Eutelsat 地球站标准及相关指南(EESS 101 G)

EESS 编号	议题/版本	议题日期	地球站标准	标题	自上一版本以来修改的页面	状态
100(G)	11/1	2008.10	—	Eutelsat 地球站标准概况	全部	
203	7/0	2005.2	1-1,1-2,1-3	中速数字载波(IDC)地球站标准 I	全部	2007 年 10 月 24 日已弃用
400	12/0	2006.8	L	向欧洲通信卫星组织空间段租用容量发送数据的地球站的基本技术和业务要求-标准 L	全部	2007 年 10 月 24 日已弃用
500	9/1	2005.4	S-1,S-2,S-3	卫星多业务系统(SMS)地球站标准 S	全部	2007 年 10 月 24 日已弃用
501(G)	3/0	2004.3	—	SMS QPSK/FDMA 系统规范	全部	

续表

EESS 编号	议题/版本	议题日期	地球站标准	标题	自上一版本以来修改的页面	状态
502	11/1	2008.10	M	基本技术和操作要求	扩展了 Ka-sat, 对 α 的定义	
502-附录	1/1	2008.10	Mx	标准 M-x 的命名法	第一页	
700(G)	2/0	2007.10	—	Eutelsat 卫星概况	全部	

另一组名为《欧洲通信卫星公司系统操作指南》(ESOGs)的文件,为所有 Eutelsat 的空间段用户提供地球站运行所需的必要信息,包括 ESOG 100, ESOG 110, ESOG 120, ESOG 140, ESOG 220, ESOG 160, ESOG 210, ESOG 230 和 ESOG 240。

8.2.3.3 其他卫星固定及广播服务运营商

一些大型卫星运营商,例如 SES,Hispasat 等,通常规定一组地球站入网要求,以避免相邻卫星之间的干扰,保证服务质量(QoS)。本节举例说明了全球卫星运营商 SES 公司规定的一些要求,例如 SES ASTRA、SES Americom、SES New Skies(地球站要求 SES-NewSkies/REG/CMG/001,2006)。

SES New Skies 卫星(NSS-5、NSS-6、NSS-7、NSS-703、NSS-806、NSS-10、NSS-11、IS-603、ASTRA-2B)在 C 频段以左旋圆极化(LHCP)和右旋圆极化(RHCP)在上行链路和下行链路运行,并在 Ku 与 Ka 频段以线性正交极化运行(有些卫星也在 C 频段以线性极化运行)。表 8.5 给出了直径大于 2.5m 的地球站所需的发射极化鉴别度。

表 8.5 发射极化鉴别度

频 段	性 能
C-圆极化	电压轴比 1.09
C-线性极化	XPD=30dB
Ku	XPD=30dB

1) C、Ku 与 Ka 频段天线发射离轴增益

地球站天线在与波束主轴偏离角度 θ 处的发射共极化增益不得高于表 8.6 中的值。

表 8.6 离轴发射天线共极化增益

天线直径	θ 方向的共极化增益/dBi	离轴角 θ/(°)
1°>100λ/D	29−25logθ −3.5 32−25logθ −10	1≤θ≤20 20≤θ≤26.3 26.3≤θ≤48 θ>48
1°≤100λ/D	29−25logθ −3.5 32−25logθ	100λ/D≤θ≤20 20≤θ≤26.3 26.3≤θ≤48

2) 上行链路 EIRP

为传输规划和操作目的而假设的上行链路最大允许 EIRP 值如表 8.7 所列。Ka 频段传输规划的上行链路频谱密度限制将根据具体情况进行处理。

表 8.7 Ku 频段上行链路最大允许 EIRP 值

EIRP 功率谱密度	离轴角/(°)
33−25logθ dBW/40kHz	2.5<θ<7
+12 dBW/40kHz	7.0<θ<9.2
36−25logθ dBW/40kHz	9.2<θ<48
−6 dBW/40kHz	48<θ<180

3) 带外辐射

地球站应执行带外辐射检查。若相邻频带不在用户分配范围内,则对表 8.8 所规定的频带以及在离轴角度大于 7°(对于 Ku 频段终端)和 11°(对于 C 频段终端)的情况下也施加限制。

该要求适用于所有情况:从高功率放大器(HPA)的低功率驱动到饱和工作;从周期性发射到随机性发射;从外部干扰、谐波干扰、杂散到互调噪声等。

表 8.8 带外辐射限制

频带/GHz	功率谱密度(dBpW/100kHz)
3.4~10.7	55
10.7~11.7	61
11.7~21.2	78
21.2~25.5	67

8.2.3.4 国际海事卫星组织标准

国际海事卫星组织(Inmarsat)是国际移动海上电信服务组织,于 1979 年开始运营,为船舶管理、遇险与安全保障提供卫星通信服务。后来,全球移动卫星网络扩展到陆地移动和航空通信。1999年,Inmarsat成为一家私营公司,提供范围广泛的移动卫星通信服务。

Inmarsat网络包括4个组成部分:

(1) 移动地球站(MES):工作在L频段,其频段根据服务类型进行划分。在移动地球站到卫星方向上(返回链路的上行链路)使用的总频带在1626.5~1660.5MHz,在卫星到移动地球站方向(前向链路的下行链路)使用的频带在1525~1559MHz。上行链路使用右旋圆极化,下行链路使用左旋圆极化。

(2) 卫星:几颗地球静止轨道卫星位于4个海洋区域(太平洋、印度洋、大西洋东部和大西洋西部)上空。最新一代的Inmarsat-4卫星在2006年开始投入使用,提供数据速率为144~432kbit/s的个人多媒体通信服务。

(3) 网络协调站(NCS):信号的发射和接收由4个网络协调站来协调,每个卫星覆盖区域内各有一个站。

(4) 陆地地球站(LES):通过Inmarsat卫星将LES和MES之间的呼叫建立路由,以连接国内、国际电话和数据网络。卫星到LES链路(馈线链路)的频率属于固定卫星业务(FSS),工作在C频段。

Inmarsat为MES定义了不同的服务与标准:

(1) Inmarsat-A的特征在于:晴空条件下,仰角大于10°时,G/T值大于-4dB/K,EIRP为36dBW,抛物面天线直径约为90cm。在海上作业时,天线被安装在稳定的平台上,并配备跟踪装置;也有用于陆地应用的可移动单元(通常为40kg,成本在30000美元范围内)。该地球站允许以SCPC/FM模式传输双向、直拨模拟电话话音,在SCPC/BPSK/TDMA模式下实现电传、G3传真(9.6kbit/s)和数据(9.6kbit/s);还提供高速数据服务(64kbit/s)。

(2) Inmarsat-B于1993年投入使用,为用于提供Inmarsat-A话音服务的数字版本。其特征在于:晴空条件下G/T值大于-4dB/K,EIRP为33dBW,使用直径约为90cm的抛物面天线在SCPC/OQPSK中以16kbit/s传输电话、G3传真和9.6kbit/s的双工数据;高速数据(64kbit/s)也可作为特殊服务使用。包括跟踪装置在内的海上终端重约100kg,而可移动终端重约20kg。

(3) Inmarsat-C能够提供双向分组数据服务,其轻量化(约7kg)、低成本的终端小到可以随身携带或安装在任何船只、车辆或飞机上。移动地球站的特点是晴空G/T值大于-23dB/K,EIRP范围为11~16dBW,采用全向天线。该站支持以600bit/s的信息比特率双向存储转发文本消息或长度达32kB的数据。本标准已被全球海上遇险和安全系统(GMDSS)批准使用。

(4) Inmarsat-M是一种便携式(约10kg)移动卫星电话,于1993年推出,可以通过一个公文包大小的终端直接拨打4.8kbit/s话音编码电话、G3传真、数据和组呼服务。海事版本配备约 60cm(约相当于 Inmarsat-A/B 体积的 1/8)、重约 50kg 带天线罩的跟踪天线。其特征在于,晴空条件下 G/T 值为 $-10\sim-12\text{dB/K}$,EIRP 范围为 $19\sim27\text{dBW}$。

(5) Inmarsat-Phone(Mini-M)利用 Inmarsat-3 卫星的点波束提供 9.6kbit/s 话音、传真和数据服务,终端体积近似小型笔记本大小,质量不到 2kg。

(6) Inmarsat-E 提供全球海上遇险警报服务,配备高 $22\sim70\text{cm}$、重约 1.2kg 的紧急位置指示无线信标(EPIRB),通常在入水后 2min 内能够通过自动消息将船舶的位置发送到海上救援协调中心。该服务是全球海上遇险和安全系统的组成部分。

(7) Inmarsat-D+提供双向数据通信服务,设备大小近似个人 CD 播放器,集成全球定位系统(GPS)设施,用于跟踪、追踪、短数据消息传递以及监控和数据采集(SCADA)。

(8) Inmarsat-FLEET(F77、F55、F33)系列以高达 128kbit/s 的数据速率为大型与小型船舶提供互联网、电子邮件和话音通信接入,同时还提供遇险和警报服务(对于 F77)。

Inmarsat 全球区域网络(GAN)通过笔记本电脑大小的小型便携式移动卫星通信单元(MSU)提供话音电话与 64kbit/s 的高速无线数据传输。GAN 提供两种类型的服务:移动 ISDN 与移动分组数据。移动 ISDN 适用于数据密集型应用,例如视频会议、图像传输和广播级话音电话,使用标准 ISDN 接口与企业应用程序连接。移动分组数据按发送的数据量而不是按通信时长来收费,适用于基于 Web 的应用程序,例如 Intranet 访问与电子商务,通过信道聚合可实现 $4\times64=256\text{kbit/s}$ 的信息比特率。

宽带全球局域网(BGAN)提供话音、传真和宽带数据传输,通过共享承载可将速率扩展到 492kbit/s,并使用公文包、笔记本电脑和掌上电脑大小的终端,为企业用户提供集成的高速数据和话音解决方案。得益于使用 Inmarsat-4 卫星的大型可展开多波束天线(约 9m,80m^2)提供的高 EIRP 和 G/T 值,这些服务才得以实现。最初的两颗卫星位于大西洋与印度洋,为美洲、欧洲、非洲、中东和亚洲提供服务。继 2008 年 8 月 18 日成功发射第三颗 Inmarsat-4(I-4)卫星(最初计划作为地面备用)后,Inmarsat 重新定点其 I-4 卫星以优化网络,从而在全球范围内提供 Inmarsat BGAN 服务。I-4 卫星更靠近陆地上空,优化了 BGAN 用户的服务性能。

Inmarsat 还提供一系列 AERO 终端类型的航空服务。

(1) AERO-C 是 Inmarsat-C 站的航空版本,能够为飞机提供低数据速率(600bit/s)、存储转发消息和数据报告服务。AERO-C 可用于天气和飞行计划更新、维护和燃料请求,以及商务和个人通信。

（2）AERO-H 支持多路话音同时传输服务、4.8kbit/s 的 Group 3 传真和高达 10.5kbit/s 的实时双向数据通信,适用于在全球波束范围内的乘客、航空公司运营和管理数据应用。该设备包括一个可调节高增益天线和符合航空标准要求的终端。AERO-H+是 AERO-C 的演进,使用 Inmarsat-3 点波束提供 4.8kbit/s 的话音及更强大的性能,并降低了运营成本。

（3）AERO-I 专为中短程飞机设计,并通过民航局的空中交通管理与安全认证,能提供驾驶舱和乘客的电话与传真通信、600bit/s~4.8kbit/s 的分组数据,以及获取地面信息和服务的在线访问。

（4）AERO-L 提供低增益航空卫星通信服务,以 600bit/s 的速度提供实时、双向、空对地数据交换,符合国际民用航空组织(ICAO)对安全和空中流量的要求。

（5）AERO Mini-M 专为小型公务机和通用航空用户设计,用于话音、传真和 9.6kbit/s 数据,其形态为一个外部安装的天线连接到一个重约 4.5kg 的小型终端。

（6）SWIFT64 是一种电路模式与分组模式的航空高速数据服务,支持全方位的 64kbit/s 速率的 ISDN 兼容通信和 TCP/IP 互联网连接。这两项服务是基于 Inmarsat 为陆地开发的技术,用于满足飞机乘客、企业用户和驾驶舱的需求,旨在利用 Inmarsat 的 AERO-H/H+装置。

表 8.9 总结了 Inmarsat 地球站的标准与相关服务。

表 8.9 Inmarsat 地球站标准与相关服务

终端名称	运行区域	服务类别	最大辐射功率/dBW	辐射功率（对于4kHz）/dBW	信道带宽/kHz	频谱/kHz	调制方式
Inmarsat-A	陆地,海洋	话音、传真和数据传输	36.0	25.0	50	25(交叠)	FM
Inmarsat-A 高速数据	陆地,海洋	话音、传真和数据传输	36.0	23.0	80	100	QPSK
Inmarsat-B	陆地,海洋	话音、传真和数据传输	33.0	27.3	15	20	O-QPSK
Inmarsat-B 高速数据	陆地,海洋	数据传输(64kbit/s)	33.0	20.0	80	100	O-QPSK
Inmarsat-C	陆地,海洋,空中	数据传输(600bit/s)	16	10.5	0.6	5	BPSK

续表

终端名称	运行区域	服务类别	最大辐射功率/dBW	辐射功率（对于4kHz）/dBW	信道带宽/kHz	频谱/kHz	调制方式
Inmarsat Mini-C	陆地，海洋	数据传输（600bit/s）	7.0	7.0	0.6	5	BPSK
Inmarsat-D/D+	—	—	0.0	0.0	—	1	32FSK Rx/2 FSK Tx
Inmarsat-M	陆地	话音、传真和数据传输	25.0	24.0	5	10	O-QPSK
Inmarsat-M	海洋	话音、传真和数据传输	27.0	26.0	5	10	O-QPSK
Inmarsat Mini-M	陆地	话音、传真和数据传输	17.0	17.0	3.5	12.5	O-QPSK
Inmarsat Mini-M	陆地，海洋，空中	话音、传真和数据传输	14.0	14.0	3.5	12.5	O-QPSK
Inmarsat GAN	陆地	话音、传真和数据传输	14.0	14.0	3.5	5	O-QPSK
Inmarsat GAN 高速数据	陆地	数据传输（64kbit/s）	25.0	25.0	40	45	16QAM
Inmarsat F77	海洋	话音、传真和数据传输	22.0	22.0	3.5	5	O-QPSK
Inmarsat F77	海洋	传真传输（9.6kbit/s）	29.0	23.3	15	20	O-QPSK
Inmarsat F77 高速	海洋	数据传输（64kbit/s）	32.0	22.0	40	45	16QAM
Inmarsat F55	海洋	话音	20.0	20.0	3.5	5	O-QPSK

续表

终端名称	运行区域	服务类别	最大辐射功率/dBW	辐射功率（对于4kHz）/dBW	信道带宽/kHz	频谱/kHz	调制方式
Inmarsat F55	海洋	传真传输	22.0	16.3	15	20	O-QPSK
Inmarsat F55	海洋	—	25.0	15.0	40	45	16QAM
Inmarsat F33	海洋	话音传输	20.0	15.0	3.5	7.5	O-QPSK
Inmarsat F33	海洋	传真与数据传输	20.0	14.3	15	20	
Inmarsat F33	海洋	数据传输（MPDS）	21.0	11.0	40	45	
Inmarsat Swift 64	海洋	话音,传真和数据传输	14.0	14.0	3.5	5	O-QPSK
Inmarsat Swift 64 高速	空中	数据传输（64kbit/s）	22.5	12.5	40	45	16QAM
Inmarsat Aero H	空中	话音与数据传输	19.5	13.3	16.8	17.5	QPSK
Inmarsat Aero I	空中	话音与数据传输	18.0	15.8	6.7	7.5	QPSK
Inmarsat Aero L	空中	数据传输	9.0	9.0	1.5	2.5	QPSK
Inmarsat Regional BGAN	陆地	数据传输	12.0	-1.5	90	100	$\frac{\pi}{4}$-QPSK
Inmarsat BGAN	陆地	话音与数据传输（72kbit/s）	11.0	-3.0	100	100	QPSK
Inmarsat BGAN	陆地	话音与数据传输（144kbit/s）	14.5	0.5	100	100	16-QAM
Inmarsat BGAN	陆地	话音与数据传输（432kbit/s）	10.8	-6.2	200	200	16-QAM

8.3　天线子系统

地球站天线的特性要求如下：
(1) 高指向性,在标称卫星位置方向上(对于有用信号)。
(2) 其他方向的低指向性,特别是附近卫星的方向,以限制对其他系统的干扰。
(3) 在天线工作的两个频段(上行链路和下行链路),天线效率尽可能高。
(4) 正交极化之间的高隔离度。
(5) 尽可能低的天线噪声温度。
(6) 连续指向所需精度的卫星方向。
(7) 尽可能地限制当地气象条件(如风、温度等)对整体性能的影响。

8.3.1　主瓣辐射特性

所使用的天线通常是具有辐射口径的抛物面反射器。辐射口径的性能和特性在许多著作中都有论述[JOH-84]。天线的特性参数已在 5.2 节中讨论。对于地球站天线来说,表征主瓣辐射的重要参数是增益、波束宽度和极化隔离度。

天线增益直接出现在地球站的 EIRP 和 G/T 表达式中。天线波束宽度根据卫星轨道的特定特征确定所使用的跟踪系统的类型。极化隔离度的值决定了天线在通过正交极化进行频率复用系统中工作的能力。假设正交极化的载波功率相同,则天线从一个载波引入到另一个载波的干扰等于极化隔离度,因此极化隔离度必须大于一个规定值。例如,Intelsat 主张对于某些标准和应用,应将装有新天线的卫星方向的轴向比(AR)设为小于 1.06,这相当于载波功率与干扰功率比$(C/N)_I$大于 30.7dB。

8.3.2　旁瓣辐射特性

大部分功率在主瓣中辐射(或获得),但是旁瓣扩散了不可忽略的功率量。地球站天线的旁瓣决定了对其他轨道卫星的干扰程度。

为了限制干扰,已针对 2~30GHz 范围内的频率提出了方向参考图[ITUR-10],即

$$G(\theta) = 32 - 25\log\theta, \quad \theta_{\min} \leqslant \theta < 48° \quad \text{(dBi)} \tag{8.7a}$$

$$G(\theta) = -10, \quad 48° \leqslant \theta < 180° \quad \text{(dBi)} \tag{8.7b}$$

式中: $\theta_{\min}$ = 1° 或 100λ/D 度,取二者中较大者(λ 为波长, D 为天线口径)。

为了进一步限制对地球静止卫星系统的干扰,文献[ITUR-04]建议天线制造商生产的天线至少90%的旁瓣峰值增益 G 不应超过

$$G = 29 - 25\log\theta \quad (\text{dBi}) \tag{8.8a}$$

式中：θ 为离轴角。对于 $1° \leqslant \theta < 20°$（当 $100\lambda/D > 1°$ 时，取 $100\lambda/D$）的任何离轴方向以及地球静止轨道 $3°$ 以内的任何离轴方向（图 8.2），都应满足式(8.8a)要求。

使用带有两个反射器的偏置装置，不仅可以获得良好的射频特性（主瓣的高增益与高极化隔离度以及旁瓣的低电平），还可以通过组合辅助源的辐射方向图来降低旁瓣电平。

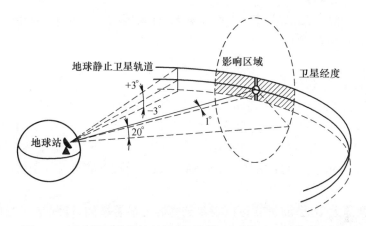

图 8.2　地球站天线设计目标所适用的地球静止卫星轨道区域

8.3.3　天线噪声温度

天线噪声温度的概念已在 5.5.3 节中提出。对于地球站，天线获得的噪声来自天空和周围的地面辐射（图 5.19），取决于频率、仰角和大气条件（晴空或雨天）。天线反射器的安装方式也会对地面辐射程度产生影响，这将在 8.3.4 节中讨论。在此之前，还要提到一个重要现象，即日凌期间天线的温度升高 [VUO-83a, RAU-85, MOH-88]。

日凌现象是地球站天线同时对准卫星和太阳的情形。在实际中，因为天线波束的宽度非零，即使太阳不完全位于卫星后面，天线波束也会捕获来自太阳的噪声。此外，太阳不是点源。因此，当太阳中心的方向在宽度为 θ_i 的实心角内时（见 8.3.3.4 节），天线噪声温度的增加会导致性能的显著下降，即在日凌前后几天的固定时段内，链路可能不可用。

与这种现象发生条件有关的几何因素在文献 [LUN-70, LOE-83, GAR-84, DUR-87] 与 2.2.5.7 节中进行了讨论，其中给出的表达式允许将天数与每日持续时间计算为 θ_i 的函数。

8.3.3.1　太阳亮温

日凌期间天线噪声温度的增加，取决于太阳在相关频段内的亮温。太阳表面某一点的亮温随波长、该点在日面内的位置及太阳活动而变化。研究人员已经开发了各种模型来估计作为波长的函数的太阳平均亮温。在文献[RAU-85]中提出了一个用于 C 频段的太阳平均亮温的近似表达式(不包括太阳活动期),有

$$T_{SUN} = (1.9610^5/f)[1 + (\sin2\pi\{[\log6(f - 0.1)]/2.3\})/2.3] \quad (K) \tag{8.9}$$

式中:f 为频率,单位为 GHz。

另一个近似表达式[VUO-83b]使 K 频段的值接近于 Van de Hulst 与 Allen 模型[SHI-68]给出的值,即

$$T_{SUN} = 120000 f^{-0.75} \quad (K) \tag{8.10}$$

式中:f 为频率,单位为 GHz。

这些表达式给出了假设没有太阳活动时太阳表面亮温的平均值。实际上,从一个点到另一个点的变化会很大,并且在低频时会更大。在 4GHz 时,温度在 25000~70000K 之间变化。在 12GHz 时,太阳中心(冷点)的温度约为 12000K,整个圆盘上的平均温度约为 16000~19000K。图 8.3 曲线说明了太阳亮温随射频频率的变化。

在强烈的太阳活动时期,可以观察到亮温的显著增加,特别是在低频——在 C 频段时,1% 时间内增加超过 50%[CCIR-90,ITU-02];在 12GHz 时,亮温可能高达 28000K。

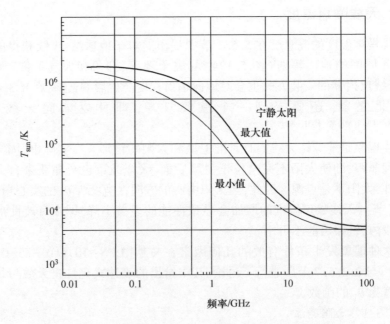

图 8.3 整个太阳表面的亮温与频率的关系(没有太阳活动时)

太阳本身的视直径也取决于辐射的波长,并与频率成反比,特别是在 10GHz 以下。在 Ku 频段,其比可见区太阳圆盘的视直径略大,即 0.5°左右。

8.3.3.2 日凌期间噪声温度的增加

通过对亮温 $T_{SUN}(\theta,\varphi)$ 与天线增益 $G(\theta,\varphi)$(函数定义基于球坐标 (θ,φ))的乘积进行积分[HO-61],可获得天线噪声温度的增量值,即

$$\Delta T_A = (1/4\pi) \iint_{\text{solardisc}} T_{SUN}(\theta,\varphi) G(\theta,\varphi) \sin\theta d\theta d\varphi \quad (K) \quad (8.11)$$

通过考虑集中在波束等效宽度立体角 θ_e 内的天线辐射方向图与太阳的平均亮温,可以得到噪声温度增量的近似估计值。若天线波束等效宽度立体角 θ_e 大于太阳视直径,天线噪声温度的增量同太阳视直径与天线波束等效宽度立体角 θ_e 之比成正比,否则天线噪声温度的增量等于太阳的亮温。因此,有

$$\begin{cases} \Delta T_A = T_{SUN}(0.5/\theta_e)^2 & (K), \theta_e > 0.5° \\ \Delta T_{A\text{max unpol}} = T_{SUN} & (K), \theta_e \leq 0.5° \end{cases} \quad (8.12)$$

太阳视直径取 0.5°。波束的等效宽度 θ_e 可以被认为是半功率波束角宽 θ_{3dB}。

源自太阳的电磁波具有随机极化特性。地球站天线的馈源配备了极化器,该极化器只能接收以正确极化方式到达的电磁波,通过正交极化实现了频率复用。在上述条件下,从太阳获得的噪声功率以及天线噪声温度的增量将降低一半。因此,当使用极化器时,天线噪声温度的增量值为

$$\Delta T_{A\text{max}} = 0.5 \Delta T_{A\text{max unpol}} \quad (K) \quad (8.13)$$

$T_{A\text{max unpol}}$ 由式(8.12)给出。

由式(8.12)可知,小直径天线(给定波长)噪声温度的增加会小于大天线。例如,在 Ku 频段($f=12\text{GHz}$),带极化器的 1.2m 天线($\theta_{3dB}=1.5°$)增加了 900K,而带极化器的 5m 天线($\theta_{3dB}=0.35°$)增加了 8000K。

8.3.3.3 日凌期间允许的天线噪声温度增量

正常工作条件(晴空)下的链路预算通常相对于 C/N_0(载波功率与噪声功率谱密度之比)保留一个余量 M_1,这是获得所需标称服务质量所必需的(对于给定百分比的时间)。雨天的服务质量通常在较小百分比的时间内允许恶化。相对于正常工作条件下所需的 C/N_0 值,该衰减值作为额外的余量 M_2。当地球站的品质因数为 G/T 时,余量 M_1+M_2(以 dB 为单位)允许地球站的天线噪声温度增加 ΔT_{Aacc}(acc 为可接受)。

对于余量 $M=M_1+M_2$,所允许的天线噪声温度增量 ΔT_{Aacc} 可由式(8.6)确定,有

$$\Delta T_{Aacc} = T(10^{0.1M} - 1) L_{FRX} \quad (K) \quad (8.14)$$

式中:M 为可用的余量,单位为 dB;T 为晴空系统噪声温度;L_{FRX} 为天线接口与接收机入口之间的馈线损耗。

反之,对于天线温度增加 ΔT_A,载噪比或载噪谱密度比的衰减 $\Delta(C/N)$ 或 $\Delta(C/N_0)$ 等于系统相对增加的噪声温度 $\Delta T/T$,即

$$\Delta(C/N) = \Delta(C/N_0) = (\Delta T/T) = 10\log[TL_{FRX}/(TL_{FRX} + \Delta T_A)] \quad (8.15)$$

式中:T 为晴空系统噪声温度;L_{FRX} 为天线接口和接收机入口之间的馈线损耗。

8.3.3.4 太阳干扰区的角直径

太阳干扰区 θ_i 被定义为天空中的一片区域,当太阳的中心在该区域内时,天线噪声温度 T_A 超过了可接受的限值 ΔT_{Aacc}。

图 8.4 显示了当太阳运动通过天线波束时天线温度的变化(该图假设在天线视轴处获得最大的太阳干扰,即发生日凌的那一天)。

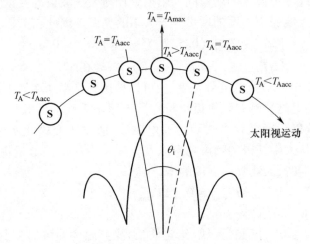

图 8.4 天线噪声温度随太阳视运动的变化

(1) 只要太阳远离天线轴,天线温度就等于其晴空标称值(由于余量 M_1 的存在,服务质量会大于标称值)。

(2) 随着太阳接近波束,天线噪声温度升高,因此系统噪声温度升高。初期通过余量 M_1 补偿系统噪声温度的升高,标称的服务质量仍然得到满足。

(3) 当系统温度升高超过可用余量 M_1 时,服务质量将下降到标称目标以下。只要服务质量仍然大于降级工作对应的值,同时保持相应持续时间的累积总和小于降级模式规定的时间百分比,则系统运行仍然会得到保证。余量 M_2 对应系统可接受的额外的温度增加值。

(4) 当天线噪声温度不再满足降级模式下的质量目标时($T_A = T_{Aacc}$,是 $M_1 + M_2$ 的函数),业务将会中断。因此,太阳中心相对于天线波束轴的位置定义了太阳干扰区的角半径(图 8.4)。

(5) 在穿越干扰区过程中,天线噪声温度 T_A 大于可接受的极限 T_{Aacc} 时,业务

将会中断。

(6)当太阳离开干扰区域时,在降级模式下,当服务质量再次高于质量目标时,业务将会重新建立。

因此,太阳干扰区的角直径 θ_i 取决于天线波束的直径以及在日凌期间内增加的可接受的天线噪声温度 T_{Aacc} 与最大天线噪声温度 T_{Amax} 的比率。图8.5给出了角直径 θ_i 的值作为 T_{Aacc}/T_{Amax} 比值及 D/λ 比值的函数关系[CCIR-90]。

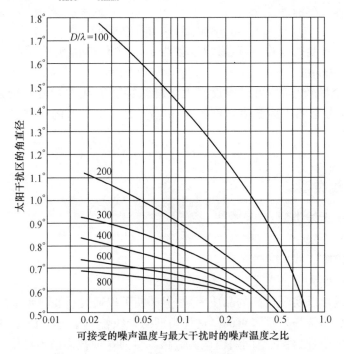

图8.5 太阳干扰区角直径与可接受噪声温度 T_{Aacc} 和
最大太阳干扰噪声温度 T_{Amax} 之比的函数关系
来源:经国际电信联盟许可,转载自文献[CCIR-90]。

例8.1 考虑具有以下特征的接收机系统:
(1)晴空系统噪声温度 $T = 400K$。
(2)总余量 $M = M_1 + M_2 = 5dB$。
(3)馈线损耗 $L_{FRX} = 0.5dB$。

由式(8.14)可计算出天线温度可接受的增量 ΔT_{Aacc} 为970K。

一个配备极化器、天线口径1.2m、工作频率为12GHz的地球站,日凌时其天线温度增量 ΔT_{Amax} 为890K(参见8.3.3.2节中的示例),因此,尽管存在太阳干扰,地球站仍然可以(通过在降级模式下实现质量目标)继续正常工作。

另外,配备更大口径天线的地球站会发生业务中断。考虑没有太阳干扰情况下晴空天线的噪声温度,可接受的天线噪声温度与日凌时的最大天线噪声温度之比为 970/8000 = 0.12。考虑一个直径为 5m 的天线(D/λ = 200),从图 8.5 可以看出,太阳干扰区角直径 θ_i 为 0.85°。

下面计算在这些条件下地球静止卫星的服务中断持续时间。太阳的视运动为 360°/24×60 = 0.25(°)/min(见 2.2.5.7 节);若天线的视轴方向保持不变,则业务中断的最大持续时间 T_i 为

$$T_i = (\theta_i/0.25) = 4\theta_i \quad (\text{min}) \tag{8.16}$$

式中:θ_i 为太阳干扰区的角直径,以度数表示。对于本示例,持续时间 T_i 的值为 4×0.85°或 3.4min。

当可用余量较小时,可以假设当太阳圆盘穿透天线主瓣时就会发生服务中断。因此,要考虑的天线波束宽度约为 $2\theta_{3dB}$,太阳干扰区的角直径 θ_i 可以近似表示为

$$\theta_i = 2\theta_{3dB} + 0.5° \tag{8.17}$$

8.3.4 天线类型

考虑如下天线类型:
(1) 喇叭天线。
(2) 相控阵天线。
(3) 抛物面天线。

喇叭天线可以实现很高的品质因数,但即使可以通过折叠喇叭来减小其体积,喇叭天线也是非常昂贵且笨重的。这种类型的天线曾用于与 Telstar 卫星(位于法国的普勒默尔博杜)建立空间通信试验链路。目前这项技术已不再使用。

相控阵天线在波束处于不断移动状态时具有优势,例如将地球站安装在移动平台上;然而,相控阵天线技术相对复杂且成本高,这限制了其使用。

抛物面天线最常见的三种主要安装方式:
(1) 对称或轴对称安装。
(2) 偏置安装。
(3) 卡塞格伦安装。

8.3.4.1 具有对称抛物面反射器的天线

具有对称抛物面反射器的天线如图 8.6 所示,该抛物面反射器相对于主轴具有旋转对称性,在主轴上主馈源被放置在焦点处。这种安装方式的主要不足之处在于馈源支架与馈源本身对辐射口径有掩蔽(口径阻塞)。由于障碍物的衍射会使旁瓣电平增加,导致天线效率降低。

此外,主馈源面向地面,主馈源的辐射方向图中不被反射面遮挡的部分(溢

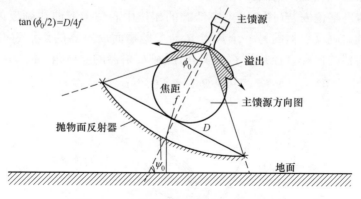

图 8.6 具有对称抛物面反射器的天线

出)很容易捕获地面辐射,这对天线噪声温度的影响比较大(几十到 100K 左右)。

若主馈源辐射的振幅在边缘处相对于其在中心处的值减小,则溢出会减弱。为了获得低噪声温度,需要定向的主馈源与较长的焦距。这就导致天线比较笨重,不适合直接在馈源后面安装微波电路(电路将产生相当大的掩蔽效应)。

8.3.4.2 偏置安装

偏置反射器安装使微波电路可以直接位于主馈源之后,而不会产生掩蔽效应。顾名思义,偏置安装不涉及相对于焦点的馈源偏移,而是使用位于反射器轮廓顶点一侧的抛物面部分(图 8.7)。偏置安装常用于小直径(1~4m)的天线,很少用于大型天线。对于大型天线来说,卡塞格伦安装是首选。偏置安装没有彻底解决主馈源朝向地面的问题,同样有溢出效应,天线温度仍然很高。

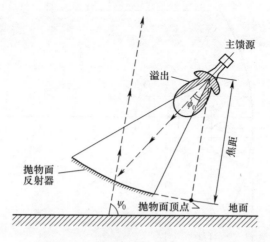

图 8.7 抛物面反射天线的偏置安装

8.3.4.3 卡塞格伦安装

采用卡塞格伦安装(图8.8),主馈源的相位中心位于双曲线副反射器的第一个焦点 S 处。副反射器的另一个焦点 R 与主抛物面反射器的焦点重合。若 D 是抛物面反射器的口径直径并且 f_d 是其焦距,则反射器的立体角 $2\phi_0$ 为

$$\tan(\phi_0/2) = D/4f_d \tag{8.18}$$

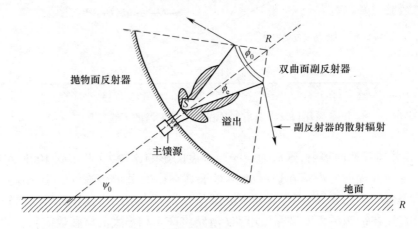

图 8.8　双反射器卡塞格伦天线

利用等效抛物面的概念来评估卡塞格伦天线的性能。等效抛物面反射器天线定义为具有与卡塞格伦天线主反射器直径相同且焦距等于卡塞格伦组件焦距的单个反射器的天线。等效抛物面的直径为 D,焦距为 f_e,其特征在于从焦点 S 观察副反射器的立体角为 $2\phi_e$(图8.9)。

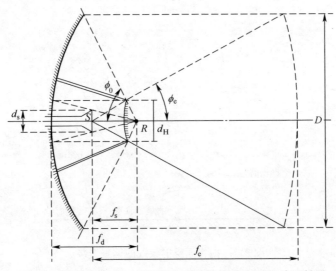

图 8.9　具有等效于双反射器卡塞格伦天线焦距的单反射器

卡塞格伦保留了长焦距天线的优点,但不那么笨重,其天线噪声温度低的原因是:①溢出的大部分不再指向地面而是指向天空;②溢出减少了,较大的等效焦距可以采用定向主馈源,而抛物线与双曲线反射器的实际焦距 f_d 与 f_s 值较低,这样便减少了溢出。

另一个优点是微波电路可以直接放置于主馈源之后(主馈源位于主反射器之后)。这样,链路损耗是有限的。然而,对于口径较大(例如 30m)的天线,设备的离地高度较大。为了便于维护,可以将其安装在建筑物之上,通过使用微波反射镜系统将无线电波从地面的主馈源引导至反射器的焦点 S(图 8.10)。这种布置方式可以避免同轴电缆或波导固有的高损耗,同时允许天线围绕两个正交轴旋转。但由于成本过高,且随着天线直径的减小(例如新的 Intelsat 标准 A),射频设备更容易地安装在天线的焦点处,因此这种潜望镜方式的安装越来越少使用。

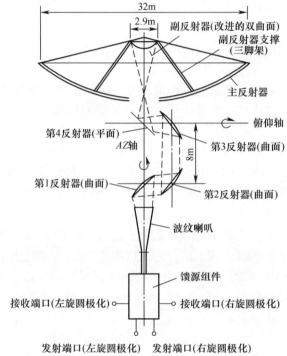

图 8.10　微波反射镜系统

卡塞格伦安装的缺点是副反射器的掩蔽效应。由副反射器引起的扰动导致增益和 3dB 波束宽度的轻微降低、第一旁瓣电平显著增加以及其他旁瓣的加宽或电平的改变。对于小的 d_H/D 比(d_H 是副反射器的直径),这些影响可以忽略不计。对于中型天线,可以通过选择如下尺寸来克服卡塞格伦安装的缺点,即

$$\begin{cases} f_s / f_d = d_s / d_H \\ d_s = (2f_d \lambda / \eta_s)^{1/2} \quad (m) \end{cases} \tag{8.19}$$

式中:各符号含义如图 8.9 所示;η_s 为主馈源的效率。

副反射器的掩蔽效应可通过偏置卡塞格伦安装来克服。

8.3.4.4 多波束天线

COMSAT 实验室[KRE-80]开发了一种小型天线,适用于地球静止轨道中某一组卫星进行信号接收。对于每个波束,这种多波束坏形大线(MBTA)等效于 9.8m 口径的天线,在 4~6GHz、仰角 20°、噪声温度约为 30K 时,可获得约为 50dB 的增益。

小型多波束天线已被用于接收来自不同轨道位置的广播地球静止卫星的直播到户(DTH)电视载波。这些天线配备了两个馈源(略微偏离焦点),每个馈源都定义了一个波束,用于瞄准一颗卫星。这样便允许用户能够接收来自两个卫星的节目,而不必改变天线方向。

8.3.5 地球站天线的指向角

第 2 章介绍了地球表面某点指向卫星方向时的仰角和方位角定义及相应的坐标函数。本节专门讨论在地球静止卫星情况下如何确定这些角度,并以列线图的形式进行实际演示。此外,本节还定义了极化角。

8.3.5.1 仰角与方位角

指向卫星的天线轴方向由两个角度定义——方位角 A 与仰角 E。这两个角度是纬度 l 与地球站相对经度 L 的函数(L 为地球站经度与卫星经度差的绝对值)。

方位角 A 为关于垂直轴的角度,天线按北向顺时针方向转动,使天线轴进入包含卫星方向的垂直平面。该平面穿过地球中心、地球站和卫星(图 8.11)。方位角 A 的值介于 0°和 360°之间。通过由曲线族确定的中间参数 a(从图 8.12 中获得数值)并使用图中表格推导出角度 A。这些曲线由下式计算得到,通过公式计算可以得到更高精度的曲线。

$$a = \arctan(\tan L / \sin l) \tag{8.20}$$

仰角 E 为天线必须在包含卫星的垂直平面内转动的角度,以使天线的视轴从水平方向转向卫星方向(图 8.11)。仰角 E 是从图 8.12 的相应曲线族中获得的,其遵循

$$E = \arctan[(\cos\phi - R_E/(R_E + R_0))/(1 - \cos^2\phi)^{1/2}] \tag{8.21}$$
$$\cos\phi = \cos l \cos L$$

式中:R_E 为地球半径,取值为 6378km;R_0 为卫星高度,取值为 35786km。

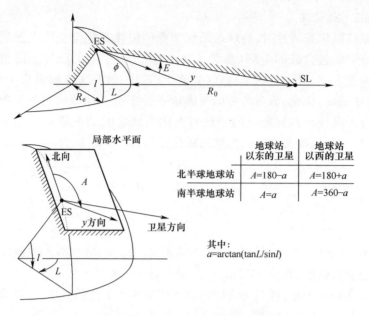

图 8.11 方位角与仰角

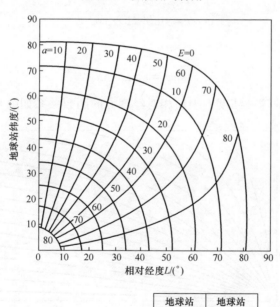

图 8.12 方位角、仰角与地球站纬度及相对经度的函数关系

8.3.5.2 极化角

当电磁波极化是线性时,地球站天线馈源的极化必须与接收电磁波的极化平面对齐。该平面包含波的电场(参见5.2.3节)。卫星上的极化平面包含卫星天线视轴和参考方向。例如,对于垂直(V或Y)极化,该参考方向垂直于赤道平面;对于水平(H或X)极化,该参考方向与赤道平面平行。地球站的极化角是地球站本地垂线与天线视轴共同定义的平面与极化平面之间的夹角ψ。在垂直于赤道平面的平面上,卫星参考方向的地球站极化角为

$$\cos\psi = \left(\sin l\left(1 - \frac{R_E}{r}\cos\phi\right)\right) \Big/ \left(\sqrt{1 - \cos^2\phi}\sqrt{1 - 2\frac{R_E}{r}\cos\phi + \left(\frac{R_E}{r}\right)^2\cos^2 l}\right)$$

(8.22a)

式中:$r = R_E + R_0$,r为卫星到地球球心的距离;R_E为地球半径,取值6378km;R_0为同步轨道卫星高度,取值35786km;$\cos\phi = \cos l \cos L$。

对于地球静止卫星,通过考虑距地球无限远距离r处的卫星,可以得到ψ的简化表达式(误差小于0.3°),即

$$\cos\psi = \sin l / \sqrt{1 - \cos^2\phi} \qquad (8.22b)$$

或等效为

$$\tan\psi = \sin L / \tan l \qquad (8.22c)$$

极化角ψ与地球站纬度l、卫星相对经度L的函数关系如图8.13所示。

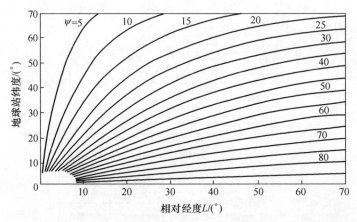

图8.13 极化角ψ与地球站纬度l、卫星相对经度L的函数关系
(考虑卫星的参考极化平面垂直于赤道平面)

8.3.6 指向可调天线的安装

对于与特定地球静止卫星通信的固定站,天线可能指向的角度范围很小。然而,其大小必须足以允许在第一颗卫星发生故障的情况下重新指向备用卫星。通常情况下,希望天线能够指向任何方向,以便与不同的地球静止卫星或非地球静止卫星建立通信。

天线的运动通常围绕两个轴进行——一个相对于地球固定的主轴,另一个围绕主轴旋转的辅轴。

8.3.6.1 方位角—仰角安装

方位角—仰角安装如图 8.14 所示。天线支架绕垂直主轴旋转可以调整方位角 A,天线绕支架的水平辅轴旋转则可以调整仰角 E。这是地球站可控天线最常用的安装方式。

对于上述安装方式,辅轴可能不在水平面内,因此与主轴的夹角可能不是 $90°$,这属于非正交方位角—仰角安装。这种安装对于卡塞格伦天线是有用的,因为与传统的方位角—仰角安装方式相比,天线在不同指向角度下工作体积变小了。另外,引入了轴向旋转之间的耦合,轴向角位移不再对应于之前定义的方位角和仰角。

方位角—仰角安装的缺点是当跟踪通过天顶(最高点,$E \approx$ 最高点)附近的卫星时会导致过高的角速度。这种情况下仰角最大可达 $90°$,为防止天线绕辅轴超程转动,此时机械转动必须停止。因此,为了跟踪卫星,天线必须具备绕主轴快速旋转 $180°$ 的能力。

通过给指向系统预留一定的自由度,可以避免这种限制。这允许在辅轴支架上引入相对于垂直方向的偏置(图 8.15)。例如,可以通过两个半圆柱体的相对旋转来实现这一功能,这两个半圆柱体最初具有与主轴重合的相同主轴,但现在两者的接触面不再水平相切。当引入这种偏置时,对于给定的仰角指向角度,天线绕辅轴的旋转就等于仰角减去偏置。因此,在指向最高点($E=90°$)时,并没有超程转动。这种安装方式用于移动地球站。

另一种避免指向天顶的解决方法是:添加与仰角轴正交的第三个旋转轴(如 X-Y 安装中的 Y 轴,见 8.3.6.2 节,仰角轴为 X 轴)。这允许天线的视轴相对于垂直于仰角轴的平面产生几度的角位移,这种安装称为三轴安装。当跟踪一颗预计将经过该站上方的卫星时,当仰角大于给定值时,就启动方位角旋转,并通过适当组合仰角与围绕第三轴的角位移来保持对卫星的指向。这就为方位旋转 $180°$ 提供了足够长的时间,而不会超过方位角驱动结构的最大角速度。

8.3.6.2 X-Y 安装

X-Y 安装有一个固定的水平主轴与一个从属的辅轴,该辅轴围绕主轴旋转并与其正交(图 8.16)。这种安装方式可以克服卫星通过天顶时方位角—仰角安装方式的缺点(绕主轴高速旋转)。因此,X-Y 安装对低轨道卫星有用,而对地球静止卫星地球站与移动设备地球站则不适用。

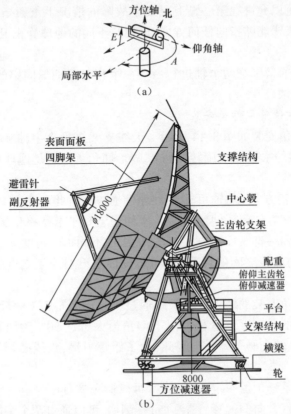

图 8.14 方位角—仰角安装

(a)旋转轴(指向卫星方向的天线通过绕垂直主轴旋转获得方位角 A,然后绕水平辅轴旋转获得仰角 E);(b)采用标准 C 的一个天线实施示例。

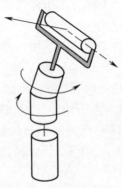

图 8.15 改进的方位角—仰角安装:在辅轴支架上引入相对于垂直方向的偏置

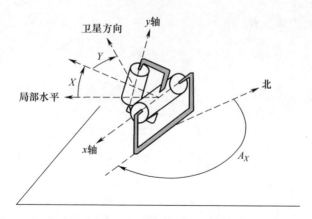

图 8.16 X-Y 安装(指向卫星方向的天线围绕水平主轴旋转角度 X,然后围绕辅轴旋转角度 Y)

对于北半球地球站,其指向角 X(从当地水平方向绕主轴旋转)与 Y(从垂直于主轴的平面绕辅轴旋转)可作为该地球站纬度 l 与相对经度 L 的函数,即

$$X = \arctan[(\tan E)/\sin A_R] \quad (8.23a)$$

$$Y = \arcsin[-\cos A_R \cos E] \quad (8.23b)$$

A_R 是卫星相对于安装主轴(X 轴)的方位角,满足 $A_R = A - A_X$,其中:

(1) E 是从式(8.21)获得的卫星仰角。

(2) A 是从式(8.20)与图 8.12 中的表格获得的卫星方位角。

(3) A_X 是 x 轴相对于正北方向的夹角。

这些角度及其在水平面上的投影取反三角函数方向为正向。

8.3.6.3 极式安装

极式安装或赤道安装对应于两个轴:平行于地球自转轴的主轴(时轴)与垂直于地球自转轴的辅轴(赤纬轴)(图 8.17)。这种安装被用于望远镜,因为其允许通过仅绕时轴旋转来跟踪恒星的视运动,补偿地球绕其极轴的旋转。

这种安装方式对于地球静止卫星链路很有用,因为其可以通过绕时轴旋转将天线连续指向几颗卫星。然而,由于卫星实际上与地球站并非无穷远,原则上需要对赤纬轴的方向进行轻微调整。

时角 h(从地球站子午面到卫星所在平面绕时轴的旋转角度)与赤纬角 d(在时轴与卫星定义的平面内从垂直于时轴到卫星方向的旋转角度)是纬度 l 和地球站相对经度 L 的函数,即

$$h = \arctan[\sin L/(\cos L - 0.15126\cos l)] \quad (8.24a)$$

$$d = \arctan[-0.15126\sin l \sin h/\sin L] \quad (8.24b)$$

若相对经度 L 定义为卫星经度(东)与地球站经度(东)之间的代数差,则时角向东为正。值 0.15126 对应于地球半径($R_E = 6378$km)标称值与地球静止卫星标

称高度的比率 $R_E/(R_0+R_E)$。

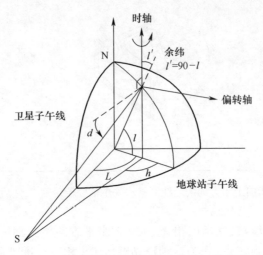

图 8.17 极式安装:时角 h 与赤纬角 d 的定义

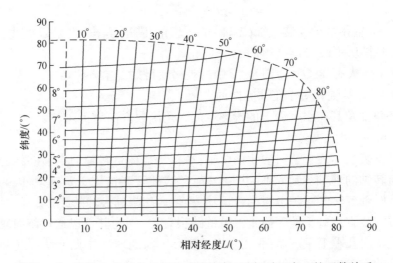

图 8.18 时角 h、赤纬角 d 与地球站纬度 l 及相对经度 L 的函数关系

当 $L=0$、$h=0$ 时,不能直接应用式(8.24b)。此时的赤纬角直接测定为

$$d_{L=0} = \arctan[-l/(6.61078) - \cos l] \tag{8.24c}$$

式中:系数 6.61078 对应于 $(R_0+R_E)/R_E$ 比值。

图 8.18 中的曲线提供了时角与赤纬角的数值。在实际应用中,时轴的方向是通过使该轴在当地子午面的垂直方向倾斜一个角度(90°减去地球站纬度,即余纬度)而获得。

对于具有足够大主瓣的小直径天线,可以通过仅围绕时轴旋转来指向多颗卫星。这种方法通常用于接收各种卫星发射的电视信号的非专用天线。

当赤纬保持不变时,会出现指向误差,这取决于地球站纬度与卫星之间的角度间隔。图 8.19 给出了赤纬误差,赤纬误差为观测站纬度 l 与卫星相对经度 L 的函数(赤纬标称值记 $d_{L=0}$,即观测站与卫星的相对经度 L 为 0)。应当指出,在中纬度地区(南北纬 40°附近),这种误差最大。

通过将赤纬角固定在一个折中值(综合考虑各卫星相对应的值),可以减少指向误差。例如,对于一个纬度为 40°的地球站,若在地球站子午面内为卫星调整初始赤纬,则在站点子午线两侧扫描 50°的地球静止轨道弧,在扫描极限处的赤纬误差为 0.3°。若卫星在子午面内,通过将初始赤纬减小(0.3°/2 = 0.15°),则对应于正确指向,即 $d_{L=0}(l=40°)-0.15°$,其中:在子午面内的扫描末端时,最大指向误差为 0.15°;在其他地方操作时,最大指向误差小于 0.15°。

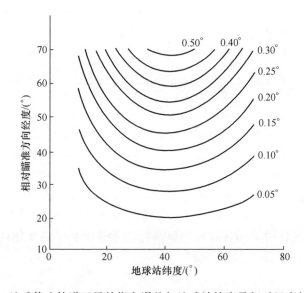

图 8.19 地球静止轨道卫星的指向误差与地球站纬度及相对经度的函数关系

通过在时轴方向上引入偏移量,可以进一步改进折中方案。时轴不再与极轴平行,而是在子午面内向外倾斜以消除在子午面上运行时的赤纬误差,同时在轨道的扫描部分使其最小化(改进的极式安装)。要引入的偏移量取决于地球站的纬度与所需的经度扫描幅度。图 8.20 给出了时角偏移量、赤纬调整值(相对于时轴的垂直旋转)与地球站纬度的关系(子午线两侧±45°轨道扫描时),最终的指向误差小于 0.1°。

上述值是通过考虑地球的扁率而得到的,这导致式(8.24c)中的纬度 l 被替换

为 l'（地心纬度），$R_E/(R_0+R_E)$ 被替换为 $R_E(1-A\sin^2 l')/(R_0+R_E)$，其中 A 是扁率系数，其值等于 1/298.257 或 3.352×10^{-3}（见 2.1.5.1 节）。

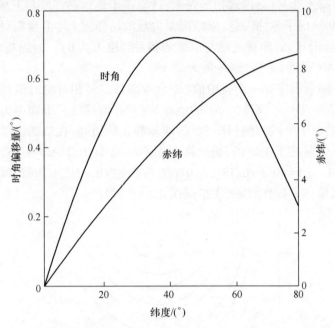

图 8.20　改进的极式安装：时角偏移量、赤纬角与地球站纬度的函数关系

8.3.6.4　三脚架安装

三脚架安装非常适合地球静止卫星。天线通过三个支架固定，其中两个支架的长度可调。根据安装方式，仰角与方位角的指向可以是独立的，也可以是关联的。三脚架虽然安装简单，但指向的变化幅度有限（例如平均变化约 10°）。

8.3.7　跟踪

跟踪就是不管卫星或地球站如何移动，都要将天线的波束视轴始终保持在卫星方向上。有几种可能的跟踪类型，具有不同的跟踪误差（指向角误差）。跟踪类型的选择取决于天线波束宽度与卫星的视运动幅度。

8.3.7.1　天线特性的影响

波束的角宽度直接影响跟踪类型的选择。需要注意的是，在所使用的频率下，3dB 半功率波束宽度 θ_{3dB} 可能很小。例如，图 8.21 给出了不同频率的 3dB 半功率波束宽度 θ_{3dB} 与天线直径的函数关系。

相对于最大增益方向，指向偏差角 θ 的指向偏差损耗 L 为（见式(5.5)与式(5.18)）

$$L = \Delta G = 12\,(\theta/\theta_{3dB})^2 \quad (\text{dB}) \tag{8.25}$$

指向偏差与卫星的相对运动、天线最大增益方向有关。天线安装与跟踪程序的选择取决于波束宽度与卫星视运动幅度的关系。这里有一点共识：天线增益随指向偏差的变化而变化。

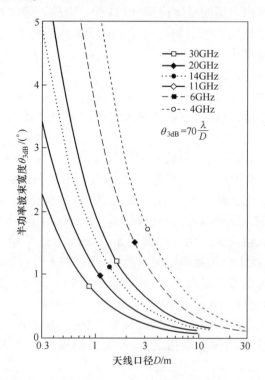

图 8.21　半功率波束宽度 θ_{3dB} 与天线直径 D 的关系

另一个与天线直径有关并直接影响跟踪器件性能的指标是天线的质量。对于小型天线，抛物面反射器的质量从几十千克到几百千克不等；对于大型天线，则为数吨。例如，法国 Pleumeur Bodou IV 号直径 32.5m 天线的可移动部分重达 185t。气象条件（大风）与天线自身质量会导致天线姿态随仰角变化而发生改变。

8.3.7.2　卫星视运动

卫星的视运动作为轨道类型的函数，已经在第 2 章进行了研究。

对于倾斜椭圆轨道上的卫星，运动会引起仰角的变化，仰角的幅度取决于轨道类型、系统中的卫星数量和服务区的位置。

对于地球静止卫星，视运动包含在地球站"位置保持框"（2.3.4.3 节）中，其尺寸决定了地球站位置保持的精度（例如，南北向和东西向为 ±0.1°）。"位置保持框"内的实际运动是由非零轨道倾角（大倾角为 8 字形）导致的 24h 周期的南北方向运动、离心率导致的同一周期的东西方向运动以及向东或向西漂移的组合(其值和方向取决于卫星的经度)。卫星的视运动速度不超过 2°/h;对于 5°的轨道倾角,最大角速度为 $7×10^{-4}(°)/s(2.5°/h)$。

在某个给定的时间,卫星可能出现在"位置保持框"内的任何位置。卫星测控站可以根据时间测算出卫星的具体位置,但具有一定的不确定性。分布式轨道数据表可以预测卫星接近"位置保持框"中心的时间(在某些情况下,可以帮助地球站天线指向偏差保持最小化)。

8.3.7.3 无跟踪固定天线

当天线波束宽度与地球静止卫星的"位置保持框"相比较大时,或者对于倾斜椭圆轨道上的卫星系统,当天线波束宽度大大超过卫星视运动活动轨道的立体角时,无需进行跟踪。

根据可接受的增益损耗,波束的可用部分可以定义在 -0.1、-0.5、-1 或 $-n$dB 衰减处,这种选择的结果优化了卫星与地球站之间的链路特性。

在指向地球静止卫星的情况下,对于给定的"位置保持框"大小与给定的 θ_{3dB}(λ/D 比),通过在卫星最接近"位置保持框"中心时确定初始指向,可在最小范围内确定系统的最大指向偏差角。根据图 8.12 或 8.3.5 节给出的表达式确定天线的指向角,可以实现天线的粗略定向。然后,通过在天线视轴的每一侧移动指向方向来搜索卫星信标信号的最大电平,获得精确指向。由于天线视轴附近增益的变化很微弱,所以指向误差 θ_{IPE} 在 $(0.1 \sim 0.2) \theta_{3dB}$ 的量级上。

考虑到初始指向是在假设卫星接近"位置保持框"中心时实现的,并将卫星相对于"位置保持框"中心的偏移角指定为 SPO,借助图 8.22 确定指向偏差角的最大值 θ_{MAX} 为

$$\theta_{MAX} = SKW\sqrt{2} + SPO + \theta_{IPE} \tag{8.26}$$

式中:θ_{IPE} 为初始指向误差,可以表示为 $b\theta_{3dB}$ 形式。

SPO(卫星方位偏移)是天线定向时卫星实际位置相对于"位置保持框"中心点的不确定度,或者是在卫星预期通过"位置保持框"中心时天线定向的准确度偏差。

因此,θ_{MAX} 的形式为 $a + b\theta_{3dB}$(常数 $a = SKW\sqrt{2} + SPO$)。

8.3.7.4 程控跟踪

程控跟踪,是通过向天线定位控制系统提供每一时刻的方位与仰角的数值来实现天线指向跟踪。考虑到卫星视运动是预知的,这些方位与仰角是针对连续时刻预先计算的,并将这些值存储在存储器中。然后在开环中执行天线定向跟踪,而无需考虑每个时刻卫星实际方向与天线视轴方向之间的指向误差。

指向角度可根据知悉的卫星视运动精度进行计算,因此,指向误差取决于知悉的卫星视运动精度(本地参考和天线指向编码的不准确性以及反馈控制偏差等会

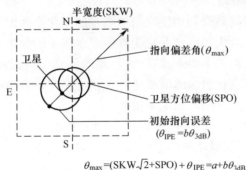

$$\theta_{\max}=(SKW\sqrt{2}+SPO)+\theta_{IPE}=a+b\theta_{3dB}$$

图 8.22　固定安装天线的最大指向偏差角

导致误差)。

程控跟踪主要用于 λ/D 比值较大的地球站天线,这种天线具有足够大的波束宽度,因此对指向精度的要求不高。若需要高指向精度(较小的 λ/D 比),例如非地球静止卫星,则首先将天线预先定向到卫星将出现的天空区域,随后通过卫星信标信号进行闭环跟踪捕获。

对于地球静止卫星,程控跟踪用于具有中等范围 λ/D 值的地球站(在 Ku 频段,天线口径通常为 4m)。

8.3.7.5　计算跟踪

该方法是程控跟踪的变种,非常适合跟踪具有中等 λ/D 值天线的地球静止卫星。

指向系统的计算机通过计算跟踪评估天线方向控制参数。计算机运算需要使用轨道参数(倾角、半长轴、偏心率、升交点赤经、近地点参数等),如有必要,还可以结合这些参数的变化趋势模型。内存中的数据会根据需要定期(几天后)刷新。该系统还可以根据存储在内存中的每日卫星位移来推断轨道参数的变化趋势。

8.3.7.6　闭环自动跟踪

对于 λ/D 值很小的天线,其波束宽度相对于卫星运动的视运动幅度也很小,可通过将天线连续跟踪卫星信标信号来获得对卫星的精确跟踪。

跟踪精度取决于确定信标信号到达方向的方法、到达方向与卫星实际方向之间的偏差(由传播像差引起)以及反馈控制系统的精度。

除了非常高的精度(单脉冲系统的跟踪误差可以小于 0.005°)之外,闭环自动跟踪的一个优点是跟踪信息并非源自地面,具有自主性。此外,对于无法预知卫星行进轨迹的地球站来说,这是唯一可行的方法(若已知卫星相对于地球站的行进轨迹,可以采用程控跟踪)。

信标跟踪使用了两种技术——幅度序贯检测跟踪与单脉冲跟踪[HAW-88]。

1) 幅度序贯检测跟踪

幅度序贯检测跟踪系统利用接收信号电平的变化作为天线视轴位移指令的输入参考。以这种方式产生的电平变化能够确定对应于最高接收信号电平的最大增益方向。这种技术的误差主要来源有两点：系统无法区分天线指向偏差引起的电平变化与波传播条件变化引起的电平变化。幅度序贯检测跟踪可应用于各种跟踪策略：圆锥扫描跟踪、步进跟踪和电子跟踪。

(1) 圆锥扫描跟踪。天线视轴围绕一个轴(馈源所在直线)连续旋转做圆周运动，以使天线波束呈圆锥状旋转，从而相对于最大增益方向形成一定的角度(与 $\theta_{3dB}/2$ 相比较小)。当天线对准卫星时，地球站接收到的信标电平是一恒定值；当天线视轴偏离卫星时，将会产生一个与天线偏离方向有关的调制信号，根据此调制信号的幅度与相位来判断天线的指向误差。控制系统会根据指向误差值，对天线进行调整，直到天线对准卫星。(自动)跟踪误差 θ_{ATE} 在 $0.2\theta_{3dB} \sim 0.5\theta_{3dB}$ 之间。

该技术已经应用很久，特别是小型天线，但目前已逐渐被放弃，取而代之的是步进跟踪，步进跟踪能够以较低的机械复杂性获得相同数量级的跟踪精度。此外，以天线旋转速率调制链路信号可能会引入扰动。

(2) 步进跟踪。通过搜索最大接收信标信号来实现天线指向。当地球站捕获到卫星发射的信标信号后，先向某一方向移动一定角度，比较与原来位置的信标信号强弱，其中：若比原来的信号强，则表示移动方向正确，继续移动直到信号最强；若信号变弱了，则表示移动的方向错误，应向反方向移动，直到信号最强。天线视轴每次移动的角度是固定的，所以称之为步进跟踪，当然该步进值是可调整的，该过程应在天线的两个旋转轴(方位和俯仰)上交替执行[TOM-70]。

步进跟踪的精度存在以下限制：

① 最大值方向的不确定性可能大于步进，因此必须选择足够小的步进值(大约为 $\theta_{3dB}/10$)[RIC-86]。

② 天线增益(以及接收信号的电平)在最大增益方向随指向偏差角度缓慢变化(波瓣顶部平坦)。因此，确定最大增益方向的精度低于单脉冲跟踪的精确(见本节后半部分)。确定最大增益方向的精度基本上是波束宽度 θ_{3dB} 的函数，即 λ/D 的函数。

③ 系统具有有限的动态响应，在检测接收信号的每次变化之前必须等待反射器位移。

④ 与通过接收信号电平的变化获得指向偏差信息的其他方法和策略一样，步进跟踪受信号电平的寄生幅度调制的影响。此外，跟踪接收机的输入端需要有足够的 C/N 比(通常为30dB)。

考虑到上述限制，(自动)跟踪误差 θ_{ATE} 介于 $0.05\theta_{3dB} \sim 0.15\theta_{3dB}$ 之间。

对于应用于地球静止卫星场景的天线，该方法可用于连续跟踪模式或定向—

休息模式。对于定向—休息模式,在天线指向卫星方向后,旋转轴的位置被固定,直到再次启动定向跟跟操作。按规则周期性地间隔激活或当检测到接收信号电平降低时才激活,减轻了伺服系统与电机所承受的操作压力,从而延长了硬件的使用寿命并减少了维护。

步进跟踪的性能可以通过降低对接收信号幅度波动的敏感度来提高。一种解决方案是将计算跟踪与步进跟踪相结合。因此,可以从卫星视运动的简化模型中获得指向方向的预估值,随后,步进跟踪根据预估的方向对天线指向进行修订。通过对卫星方向的初步掌控,可对卫星的视运动模型进行更新[EDW-83]。

由于该方法对每个时刻的卫星方向都有估计,因此可以检测由信号振幅波动可能引起的误差,从而可以取消不正确的指令。此外,步进跟踪不需要连续激活,其作用是定期更新运动模型,这种更新可以获得良好的计算跟踪精度,并延长机械设备的寿命。

(3) 电子跟踪。这种最新的技术可与步进跟踪相媲美,不同之处在于其利用波束在4个基本方向上的偏置结合电子方式来实现。通过改变耦合到馈源波导的4个微波器件的阻抗来获得指向偏差,这些微波器件在两个垂直平面中对称地分布于波导周围[WAT-86]。

若接收到的信号没有沿着天线视轴方向到达,则波束在4个方向上的偏置能够评估出指向偏差的幅度与方向。波束偏置方向不同,接收信号的电平不同。误差信号可以从连续信号组合中求得,这使得能够以减少指向偏差的方式控制天线定向。

因此,该方法使用具有单通道的跟踪接收机作为步进跟踪系统。同时,在没有天线机械位移的情况下实现了指向误差的确定,并且减小了天线定向结构上的应力。最后,由于在每个偏差方向上同时进行水平测量(在卫星视运动的时间尺度上),所以获得的跟踪精度更高,这使得动态响应的速度很快。这种方法的(自动)跟踪误差 θ_{ATE} 可以小至 $0.01\ \theta_{3dB}$ [DAN-85]。

2) 单脉冲跟踪

单脉冲跟踪是在一个脉冲的间隔时间内就能确定天线波束偏离卫星的方向,并能驱动伺服系统使天线迅速对准卫星。通过在单脉冲跟踪接收机中比较参考信号和误差角测量信号来生成定向命令信号。参考信号是从天线中提取的信标信号("和"波束 Σ)(图8.23)。误差角测量信号是通过计算在两个正交平面("差"波束 Δ)上的差值得到。通过这种方式,可以获得与接收信号电平无关的误差信号。

误差角测量信号可以通过比较4个馈源(多源单脉冲,位于波导周围)接收到的电磁波来获得,也可以通过高阶检测模式获得,即通过检测耦合到波导中的天线指向偏差来获取(模式提取)。

(1) 多源单脉冲。多源单脉冲系统中的每个馈源都有一个相对于天线视

(主)轴略微偏置的辐射方向图(图 8.23)。实际中基本都使用 4 个馈源,这 4 个馈源按 4 个象限排列[WAT-86],每个馈源对应一个波束,4 个波束信号相互叠加。上面两个波束之和与下面两个波束之和相减,得到"俯仰差值"波束;左边两个波束之和与右边两个波束之和相减,得到"方位差值"波束。因此单脉冲天线有 1 个"和波束"与 2 个"差波束"。当天线波束对准卫星时,天线只能收到"和波束"的信号,2 个"差波束"信号输出为零。当"差波束"不为零时,控制系统会根据"差波束"的值,对天线进行调整,直到天线对准卫星。在第一近似值(正确指向)附近,该差值与指向偏差角成正比。通过相对于和信号归一化差信号来确保对入射信号电平变化的不敏感。对于 3dB 波束宽度为 2° 的天线,跟踪误差可小至 0.01°(跟踪误差 $\theta_{ATE} = 5 \times 10^{-3} \theta_{3dB}$)。第一批大型地球站(如 Pleumeur Bodou 2)使用的这类系统已被放弃,取而代之的是更易于实现的模式提取系统。

(2) 单脉冲模式提取。模式提取系统(图 8.24)利用波导中高次模(相对于 TE_{11} 基谐模)的特殊传播特性(横电波表示沿传播方向的磁场分量 H 为零的波)。对于圆极化波或线性极化波,若入射波沿波导轴到达,则只有 TE_{11} 模式传播;若波以偏离波导轴的角度到达,则产生 TM_{01} 和 TE_{21} 模式,并且 TE_{11} 模式的幅度略有下降。TM_{01} 和 TE_{21} 模式是指向偏差的奇函数并且是正交的。对于线性极化波,使用 TM_{01} 和 TE_{21} 模式可以在两个参考平面上确定指向偏差;对于圆极化波,通过 TM_{01} 或 TE_{21} 模式之一(仅使用两种模式中的一种)和 TE_{11} 模式之间的相移来确定每个平面的指向偏差。

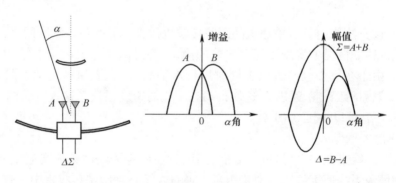

AB 两个喇叭单平面内排列　　AB 两个喇叭的增益方向图　　AB 两个喇叭在 α 角下的和信号 Σ 与差信号 Δ

图 8.23　多喇叭单脉冲跟踪系统

单脉冲跟踪系统的特点是在跟踪精度与响应速度方面具有出色的性能。跟踪误差 θ_{ATE} 约为 $0.02\theta_{3dB} \sim 0.05\theta_{3dB}$。但这些系统成本相对高昂,因为其需要具备多个信道和馈源的相干跟踪接收机,制造难度较大。单脉冲跟踪系统主要用于之前的 Intelsat 标准 A 型地球站(C 频段天线直径 30m)。对于直径较小的天线(例如采用 A 型新标准直径为 16m 的天线),步进跟踪系统在经济上更具吸引力,并且性能下降几乎不明显。

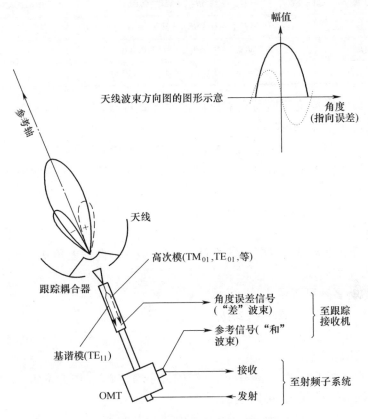

图 8.24 多模提取单脉冲跟踪系统
来源:经国际电信联盟许可,转载自 CCIR-88。

8.3.7.7 跟踪类型对天线增益的影响

各类型跟踪技术与跟踪误差如表 8.10 所列。根据所使用的跟踪方法不同,最大指向偏差角 θ_{MAX} 也不同。对于程控跟踪或计算跟踪,θ_{MAX} 与 λ/D 完全无关;对于固定安装,θ_{MAX} 是 λ/D 函数项与某常数项之和;对于闭环自动信标跟踪,θ_{MAX} 仅取决于 λ/D 函数项。

表 8.10 几种跟踪系统性能比较

跟踪类型	跟踪误差(偏差角)	增益损耗
无(固定安装)	初始指向误差:$\theta_{IPE} = 0.1\theta_{3dB} \sim 0.2\theta_{3dB}$	取决于"位置保持框"
程控或计算	典型:0.01°	取决于 λ/D

续表

跟踪类型	跟踪误差(偏差角)	增益损耗
圆锥扫描	$0.2\theta_{3dB} \sim 0.5\theta_{3dB}$(典型:0.01°)	$DG = 0.03 \sim 0.5 \text{dB}$
步进跟踪	$0.05\theta_{3dB} \sim 0.15\theta_{3dB}$(典型:0.01°)	$DG = 0.03 \sim 0.3 \text{dB}$
电子跟踪	$0.01\theta_{3dB} \sim 0.05\theta_{3dB}$(典型:0.005°)	$DG \leq 0.03 \text{dB}$
单脉冲扫描	$0.02\theta_{3dB} \sim 0.05\theta_{3dB}$(典型:0.005°)	$DG \leq 0.03 \text{dB}$

相对于最大增益值的增益衰减可以根据等式进行评估。式(8.25)可变为最大指向偏差角 θ_{MAX} 的函数,即

$$\Delta G = 12 \ (\theta_{MAX} / \theta_{3dB})^2 \quad (\text{dB})$$

在最大指向偏差角 θ_{MAX} 条件下,天线的最小增益作为 D/λ 与效率 η 的函数可表示为

$$G_{MIN} = \eta \ (\pi D/\lambda)^2 \ 10^{-1.2[\theta_{MAX} D/70\lambda]^2} \tag{8.27}$$

1) 固定安装

对于应用于地球静止卫星场景的固定安装,最大指向偏差角 θ_{MAX} 由式(8.26)给出,形式为 $a + b\theta_{3dB}$。

因此,增益衰减可表示为

$$\Delta G = 12 \ (b + a/\theta_{3dB})^2 \quad (\text{dB})$$

由于天线上行波束与下行波束的 3dB 波束宽度 θ_{3dB} 不同,上行链路与下行链路上的增益衰减不同。

在最大指向偏差角 θ_{MAX} 条件下,天线的最小增益 G_{MIN} 作为 λ/D、效率 η 和上面定义的参数 a、b 的函数,可以表示为

$$G_{MIN} = \eta \ (\pi D/\lambda)^2 \ 10^{-1.2[b+(aD/70\lambda)]^2} \tag{8.28}$$

对于固定安装和视运动相对较大的卫星(例如倾斜的椭圆轨道),最大指向偏差角在卫星刚进入(或离开)服务区域时出现,此时卫星方向与固定天线视轴方向夹角最大,天线的最小增益由式(8.27)给出。

2) 程控跟踪

对于程控跟踪或计算跟踪,增益衰减取决于波束宽度 θ_{3dB}($70\lambda/D$)和最大指向偏差角 θ_{MAX},有

$$\Delta G = 12 \ (\theta_{MAX}/\theta_{3dB})^2 \quad (\text{dB})$$

在最大指向偏差角 θ_{MAX} 条件下,天线的最小增益由式(8.27)给出。

3) 自动跟踪

使用自动信标跟踪,由于跟踪误差通常是 3dB 波束宽度的函数,所以最大指向偏差角 θ_{MAX} 的形式为 $\theta_{MAX} = c\theta_{3dB}$,相应的增益衰减为

$$\Delta G = 12 \ (c)^2 \quad (\text{dB})$$

由此可知,增益衰减是恒定的,与频率和天线效率无关,且上下行链路是相同的。所以,对于步进跟踪,其跟踪误差在$(0.05\sim0.15)\theta_{3dB}$ $(0.05\leqslant c\leqslant0.15)$之间,增益衰减在$0.03\sim0.3$dB之间。

对于表达形式为$c\theta_{3dB}$的跟踪误差,天线增益G_{MIN}的表达式为D/λ与效率η的函数,即

$$G_{MIN} = \eta(\pi D/\lambda)^2 10^{-1.2[c]^2} \quad (dBi) \tag{8.29}$$

4) 总结

为了总结指向偏差对增益的影响,必须强调一点,天线直径的增加并不一定会导致指向卫星方向上的天线增益增加。事实上,对于以固定指向偏差角θ_{MAX}运行的地球站(对于程控跟踪、计算跟踪和固定安装,λ/D或D/λ与θ_{MAX}不成比例关系),D/λ的增加仅会导致天线视轴方向上增益的增加。另外,D/λ的增加并不能保证u方向上的增益增加(u与最大增益方向成θ角度,如图8.25所示)。这是由于随着D/λ的增加,波束宽度逐渐变窄的缘故。

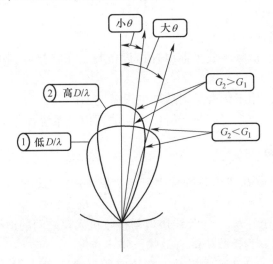

图8.25 增益G与θ及λ/D的变化关系

就地球静止卫星的跟踪而言,"位置保持框"为典型尺寸($\pm0.05°$)时,对于在Ku频段(14/11GHz)工作的最大直径约为4m的天线,无需使用跟踪系统(固定安装);天线直径在4~6m之间时,固定安装、计算跟踪或步进跟踪策略之间的选择取决于更详细的分析数据;天线直径超过6m时,必须使用跟踪系统。由于成本和性能之间的权衡,步进跟踪策略(可能包含计算跟踪)在中大型地球站的应用中更为普遍。

8.3.7.8 移动终端天线

对于高精度指向的天线,自动跟踪只能通过卫星信标进行闭环跟踪来实现,伺

服系统需要使用惯性稳定的平台,特别是安装在船只上的天线。根据跟踪接收机和惯性平台提供的信息,可确定天线相对于船只的移动位置。

波束的定向也可以通过电子跟踪方式控制天线来实现。仅在一个轴上调整天线方向,而在另一个轴上保持固定方向,这种方法是可行的。还可以考虑在飞机上应用支持电子指向方位的阵列天线(天线安装于飞机机身)。

此外,特别是对于地面移动设备,可以考虑使用具有足够大的 3dB 波束宽度(当然会降低增益)的固定天顶指向天线。这尤其适用于倾斜椭圆轨道卫星系统,移动终端观察该轨道上的卫星时会保持较高的仰角(例如,大于 45°或 60°,参见 2.3 节)。

对于仰角较小的地球静止卫星系统,全向天线避免了跟踪系统的复杂性和高成本,并且占用的空间也更小。

8.4 射频子系统

射频子系统包含:
(1) 在接收端,低噪声放大器(LNA)设备与用于将接收到的载波传输到解调信道的设备。
(2) 在发送端,用于耦合发射载波的设备与 HPA。
在每个方向上,变频器都与运行在中频的通信子系统存在接口。

8.4.1 接收设备

地球站品质因数 G/T 由系统噪声温度 T 值决定,在式(8.6)中已经给出,即
$$T = (T_A / L_{FRX}) + T_F(1 - 1/L_{FRX}) + T_{eRX}$$
式中:T_A 为天线温度;L_{FRX} 为天线接口与接收机入口之间的馈线损耗;T_F 为该馈线的物理温度;T_{eRX} 为接收机的有效输入噪声温度。

天线温度已在 8.3.3 节中提及。在给定的天线温度下,通过最小化天线接口与接收机入口之间的馈线损耗,并限制接收机的有效输入噪声温度以降低系统噪声温度 T。

将接收机的第一级尽可能靠近天线馈源,可以有效地降低馈线损耗的噪声影响。接收机的有效输入噪声温度 T_{eRX} 为(对照式(5.24))
$$T_{eRX} = T_{LNA} + (L_1 - 1) T_F / G_{LNA} + T_{MX} L_1 / G_{LNA} + (L_2 - 1) T_F L_1 / (G_{LNA} G_{MX}) +$$
$$T_{IF} L_2 L_1 / (G_{LNA} G_{MX}) + \cdots \tag{8.30}$$
式中:各级之间的连接损耗包含于各级的有效输入噪声温度中(图 8.26)。

式(8.30)表明,接收设备的第一级需具有足够高的增益和足够低的噪声,以降低后续各级引入的噪声。根据图 8.26(同时参见 8.4.1.2 节),靠近天线馈源的

LNA 出口至变频器入口之间通常会有一段距离,这段距离会引入馈线损耗 L_1,其通常仅包括 L_{FRX}($L_1 = L_{FRX}$)或受功率分配器影响而引入的 L_{PS}($L_1 = L_{FRX} L_{PS} n$),L_{PS} 是功率分配器插入损耗,n 是功率分配比。

对于小型地球站,可以将变频与低噪声放大结合在一起,称为低噪声下变频器(LNB)。该设备安装在天线之后(L_1 接近于零);但是,变频器与后续阶段(通常是同轴电缆)之间馈线衰减 L_2 仍然会产生不可忽略的影响。

第一个 Intelsat 标准 A 型地球站使用低温冷却的微波激射放大系统。过高的运营成本导致该系统被弃用,取而代之的是参数放大器。晶体管放大器首先在 C 频段得到应用,随后应用于 Ku 与 Ka 频段。

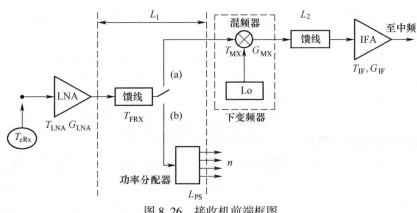

图 8.26　接收机前端框图
(a)全频带转换;(b)逐载波转换。

8.4.1.1　低噪声放大器

由于低噪声放大器的结构特性,双极晶体管会引起除热噪声之外的(散粒)噪声,在高频下提供中等性能。同时,场效应晶体管产生的噪声主要是热噪声,可以通过选择半导体类型和晶体管的几何特性来降低噪声。由于砷化镓(GaAs)与亚微米光刻技术的使用,噪声因子方面的性能不断提高。此外,高电子迁移率晶体管(HEMT)的出现使接收设备的噪声温度进一步降低,特别是在高频情况下(20GHz)。表 8.11 给出了作为 HEMT 前端放大器频带函数的典型噪声温度。珀尔帖(Peltier)热电器件使有源元件的温度降低到 −50°C 左右,与设备运行的环境温度相比,放大器的噪声温度降低了。

表 8.11　使用高电子迁移率晶体管(HEMT)的低噪声放大器(LNA)的噪声温度

频带/GHz	噪声温度/K
4	30
12	65

续表

频带/GHz	噪声温度/K
20	130
40	200

8.4.1.2 降频转换

进行了低噪声放大后,链路上接收的载波将被转换为中频(IF),这样滤波与信号处理的操作会更简单(参见8.5节)。该转换可以在接收机的全频带(全频带转换)内实现,如图8.26(a)所示;也可以通过逐载波转换实现,如图8.26(b)所示。

(1)全频带转换:用于接收单信道载波(SCPC)的设备中。在中频(通常为140MHz)阶段将载波分配给不同的解调器,通过解调器的频率校准来选择特定的载波频率(窄带宽,通常话音为几十千赫,视频为几兆赫)。全频带转换还通常用于电视信号接收或数据传输的小型天线。在这种情况下,变频器通常与低噪声放大器(LNA)集成在一起(称为LNB),并安装在天线焦点处的馈源上。转换后的输出频率约为1GHz(900~1700MHz),这可以减少转换器和可能远离天线的其余设备之间同轴电缆的传输损耗。

(2)逐载波转换:通过频率转换设备选择相关载波并将其转换为中频。无论接收到的射频载波的频率如何,这个中频都是相同的。通过控制本地振荡器频率,在下变频器处进行调谐。这使得中频设备得以标准化,从而降低成本并简化维护。但是,该设备的带宽必须与特定接收载波的带宽相匹配。中频的常用值为70MHz和140MHz。

当地球站同时解调多个载波时,可通过使用无源功率分配器,将低噪声放大器(LNA)的输出功率分配到各个转换器通道。除了从LNA出口至功率分配器入口的馈线损耗L_{FRX}之外,还需要考虑功率分配器的插入损耗L_{PS}。n个通道之间的功率分配产生n倍的衰减。因此,从LNA出口至任意变频器入口的总损耗为$L_1 = L_{FRX} L_{PS} n$。

8.4.2 发送设备

发送设备提供的载波功率P_T决定了EIRP值,EIRP是地球站的特性。天线输入端的可用载波功率P_T取决于功率放大器的输出功率P_{HPA}、放大器输出端和天线接口之间的馈线损耗L_{FTX}以及多载波操作中所需的功率损耗L_{MC},如式(8.3)所示,即

$$P_T = (P_{HPA})(1/L_{FTX})(1/L_{MC}) \quad (W)$$

功率放大器的特性根据所使用的技术而不同,可能是行波管(TWT)、速调管

或晶体管。多载波操作中的功率损耗 L_{MC} 的大小与性质取决于耦合的类型,耦合可以在功率放大之前或之后执行。

8.4.2.1 功率放大器

功率放大器子系统使用电子管或功率级晶体管,这与前置放大器或线性化器有关。该子系统还包括保护设备、控制设备以及可能的冷却系统。表 8.12 列出了这些放大器的主要典型特性。

表 8.12 功率放大器主要典型特性

技术	频率/GHz	功率/kW	效率/(%)	带宽/MHz	增益/dB
速调管	6	1~5	50	60	40
	14	0.5~3	35	90	40
	18	1.5	35	120	40
	30	0.5	30	150	40
行波管	6	0.1~3	40	600	50
	14	0.1~2.5	50	700	50
	18	0.5	50	1000	50
	30	0.05~0.15	50	3000	50
场效应晶体管	6	0.005~0.5	30	600	30
	14	0.001~0.1	20	500	30

1) 电子管放大器

地球站中使用的电子管放大器是速调管或行波管[GIL-86]。这些设备的通用结构是相似的,其组成包括电子枪、用于聚焦电子的系统(能够获得扩展的圆柱形光束)、能够将电子的动能转换为电磁能的装置和电子收集器。

在速调管中,转换装置由一系列腔体组成,这些腔体是微波谐振电路,电子束将穿过这些腔体。第一个腔体的低能级电磁波会调制穿过腔体的电子流速度,这种调制在第二个腔体中产生感应波,进而增加电子束的调制。这一过程不断重复,并在随后的腔体中被放大。因此,在最后一个腔体的输出端会产生高能量的射频波。获得的功率范围从数百瓦(约 800W)到数千瓦(如 5kW)不等。在放大过程中,速调管的带宽受谐振腔的限制。C 频段(6GHz)约为 40~80MHz,Ku 频段(14GHz)约为 80~100MHz。

在行波管中,能量传递装置是围绕电子束的螺旋线,电磁波沿着螺旋线传播(图 9.15)。螺旋线有效地减慢了波的速度,使得电磁波速度的轴向分量近似等于电子的轴向分量。因此,沿着螺旋线产生了连续的能量传递机制。电磁波获得电子释放的动能,输出功率范围从数十瓦(例如 35W)到数千瓦(例如 3kW)不等。行波管的带宽很大,C 频段(6GHz)约为 600MHz,Ka 频段(30GHz)约为 3GHz。

电子管放大器能够产生高功率,广泛用于地球站。行波管与速调管之间的选择取决于所需的带宽。同等功率下,速调管的成本优势更大。电子管可用于17GHz(用于馈线链路)和30GHz频率,频率对可用功率略有影响但影响不大。

电子管放大器需要合适的电源来提供电极所需的各种电压(最高可达10kV)。为避免载波波动(例如相位噪声),必须提供足够稳定的电压(相对值10^{-3})。对于高功率(最高约3kW),必须提供风冷或循环液体冷却装置。尽管功率增益很高(40~50dB),但电子管输入端通常需要连接前置放大器,该前置放大器使用低功率行波管(从数瓦到数十瓦)或几个晶体管。

2) 晶体管放大器

晶体管放大器在 C 频段(6GHz)能够提供高达几百瓦的功率,在 Ku 频段(14GHz)能够提供几十瓦的功率。这些放大器通常使用并联安装的砷化镓(GaAs)场效应晶体管。尽管可用的功率较低(随着技术的进步而不断增加),但晶体管放大器因其成本低、线性度好和宽带宽而越来越多地被使用。

3) 功率放大器特性

(1) 非线性。功率放大器是非线性的。如图 6.8 与图 9.2 所示,随着施加到放大器输入端的载波功率增加,在低电平准线性操作区域之后,输出功率不再与输入功率成比例增加。在输出端获得的最大功率受限于饱和点(除非功率耗散限制阻止达到饱和点,尤其是固态放大器)。单载波饱和运行时的最大输出功率 $(P_{o1})_{sat}$ 是制造商数据手册(P_{HPA})中给出的额定功率。对于不能在饱和状态下运行的固态放大器,最大输出功率通常由 1dB 压缩点规定(见 9.2.1.2 节)。当使用多个载波工作时,互调产物出现在与输入载波频率的线性组合对应的频率上(见 6.5.4 节)。当载波被调制时,在放大器有用带宽范围内的互调产物表现为噪声[SHI-71],这种噪声在每个载波的带宽内通过互调功率谱密度$(N_0)_{IM}$值来表征。

当多个载波同时被放大到整体链路预算的要求值时,为了限制互调噪声(见5.9.2.3 与 5.9.2.4 节),建议将放大器运行在饱和区域以下。输出回退(OBO)定义为 n 个载波中任意一个载波输出功率 P_{on} 与饱和功率的比值,它决定了工作点的位置(见 5.9.1.4 与 5.9.2.4 节)。因此,在放大器输出端为相应载波提供的功率为

$$P_{on} = P_{HPA} \times OBO \quad (W) \qquad (8.31)$$

回退值取决于地球站对链路的载波功率与互调功率谱密度比 $(C/N_0)_{IM}$ 的最小允许值、载波数和放大器的输入输出特性。

总回退有时定义为所有(n 个)载波的可用总功率与单载波工作的饱和功率之比;当载波电平相同时,每个载波的功率可由放大器饱和输出功率与总输出回退的乘积除以 n 得到。附加规范(如三阶截取点、AM/PM 转换和传递系数,以及与放

大器非线性特性相关的噪声功率比 NPR)在 9.2.1 节中给出。

(2) 增益变化。功率放大器规定的增益容易随各种参数变化。由于增益的稳定性很重要,因此,针对特定应用场景制定了以下指标:

① 在恒定输入电平下作为时间函数的增益稳定性(例如,≤0.4dB/24h)。

② 对于给定功率电平,增益变化幅度作为带宽内频率的函数(例如,500MHz 时小于等于 4dB)。

③ 增益波动变化率的最大值作为频带特定部分频率的函数(例如,≤0.05dBMHz^{-1})。

(3) 驻波比(SWR)与传播时间。最大驻波比在放大器的入口和出口以及由放大器驱动的负载指定。功率放大器频带内的群时延随频率变化而变化。为了满足规范,可要求在传输信道中安装群时延均衡器(通常在中频阶段)。

(4) RF/DC 效率。(功率的)RF/DC 效率定义为放大器输出射频功率(W)与放大器工作所需的直流(DC)功率(V×A)之比。效率取决于工作点(回退值),并且通常在饱和(或固态放大器的 1dB 压缩点)时最大。

4) 功率放大器技术比较

表 8.13 总结了各种功率放大技术的优缺点,包括行波管放大器、固态功率放大器和速调管。

表 8.13 功率放大器技术比较

技术	优势	劣势
行波管放大器	• 中等到较大的输出功率(35~3000W) • 经过实践验证的可靠性 • 良好的 RF/DC 效率:30%~50%;不会随着回退而迅速降低效率 • 在温度方面性能稳定 • 瞬时宽带能力强 • 寿命长 • 无记忆效应(非线性)	• 行波管产量有限 • 在发生故障时没有软故障处理功能 • 需要高电压 • 非线性,但可线性化或回退操作
固态功率放大器	• 大批量生产能力 • 内置软故障处理功能,防止单个设备或模块出现故障 • 对于多载波传输具有固有的良好线性性能	• 有限的输出功率(C 和 Ku 频段:100W;Ka 频段:10W) • 效率极低(10%~30%) • 大电流 • 需要温度补偿 • 热量集中产生,带来散热问题 • 在高功率时增加了冷却要求(风冷,散热器等),进而增加了尺寸与质量

续表

技术	优势	劣势
速调管	• 高功率（几千瓦），可实现最佳线性性能的余量回退 • 良好的多载波线性性能 • 性价比高，可靠 • 良好的效率(50%)	• 较窄的瞬时带宽(40~90MHz)，但可进行超过500MHz调谐

8.4.2.2 线性化器

为了限制放大器非线性的影响，线性化器的使用变得越来越普遍。

通过与前置放大器结合，或位于前置放大器之前，大多数线性化器会产生信号幅值与相位失真，以补偿功率放大器的特定特性（图8.27）。对于给定的互调噪声水平，线性化器允许减少回退（绝对值），也就是说，放大器工作在接近饱和状态。在给定饱和功率、预算成本、功耗和小体积的情况下，减少回退为放大器输出高可用载波功率提供了可能。

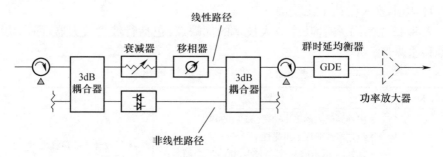

图 8.27 非线性预失真型线性化器

8.4.2.3 载波预耦合

正如本章导言所述，一个地球站经常以不同的频率向相关的卫星发射多个载波。由于天线接口通常只有一个输入（对于给定的极化），因此需要对这些已单独调制的载波进行多路复用，以便将其组合在同一物理链路上。

在功率放大之前，载波耦合可以在低功率阶段（例如，通过使用混合耦合器）进行（图8.28），然后对耦合后的多载波进行功率放大，此时须考虑OBO，目的是限制互调噪声功率。这种情况下，由多载波工作引起的功率损耗 L_{MC} 有

$$(L_{MC})_{ES} = -(OBO)_{ES} \quad (dB)$$

式中：OBO为输出回退，定义为在单载波工作时，相关载波的可用功率与饱和输出功率之比。

载波预耦合的优点在于耦合简单，能够灵活地适应载波数目和带宽的变化，放大器的数量也被最小化。同时，这种耦合模式会在地面段引入影响整个链路预算

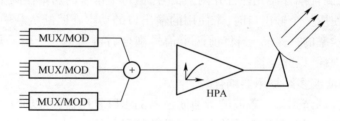

图 8.28 功率放大前的载波耦合

的互调噪声源。将互调噪声限制在可接受的值,需要放大器具有足够大的回退值,这导致可用功率远低于饱和功率。此外,放大器必须有足够的带宽来放大不同的载波(这可能会导致无法使用更经济实惠的速调管)。

8.4.2.4 载波后耦合

载波耦合也可以在每个载波单独放大后进行(图 8.29)。因此,需要拥有和载波数量一样多的放大器(包括备用设备)。每个放大器只放大一个载波,放大器可以在饱和状态下工作。

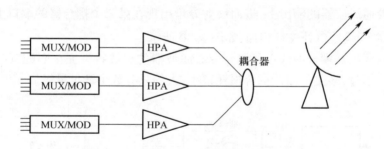

图 8.29 功率放大后的载波耦合

然而,耦合装置引入了损耗 L_C,这可以通过式(8.3)中多载波工作引入的功率损耗 L_{MC} 来计算,有

$$(L_{MC})_{EC} = L_C \quad (dB)$$

由于每个载波都是单独放大的,因此所需的带宽有限。此外,饱和操作使低功率放大器的使用成为可能,因此可以采用成本更低的放大器。然而,载波耦合必须在高电平下以最小的损耗完成。

以下两种类型的设备可以用于实现耦合。

1) 非周期耦合

为了在匹配阻抗的同时耦合放大器输出,可以使用传统的混合耦合器。因为耦合是宽带的,所以这种方法具有较大的灵活性,但随之而来的是巨大的插入损耗。事实上,混合耦合器允许合并两个信号,但每个信号的功率在两个输出口之间共享。当仅使用一个输出口时,未使用的输出口的功率在匹配负载中被损耗(3dB 耦合器为总功率的一半)。当将前两个信号耦合后再与第三个信号耦合时,会再次发生这种损耗,以此类推。

2) 带通滤波多路复用器耦合

使用包含调谐到每个载波的带通滤波器的多路复用器,可以使损耗最小,但影响系统灵活性。通常采用两种技术用于合并信号。

(1) 环形器将带通滤波和反射后的信号传输到滤波器输出端,其原理与卫星输出多路复用器(OMUX)的原理相似(见 9.2.3.2 节)。

(2) 混合耦合器的工作原理如下:幅值为 A 的载波 1 被第一混合耦合器分成幅度为 $A/\sqrt{2}$ 的两个分量,并将第二个分量进行 90°相移。这两个分量通过调谐到载波 1 的频率及频带的带通滤波器。随后这两个分量出现在第二耦合器输入端,经过第二耦合器后幅度被再次除以 $\sqrt{2}$ 并在天线端口处矢量相加,而在另一端口处相位相反(因为他们相位差为 90°);幅值为 B 的载波 2 通过第二耦合器后被分成幅度为 $B/\sqrt{2}$ 的两个分量,并将第二个分量进行 90°相移。这两个分量被反射到载波 1 的带通滤波器的输出上,进而反射分量出现在第二个耦合器的端口上,在除以 $\sqrt{2}$ 后也在天线端口处矢量相加,如图 8.30 所示。

多路复用器耦合的缺点是要与带通滤波器的载波特性完全匹配,因此失去了灵活性。不过,多路复用器耦合损耗很小,大约只有数个分贝量级。

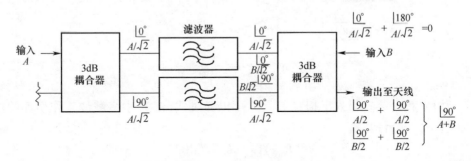

图 8.30 滤波器与耦合器组合应用的载波耦合

8.4.2.5 混合耦合

通常情况下,两种类型的耦合会联合应用。每个放大器放大有限数量的载波,并且这些放大器的输出通过前述的技术(预耦合或后耦合或两者的组合)进行耦合。例如,这允许给定转发器传输的所有载波耦合到同一放大器中。然后,地球站的每个放大器都可以与特定的卫星转发器相关联。

8.4.3 冗余

为了满足可靠性与规定的可用性指标,通常需要备份地球站的射频设备(见第 13 章)。

对于输入级,除小型站外,一般都配置冗余接收机。由于地球站的运行受到监控,所以地球站的维护是有保证的,超过 1∶1 的备份没必要。

对于输出级,冗余部署取决于耦合类型。载波预耦合方式通常会备份功率放大器(混合耦合情况除外);对于载波的后耦合,通常在几个有源单元之间共享备用设备,没必要对每个载波放大器进行备份。

8.5 通信子系统

在发送端,通信子系统将基带信号转换为射频载波并进行放大;在接收端,通信子系统将低噪声放大器输出端的载波转换为基带信号。

基带信号可以是模拟信号或数字信号。在模拟信号情况下,可以是单路单载波(SCPC)传输系统中的电话信道、多路复用电话信道、电视信号或声音信号。

在数字信号情况下,通常以比特流的形式对应于一路或多路话音信道或数据帧或数据包。

接收端实现的功能如下:
(1) 将载波频率(射频)转换为中频。
(2) 群时延的滤波与均衡。
(3) 载波解调。

在使用 TDMA 传输的情况下,需要从接收帧的数据包中重新建立一个连续的数字流。

在发送端,若使用 TDMA,则需要将基带信号的连续比特流拆分为数据包,并插入到帧中适当的时隙内。

最后,对于模拟信号,进行如下操作:
(1) 中频载波调制。
(2) 群时延的滤波与均衡。
(3) 调制载波到射频的转换。

8.5.1 频率转换

频率转换子系统的功能是在低噪声放大器的输出端选择一个特定的带内载波,并将该载波的频谱转换为选定的中频。每个信道都具有相同的、常用的中频频率,可采用标准化设备。中频的选择由以下因素决定:一是该中频值必须大于调制载波所占用的频谱宽度;二是该中频值必须足够低,以允许对调制载波进行选择性带通滤波。滤波器的频率选择性 Δf 由比率 f/Q 定义,其中 f 是滤波器的中心频率,Q 为质量因子。假设质量因子为 50,若需要隔离带宽为 1MHz 的信号,则滤波器的最大工作频率为 50MHz。常用的中频值为 70MHz 和 140MHz。

频率转换有单频转换与双频转换两种类型。以下部分描述了两种用于接收的频率转换系统的结构。发送端的系统架构与接收端类似。

8.5.1.1 单频转换

频率转换系统由一个以接收射频载波为中心频点的带通滤波器和一个由本地振荡器馈送信号的混频器组成(图 8.31)。输入滤波器用于消除镜像频率,镜像频率是频率转换过程中的一个特征产物。若 f_{Lo} 是本地振荡器的频率,则频率为 $f_{Lo} + f_{IF}$ 和 $f_{Lo} - f_{IF}$ 的两个载波被转换为中频 f_{IF}。这两个频率中只有一个对应于要接收的载波频率 f_c。另一个频率 $f_i = f_c + 2f_{IF}$ 被称为镜像频率,可能对应另一个载波,因此必须消除。所需载波与其镜像频率之间的间隔等于 $2f_{IF}$。对于较低的中频值(例如 70MHz),需要提供一个具有高选择性的射频滤波器,该射频滤波器工作在待接收的载波频率处。例如,若 $f_{IF} = 70MHz$,则在 12GHz 频率时频率选择性质量因子需要为 200 左右。

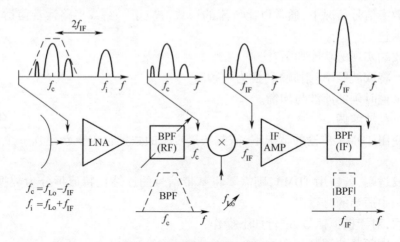

图 8.31 单频转换下变频器

接收载波的选择是通过改变本地振荡器的频率与镜像频率抑制滤波器的中心频率来实现的。实现可调谐且易于控制的射频滤波器很困难,通常首选双频率转换结构。

8.5.1.2 双频转换

为了在不将输入滤波器调谐到接收载波频率的情况下提供频率灵活性,需要将镜像频率保持在要接收的载波可能出现的频带之外(图 8.32)。

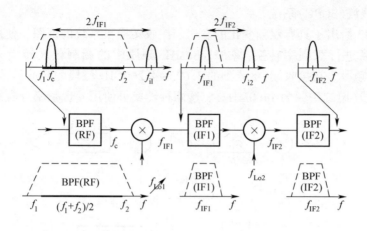

$(f_2-f_1)=$工作带宽
(为了方便示意,省略了放大器)

图 8.32 双频转换下变频器

例如,对于 $f_1 = 3.625\text{GHz}$ 到 $f_2 = 4.2\text{GHz}$ 的频带(宽度 $f_2 - f_1 = 575\text{MHz}$),将频带下变频到中频 $f_{IF1} = 1400\text{MHz}$ 允许使用具有固定带宽为 575MHz 的输入带通滤波器,这确保了对镜像频率的充分抑制。在最坏的情况下(当要接收的载波位于频带的下边缘,即 $f_c = f_1$)时,镜像频率为 $f_{i1} = f_c + 2f_{IF1} = f_1 + 2f_{IF1} = 3625 + 2 \times 1400 = 6425\text{MHz}$,因此在通带之外。

所需的中频 f_{IF2}(例如 70MHz)是通过第二个频率转换获得的,该转换位于以第一个中频 f_{IF1} 的值为中心的带通滤波之后。该滤波器具有足够的带宽(例如 40MHz)以允许任何类型的调制载波通过。若第二个本地振荡器产生 $f_{Lo2} = 1470\text{MHz}$ 的频率(例如 $f_{IF2} = 70\text{MHz}$),则可以消除第二次转换中的镜像频率,因为镜像频率位于 $f_{i2} = 1540\text{MHz}$,即比第一个中频 $f_{IF1} = 1400\text{MHz}$ 高出 140MHz。

接收载波频率 f_c 的选择通过将第一本地振荡器的频率设置为 $f_c + 1400\text{MHz}$ 来完成。通常会用到频率合成器(频率按步进变化,例如步长为 125kHz)。第二个振荡器的频率保持固定,各种带通滤波器的中心频率也保持不变。

第一个振荡器通常使用固定射频源,然后通过调整在低频下工作的第二个振荡器(合成器)的频率来实现调谐,因此更容易设计。另外,第一个中频若不是固定值,则需要相关联的带通滤波器必须是可调谐的。

8.5.1.3 全频段转换

在 8.5.1.1 节中,一次只将一个载波进行下变频,因此每个中频信道只涉及一个载波。同时,也存在将整个接收频带转换到中频频带的可能,这种架构特别适用于单路单载波(SCPC)系统。

图 8.33 给出了具有双频变化的发送与接收转换子系统的框图。使用 825MHz 的第二中频进行双频率转换,将 52~88MHz 频段中的调制载波转换为 5.850~6.425GHz 频段。在接收端,接收到的 3.625~4.200GHz 频段的载波被转换为 52~88MHz 频段(第二中频为 1400MHz)。这两种转换可使用一台频率合成器。

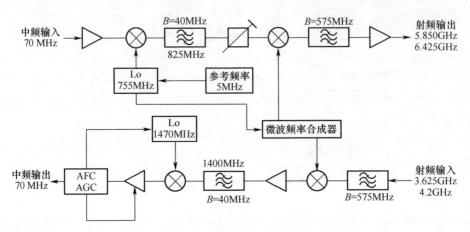

图 8.33 双频变化的收发频率转换子系统架构

8.5.1.4 频率转换的特点

除了前面讨论的频率灵活变换能力(其决定了输入与输出信号的可接受频率范围)之外,频率转换子系统还具有如下特性:

(1) 本地振荡器的频率稳定性(考虑长期稳定性及相位噪声)。
(2) 有限的杂散电平。
(3) 频带内的长期增益稳定性。
(4) 线性度(互调产物或三阶截取点的电平)。

8.5.2 放大、滤波与均衡

放大、滤波、群时延均衡等功能均在中频实现。无论相关的射频载波如何,都可以通过固定的中频来实现这些操作。在接收端,中频放大器包括自动增益控制,以便在解调子系统的输入端提供恒定电平。在发送端,增益控制可以调整射频放大器输入端的电平(或回退)。

中频的带通滤波定义了调制载波的频谱,并限制了噪声带宽。该滤波器的特性取决于相关载波的调制特性。这些滤波器通常采用具有电容器与电感器的巴特沃斯或切比雪夫型传递函数进行设计。发送与接收信道中的滤波器元件、功率放大器和卫星转发器都引入了作为频率函数的群时延抖动。通过群时延均衡器,可

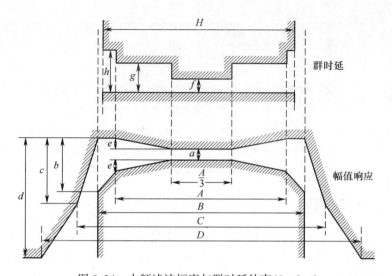

图 8.34 中频滤波幅度与群时延约束(Intelsat)

(表 8.14 与 8.15 给出了图中所示参数的值,其为调制载波占用带宽的函数)

在有效带宽内校正这些变化。这些均衡器集成到带通滤波器中,或通过桥接 T 型电感电容(LC)单元单独实现。举例来说,图 8.34、表 8.14 和表 8.15 给出了 Intelsat 的规范(中频滤波幅度与群时延限制为调制载波占用带宽的函数)。

表 8.14 Intelsat 滤波幅度规范

载波带宽/MHz	A/MHz	B/MHz	C/MHz	D/MHz	a/dB	b/dB	c/dB	d/dB	e/dB
1.25	0.9	1.13	1.15	4.0	0.7	1.15	3.0	25	0.0
2.5	1.8	2.25	2.75	8.0	0.7	1.5	2.5	25	0.0
5.0	3.6	4.50	5.25	13.0	0.5	2.0	3.0	25	0.0
10.0	7.2	9.00	10.25	19.0	0.3	2.5	5.0	25	0.1
20.0	14.4	18.00	20.50	28.0	0.3	2.5	7.5	25	0.1
36.0	28.8	36.00	45.25	60.0	0.6	2.5	10.0	25	0.3
视频	12.6	15.75	18.00	26.5	0.3	2.5	6.5	25	0.1
视频	24.0	30.00	—	—	0.5	2.5	—		0.3

表 8.15 Intelsat 滤波群时延规范

载波带宽/MHz	A/MHz	H/MHz	f/ns	g/ns	h/ns
1.25	0.9	1.13	24	24	30
2.5	1.8	2.1	16	16	20

续表

载波带宽/MHz	A/MHz	H/MHz	f/ns	g/ns	h/ns
5.0	3.6	4.1	12	12	20
10.0	7.2	8.3	9	9	18
20.0	14.4	16.6	4	5	15
36.0	28.8	33.1	3	5	15
视频	12.6	14.2	6	6	15
视频	24.0	30.0	5	5	15

8.5.3 调制解调器

调制解调器子系统根据基带信号类型(多路或单路)、信道编码类型(FEC——前向纠错)、载波调制类型和多址模式(FDMA、TDMA、MF/TDMA、CDMA),在中频环节实现发送端的调制与接收端的解调。

8.5.3.1 能量扩散

能量扩散避免了在调制信号的频谱中出现离散频率。能量扩散是通过在调制之前对要传输的比特流进行加扰来实现的(参见4.1.2节)。而加扰是通过比特流与伪随机序列的模2加法来执行,其中伪随机序列由一组具有适当反馈的移位寄存器生成。在接收时,由解调器恢复的加扰序列(包含错误比特)是通过与本地生成并适当同步的相同伪随机序列组合进行解扰的。

8.5.3.2 信道编码、解码与交织

信道编码的目的是为信息比特增加冗余比特,冗余比特用于接收机检测和错误纠正,这种技术被称为前向纠错(FEC)。4.3节讨论了信道编码的细节和性能改进。通常使用两种编码技术:分组编码与卷积编码。

对于分组编码,编码器将 r 比特冗余与 n 个信息比特的每个码块相关联;每个码块都独立于其他码块进行编码。编码比特由对应码块的信息比特线性组合生成。使用最多的是循环码,特别是 RS 码和 BCH 码,每个码字都是生成多项式的倍数。

对于卷积编码,编码器从前面的 $(N-1)$ 个包含 n 比特信息的数据包中生成 $(n+r)$ 比特;乘积 $N(n+r)$ 定义了编码的约束长度。编码器由移位寄存器与"异或"类型的加法器组成。

DVB 标准通常采用级联编码(4.7节)。在这种情况下,FEC 编码器执行外部编码与内部编码。在 DVB-S 标准中,外码是 RS 码,内码是卷积码,通过打孔调整码率。交织通常在内部编码器与外部编码器之间实现,以确保维特比解码器与 RS 解码器之间的解交织处理能够扩散维特比解码器输出端的残余差错,并在 RS 解码器输出端提供准无误码性能。

在 DVB-S2 标准中,外码是 BCH 码,内码是低密度奇偶校验(LDPC)码(4.8节)。选定的 LDPC 码使用非常大的块长度(对于延迟不敏感的应用,取值为 64800 或 16200)。根据所选择的调制方式与系统要求,可使用 1/4,1/3,2/5,1/2,3/5,2/3,3/4,4/5,5/6,8/9 和 9/10 的码率。采用递归解码技术(Turbo 解码),在调制之前实现已编码帧的比特交织[ETSI-14,ETSI-15]。

8.5.3.3 调制与解调

在数字传输中,通常采用相位调制(BPSK、QPSK、8PSK)或幅相结合调制,例如 DVB-S2 标准采用 16APSK 与 32APSK。这些调制类型的原理已在 4.2 节介绍。石英晶体振荡器或频率合成器产生的正弦波在中频环节调制载波。带通滤波限制了调制载波的频谱。

通过相干解调,接收到的调制载波与本地生成的未调制载波相乘。载波恢复是通过将(已调制的)接收载波通过非线性电路来获得的,该非线性电路产生频率为载波频率倍数的分量,然后通过对这些分量进行滤波和分频来获取。

分频引入了相位模糊,为了正确检测信号,必须消除相位模糊。频谱分量的滤波可以通过锁相环或无源滤波器来实现。在使用 TDMA 传输的情况下,设备均以突发方式工作,载波捕获必须要在很短的时间内完成。

8.5.3.4 突发模式工作

使用 TDMA 或多频 TDMA(MF/TDMA)时,以突发模式工作的调制解调器获取的基带信号是连续传输的,调制解调器将信息包(存储在缓冲存储器中)提供给射频设备,射频设备将信息包在帧中与之相对应的时隙内以突发形式进行发送。在接收端,终端以突发形式接收调制载波,并重新构建连续的比特流。

对于 MF/TDMA,子系统必须具有跳频能力,需要能在不同频率(发射侧)生成突发载波。相应的,接收侧还需要将接收到的来自不同频率的多路突发载波复用到解调器中。连续接收到的突发来自不同的地球站,因此载波的相位和幅度不是连续的。使用无源滤波器(通过自动控制滤波器的中心频率来纠正输入频率的缓慢漂移)解决了每个突发起始时的快速相位恢复问题。自动相位控制补偿了连续突发之间频率的快速变化。具有快速响应时间(小于 $1\mu s$)的自动增益控制可以补偿不同突发之间幅度的变化。

在发送时,当没有需要发送的突发时,中频信道输出电平应足够低以避免干扰其它载波(典型抑制比大于 60dB)。

跳频技术根据突发目的地选择特定的卫星载波频率。因此,地球站在中频环节提供 n 个信道,对应于可以产生 n 个不同射频载波的 n 个变频器。在发送时,频率转换子系统将突发从调制器传输到 n 个中频信道。

突发调制解调器的示例,如图 8.35 所示。除了上述功能之外,调制解调器还实现了一系列控制功能:

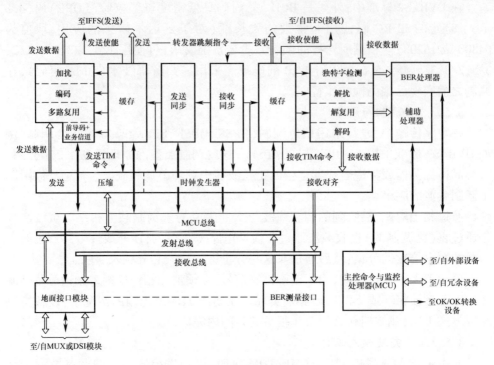

图 8.35　TDMA 终端的通用逻辑设备(CLE)子系统框图

（1）接收控制器利用来自 TDMA 终端的时钟信号在符号级执行数据对齐与独特字识别,将缓冲区中的缓存数据包与接收到的突发时间计划进行同步,并完成解扰、纠错解码以及业务信道(SC)的解复用。

（2）时钟模块为终端提供时钟。该模块包括一个电压控制的石英晶体振荡器,可与参考数据包进行时钟同步。其他时间参考通过主时钟分频获得。

（3）发送控制器提供与接收控制器类似的功能,将缓冲区中缓存的数据与突发时间计划进行同步、生成前导码(包头)、数据多路复用、应用纠错编码和加扰。

（4）主处理器提供以下功能:网络信息采集和同步、突发时间计划的管理与处理,以及可能的自动测试和诊断、冗余管理以及维护协助。

（5）辅助处理器从业务信道和控制与延迟信道(CDC)中提取消息,这些消息在接收时被解复用。辅助处理器还参与网络信息采集和同步功能。

8.6　网络接口子系统

网络接口子系统是通用通信设备收发的基带信号与地面网络格式的基带信号

之间的接口。主要功能是电话信道的多路复用(与解复用),其中可能包括 DSI 与信道复用(DCME)、回波抑制(或消除)以及单信道传输(SCPC)特有的各种功能。新的调制解调器设备还提供用于以太网连接的 RJ45 接口,以提供 IP 网络服务。未来的卫星系统将支持高速互联网分组业务,而不是传统的话音与低速数字业务。

8.6.1 复用与解复用

即使地面网络上的电话信道已被多路复用,但也几乎需要重新分配,因为地面网络和卫星链路上使用的多路复用标准略有不同。

此外,通过地面链路到达地球站的电话信道并非都具有相同的目的地。具有相同目的地的电话信道被分组到一个多路复用器,该多路复用器调制一个载波并被发送到特定目的地。类似地,在接收时,接收到的多路复用中只有部分电话信道与连接到相关地球站的地面网络有关。这些信道(或信道组或信道超组)与其他信道分离,并与接收到的、来自其他地球站的、承载在其他载波上的信道合并。然后将这些信道组合起来,形成一个地面标准的多路复用,其目的是连接相关地面站的交换机。

3.1.1 节介绍了数字传输多路复用标准。有两种类型的体系结构,分别具有 24 个电话信道(1.544Mbit/s)和 30 个电话信道(CEPT,2.048Mbit/s),这两种体系结构可用于地面网络和卫星链路。

地球站的多路复用设备将具有相同目的地的不同来源的比特流组合在一起,但地球站时钟和不同来源的比特流时钟之间不能同步。这种不同步的原因是振荡器的不稳定性与漂移以及链路上传播时间的变化。

在比特流不同步时,需要使用缓冲存储器并添加填充比特,以便在多路复用之前获得完全相同的比特率。当比特流是同步(同步时钟)或准同步(几乎但不完全同步的时钟,精度为 10^{-11} 数量级)时,操作会变得容易。在后一种情况下,可以利用帧滑动技术定期重新调整比特流,并不需要填充比特(见 3.1.1.3 节)。

8.6.2 数字语音插值

数字语音插值(DSI)利用电话信道中的静默,在这些静默中插入代表另一个信道的激活话音比特(3.1.1.3 节)。这样,来自地面网络的 m 个电话信道可以在容量为 n 个数字电话信道的多路复用器中传输,其中 $m>n$[CAM-76,KEP-89]。

图 8.36 说明了这一原理。为了识别地面网络信道中的静默,话音检测器是必要的设备。数字语音插值设备将卫星链路的一个信道(承载信道)分配给每个激活的地面电话信道。这种分配是任意的,可以在相同的地面信道上从一个话音突发切换到另一个话音突发。分配信息在信令信道上进行传输。

在接收时,数字语音插值设备根据接收到的信令消息,建立承载信道与地面电话信道之间的连接,从而将比特流路由到其正确目的地。

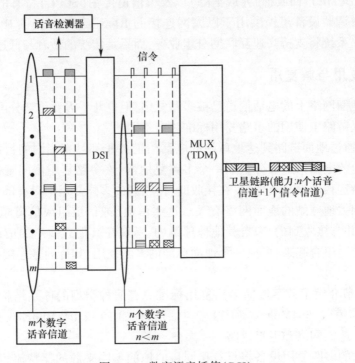

图 8.36 数字语音插值(DSI)

数字语音插值系统的性能由语音插值增益 m/n 来衡量。当要集中的信道数量很大时,该增益会很大。若信道数超过 60,则获得的增益可以达到 2.5。语音插值增益的限制来自以下方面:

(1) 卫星链路的所有承载信道都被占用而无法路由话音突发,导致性能下降。

(2) 信令信道临时过载导致性能下降。

(3) 地面电话信道激活系数大于话音激活系数(例如,当用于数据传输时)。

若在给定时间内,激活的地面电话信道数量超过可用承载信道的数量 n,则可以通过比特窃取技术来发送已阻塞的话音突发样本中超出的比特。地面网络的 7 个电话信道上的量化话音样本中的最低有效比特不被发送,对于这 7 个电话信道,量化被执行到第 7 比特而不是第 8 比特。这虽然暂时增加了量化噪声,但这样的质量降级终究要小于被削波后的质量恶化。

8.6.3 数字电路倍增设备

数字电路倍增设备(DCME)允许在卫星电话信道的商业开发中改进数字语音插入(DSI)技术(参见 Intelsat 规范 IESS 501)[FOR-89,YAT-89]。该设备结合了两种技术,用于倍增在同一卫星承载信道上传输的电话信道数量。这两种技术是数字语音插入(DSI)与自适应脉冲编码调制(ADPCM)。

与 8.6.2 节描述的数字语音插入技术相比,通过自适应差分编码可进一步获得 2 倍因子,这种话音信号样本的编码使用 4bit 而非 8bit。因此,卫星链路上给定数量的承载信道可以传送更多数量的地面信道(大约 5 倍多)。

8.6.3.1 数字电路倍增设备结构

电路倍增设备的典型结构如图 8.37 所示,具有以下功能。

(1) 输入数据链路接口(DLI):该接口设备以 1.544Mbit/s 或 2.048Mbit/s 的速率处理地面干线,并提供 2.048Mbit/s 比特流;还提供时钟恢复并在准同步模式下提供帧同步。在将 1.544Mbit/s 转换为 2.048Mbit/s 时,DLI 引入了填充位,31bit 中只有 24bit 对应于信息比特。

(2) 时隙交换(TSI):该设备在 DLI 的输入端出现 1.544Mbit/s 的干线时使用。TSI 将 10 个 2.048Mbit/s 的流(最初为 1.544Mbit/s)分组,以获得 8 个 2.048Mbit/s 比特流,这些流仅包含由设备生成的信息位与控制位。

(3) 数字语音插入(DSI):该设备由与噪声电平监视器相关的话音检测器、可能用于预测话音检测的延迟线、2100Hz 导频音检测器以及用于区分话音和数据信号的设备组成。DSI 设备通常将 150 个地面信道合并成 62 个承载信道。但在给定时间,150 个地面信道传输的激活话音样本数量可能超过 62 个。在这种情况下,该设备能够使用比特窃取技术同时处理多达 96 个话音样本。

(4) 自适应差分脉冲编码调制(ADPCM):这些自适应差分编码器使用符合 ITU-T 规范 G.721 与 G.723 要求的、合适的编码算法。编码器能将 62 个承载信道重新分组成速率为 2.048Mbit/s 的比特流。

(5) 可变比特率(VBR):在正常情况下,A 律或 μ 律的 PCM 话音信号样本被编码为 4bit。当 DSI 设备同时传送超过 62 个样本时,额外的编码器会被激活以创建临时承载信道。然后所有编码器必须共享输出比特率,其最大值不能超过 2.048Mbit/s。某些信道(不包括那些承载数据的信道)的编码器根据 VBR 程序按 3bit(而非 4bit)进行编码。从一个样本到下一个样本的信道选择是随机的。在电话信道带宽内传输的数据信号在专门优化的编码器中以 32kbit/s 编码速率进行处理。

(6) 输出数据链路接口(DLI):该接口设备实现 2.048Mbit/s 的 ADPCM 编码器输出与标准 2.048Mbit/s(或 1.544Mbit/s)速率承载间的接口。

8.6.3.2 电路倍增增益

电路倍增增益是输入地面信道数量与数字电路倍增设备输出承载信道数量之比,典型值为 5。地面电话信道分布在不同时区的广阔地理区域上,在这种情况下,业务高峰分布在一段时间内,且在同一时间具有大量激活信道的概率很低。故

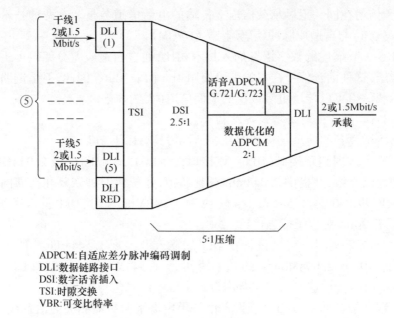

图 8.37　数字电路倍增设备结构

可以增加连接到该设备的地面信道的数量,例如多达 240 个信道,这些信道在可用的 62 个承载信道中传输。这样,通过利用 240 个信道之间的不同激活时间,语音插值增益变为 4;在上述条件下,整体电路倍增增益可达到 8。

数字电路倍增设备通常用于点对点卫星链路的两端,也可用于点对多点操作。

多目的地操作利用了卫星能够将载波同时传送到多个地球站的能力。IESS-501 中指定的数字电路倍增设备最多可同时支持 4 个目的地。载波可以被配置为单个信道簇,由所有数字电路倍增设备流量共享,也可以被隔离成两个单独的信道簇。具有多个目的地的单簇情况构成多目的地运行模式,而每个簇一个目的地的双簇情况则称为多簇运行模式。

8.6.3.3　多目的地运行模式

在多目的地模式下,安装在地球站中的数字电路倍增设备具有以下功能:

(1) 在发送端,用于传输的载波容量在所有目的地之间共享,并指示每个样本的目的地,以便每个目的地的接收设备能够识别发送给自身的样本,并重建相应的电话信道。

(2) 在接收端,从来自其他地球站的速率为 2.048Mbit/s 的载波中提取发送到地球站的电话信道。

注意,数字电路倍增设备可生成一个发送载波并处理多个接收载波。速率为 2.048Mbit/s 的载波直接在 IDR 载波上或者在 TDMA 帧的突发内路由。到交换中心地面链路上的电话信道并不集中,因此该链路上的比特率大于卫星链路上传输的速率。例如,在 2.048Mbit/s 卫星链路上的 4 个站点之间的业务交换需要 8.448Mbit/s 的地面链路来承载。

8.6.3.4 多簇运行模式

在多簇运行模式下,在载波上传输的样本以 2.048Mbit/s 的速率排列在载波帧内的多个簇中。每个簇都与一个特定的目的地相关联,并包含来自 DSI 过程中其自身的分配信息。Intelsat 系统每帧最多使用两个簇。

这种方法使数字电路倍增设备能够配置于交换中心。因此,交换中心与地球站之间的地面链路也受益于电路倍增增益,然而,由于每个簇的信道数量减少,电路倍增增益可能会较小。

在地球站进行如下操作:

(1) 在发送端,由多个簇组成的载波直接调制多目标载波(IDR 载波)或在 TDMA 帧的子突发中传输。

(2) 在接收端,从特定地球站接收到的载波包含多个簇(Intelsat 为两个),但发给接收站的簇只有一个,该簇将与来自其它地球站的簇进行复用,形成 DCME 接收载波,该载波将被路由到交换中心。该操作很容易实现,因为从其帧中的位置可以知道簇的目的地。在 IDR 传输的情况下,此操作由专用设备(簇分类设备 CSF)实现;在 TDMA 的情况下,该操作由地面网络接口设备(数字非插值 DNI 与直接数字接口 DDI)实现。这使地面链路得以获取电路倍增带来的增益。

8.6.4 SCPC 传输专用设备

利用 SCPC 传输专用设备可以通过话音信号及其压缩扩展来激活载波。

话音检测器只有在相关信道上出现话音信号时才会激活传输载波,这使得在给定时刻通过卫星转发器的载波数量减少。由此每个载波的 EIRP 会更高,互调噪声会更小。

8.6.5 用于 IP 网络连接的以太网端口

在新的卫星调制解调器中,互联网协议(IP)被集成为卫星地球站室内单元的一部分。调制解调器通过其以太网端口可以配置成 LAN 网桥或 IP 网关。以太网端口通常会配置两个 RJ45 连接器。

8.6.5.1 网桥功能

当调制解调器配置为以太网网桥时,所有终端(如笔记本电脑或移动设备)都会连接到同一个 IP 子网。本质上,网桥在卫星上透明地传输 IP 数据包,无需对 IP 包头字段进行任何处理。因此,对于简单的点对点通信,很少或根本不需要用户设置经卫星传输的 IP。若以太网端口被配置为网桥的一部分,那么到调制解调器的单个以太网连接可用于 IP 业务、调制解调器的监测和控制(M&C)。网桥功能根据来自网络中的每个终端设备的应答来维护关于帧转发的信息。

8.6.5.2 IP 路由功能

卫星调制解调器也可以配置为 IP 网关。一个以太网端口专用于 IP 业务,另一个以太网端口可配置为用于网桥功能之外的监控。为了监控调制解调器工作状态,需要设置 IP 地址与子网掩码。IP 地址可以手动设置,也可以采用子网上的动态主机控制协议(DHCP)。静态路由允许根据一组显式路由规则做出路由决策。动态路由需要标准路由协议的支持,如路由信息协议(RIP)与开放最短路径优先(OSPF)协议。

为调制解调器提供默认网关 IP 地址,并为不在本地子网内的所有目的地提供下一跳 IP 地址。上述两个 IP 地址通常设置为将数据包转发到正确网络的路由器的地址。

8.6.5.3 IP 地址

每个以太网端口可以配置自己的 IP 地址。两个以太网端口可以桥接在一起,形成一个双端口交换机。在网桥模式下,不使用 IP 地址;在路由模式下,一个 IP 地址覆盖同一子网内的两个端口。如果监控端口在网桥之外(业务端口有自己的 IP 地址),那么 IP 业务端口和监控端口必须位于不同的子网上。

8.6.5.4 卫星网关

当 TCP/IP 协议栈在常规调制解调器上运行时,该调制解调器可以充当网关的角色,它可以是监控网关、端口连接到用户设备的 IP 业务网关或端口连接到卫星链路的卫星网关。

8.6.5.5 IP 业务吞吐量性能

IP 业务吞吐量性能取决于多种因素,包括单向或双向业务、数据包大小、数据速率以及 IP 特性。最好在调制解调器与本地网络之间放置一个交换机(或路由器),以尽量减少调制解调器处理的数据包数量,因为无关的网络数据(与卫星无关)有可能会超过调制解调器的数据包处理极限。所有卫星调制解调器都需具备 TCP 加速—性能增强功能(PEP),以保证调制解调器的最大数据速率。IP 业务的包头压缩功能也可以减小数据包的大小。

8.6.5.6 协议包头压缩

互联网标准中鲁棒包头压缩(ROHC)包括以下不同模式:

(1) 将 IP 数据包包头与 UDP 包头一起压缩。

(2) 压缩 IP 包头、UDP 包头和 RTP 包头。

(3) 通过卫星传输时压缩以太网包头。

IP、UDP 和 RTP 包头的 40Byte 通常被压缩为 1~3Byte。TCP 数据包的包头也可以被压缩。当以太网包头被压缩时,以太网帧的 14Byte(即使不使用压缩功能,以太网 CRC 也不会通过卫星发送)通常会减少到 1Byte。

8.6.5.7 IP 连接模式

卫星调制解调器可用于以下连接模式：

(1) 点对点模式。一个调制解调器与另一个调制解调器进行收发传输(有一条直接的卫星返回路径)。

(2) 点对多点模式。一个中心站调制解调器向多个远端调制解调器进行传输。远端调制解调器可以是单收的,也可以是收发一体的(但只能发回中心站调制解调器)。这些调制解调器以菊花链形式一起连接到中心站调制解调器。

(3) 网状网络模式。许多远端站点都有一个发送载波用于与其他站点通信。每个站点还为其他站点配备一个用于接收的调制解调器,以允许接收来自其他站点的数据。

8.7 监测与控制、辅助设备

监测地球站的正确运行和控制是监测与控制、辅助设备的目的。本节还给出了辅助设备中与地球站电源相关的几个规范。

8.7.1 监测、告警与控制设备

地球站的监测、告警与控制设备具有以下用途：

(1) 为操作员提供监测与控制地球站(包括测量参数、服务设备、开关位置等)的必要信息以及业务流量管理。

(2) 当发生错误操作或影响主用地球站设备或链路性能的突发事件时,发出警报并识别出相关设备等。

(3) 允许对地球站设备进行控制,包括设备投入使用、调整参数、切换冗余设备等。

监测与控制功能或在本地提供,或集中提供,也可以在计算机的控制下实现。在本地控制的情况下,通过设备上的警告灯、指示器和控制按钮来提供这些功能;在集中控制的情况下,各种功能集中在一个控制中心,所有被监测的参数都可在该控制中心获得,并通过各种显示设备(如屏幕、指示器和警告灯)呈现给操作员。控制台可以实现对上述各种设备的控制。该监测与控制中心和设备之间有一定的物理距离。

下一步操作是计算机选择最重要的参数在标准屏幕上显示并检测异常情况、准备特殊命令,并在无人干预的情况下自动执行命令(例如启用备用设备)或经操作员批准后执行命令。

通过集中管理或计算机辅助管理,可以实现地球站的无人值守作业;监测与控

制信息可以通过专用地面线路或卫星链路上的信道发送到远程公共网络控制中心。

8.7.2 电源

电源是地球站设备运行所必需的。在大多数情况下,电源是从国家能源配电网获得的。根据规定的可用性要求,通常需要采取预防措施以防止电源中断。地球站一般可以使用以下三种类型的电源:

(1) 不间断电源,为所有必须不间断运行的设备供电,如射频通信设备、应急照明等。

(2) 备用电源,为可承受数分钟供电中断的设备供电,如天线伺服系统。

(3) 无备用电源,为可承受数小时中断的非关键电路与设备供电(如空调、天线除冰装置等)。在长时间停电的情况下,通常可以根据需要从备用电源取电。

无备用电源的设备只能由国家电网(市电)供电,当市电可用时,有备用电源的设备也是由市电供电。不间断供电通过使用电池来实现,这些电池可以直接为相关设备提供直流电,若需要交流电则通过整流器实现连续交流供电。国家电网通过整流器为电池提供浮动充电。在停电的情况下,发电机会自动启动,该发电机为连接到备用电源的设备供电,还可以替代国家电网为电池继续充电;整流器供电电路在出现故障时会自动与市电断开。在故障结束时,发电机停止工作,使用备用电源供电的设备切换回市电供电。

8.8 总 结

自卫星通信时代开启以来,地球站不断发展,但地球站的总体架构没有改变。地球站规模的缩小证明了这一发展过程。天线的直径最初超过 30m,现在在某些情况下可以小到几十厘米。这与通信卫星 EIRP 增大以及高性能传输技术的使用有关。通过使用数字技术与大规模集成部件,地球站使用的设备在尺寸上明显减小。

以上这些技术的应用使设备的处理能力与复杂度大大提高,同时带来了性能的提升。通过这种方式,使应用复杂传输技术成为可能,例如 TDMA、扩频传输、高阶调制、纠错编码等。在设备设计中使用这些技术大大简化了操作与维护。例如,在频率转换阶段,可编程频率合成器允许快速载波频率选择,频率的稳定性也较高。在计算机控制下的监控可确保对不同系统的运行情况进行连续监测,并快速发现故障设备,甚至用备用设备替换故障设备。

与此同时,新系统的出现能够让人们更好地利用卫星通信技术提供多方面服务,例如无需额外费用就能通过广播覆盖广大用户。这些系统为商业通信、农村电信、视频数据分发、数据广播、互联网接入、交互式传输与移动通信特别是高速宽带多媒体互联网服务的最新发展提供了多种电信服务的可能性。其中许多系统利用安装在用户房屋内的小型地球站提供直接电话链路(农村通信)、与专用网络上的甚小口径终端(VSAT)的数据通信、互联网接入与视频接收等。对于移动通信,需要综合考虑设备的质量与功率限制以及跟踪或全向天线的使用。

参 考 文 献

[CAM-76] Campanella, S.J. (1976). Digital speech interpolation. COMSAT Technical Review 6 (1):127-157.

[CCIR-90] CCIR. (1990). Earth-station antennas for the fixed-satellite service. Report 390.

[DAN-85] Dang, R., Watson, B.K., and Davis, I. (1985). Electronic tracking systems for satellite ground stations. In: 15th European Microwave Conference, 681-687. IEEE.

[DUR-87] Durwen, E.J. (1987). Determination of Sun Interference Periods for Geostationary Satellite Communication Links, 183-195. Elsevier Science.

[EDW-83] Edwards, D.J. and Terrell, P.M. (1983). The smoothed step-track antenna controller. International Journal of Satellite Communications 1: 133-139.

[ETSI-14] ETSI. (2014). Digital video broadcasting (DVB); second generation framing structure, channel coding and modulation systems for broadcasting, interactive services, news gathering and other broadband satellite applications; part 1: DVB-S2. EN 302 307-1V1.4.1.

[ETSI-15] ETSI. (2015). Digital video broadcasting (DVB); second generation framing structure, channel coding and modulation systems for broadcasting, interactive services, news gathering and other broadband satellite applications; part 2: DVB-S2 extensions (DVB-S2X). EN 302 307-2V1.1.1.

[FOR-89] Forcina, G., Oei, W.S., Oishi, T., and Phiel, J. (1989). Intelsat digital circuit multiplication equipment. In: Proceedings of the ICDSC 8th International Conference onDigital Satellite Communications, Pointe à Pitre, 795-803.

[GAR-84] Garcia, H. (1984). Geometric aspects of solar disruption in satellite communications. IEEE Transactions on Broadcasting BC-30 (2, 49): 44.

[GIL-86] Gilmour, A.S. Jr. (1986). Microwave Tubes. Artech House.

[HAW-88] Hawkins, G.J. et al. (1988). Tracking systems for satellite communications. IEE Proceedings 135 (5): 393-407.

[HO-61] Ho, H.C. (1961). On the determination of the disk temperature and the flux density of a radio source using high gain antennas. IRE Transactions on Antennas and Propagation: 500-510.

[ITUR-02] ITU-R. (2002). Impact of interference from the sun into a geostationary-satellite orbit fixed satellite service link. S.1525-1.

[ITUR-04] ITU-R. (2004). Radiation diagrams for use as design objectives for antennas of earth stations operating with geostationary satellites. S.580.

[ITUR-06] ITU-R. (2006). Maximum permissible levels of off-axis e.i.r.p. density from earth stations in geostationary-satellite orbit networks operating in the fixed-satellite service transmitting in the 6, 13, 14 and 30GHz frequency bands. S.524-9.

[ITUR-10] ITU-R. (2010). Reference radiation pattern for earth station antennas in the fixed-satellite service for use in coordination and interference assessment in the frequency range from 2 to 31GHz.S.465.

[ITUT-02] ITU-T. (2002). Series G: transmission systems and media, digital systems and networks, digital networks-quality and availability targets, end-to-end error performance parameters and objectives for international, constant bit-rate digital paths and connections. G.826.

[JOH-84] Johnson, R.C. and Jasik, H. (1984). Antenna Engineering Handbook. McGraw-Hill.

[KEP-89] Kepley,W.R. and Kwan, A. (1989). DSI development for 16 kbit/s voice systems. In: ICDSC 8th International Conference on Digital Satellite Communications, Pointe à Pitre, 551-559.

[KRE-80] Kreutel, R.W. and Potts, J.B. (1980). The multiple-beam Torus earth stations antennas. In: International Conference on Communications ICC 80, Seattle, 25.4.1-25.4.3. IEEE.

[LOE-83] Loeffler, J. (1983). Planning for solar outages. Satellite Communications: 38-40.

[LUN-70] Lundgren, C.W. (1970). A satellite system for avoiding serial sun-transit outages and eclipses. Bell Technical Journal 49 (8): 1943-1957.

[MOH-88] Mohamadi, F., Lyon, D., and Murrell, P. (1988). Effects of solar transit on Ku-band Vsat systems. International Journal of Satellite Communications 6: 65-71.

[RAU-85] Rauthan, D.B. and Garg, V.K. (1985). Geostationary satellite signal degradation due to sun interference. Journal of Aeronautical Society of India 37 (2): 137-143.

[RIC-86] Richaria, M. (1986). Design considerations for an earth station step-track system. Space Communications and Broadcasting 4: 215-228.

[SHI-71] Shimbo, O. (1971). Effects of intermodulation AM-PM conversion and additive noise in-multicarrier TWT systems. Proceedings of the IEEE 59: 230-238.

[SHI-68] Shimbukuro, F. and Tracey, J.M. (1968). Brightness temperature of quiet sun at centimeter and millimeter wavelengths. The Astrophysical Journal 6: 777-782.

[TOM-70] Tom, N. (1970). Autotracking of communication satellite by the steptrack technique. In: Proceedings of the IEE Conference on Earth Station Technology, 121-126.

[VUO-83a] Vuong, X.T. and Forsey, R.J. (1983). C/N degradation due to sun transit in an operational communication satellite system. In: Proceedings of the Satellite Communication Conference SCC-83,Ottawa, 11.3.1-11.3.4.

[VUO-83b] Vuong, X.T. and Forsey, R.J. (1983). Prediction of sun transit outages in an operational communication satellite system. IEEE Transaction Broadcasting BC-29 (4): 134-139.

[WAT-86] Watson, B.K. and Hart, M. (1986). A primary-feed for electronic tracking with circularly-polarised beacons. In: Proceedings of the Military Microwaves Conference, Brighton,261-266.

[YAT-89] Yatsuzuka, Y. (1989). A design of 64 kbps DCME with variable rate coding and packet discarding.In: Proceedings of the ICDSC 8th International Conference on Digital Satellite Communications,Pointe à Pitre, 547-551.

第 9 章 通信有效载荷

本章将描述卫星有效载荷,并重点介绍其设计原则、特征参数及设备实现技术。

对于大多数通信卫星,有效载荷由两个部分组成——转发器与天线,二者具有非常明确的接口定义。由于有源天线中馈源与放大器紧密结合,故这种分法对于有源天线并不那么直观。为表述清楚,本章首先在转发器部分讨论放大器技术,随后在天线部分讨论有源天线。

本书中"转发器"一词是指在收发天线之间对载波执行一系列处理功能的电子设备。转发器通常包括多个信道,它们分别对应有效载荷整个频段内的各子频段。单波束透明转发器(9.2 节)、再生转发器(9.3 节)和多波束有效载荷(9.4 节)的结构各有不同。本章将首先介绍有效载荷的功能和特征参数,所有涉及的技术均为现代卫星通信系统和网络的基本技术。

9.1 有效载荷的功能与特点

9.1.1 有效载荷的功能

卫星通信有效载荷的主要功能如下:

(1) 接收地面站在给定频段与给定极化下发射的载波(地面站位于地球表面的特定区域[服务区]内,卫星能够以一定角度看到这些地面站,该角度决定了卫星天线波束的角度宽度。接收天线波束与地球表面的交汇面定义了接收覆盖区域范围)。

(2) 尽可能少地接收干扰(干扰是指来自其他区域或不符合给定频率或极化的载波)。

(3) 在尽可能限制噪声和失真的情况下,对接收到的载波进行放大(接收到的载波电平在数十皮瓦量级)。

(4) 将上行链路收到的载波频率转变为下行链路的频率(例如,Ku 频段范围 11~14GHz,Ka 频段范围 20~30GHz)。

(5) 在发射天线接口处提供特定频段所需的功率(需要提供的功率从数十瓦到数百瓦不等)。

（6）将特定频段与特定极化(均为下行链路天线波束的特征参数)的载波发射到地球表面的特定区域(服务区)。发射天线波束与地球表面的交汇面定义了发射覆盖区域范围。

无论有效载荷的结构如何,都需要实现上述功能。对于多波束卫星,还需要将载波从任意给定的上行波束传送到任意给定的下行波束。再生转发器还必须提供载波的解调和二次调制功能。

分配给转发器的频段可达数百至数千兆赫。为便于功率放大,整个频段通常被划分为若干子频段(信道或转发器),每个子频段均有自己独立的放大链路。这些子频段信道带宽通常为数十兆赫。

9.1.2 有效载荷的特征参数

通信卫星有效载荷的特征参数如下:
（1）各转发器信道的发射与接收频段及极化方式。
（2）发送与接收的覆盖范围。
（3）等效全向辐射功率(EIRP)在某一特定区域(卫星发射覆盖范围)达到的功率通量密度。
（4）卫星接收天线处需要的功率通量密度,需保证转发器信道输出端满足相应的性能指标(这取决于具体的信道或信道组)。
（5）接收系统在特定区域(卫星接收覆盖范围)的 G/T 值。
（6）非线性特性。
（7）特定数量(或百分比)的信道在 N 年后具备正常工作能力的可靠性。

天线覆盖范围是根据地球表面上的一组参考点获得的射频特性来确定的,这组参考点定义了服务区的轮廓。波束宽度通过考虑天线波束指向偏差情况,由覆盖区域边界的衰减(通常取 3dB)来确定(见 9.7 节与 9.8 节)。一般而言,接收覆盖区域与发射覆盖区域的考虑方式不同。

对于一个转发器信道,其在一个给定区域内产生的 EIRP 或功率通量密度通常由特定工作条件下的覆盖边缘(EOC)区域确定,这通常涉及放大器的饱和工作。通信卫星在地球表面产生的功率通量密度受监管限制[ITU-R Rec. SF.358]。

卫星接收天线处的最小功率通量密度由给定的接收覆盖范围和转发器信道放大器的特定工作条件定义。

接收系统的品质因数(G/T)同样由给定的接收覆盖范围定义(例如,由覆盖区域边界的最小值定义)。

非线性特性主要指给定数量等振幅载波在放大器特定输出回退(OBO)情况下输出的三阶互调产物(见 9.2.1 节)。

可靠性问题将在第 13 章重点介绍。

9.1.3 各射频特性间的关系

从链路预算的角度来看,有效载荷的主要特性参数为下行链路 EIRP 与上行链路品质因数(G/T)。尽管这两个参数描述的链路不同,但并非相互独立。为简单起见,考虑在无干扰和单一接入情况下经过有效载荷的站对站链路,则整个链路的载波功率与噪声功率谱密度比$(C/N_0)_T$可以写为(见式(5.70))

$$(C/N_0)_T^{-1} = (C/N_0)_U^{-1} + (C/N_0)_D^{-1} \quad (\text{Hz}^{-1})$$

式中:$(C/N_0)_U$为上行链路载噪比,与卫星的品质因数G/T成正比;$(C/N_0)_D$为下行链路载噪比,与信道的 EIRP 成正比。

对于一个给定的$(C/N_0)_T$性能指标,G/T与 EIRP 值之间的关系可表示为

$$C = A(G/T)^{-1} + B(\text{EIRP})^{-1} \tag{9.1}$$

式中:A、B、C 在给定性能指标情况下为常数。这种关系如图 9.1 所示。对于地面站而言,在选择参数值时需要进行综合考虑。假设给定覆盖范围内的接收与发射天线增益固定,则可最终确定输出放大器提供的功率P_{TX}与系统噪声温度T间的均衡关系。

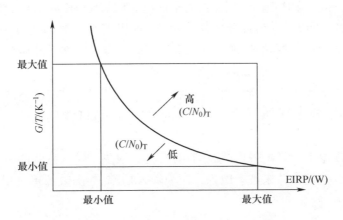

图 9.1 给定性能指标$(C/N)_T$下卫星G/T与 EIRP 的关系

因此对于给定的性能指标,在满足功率与噪声系数约束限制的条件下,可以通过增加信道输出放大器的功率,补偿系统噪声温度的增加(功率与噪声温度的交换)。对于含干扰和互调噪声的链路,该方法仍然有效(相应的数学描述也更复杂)。

9.2 透明转发器

本节介绍收发两端均为单波束天线情况下的透明转发器设备的结构与技术。

这种配置在文献中也被称为弯管转发器,即两个方向各仅有一个天线端口(接收侧为输入,发射侧为输出)。所有地面站均位于同一覆盖区域,使得网络结构简单,仅需考虑各站间的卫星资源共享(如第 6 章所述)。由于转发器的结构主要由设备的非线性特性决定,因此首先介绍这种非线性特性。

9.2.1 非线性特性

有效载荷设备表现出非线性特性。非线性特性取决于输入端的载波电平,这一情况出现于使用行波管(TWT)、速调管和晶体管等有源器件的设备。然而,在某些条件下(特别是在高功率情况下),即使是滤波器和天线等无源设备也会出现非线性,这种情况通常称为无源互调(PIM)[HOE-86, TAN-90]。

以下部分旨在定义目前广泛使用的各种相关参数。首先介绍多项式模型,仅考虑振幅,虽不够完善,但更容易说明问题;随后将介绍振幅与相位共同作用的更复杂的模型。

9.2.1.1 放大器的多项式建模

转发器的主要功能之一是放大载波功率。理想放大器的输入—输出特性应为线性,但在实际应用中,输出电平(尤其是高电平时)不与输入信号的振幅成正比。针对这种现象,可以设计出各种各样的模型(这里仅考虑振幅),其中最简单的就是将输出载波的瞬时振幅 S_o 视为输入载波瞬时振幅 S_i 的多项式函数,即

$$S_o = aS_i + bS_i^3 + cS_i^5 + \cdots \quad (V) \tag{9.2}$$

式中: a、b、c 等系数均为常数。这些常数与多项式阶数(若只考虑奇数阶互调产物,则仅需要奇数次幂,见 9.2.1.3 节)的选择,应尽可能地表征放大器的实际特性。

非线性现象也会影响输出载波的相位,具体取决于输入载波的振幅,这种现象在上述多项式建模中并未被考虑到。作为输入功率 P_i 函数的相对相位变化 $\Delta\Phi$,可以单独建模,例如[BER-71]

$$\Delta\Phi = a[1 - \exp(-bP_i)] + cP_i \tag{9.3}$$

式中: a、b、c 为贴近实际特性而选择的常数。

9.2.1.2 单载波的功率传输特性

对于一个施加于某器件输入端的未调制载波(瞬时振幅以 $S_i(t) = A\sin\omega_1 t$ 的形式表示),使用式(9.2)对输出载波的瞬时振幅进行多项式展开,可得多项之和的表达式,其中一项的角频率为 ω_1,其他项由角频率为 ω_1 倍数的谐波组成。在实际应用中,滤波器的截止频率通常低于谐波频率,因此谐波可以滤除。在 1Ω 负载上的载波功率通过取角频率 ω_1 项的振幅平方的 1/2 来表示,故可使用多项式建模,有

$$P_{o1} = (1/2)A(aA + 3bA^3/4 + 15cA^5/24 + \cdots)^2 \quad (W) \qquad (9.4)$$

式中：P_{o1}代表单载波工作时的输出功率（下角标中，o 代表输出，1 代表单载波）。代入输入信号功率 $P_{i1} = A^2/2$（功率在 1Ω 负载上定义），可得

$$P_{o1} = P_{i1}[a + (3b/2)P_{i1} + (15c/6)(P_{i1})^2 + \cdots]^2 \quad (W) \qquad (9.5)$$

这种关系构成了功率传输特性，其代表载波输出功率 P_{o1} 与载波输入功率 P_{i1} 之间的函数关系。

这一特性对应的曲线在输入端施加特定值 $(P_{i1})_{sat}$ 时具有最大值[BAU-85]，该最大值对应（单载波工作时）饱和输出功率 $(P_{o1})_{sat}$。单载波工作时的饱和功率是制造商提供的产品数据表中用来描述放大器（如 TWT 或速调管）特性的数值。

饱和输出功率 $(P_{o1})_{sat}$ 与相应的输入功率 $(P_{i1})_{sat}$ 之间关系为

$$(P_{o1})_{sat} = G_{sat}(P_{i1})_{sat} \quad (W) \qquad (9.6)$$

式中：G_{sat} 为器件的饱和功率增益。

（1）归一化特性：输入与输出回退。放大器的某一工作点（Q）由一对输入与输出功率 $(P_{i1}, P_{o1})_Q$ 描述。很容易将这两个值分别关于饱和输出功率 $(P_{o1})_{sat}$ 与获得饱和所需的输入功率 $(P_{i1})_{sat}$ 进行归一化。因此，归一化特性将 $Y = P_{o1}/(P_{o1})_{sat}$ 与 $X = P_{i1}/(P_{i1})_{sat}$ 联系起来，图 9.2(a) 显示了典型 TWT 的 Y-X 关系（单位为 dB）。

对于由 $(P_{i1}, P_{o1})_Q$ 定义的某一工作点，其 $(X)_Q$ 与 $(Y)_Q$ 分别代表输入回退 (IBO) 与输出回退 (OBO)（见 5.9.1.4 节）。通过对式 (9.5) 进行有限展开可得到简化的归一化模型，对输入功率进行微分，并将 $P_{i1} = (P_{i1})_{sat}$ 的导数设置为零，可得到饱和功率的数值，即

$$P_{o1} = \frac{G_{sat} P_{i1}}{4}\left[3 - \frac{P_{i1}}{(P_{i1})_{sat}}\right]^2 \quad (W) \qquad (9.7a)$$

在简化情况下，归一化可得

$$Y = (X/4)(3 - X)^2 \qquad (9.7b)$$

（2）振幅调制到振幅调制（AM/AM）转换系数。当 X 取值很小时，式 (9.7b) 可简化为 $(Y)_{dB} = (X)_{dB} +$ 常数，此时图 9.2(a) 中特性曲线（以 dB 为单位）的斜率等于 1，即对于 1dB 的输入功率变化，输出功率也会变化 1dB（线性区域内）。该斜率被称为 AM/AM 转换系数，以 dB/dB 来表示。因此，当回退的绝对值较大时（如使用 TWT 时，OBO 小于 -15dB），AM/AM 转换系数随输入功率的增加而减小，当功率到达饱和时变为零。

（3）功率增益。输出功率 P_o 与输入功率 P_i 的比为功率增益，其线性部分内值为恒定，对应于低功率水平（此时称为小信号功率增益 G_{ss}），此后随着接近饱和状态而降低，如图 9.2(b) 所示。饱和状态下的增益值记作 G_{sat}，即器件的饱和功率增益。

（4）1dB 压缩点。当实际特性偏离线性部分延长线达 1dB 时，得到的输出功

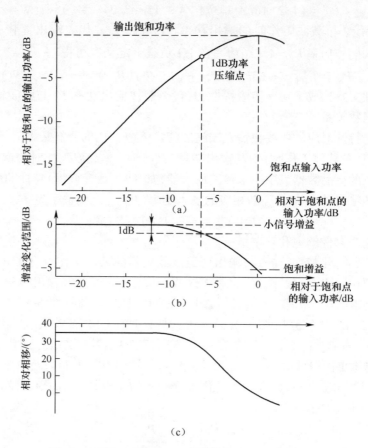

图9.2 以输入回退(IBO)为函数的归一化特性
(a)单载波工作时的放大器功率传输;(b)功率增益;(c)输入与输出间的相对相移。

率被定义为1dB压缩点,该点对应于功率增益降低1dB。该参数用于定义可视为线性特性的部分。为获得放大器模块的准线性操作,必须禁止信号电平大于1dB压缩点定义的值。在制造商提供的技术数据表中,1dB压缩点经常用于表征固态放大器的功率性能(对于此类放大器,驱动到饱和功率可能损坏器件)。

(5) 振幅调制到相位调制(AM/PM)转换系数 K_p。非线性也会影响信号相位,即在输入与输出间引入相移。相移相对于饱和状态的相对变化为输入信号电平的函数,如图9.2(c)所示。该特性曲线的斜率称为AM/PM转换系数 K_p,可表示为

$$K_p = \Delta\phi \ / \ \Delta P_{i1} \quad ((°)/dB) \tag{9.8}$$

该转换系数以度/分贝((°)/dB)表示,当输入功率值小于饱和值数分贝时,转

换系数达到最大值。

9.2.1.3 多载波的功率传输特性

对于多载波工作,器件的输入信号可以视为多个未调制正弦波的叠加,故可表示为

$$S_i = A\sin\omega_1 t + B\sin\omega_2 t + C\sin\omega_3 t + \cdots \quad (V)$$

使用式(9.2)对输出信号的瞬时振幅进行扩展,将在输入角频率(ω_1,ω_2等)及这些频率的线性组合的频率(互调产物)上出现分量。这些互调产物已在6.5.4节中定义,仅奇数阶互调产物出现在输入频率附近。同时,这些互调产物的振幅随其阶数的升高而降低。对输入信号影响最大的互调产物是频率为$2f_i - f_j$和$f_i + f_j - f_k$的三阶互调产物。

在幅值均为A_i、输入频率为$f_1,f_2,\cdots,f_n$的n个未调制载波的情况下,输出信号的n个分量中的每个分量A_{on}可表示为[PRI-93]

$$A_{on} = a A_i [1 + (3b/2a)(n - 1/2) A_i^2 + (15c/4a)(n^2 - 3n/2 + 2/3) A_i^4 + \cdots] \quad (V) \quad (9.9)$$

相同条件下,频率为$2f_i - f_j$的三阶互调信号的振幅$A_{IM3,n}$可表示为

$$A_{IM3,n} = (3b/4) A_i^3 \{1 + (2c/6b) A_i^2 [(25/2) + 15(n - 2)] + \cdots\} \quad (V) \quad (9.10)$$

而频率为$f_i + f_j - f_k$的三阶互调产物的振幅$A'_{IM3,n}$可表示为

$$A'_{IM3,n} = (3b/2) A_i^3 \{1 + (10c/2b) A_i^2 [(3/2) + (n - 3)] + \cdots\} \quad (V) \quad (9.11)$$

9.2.1.4 等幅未调双载波表征的非线性

为了描述器件的特性,通常考虑两个幅值相等、未经调制、频率分别为f_1和f_2的输入载波,则频率f_1或f_2的输出分量的功率P_{o2}可以表示为任一输入载波功率($P_{i2}=A^2/2$)的函数。将输出与输入的幅度分别相对于$(P_{o1})_{sat}$与$(P_{i1})_{sat}$进行归一化,可以绘制出载波输出功率与输入功率的函数曲线(图9.3)。

由图9.3可见,两个等幅载波的饱和输出功率小于单载波工作时的饱和输出功率$(P_{o1})_{sat}$,器件能够提供的最大功率由两个载波及其互调产物共同分享。对于TWT而言,单载波工作时的最大功率与双载波工作时其中一个载波的最大功率之间的差异在4~5dB(图9.3)。

该现象可由式(9.2)的多项式模型解释。当使用两个幅值同为A、频率分别为f_1和f_2的输入载波,式(9.5)变为

$$P_{o2} = P_{i2} [a + (3b/2) P_{i2} + (15c/6)(P_{i2})^2 + \cdots]^2 \quad (W) \quad (9.12)$$

式中:P_{o2}为输出分量之一(频率为f_1或f_2)的功率;$P_{i2}=A^2/2$为输入载波的功率。

式(9.12)中的系数可以表示为单载波工作时特征参数的函数。通过式

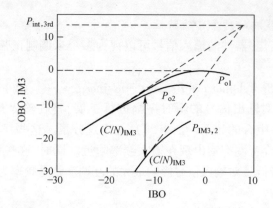

图9.3 两个等幅载波的归一化功率传输特性

(9.12)的有限展开,可得

$$P_{o2} = (9G_{sat}/4)(P_{i2})[1 - (P_{i2})/(P_{i1})_{sat}]^2 \quad (W) \tag{9.13a}$$

将输出与输入的幅度分别相对于$(P_{o1})_{sat}$和$(P_{i1})_{sat}$进行归一化处理,可以得到简化结果为

$$Y' = X'(9/4)(1 - X')^2 \tag{9.13b}$$

式中:$Y' = P_{o2}/(P_{o1})_{sat}$ 与 $X' = P_{i2}/(P_{i1})_{sat}$ 为归一化幅度。此情况下饱和出现在 $X' = 1/3$ 时,则归一化输出功率 $Y' = 1/3$。

(1) 输入与输出回退。对于某一由$(P_{i2}, P_{o2})_Q$定义的工作点,X'与Y'分别代表IBO与OBO。应注意,相对于单载波工作时的饱和功率,在多载波工作时定义了"回退"的概念。在上述示例中,双载波工作时输入与输出回退为$-5dB(X'=Y'=1/3)$。

另可定义总(输入或输出)回退值,即多载波工作时各载波的功率(输入或输出)之和与单载波工作时的饱和功率之比。在上述示例中,双载波工作时相应的总输入与输出回退为$-2dB(X'_T + Y'_T = 2 \times 1/3)$。相关概念已在5.9.1.4节中介绍。

(2) 三阶互调。三阶互调产物其中之一的功率$P_{IM3,2}$也可以在相对于$(P_{o1})_{sat}$与$(P_{i1})_{sat}$归一化的曲线图中绘出(图9.3)。可以看出,该曲线的线性部分($X' = $IBO取值较小的部分)的斜率为3dB,这可以由简化模型验证。根据式(9.2)的展开式,频率为$2f_1 - f_2$与$2f_2 - f_1$项的功率可表示为

$$P_{IM3,2} = (P_{i2})^3[(3b/2) + (25c/2)(P_{i2}) + \cdots]^2 \quad (V) \tag{9.14}$$

式中:$P_{IM3,2}$为两个等幅载波工作时三阶互调产物其中之一的输出功率。式中的系数可以表示为单载波工作时特征参数的函数。只取式(9.14)展开式的第一项可得

$$P_{IM3,2} = (P_{i2})^3 G_{sat}/[(P_{i1})_{sat}]^2 \quad (W) \qquad (9.15a)$$

将输出与输入的幅度相对于$(P_{o1})_{sat}$与$(P_{i1})_{sat}$进行归一化可得

$$IM3 = (1/4)(X')^3 \qquad (9.15b)$$

式中:$IM3 = P_{IM3,2}/(P_{o1})_{sat}$与$X' = P_{i2}/(P_{i1})_{sat}$为归一化幅度。式(9.15b)可以表示为$(IM3)_{dB} = 3(X')_{dB} +$常数,故图9.3中$P_{IM3,2}$特性曲线(单位为dB)的斜率等于3。换言之,对于载波输入功率的1dB变化,任一互调产物的功率变化为3dB(线性区域内)。

另外,由于式(9.15b)是在式(9.14)基础上的有限展开,所以其不具备足够的代表性,并未体现出互调产物特性曲线斜率随归一化输入功率的增加而降低的关系。通过更多项数的展开,可得

$$IM3 = p(X')^3(q + rX')^2 \qquad (9.16)$$

当X'变大时,呈现饱和效应(系数p、q和r为单载波工作时特征参数的函数)。

(3) 三阶互调产物的相对电平。不同IBO值下的两个载波其中之一的输出功率与三阶互调产物其中之一的功率之比$(C/N)_{IM3}$表征了三阶互调产物的相对电平。放大器技术数据表通常会提供一个三阶互调产物的相对电平数值表,用以表征非线性的影响。

(4) 三阶截取点($P_{int,3rd}$)。该参数可用来表征非线性的影响,特别是固态器件。有用信号(两个载波之一)与三阶互调产物其中之一的特性曲线的线性部分延长线的交点称为三阶截取点,记作$P_{int,3rd}$。该点的纵坐标(以功率值表示)可以比较不同器件的线性度:三阶截取点的纵坐标值越高,器件的线性度越高(给定功率下)。三阶截取点的值通常比1dB压缩点高约10dB。

借助三阶截取点也可以确定给定输出功率下双载波中某载波的$(C/N)_{IM3}$。通过式(9.13a)与式(9.15(a))的线性部分(以dB表示)可得

$$(P_{o2})_{dB} = 10\log(9G_{sat}/4) + (P_{i2})_{dB} = K_1 + (P_{i2})_{dB} \quad (dBW)$$

$$(P_{IM3,2})_{dB} = 10\log\{G_{sat}/[(P_{i1})_{sat}]^2\} + 3(P_{i2})_{dB} = K_2 + 3(P_{i2})_{dB} \quad (dBW)$$

三阶截取点满足

$$P_{int,3rd} = K_1 + (P_{i2})_{dB} = K_2 + 3(P_{i2})_{dB} \quad (dBW)$$

因此有

$$P_{int,3rd} = (3K_1 - K_2)/2 \quad (dBW)$$

另可得

$$(P_{o2})_{dB} - P_{int,3rd} = [(K_2 - K_1)/2] + (P_{i2})_{dB} \quad (dBW)$$

则双载波其中之一的输出功率与两个三阶互调产物其中之一的功率之间的差值(以dB为单位)为

$$(P_{o2})_{dB} - (P_{IM3,2})_{dB} = [(K_1 + (P_{i2})_{dB}] - [K_2 + 3(P_{i2})_{dB}]$$
$$= K_1 - K_2 - 2(P_{i2})_{dB} \quad (dB)$$

由此可得

$$(C/N)_{IM3} = (P_{o2})_{dB} - (P_{IM3})_{dB} = 2[(P_{int,3rd})_{dB} - (P_{o2})_{dB}] \quad (dB) \tag{9.17}$$

该关系式由式(9.13a)与式(9.15a)的线性部分得到,因此其在饱和点以下较远处(压缩点以下)才能成立。

需要注意的是,此处涉及的$(C/N)_{IM3}$是用来描述器件(放大器)的特性参数,并对应于放大器的特定工作模式(两个等幅度的未调制载波)。

链路预算式(5.75)需要$(C/N_0)_{IM}$的数值,该数值可以通过$(C/N_0)_{IM} = (C/N)_{IM}/B$计算得到,其中$B$为调制载波带宽(见6.5.4.4节)。所考虑的链路与非线性放大器的$(C/N)_{IM}$值取决于载波的数量、载波功率和频率分布以及调制方案。$(C/N)_{IM}$可以通过实验或基于贝塞尔函数建模获得(见9.2.1.7节),但建模所获结果通常与实际值略有不同。

除了由振幅非线性引起的互调外,放大器的AM/PM转换特性也会产生互调。因此,若器件在接近饱和状态下工作,且仅考虑振幅非线性时,$(C/N)_{IM}$实际值还会出现数dB的退化。

(5) 传递系数K_T。多载波工作时,非线性相位效应会导致一个载波的振幅调制转换为其他载波的相位调制。在双载波工作的情况下,从一个载波到另一个载波的AM-PM传递系数K_T定义为一个载波(输入振幅保持不变)的输出相位在另一个载波输入振幅变化时的相对变化率(相对于饱和时的相位)。

9.2.1.5 捕获效应

考虑多载波工作时某非线性器件,其中一个输入载波的功率小于其他载波的功率,功率差值为ΔP_i;在输出端,其他载波的功率与该载波的功率之差为ΔP_o,则$\Delta P_o > \Delta P_i$,该现象称为捕获效应。可使用9.2.1.4节提到的简化模型比较两个振幅不同的输入载波的输出振幅。输入信号具有如下形式,即

$$S_i = A\sin\omega_1 t + B\sin\omega_2 t \quad (V)$$

根据式(9.2),可以确定输出信号角频率ω_1与ω_2的分量$(A_{o2})_{\omega_1}$与$(B_{o2})_{\omega_2}$,有

$$(A_{o2})_{\omega_1} = A[a + (3b/4)A^2 + (3b/2)B^2]$$
$$(B_{o2})_{\omega_2} = B[a + (3b/4)B^2 + (3b/2)A^2]$$

因此有

$$(P_{o2})_{\omega_1} = (P_{i2})_{\omega_1}\{1 + (3b/a)[(P_{i2})_{\omega_1}/2 + (P_{i2})_{\omega_2}]\}^2 \quad (W)$$
$$(P_{o2})_{\omega_2} = (P_{i2})_{\omega_2}\{1 + (3b/a)[(P_{i2})_{\omega_2}/2 + (P_{i2})_{\omega_1}]\}^2 \quad (W)$$

相对于$(P_{il})_{sat}$与$(P_{ol})_{sat}$进行归一化可得

$$(Y')_{\omega_1} = (X')_{\omega_1}\{1 - (1/3)[(X')_{\omega_1} + 2(X')_{\omega_2}]\}^2$$
$$(Y')_{\omega_2} = (X')_{\omega_2}\{1 - (1/3)[(X')_{\omega_2} + 2(X')_{\omega_1}]\}^2$$

式中：$(X')_{\omega 1}$ 与 $(Y')_{\omega 1}$ 分别为角频率在 ω_1 时相对于 $(P_{il})_{sat}$ 与 $(P_{ol})_{sat}$ 的归一化输入与输出功率；$(X')_{\omega 2}$ 与 $(Y')_{\omega 2}$ 分别为角频率在 ω_2 时相对于 $(P_{il})_{sat}$ 与 $(P_{ol})_{sat}$ 的归一化输入与输出功率。

角频率 ω_1 的输入信号功率与角频率 ω_2 的输入信号功率之比 ΔP_i 可表示为

$$\Delta P_i = (P_{i2})_{\omega 1}/(P_{i2})_{\omega 2} = (X')_{\omega 1}/(X')_{\omega 2} = (A/B)^2$$

输出信号功率之比 ΔP_o 可表示为

$$\Delta P_o = \Delta P_i \{[1-((X')_{\omega 1}+2(X')_{\omega 2})/3]/[1-((X')_{\omega 2}+2(X')_{\omega 1})/3]\}^2 \tag{9.18}$$

根据归一化的定义，归一化的 $(X')_{\omega 1}$ 与 $(X')_{\omega 2}$ 的大小小于 1，因此若 $(X')_{\omega 1}$ 大于 $(X')_{\omega 2}$，则式(9.18)花括号中的数值总是大于 1。由于 ΔP_i 大于 1，因此输出功率的比值 ΔP_o 大于输入功率比值 ΔP_i。

捕获效率 Δ 的定义为

$$\Delta = \Delta P_o/\Delta P_i \text{ 或}(\Delta)_{dB} = (\Delta P_o)_{dB} - (\Delta P_i)_{dB} \tag{9.19}$$

由式(9.18)可见，当 IBO 很小(回退绝对值很大)时，捕获效应消失，即 $(\Delta)_{dB}=0dB$；当输入信号功率之间相差较大且回退绝对值较小时，捕获效应最大。例如，当 $(\Delta P_i)_{dB}$ 为 10dB，总 IBO 为 -15 时，捕获效应 Δ 为 0.25dB；当 $(\Delta P_i)_{dB}$ 为 10dB，饱和(总回退为零)时，捕获效应 Δ 为 5dB；当 $(\Delta P_i)_{dB}$ 为 2dB，饱和时的捕获效应 Δ 为 1.5dB。

9.2.1.6 噪声功率比

噪声功率比(NPR)用于描述非线性器件(如放大器)的非线性。该参数是在无限多的载波被放大时对互调的一种计量指标。

图 9.4 说明了该参数的测量原理。被测放大器被馈入预先经陷波滤波器过滤的随机白噪声。所使用的滤波器的陷波中心频点对应放大器通带的中心频点，该陷波滤波器将其窄带陷波频带(通常低于放大器通带的 1/10)内的噪声滤除。对于完全线性器件，放大器输出端对应陷波滤波器陷波的频带范围内不应出现任何互调噪声。但在实际中，放大器会产生互调产物，因此部分陷波频带会出现互调产物。在放大器输出端，陷波频带外某一频段的噪声功率谱密度 N_0 与陷波频带内的互调噪声功率谱密度 $(N_0)_{IM}$ 之比(以 dB 为单位)记为 NPR，即

$$\text{NPR}(dB) = 10\log\left[\frac{N_0}{(N_0)_{IM}}\right]$$

NPR 越高，放大器的线性度越高。

9.2.1.7 放大器的振幅与相位模型

输入载波可以用带通信号形式表示为

$$S_i(t) = \text{Re}\{r(t)\exp[j(2\pi f_0 t + \Phi(t))]\}$$

式中：$r(t)$ 与 $\Phi(t)$ 分别为输入载波的瞬时振幅与相位。考虑到振幅效应与相位

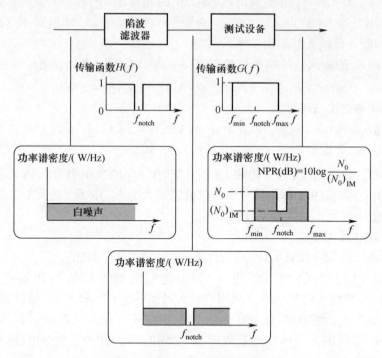

图 9.4 噪声功率比的测量原理

效应,较为方便的做法是以复变函数来表达非线性。

(1) 弗恩扎利达模型(Fuenzalida's model)[FUE-73]。该模型中,输出信号表示为

$$S_o(t) = \text{Re}\{g[r(t)]\exp[j(2\pi f_0 t + f[r(t)] + \Phi(t))]\} \quad (\text{V})$$

式中:$g[r]$ 和 $f[r]$ 分别为输出振幅与相位函数。两函数假设与频率无关("无记忆模型"),并建模为贝塞尔展开式,有

$$g[r]\exp\{jf[r]\} = \sum_{s=1}^{s=L} b_s J_1(\alpha s r) \quad (\text{V})$$

式中:$J_1(x)$ 为一阶贝塞尔函数(该函数中 $J_{-n}(x) = (-1)^n J_n(x), n = 0,1,2,\cdots$);$b_s$ 为复数系数;α 为拟合参数(如 $\alpha = 0.6$)。展开式中系数 b_s 与项数 L 的选择应实现对非线性的最佳拟合,实际情况表明,10 个展开项足以得到对典型非线性特性的良好拟合。

当非线性器件的输入为 m 个窄带带通信号之和,输出信号的复振幅可表示为

$$M(k_1, k_2, \cdots, k_m) = \sum_{s=1}^{s=L} b_s \prod_{l=1}^{l=m} J_{k_l}(\alpha s A_l(t))$$

式中：$A_l(t)$ 为各输入信号分量的瞬时振幅。在该表达式中，仅满足条件 $\sum_{l=1}^{l=m} k_l = 1$ 的分量被保留，以便与输出的带通表示法一致。

（2）萨利赫模型（Saleh's model）[SAL-81]。该模型中，非线性特征由两个代数式描述，即

$$g[r] = \alpha_g r/(1 + \beta_g r^2)$$
$$f[r] = \alpha_f r^3/(1 + \beta_f r^2)^2$$

式中：α_g、α_f、β_g 和 β_f 为常数，取值取决于具体的非线性特性。

9.2.2 转发器结构

转发器结构由任务规范与技术约束决定。转发器应在宽频段内提供高功率增益、低有效输入噪声温度和高输出功率，并实现载波的频率转换。

9.2.2.1 低噪声放大器与频率转换

上行链路与下行链路间的频率转换，使转发器的输入与输出之间实现了解耦。因此，通过滤波器可以避免输出端辐射的信号重新进入转发器的输入端。

可以将频率转换看作对接收天线（前端混频器）所收载波执行的第一步操作。然而，混频器的高噪声系数使得此设置无法达到所需的系统噪声温度要求。此外，最好在以不同输入输出频率运行的两套放大器单元之间分配功率增益（放大器单元级联），从而减少不稳定现象的发生（超高增益放大器中，所有单元都工作在同一频率下，不稳定因素时常出现）。

因此，转发器首先包含一个低噪声放大器（LNA），该放大器在上行链路频率上提供所需的有效输入噪声温度。该放大器的高增益（20~40dB）可将后级混频器的噪声降至最低。

随后，本地振荡器与混频器提供频率转换，如图9.5(a)所示，混频器在链路中的位置由影响非线性效应的信号电平决定。

9.2.2.2 单频转换与双频转换

考虑到低噪声放大器的增益与混频器的转换损耗，在频率转换后仍需提供一定量的增益，以获得所需的总功率增益。由于下行链路频率较高，获得高功率增益在技术上实现困难，因此通常选在频率更低的中频（IF）阶段进行双频转换，如图9.5(b)所示。上行链路信号首先被下变频到中频（几千兆赫），并在该中频频段进行放大，然后再通过一个上变频器将该中频频率转换为下行链路的频率。

双频转换被应用于第一批Ku频段（14/12GHz）卫星，对于Ka（30/20GHz）及以上频段的卫星同样适用。

提供国际通信服务的多频段卫星（如Intelsat卫星）含有Ku频段有效载荷，该有效载荷具有双频转换与4GHz中频。这种架构便于Ku频段有效载荷与C频段

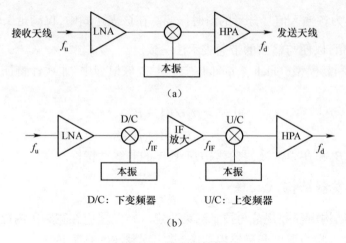

图 9.5 转发器结构
(a) 单频转换；(b) 双频转换。

(6/4GHz)有效载荷的互连。

9.2.2.3 频率转换后的放大

信号在频率转换后被进一步放大。当信号通过转发器的放大器时，其电平会增加，各级放大器工作点随之逐渐向非线性区域移动，如图 9.6(a) 所示。互调噪声在输入级（工作电平极低）处可忽略不计，但在随后的各级中上升。根据所使用的技术（由其三阶截取点或压缩点所表征），当信号经逐级放大并达到要求的功率时，互调噪声功率电平也会超过规定的限制值。此时使用之前方法进一步提高功率，已不再可行。必须选择具有更高的三阶截取点，在满足输出功率的同时产生更低的互调噪声，"信道化"技术能够实现更高的三阶截取点。

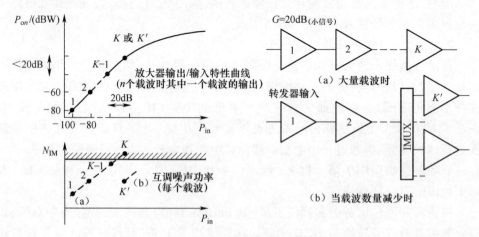

图 9.6 通过频带的信道化减少互调噪声

9.2.2.4 转发器的信道化

(1) 互调噪声。转发器的各输入级在整个系统频带(达数百兆赫)内工作,这一频带由数十个载波共享,因此当这些载波通过非线性器件时会产生大量的互调产物。通过限制进入同一个放大器的载波数量,可以减少互调产物的数量,从而降低互调噪声的电平。

对于宽频带放大而言,当互调噪声严重时,系统频带可以划分成几个子频带(子带)分别进行放大,如图9.6(b)所示。

(2) 信道化。转发器信道化旨在使用多个具有更小频带宽度的信道(子带)。由于每个子带内的载波数量变少,子带放大产生的互调噪声比在总带宽上所有载波同时放大产生的互调噪声要小的多(信道化的效果如图9.6所示)。载波在各信道内继续得到放大,直至获得所需的功率值。放大器的功率由占据信道的各载波共同分享。目前为空间应用开发的现有设备的最大功率有限,若不使用信道化,则该最大功率必须由占用系统带宽的所有载波共享;若使用信道化,该最大功率仅由有限数量的载波共享,故每个载波具有更大的功率。

因此,信道化的优势体现在以下两个方面:

① 由于每个放大器的载波数量减少,功率放大的互调噪声大大减少。

② 每个信道都受益于本信道放大器的最大功率,从而提高转发器的总功率。

由于频带被划分为多个并行信道,当载波的部分能量进入相邻信道时,就会发生干扰。通过在信道间设置保护带宽进行隔离,并使用边缘陡峭(接近理想带通滤波器)的滤波器来限制信道宽度,可以最大程度上减少这种邻道干扰(ACI)效应。

信道分离由一组称为输入多路复用器(IMUX)的带通滤波器实现,各信道的带宽在数十兆赫兹到约100MHz的范围(如36、40、72和120MHz)。各子带在每个信道中放大后,在输出多路复用器(OMUX)中重组。对于在给定子带内工作的设备,有时会用转发器一词代替信道,用于指代在给定子带内工作的设备。

(3) 相邻信道与间隔信道。OMUX可以是"相邻信道"类型或"间隔信道"类型。对于间隔信道,各信道经较宽的保护频带隔开,该保护频带可达一个信道的带宽,以便于多路复用器的有效工作。为避免浪费保护频带,并有效使用频谱,转发器在信道化的初始阶段便通过一组独立的IMUX将信道交替分为两组:偶数信道与奇数信道(图9.9),两组信道随后由各自的OMUX重组。OMUX的输出或连接至两个不同的发射天线,或连接至一个双模天线的两个输入端。过去准理想带通滤波器的设计(在C、Ku、Ka等射频频段获得非常大的Q因子,见9.2.3.2节)尚未达到较高水平,这种方法被广泛使用。

目前,相邻信道复用器可以将相邻的信道重组。良好的信道化性能(保护带宽窄、插入损耗低、信道间的隔离度高)对所使用带通滤波器的特性有极其严格的要求，OMUX 的设计与优化也因此变得异常复杂。

9.2.2.5 转发器信道放大

转发器信道内采用前置放大器，以提供驱动输出级所需的功率。该前置放大器称为信道放大器（CAMP）或驱动放大器，通常与可远程指令遥控调节的可变增益装置连接，从而在卫星寿命期间内不仅能够对功率放大器增益的变化进行补偿，而且还可以实现自动电平控制（ALC）。

高功率放大器（HPA）在每个信道的输出端处提供功率放大，以使信号在接入 OMUX 时具备足够的功率，信道的非线性特性可以通过在信道放大器内加入线性化器进行抑制。

9.2.2.6 输入与输出滤波

转发器输入端的带通滤波器限制了噪声带宽，并在下行链路频率上提供较高的抑制效果；转发器输出端的带通滤波器消除了非线性元件产生的谐波，并提供转发器的输出输入隔离。这些滤波器应尽可能地降低插入损耗。输入滤波器插入损耗太高会导致转发器品质因数 G/T 降低，而输出滤波器的高插入损耗会导致 EIRP 降低。

9.2.2.7 常规结构

图 9.7 显示了 9.2.2.1 节描述的单频转换转发器结构，其由接收机、IMUX、CAMP、HPA 和 OMUX 组成。其中 IMUX 与 OMUX 分别为信道化处理的起点和终点。

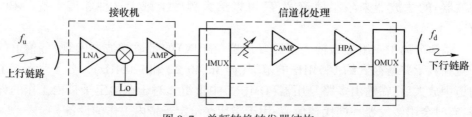

图 9.7 单频转换转发器结构

当需要对上行链路频率转换时，可以在接收机内使用混频器将整个上行链路频段进行整体变频，也可以在信道化处理环节针对每个信道单独变频。针对第一种情况，混频器只需要一个且其输出电平可以很低；针对第二种情况，混频器输出电平会较高且当信道化后信道数较多时需要大量混频器（混频器数量等于信道数量）。

9.2.2.8 冗余结构

图 9.7 所示的结构不包含任何备用设备。为了保证转发器在寿命期间的可靠性，需要对该结构进行调整，以尽可能地避免单点故障，因为某些原件的故障会导致整个转发器无法工作（见第 13 章）。

输入与输出多路复用器没有备份，因为它们都是无源元件，故障率非常低，进

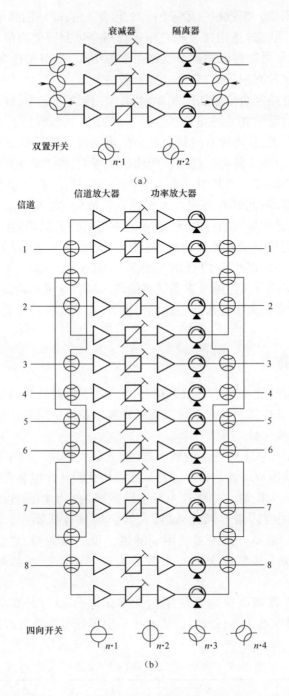

图 9.8 冗余策略
(a) 2/3 信道冗余;(b) 8/12 环形冗余。

465

行备份也较为困难。接收机一般采用1/2冗余备份,即使用两个相同的接收机,其中一个处于工作状态(主用接收机),由远程指令控制开关将信号从天线传送到主用接收机,输出信号通过无源耦合器路由至IMUX。当卫星包含多个有效载荷时,可以使用其他多种冗余策略(如2/4冗余备份)。

信道放大链路冗余策略如图9.8所示。在传统方案中,较少数量的IMUX输出信道由较多数量的放大链路共享。例如,在2/3冗余情况下,通过一个具有两输入和三输出的开关,将IMUX的两个输出信道的可用信号路由至三个放大链路中的两个;也可通过一个具有三输入和两输出的开关,将两个主用链路的信号路至到OMUX的两个输出端。当其中一个主用放大器发生故障时,备用单元就会启动并替代故障放大器,但此时若备用放大器也发生故障,则将失去一个可用信道。因此,为了提高信道化部分的可靠性,通常会采用一种更复杂的结构,即冗余环。此方案中所有信道共享较大数量的放大链路。例如,图9.8(b)所示为8/12环形冗余结构,其中8个信道共享12条放大链路。IMUX输出端的每个信道可以通过一组相互连接的多位开关连通至多条链路的输入端。这种结构最大限度地减少了开关的数量,同时提供大量替代故障点的实现方案,从而在转发器寿命末期获得高可靠性。

9.2.3 设备特点

转发器设备性能决定了有效载荷性能。以下将对转发器的主要设备进行介绍,重点描述设备性能及其对系统层面的影响以及所采用的技术。

9.2.3.1 接收机

接收机由工作在上行频率的放大器(输入放大模块)、频率转换模块及频率转换后的放大模块组成。这些器件通常采用模块化设计并组装在同一壳体内。

(1)输入放大模块。工作在上行链路频率的放大器的性能是决定转发器品质因数 G/T 的主要因素。因此,该放大器必须具有低噪声和高增益,以限制后续阶段的噪声。最早一批卫星使用了隧道二极管放大器,之后的卫星使用了参数放大器。隧道二极管放大器与参数放大器的工作原理都是基于负微分电阻效应。

当今的转发器接收机通常使用包含砷化镓(GaAs)与高电子迁移率晶体管(HEMT)的低噪声放大器(LNA)。表9.1给出了低噪声放大器在不同频段的噪声系数典型值。

表9.1 低噪声放大器(LNA)典型噪声特性

上行频率/GHz	6	14	20	47
噪声系数/dB	1.4	1.7	2.2	2.4

（2）频率转换模块。频率转换阶段由混频器、本地振荡器和多个滤波器组成。本地振荡器的频率是上行链路频段中心频率与下行链路频段中心频率之间的差值（对于单一频率转换结构并假设频带连续）。

频率转换模块的主要特征参数如下：

① 转换损耗与噪声系数。转换损耗是输入功率（上行链路频率）与输出功率（转换后的频率）的比率。噪声系数典型值为 5~10dB。

② 本地振荡器生成频率的稳定性。在规定的温度范围内，在贯穿卫星寿命的长时期内，相对频率变化典型值必须小于 $\pm 5\times 10^{-6}$，短期内须小于 $\pm 1\times 10^{-6}$。

③ 无用信号幅度。无用信号是振荡器本振及其谐波（通常<-60dBm）的残余输入信号、输出信号以及接近有用信号频率的杂散输出信号（在距离有用信号10kHz带宽范围内，通常<-70dBc）。

传统的混频器为双平衡型，使用肖特基二极管。本地振荡器的频率由基于锁相环（PLL）的频率合成器传送，该频率由锁定在石英参考频率上的压控振荡器产生（参考频率可以是温度稳定的，也可以通过微调电路由远程指令调整）。

（3）频率转换后的放大模块。该阶段提供的增益是对信道化部分之前增益的补充。多级放大器可包含一个通过远程指令调整增益的衰减装置（例如 PIN 二极管衰减器）。高线性度是该阶段所需的主要特性之一，这是因为在很宽的工作带宽上包含大量载波信号，其电平或足以引起非线性效应。通常情况下，三阶互调产物的电平必须保证比载波电平低 40dB 以上（输入端有两个等幅载波的情形下）。

整个接收机的增益在 60~75dB。为避免转发器输出端的非线性失真（振幅—相位转移，见 9.2.1.2 节~9.2.1.6 节），该增益必须在有效全频带内保持恒定。通常情况下，纹波在 500MHz 的范围内不应超过 0.5dB。为控制纹波的幅度，各级间需严格匹配，以尽量减少驻波比（SWR）。可以通过在每级之间插入隔离器（一种带有匹配负载的环行器，能够消散接口处的反射波）压制纹波。

9.2.3.2 输入与输出多路复用器

输入多路复用器与输出多路复用器定义了信道化部分的输入与输出。此处"复用器"指一种无源器件，用于将不同来源、不同频率的信号合并到一个单一的输出上，或根据信号的频率将来自单一来源的信号路由到不同的输出。多路复用器由多个相互连接的高选择性带通滤波器构成，实现结构及性能（如信道间距、插入损耗和信道间的隔离度）取决于所采用的互连方法。

（1）输入多路复用器（IMUX）。IMUX 将系统总带宽分成不同的子带（信道），各子带的带宽由所使用的带通滤波器定义。IMUX 的配置中通常包含一组通过环形器馈送的带通滤波器。在图 9.9 的示例中，信道被分成偶数信道与奇数信道两组；IMUX 被分为两部分，通过分合路器分担接收机输出的可用功率。

如图 9.9 所示,分合路器还提供从接收机至 IMUX 的信号通道,从而避免通过开关进行选路。

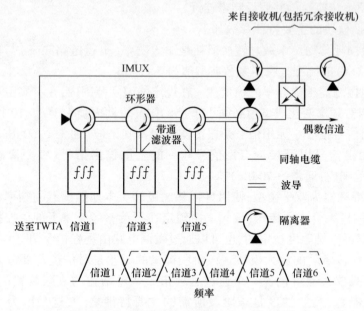

图 9.9 输入多路复用器(IMUX)的结构

输入多路复用器的损耗取决于两方面:信号通过环行器的次数与信号在带通滤波器输入端的反射次数(每元件损耗约 0.1dB)。因此,各信道的损耗不同,离 IMUX 输入端越远,信道损耗越大。通过将 IMUX 分成几个部分(每个部分支持有限数量的信道),可以减少信道间的损失差异。然而,由于信道放大会对损耗进行补偿,所以损耗本身并不会带来严重影响。

(2) 输出多路复用器(OMUX)。OMUX 对功率放大后的信道进行重组。与 IMUX 不同的是,OMUX 的损耗直接降低辐射功率,因此至关重要。带通滤波器的输出耦合并不使用体积较为臃肿且引入损耗的环行器,而是通过将滤波器安装在一端短路的公共波导(歧管)上来实现的。每个滤波器的输出通过光圈耦合到公共波导上,同时必须对来自其他信道的带外信号构成短路。因此,每个滤波器的特性都会相互作用,进而影响整个系统。

OMUX 的设计与优化较为困难,尤其是在各信道间的保护带较窄的情况下。以往将信道化部分构造成偶数与奇数信道的方法,使得各信道间留出一个宽度等于信道带宽的保护带,从而使 OMUX 实现的约束条件较为宽松。建模和软件开发方面的大量研究成果使目前在卫星上应用相邻信道多路复用器成为可能。图 9.10 给出了 Ku 频段 12 信道 OMUX 的幅频响应示例。

对于某些应用(例如,为工作频段不同的两颗卫星提供备份的备份卫星),已经研发出带有可调谐滤波器的多路复用器,通过远程指令使用调谐装置调整带通滤波器的谐振频率来改变每个信道的频率。一种柔性机械式滤波方法可以采用两个子滤波器:一个伪低通滤波器与一个伪高通滤波器。每个子滤波器都可以通过使用可移动的金属顶板调整滤波器腔体的长度来独立调整滤波器的中心频率。由于每个伪滤波器的相对中心频率会发生变化,所以整个滤波器的带宽与幅频响应都会变化[JON-08]。

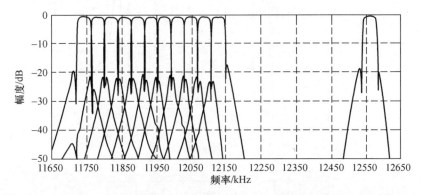

图 9.10　Ku 频段 12 信道 OMUX 的幅频响应示例(泰雷兹-阿莱尼亚宇航公司)

(3)带通滤波器。带通滤波器的特性曲线由振幅与群时延这两个关于频率定义的参数来表征(图 9.11)。幅频特性曲线给出的信息包括:

① 在通带内,曲线幅度要最大且平坦。
② 在通带临界处,曲线倾斜度要陡峭。
③ 在通带外,曲线幅度要最小。

IMUX(位于信道功率放大器之前)频带内的纹波尤为关键,纹波会引起信号振幅的杂散调制。由于功率放大器的 AM/PM 转换效应,这种调制会引发信号的杂散相位调制,干扰地面站接收机的频率或相位解调器的正常工作,并导致链路质量下降。通带末端的高斜率可以确保信道间存在狭窄的保护带,使频带可以得到最大限度的利用。此外,信道间的干扰还需借助带外高衰减来避免。

群延迟标准定义了通带内群延迟的最大允许变化范围。群延迟的变化导致宽带信号频谱分量之间的相移,从而导致失真。其传输函数为切比雪夫模型或具有多极点(4~8个)的椭圆模型。图 9.12 给出了不同模型滤波器响应的示例。所需的群延迟特性由滤波器配置的群时延均衡器获得。

波导空腔滤波器可以获得振幅标准要求的高 Q 因子。尽管早期使用的滤波器都是单模的,但后来双模技术(在同一腔中触发两个谐振模)成为主流。这种双模技术可以将腔数量减少二分之一(故腔质量与体积也减少二分之一),现在已开发出三模腔甚至四模腔。

腔中通常采用横向电(TE)模式,相邻腔之间谐振模式的耦合通过光圈实现,不同模式(TE 模式与 TM 模式)的耦合使多模滤波器的实现成为可能。

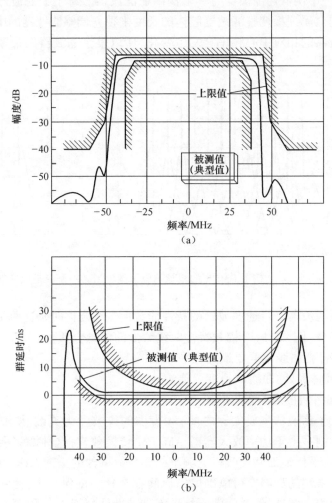

图 9.11 滤波器响应
(a)幅度与频率的函数关系;(b)群延迟与频率的函数关系。

为了限制滤波器中心频率的漂移(在卫星使用寿命期内通常限制在 $2.5×10^{-4}$ 内),必须避免腔体因老化或热膨胀出现的尺寸变化。因此,所选用的材料必须具有较高的机械稳定性和较低的膨胀系数,且必须轻便、导电性良好,例如:

(1) 铝。铝的膨胀系数很高($22×10^{-6}/℃$),需要精准的温度控制才能避免其热变形,但良好的导电性与低密度(2.7)特性使其成为制作腔体的首选。

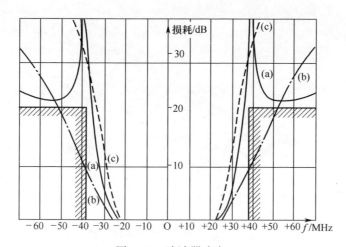

图 9.12　滤波器响应
(a)四极椭圆;(b)四极切比雪夫;(c)六极切比雪夫。

(2) 树脂浸渍的碳纤维腔。这种碳纤维腔膨胀系数低($-1.6\times10^{-6}/℃$)、刚度高、密度低(1.6),是一种看似颇具潜力的材料,但复杂的制造过程限制了该技术的发展。

(3) 因瓦。这种材料是一种由36%的钢与64%的镍构成的合金(膨胀系数$1.6\times10^{-6}/℃$),具有高密度(8.05),其刚度可支持薄壁腔体制作,这些特性使得该材料被广泛使用。腔体内的银涂层确保了其获得高 Q 因子所必需的良好导电性和表面状态。

腔体的大小由其内部介质中传播的波长直接决定。传统上的腔体内部是空的、体积很大,尤其是低频段(C 频段)腔体。

腔体(谐振器)内使用高介电常数的材料,并将场线集中在较小体积内,便可制造出体积更小的腔体。图 9.13 显示了一个使用由光圈耦合的双模腔体实现的滤波器[CAM-90]。

介质谐振器现在常用于 C 频段与 Ku 频段的 IMUX,其在 C 频段每信道典型质量为240g。该技术也适用于使用特殊设计以降低功率损耗的高功率 OMUX(最高达 280W)。采用能够制造平面滤波器的超导微波器件可以进一步减少多路复用器的质量与体积(约 50%)。

多路复用器的另一种实现技术为声表面波(SAW)技术,其特点是尺寸小、质量轻。这种技术可以在通带内提供极其锐利的滤波器与固有的线性相位,工作频率通常在数十兆赫到数百兆赫的范围内。每个滤波器实现的通带都很窄(数十千赫),但可以组合多个滤波器以扩大带宽。由于滤波器工作频段较低,所以射频频段需先进行下变频以适配滤波器。这项技术被广泛用于 L 频段移动系统的信道

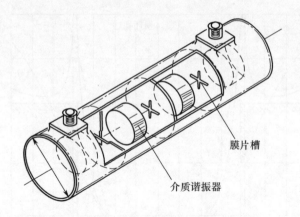

图9.13 带谐振器的双模腔体滤波器结构
来源:经AIAA许可,转载自文献[CAM-90]。

化,其原因在于此类移动系统的信道带宽窄(数十千赫到数百千赫;单路单载波SCPC,数据速率有限),并通过星上交换实现多个上行波束与下行波束之间独立的信道路由。

9.2.3.3 信道放大器

接收机的输出功率应保持在由最大可接受互调噪声电平(互调噪声由接收机非线性特性产生,见9.2.2.3节)决定的范围内,而IMUX中的损耗决定了信道入口的可用信号电平,该电平通常不足以驱动信道的HPA。

信道放大器(CAMP)或驱动放大器提供通常在20~50dB的所需功率增益。尽管信道中的载波数量减少,但仍需要良好的线性度,以避免互调噪声过大。对于这一要求,单片微波集成电路(MMIC)可以提供紧凑的、低质量的实现方式。

放大器包含衰减器,使增益能够以零点几分贝为步进在0dB到数分贝之间调整,该衰减器可通过有效载荷TTC链路(遥测、跟踪和指令)进行控制,通常用PIN二极管(P型、本征、N型半导体)来实现(PIN二极管的偏置经调整以改变导电性),从而能够补偿卫星寿命期间的HPA增益变化,也可以调整放大器的工作点(回退)。

此外,放大器可以与一个ALC相连接,使信道保持恒定的输出功率(无论输入功率是否变化);通过与线性化器相连接,还可以补偿输出级的非线性振幅与相位特性。用于线性化的技术有多种,其中预失真技术应用最为广泛(见8.4.2.2节)。

图9.14说明了CAMP的结构及其功能。

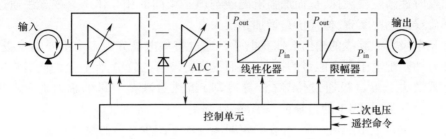

图 9.14 信道放大器(CAMP)的结构与功能(泰雷兹-阿莱尼亚宇航公司)

9.2.3.4 高功率放大器

高功率放大器(HPA)提供每个信道的输出功率,继而决定了该信道的 EIRP 值。高功率放大器输出功率参考值由单载波饱和功率定义。

高功率放大器 IBO(或 OBO)定义的工作点通过给定载波的可用输出功率与互调噪声两者折中来选定。

(1)低回退(绝对)值(接近饱和点)可以输出高功率,但由于器件在高度非线性区域工作,其互调噪声也很高。

(2)高回退(绝对)值可以有效限制互调噪声,但输出功率也会减少。

用于确定回退值的算法通常是对回退进行优化,进而使整个链路(站与站)的载波功率与噪声功率谱密度比(C/N_0)$_T$ 达到最大(见 5.9.2.3、5.9.2.4 节)。

应当注意,多载波工作时,每个载波都可以获得最大功率(图 9.3 中的曲线)。

效率是高功率放大器尤为重要的参数,其定义为射频输出功率与所消耗的直流电能的比率,二者间的差值以热的形式散失。因此,高效率值会节省电能,从而减少卫星电力系统的尺寸与质量,同时降低对热控系统的性能要求(以散热量衡量)。

卫星上使用的高功率放大器分为两种类型:行波管放大器(TWTA)与晶体管固态功率放大器(SSPA)。

1) 行波管放大器

行波管(TWT)的工作原理基于电子束与无线电波(电磁波)间的相互作用[AUB-92,BOS-04],其内部结构如图 9.15 所示。

由高温阴极产生的电子束被一对阳极聚焦并加速。电磁波沿螺旋线传播;电子束在螺旋线内流动,其焦点由多个同心定位的磁铁保持。电磁波的轴向速度被螺旋线人为降低到接近电子速度的数值。电子束与待放大的电磁波之间的相互作用,导致电子在螺旋线的输出端附近减慢速度(平均而言),并释放动能。因此,行进中的波相较于电子来说移动得越来越快,不再满足放大所需的同步条件。为了从电子束中获取更多的能量,提高电子效率,一种方法是在螺旋线上的电磁波接近输出端时逐渐减慢波速，从而加强电磁波与电子束间的相互作用。该方法通过减少螺旋线的间距实现，但代价是增加相位失真。

集电极在螺旋线的输出端捕获电子。通过将集电极分为多个不同电位级，可以更好地匹配电子剩余能量的扩散，从而提高行波管的效率，而剩余的能量将以热的形式散失。集电极通过传导(传导冷却)将热量散至卫星的辐射面(见 10.6 节)，或直接通过 TWT 的自辐射系统部分(辐射冷却)将热量传导至空间中。辐射冷却可以减轻卫星的热负荷，并在给定射频性能下减少平台的整体质量。

过去 60 年来，螺旋线行波管的发展使直流到射频的总体转换效率不断提高，最高已达 75%，在商业卫星通信应用中甚至接近 80%。

行波管的典型特征值如下。
(1) 饱和时的功率：20~250W。
(2) 饱和时的效率：60%~75%。
(3) 饱和时的增益：约 55dB。
(4) 饱和时的$(C/N)_{IM}$：10~12dB(两个等幅载波)。
(5) AM/PM 转换系数 K_p：约 4.5°/dB(接近饱和)。

行波管工作所需的各种电压(最高达 4000V)由电源(电力调节器 EPC)产生，电源效率在 95%左右，因此整体效率约 60%~65%。二者总质量约 2.2kg(其中行波管约 0.7kg、电源约 1.5kg)。TWT 与 EPC 集成的装置称为行波管放大器(TWTA)。对于卫星广播等高功率应用，由 EPC 为两个 TWT 提供直流电源是一种解决成本与质量问题的有效方案，其中两个 TWT 可以作为单个 TWTA 独立运行，也可以通过 RF 组合方式运行，提供两倍于单个 TWT 的功率。将含线性化器的 CAMP 与 TWT 集成(线性化行波管)，可以减少质量并降低接口的复杂度。此外，将 CAMP、线性化器、TWT 与 EPC 集成在同一个壳体内，构成微波功率模块(MPM)，可减轻质量、节省安装空间、简化有效载荷集成的信号线束、改善电磁兼容性(EMC)，以及实现直流电源的单线连接。

其他类型的 TWT 也得到了研究。对于使用冷阴极而非热阴极的 TWT，电子由强电场产生，该电场施加在一个配有尖锐发射端的表面。这种设计不再需要使用电流加热阴极，因此使得装置的尺寸缩小，效率得到提高。当然也可以采用较低的电压与更短的螺旋线，这种行波管称为小型行波管(mini-TWT)。

在高频率下(Ka 频段 20GHz)，传播条件可导致链路衰减产生巨大变化(5~25dB)(见第 5 章)。为了能够通过远程指令使信道功率与传播条件相匹配，需要借助具有可变输出功率的功率放大器。目前，具有在轨可调饱和输出功率的新一代行波管正在研发中，这些具有优化螺旋线的柔性 TWT 需配有可调阳极电压的 EPC(阳极电压调整通过地面遥测进行)。柔性 TWT 能够以相对较小的功率效率变化实现可变的饱和输出功率。柔性 TWT 的最大优点是相对于以给定 OBO 运行

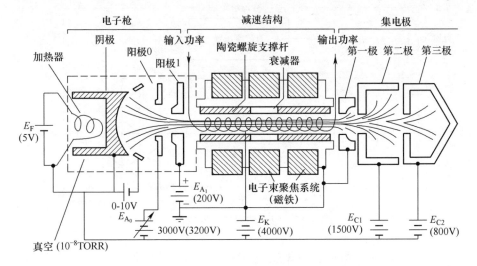

图 9.15 行波管内部结构

的高功率 TWTA 而言,具有非常低的功耗,因此在使用寿命内提供了适应特定业务需求及新应用的在轨灵活性。

2) 固态功率放大器

固态功率放大器(SSPA)使用场效应晶体管[SEY-06],所需功率通过在输出级内并联晶体管获得(图 9.16)。自 20 世纪 80 年代初以来,SSPA 已经在 C 频段投入使用,功率在数十瓦左右。当初预计 SSPA 将取代 TWT,因为 SSPA 具有更高的功率质量比及更高的线性度。但是 SSPA 在线性工作区的效率通常很低(约30%),并且几十年来并未得到改善,而 TWT 的效率已经提高到 70%。此外,对更高功率的需求也在持续增加(Ku 频段单信道功率需求通常超过 100W)。这些原因使得 TWT 更具优势。

SSPA 的典型特征值如下。

(1) 功率:20~40W。

(2) 效率:30%~45%。

(3) 饱和时的增益:70~90dB(取决于晶体管级数)。

(4) 饱和时的$(C/N)_{IM}$:14~18dB(两个等幅载波)。

(5) AM/PM 转换系数 K_p:约 2(°)/dB(接近饱和时)。

晶体管放大器的电源提供工作电压与偏置电压(几十伏)。为避免热漂移,须进行温度补偿。晶体管效率在 85%~90% 左右,根据工作频段的不同,SSPA 的总体效率为 30%~45%;根据功率需求的不同,其总质量在 0.8~1.5kg 之间。表 9.2 总结了 TWTA 与 SSPA 的典型特征值。

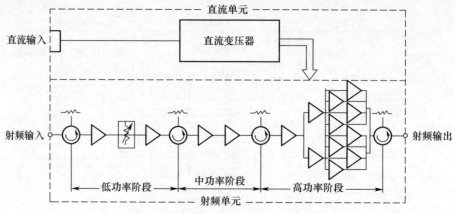

图 9.16 固态功率放大器内部结构

表 9.2 TWTA 与 SSPA 的典型特征值

特征	TWTA	SSPA
工作频段/GHz	C、Ku、Ka	L、C
饱和输出功率/W	20~250	20~40
饱和时增益/dB	约 55	70~90
三阶互调 $(C/N)_{IM3}$/dB	10~12	14~18
AM/PM 转换系数* K_p/((°)/dB)	4.5	2
直流到射频的效率,包括 EPC†/(%)	60~65	30~45
包括 EPC 的质量/kg	1.5~2.2	0.8~1.5
故障率(FIT)	<150	<150

注:*接近饱和状态。

†电力调节器。

9.2.3.5 多端口功率放大器

通过多端口功率放大器(MPA),一组放大器的总可用功率可以在不同转发器信道间以可配置的方式进行合理分配。

多端口功率放大器(也称为混合矩阵放大器或巴特勒矩阵放大器)的工作原理如图 9.17 所示[CAR-08]。MPA 由三部分组成:输入混合矩阵(IHM)或输入网络(INET)、功率放大器(HPA)、输出混合矩阵(OHM)或输出网络(ONET)。输入混合矩阵通过在所有放大器之间平均分配输入信号功率和频谱(每个放大器具有不同的预定相移),实现各 HPA 之间的功率共享。

每个放大器都可以对任一输入信号进行放大,因此假定各放大器在其线性区域内工作,具有相同的增益和相移。放大的信号随后被送至输出混合矩阵进行信号的相移组合操作,这便意味输入混合矩阵的每个入口都可以连接至输出混合矩阵的每个出口。输入混合矩阵与输出混合矩阵由多个 3dB 耦合器组成,并引入插入损耗。插入损耗会影响 MPA 的整体功率效率,其效应不容忽视。

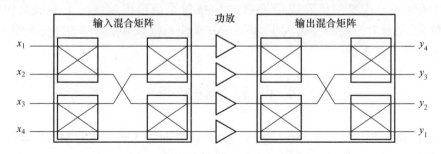

图 9.17　四端口放大器的结构
来源:经许可转载自文献[CAR-08]。

MPA 实现的另一个问题在于,耦合器响应的任何偏差以及功率放大器间增益与相位的偏差都会导致 MPA 输出信号间的串扰。因此,在温度范围与频带范围内应尽可能减少输出响应与理想响应的偏差。由于要求不同,INET 与 ONET 的实现需要不同的技术。ONET 的实现需要低损耗并能够处理高功率射频信号,而 INET 的实现则需要轻巧紧凑。与传统的矩形波导或同轴技术相比,平面或准平面技术可以大大节省质量与尺寸,因此其可应用于工作在 L 至 X 频段的矩阵。对于更高的频率(10GHz 以上),ONET 的首选实现方案是应用矩形波导技术,因为与平面技术相比,其损耗更低[JON-08]。

在用于单波束有效载荷结构时,MPA 可以实现不同转发器信道间的功率分配;而用于多波束有效载荷结构时,MPA 可以实现不同下行波束间总可用功率的分配。例如,卫星在不同服务区间具有不同的立体角,各服务区对应不同的天线增益值,此时 MPA 可以实现补偿,使各服务区保持相同的性能,或对某一服务区进行单独设置以满足特殊需求;MPA 还可以增加服务区波束的发射功率,用于克服传输距离或大气衰减等原因造成的额外损耗。在使用 MPA 的系统中,必要时可使分配给一个信道的功率超过单个功率放大器的可用功率。

由于来自不同功率放大器的功率在 MPA 内进行重组,因此没必要再使用 OMUX 为每个信道分配特定带宽。而宽带 OMUX 技术不受频率规划的约束,因此下行链路频率可以灵活配置,故与传统有效载荷相比其具有更大的应用潜力。事实上,为满足通信系统寿命期内的预期业务需求,多波束系统最好能够对每个波束的容量(分配给每个波束的功率与带宽)进行独立分配,从而实现基于每个波束在某段时间内估计的平均业务量与峰值业务量两者间的均衡。然而,当波束的数量大幅增加且波束的业务量分布随时间变化很大时,这种均衡会很难实现。

通过 MPA 可以根据操作要求有效地管理载荷资源。HPA 的性能指标要基于对每个信道进行综合分析后确定,而不是单纯考虑信道在极端情况所需的最大功率,这便为系统提供了极大的灵活性。确定 HPA 性能指标的两种常用方法:(1)以 MPA 总功率平均值除以信道数;(2)按每个信道极端情况下的最大功率。通常情况下,前者的灵活性远大于后者。MPA 使系统设计进一步优化,并使系统以更有效的方式工作。

9.3 再生转发器

5.10 节介绍了再生转发器在整体链路性能方面的优势。与透明转发器相比,再生转发器提供的链路质量更高,然而有效载荷更复杂,并对信号的传输体制有一些硬性要求。星上实现再生转发的优势需要综合考虑 7.4.3 节所述星上处理的众多特点。只有适应上行链路与下行链路的调制编码、基带交换、波束扫描和多址与复用方式的具体要求,才能实现卫星与地面站功能的最佳匹配。

图 5.36 比较了透明转发器与再生转发器的基本功能。在再生转发器中,上行链路载波首先被解调,恢复的基带信号随后在星上被再次调制,这样可以防止将上行链路的噪声引入下行链路。星上处理部分取决于应用类型;交换相关的问题在 7.4.3 节和 9.4.5 节中讨论。

再生转发器包含各种设备,其中低噪声放大器(LNA)、混频器、中频放大器、HPA 和射频滤波器等设备与传统转发器中的设备类似,9.2 节已有介绍。再生转发器的特有设备包括解调与调制设备以及基带信号处理设备,这些特有设备是用于处理数字信号的。

根据上行链路的数字调制方式,解调可以是相干解调或差分解调。特别是对于以 FDMA 方式、单路单载波(SCPC/FDMA)模式工作的上行链路,多载波联合解调十分实用。

9.3.1 相干解调

正交相移键控(QPSK)调制与时分多址(TDMA)模式相结合,可以提供良好的系统性能。传统的 QPSK 解调器结构很适合应用。对于载波恢复,传统结构的 PLL 存在采集时间过长的问题,无法在突发模式下运行(挂起现象),因此需要考虑应用特殊结构的 PLL;同时还必须解决载波恢复时的相位模糊问题,这可以通过独特字检测实现。此外,解调器包含数字时钟恢复电路与数字信号恢复电路。

解调前的中频信号滤波必须根据上行链路的特点进行优化。特别是对于地面站的发射滤波器,这种优化能够缓解符号间干扰(ISI)造成的信号质量恶化,避免误码率(BER)超过理论值。升余弦类型的滤波器目前已得到广泛使用。

9.3.2 差分解调

使用差分编码的调制可以进行差分解调,无需进行载波恢复(见4.2.6节),这种调制应用于第一代再生转发器。而相干解调需要载波恢复,涉及功耗与质量增加等复杂性以及可靠性问题,若使用四相调制,即便是简化型解调器也会导致上行链路所需功率至少增加2.3dB(见表4.5)。差分解调是基于对比当前符号持续时间内收到的波形和前一个符号持续时间内收到的波形。因此,差分解调需要一个性能稳定(特别是在不同温度下)的延迟器。所用技术包括硅基滤波器、介质基板微带线、波导滤波器等。

9.3.3 多载波解调

再生转发器的优点之一是能够在上行链路上使用FDMA,而在下行链路上使用TDM。这使得地面站的发射功率减少,并最大程度地得益于接近饱和运行的卫星功率放大器(见7.4.3.3节)。因此,卫星转发器的输入端存在大量载波,必须对这些载波进行解调。

常规的解调方法是使用以上行链路载波频率为中心的带通滤波器组,并将每个滤波器连接至一个解调器。当载波数量较多时,将导致功耗较高,同时设备的质量和体积也会变得庞大。

当各上行链路载波具有相同的数据速率且在频率上均匀分布时,可以考虑对所有载波进行联合解调,具体实施方法及其复杂性在很大程度上取决于各个载波携带的数字信号的符号时钟是否同步。

多种技术可用于实现多载波解调(MCD),其中一种是对信号进行基带处理,即将载波的频率变频到基带附近后,对多路载波复合信号进行时间采样,并通过数字信号处理算法进行解析。这种处理可以借助多相网络与快速傅里叶变换(FFT)对所有载波进行解调,也可以使用数字滤波器阵列或将频谱连续二分解复用后针对每个载波单独进行解调。

通过使用复接转换器内的声表滤波器,可以在中频阶段使用线性调频傅里叶变换进行联合解调[KOV-91]。滤波器的输出信号是对多路输入信号短时谱的时域表示。通过结合使用光学技术与声表面波设备,可以实现在同一电路中对多个载波进行解复用和解调。

除了为每个地面站永久地分配一个载波外,还可以在各地面站之间以相同数据速率共享一组不同频率的链路。即应用TDMA多址方式,各地面站为自己的每个突发选择一个频率,该频率要保证在TDMA帧的突发时间内可用(多频时分多址MF-TDMA或多载波时分多址MC-TDMA),该方法为DVB-RCS/RCS2/RCS2x采用的接入技术(见7.7.3.3节)。

在这种情况下,卫星上 MCD 的工作较为复杂。来自不同站点的突发具有不同的频率和时钟速率,每个突发开始时的前导码变短甚至被压缩,故逐个突发的频率与时钟速率恢复很难实现。因此,有必要确保地面站时钟的同步,例如通过采用星上时钟作为参考基准。尽管如此,9.3.1 节与 9.3.2 节介绍的解调技术仍然适用于多载波解调器。当前导码被压缩或长度受限时,尤其需要优化载波恢复电路,该电路可以利用连续帧之间突发的相干性或使用非线性估计方法实现。

9.4 多波束天线有效载荷

多波束天线有效载荷具有多个天线波束,可提供不同服务区的覆盖(5.11节)。当卫星接收信号时,载波可能会出现在一个或多个接收天线的输出端;而转发器输出端的载波可能需要馈送到每个发射天线。两种可行的基本配置如下:

(1) 每个接收—发射波束组合构成一个独立的网络。

(2) 不同波束内的地面站都属于同一个网络,并且位于不同波束的任意两个地面站都能够建立站到站之间的连接。

在第一种配置中,有效载荷包含的转发器个数需要与接收—发射波束组合的个数相同。这些转发器在不同的频段(如 6/4 与 14/12GHz)上工作,同一频段内的两对接收—发射波束可以采用正交极化复用。

第二种配置对应于第 7 章讨论的多波束卫星概念,不同波束间必须进行互连,这种互连通过转发器信道(转发器)跳接(见 7.4.1 节)或通过星上处理(透明交换见 7.4.2 节;再生交换见 7.4.3 节)实现。本节剩余部分将描述多波束系统收发波束间的互连,所考虑的系统包含一个或多个频段内的 M 个接收波束(上行链路)和 N 个发射波束(下行链路),且能够实现任意一对收发波束的连接。

9.4.1 固定互连

波束间的互连方式在有效载荷设计时确定,且在制造完成后不支持修改。接收机通常对所有波束都是通用的,可以使用单一极化($M=1$)或两个彼此正交的极化($M=2$)。

卫星上的接收机数量等于上行波束数量。在接收机输出端,IMUX 将频段划分为不同的转发器信道。若波束之间的业务量均衡且信道宽度相同,则信道数量为发射波束数量 N 的整倍数。

对于单波束卫星,所有信道在传输时都被分组,且目标波束唯一。相比之下,多波束转发器包含与发射波束一样多的 OMUX,这些 OMUX 中的每一个波束都将与对应信道连接起来。目标波束通过选择上行链路载波频率来决定,只需确保转换后的频率落在分配给目标波束信道的频带内(转发器跳接,见 7.4.1 节)。

9.4.2 可重构互连

可重构互连也称半固定互连,与 9.4.1 节中的固定互连不同,转发器信道与发射天线的连接关系并不明确。可以使用远程指令控制开关(机械驱动的微波开关)改变信道输出端与多路复用器输入端之间的连接关系,从而重构有效载荷。这使得波束的容量(分配给波束的转发器信道带宽或数量)能够在卫星寿命期间根据服务区域内不断变化的业务需求进行调整。当然,可重构的次数可能是有限的,并且在设计时就已预定。

该方案曾在 Intelsat 卫星上使用,并在 Eutelsat Ⅱ 卫星上进一步应用,以支持下行链路波束选择频带。这些卫星的上行链路频率(14~14.5GHz)被转换到三个单独的频段,即 Ku 频段下行链路可用的多个频段(10.95~11.2GHz、11.45~11.7GHz 和 12.5~12.75GHz)。上行链路与下行链路均采用正交极化方式。转发器的结构见文献[MAR-09]。信道被编排为三组,对应于每个极化的下行链路频率子带,并被馈送至发射天线的输入端。可以通过控制位于多路复用器与 CAMP 间的开关来修改某些信道的连接关系,从而根据传输信号的类型(如电话或电视)灵活地进行信道配置与管理。

在尽可能减少开关总数的前提下,交换矩阵可以同时提供可重构互连及信道冗余。交换矩阵允许从总共 n 个信道中选择 p 个信道,这 p 个信道再由 m 个放大链路中的 p 个放大链路放大,这种交换矩阵称为 $p/n/m$ 冗余。在图 9.18 给出的示例中,交换矩阵从 $n=10$ 的输入信道中选择 $p=6$ 作为激活信道,放大链路总数 $m=9$,提供 6/9 冗余,这种结构称为 6/10/9 冗余。

9.4.3 星上时域透明交换

星上时域透明交换是指 7.4.2.1 节讨论的星上交换时分多址(SS-TDMA)技术,多波束卫星可能需要对波束间的互连进行快速重构(数百纳秒内),因此必须配备快速切换装置。交换矩阵将上行波束的接收机与下行波束的发射机进行依次互连。交换矩阵在射频(上行链路与下行链路的频率)或中频环节对已调载波进行路由,故无需解调。快速切换需使用如下设备:

(1) 有源开关。
(2) 控制交换时序的星载设备,如配电控制单元(DCU)。

9.4.3.1 固态开关元件

最早开发的交换矩阵使用 PIN 二极管作为开关元件,如 Intelsat Ⅵ[ASS-81] 上使用的 6×6(加入冗余后实际为 10×6)射频交换矩阵。随后,PIN 二极管被场效应晶体管(FET)取代,后者提供了更高的隔离度(60dB)、更短的切换时间(小于 0.1ns,而 PIN 二极管为 10~100ns)和良好的增益(两级级联的情况下达 15dB 左右),这使得结构中原有的损耗得到了一定补偿。

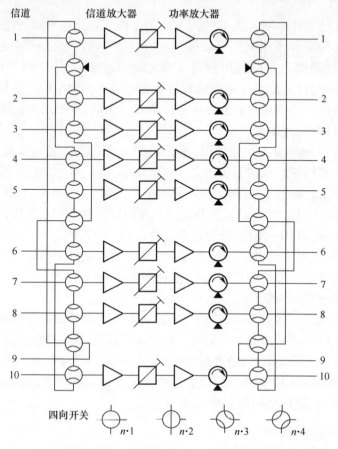

图9.18 一种实现 $p/n/m$ 冗余的结构

9.4.3.2 交换矩阵结构

在 $N×N$(或 $M×N$)矩阵可实现的各种结构中,仅两种结构能够将某一上行波束的信息分配到多个下行波束(广播模式),即在每个输入端部署功分器、在输出端部署合路器的功分器—合路器结构和部署级联定向耦合器的交叉耦合器结构,如图9.19所示。

功分器—合路器结构如图9.19(a)所示,其使用 N 个 M 输出功分器(M 分路)将输入分成 $N×M$ 个信道,在输出端使用 N 个 M 输入的合路器(M 合路)。各功分器的输出通过开关连接到每个合路器的输入。功分器与合路器之间是否存在连接由开关的关闭或打开状态确定。交换矩阵是一个封闭的立方体,这种结构较难支持内部接入访问,但更便于信道间的耦合。

交叉耦合器结构如图9.19(b)所示,具有 $N(N=20)$ 条输入线与 N 条输出线,输入线与输出线在交叉点的位置设有互连元件,这些元件包含两个定向耦合器,其间有一个开关。这种矩阵的优势在于平面性,非常适合使用微波集成电路技术。

可通过两种方法实现开关元件的耦合器——使用相同耦合系数或分布耦合系数。对于第一种方法,同一行或同一列上的所有定向耦合器具有相同的耦合系数,虽然简化了实现方案,但不同交叉点的功率不同。对于第二种方法,令所有开关在相同的功率水平上工作,以获得最小的插入损耗。为了使同一输入线上的 N 个交叉点平均分配功率,耦合器需要具有不同的耦合系数,即第 $1,2,\cdots,N$ 个交叉点的耦合系数分别等于 $1/(N+1),1/N,\cdots,1/2$。因此,耦合器既能提供不同的耦合系数,又具有精确的耦合值。此外,交换矩阵的性能还受到开关之间阻抗变化的影响。

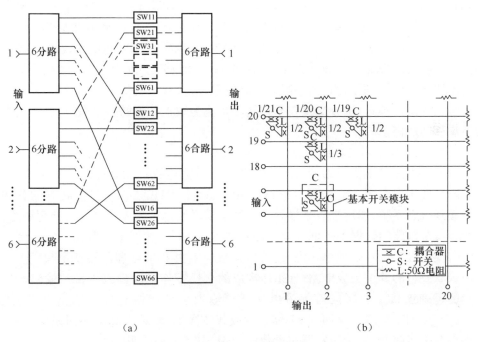

图 9.19 交换矩阵
(a)功分器—合路器结构;(b)交叉耦合器结构。

通过使交换矩阵包含冗余的行或列(使行或列的数量多于上行或下行波束的数量),可以在一个或多个开关元件故障的情况下,依然保持交换矩阵的正常工作。此外,交换矩阵还可以集成故障检测装置。

9.4.4 星上频域透明交换

本节讨论星上处理技术的实现,这些技术是对 7.4.1 节讨论的转发器跳接概念的扩展。在转发器跳接提供的互连方案中,地面站需要根据目标波束将发射频率从一个转发器切换到另一个转发器。而在下面的讨论中,切换是在星上于频域内实现的,从而允许地面站以固定频率工作,该方法通常被称为星上交换频分多址(SS-FDMA)。

借助声表面波滤波器,交换可以在低中频(数百兆赫兹)阶段通过在模拟域的简化滤波过程实现,也可以采用支持 FFT 算法的数字滤波实现。

9.4.4.1 中频交换

在非再生转发的情况下,使用一组带通滤波器实现交换,并根据上行链路的频率进行路由。与目前卫星使用的转发器跳接技术相比,其区别在于带宽和滤波器的数量大不相同。卫星波束间的互连是基于单个卫星信道宽度(通常为 36~72MHz)实现的,信道的数量受限于转发器的体积与质量。SS-FDMA 系统可包含大量的滤波器,滤波器带宽需要与对应波束的容量匹配。通过使用可变带宽的滤波器或从一组滤波器中选择带宽匹配的滤波器,可以实现波束间所需资源(频带)的按需分配。声表面波与静磁表面波(MSW)技术能够实现低质量、小体积的窄带带通滤波器。此外,通过组合相邻的带通滤波器可实现可变带宽。

考虑到质量预算,中频交换技术适用于带宽为数十兆赫的卫星系统,典型代表为卫星移动通信系统。

9.4.4.2 DTP 技术

DTP 技术是星上数字透明处理技术。对于带宽达数百兆赫兹的卫星系统,在中频阶段使用声表面波滤波器处理载波并不适合。DTP 技术是将接收到的载波下变频到接近零频,然后进行采样处理。数字采样数据被送入几个并行处理链路,以便将每个链路的数据率降低到与低功耗技术(CMOS)相匹配的数值。实数到复数的转换由数字信号处理单元完成,时域复数样本由 FFT 处理器转换至频域。一个由级联并行的专用集成电路(ASIC)构成的交换矩阵确保输入子带与输出子带之间的正确连接。任何信道都可以从任意输入子带切换到任意输出子带(见 7.4.2.2 节及图 7.14)。反向 FFT 恢复时域载波样本,然后将其转换回模拟信号。由于载波未经解调,尽管转发器包含数字处理,但其仍是透明转发器。

9.4.5 星上基带再生交换

基带交换设备将数据包从某个上行链路波束路由到合适的下行链路波束(7.4.3.1 节)。该功能可由不同的结构实现,其中 TST 型的三级结构与单级 T 型结构具有代表性。基带交换意味着需要以帧的形式将数据进行编组,该过程需要使用带有缓冲存储器的时钟重对齐电路。

在 TST 型结构中,来自上行链路的突发信息存储在缓冲存储器中,持续时间为一帧,随后被从存储器中提取出来,并通过交换网络物理路由到与下行链路对应的输出缓冲存储器[PEN-84,MOA-86]。图 9.20 为该结构示例。

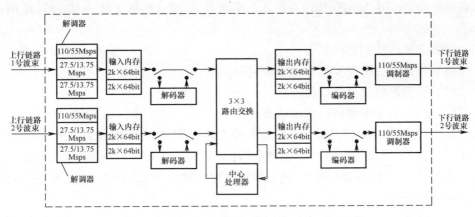

图 9.20　TST 型交换结构示例

来源:经 AIAA 许可转载自文献[NAD-88]。

TST 型结构需要为所有待路由的突发找到一条途经 TST 三个阶段的路径,且该路径是非阻塞的。与阻塞路径相比,其需要更多数量的器件,因此 TST 型结构存在一定的复杂性。

TST 型结构的缺点可以通过单级 T 型结构来避免,单级结构能够以较为简单的方式提供路由。到达各输入端的同步二进制数据先被转换为并行形式的字,然后通过多路复用总线依次传输到存储器的各个部分。这些字由基于时间间隔的编号表征并以连续的地址写入存储器。上述过程不断重复,直至每个输入帧的全部字都被储存在内存中。即,在第一时间间隔内出现并将在存储器出口上第一个输出的字被存储在地址 0,在第二时间间隔内出现并将在存储器出口上第二个输出的字被存储在地址 1,以此类推。对总线上字的读取和传输可以在计数器的控制下轻而易举地实现。当字到达输入端时,每个字的写地址由控制逻辑电路以同步的方式提供。

单级结构也存在缺陷,尤其是它不支持突发的多目的地广播。在特定环境下,也可以考虑其他交换结构(如改进的 T 型结构与带有缓冲器或多路复用的 S 型结构)。

星上再生的基带信号为人们提供了更多的操作空间,如改变数据速率以及调整纠错编码来对抗雨衰。

9.4.5.1　第一代再生型有效载荷

第一代再生型有效载荷的设计主要是为了将 100~200Mbit/s 的高数据率地面站通过几个波束互连起来,例如 Italsat 与 NASA 的先进通信技术卫星(ACTS)(这些系统在文献[MAR-09]中有更详细的描述)。两者都使用 TDMA 接入,其中 Italsat 采用固定波束,ACTS 采用固定波束与跳波束相结合。

Italsat 卫星搭载三个有效载荷,其中一个是带有基带交换(BBS)矩阵的再生式有效载荷,在 30/20GHz 频段互连 6 个窄波束,详细介绍见文献[SAG-87,MOR-88]。

基带交换矩阵的功能如下:
(1) 将解调后的突发与星上时钟同步。
(2) 将突发路由至合适的调制器。
(3) 产生参考突发用以同步地面站网络。

ACTS 卫星搭载一个 30/20GHz 频段的有效载荷,该有效载荷采用两个多波束天线,分别用于接收与发送。每个天线产生 3 个固定波束和 2 个跳波束(波束角为 $0.3°$[NAD-88])。接收到的载波经过 4 路接收与中频处理单元实现 3GHz 变频,随后被送至交换设备。

交换设备由中频交换矩阵与基带处理器组成,对应于两种工作模式,而模式的选用取决于有效载荷的工作模式,见图 9.21。第一种工作模式下,中频交换矩阵使用 3 个固定的 TDMA 波束以 220Mbit/s 的速度互连上行链路与下行链路。第二种工作模式下,使用基带交换及缓冲存储器中的临时数据存储(见 7.4.3.3 节);基带处理器与两个跳波束一起使用,每个波束可以对接一个 110Mbit/s 的链路或两个 27.5Mbit/s 的频分复用链路。链路采用帧长为 1ms 的 TDMA 帧。

为了补偿 Ka 频段的高雨衰,地面站的数据速率降低为之前的 1/4,并采用编码率为 1/2 的纠错码(见 4.4 节)。解调器以标称数据速率的一半(55Mbit/s 或 13.75Mbit/s)运行,对应突发的比特率减半;编解码器仅对每帧中对应的突发激活;控制由网络控制站完成。

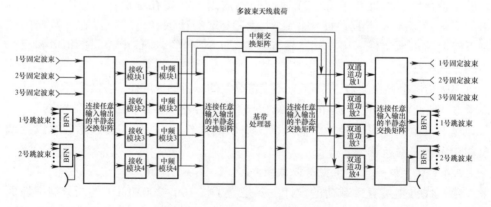

图 9.21 ACTS 卫星有效载荷结构
来源:经 AIAA 许可转载自文献[NAD-88]。

9.4.5.2 第二代再生型有效载荷

再生转发器的一个重要特点是可以利用星上再生技术,在卫星层面上对来自小型地面站(天线通常为1~2m)的不同信息进行多路复用,并利用FDMA/TDM体制,通过单载波多路复用将数据分发到小型单收地面站。文献[MAR-09]给出的应用实例包括 Eutelsat 热鸟(Hot Bird)卫星的 Skyplex 有效载荷(用于视频和数据广播)、Worldspace 卫星数字声音广播系统(用于音频和数据广播),以及不久前应用的 Hispasat 卫星 Amheris 有效载荷。

与此同时,DVB-S/S2(见4.7节、4.8节和7.7节)与 DVB-RCS(DVB-S 返向信道,见7.7.1.4节)标准发布并被地面站制造商广泛采用,从而避免了各卫星运营商在实施星上处理系统时采用各自不同的传输方案。

9.4.6 光交换

光交换器件的应用也取得了一些研究进展。在光交换中,射频载波调制光源(激光)得到光信号,光信号通过光开关实现动态交换,经检测再被恢复成射频载波。

光交换的实现方法有很多种,包括使用中间检测器进行光电切换、修改两个相邻光波导间的耦合(Delta-Beta 开关),以及通过改变介电常数使两个光波导交叉传输或全内反射(TIR)。后两种方法的结合产生了一种新的光开关,这种光开关具有较高的隔离度(58dB)与较短的开关变换时间(几纳秒),并可用于实现不同结构的交换矩阵。尽管光交换矩阵的插入损耗(60dB)较高,但其优势在于尺寸小、质量轻。

9.5 可重构有效载荷

目前大多数商业卫星都是基于专用设计:频率计划、天线覆盖轮廓、G/T 与 EIRP 等规格设计都是基于特定的通信任务且地球静止卫星的轨位也是确定的。典型的方法是为每个覆盖区提供一个天线,而卫星可容纳的天线数量限制了其覆盖能力。这种方法的主要缺点是一次性成本高昂、开发周期较长,以及灵活性有限。

支持在覆盖范围、频率计划和路由等方面进行重构的柔性有效载荷有效地实现了如下需求:

(1)通用的有效载荷。对于具有服务长期性、连续性需求的卫星通信任务,支持在轨更换卫星。

(2)可重构的有效载荷。能够紧跟市场需求的演进。

(3)标准化的有效载荷。成本低,且采购周期短。

为满足卫星运营商的需求,可以设计两种结构——信道化放大与分布式放大,见图9.22[VOI-08]。

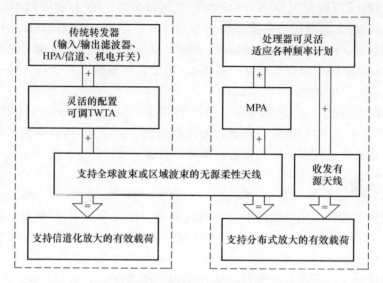

图9.22 柔性有效载荷的概念
来源:经许可转载自文献[VOI-08]。

1) 信道化放大结构

这种有效载荷仍然基于传统的转发器结构,每个信道都有专用的输入输出滤波器和TWTA。转发器包含下变频器(可由本地振荡器或频率偏移进行调整),因此能够在适应卫星频率计划方面提供一些灵活性。可调TWTA可以实现可变的信道输出功率,转发器连接无源柔性天线。此类型结构提供了以下特性:

(1) 覆盖灵活性。得益于使用无源柔性天线(机械可转向天线或电子可重构天线)。根据客户的需求,可以为某些特定地区实现二重覆盖,其他地区采用传统天线实现固定覆盖。

(2) 功率灵活性。得益于使用可调TWTA。饱和输出功率可在有限的范围(通常大于3dB)内调整,同时保持高效率。

(3) 接收与发射连接关系灵活性。可调下变频器支持接收频率段的灵活选择。由于使用IMUX与OMUX,发射频率是固定的,因此在适应卫星频率计划方面的灵活性有限。

2) 分布式放大结构

在这种结构中,放大功能由一组为多个信道提供放大的功率放大器实现,可以通过基于巴特勒矩阵(一种波束成形网络BFN)的多端口放大器(MPA)或有源发射天线实现。该结构是避免使用OMUX的唯一方法,因此与各种下行链路频率计划兼容。信道的带通滤波、增益控制和路由功能必须在功率放大部分之前实现。典型的解决方案是应用星上处理器(OBP),处理器与交换矩阵前后的频率转换链路允许处理器输入输出通道与收发波束互连(见 7.4.2.2 节与 7.4.3.1 节)。这种更为复杂的有效载荷结构提供了以下特性:

(1)覆盖灵活性。可以通过使用无源柔性天线或有源天线实现。使用有源天线时,可以通过同一天线口面形成多个独立波束。

(2)频率计划灵活性。可实现的性能很大程度上取决于 OBP 方案。其频率计划灵活性包括在一组特定的数值内灵活选择信道带宽(例如 36MHz 或 72MHz),也包括信道带宽适应方面的完全灵活性(从数兆赫到 100MHz 以上),同时还提供灵活的上下行波束互连。

(3)功率灵活性:得益于分布式放大的固有特性。

为进一步发展卫星通信业务,卫星产业致力于提供新的柔性有效载荷方案。在采购过程中可以对通信任务进行后期定义,或通过有效载荷在轨重构,以提供对不同轨道位置下覆盖区的各种服务。这些都将为服务增加价值,并为新应用的产生与发展提供解决方案。柔性的商业卫星还带来了其他多种优势,例如通过卫星提高船只的通信保障能力。柔性有效载荷的设计将孕育出通用式的设计,从而促进卫星的标准化。标准化带来的低成本和更短的制造周期,将进一步提高柔性载荷解决方案的吸引力。

9.6 固态元件技术

与地面设备的技术相比,设计星载设备时必须考虑空间环境带来的特殊限制。本节首先概述空间环境的主要特点,然后介绍卫星上使用的模拟与数字固态元件技术。

9.6.1 空间环境

空间环境(见第 12 章)具有如下特点:

(1)设备寿命周期内高辐射承受量。根据轨道与屏蔽效果的不同,元件必须能够承受最高达 100krad 的累积剂量。对于 12 年在轨寿命、10mm 铝屏蔽的地球静止卫星,其总累积剂量要求较低,在 10krad 左右。粒子辐射中的重离子会导致通信中断、单粒子翻转(SEU)及闩锁效应。

(2)不存在对流。空间环境对各元件提出了在狭小空间内有效散热的要求。使用散热片(与元件黏合的铜条),可以将热量传导至设备外壳以及整个卫星结构。

(3)设备高可靠性要求。应能够在不进行维护的情况下在较长的寿命周期内保持正常工作。

单粒子翻转是指单次辐射事件对集成电路(IC)的作用,导致 IC 的暂时性故障或逻辑状态翻转。

闩锁效应是一种由高能辐射引起的 IC 故障,在刺激(冲击性辐射)停止后,电路无法恢复到之前的状态;PNPN 或 NPNP 晶闸管型寄生结构会突然变为"导通"状态,从而旁路或短路部分 IC 电路。闩锁效应具有灾难性的影响,需要关闭系统来进行重置;若芯片因电流超过其极限而出现热损坏,则带来致命影响。因此,在星载设备设计中,通过特殊设计避免闩锁效应是至关重要的。

9.6.2 模拟微波元件技术

传统技术采用以裸芯片(未封装芯片)作为有源元件的电路模块,而微带电路由对基板(氧化铝、蓝宝石等)进行光刻产生,基板上覆盖有一层经真空沉积获得的金属导体(薄膜技术)。

单片微波集成电路(MMIC)现已得到广泛使用,当然也有个别星上微波功能并未采用 MMIC 技术。例如,卫星接收机的第一级低噪声放大器仍然采用基于分立的伪高电子迁移率晶体管(PHEMT)的电路模块。

一个 MMIC 接收机包含约 10 个 MMIC 芯片,这些芯片执行的功能包括上行频率的低电平放大、平衡混频变频,以及中频与下行频率的功率放大。MMIC 还用于 CAMP 与 HPA 内的放大和线性化。

与电路模块相比,MMIC 的优点在于设备尺寸更小,从而降低设备质量(通常降低 2.5 倍)。同时,由于零件数量减少以及几乎不存在调谐,因此大量相同系列电路的生产成本降低,互连可靠性进一步提高。

9.6.3 数字元件技术

对于再生转发器,以数字形式呈现的信号使数字集成电路技术的应用成为可能。针对高处理能力的需求以及对质量、体积和功耗的限制,元件必须经过超大规模集成(VLSI)与半定制实现(ASIC)。这些技术须具有抗辐射性、高抗噪性、高速度、低功耗和高集成密度等特性,其中一些特性并不兼容,因此应根据具体应用进行权衡。

硅是用于生产逻辑电路的主要半导体材料。随着特征尺寸微缩至 50~100nm 范围内(摩尔定律)、各种高效改进器件的使用(用于互连堆叠的低 K 铜、应变硅、高 K 金属栅极)以及绝缘体上硅(SOI)晶圆的应用,逻辑门的传播延迟时间不断减少,已下降到 10ps 以下($1ps = 10^{-12}s$)。基于 CMOS 工艺实现的 MOS 晶体管是逻辑处理的主力,其提供了最佳的栅极密度。调整 MOS 晶体管特性,可以获得延迟与功耗间的折中。在 SiGe Bi-CMOS 中混合 MOS 与高级异质结双极晶体管

(HBT),可以实现更高的频率,其通常用于混频电路。因此,基于复合半导体材料(包括砷化镓、磷化铟,尤其是后者)的电路达到了目前可实现的最高频率范围(超过100GHz)。

(1) 抗辐射性。先进处理器中非常薄的氧化层厚度(数纳米)使得 CMOS 对累积剂量的耐受性随之提高(最高可达 100krad),仅需通过特定的设计(无边框晶体管、防护环)规避隔离泄漏。可以通过含冗余的逻辑设计与使用防护环的版图设计来降低对重离子引起的 SEU 与单粒子闩锁(SEL)的敏感性。绝缘基板(SOI)上的 CMOS 对重离子的敏感性较低。

(2) 速度与功率消耗。CMOS(特别是用作 SOI 时)的功耗非常低,尽管其功耗随开关频率的增加而线性增加(CMOS 门仅在状态改变时消耗电流)。第一代的 130nm 技术功耗在 10nW/MHz/门的范围内,之后每一代(65~90nm)的功耗都会下降近 40%。

(3) 集成密度。CMOS 硅技术为 130nm 技术提供了极高的集成密度(如每平方毫米 15 万~20 万个门电路),每一代纳米技术的升级都会使门电路的数量几乎翻倍。130nm 与 90nm 实现了数千万个门电路,而 65nm 则超过 1 亿门电路。

总之,CMOS 元件在实现高集成密度、高运行速度的电路方面占据绝对主导地位。随着 45nm、32nm 和 22nm 时代的到来,其主导地位将得以持续。

9.7 天 线 覆 盖

卫星通信任务根据最低射频指标(对于下行链路,采用卫星 EIRP 或地面功率通量密度;对于上行链路,采用卫星 G/T 或卫星功率通量密度)指定服务区的覆盖性能。在由地理坐标确定的各地面位置处,必须能够实现所指定的性能(这些位置是服务区参考点)。需考虑以下几个不同的概念。

(1) 服务区轮廓:连接各参考点的轮廓(从卫星标称位置看)。

(2) 几何轮廓:包含服务区轮廓(从卫星标称位置看,所有可能的天线指向偏差均考虑在内)。

(3) 射频覆盖范围:满足射频性能要求值的区域。

下面首先讨论服务区轮廓与几何轮廓,射频覆盖范围将在 9.8 节介绍。

9.7.1 服务区轮廓

服务区参考点在以卫星为原点的 (x,y,z) 坐标系中确定(图 9.23)。坐标系 z 轴指向卫星—地心方向,y 轴垂直于卫星子午面并指向东方,x 轴垂直于 zy 平面并指向一个右旋坐标系(对于静止卫星,其指向北方)。

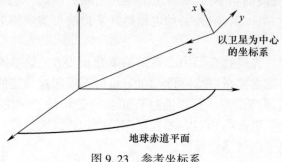

图 9.23 参考坐标系

地球表面上的 P 点在以卫星为原点的坐标系中具有坐标 x_P、y_P 和 z_P。该坐标可以由卫星高度与星下点坐标计算得到。对于地球静止卫星,有

$$\begin{cases} x_P = R_E \sin l \\ y_P = R_E \cos l \sin L \\ z_P = R_0 + R_E(1 - \cos l \cos L) \end{cases} \quad (9.20)$$

式中:$R_E = 6378 \text{km}$ 为地球平均半径;$R_0 = 35786 \text{km}$ 为卫星高度;l 为 P 点纬度;L 为 P 点经度与卫星星下点经度之差。

9.7.1.1 卫星真实视角

地球表面上任意 P 点的卫星真实视野角度定义为从卫星上观察 P 点时的两个角度,分别为:

(1) 地心方向与 P 点方向之间的角度 θ。θ 等于 P 点的天底角。

(2) 卫星子午面(xz 平面)和由星地所连直线与 P 点确定的平面之间的夹角 φ。

由 P 点坐标 x_P、y_P 和 z_P 得到的卫星真实视野角度为

$$\begin{cases} \theta = \arctan\left(\dfrac{\sqrt{x_P^2 + y_P^2}}{z_P}\right) \\ \varphi = \arctan(y_P/z_P) \end{cases} \quad (9.21)$$

对于地球静止卫星,卫星真实视野角度可以直接通过卫星和 P 点的相对经度 L 与 P 点的纬度 l 进行计算,方法是在式(9.21)中代入式(9.20)给出的 P 点坐标表达式,见 9.7.4 节。

9.7.1.2 服务区轮廓表示法

在地图上表示服务区轮廓,涉及三维空间到二维平面的转换问题。

第一种表示法是在卫星星下点处使用一个与地球表面相切的参考平面,并将地球表面上的各点投影到该平面上,如图 9.24(a)所示,其结果与从卫星上看地球的视图相差极大。特别是在赤道上有一个星下点时(如地球静止卫星),地球南北

两极明显可见,然而现实情况是南北两极对地球静止卫星并不可见。

第二种表示法同样是在卫星星下点处使用与地球表面相切的平面(该平面与卫星—地心方向垂直),并取卫星和地球表面上的 P 点所在直线与该平面的交点(斜投影)记为 P' 点。如图 9.24(b)所示,这种表示法更贴近实际,得到的地图与从卫星上看到的地球视图更接近。例如对于地球静止卫星,该表示法下的地球南北两极不可见。

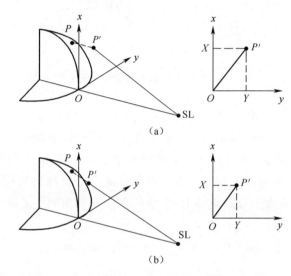

图 9.24 地球表面上 P 点在与地球表面相切于卫星星下点的平面上的表示方法
(a) P 在该平面上的正交投影 P';(b) P 在该平面上的斜向投影 P'(根据卫星真实视野)。

在第二种表示法中,服务区轮廓的各点在以星下点 O 为原点的 xy 坐标系中具有坐标 X 与 Y。与地球相切的平面中的 x 轴、y 轴与以卫星为原点的坐标系的 x 轴、y 轴对齐。对于地球静止卫星,坐标 X 与 Y 可表示为

$$\begin{cases} X = K\sin l \\ Y = K\cos l \sin L \end{cases} \quad (9.22)$$

$$K = \frac{R_0 R_E}{R_0 + R_E(1 - \cos l \cos L)} \quad (9.23)$$

9.7.1.1 节定义的卫星真实视野角度可以在 xy 平面上表示。例如,图 9.25 中 P 点可表示为

$$\begin{cases} X = \theta\cos\varphi \\ Y = \theta\sin\varphi \end{cases} \quad (9.24)$$

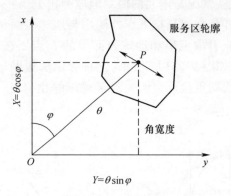

图 9.25 P 点在 xy 坐标系中的真实视野角度 θ 与 φ

角度 θ 由线段 OP 表示,角度 φ 为 Ox 与 OP 方向的夹角。

以上表示法能够明确表示卫星坐标系中某一点的任意视位移。例如,围绕 Oz 的旋转(φ 变化,θ 恒定)由以 O 为中心的圆弧来表示。然而,点与点间的角间距并未得到准确表示。考虑 OP_1 与 OP_2 两个方向分别由卫星视野坐标(θ_1,φ_1)与(θ_2,$\varphi_2=0$)表示,以卫星为中心的球体上 P_1 与 P_2 两点间的角间距 χ 可由球面三角学得到,即

$$\cos\chi = \cos\theta_1\cos\theta_2 + \sin\theta_1\sin\theta_2\cos\varphi_1$$

因此有

$$\chi = \arccos(\cos\theta_1\cos\theta_2 + \sin\theta_1\sin\theta_2\cos\varphi_1)$$

在真实视野表示法下,P_1 与 P_2 之间的角间距由弧线 P_1P_2 的长度表示,并由三角形 $\triangle OP_1P_2$ 几何计算可得

$$P_1P_2 = (\theta_1^2 + \theta_2^2 - 2\theta_1\theta_2\cos\varphi_1)^{1/2}$$

因此,该表示法的相对误差 ε 可表示为

$$\varepsilon = (P_1P_2 - \chi)/\chi$$

对于地球静止卫星而言,任何可见点的天底角最大等于 8.7°。考虑 P_1、P_2 两点在可见极限处,即 P_1 在赤道上、P_2 在卫星子午线上,则 $\theta_1=\theta_2=8.7°$,$\varphi_1=90°$。卫星真实视野表示法下的角度差为 $P_1P_2=12.30°$,而以卫星为中心的球体上的实际角度为 $\chi=12.28°$,误差小于 $0.02°$,相对误差小于 2×10^{-3}。因此,至少对于地球静止卫星而言,可以假定角间距得到了精确表示,因此使用这种表示法可以进行几何变换(如平移)。

9.7.2 几何轮廓

天线覆盖的几何轮廓可由服务区轮廓和天线指向偏差推导而来。因此,服务

区轮廓的每个点都定义有一个不确定的区域——一个以该点为圆心、半径等于指向偏差的圆形。该圆形不确定区域应包括该点由天线指向偏差导致的所有可能位置,几何轮廓则包含由所有服务区经不确定区域扩展后形成的轮廓,如图 9.36(b)所示。

几何轮廓应综合考虑卫星运动造成的天线视轴指向偏差以及卫星相对于所考虑服务区的相对位移造成的服务区轮廓变形的综合影响。

当天线带有指向控制功能时,指向偏差仍然存在:指向控制功能的不精确性和卫星相对于服务区的视运动会改变服务区轮廓上各点的真实视野角度。当必须从两个不同的轨道位置覆盖同一个服务区时,也会发生这种情况,例如对于由两颗设计完全相同或互为备份卫星的地球静止卫星构成的系统。

9.7.3 全球覆盖

当几何轮廓包含地面上给定最小仰角情况下所对应的地球可见区域时,即实现了全球覆盖。

9.7.3.1 最大地理轮廓范围

地理轮廓受到地球上大圆的限制,以卫星为顶点的圆锥体沿着大圆与地球相切,该地理轮廓上的仰角等于零。对于地球静止卫星而言,该圆锥体的顶角 2θ 等于 17.4°。

9.7.3.2 最小仰角轮廓范围

对于位于零仰角等值线上的地面站,其天线需要水平放置才能指向卫星,与较高仰角下运行的地面站相比,零仰角地面站发射的电磁波在大气中的倾斜路径较长,因此经历更多衰减,链路性能可能较差;对于下行链路而言,由于地面站天线噪声温度更高,同样使得链路性能降低。因此,实际中通常使卫星—地面站方向与水平面成一定角度 $E(E>0)$ 来确定几何轮廓,该角度即为最小仰角 $E_{\min}$。对于最小仰角轮廓内的任一地面站,其仰角 E 大于 $E_{\min}$。

图 9.26 显示了一颗位于 105°W 的地球静止卫星在不同最小仰角下的几何轮廓。在实际应用中,全球覆盖一般对应最小仰角 $E_{\min} = 10°$。

图 9.27 给出了地面站天线的仰角 E 和天底角 θ(卫星—地面站方向与卫星—地心方向的夹角)与地心角 ϕ(地心—地球站方向与地心—卫星方向的夹角)之间的函数关系。根据式(2.64)可以通过地面站纬度 l 和相对经度 L 的关系求得 ϕ,即

$$\cos\phi = \cos l \cos L$$

地球静止卫星在最小仰角 $E_{\min}$ 下的地理区域具有恒定角宽度值 2θ,并可由式(2.46c)中代入 $E = E_{\min}$ 求得

$$2\theta = 2\arcsin[(R_E \cos E)/(R_0 + R_E)] = 2\arcsin(0.15\cos E_{\min})(°) \quad (9.25)$$

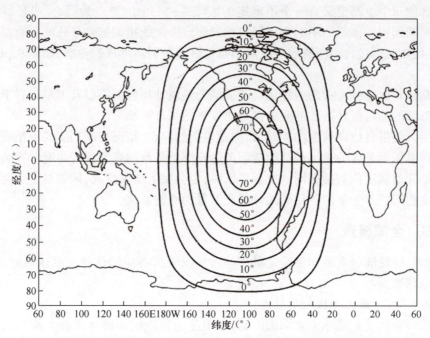

图 9.26　位于 105°W 的地球静止卫星在不同最小仰角下的覆盖图

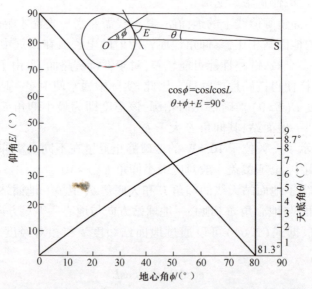

图 9.27　仰角 E 和天底角 θ 与地心角 ϕ 的函数关系（在卫星、地面站和地心三点确定的平面内）

地理几何轮廓的最大纬度可表示为

$$l_{max} = 90° - (\theta + E_{min}) \quad (°) \tag{9.26}$$

照射服务区的卫星天线视轴方向假设为指向地心,若考虑到天线指向偏差 $\Delta\theta$,则地理轮廓的角宽度应等于 $2\theta+2\Delta\theta$。例如当 $\Delta\theta=1°$,则最小仰角 $E_{min}=10°$ 对应的全球轮廓的顶角角宽度为

$$2\theta = 2\arcsin(0.15\cos E_{min}) + 2\Delta\theta = 2\arcsin(0.15\cos 10°) + 2° = 19°$$

9.7.4 小范围覆盖或点覆盖

若卫星覆盖并非全球覆盖时,其覆盖区域为卫星可见的一个地球表面上的特定区域。此时天线视轴不经过地心,而是经过地球表面上的一个参考点,该参考点被定义为覆盖中心。

地球静止卫星与地球的几何位置关系如图 9.28 所示,其中 S 代表卫星,P 代表覆盖中心。在没有指向偏差的情况下,SP 代表天线视轴,其方向由卫星参考系中的两个角度决定(这两个角度可以是 9.7.1.1 节定义的真实视野角度 θ 与 φ,如图 9.28 的 xy 参考系所示)。在 xy 参考系中,与天线视轴方向 SP 相关的其他 4 个角度分别为 $\alpha,\alpha^*,\beta,\beta^*$。

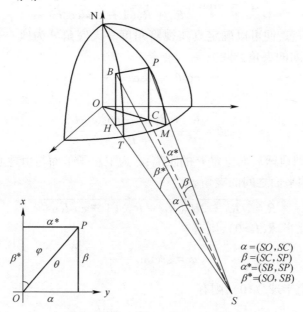

图 9.28 地球静止卫星与地球的几何位置关系
(卫星天线视轴方向不指向地心时的相关角度定义)

卫星天线视轴 SP 在轨道平面上的投影为 SC,SC 与地心方向 SO 之间的夹角 α 称为卫星天线方位角,即

$$\alpha = \arctan \frac{R_E \cos l \sin L}{R_0 + R_E(1 - \cos l \cos L)} \tag{9.27}$$

式中:$R_E = 6378$km 为地球的平均赤道半径;$R_0 = 35786$km 为地球静止卫星的高度;l 与 L 分别为卫星相对于 P 点的纬度差与经度差。

卫星天线视轴 SP 在轨道平面上的投影为 SC,SC 与卫星天线视轴 SP 之间的夹角 β 称为卫星天线仰角,即

$$\beta = \arctan \frac{R_E \sin l \cos \alpha}{R_0 + R_E(1 - \cos l \cos L)} \tag{9.28}$$

卫星天线视轴 SP 在卫星子午面上的投影为 SB,SB 与地心方向 SO 之间的夹角 β^* 定义为

$$\beta^* = \arctan \frac{R_E \sin l}{R_0 + R_E(1 - \cos l \cos L)} \tag{9.29}$$

卫星天线视轴 SP 在卫星子午面上的投影为 SB,SB 与卫星天线视轴 SP 之间的夹角 α^* 定义为

$$\alpha^* = \arctan \frac{R_E \cos l \sin L \cos \beta^*}{R_0 + R_E(1 - \cos l \cos L)} \tag{9.30}$$

根据以上信息,便可以确定真实视野角度。天底角 θ 为地心 SO 方向与卫星天线视轴 SP 之间的夹角,即

$$\cos \theta = \cos \alpha \cos \beta \tag{9.31a}$$

或

$$\cos \theta = \frac{R_0 + R_E(1 - \cos l \cos L)}{R} \tag{9.31b}$$

式中:R 为卫星到地球表面位置 P 的距离;φ 为卫星子午面与由地心方向和卫星天线视轴所定义的平面之间的夹角。

$$R = \sqrt{R_0^2 + 2R_E(R_E + R_0)(1 - \cos l \cos L)} \tag{9.31c}$$

若 P 位于北半球($l \geq 0$),则有

$$\varphi = \arctan \frac{\sin L}{\tan l} \tag{9.32a}$$

若 P 位于南半球($l < 0$),则有

$$\varphi = \pi + \arctan \frac{\sin L}{\tan l} \tag{9.32b}$$

9.7.5 天线指向偏差的计算

当卫星天线视轴方向的真实视野角度 θ 与 φ 等于服务区中心的真实视野角度时,卫星天线的指向是准确无误的。对于在卫星上刚性安装的天线,由于卫星姿态

控制与定点保持难以做到完全精确,会使卫星分别相对其质心和标称轨道位置产生姿态运动;此外,卫星天线在安装时便可能存在天线视轴偏差,以及在卫星寿命期间由机械和热效应产生的变形。以上这些因素都会导致天线指向偏差。每种因素造成的指向偏差角 $\Delta\theta$ 均可分解成两个分量:平行于赤道平面沿 y 轴的分量 $\Delta\theta_y$ 和在卫星子午面内沿 x 轴的分量 $\Delta\theta_x$,如图 9.23 所示。通过对沿 x 轴、y 轴两分量使用适当的加权系数求和,即可获得总指向偏差。

9.7.5.1 姿态运动导致的天线指向偏差

卫星姿态由卫星本体机械轴与横滚轴、俯仰轴和偏航轴三个参考轴之间的角度决定(见 10.2 节及图 10.4),卫星本体机械轴与这三个参考轴对准时的姿态称为标称姿态。卫星姿态运动可以分解为围绕着这三个轴的转动,围绕任何轴的转动都会带来卫星天线视轴的偏移,从而产生之前提到沿 x 轴、y 轴的分量,下面将给出这两个分量的表达式。

1) 围绕横滚轴转动引起的偏差

围绕横滚轴的转动为 ε_R,对于地球静止卫星,其典型上限值为 $0.05°$。天线视轴一般不垂直于横滚轴,因此围绕横滚轴的转动不仅会引起沿 x 轴的偏差分量,还会产生沿 y 轴的偏差分量,两个分量的表达式分别如下。

(1) 沿 x 轴,有

$$\Delta\theta_{R,x} = \arctan\left[\tan(\beta^* + \varepsilon_R)\cos\alpha\right] - \beta \tag{9.33a}$$

(2) 沿 y 轴,有

$$\Delta\theta_{R,y} = \arctan\left[\frac{\cos\beta^* \tan\alpha^*}{\cos(\beta^* + \varepsilon_R)}\right] - \alpha^* \tag{9.33b}$$

可以推导出 $\Delta\theta_{R,x}$ 与 $\Delta\theta_{R,y}$ 的近似值,即

$$\Delta\theta_{R,x} = \varepsilon_R \cos\alpha \tag{9.34a}$$

$$\Delta\theta_{R,y} = \varepsilon_R \sin\alpha^* \cos\alpha^* \left(\tan\beta^* + \frac{\varepsilon_R}{2}\right) \tag{9.34b}$$

当 $\varepsilon_R \leq 0.05°$ 时,近似值相对误差小于 10^{-3}。

2) 围绕俯仰轴转动引起的偏差

围绕俯仰轴的转动为 ε_P,对于地球静止卫星,其典型上限值为 $0.02°$,沿 x、y 两轴的偏差分量由以下公式给出。

(1) 沿 x 轴,有

$$\Delta\theta_{P,x} = \arctan\left[\frac{\cos\alpha\tan\beta}{\cos(\alpha + \varepsilon_P)}\right] - \beta \tag{9.35a}$$

(2) 沿 y 轴,有

$$\Delta\theta_{P,y} = \arctan[\tan(\alpha + \varepsilon_P)\cos\beta^*] - \alpha^* \tag{9.35b}$$

可以推导出 $\Delta\theta_{P,x}$ 与 $\Delta\theta_{P,y}$ 的近似值(以弧度为单位),即

$$\Delta\theta_{P,x} = \varepsilon_P \sin\beta\cos\beta\left(\tan\alpha + \frac{\varepsilon_R}{2}\right) \tag{9.36a}$$

$$\Delta\theta_{P,y} = \varepsilon_P \cos\beta^* \tag{9.36b}$$

当 $\varepsilon_P \leq 0.02°$ 时,近似值相对误差小于 10^{-3}。

3) 围绕偏航轴转动引起的偏差

围绕偏航轴的转动为 ε_Y,对于地球静止卫星,其典型上限值为 $0.3°$,沿 x、y 两轴的偏差分量由以下公式给出。

(1) 沿 x 轴,有

$$\Delta\theta_{Y,x} = \begin{cases} \arctan\left[\dfrac{\cos(\varphi+\varepsilon_Y)\tan\beta}{\cos\varphi}\right] - \beta, & \varphi \neq 90° \\ -\varepsilon_Y \sin\alpha, & \varphi = 90° \end{cases} \tag{9.37a}$$

(2) 沿 y 轴,有

$$\Delta\theta_{Y,y} = \begin{cases} \arctan\left[\dfrac{\sin(\varphi+\varepsilon_Y)\tan\alpha^*}{\sin\varphi}\right] - \alpha^*, & \varphi \neq 0° \\ \varepsilon_Y \sin\beta^*, & \varphi = 0° \end{cases} \tag{9.37b}$$

可以推导出 $\Delta\theta_{Y,x}$ 与 $\Delta\theta_{Y,y}$ 的近似值(以弧度为单位),即

$$\Delta\theta_{Y,x} = -\varepsilon_Y \cos\beta\left(\sin\alpha\cos\beta + \frac{\varepsilon_Y}{2}\sin\beta\right) \tag{9.38a}$$

$$\Delta\theta_{Y,y} = \varepsilon_Y \cos\alpha^*\left(\cos(\alpha^*\beta^*) - \frac{\varepsilon_Y}{2}\sin\alpha^*\right) \tag{9.38b}$$

当 $\varepsilon_Y \leq 0.3°$ 时,近似值相对误差小于 10^{-3}。

9.7.5.2 在轨运动导致的天线指向偏差

卫星质心的位移将改变地球表面上某点的对星方向,由于天线视轴相对于卫星轴线而言是固定的,因此这种位移会带来天线的指向偏差。

地球静止轨道的标称倾角与标称偏心率均等于零。由于轨道扰动,倾角与偏心率随时间而变化,并不会保持为零。此外,根据卫星的在轨位置,卫星还会出现长期纵向漂移。

非零倾角主要导致卫星的纵向漂移(纬度漂移或南北漂移),其周期为 24h;非零偏心率则导致卫星的横向漂移(经度漂移或东西漂移)与径向漂移,周期同样为 24h。长期横向漂移是连续的,方向为向东或向西。轨道运动幅度由"位置保持框"确定,该框定义为以地球为中心的一个立体角。由这些轨道运动产生的位置漂移可以分解为 x 轴、y 轴的两个分量,其计算如下。

1) 非零倾角引起的天线指向偏差

卫星以非零倾角运行时会反复穿过赤道面并交替出现在赤道面上方或下方（图9.29），其穿过赤道面时与赤道面的交点称为赤道面轨道交点。卫星的最大纵向漂移 i（倾角值）出现在距离赤道面交点90°处（轨道顶点）；而在赤道面交点处，卫星的纵向漂移为0。此外，卫星还呈现出一定的横向漂移，最大值为 $4.36 \times 10^{-3} i^2$ 度，其中倾角 i 以度表示（见2.2.3节）。对于地球静止轨道卫星，倾角 i 的数值足够小，因此横向漂移可以忽略不计（在运行期大部分时间里，$i<0.1°$；当卫星寿命将尽时，南北向位置保持放松，i 最高为约6°，即所谓的倾斜轨道）。

2) 纵向漂移引起的天线指向偏差

该纵向漂移限定于"位置保持框"内，因此其最大指向偏差取决于窗口的南北角半宽度NS。箱体内的纵向频漂移对应于轨道平面围绕轨道交点线的转动。由于相对于卫星子午线方向的倾斜，这种转动不仅会引起沿 x 轴的偏差分量，还会产生沿 y 轴的偏差分量。这两个分量的表达式如下。

（1）沿 x 轴，有

$$\Delta\theta_{\mathrm{NS},x} = \begin{cases} \arctan\left[\tan\beta\left(1 - \dfrac{\cos L}{\tan L}\tan\mathrm{NS}\right)\right] - \beta, & l \neq 0 \\ \arctan\left[\tan\beta - \dfrac{\sin\alpha}{\tan L}\tan\mathrm{NS}\right] - \beta, & l = 0, L \neq 0 \\ -\dfrac{R_\mathrm{E}}{R_0}\mathrm{NS}, & l = 0, L = 0 \end{cases} \quad (9.39\mathrm{a})$$

（2）沿 y 轴，有

$$\Delta\theta_{\mathrm{NS},y} = \arctan[\tan\alpha^*(1 + \tan\beta^*\sin\mathrm{NS})] - \alpha^* \quad (9.39\mathrm{b})$$

可以推导出 $\Delta\theta_{\mathrm{NS},x}$ 与 $\Delta\theta_{\mathrm{NS},y}$ 的近似值（以弧度为单位），具体如下。

（1）沿 x 轴，有

$$\Delta\theta_{\mathrm{NS},x} = \begin{cases} -\mathrm{NS}\sin\beta\cos\beta\dfrac{\cos L}{\tan l}, & l \neq 0 \\ -\mathrm{NS}\dfrac{\sin\alpha}{\tan L}\cos^2\beta, & l = 0, L \neq 0 \\ -\mathrm{NS}\dfrac{R_\mathrm{E}}{R_0}, & l = 0, L = 0 \end{cases} \quad (9.40\mathrm{a})$$

（2）沿 y 轴，有

$$\Delta\theta_{\mathrm{NS},y} = \mathrm{NS}\sin\alpha^*\cos\alpha^*\tan\beta^* \quad (9.40\mathrm{b})$$

当 $\mathrm{NS}\leq 0.1°$，近似值相对误差小于 10^{-2}。

对于赤道面交点处轨道倾角引起的指向偏差，其类似于绕偏航轴转动引起的偏差。使用上面推导的公式可以获得这种偏差在 x、y 轴两个偏差分量的表达式。

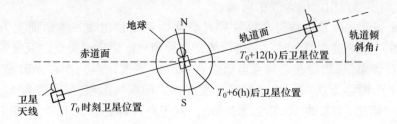

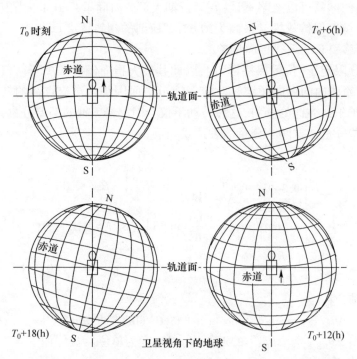

图 9.29 轨道倾角 $i \neq 0$ 时的准静止卫星对地运动情况

(1) 沿 x 轴,有

$$\Delta \theta_{i,x} = \begin{cases} \arctan\left[\dfrac{\cos(\varphi + i)\tan\beta}{\cos\varphi}\right] - \beta , & \varphi \neq 90° \\ -i\sin\alpha , & \varphi = 90° \end{cases} \quad (9.41\text{a})$$

(2) 沿 y 轴,有

$$\Delta \theta_{i,y} = \begin{cases} \arctan\left[\dfrac{\sin(\varphi + i)\tan\alpha^*}{\sin\varphi}\right] - \alpha^* , & \varphi \neq 0° \\ -i\sin\beta^* , & \varphi = 0° \end{cases} \quad (9.41\text{b})$$

可以推导出 $\Delta\theta_{i,x}$ 和 $\Delta\theta_{i,y}$ 的近似值(以弧度为单位),具体如下。

（1）沿 x 轴,有

$$\Delta\theta_{i,x} = -i\cos\beta\left[\sin\alpha\cos\beta + \frac{i}{2}\sin\beta\right] \quad (9.42\text{a})$$

（2）沿 y 轴,有

$$\Delta\theta_{i,y} = i\cos\alpha^*\left[\cos\alpha^*\sin\beta^* - \frac{i}{2}\sin\alpha^*\right] \quad (9.42\text{b})$$

当 $i \leqslant 0.1°$,近似值相对误差小于 10^{-4}。

在赤道面轨道交点处,非零倾角会导致天线波束相对于地面站围绕卫星—地面站连线方向发生明显的转动。对于位于卫星经度(星下点位置)且坐落于赤道上的地面站而言,其天线转动角度的最大值等于倾角 i。在链路使用正交极化的情况下,假设每个极化载波在零倾角时具有功率 C,则对于非零倾角 i,天线在给定的极化上接收到的功率等于 $C\cos^2 i$,同时接收到功率等于 $C\sin^2 i$ 的正交极化干扰。故载波与干扰的功率比为 $(C/N)_i = (C\cos^2 i)/(C\sin^2 i)$,即 $-20\log(\tan i)$(以 dB 为单位)。当 $i = 6°$ 时,载波干扰功率比为 19.6dB。这一数值可能会影响两个正交线性极化对同一频段的复用,因此可能带来一定的问题。若希望通过正交线性极化复用频率以使给定频段内的容量翻倍,则需要将卫星保持在倾角足够小的轨道上。

3）横向漂移引起的天线指向偏差

卫星在"位置保持框"内东西向运动而产生的漂移相当于参考系围绕地球极轴的转动。当卫星到达"位置保持框"的边界时,指向偏差达到最大,故指向偏差可以表示为"位置保持框"的角半宽度 EW 的函数。

（1）沿 x 轴,有

$$\Delta\theta_{\text{EW},x} = \arctan[\tan\beta(1 + \tan\alpha\sin\text{EW})] - \beta \quad (9.43\text{a})$$

（2）沿 y 轴,有

$$\Delta\theta_{\text{EW},y} = \begin{cases} \arctan\left[\tan\alpha^*\left(1 - \dfrac{\tan\text{EW}}{\tan L}\right)\right] - \alpha^* & ,L \neq 0 \\ \arctan\left[\tan\alpha^* - \dfrac{\sin\beta^*}{\tan l}\tan\text{EW}\right] - \alpha^* & ,L = 0, l \neq 0 \\ -\dfrac{R_E}{R_0}\text{EW} & ,L = 0, l = 0 \end{cases} \quad (9.43\text{b})$$

可以推导出 $\Delta\theta_{\text{EW},x}$ 与 $\Delta\theta_{\text{EW},y}$ 的近似值,具体如下。

（1）沿 x 轴,有

$$\Delta\theta_{\text{EW},x} = \text{EW}\tan\alpha\sin\beta\cos\beta \quad (9.44\text{a})$$

（2）沿 y 轴,有

$$\Delta\theta_{\text{EW},y} = \begin{cases} -\text{EW}\dfrac{\sin\alpha^*\cos\alpha^*}{\tan L} &, L \neq 0 \\ -\text{EW}\dfrac{\sin\beta^*\cos^2\alpha^*}{\tan l} &, L = 0, l \neq 0 \\ -\dfrac{R_E}{R_0}\text{EW} &, L = 0, l = 0 \end{cases} \quad (9.44\text{b})$$

当 $\text{EW} \leq 0.08°$,近似值相对误差小于 10^{-3}。

4) 非零偏心率引起的天线指向偏差

非零偏心率导致卫星的横向与径向漂移,周期为24h。这两种漂移都会导致天线指向偏差。横向漂移与径向漂移的峰值幅度分别为 $114e$、ae,其中 e 为偏心率,a 为轨道的半长轴,见式(2.55)。由偏心率引起的横向漂移对应于卫星位于"位置保持框"边界处的情形,这一情形已经在前文中描述。

当卫星处于近地点时,由径向漂移引起的天线指向偏差变大。x、y 轴两个分量在近地点处的表达式如下。

(1) 沿 x 轴,有

$$\Delta\theta_{e,x} = \arctan\left[\frac{R_0 + R_E(1 - \cos l\cos L)\tan\beta}{R_0 + R_E(1 - \cos l\cos L) - e(R_0 + R_E)}\right] - \beta \quad (9.45\text{a})$$

(2) 沿 y 轴,有

$$\Delta\theta_{e,y} = \arctan\left[\frac{R_0 + R_E(1 - \cos l\cos L)\tan\alpha^*}{R_0 + R_E(1 - \cos l\cos L) - e(R_0 + R_E)}\right] - \alpha^* \quad (9.45\text{b})$$

可以推导出 $\Delta\theta_{e,x}$ 与 $\Delta\theta_{e,y}$ 的近似值,具体如下。

(1) 沿 x 轴,有

$$\Delta\theta_{e,x} = e\left(\frac{180}{\pi}\right)\frac{R_0 + R_E}{R\cos\theta}\sin\beta\cos\beta \quad (9.46\text{a})$$

(2) 沿 y 轴,有

$$\Delta\theta_{e,y} = e\left(\frac{180}{\pi}\right)\frac{R_0 + R_E}{R\cos\theta}\sin\alpha^*\cos\alpha^* \quad (9.46\text{b})$$

式中:$R\cos\theta = R_0 + R_E(1 - \cos l\cos L)$,见式(9.31b)。

当 $e \leq 0.0008$,近似值相对误差小于 10^{-3}。

9.7.5.3 卫星运动导致的天线指向偏差

指向偏差是一组具有不同相关度的随机性变量和确定性变量。指向偏差的定义必须考虑到导致偏差的事件的发生概率。一个随机变量通常由其平均值和标准差定义。对于高斯变量,不超过 3σ 值的概率为 99.73%。

卫星漂移引起的天线指向偏差被分解为沿南北轴和东西轴的两个互相垂直的偏差分量。当各个分量的值被确定后,需要将两者合并以计算总指向偏差。由卫星天线视轴初始偏差引起的指向偏差可以是任意方向的,并且独立于由卫星漂移引起的指向偏差(见9.7.5.4节)。

9.7.5.1节与9.7.5.2节计算求出了 x 轴、y 轴两个分量的结果,接下来需要估计这两个分量对总天线指向偏差的贡献程度,总指向偏差角度是这两个正交偏差分量的综合结果。为此,需要解决以下两个问题:

（1）如何将沿 x 轴、y 轴的两个分量正确地合并？

（2）如何根据 x 轴、y 轴的两个分量构建出天线的总指向偏差角度？

文献[BEN-86]对这两个问题进行了充分的讨论,并从子系统层面定义了所涉及的各项偏差分量,随后根据时间特征将这些偏差分量分为恒定偏差、长期变化偏差、昼夜变化偏差和短期变化偏差共4个类别。此处仅在系统层面上使用一种不同的方法定义这些偏差。

1）沿每个轴的指向偏差分量

沿每个轴的指向偏差均为各种确定性变量和随机性变量的组合。

确定性分量源自于卫星在"位置保持框"内的运动,导致此类偏差分量的因素包括:

（1）南北向漂移 $\Delta\theta_{NS}$。

（2）非零倾角 $\Delta\theta_i$。

（3）东西向漂移 $\Delta\theta_{EW}$。

（4）非零偏心率 $\Delta\theta_e$。

确定性分量导致的总指向偏差的最坏情况值为所有非互斥确定性分量导致的偏差最大值的代数和。在计算总指向偏差时,必须注意到某些分量是互斥的。例如,当卫星处于赤道面轨道交点时,非零倾角会导致类似围绕偏航轴旋转引入的指向偏差;当卫星与赤道面轨道交点相距90°时(轨道顶点),这是南北纵向漂移极限的点位。由于这两种情况不可能同时发生,故上述两种偏差分量是互斥的。因此,各轴上由"位置保持框"内卫星位移导致的确定性偏差的总分量计算如下:

当卫星处于赤道面轨道交点时,有

$$\Delta\theta_{SK,x,node} = \Delta\theta_{i,x} + \Delta\theta_{EW,x} + \Delta\theta_{e,x}$$
$$\Delta\theta_{SK,y,node} = \Delta\theta_{i,y} + \Delta\theta_{EW,y} + \Delta\theta_{e,y}$$

当卫星处于轨道顶点时,有

$$\Delta\theta_{SK,x,vertex} = \Delta\theta_{NS,x} + \Delta\theta_{EW,x} + \Delta\theta_{e,x}$$
$$\Delta\theta_{SK,y,vertex} = \Delta\theta_{NS,y} + \Delta\theta_{EW,y} + \Delta\theta_{e,y}$$

随机性分量源自于卫星的高度变化、机械和热效应导致的天线变形等。下面考虑由卫星围绕以下轴线转动引起的指向偏差:

（1）横滚轴 $\Delta\theta_R$。

（2）俯仰轴 $\Delta\theta_P$。

(3) 偏航轴 $\Delta\theta_Y$。

假设各个随机性分量相互独立,则沿任何轴的总随机性偏差分量 σ 可以通过所有单个随机性偏差分量的 σ^2 值之和的平方根获得。

指向偏差的 3σ 值可被视为与 3σ 参数值成正比,其用于表征偏差的诱发因素。事实上,由于卫星运动的幅度很小,因此可以采用此前得到的近似值,并且可以假定指向偏差量与其诱发因素的估量参数值成正比。

由姿态控制(AC)误差产生的总随机偏差 $\Delta\theta_{AC}$ 沿 x 轴、y 轴分量的 3σ 值分别可表示为

$$\Delta\theta_{AC,x} = [\Delta\theta_{R,x}^2 + \Delta\theta_{P,x}^2 + \Delta\theta_{Y,x}^2]^{1/2}$$

$$\Delta\theta_{AC,y} = [\Delta\theta_{R,y}^2 + \Delta\theta_{P,y}^2 + \Delta\theta_{Y,y}^2]^{1/2}$$

式中:$\Delta\theta_{R,x}$,$\Delta\theta_{P,x}$,$\Delta\theta_{Y,x}$ 为指向偏差沿 x 轴分量的 3σ 值;$\Delta\theta_{R,y}$,$\Delta\theta_{P,y}$,$\Delta\theta_{Y,y}$ 为指向偏差沿 y 轴分量的 3σ 值。由于 ε_R,ε_P 和 ε_Y 为卫星姿态控制误差的 3σ 值,因此以上偏差分量可以由式(9.33a)、式(9.33b)、式(9.35a)、式(9.35b)以及式(9.37a)和式(9.37b)计算。

最后,通过将总确定性偏差分量的最坏值与随机性偏差分量 3σ 值相加,即可得到沿每个轴的总指向偏差分量 $\Delta\theta_x$ 和 $\Delta\theta_y$。

此处仅考虑偏心率引起的径向漂移(横向漂移由"位置保持框"的尺寸来计算),则当卫星处于赤道面轨道交点时有

$$\Delta\theta_{x,\text{node}} = \Delta\theta_{AC,x} + \Delta\theta_{SK,x,\text{node}}$$

$$\Delta\theta_{y,\text{node}} = \Delta\theta_{AC,y} + \Delta\theta_{SK,y,\text{node}}$$

当卫星处于轨道顶点时,有

$$\Delta\theta_{x,\text{vertex}} = \Delta\theta_{AC,x} + \Delta\theta_{SK,x,\text{vertex}}$$

$$\Delta\theta_{y,\text{vertex}} = \Delta\theta_{AC,y} + \Delta\theta_{SK,y,\text{vertex}}$$

2) x 轴总分量与 y 轴总分量的合并

卫星所有运动(姿态运动与定点保持)引起的指向偏差 $\Delta\theta_m$ 由 x 轴总分量与 y 轴总分量合并得到。由前述内容可知,每个总分量均有两个值:赤道面轨道交点处的值与轨道顶点处的值,因此 $\Delta\theta_m$ 可表示为

$$\Delta\theta_m = \max[\Delta\theta_{m,\text{node}}, \Delta\theta_{m,\text{vertex}}]$$

式中:$\max[X,Y]$ 为求取 X 和 Y 中的较大值。

获得由卫星运动引起的指向偏差 $\Delta\theta_m$ 的最简单方法是计算 $\Delta\theta_x$ 与 $\Delta\theta_y$ 分量的平方和的平方根,即

$$\Delta\theta_m = [(\Delta\theta_x)^2 + (\Delta\theta_y)^2]^{1/2}$$

若使用上述定义的分量值 $\Delta\theta_x$ 与 $\Delta\theta_y$(不超过该值的概率为99.73%),则总指向偏差不超过 $\Delta\theta_m$ 的概率高于99.73%。该方法可能过于保守。

在给定概率上限条件下估计偏差值并非易事。若两个分量独立且遵从零均

值、同方差 σ^2 的高斯分布,则指向偏差角 $\Delta\theta_m$ 遵从瑞利分布。此时,可以由瑞利累积分布函数得到该偏差值,使得不超过该值的概率为某一特定概率,即

$$F(\Delta\theta_m) = 1 - \exp[-(\Delta\theta_m)^2/\sigma^2]$$

例如,指向偏差不超过 3.44σ(σ 为两个分量共同的标准差)的概率为 99.73%。若两分量均值不同、方差相同,则指向偏差遵从莱斯分布。

实际上,这两个分量的平均值及方差通常不相同,此情形下没有对应累积分布函数的通用表达式。

9.7.5.4 总天线指向偏差

总天线指向偏差 $\Delta\theta$ 应包含由卫星运动造成的指向偏差 $\Delta\theta_m$,以及由机械、热效应引起的设备变形或天线初始视轴错位造成的偏差 $\Delta\theta_{bor}$。

天线初始视轴方向与天线参考系中定义的标称方向不同,其原因可能是在卫星上安装天线或方向图测量过程中产生初始错位,也可能是由太阳辐射变化造成的温度差异所引起的天线反射器变形。

卫星量产过程中,各卫星的天线初始视轴错位是一个随机变量。而对于一颗给定卫星,其值固定,因此相应的指向偏差可以被看作是总指向偏差的一个确定性分量。虽然该偏差分量方向不确定,但考虑在最坏情况下,其方向应与 $\Delta\theta_m$ 方向一致,则总指向偏差为该值与 $\Delta\theta_m$ 的代数求和,即

$$\Delta\theta = \Delta\theta_m + \Delta\theta_{bor}$$

例 9.1 本例将通过计算实例说明上述的推导过程。以具有以下参数的地球静止轨道卫星为例。

(1) 卫星姿态控制精度(3σ 值):$\varepsilon_R = 0.05°$,$\varepsilon_P = 0.03°$,$\varepsilon_Y = 0.5°$。

(2) 轨道倾角:$i = 0.07°$。

(3) 轨道偏心率:$e = 5 \times 10^{-4}$。

(4) "位置保持框":NS = EW = $\pm 0.1°$。

(5) 卫星天线指向的标称位置:$l = 45°$N,L(相对经度)= $60°$。

(6) 天线视轴初始偏差:$\Delta\theta_{bor} = 0.03°$。

此外,"位置保持框"的尺寸足以容纳每天的轨道位移,并含有一定余量。倾角引起的最大纵向漂移 $i = \pm 0.07°$;偏心率引起的最大横向漂移为 $\pm 114e = \pm 114 \times 5 \times 10^{-4} = \pm 0.06°$。

根据 9.7.4 节、9.7.5 节中公式计算得到的数值结果如表 9.3 所列,包括:

(1) 角度 (α,β),(α^*,β^*) 和 (θ,φ),其中任何一组角度都可以用来定义天线标称方向。

(2) 沿 x 轴、y 轴的各偏差分量。

在此回顾:由偏心率引起的指向偏差 $\Delta\theta_e$ 仅来自于径向漂移;此例中横向漂移为 $\pm 114e = \pm 0.06°$,小于"位置保持框"的 EW 尺寸。由卫星在"位置保持框"内的

运动导致的各项总偏差具体如下。

当卫星处于赤道面轨道交点时,有

$$\Delta\theta_{SK,x,node} = \Delta\theta_{i,x} + \Delta\theta_{EW,x} + \Delta\theta_{e,x} = -0.0023°$$

$$\Delta\theta_{SK,y,node} = \Delta\theta_{i,y} + \Delta\theta_{EW,y} + \Delta\theta_{e,y} = 0.0051°$$

当卫星处于轨道顶点时,有

$$\Delta\theta_{SK,x,vertex} = \Delta\theta_{NS,x} + \Delta\theta_{EW,x} + \Delta\theta_{e,x} = -0.0011°$$

$$\Delta\theta_{SK,y,vertex} = \Delta\theta_{NS,y} + \Delta\theta_{EW,y} + \Delta\theta_{e,y} = 0.0016°$$

表 9.3 例 9.1 条件下的卫星天线指向角与偏差分量

$\alpha = 5.59°$	$\beta = 6.42°$
$\alpha^* = 5.55°$	$\beta^* = 6.45°$
$\theta = 8.5°$	$\varphi = 40.9°$
$\Delta\theta_{R,x} = 0.0498°$	$\Delta\theta_{R,y} = 0.0006°$
$\Delta\theta_{P,x} = 0.0003°$	$\Delta\theta_{P,y} = 0.0298°$
$\Delta\theta_{Y,x} = -0.0483°$	$\Delta\theta_{Y,y} = 0.0554°$
$\Delta\theta_{NS,x} = -0.0056°$	$\Delta\theta_{NS,y} = 0.0011°$
$\Delta\theta_{i,x} = -0.0067°$	$\Delta\theta_{i,y} = 0.0078°$
$\Delta\theta_{EW,x} = 0.0011°$	$\Delta\theta_{EW,y} = -0.0056°$
$\Delta\theta_{e,x} = 0.0034°$	$\Delta\theta_{e,y} = 0.0029°$

由姿态控制引起的指向偏差的标准差为各分量 σ^2 值之和的平方根,对应的 3σ 值为

$$\Delta\theta_{AC,x} = [\Delta\theta_{R,x}^2 + \Delta\theta_{P,x}^2 + \Delta\theta_{Y,x}^2]^{1/2} = 0.0694°$$

$$\Delta\theta_{AC,y} = [\Delta\theta_{R,y}^2 + \Delta\theta_{P,y}^2 + \Delta\theta_{Y,y}^2]^{1/2} = 0.0629°$$

x 轴、y 轴的总偏差分量具体如下。

当卫星处于赤道面轨道交点时,有

$$\Delta\theta_{x,node} = \Delta\theta_{AC,x} + \Delta\theta_{SK,x,node} = 0.067°$$

$$\Delta\theta_{y,node} = \Delta\theta_{AC,y} + \Delta\theta_{SK,y,node} = 0.068°$$

当卫星处于轨道顶点时,有

$$\Delta\theta_{x,vertex} = \Delta\theta_{AC,x} + \Delta\theta_{SK,x,vertex} = 0.068°$$

$$\Delta\theta_{y,vertex} = \Delta\theta_{AC,y} + \Delta\theta_{SK,y,vertex} = 0.061°$$

最坏情况下的保守值具体如下。

当卫星处于赤道面轨道交点时,有

$$\Delta\theta_{m,node} = [\Delta\theta_{x,node}^2 + \Delta\theta_{y,node}^2]^{1/2} = 0.096°$$

当卫星处于轨道顶点时,有

$$\Delta\theta_{m,vertex} = [\Delta\theta_{x,vertex}^2 + \Delta\theta_{y,vertex}^2]^{1/2} = 0.092°$$

因此最坏情况下的最大偏差值为

$$\Delta\theta_m = \max[\Delta\theta_{m,node}, \Delta\theta_{m,vertex}] = 0.096°$$

乐观做法则是取沿 x 轴、y 轴的两个总偏差分量中的较大值作为指向偏差值，此时 $\Delta\theta_m = 0.068°$。

若 x 轴和 y 轴两个总偏差分量为独立的、零均值的随机变量，并假设其代表指向偏差分量的 3σ 值，则各总偏差分量的标准偏差为 $\sigma \cong \Delta\theta_x/3 \cong \Delta\theta_y/3 = 0.023°$。因此，对应 99.73% 的概率不被超过的偏差值为 3.44σ，即 $\Delta\theta_m = 0.08°$。

在该值的基础上加上天线初始视轴未对准等原因造成的偏差 $\Delta\theta_{bor} = 0.03°$，即可得到总天线指向偏差。假设 x 轴、y 轴的总指向偏差分量为独立、零均值的随机变量，则总指向偏差为

$$\Delta\theta = \Delta\theta_m + \Delta\theta_{bor} = 0.08° + 0.03° = 0.11°$$

9.7.5.5 天线指向控制功能

为了限制指向偏差，卫星天线可以配备一个将天线指向地面信标方向的天线指向控制系统。天线指向相对于地面信标方向的偏差由安装于卫星天线上的误差角检测器确定，天线定向机构（APM）利用该误差信号来调整天线指向。

误差角检测器的工作原理在 8.3.7.6 节有所描述。多馈源系统很容易集成到多源天线的辐射元件网络中。当天线只包含一个源时，模式提取系统更实用。根据误差角检测器与可动态调整指向功能的具体性能，带有天线指向控制系统的天线指向精度通常在 0.1° 和 0.03° 之间。

9.7.6 小结

由于地球表面三分之二被海洋覆盖，全球覆盖并不完全适合仅为陆地地面站提供通信服务。这是因为缩小覆盖范围不仅可以使天线增益增加，而且将覆盖范围限制在需要服务的区域内，便能够通过空间分集进行频率复用——两个充分隔离的天线波束可以在产生较低相互干扰的情况下使用相同的频率。

因此，对于国际通信，最好将覆盖范围限制在大陆（半球覆盖）、地区（区域或分区覆盖），甚至是分散在全球多个点的小范围区域（多点覆盖）；对于国内通信，覆盖范围仅限于该国领土（本土覆盖）。在使用地球静止卫星提供覆盖的情况下，这些覆盖区域当然必须位于图 9.26 所示的覆盖范围内。

例如，Intelsat 卫星除提供全球覆盖外，还为 6/4GHz 频率的链路提供较小的覆盖范围（半球覆盖与区域覆盖），并为含大量业务的更小范围区域（14/11GHz）提供点波束覆盖。Intelsat 卫星的典型覆盖范围如图 9.30 所示。

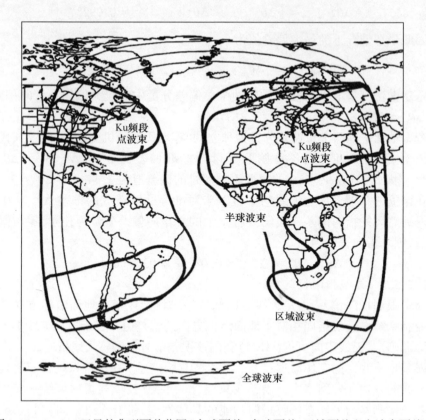

图 9.30 Intelsat 卫星的典型覆盖范围(全球覆盖、半球覆盖、区域覆盖和点波束覆盖)

9.8 天线特性

9.8.1 天线功能

卫星天线的主要功能如下：

(1) 收集地球表面特定区域内的地面站在给定频段和极化方式下发射的射频电波。

(2) 接收尽可能少的无用信号(与功能(1)所述特征不符的信号)。

(3) 以给定频段和极化方式向地球表面的特定区域发射射频电波。

(4) 向指定区域外发射尽可能低的功率。

卫星与地面间的链路预算取决于 EIRP。对于相同的发射功率 P_T，EIRP 随发射天线的增益 G_T 而增加。同样，上行链路的高 G/T 值需要通过接收天线的高增益值实现。

较高的天线增益值可由定向天线提供,而所需的指向性取决于服务所需的覆盖类型——全球覆盖、区域覆盖或点覆盖。在获得较高指向性并使波束与需覆盖的几何轮廓很好地契合后,便可以借助空间分集进行频率复用,从而更有效地利用频谱。

这种频率的重复使用要求天线具有较小的旁瓣,以限制干扰。ITU-R 提供了一个天线辐射方向图的参考模型,如图 9.31 所示(ITU-R Rec. S. 672 建议书中的"用作地球静止卫星固定业务设计目标的卫星天线辐射方向图(版本 4)",1997 年 9 月出版)。在标准辐射方向图中,由于增益变化是相对于离轴角 θ 定义的,因此需要明确定义波束中心轴(对于赋形波束则并非如此,见 9.8.6 节)。ITU-R 提出的模型将增益下降值定义为离轴角 θ 的函数。

在图 9.31 中,区域 a 对应于覆盖范围外的主瓣部分,该区域的典型增益变化可表示为

$$G(\theta) = G_{max} - 3(\theta/\theta_0)^2 \quad (\text{dBi})$$

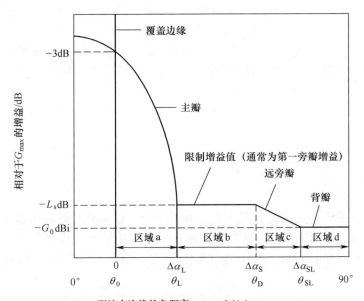

$\Delta \theta$—到波束边缘的角距离; θ—离轴角。

图 9.31 固定业务卫星的天线参考限度
来源:经国际电信联盟许可转载自 ITU-R Rec. S. 672。

在图 9.31 中,区域 b 的范围足以用于保证相邻轨道位置的其他卫星能够提供覆盖。极限分辩率 $-L_s$ 可以为 $-20 \sim -30$ dB;区域 c 包含远旁瓣;区域 d(背瓣)内的增益为 $-G_0 = 0$ dBi。

此外,频率复用也可以通过使用正交极化来实现,为此需要较高的极化隔离度

来限制干扰。

综上所述，天线子系统具有以下重要特征：
(1) 波束形状要与待覆盖区域高度契合。
(2) 天线的旁瓣辐射要低。
(3) 正交极化之间的隔离度要高。
(4) 波束指向要精确。

覆盖范围及最小波束宽度与卫星姿态和轨道控制程序密切相关。为满足窄波束及严格的指向要求，有时需要采用天线定向控制系统。

9.8.2 射频覆盖范围

在根据一组参考点（这些位置须在考虑指向偏差的情况下满足射频性能指标）确定波束的几何轮廓后，需要定义能够实现其射频性能指标的天线波束。天线波束的定义取决于射频性能指标的性质：通常需要对于指定的发射覆盖范围至少实现特定的 EIRP；对于指定的接收覆盖范围至少实现特定的 G/T。随后确定能使增益在覆盖边缘指定点处最大化的波束。此时应当注意的是，对于覆盖区域边缘上的各个点，即使（卫星的）天线增益相同，位于这些点的地面站接收到的功率也各不相同。这是因为地球站位置的不同，地球站到卫星的距离和仰角均不相同，故信号经历的自由空间损耗与大气损耗也不尽相同。

特定几何轮廓的地球区域通常使用不同类型的天线波束覆盖，包括：
(1) 圆波束。
(2) 椭圆波束。
(3) 赋形波束。
(4) 多波束。

天线的波束并不是总能与几何轮廓完美契合。波束在地球表面覆盖的区域大小取决于波束宽度，波束宽度定义为对应于 NdB 衰减的方向相对于最大增益方向所张开的角度。NdB 波束宽度在地图上显示为波束的射频覆盖轮廓或波束足迹（即等增益曲线）。

得到的足迹形式取决于所选择的表示方法。因此，若波束视轴方向不垂直于平面，则圆形截面的波束在该平面上表现为椭圆形。若平面与地球相切于星下点，则当波束视轴方向与卫星—地心方向重合时，圆形截面的波束在该平面上表现为圆形。对于地球静止卫星，其天线视轴与平面法线方向之间的夹角最大为 $8.7°$，失真度较小（在 1% 左右）。

另外，真实视野角度定义的形状能真实地呈现出天线波束原本的形态，其与天线视轴方向和卫星高度无关。

9.8.3 圆波束

圆波束具有圆形的横截面,其与天线(通常为反射天线)的辐射孔相同。

9.8.3.1 3dB 射频覆盖

3dB 波束宽度是指 θ_{3dB} 角对应的几何轮廓,此时天线视轴方向上的增益为

$$G_{\max} = 48360\eta/\theta_{3dB}^2 \tag{9.47}$$

而波束轮廓处的天线增益(EOC)为

$$G_{eoc} = G(\theta_{3dB}/2) = G_{\max}/2 = 24180\eta/\theta_{3dB}^2$$

式中:η 为天线效率;θ_{3dB} 的单位为度,与天线辐射口径的关系如式(5.4b)所示,即 $\theta_{3dB} = k\lambda/D$,系数 k 可取值 70(对于反射器天线,k 取值在 57~80 范围内;$k=57$ 对应均匀覆盖;$k=80$ 对应主瓣完全被反射器拦截)。

假设 η 的最大可实现值为 0.75,则角宽度 θ_{3dB} 的波束边缘处的最大增益可表示为

$$G_{eoc}(\text{dBi}) = G(\theta_{3dB}/2)_{\text{dBi}} = 42.5 - 20\log\theta_{3dB} \quad (\text{dBi}) \tag{9.48}$$

因此,射频覆盖范围内的天线增益以及 EIRP 与 G/T 的变化均被限制在 3dB 范围内。

9.8.3.2 在几何轮廓上提供最大增益的射频覆盖范围

图 9.32 显示了沿天线视轴方向的增益与偏离天线视轴 θ_0 角度方向的增益随比率 D/D_0 的变化关系,其中:D 为天线直径;D_0 为对应于 3dB 波束宽度的天线直径值,满足 $\theta_{3dB} = 2\theta_0$,$D_0 = k\lambda/\theta_{3dB} = k\lambda/2\theta_0$ [HAT-69]。对于 $D_0 \sim 1.3D_0$ 之间的 D 值,θ_0 方向的增益总是大于其初始值,并且存在最大值。而视轴方向的增益变化超过 2dB。

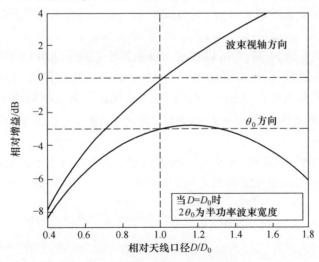

图 9.32 视轴方向增益与 θ_0 方向增益随 D/D_0 的变化关系(当 $D=D_0$ 时,$2\theta_0 = \theta_{3dB}$)

因此,存在一种在相对于天线视轴 θ_0 角度的方向上增益最大化的天线,这种天线在 θ_0 方向的增益比视轴上的增益低 NdB。取 $\theta_0 = \theta_{NdB}/2$($\theta_{NdB}$ 为天线的 NdB 波束宽度),N 值可以通过其与 θ_{NdB} 波束宽度的函数关系求得。

假设围绕视轴的增益变化为抛物线形变化,见式(5.5),即
$$\Delta G = 12(\theta/\theta_{3dB})^2$$
则对于 $\theta = \theta_0 = (\theta_{NdB}/2)$ 及 $\Delta G = N(\text{dB})$,有
$$N = 12[(\theta_{NdB}/2)/\theta_{3dB}]^2 = 3(\theta_{NdB}/\theta_{3dB})^2$$
因此有
$$\theta_{NdB} = \theta_{3dB}\sqrt{(N/3)} = k(\lambda/D)\sqrt{(N/3)} \tag{9.49}$$
波束视轴上的增益与 N、θ_{NdB} 的函数关系为
$$G_{max} = \eta(\pi D/\lambda)^2 = \eta[(k\pi)^2/3][N/(\theta_{NdB})^2] \tag{9.50}$$
角宽度为 $2\theta_0 = \theta_{NdB}$(对应于 NdB 增益衰减)的波束边缘增益 $G(\theta_{NdB}/2)$ 为
$$G(\theta_{NdB}/2)_{dB} = (G_{max})_{dB} - N = 10\log[\eta(k\pi)^2/3] + 10\log[N/(\theta_{NdB})^2] - N$$
因此有
$$G(\theta_{NdB}/2)_{dB} = 10\log[\eta(k\pi)^2/3] + 10\log N - 20\log\theta_{NdB} - N$$
若要获得固定角宽度 $2\theta_0 = \theta_{NdB}$ 的波束边缘的最大增益,必须使 $10\log[\eta(k\pi)^2/3]$ 与 $10\log N - N$ 的值最大化。最大化 $10\log N - N$ 可得
$$[10/(N \times \ln 10)] - 1 = 0$$
故 $N = 10/\ln 10 = 4.34$。因此,当几何轮廓对应的角度为 $\theta_{4.3dB}$ 时,轮廓上的增益最大。

接下来则是 $10\log[\eta(k\pi)^2/3]$ 的最大化。当使用反射器天线时,天线效率 η 尤其取决于反射器的照射效率 η_i,而 η_i 又影响定义 3dB 波束宽度的因子 k(k 与 η_i 成反比)。

目前常用的 k 值为 70,对应以相对于反射器中心约 -12dB 的相对电平照射反射器边缘的源辐射模式,因此照射效率 η_i 约为 0.75。另一方面,对于主瓣完全被反射器截断的源辐射模式,k 最大(约为 80),在此条件下照射效率 η_i 不超过 0.6。尽管如此,第二种方案中乘积 $\eta_i k^2$ 达到最大(约为 3800),从而使 $10\log[\eta(k\pi)^2/3]$ 最大化。

假设天线效率 η 与照射效率 η_i 一致(无欧姆损失),则角宽度 $2\theta_0$ 的波束边缘的最大增益(对应 $N = 4.3$dB 的增益衰减)为
$$G\left(\frac{\theta_{NdB}}{2}\right)_{dB} = 10\log\left(\frac{3800\pi^2}{3}\right) + 10\log 4.3 - 4.3 - 20\log\theta_{NdB}$$
因此有
$$G(\theta_{4.3dB}/2)_{dB} = 43 - 20\log\theta_{4.3dB} \quad (\text{dB}) \tag{9.51}$$

波束视轴上的增益要大 4.3dB。

在上述条件下,通过式(9.49)得到反射器的直径为

$$D = \lambda \left(\frac{k}{\theta_{NdB}}\right) \sqrt{(N/3)} = 95(\lambda/\theta_{4.3dB})$$

在此回顾:在角宽度对应于 3dB 增益衰减、照射效率最大且取值约为 70 的情况下,天线直径为 $D = 70(\lambda/\theta_{3dB})$。

当照射效率为 0.6、波束边缘增益相对于波束视轴上增益为 -4.3dB 时,可获得角宽度 $2\theta_0$ 对应的波束边缘的增益最大化,这导致反射器直径增加约 35%,直径的增加同时带来约 50% 的质量增加。同波束边缘与波束视轴相对增益衰 3dB 的情况相比,波束边缘处的增益提高约 0.5dB,波束视轴方向上的增益提高约 1.8dB。

9.8.4 椭圆波束

较窄的椭圆波束为匹配几何轮廓提供了更大的灵活性。椭圆波束由两个角宽度 θ_{ANdB}、θ_{BNdB}(分别对应椭圆的长轴 A 与短轴 B)及椭圆相对于参考系的方向描述(图 9.33)。

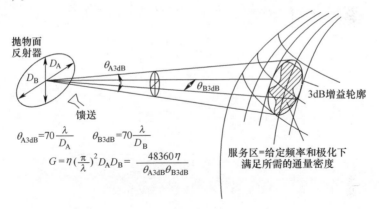

图 9.33 椭圆波束特性

9.8.4.1 3dB 射频覆盖

椭圆波束视轴上的增益为

$$G_{\max} = 48360\eta/(\theta_{A3dB}\theta_{B3dB}) \tag{9.52a}$$

其轮廓上(覆盖边缘)的增益为

$$G_{eoc} = G_{\max}/2 = 24180\eta/(\theta_{A3dB}\theta_{B3dB})$$

式中:η 为天线效率;θ_{A3dB} 与 θ_{B3dB} 单位为度,其与天线辐射口径的关系如式(5.4b)所示(图 9.33)。

9.8.4.2 4.3dB 射频覆盖

椭圆波束与圆波束一样,可以定义一个使其几何轮廓上增益最大化的射频覆盖范围。椭圆波束视轴上的增益为

$$G_{\max} = 69320\eta/(\theta_{A4.3dB}\theta_{B4.3dB}) \tag{9.52b}$$

波束边缘的增益为

$$G_{eoc} = G(\theta_{4.3dB}/2) = 25754\eta/(\theta_{A4.3dB}\theta_{B4.3dB})$$

式中:η 为天线效率;$\theta_{A4.3dB}$ 与 $\theta_{B4.3dB}$ 单位为度。

9.8.4.3 波束优化

通常情况下,服务区轮廓的参考点定义了一个远离卫星经度的区域,随后需要确定对应 3dB 覆盖范围(或其他值)的椭圆参数,并使 EOC 参考点的增益最大化。椭圆波束足迹的表征参数包括长轴 A、短轴 B、长轴的倾斜角 T,以及卫星真实视野表示法中椭圆中心相对于星下点的位置(X_0, Y_0)(图 9.34)。波束优化过程或需要在覆盖轮廓上选择 4 个极值点,并求得经过这些点并覆盖所有其他点的最小角宽度的椭圆。考虑到天线的可实现性,可以引入对波束椭圆率 A/B 最小值的约束。

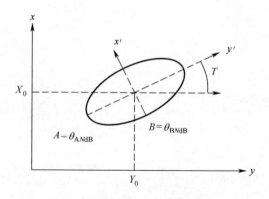

图 9.34 椭圆覆盖的参数定义

9.8.5 指向偏差的影响

指向偏差带来的增益损失取决于性能指标的定义方式。下面将介绍性能指标的两种定义方式:给定区域内最小 EIRP 定义的性能指标;给定方向上所需 EIRP 定义的性能指标。

9.8.5.1 给定区域内最小 EIRP

几何轮廓包含了天线波束的指向偏差。采用真实视野表示法时,每个参考点处均存在一个以其为圆心、半径等于指向偏差的圆形。

若考虑圆形或椭圆形波束指向偏差的影响,则该指向偏差通常会以两倍的形

式扩展波束(图 9.35)。对应扩展的服务区相当于是以原有服务区参考点为圆心、指向偏差为半径形成的所有圆形区域合并后的总的几何区域。

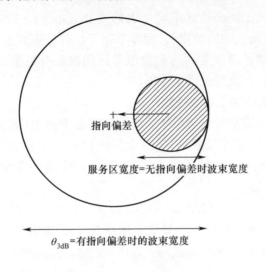

图 9.35 由于指向偏差影响而导致的波束扩展

对于椭圆波束,考虑波束宽带为 3dB 覆盖范围内有指向偏差的情形,则覆盖区波束视轴上的天线增益为(见式(9.52a))

$$G_{\max} = 48360\eta/(\theta_{A3dB}\theta_{B3dB})$$

若波束刚好覆盖了需要服务的区域(不考虑指向偏差),则波束视轴上的增益为

$$G'_{\max} = 48360\eta/[(\theta_{A3dB} - 2\Delta\theta)(\theta_{B3dB} - 2\Delta\theta)]$$

因此,由于考虑到指向偏差而导致的波束展宽带来的增益损失 ΔG 为

$$\Delta G = G_{\max}/G'_{\max} = [(\theta_{A3dB} - 2\Delta\theta)(\theta_{B3dB} - 2\Delta\theta)]/(\theta_{A3dB}\theta_{B3dB})$$
$$= (1 - 2\Delta\theta/\theta_{A3dB})(1 - 2\Delta\theta/\theta_{B3dB})$$

以 dB 为单位可表示为

$$\Delta G(\text{dB}) = 10\log(1 - 2\Delta\theta/\theta_{A3dB}) + 10\log(1 - 2\Delta\theta/\theta_{B3dB})$$

上述的增益损失是由于考虑到指向偏差而使 3dB 波束宽度展宽 $2\Delta\theta$ 的结果。为了在覆盖边缘保持所需的 EIRP 值,发射机功率必须增加 $-\Delta G(\text{dB})$。

若 $\Delta\theta$ 与 θ_{A3dB} 和 θ_{B3dB} 相比很小,则有

$$\Delta G(\text{dB}) = -(10/2.3)[(2\Delta\theta/\theta_{A3dB}) + (2\Delta\theta/\theta_{B3dB})]$$
$$= -8.7[(\theta_{A3dB} + \theta_{B3dB})/(\theta_{A3dB}\theta_{B3dB})]\Delta\theta \quad (9.53)$$

对于圆波束(3dB 覆盖范围),$\theta_{A3dB} = \theta_{B3dB} = \theta_{3dB}$,则有

$$\Delta G(dB) = -17.4(\Delta\theta/\theta_{3dB}) \quad (dB) \tag{9.54}$$

应该注意的是,上述表达式不同于表达式 $\Delta G(dB) = -12(\Delta\theta/\theta_{3dB})^2$:后者描述了在天线视轴方向上的增益损失,而本节在于计算波束展宽 $2\Delta\theta$ 所造成的增益损失,准确计算该增益损失是因为覆盖服务区的波束有最小 EIRP 约束限制。当 $\Delta\theta$ 等于 $\theta_{3dB}/10$ 时,增益损失为 1.7dB。

9.8.5.2 给定方向上所需 EIRP

在这种情况下,卫星需要为位于天线波束视轴方向上(名义上的视轴方向,实际已偏离)的指定点(单个接收站)提供所需的 EIRP。卫星天线指向偏差 $\Delta\theta$ 会导致 EIRP 损失,该损失为 y' 轴偏差分量 $\Delta\theta_A$ 与 x' 轴偏差分量 $\Delta\theta_B$ 的函数(见图 9.34),即

$$G(\Delta\theta) = G_{max} - 12[(\Delta\theta_A/\theta_{A3dB})^2 + (\Delta\theta_B/\theta_{B3dB})^2] \quad (dBi) \tag{9.55}$$

因此,偏差分量 $\Delta\theta_A$ 与 $\Delta\theta_B$ 的存在导致了增益损失,损失值为

$$\Delta G(dB) = -12[(\Delta\theta_A/\theta_{A3dB})^2 + (\Delta\theta_B/\theta_{B3dB})^2] \quad (dB)$$

对于圆波束,$\theta_{A3dB} = \theta_{B3dB} = \theta_{3dB}$,且 $\Delta\theta = \sqrt{\Delta\theta_A^2 + \Delta\theta_B^2}$,因此增益损失为

$$\Delta G(dB) = -12(\Delta\theta/\theta_{3dB})^2 \quad (dB) \tag{9.56}$$

该增益损失来自于卫星运动所造成的卫星天线指向变化。为了给地面站(通常位于天线波束视轴方向上)方向提供所需的 EIRP,发射机功率必须增加 $-\Delta G(dB)$。

例 9.2 考虑 3dB 波束宽度为 1°、估计指向偏差为 0.3°天线:第一种情况下式(9.54)的增益损失为 5.2dB;第二种情况下式(9.56)的增益损失为 1.1dB。

该例表明,在指向偏差相同的条件下,为给定区域提供最小 EIRP 的服务(如直接电视广播或甚小口径终端)比为给定方向上地球站提供所需 EIRP 的服务所预留的功率余量要高。若该功率余量需求过高,建议采用天线波束指向控制系统限制天线覆盖范围变化。

9.8.6 赋形波束

实现椭圆波束是天线辐射方向图与服务区匹配的第一步。然而服务区通常并非椭圆形,因此无法实现完美匹配。这一问题既造成了服务区之外的干扰,也导致了偏离波束视轴一定角度方向上增益值相对于最大增益理论值的损失。

9.8.6.1 服务区的增益限制

复杂形状服务区的增益 G_{lim} 的理论极限可以通过考虑一个理想无损耗天线获得,该天线的波束与服务区的立体角 Ω 以立体弧度为单位(服务区外的增益为零)。根据定义,该增益为

$$G_{lim} = 4\pi/\Omega \tag{9.57}$$

服务区立体角可以通过服务区角面积(以平方弧度为单位)来估算。对于角宽度为 2θ 的圆波束,相应的立体角 Ω 等于 $2\pi[1-\cos\theta]$,服务区角面积 S 为 $\pi\theta^2$。对于全球覆盖的地球静止卫星($2\theta = 17.4°$),估算误差小于 $2×10^{-3}$。

9.8.6.2 服务区角面积的计算

服务区角面积 S 由构成多边形的 n 个参考点定义,这些参考点的坐标可由式(9.24)计算得到。该多边形的角面积 $S = \Sigma_n S_i$,其中面积 S_i 为由线段 $P_i P_{i+1}$ 定义的代数面积,见图 9.36(a)。由此可得

$$S = \sum_n \{1/2[(X)_i + (X)_{i+1}][(Y)_i - (Y)_{i+1}]\} \quad ((°)^2) \quad (9.58)$$

指向误差可以由一个具有不确定度的环带表示,该环带的半径等于以多边形各顶点为中心的指向偏差 $\Delta\theta$,见图 9.36(b)。由于多边形的外角和等于 2π,指向偏差 $\Delta\theta$ 带来的面积增量 ΔS 可表示为

$$\Delta S = P\Delta\theta + \pi\Delta\theta^2 = \Delta\theta(P + \pi\Delta\theta) \quad ((°)^2) \quad (9.59)$$

式中:P 为服务区多边形的周长。

$$P = \sum_n \{[X_{i+1} - X_i]^2 + [Y_{i+1} - Y_i]^2\}^{1/2} \quad (°) \quad (9.60)$$

9.8.6.3 波束成形技术

波束成形可以通过两种不同的方法实现。本节仅给出两种方法的原理,其实施方法将在 9.8.9 节中讨论。

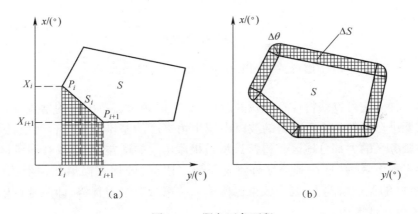

图 9.36 服务区角面积

(a)无指向偏差时;(b)有指向偏差时,$\Delta\theta$ 导致面积增加 ΔS。

第一种方法是修改单一馈源在波束内的功率分布,对波束的赋形通过修改口径的轮廓或反射器的轮廓实现(见 9.8.9.2 节)。无论使用何种技术,波束的形状仅能通过机械变化来调整,而当卫星在轨时无法进行机械调整。

第二种方法是通过整合几个基本波束来获得新的波束形状。基本波束由多个

馈源产生,这些馈源被具有特定幅度与相位分布(由波束成形网络施加)的相干信号激发(图9.37)。馈源阵列可以放置于天线反射器或透镜的焦点处用以生成波束,也可以直接生成波束(直接辐射阵列天线,见9.8.9.4节)。

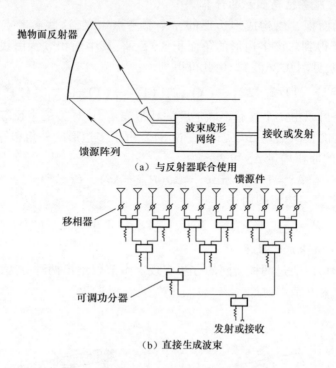

图9.37 采用馈源阵列的赋形波束天线

第二种方法可以获得任意形状的波束,其在射频覆盖范围内的增益分布可以根据需要进行调整。由于获得的波束由较小角宽度的基本波束组合而成,因此有可能在服务区的大部分地区获得接近增益极限G_{lim}的增益;增益仅在服务区的边缘才会出现下降,并且在服务区外迅速下降。因此,即使在简单几何形状(如圆形)服务区的覆盖情况下,复合波束也比单一波束具有绝对优势,即服务区内高增益、服务区外低干扰。

第二种方法另一个主要优势在于通过控制馈源的振幅与相位分布,即可修改天线射频覆盖范围。若波束成形网络支持远程指令控制功能,则即使卫星在轨时也可以对天线的射频覆盖范围进行修改。缺点是增加了天线的复杂性与质量,并提高了天线辐射口径的尺寸(由于需要生成角宽度小于服务区角宽度的单波束)。

9.8.7 多波束

与前述圆波束、椭圆波束、赋形波束等使用特定频段、特定极化的单一波束不同,多波束覆盖可以产生若干个不同频段、不同极化的波束。

9.8.7.1 非连续覆盖

服务区由一组相互分离的地理区域组成,这些区域在卫星真实视野表示法下表现为简单的几何形状,并由窄的圆形截面波束覆盖,这些区域可能对应于有高容量需求的大城市。因此,当各波束的角间距足够大时,这些波束可以共享相同的频段;若角间距太小,可以使用正交极化提高链路隔离度。图 9.38 以通信需求巨大的欧洲地区为例显示了这一多波束覆盖方式。

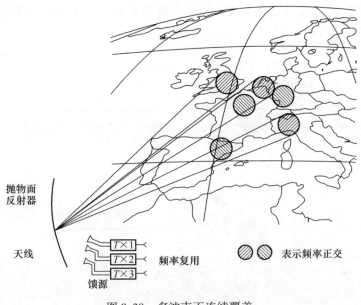

图 9.38 多波束不连续覆盖

9.8.7.2 连续覆盖

特殊几何轮廓的服务区可以由一组连续的窄点波束覆盖(图 9.39),而非由单个波束覆盖。由于每个波束都比单独一个覆盖全服务区的波束要窄,因此波束增益更高,故地面站可以使用小口径的天线。

由于各波束间存在重叠覆盖,其使用的频率必须不同,故各波束根据《无线电规则》共享总可用带宽。因此,当波束的数量很大时,每个波束的容量有限。该方式的另一缺点在于各波束发送的信息不同,因此为确保波束间的互通性,必须考虑波束间的载波路由。这一多波束卫星网络特有的问题已在 7.4 节中介绍。

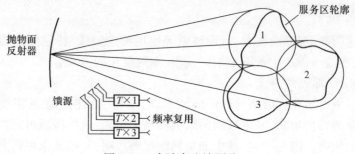

图 9.39　多波束连续覆盖

9.8.7.3　波束点阵

波束点阵覆盖通过结合多波束与频率复用实现一组使用不同频率的波束簇，能够形成对服务区的规律重复覆盖(图 9.40)。

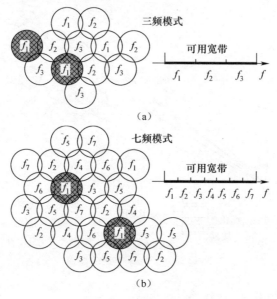

图 9.40　波束点阵覆盖
(a)三频模式；(b)七频模式。

图 9.40 显示了重复使用相同频率的波束之间角间距随所用频率数量的变化关系，波束间的角间距决定了同频干扰程度。图 9.41 显示了三频模式下某波束的干扰状态。最大的干扰发生在波束边缘，此处干扰信号电平最高，而由于覆盖区边缘的增益减少，有用信号的电平最低。此情形必须考虑周围同频波束产生的干扰。

对于多波束点阵覆盖，若在常规模式下应用更多数量的波束，则须增加相同频率波束间的角间距,其目的是减少波束间同频干扰。但与此同时,每个波束的可用带宽与容量也随之减少。图9.42给出了三频模式波束点阵对欧洲大陆的覆盖示例。

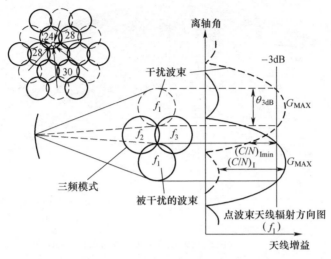

图9.41 波束点阵的波束间干扰

9.8.8 天线类型

卫星系统使用的天线类型根据用于控制卫星姿态的原理而有所不同。一种提供姿态稳定的简单方法是使卫星围绕垂直于轨道平面的轴旋转(自旋稳定,见10.2.6节)。

天线既可以直接安装于旋转的卫星上,也可以安装在相对于地球保持恒定方向的平台上。此外,也可以通过控制将卫星整体定点保持在相对于地球的恒定方向上(三轴稳定,见10.2.7节)。

当天线安装于相对于地球旋转的卫星上时,天线必须具有环形辐射方向图或产生能够补偿平台旋转的辐射方向旋转。目前通信卫星均包含一个支撑有效载荷的平台,该平台的姿态相对于地球而言稳定,因此天线视轴方向相对于地心的方向保持固定。

9.8.8.1 具有环形辐射方向图的天线

对于自旋稳定卫星,最简单的方法是使天线产生围绕旋转轴旋转的辐射方向图。为了确保全球覆盖,环形方向图的波束宽度约为17°,天线增益仅数分贝。

环形辐射方向图可以通过一组线性导线(线天线)来获得,这种方法被用于第一批投入使用的卫星上,以Intelsat Ⅰ 与 Ⅱ 为例,天线接收增益为4~5dB,发射增益为 9dB 左右。

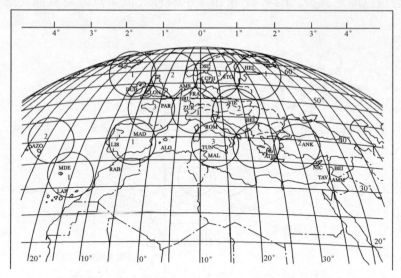

图 9.42 三频模式波束点阵对欧洲大陆的覆盖示例

9.8.8.2 消旋天线

为了增加天线的增益,需要将波束集中在需要覆盖的区域,并确保其相对于地球的方向保持固定。因此,天线波束的旋转方向需要与卫星的旋转方向相反,这种天线被称为消旋天线。

(1) 机械消旋天线。这种方法通过电机使天线设备围绕卫星的旋转轴旋转,以保持天线视轴指向地球[DON-69]。然而,轴承的存在(润滑困难)以及天线与无线电设备之间的旋转耦合,限制了天线系统的可靠性,并降低了系统性能。

(2) 电子消旋天线。电子扫描为机械消旋天线的相关难题提供了一个良好的解决方案。电子消旋天线由一组安装在圆柱体上的馈源组成。这些馈源依次馈送,相位随卫星旋转而变化。这种天线的缺点包括馈线到馈源的损耗,以及连续切换期间天线辐射方向图出现的幅度与相位的不连续。这种天线的应用案例是 Meteosat 卫星。

9.8.8.3 稳定平台

承载天线与转发器的卫星平台相对于地球保持固定方向。

在卫星自旋稳定的情况下,平台的下半部分围绕着垂直于轨道平面的轴旋转,而上半部分相对于下半部分反向旋转(双旋卫星)。这种方法使得平台可以安装高性能的天线,避免了天线与无线电设备之间的旋转耦合问题。然而,机械轴承问题(如润滑困难以及扰乱陀螺效应的机械摩擦)与传递电能的滑动触点问题仍然存在。这种结构的应用案例之一为 Intelsat Ⅵ。三轴稳定卫星本身即可作为天线安装平台,因此为安装大型天线提供了更大的自由度。

无论采用何种姿态控制策略稳定平台,由于天线刚性安装于平台,其指向精度即为姿态稳定的精度(低至 0.05°),更高的指向精度需要借助天线指向控制系统。

9.8.9 天线技术

通信卫星使用频段的波长与天线的机械尺寸相比很小,所使用的天线为辐射孔型天线,包括喇叭天线、反射天线、透镜天线和阵列天线。

9.8.9.1 喇叭天线

喇叭天线是最简单的定向天线之一,非常适合并广泛应用于全球覆盖。30cm 口径的喇叭在 4GHz 频段获得的 3dB 波束宽度为 17.5°。

宽度较小的波束需要口径更大、长度更长的喇叭,这样的喇叭天线在卫星上安装比较困难。此外,喇叭天线的旁瓣特性较差,但该缺点可以通过喇叭内壁的波纹(多个环形槽)进行改善。通过采用微带天线的激励系统,可以降低喇叭的长度。喇叭天线目前仍然是反射式天线的主要来源。

9.8.9.2 反射天线

反射天线最常用于获得点波束或赋形波束。这种天线包含一个抛物面反射器,该抛物面反射器由位于焦点处的一个或多个馈源照射。

反射器的制造技术通常需要在铝制蜂窝芯的每一侧粘合两层浸渍树脂的碳纤维。尽管存在机械和热方面的限制,这种技术在剖面实现准确性、尺寸稳定性和刚度方面有出色的表现,可以实现很低的反射损耗(Ku 频段小于 0.1dB)。

若为天线配备反射器机械定向控制装置,则可以通过遥控指令修改在轨卫星的波束指向。对于多馈源天线,也可以通过修改馈送信号的相位来实现指向调整。

(1)双反射器结构。双反射器结构中,主反射器由副反射器照射,副反射器由馈源照射(根据副反射器是双曲面还是抛物面,分别称为卡塞格伦式结构或格里高利式结构)。双反射器结构使天线变得紧凑,有利于星上的机械安装,在某些情况下还有利于天线设计(对于赋形波束)。

(2)偏置结构。在对称结构中,馈源或副反射器及其支架对天线口径存在遮挡,从而降低天线效率,并增加旁瓣功率。将反射器相对于抛物面主轴进行适度偏移,可以避免遮挡。

偏置照射可通过单反射器或双反射器结构实现(图 9.43),这使得天线更容易集成至卫星,特别是对于需要在卫星发射阶段折叠天线的大型反射器。

当偏置反射器被线性极化波照射时,由于其馈源相对于天线轴不对称,反射器会产生一个正交极化分量。因此,偏置结构的特点是天线极化隔离度低(约 20~25dB)。当使用圆极化波时,还会出现波束倾斜现象。

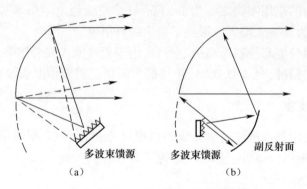

图 9.43　采用偏置结构的反射器天线
(a)单反射器;(b)双反射器(格里高利结构)。

(3) 反射器轮廓赋形。圆形天线反射器产生的波束截面为圆形。通过修改反射器轮廓形状可以实现简单的波束成形,如使用椭圆反射器产生椭圆截面的波束(图 9.33)。在实际应用中,此类应用也仅限于圆形波束与椭圆形波束两种情况。轮廓过于复杂的反射器由于辐射效率低下且旁瓣功率过高,很难准确匹配主馈源的辐射方向图。

(4) 多重馈电天线。通过将馈源阵列置于天线的焦点处,可以获得赋形波束或多波束。若馈源阵列由具有特定振幅与相位分布的相同信号馈送,便可得到赋形波束,其中特定振幅与相位分布通过 BFN(一组移相器、耦合器和功分器)获得。

各自独立的馈源可以产生不同频率、不同极化、彼此相互独立的波束,因此可以获得如图 9.38 所示的多波束覆盖。

这种技术也可用来产生点阵覆盖。馈源阵列的尺寸随着点阵数量增加而增加,位于阵列边缘的馈源离焦点很远,从而导致相应辐射方向图变差。当波束的数量较大时,可以使多个波束共享馈源来减少馈源数量。给定方向的波束可以由多个馈源通过适当地振幅与相位组合获得。

(5) 反射器表面赋形。通过对反射器表面严格的抛物线轮廓进行整形来调整波束形状。例如,可以使用一种圆形反射器,其轮廓在一个平面上是抛物线形,而在另一个平面上是圆柱形。由此获得的波束不再是圆波束,而是近似椭圆形的波束。而天线口径仍然为圆形,从而有利于辐射优化。

此外,反射器轮廓无论在哪个平面上都会偏离抛物线形状。圆形反射器的轮廓在边缘处偏离抛物线,可以增加覆盖边界的相对增益。通过这种方式可以限制覆盖范围内的增益变化。

通过反射器轮廓合成技术可以使所获得波束的空间功率分布特征与服务区覆盖所需的功率相匹配。这种合成技术较为复杂,但因其仅使用单个馈源而非多馈源,所以天线效率更高。该技术的缺点在于波束的方向图是固定的,卫星在轨寿命期间无法修改(在地面上已有一些反射器形状机械控制实验的尝试)。尽管如此,该方法大幅降低了天线质量,具有明显优势,目前已得到广泛应用。

(6) 双栅格天线。为了获得极化隔离度较高的天线辐射方向图,一种方法是使用栅格反射器,即与所需线性极化相平行的导体阵列。当栅格被无线电波照射时,只有平行于栅格的电场分量被反射。电流只能沿导体流动,不存在与栅格正交的电场分量。这种天线显示出较高的交叉极化鉴别度(通常为 40dB)。两个栅格互相垂直的独立天线可以用来产生两个具有线性正交极化的波束。

双栅格天线已应用于 Eutelsat Ⅱ 等卫星上,用于减少卫星的体积与质量。该天线由两个带有偏置馈源的反射器组成。两个反射器一前一后安装,彼此间有微小的偏置,故焦点位置不同(图 9.44)。因此,为了照射各反射器,在相应焦点上很容易确定以特定极化方式工作的馈源的位置。前反射器由一种对电磁波透明的材料制成,导体阵列排布平行于对应馈源所辐射电磁波的电场,因此该电磁波被前反射器反射。另一个馈源辐射的电磁波为上述电磁波的正交极化波,穿越前反射器并被后反射器反射,随后再穿越前反射器。后反射器可以是栅格反射器(栅格方向与前反射器的栅格正交),也可以是传统反射器。

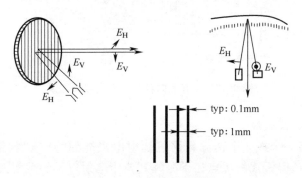

图 9.44 栅格反射器天线结构

前反射器以及两个反射器之间的介质必须对无线电波透明,且同时能够承受机械应力与热应力。例如,可以将凯夫拉纤维粘合在蜂窝芯材的每一侧。

导体阵列可以嵌入到复合材料中,通过对导电薄膜进行化学蚀刻或在粘接蜂窝之前通过机械切割凯夫拉纤维层上的铜薄膜来进行封装。对于 Ku 频段天线,导体宽度的典型尺寸为约 0.1mm,间距为约 1mm。双栅格天线的极化隔离度达 35dB 以上。

(7) 二向色反射器。二向色表面对某一特定频带内的无线电波具有反射作用,而对频带外的无线电波透明。为了获得这样的表面,需要在一个对电磁波透明的基板上排列偶极子阵列,偶极子阵列的尺寸需与待反射电磁波的频率相对应。

通过二向色反射技术可实现双反射器天线的副反射器,因此双反射器天线具有两个取决于工作频率的焦点,这便允许同一个反射器用于两个不同的频段,从而解决了在同一焦点处为两个频段安装对应馈源的难题。如图9.45所示,二向色反射器对Ka频段反射,对Ku频段透传。在此基础上,Ku频段采用正交极化复用,一个具有极化选择性透明的特殊材料表面用来形成两个不同的焦点。

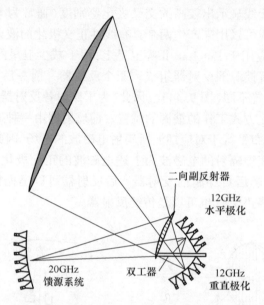

图9.45 带有二向色反射器的双频天线

9.8.9.3 透镜天线

此类天线将一个或多个馈源与聚焦辐射电磁能的"透镜"相结合。与对称反射式天线相比,透镜天线的优点在于源阵列位于辐射口径的后面,故消除了对波束的遮挡。例如,若需要使用大量具备高性能(因此也很笨重)BFN的馈源以支持创建大量多波束或高性能赋形波束时,这一特性十分有用。

透镜的原理是产生一个沿光轴最大的传播延迟,传播延迟在其周边逐渐降低,在透镜边缘处降低至零,因此能够将由馈源产生的球面波转化为平面波。根据实现方式的不同,透镜可包括以下几种:

(1) 均质介电透镜。这种透镜使用均质介电材料,具有通带宽的优点,但质量大。

(2) 波导透镜(阶梯式透镜或分区式透镜)。不同长度金属波导的合理排列可以产生将入射球面波转化为平面波所需的相位差(图9.46)[SCO-76]。这种透镜很轻,但带宽相对较窄(约为工作频率的5%)。

（3）靴带式透镜。这种透镜的馈源端连接一组延迟线，其带宽较宽，质量介于波导透镜与均质介电透镜之间。

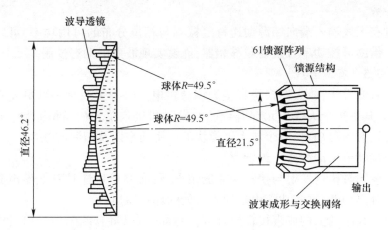

图9.46　由不同长度波导排列组合而成的透镜天线

透镜天线的质量与体积较大，目前似乎仅用于军用卫星。军用卫星的动态重构能力可以使其天线方向图在任意特定方向上的增益为零，以防止干扰。美国DSCS Ⅲ卫星装备了一副接收天线和两副发射天线，每副接收天线支持61个波束（角宽度为2°），每副发射天线产生19个波束。

9.8.9.4　阵列天线

阵列天线使用大量分布在辐射孔区域内的馈源，总辐射方向图由馈源阵列辐射电磁波的幅度与相位组合形成。原则上，该阵列的工作原理类似于反射天线焦点处的馈源阵列。不同之处主要在于馈源的数量和表面积，它们由天线波束所需的增益和宽度决定。馈源可以是喇叭、偶极子、谐振腔、印制元件等。

（1）阵列天线的特性。阵列天线馈源间的距离通常为0.6λ左右；辐射方向图通过可控的功率分配器和移相器修改馈送至馈源的信号相位与振幅来调整。

例如，通过以相同振幅、相同相位馈送所有馈源，所获得的波束具备与均匀照明的反射天线产生的波束类似的特性；最大增益与$(\pi D/\lambda)^2$成正比，3dB波束宽度约为λ/D（弧度），即大约$60\lambda/D$（角度）。通过衰减辐射孔最外围的振幅，可以降低旁瓣电平并增加波束宽度，同时天线轴上增益也有所降低。

通过为馈源馈入线性变化的相位（从馈源阵列一侧到另一侧依次线性变化），可以引入相对于阵列表面的相位平面倾斜，从而修改了波束的方向。

（2）阵列天线的馈电。对于传统的阵列天线，天线输入功率由传统的功率放大器提供。当然，根据互易法则，天线在接收时也以类似的方式工作，即在波束成形阵列的输出端连接一个低噪声放大器。

天线效率由阵列边缘馈源的振幅比重以及功率分配器和移相器中的欧姆损耗决定(根据不同复杂程度,损耗可达1dB到数分贝)。功率分配中的欧姆损耗是一个关键参数。

通过在天线输入端向馈源馈送特定振幅与相位分布的可用功率,可以获得赋形波束。借助可控功率分配器与移相器,能够实现波束的动态控制。

9.8.9.5 有源天线

对于有源天线,放大器模块直接为馈源供电。有源天线是一种更先进的相位阵列天线,其中每个天线单元都有自己的发射和接收单元(全部由计算机控制)。根据需要辐射的总功率、每个放大器模块的可用功率以及馈源的数量,一个有源模块可以连接到单个馈源或一组馈源。

在天线同时执行发射与接收功能的情况下,有源模块还具有低噪声放大和发射—接收分离功能,这些功能由模块入口处的环行器执行。

有源天线原则上构成直接辐射阵列。然而,可以将有源阵列与单反射器或双反射器结构相结合。使用反射器结构可以在不使阵列尺寸变得过大(避免折叠等问题)的情况下获得较大的辐射口径。例如,通过使阵列近场照射副抛物面反射器(其焦点与主反射器的焦点重合),可以获得虚拟放大的阵列(图9.47)。直接辐射阵列与反射器辐射阵列两种应用模式的选择取决于波束数量、技术水平和所需功率等因素。

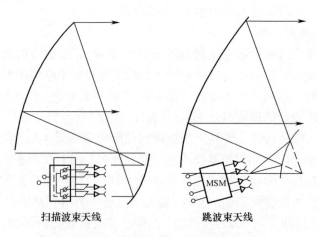

图9.47　结合相控阵与反射器的天线
来源:经AIAA许可转载自文献[SOR-88]。

(1)波束成形。波束成形元件(衰减器与移相器)是有源模块的关键组成部分。它们位于功率放大器的上游与低噪声放大器的下游。图9.48显示了为法国技术卫星计划Stentor[ALB-03]设计的Ku频段有源发射天线的结构图。该天线配有

3个射频输入信道,并通过48个馈源进行辐射。BFN、48个SSPA、滤波器与馈源、RF与TM/TC/DC线束以及无源校准单元由复合结构的碳纤维夹层板支撑,并通过安装在卫星接地板上的散热板对外散热。散热板通过5个安装脚与平台进行机械连接,并通过热控制硬件进行热连接,以便将热量传导到卫星的散热表面。耦合热控制以两种方式实现:毛细泵回路(CPL)技术与可变电导热管(VCHP)技术。有源天线的其他设备还包括前置放大器单元、天线控制器(CCU)、超稳晶振(USO)和校准单元(TXCAL)。波束成形可以在天线的工作频率或中频实现。对于中频情形,频率转换在限定振幅与相位分布的波束成形单元与馈源之间完成。后一种方法(中频波束成形)有利于元件的实现,特别是当天线工作在高频时。

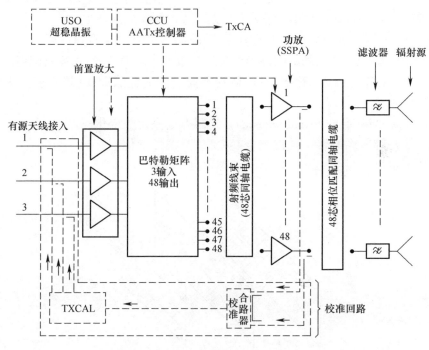

图9.48 Stentor卫星的有源发射天线结构

有源天线的优点在于:
① 低功率固态放大器的使用有助于获得良好的线性度。
② 通过大量相同元件的并联实现高可靠性(部分元件的故障会导致设备逐渐老化,但不至于对性能产生显著影响)。
③ 组件具有较好的可复制性。

此外,有源天线还可以获得高EIRP。对于无源天线(由覆盖范围定义),辐射功率受每个信道单个放大器功率的技术限制(含行波管时约250W)。对于有源天线,辐射功率取决于有源模块的功率与馈源的数量。

有源天线的缺点主要与模块内的损耗有关(欧姆损耗及放大器效率有限)。放大器模块与馈源之间距离很近,因此馈线损耗有限。

(2)有源天线技术。现代高频电路集成技术(尤其是 MMIC 技术)能够实现小体积、低质量的有源模块。这些模块可以集成波束成形装置(可控衰减器与移相器),也可以使用光学技术来实现波束成形。

馈源本身可以通过在介电基板上采用微波 IC 技术实现,印刷辐射元件阵列(贴片)可通过蚀刻介电基板上的导电层(微带技术)来生产。印刷天线的问题在于通带窄,而且馈源阵列的辐射方向与印刷天线的平面垂直,给有源模块的集成和辐射元件的供电带来困难。解决通带过窄的一种办法是通过电磁耦合(电磁耦合贴片 EMCP)为印刷元件供电,使通带可以达到工作频率的 15%。

也可以采用由缝隙结构实现的馈源:缝隙结构由介电基板同一面上的两个平行导体构成,两个导体之间的间隔随着接近基板的末端而改变,以激发辐射。通过采用不同变化形式的缝隙轮廓,可以得到不同类型的缝隙天线(锥形缝隙天线),如图 9.49 所示。

① 维瓦尔第天线(Vivaldi antenna):缝隙宽度呈指数变化。
② 线性锥形缝隙天线(LTSA):缝隙宽度呈线性变化。
③ 恒定缝隙宽度天线(CWSA):缝隙宽度不变化。

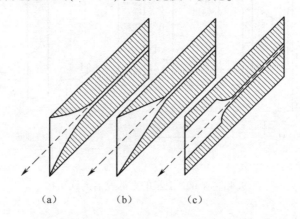

图 9.49 锥形缝隙天线的类型
(a)维瓦尔第天线;(b)LTSA;(c)CWSA。

基于介电基板的缝隙天线属于行波天线的范畴,其中电磁波沿缝隙传播,天线在平行于基板的平面中沿缝隙末端方向以线性极化方式辐射,因此可以很容易地将各种馈源并排放置形成阵列。此外,每个缝隙天线都可以通过集成在同一基板上的有源模块进行馈电。

9.8.9.6 大型可部署天线

为了提供 L、S 频段手持移动终端的高增益,地球静止卫星选择采用大口径(最高达 15~20m)天线。可展开反射器的实现具有多种解决方案,包括伞状结构、充气天线等。AstroMesh 可展开反射器显示了可展开空间结构的新概念,该系统包括一对环形加固的桁架穹顶,其中环形部分是由单根电缆展开后的桁架(图9.50)[THO-01,MAR-09]。

此类天线的另一个难点是馈电系统的设计,即如何对可展开反射器进行馈电。BFN 技术的候选解决方案包括半有源天线概念,其中:放大器通过类似巴特勒的矩阵为馈电装置供电;放大器功率保持在接近标称值的水平,以确保最佳的功率效率;通过在放大器输入端对信号进行相位控制,实现对波束进行整形与指向调整[ROE-95]。

图 9.50 带有 12m 可展开天线的地球静止轨道卫星构想图
来源:由诺斯罗普-格鲁曼公司提供。

9.9 总　　结

天线技术的发展推动了可移动赋形波束与多波束天线的问世,这些天线可以实现频率空分复用和极化分集。与此同时,对天线高指向性的需求促进了大尺寸辐射孔天线的发展及应用。此类大型反射器支持轨道部署,其指向性的增强直接带来了指向精度的提高,姿态与轨道控制的有限精度以及指向的不确定性需要通过天线指向控制系统解决。

随着技术的不断发展,转发器的质量与功耗逐渐降低,更复杂的功能也得以实现。复合材料与 MMIC 技术现已在卫星上得到验证和应用。

同时,谐振器的使用大大减少了多路滤波器的尺寸与质量。尽管 SSPA 用于 L、C 频段,但当需要高功率和高 RF/DC 效率时,TWT 仍是首选。研究人员正致力于降低电子管放大器和固态放大器的功耗与热损,以提高其效率。目前,TWTA 与 SSPA 技术均已被用于卫星有效载荷[LOH-15],SSPA 被认为在低频时具有质量与成本方面的优势,但在高频时不如 TWTA。在材料方面,与砷化镓(GaAs)相比,氮化镓(GaN)预计能够提供更好的性能。

此外,天线与转发器设备的复杂性带来了一系列性能分析、系统集成及降低干扰等方面的问题。对于这些问题,仿真软件已用于优化天线辐射方向图与微波电路性能,计算机辅助设计用于辅助机械集成,然而以经济的方式制造出能够达到仿真及理论性能的卫星仍然颇具挑战。

参 考 文 献

[ALB-03] Albert, I., Chane, H., and Raguenet, G. (2003). *The STENTOR active antenna: design, performances and measurement results*. Paper presented at the IEEE International Symposium on Phased Array Systems and Technology.

[ASS-81] Assal, F., Betaharon, K., Zaghloul, A., and Gupta, R. (1981). Wideband microwave switch matrix for SS-TDMA systems. In: *ICDSC 5th International Conference on Digital Satellite Communications*, Genoa, 421-427. IEEE.

[AUB-92] Auboin, J. (1992). Second generation DBS satellite TWTs. In: *AIAA 14th International Communication Satellite Systems Conference*, Washington, DC, 133-141.

[BAU-85] Bauer, R., Steiner, W., and W uerscher, W. (1985). Method and instrumentation for the precise measurement of satellite transponder saturation point. *International Journal of Satellite Communications* 3: 265-270.

[BEN-86] Benet, C.A. and Dewell, R.D. (1986). Antenna beam pointing error budget analysis for communications satellites. *Space Communication and Broadcasting* 4 (3): 205-214.

[BER-71] Berman, A. and Mahle, C.E. (1970). Non linear phase shift in travelling-wave tubes as applied to multiple access communications satellite. *IEEE Transactions on Communication Technology* 18: 37-48.

[BOS-04] Bosh, E. and Fleury, G. (2004). Space TWTs today and their importance in the future. Paper 3259, presented at the AIAA 14th International Communication Satellite Systems Conference, Monterey.

[CAM-90] Cameron, R.J., Tang, W.C., and Kudsia, C.M. (1990). Advances in dielectric loaded filters and multiplexers for communications satellites. In: *AIAA 13th Communication Satellite Systems Conference*, Los Angeles, 264-273.

[CAR-08] Caron, M. andHuang, X. (2008). Estimation and compensation of amplifiers gain and phase mismatches in amultiple port amplifier subsystem. Presentation at the ESAWorkshop onAdvanced Flexible Telecom Payloads, ESTEC, The Netherlands.

[DON-69] F. Donnelly, Graunas, R., and Killian, J. et al. (1969) The design of the mechanically despun antenna for the Intelsat III communications satellite, *IEEE Transactions on Antennas and Propagation*, 17 (4), pp. 407–415. IEEE.

[FUE-73] Fuenzalida, J.C., Shimbo, O., and Cool, W.L. (1973). Time domain analysis of intermodulation effects caused by nonlinear amplifiers. *COMSAT Technical Review* 3 (1): 89–143.

[HAT-69] Hatch, G.W. (1969). Communications subsystem design trends for the DSC program. *IEEE Transactions on Aerospace and Electronic Systems* 5 (5): 724–730.

[HOE-86] Hoeber, C.F., Pollard, D.L., andNicholas, R.R. (1986). Passive intermodulation product generation in high power communications satellites. In: *AIAA 11th International Communication Satellite Systems Conference*, San Diego, 361–375.

[JON-08] Jones, T. et al. (2008). Payload architectures and hardware developments for flexible multibeam GEO communication systems. Presentation at the ESA Workshop on Advanced Flexible Telecom Payloads, ESTEC, The Netherlands.

[KOV-91] Kovac, R., Lee, M., Miller, N., et al. (1991). SAW-based IF processors for mobile communications satellites. Presentation at the IAF Congress, Montreal.

[LOH-15] Lohmeyer, W.Q., Aniceto, R.J., and Cahoy, K.L. (2015). Communication satellite power amplifiers: current and future SSPA and TWTA technologies. *International Journal of Satellite Communications and Networking* 34 (2): 95–113.

[MAR-09] Marks, G., Keay, E., Kuehn, S., et al. (2009). Performance of theAstroMesh deployable mesh reflector at Ka-band frequencies and above. Presentation at the Ka and Broadband Communications, Navigation and Earth Observation Conference, Calgari, Italy.

[MOA-86] Moat, R. (1986). ACTS baseband processor. In: *IEEE GLOBECOM 86*, Houston, 16.4.51–16.4.56.

[MOR-88] Moreli, G. andMatitti, T. (1988). The Italsat satellite program. In: *AIAA 12th Communication Satellite Systems Conference*, Arlington, 112–122.

[NAD-88] Naderi, M. and Kelly, P. (1988). NASA's advanced communications technology satellite (ACTS): an overview of the satellite, the network, and the underlying techniques. In: *AIAA 12th Communication Satellite Systems Conference*, Arlington, 204–224.

[PEN-84] Pennoni, G. (1984). A TST/SS-TDMA telecommunications system: from cable to switchboard in the sky. *ESA Journal* 8: 151–162.

[PRI-93] Pritchard, W., Suyderhoud, H., and Nelson, R. (1993). *Satellite Communication Systems Engineering*, 2e. Prentice Hall.

[ROE-95] Roederer, A.G. (1995). Semi-active multimatrix reflector antennas. *Electromagnetics* 15 (1).

[SAG-87] Saggese, E. and Speziale, V. (1987). In-orbit testing of digital regenerative satellite: the Italsat planned test procedures. *International Journal of Satellite Communications* 5 (2): 183–190.

[SAL-81] Saleh, A. (1981). Frequency independent and frequency dependent nonlinear models of TWT amplifiers. *IEEE Transactions on Communications* 29 (11): 1715–1720.

[SCO-76] Scott, W. G., Luh, H. S., Smith, T. M., and Grace, R. H. (1976). Development of multiple beam lens antennas. In: *AIAA, 6th Communications Satellite Systems Conference*, Montreal, 76–250.

[SEY-06] Seymour, C. D. (2006). Development of high power solid state power amplifiers. Presentation at the AIAA International Communications Satellite Systems Conference (ICSSC), San Diego.

[SOR-88] Sorbello, R. (1988). Advanced satellite antenna developments for the 1990s. In: *AIAA 12th International Communication Satellite Systems Conference, Arlington, VA, March, Paper AIAA-1988-873*, 652–659.

[TAN-90] Tang, W. C. and Kudsia, C. M. (1990). Multipactor breakdown and passive intermodulation in microwave equipment for satellite applications. Presentation at the IEEE Military Communications Conference MILCOM 90, Monterey.

[THO-01] Thomson, M. (2001). Flight heritage for the AstroMeshTM deployable reflector. Paper 300, presented at the AIAA 19th Communication Satellite Systems Conference, Toulouse.

[VOI-08] Voisin, P. et al. (2008). Flexible communication payloads: a challenge for the industry and anew perception of solutions for operators. Presentation at the ESAWorkshop on Advanced Flexible Telecom Payloads, ESTEC, The Netherlands.

第10章 卫星平台

一颗通信卫星包含了多个不同功能的子系统。通常,人们会把第9章中讨论的通信有效载荷(通信组件,包括天线和转发器)与用于支撑和驱动载荷的平台(有些文献中也将其称为"总线")或服务组件区分开来。如图10.1所示,有效载荷通常由天线、转发器和其他通信设备组成,构成卫星通信组件;而服务组件主要包括推进舱、太阳帆板、电池组、航电设备、液体远地点发动机等。

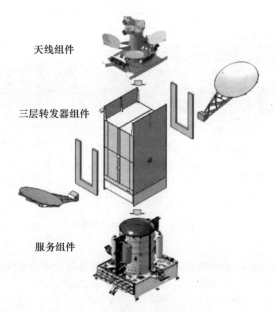

图 10.1　地球静止卫星组成图
来源:欧洲宇航防务集团阿斯特里姆公司(EADS Astrium)和泰雷兹-阿莱尼亚宇航公司提供。

通信卫星平台的架构主要由以下几方面决定:
(1) 通信有效载荷的要求。
(2) 空间环境的特性及其影响。
(3) 运载火箭的性能,以及它们所带来的限制。

通信任务决定有效载荷的设计,而这种设计对卫星平台的要求包括:所需的供电、可容纳的有效载荷质量、天线指向精度、待耗散的热功率、设备安装所需的空间,以及遥测、跟踪和遥控(TTC)通道的数量等。

平台对大型有效载荷的承载能力通常由有效载荷质量与有效载荷直流功率所定义的象限内的"域"进行衡量。图10.2以Alphabus为例解释了这一概念,Alphabus是欧洲在研的一款用于通信卫星的大型平台(见10.7节)。图中给出了该平台使用不同类型推进系统时所对应的性能域,对于给定的任务寿命,这些推进系统的类型决定了需装载的推进剂量(见10.3节)。同时,考虑到卫星的发射质量已知(所选运载火箭的能力确定),因此,留给通信有效载荷的质量也就可以确定下来。最近,欧洲空间局(ESA)在Neosat计划中开发了一种新的卫星平台,用于未来的卫星通信系统与网络,它包括两个平台系列:空客公司的Eurostar Neo和泰雷兹-阿莱尼亚宇航公司(TAS)的Spacebus。

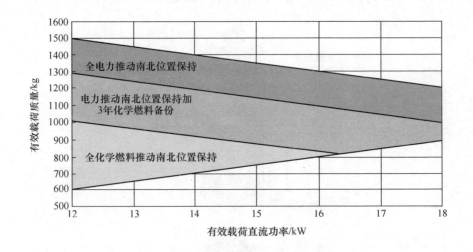

图10.2 Alphabus平台的有效载荷质量与有效载荷直流功率域(15年寿命)
来源:经许可转载自文献[BER-07]。

空间环境的特性和效应对卫星的轨道控制、子系统集成架构以及材料和部组件的选择都会产生影响。运载火箭也会对卫星的结构产生机械方面的约束。它们的性能限制了卫星的发射质量,并会影响推进子系统的规格。此外,整流罩内有限的封闭容积还会要求太阳帆板和天线折叠起来。

确定有效载荷耗散的电功率和热功率所需的必要基本信息已由第9章介绍,发射流程和运载火箭的性能将在第11章中介绍,太空环境的特性与影响将会在第12章中讨论。

10.1 子 系 统

表 10.1 列出了几种平台子系统,其中包含各平台子系统所提供的功能及其最主要的特性。以下三个共同特点虽然在表中并未体现,但却是必不可少的,应该加以强调:

(1) 极低的质量。
(2) 极低的消耗。
(3) 高可靠性。

每个子系统均为完成特定任务而专门设计,同时还考虑了以上三个标准,并兼顾了所使用的技术以及其他子系统的特点。一个特定子系统的性能和规格与其他子系统密切相关,这也影响了子系统之间的接口。每种接口本身都有许多特征,图 10.3 给出了其中最典型的特征。对于工作在不同频段、不同功率等级下的射频设备,需要特别注意其电磁兼容性(EMC)及其他诸多问题。

本章将对各种子系统进行梳理分析,以揭示其基本特征。

表 10.1 Eurostar 系列各型平台示例

	Eurostar 2000	Eurostar 2000+	Eurostar 3000	Eurostar 3000LX	Eurostar Neo
发射质量/(10^3 kg)	2.3	3.4	5.7	6.4	5.7~6.4
最大有效载荷质量/kg	400	550	1200	1200	1200
航天器/kW	2~4	4~8	8~14	14~20	7~25

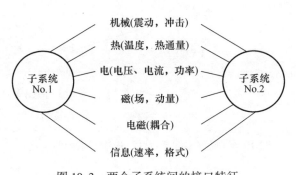

图 10.3 两个子系统间的接口特征

10.2 姿态控制子系统

卫星的运动可以分解为其质心在以地球为中心的坐标系中的运动和卫星本体

围绕其质心的运动。不同的卫星轨道具有特定的卫星质心运动,其质心运动的控制已在第 2 章讨论。卫星主体围绕其质心的运动由其姿态的变化所决定。

卫星的姿态可用局部坐标系中相对偏航、横滚和俯仰轴的位置来表示(图 10.4)。该坐标系以卫星的质心为原点,其偏航轴指向地心的方向;横滚轴在轨道平面内,与偏航轴垂直,并指向速度方向;俯仰轴与其他两个轴垂直(故与轨道面垂直),且其指向确保坐标系是固定的(对于地球静止卫星来说,其指向朝南)。在标称姿态配置中,卫星固定坐标系的轴与局部坐标系的轴原则上对齐。卫星的姿态可由局部坐标系和卫星固定坐标系之间围绕各轴的旋转角度来表示。

姿态控制是卫星实现其功能的必要条件。姿态控制子系统的精度和可靠性决定了其他大多数子系统的性能,如窄波束天线和太阳帆板的指向必须合理控制。

10.2.1 姿态控制功能

姿态控制的作用通常包括将机械轴与局部坐标系对齐,对齐精度由围绕每个轴的旋转辐角定义(辐角值对应于保持在一定转动范围内的特定概率)。对于地球静止卫星,其典型转动范围为:横滚和俯仰为 ±0.05°;偏航为 ±0.2°。

在某些情况下,根据任务和特定轨道的需要,可能会要求卫星以固定偏置或者特定累进变化规律围绕一个或多个轴进行旋转。

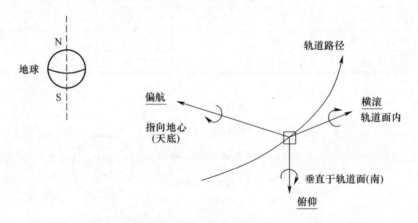

图 10.4 局部坐标系:偏航、横滚与俯仰的定义

姿态保持需具备以下两种功能:

(1) 转向功能,使卫星朝向地球的部分围绕俯仰轴转动,以补偿地球相对于卫星的视运动。对于地球静止卫星来说,这种旋转的速度是恒定的,每天公转一圈(0.25(°)/min)。

(2) 稳定功能,补偿姿态扰动扭矩的影响。扰动扭矩是由引力、太阳辐射压,以及电流环路和地磁场之间的相互作用综合产生的(见第12章)。这些自然扰动扭矩很小($10^{-4} \sim 10^{-5}$Nm数量级)。相比之下,因轨道控制致动器的推力没有对准质心位置而产生的扰动扭矩可能很大($10^{-2} \sim 10^{-3}$Nm数量级)。

卫星平台上过去长期使用被动姿态控制,它主要利用自然力矩的作用来保持所需的姿态,例如通常借助重力梯度使最低惯性轴与局部垂线对齐(见12.2.1.1节)[MOB-68]。由此获得的控制精度(最多几度)不符合通信卫星的指向要求,因为这些卫星使用的是需要精确指向的窄波束天线。

因此,航天科研人员开始使用主动姿态控制,该过程通常包括:
(1) 测量卫星相对于外部基准的姿态。
(2) 确定卫星相对于局部坐标系的姿态。
(3) 致动器控制指令的计算处理。
(4) 通过安装在卫星上的致动器来执行姿态校正。
(5) 在驱动和扰动扭矩的作用下,卫星姿态按照卫星动力学的相关规律发生变化。

姿态控制系统可以在卫星上以闭环方式运行,也就是说,致动器的控制直接由星载设备产生,并由姿态敏感器的输出控制。姿态敏感器的输出也可通过遥测(TM)通道传送到地面,在地面评估所需的校正操作,然后通过遥控(TC)通道控制致动器来恢复卫星姿态。只有当卫星姿态的动态累进变化很慢时,方可在地面关闭控制环。在实际中,根据所采用的技术和参考坐标轴的情况,通常会结合使用这两种姿态控制方法。

与主动姿态控制相比,基于自然效应的被动控制也具有特定优势,具体包括:
(1) 通过在星上产生角动量而获得陀螺刚度。
(2) 利用电磁线圈与地磁场的相互作用来控制扭矩。
(3) 利用太阳辐射压获得主动扭矩。

利用自然效应可使姿态控制的操作更加灵活,并减少星上装载消耗性推进剂的剂量。

10.2.2 姿态敏感器

姿态敏感器主要用于测量卫星轴线相对于外部参照物(如地球、太阳或恒星)的指向或其指向随时间的累进变化(陀螺仪)。作为其最重要的参数,姿态敏感器的精度不仅取决于所使用的程序,还取决于探测器相对于卫星主体的对准误差。

在地球静止通信卫星上使用最多的敏感器是太阳检测器(太阳敏感器)、地平仪以及陀螺仪。对于某些应用,还可能要用到恒星敏感器。此外,还需要使用射频信标或激光来测量卫星姿态。

10.2.2.1 太阳敏感器

太阳敏感器使用的光伏元件在阳光照射下会产生电流,能够测量其安装底座与入射阳光之间的一个或两个角度。在测量太阳方向与卫星相关轴线之间的角度时,其测量精度为 0.01°左右。

10.2.2.2 地球敏感器

当在二氧化碳的红外吸收频段(14~16μm)测量地球的辐射时,被大气层包围的地球在 255K 的温度下近似一个球形黑体。从空间看,地球的图像与温度约 4K 的背景平面形成强烈的对比。红外辐射在整个地球表面大致均匀,通过热敏元件(如热辐射计、热电偶或热电堆)可以检测出地球的轮廓。

此外,也可以利用反射太阳光的散射(地球的反照率)来检测地球轮廓,这可以通过光电元件或光电晶体管实现。由于难以将地球表面与对流层顶区分开,这种测量方法的精度会受到影响,其精度可达约 0.05°。

10.2.2.3 恒星敏感器

空间中某一特定部分的图像可形成一张恒星图,其中可以检测出不同恒星的相对位置,并与参考图相比较。恒星敏感器大约可同时跟踪 10 颗恒星,并具有较高的测量精度(可达到 10^{-3} 度数量级)。但这种恒星敏感器可能会因为太阳、地球或其他亮光源的影响而出现"饱和",该问题可通过使用挡光板来避免。这些敏感器配置了数字处理器和内含星体目录、识别与跟踪算法的软件。无论何种轨道类型,该软件都可以测定三轴姿态和角速度。新型恒星跟踪器基于有源像素传感器技术,具有质量轻、功率低、性能更强、灵活性高等优点。借助这些设备可以实现无陀螺的卫星姿态控制。

10.2.2.4 惯性组件

惯性组件使用加速度计检测卫星的平移运动,或使用陀螺仪来测量卫星围绕某个轴旋转的角速度。它们会受到漂移和偏置误差的影响。机械装置的寿命有限(约 10000h),故无法在长达 10 年的常规任务中连续使用,而陀螺仪克服了这些限制。

10.2.2.5 射频敏感器

此类敏感器通过测量地面无线电信标发射到卫星的无线电波特性,得到卫星天线轴与信标预期方向之间的角度。围绕视轴的旋转(偏航角)很难计算。通过测量单个无线电信标的极化波的旋转,可以得到偏航角的数值。但由于极化的方向受到法拉第旋转的影响,故偏航角的测量精度只能达到 0.5°数量级。在其他轴上,测量精度可达 0.01°。

10.2.2.6 激光探测器

科研人员已尝试使用激光波束替代射频信标以确定卫星的方向。横滚角的预期精度为 0.006°,偏航角的预期精度为 0.6°。其面临的一个主要问题是云层对激光波束的衰减。

10.2.3 姿态确定

姿态确定旨在确定卫星在图 10.4 中定义的局部坐标系中的方向。对于旋转的敏感器,它到某个特定参照物的视线(LoS)定义了一个圆锥体,其轴线为旋转轴,顶点半角为参照物体方向与旋转轴之间的夹角。敏感器的旋转是由其所搭载卫星或与其相关的扫描装置的旋转所引起的。

地球和太阳是优先考虑的参照物。使用一个窄视场的敏感器,可以确定地心的方向。在卫星旋转过程中,该敏感器扫出一个与地球表面相交的圆锥体(图 10.5)。扫描地球上的光照区域会产生一个信号,其持续时间可以确定出天底角,即旋转轴与卫星和地心连线轴(天底轴)之间的夹角。

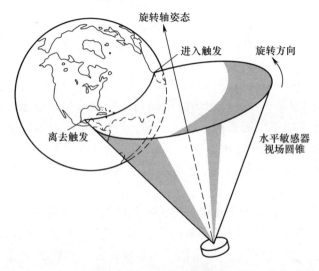

图 10.5 地球轮廓检测

来源:经克吕韦尔学术出版集团许可转载自文献[WER-78]。

使用太阳敏感器可以测量出第二个圆锥体的顶点半角,该圆锥体与卫星和太阳的连线轴关联。敏感器的旋转轴位于由两种观测所定义的两个圆锥体的其中一条交线上(图 10.6)。从两条交线中选择一条需要进行第三次测量或具备卫星方向的先验知识。

在卫星相对于参考物的相对位置已知的情况下,此处提出的方法可以确定空间旋转轴的方向,因此该方法假设卫星轨道及卫星在轨道上的位置已得到精准确定。

就地球静止卫星而言,一旦卫星定点于其标称轨道,其任务要求(如将天线指

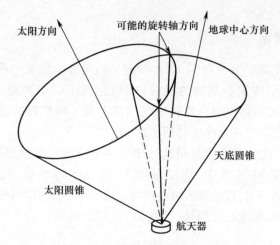

图 10.6 确定两个可能的敏感器旋转轴的方向
来源:经克吕韦尔学术出版集团许可转载自文献[WER-78]。

向地球)不再需要确定空间姿态,而只需要确定卫星相对于地球的方向。

因此,地球敏感器很容易确定出横滚轴与俯仰轴的卫星姿态。第一代地球静止卫星使用基于热电堆的静态地平线敏感器,这种敏感器提供的信号与地心方向和敏感器光轴方向之间的夹角有关。目前可以通过机械扫描敏感器进行测量(图 10.7),其优势在于视野更宽,这意味着这种敏感器可用于更多不同的卫星高度。

圆形的地球图像形式无法直接获得关于偏航轴的指向误差。一种解决方法是结合使用太阳敏感器或恒星敏感器测得的结果。此外,在动态变化缓慢的情况下,可以从 6h 前进行的横滚测量结果中估计出偏航轴方向的数据,这是因为卫星围绕地球旋转,横滚轴和偏航轴的空间方向每 6h 交换一次。因此,只要扰动扭矩一直比较小,就可以不进行特定测量。当有较大的扰动扭矩产生时(如使用推进器进行轨道控制所造成的扭矩),通过使用额外的敏感器(如陀螺仪)可以获得偏航方向的累进变化数据。另一种方法是直接用一个恒星敏感器确定三轴姿态。多年前,由于成本高、质量大,恒星敏感器技术通常只用于精度要求非常高的特定应用中,但由于成本、质量和功耗的大幅降低,这项技术现在可广泛用于商业通信卫星。

10.2.4 致动器

卫星姿态的改变通常是通过产生一个扭矩来实现的,并考虑到特定卫星的动态性,该扭矩会导致在某个轴向上产生角加速度或速度。因此,姿态控制致动器的目的就是产生扭矩。致动器有以下多种类型。

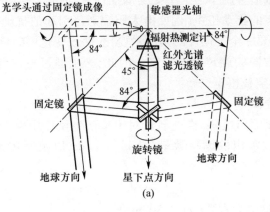

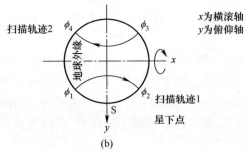

卫星方向由以下方程式定义,即

$$X偏差(横滚) = \frac{(\phi_3+\phi_4)-(\phi_1+\phi_2)}{4}+常数$$

$$Y偏差(俯仰) = \frac{(\phi_3-\phi_4)-(\phi_1-\phi_2)}{4}$$

式中:ϕ为从轴线到地球外缘的弧长。

图 10.7 扫描敏感器
(a)工作原理;(b)测量参数 X 与 Y 的定义。

10.2.4.1 角动量装置

角动量装置包括利用角动量守恒原理的反作用轮和陀螺仪。

使用反作用轮时,旋转角速度 ω 的变化率 $d\omega/dt$ 与转动惯量 I 使角动量 $H=I\omega$ 发生改变,并产生一个与轮轴对齐的扭矩 T,有

$$T = dH/dt = Id\omega/dt \quad (\text{Nm}) \tag{10.1}$$

使用陀螺仪时,滚轮以恒定的速度旋转,并围绕一个或两个轴旋转。转动惯量方向的任何指令性变化都会导致产生一个扭矩 T,其值等于相应角动量矢量的变化率 dH/dt。这种转向装置的使用寿命有限,因此,这种类型的装置很少用来主动产生扭矩。

角动量装置特别适合用于当卫星受到周期性扰动扭矩影响时,使卫星保持姿态。对于平均值非零的扰动扭矩(例如由太阳辐射压引起的扰动扭矩),以及振幅过大的扰动扭矩,需要一个补偿性的角动量变化,而该变化可能会超出滚轮的旋转速度限制或陀螺仪方向的旋转速度限制。因此,必须通过另一台扭矩发生器(如推进器)来产生一个空载扭矩。

10.2.4.2 推进器

推进器通过喷嘴喷出燃料(推进剂),对卫星产生反作用力。这种作用力的大小取决于单位时间内喷出的燃料数量(质量)dm/dt,以及所用推进剂的比冲I_{sp}(见10.3节),即

$$F = gI_{sp}(dm/dt) \quad (N) \tag{10.2}$$

式中:g 为归一化地球引力常数($g = 9.807 m/s^2$)。

所产生的扭矩取决于杠杆臂相对于卫星质心的长度 l,有

$$T = Fl \quad (Nm) \tag{10.3}$$

需要施加的扭矩一般在 $10^{-4} \sim 10^{-1}$ Nm 的范围内。当杠杆臂长为 1m 时,推力为 $10^{-4} \sim 10^{-1}$ N。为降低复杂度和质量,这些推进器通常作为卫星发射入轨后轨道控制推进器组件的一部分(见第11章),可以提供更大的推力;若通过使用占空比可变的开关操作模式,则可以产生较小的推力,且推力值可变。

10.2.4.3 电磁线圈

当电流输入为 I 时,匝数 n、单匝面积 S 的电磁线圈产生的磁矩为 $M = nIS$(Am^2)。该磁矩通过与地磁场 B 的相互作用可以产生扭矩 T,有

$$T = M \times B \quad (Nm) \tag{10.4}$$

对于地球静止卫星来说,地磁场的数值很小,一般为 1×10^{-7} Wb/m^2(见第12章)。当电流 $I = 1A$ 时,用一个匝数 $n = 500$、面积 $S = 4m^2$ 的电磁线圈获得的扭矩最多为 2×10^{-4} Nm。这可以补偿施加在卫星上的一些扰动扭矩。

10.2.4.4 太阳帆板

当太阳辐射压(见第12章)施加于一个足够大的表面上时,也会产生不可忽略的扭矩。一般来说,这些扰动扭矩可通过合理的卫星设计,使其在太阳方向上的视表面积相对于质心对称,从而被抵消。其中最重要的表面积是太阳能发电机的表面积。例如,一个三轴稳定的卫星有两块对称的太阳帆板,与俯仰轴对齐。通过修改太阳能发电机的两块帆板的视表面积,可以产生围绕两个轴的扭矩(图10.8)。通过在每个帆板的法线与太阳方向之间引入一个对称的偏置,就可以产生一个围绕太阳方向轴线的扭矩,即所谓的"风车效应"。若单独在其中一块板上引入偏置(导致两块板的视表面积不对称),则可以在轨道平面内产生一个围绕太阳方向垂直轴线的扭矩。

引入的偏置必须控制在有限范围内(最大约10°),以避免过度减少太阳能发

电机所捕获的能量。通过在太阳能发电机的两端增加帆板的倾斜表面积,可以提高太阳帆板的效能。获得的扭矩足以补偿大部分扰动扭矩(位置保持机动控制过程中的扰动扭矩除外)。

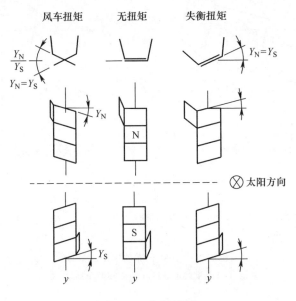

图 10.8 太阳帆板

10.2.5 陀螺仪稳定原理

陀螺仪的稳定由卫星上产生角动量获得。根据角动量守恒定律,角动量的方向往往在惯性空间中保持固定(陀螺仪刚性)。尽管卫星在轨道上移动,但通过选择与俯仰轴对齐的角动量,俯仰轴将受益于陀螺仪刚性,因而仍能在空间中保持固定方向,故围绕横滚轴和偏航轴的运动将受到限制。

通过比较有角动量产生和无角动量产生情况下对卫星扰动扭矩的影响,便可更好地理解陀螺仪稳定的好处。图 10.9 显示了扰动扭矩 T_d 的影响,该扭矩施加于卫星的 Z 轴,卫星的机械轴 x,y 和 z 最初与参考坐标系的 X,Y 和 Z 轴分别对齐。

(1) 若无角动量,则卫星开始绕 z 轴以恒定角加速度 $d\Omega_z/dt$ 旋转,有

$$d\Omega_z/dt = T_d/I_z \quad (\text{rad/s}^2) \tag{10.5}$$

式中:I_z 为卫星围绕 z 轴旋转的转动惯量。

(2) 若卫星上因陀螺效应而产生了绕 y 轴的星载角动量 H,则卫星以恒定角速度 Ω_x 围绕 x 轴旋转,有

$$\Omega_x = T_d/H \quad (\text{rad/s}) \tag{10.6}$$

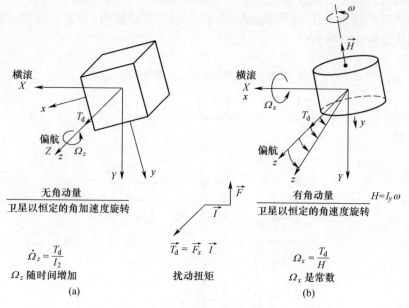

图 10.9 卫星上扰动扭矩的影响
(a)无星载角动量;(b)有星载角动量

例 10.1 假设扰动扭矩为 $T_d = 1 \times 10^{-5}$Nm,卫星围绕每个轴的转动惯量 I 等于 $1000 \text{m}^2 \text{kg}$,则可以计算出获得 $0.1°$ 的姿态指向误差所需的时间。

若卫星上没有角动量,则角加速度为

$$d\Omega_z/dt = T_d/I_z = 1 \times 10^{-5}/1000 = 1 \times 10^{-8} \text{ rad/s}^2$$
$$= (360/2\pi)10^{-8} = 5.73 \times 10^{-7}(°)/\text{s}^2$$

围绕 z 轴旋转的角加速度 θ_z 是恒定的,故 $\theta_z = (1/2)(d\Omega_z/dt)t^2$, $t = [2\theta_z/(d\Omega_z/dt)]^{1/2} = [0.2/5.73 \times 10^{-7}]^{1/2} = 590\text{s} = 9.8\text{min}$。经过 9.8min 之后,最初与参考坐标系对齐的卫星的指向误差达到最大允许极限,此时需要采取校正措施。

当 y 轴方向的角动量为 $H = 100$Nms 时,卫星围绕 x 轴旋转的恒定角速度 θ_x 可表示为

$\Omega_x = T_d/H = 1 \times 10^{-5}/100 = 1 \times 10^{-7} \text{rad/s} = (360/2\pi)10^{-7} = 5.73 \times 10^{-6}/\text{s}$

由于角速度是恒定的,则 $\theta_x = \Omega_x t$,且 $t = [\theta_x/\Omega_x] = [0.1/5.73 \times 10^{-6}] = 17452\text{s} = 290\text{min} = 4.8\text{h}$。在这种情况下,最初与参考坐标系对齐的卫星需要 4.8h 才会达到允许的指向误差极限。因此,在必须进行校正之前有更长的空闲时间。

大小为 100Nms 的角动量 H 可以通过以下任一方式获得。

(1) 通过整个卫星围绕 y 轴旋转(自旋稳定)实现。其速度为 ω_y,满足

$$H = \omega_y I_y$$

故有

$$\omega_y = H/I_y = 100/1000 = 0.1\text{rad/s} \cong 0.95\text{r/min}$$

（2）通过安装在卫星上的动量轮实现。

其基本设计包括一个高度可靠的轴承单元、一个轮辐式飞轮组和一个装在排空的真空密闭罩中的直流电机。构成电动机转子的沉重飞轮高速旋转（图 10.10）。该飞轮通常包含内置的轮驱动电子装置。根据需获得的角动量（例如 15~70Nms）不同，其质量可能在 5~10kg 之间，旋转速度在 5000~20000r/min 之间。为限制摩擦扭矩，飞轮可以悬挂于磁性轴承上。

10.2.6 自旋稳定

早期的通信卫星曾使用自旋稳定技术，如许多美国的政府卫星和出口卫星，这些卫星大多基于波音 376 平台（图 10.11），以及 Intelsat VI 平台。此类卫星围绕某个主惯性轴以每分钟数十转的速度进行旋转（自旋）。该过程十分简单，并受益于陀螺仪的特性，但其缺点是天线旋转导致辐射方向图增益降低，或迫使天线或支撑平台反向旋转（见 9.8 节）。在没有扰动扭矩的情况下，角动量 H 相对于绝对参考坐标系的方向始终保持固定。因此，对于一颗地球静止卫星来说，其旋转轴总是平行于极点线（俯仰轴）。

当围绕旋转轴的转动惯量相对于围绕其他垂直轴的转动惯量来说不够大时，围绕角动量 H 方向的旋转轴的振荡（又称"章动"）将会增大。这些振荡必须通过内部动能耗散装置（章动阻尼）来减小，或通过使用推进器主动控制，在这种情况下，系统将趋于不稳定（当围绕旋转轴的转动惯量等于或小于围绕其他轴的转动惯量时，就会出现不稳定）。这种情况出现在形状拉伸较长的卫星上，此类卫星机体的很大一部分（如用于容纳通信有效载荷的消旋机架）并不参与角动量的产生（双旋稳定），Intelsat VI 平台即属于该情况。

扰动扭矩的存在，不仅降低了围绕稳定轴的旋转速度，还会导致稳定轴的指向误差。因此，必须保持旋转速度（例如通过图 10.12 中的推进器 1）并对指向误差进行校正。

当垂直于旋转轴的扰动扭矩分量为恒定值时，指向误差中会包含一个固定不变的速度漂移量，其轴线方向垂直于扭矩轴，故需要施加一个抵消该漂移的扭矩才能实现校正。一般来说，一旦指向误差达到可容忍的最大值，就会定期施加校正扭矩，这可通过使用推进器来实现，例如图 10.12 中的推进器 2。这种推进器会产生与卫星旋转速度同步的冲量来完成校正。

10.2.7 三轴稳定

三轴稳定是指通过姿态控制系统，使卫星本体在局部坐标系中维持一个固定

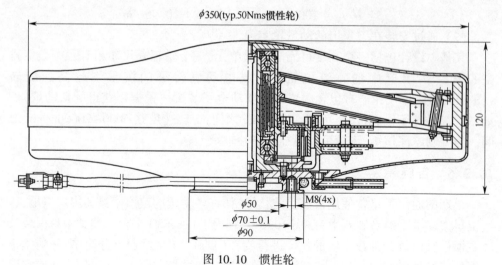

图 10.10 惯性轮

来源:经 Teldix GmbH 许可转载。

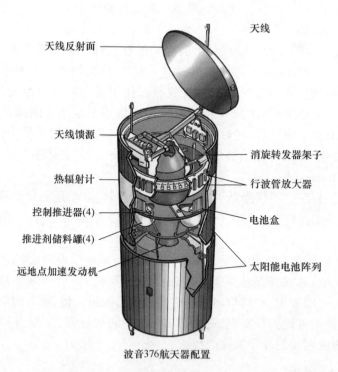

波音376航天器配置

图 10.11 自旋稳定:波音 HS376 航天器

方向。值得注意的是,自旋稳定的卫星严格来讲也是三轴稳定的,因为它提供了三个参考轴的姿态主动控制。因此,三轴稳定一词的命名较为局限。

由于卫星本体相对于地球保持一个固定的方向,因此便于安装大型天线。此外,安装展开的太阳帆板很简单,这些帆板与俯仰轴对齐,并围绕该轴旋转,以便跟随太阳围绕卫星进行日常视运动。

卫星本体围绕俯仰轴的日常旋转无法提供足够的陀螺刚度来对抗扰动扭矩,因此需要设计一种快速的动态姿态控制系统,通过致动器灵活而精确地产生校正扭矩。另一种方法是通过安装在卫星上的一个或多个飞轮(惯性轮)来重新建立陀螺刚度,从而为卫星提供星载角动量。这种方法在通信卫星上使用最为广泛。

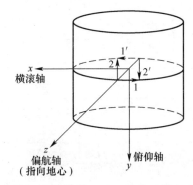

图 10.12　旋转卫星上的致动器实现
1—转速控制;2—横滚轴与偏航轴的姿态控制。

10.2.7.1　基于单个星载角动量轮的卫星

如图 10.13 所示,卫星上搭载一个动量轮,其轴线与标称姿态配置中的俯仰轴对齐。围绕动量轮轴线产生的角动量提供了陀螺刚度,使得其搭载卫星的机械轴和俯仰轴均与局部坐标系一致。此外,通过改变轮速,使其略微偏离额定值,便可很容易地产生沿俯仰轴的校正扭矩。

正常模式下的姿态控制如下。通过一个或多个红外地球敏感器测量俯仰角和横滚角,由动量轮产生的陀螺刚度限制了围绕横滚角和偏航角的运动。俯仰控制通过调整动量轮与卫星本体间的角动量实现(通过改变动量轮的转速),横滚控制通过使用致动器(如推进器、电磁线圈或太阳帆板)产生围绕该轴的扭矩实现,由此所产生的陀螺刚度可避免测量偏航角。事实上,在轨道运行过程中,横滚轴和偏航轴间每隔 6h 就会发生一次交换,使得可以利用 6h 前的横滚轴测量值进行偏航控制。

在扰动较大的阶段(如位置保持操作期间),横滚与偏航控制在每个轴上单独完成,随后通过特定的敏感器(如积分陀螺仪、太阳敏感器或恒星敏感器)测量偏航角的变化值。

使用此类稳定系统获得的指向精度为:横滚角精度约为 0.03°;俯仰角精度约为 0.02°;偏航角精度约为 0.3°。

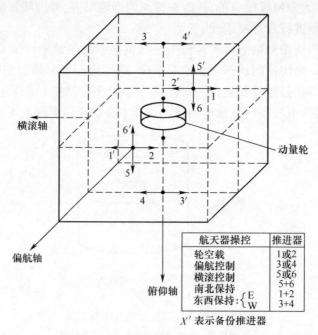

图 10.13　通过单一动量轮对本体固定的卫星进行姿态控制

(1) 俯仰姿态控制。令 T_d 为作用在俯仰轴上的扰动扭矩,故 T_d 与俯仰轴对齐。卫星和飞轮的惯性矩分别为 I_S 和 I_W,轮转速为 ω。若 ϕ 为卫星绕俯仰轴旋转的角度,则根据角动量守恒定律可得

$$I_S \ddot{\phi} + I_W \dot{\omega} = T_d \quad (\text{Nms}) \tag{10.7}$$

由于卫星必须以每天绕俯仰轴一圈的恒定角速度旋转,因此 $\dot{\phi} = 0.25(°)/\text{min}$,而 $\ddot{\phi} = 0$。故有

$$\dot{\omega} = T_d / I_W \quad (\text{rad/s})$$

若 T_d 恒定,则动量轮必须通过其驱动电机进行加速。当达到最大或最小速度 ω_M 时,动量轮必须空载。换言之,必须施加与反作用扭矩相反的扭矩,使其速度恢复至标称值。该扭矩由垂直于卫星俯仰轴的推进器产生,且每个校正方向均有一个这样的推进器(如图 10.13 中的推进器 1 和 2 所示)。

在时间 $t=0$ 时,动量轮以标称速度 ω_0 旋转,在扭矩 T_d 作用下,经过时间 t_1,其速度将达到 ω_M,且满足

$$(\omega_M - \omega_0)/t_1 = T_d/I_W \text{ 或 } t_1 = \Delta H/T_d \quad (s) \tag{10.8}$$

式中:ΔH 为动量轮在平均速度和极限速度 ω_M 时分别对应的角动量 H 之间的差值。

空载扭矩 T_u 必须等于由动量轮减速所产生的扭矩,以避免扰乱卫星姿态。去饱和时间 t_u 可表示为

$$T_u t_u = T_d t_1 \text{ 或 } t_u = t_1(T_d/T_u) \quad (s) \tag{10.9}$$

(2) 横滚与偏航控制。这两个轴的控制原理是相同的。关于这些轴的稳定是指由惯性轮所提供的陀螺仪稳定。由于卫星的角动量与动量轮的角动量相比可以忽略不计,某个扰动扭矩 T_d 与其中一个轴(例如偏航轴)对齐,则会导致以恒定的速度 Ω_x 围绕相应的正交轴(即横滚轴)旋转。若 $H = I_W \omega_m$ 为动量轮的角动量(其中 ω_m 为动量轮转速的最低值,因此对应于最不利的情况),漂移速度为 $\Omega_x = T_d/H$。若最大的指向误差为 ε,则两次修正的时间间隔为

$$t_2 = \varepsilon/\Omega_x \quad (s) \tag{10.10}$$

校正扭矩 T_c 由致动器产生,用于抵消扰动扭矩 T_d。图 10.13 的示例中包含多对推进器(一个修正方向一对):推进器 3 和 4 用于偏航轴校正;推进器 5 和 6 用于横滚轴校正。令每个推进器的作用时间为 t_c,则有

$$T_c t_c = T_d t_2 \text{ 或 } t_c = t_2(T_d/T_c) \quad (s) \tag{10.11}$$

式中:T_c 为推进器施加的校正扭矩。

(3) 所需的推进剂质量。若 F 为推力,I_{sp} 为比冲,而 t_c 为作用时间,则推进剂质量 m 可表示为(见 10.3.1 节)

$$m = Ft_c/gI_{sp}$$

在一年的时间内,推进器进行"空载"的操作次数为 $365 \times 24 \times 3600/t_1$,校正偏航轴和横滚轴的操作次数相同,均为 $365 \times 24 \times 3600/t_2$。累计的操作时间为

$$t = 365 \times 24 \times 3600[(t_u/t_1) + 2(t_c/t_2)] \quad (s)$$

推进剂的年消耗质量为

$$m = 31.5 \times 10^6 (F/gI_{sp})[(t_u/t_1) + 2(t_c/t_2)] \quad (kg) \tag{10.12}$$

例 10.2 考虑一颗具有图 10.13 所示配置的卫星(推进器安装于外表),其参数如下。

(1) 推进器:推力 $F = 0.5$N;比冲 $I_{sp} = 290$s;杠杆臂长 $l = 0.75$m。

(2) 飞轮:标称速度 $= 7500$r/min;标称角动量 $H = 50$Nms;允许角动量的差值 $\Delta H = \pm 5$Nms。

仅考虑位置保持校正时间以外的扰动扭矩 T_d,并假设它们是恒定的,且围绕每个轴的扭矩大小相同:$T_d = 5 \times 10^{-6}$Nm。姿态控制必须在 $0.1°$ 以内。

(4) 俯仰控制。两次"空载"操作的间隔时间 t_1 为

$$t_1 = \Delta H/T_d = 1 \times 10^6 \text{s}(11.6 \text{ 天})$$

每对推进器的空载扭矩为 $T_u = 2Fl = 0.75\text{Nm}$。空载时间 t_u 为
$$t_u = t_1(T_d/T_u) = 6.7\text{s}$$

(5) 偏航(或横滚)控制。围绕偏航轴的旋转速度为 $\Omega_z = T_d/H = 1\times10^{-7}\text{rad/s}$。两次校正的时间间隔为 $t_2 = \varepsilon/\Omega_z = 1.7 \times 10^4\,\text{s}(4.7\text{h})$。每对推进器的校正扭矩为 $T_c = 2Fl = 0.75\text{Nm}$。操作时间 t_c 为
$$t_c = t_2(T_d/T_c) = 0.12\text{s}$$

(6) 推进剂的质量。对于 10 年的在轨寿命来说,推进剂的质量为
$$m = 31.5 \times 10^6(10F/gI_{sp})[(t_u/t_1) + 2(t_c/t_2)] = 2.3\text{kg}$$

因此,考虑到推进器运行状态变化、推进剂滞留(部分残余推进剂滞留在推进系统中无法使用)等可能出现的情况,推进剂质量预算中应留出足够的余量。

(7) 太阳帆板的扭矩。在围绕俯仰轴与横滚轴的扰动扭矩作用下,可以通过适当控制太阳能发电机的方向而产生扭矩来持续补偿惯性轮角动量方向的漂移。为增强太阳帆板的效能,这些发电机上还添加了襟翼(图 10.8),卫星便可使用喷射质量受限的推进系统,从而减少星上装载推进剂的质量以及推进器使用相关的操作限制。例如,Eurostar 卫星平台的设计就采用了这种横滚轴与偏航轴的姿态控制策略,而其俯仰轴的控制仍通过控制惯性轮的速度实现。

10.2.7.2 基于多个星载角动量轮的卫星

若使用单个惯性轮,其轴线必须与标称姿态配置中的俯仰轴线一致,以便在卫星轨道旋转期间始终保持空间中的固定方向,即采用零自由度(0DOF)控制。因此,通过在其中一个轴上引入偏置来改变卫星姿态(例如调整天线视轴方向)并不可行,因为这需要修改沿轨道的角动量方向,并需要消耗推进剂。

通过使用两个或三个轴线相对于俯仰轴倾斜的惯性轮,可控制航天器本体的方向(图 10.14)。由此产生的角动量的方向取决于惯性轮的相对转速,故可通过调整其速度来改变角动量方向。根据惯性轮的数量不同,可以选择一个或两个自由度(1DOF 或 2DOF)进行姿态控制,另外可增加一个作为备份的额外惯性轮。在双轮配置中,两个惯性轮以 V 形方式部署,在俯仰—偏航平面内与俯仰轴线的夹角分别为 ±20°。此外,可另外配置一个垂直于俯仰轴的备份轮,提供额外的控制自由度。实际上,卫星可借助这两个 V 型部署的惯性轮间的角动量交换,以几乎零开销的方式围绕横滚轴旋转。这使得卫星进入倾斜轨道运行,同时通过卫星旋转,使天线保持合理指向,以补偿南北方向的覆盖偏差(这一过程称为"通信卫星机动控制")。

10.2.7.3 无星载角动量的卫星

尽管卫星姿态变化的高动态性需要持续控制并引入一些限制条件,但是不利用卫星上安装一个或多个惯性轮所提供的陀螺刚度同样可行。这样使得卫星姿态控制方面具有相当大的自由度,并可以不断修改方向,如调整天线的射频覆盖范围

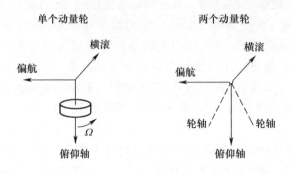

图 10.14 由单个或多个动量轮产生的角动量

或抵消由非标称轨道(如非零倾角)所引起的指向偏差的影响。

在这种情况下,使用控制扭矩能够精细调整的致动器是十分有用的。沿着卫星的三个主轴部署的三个反作用轮,通过卫星本体和每个反作用轮之间的角动量交换来补偿扰动扭矩。这种交换是通过使用星载计算机(OBC)基于姿态信息不断控制反作用轮的转速来实现的(图 10.15)。在这种情况下,由反作用轮引入的陀螺刚度的影响是次要的、寄生的,平均来看这种影响一直很小,反作用轮的平均转速通常接近于零。

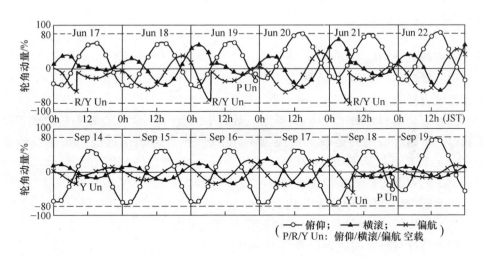

图 10.15 三个反作用轮的角动量变化(BSE 卫星)

此处介绍的俯仰轴控制原理在三个轴上都有反作用轮的情况下仍然适用,但由于卫星的运动和反作用轮的相互作用而产生的陀螺耦合项,要形成完整的系统方程将变得复杂很多。当围绕某个轴的扰动扭矩的平均值为非零时,补偿扭矩的同时,轮子的速度也会不断增加。当达到最大速度时,必须通过外部扭矩(例如由推进器产生的扭矩)来补偿电气制动产生的反作用扭矩,从而使反作用轮达到空载。从图 10.15 可以看出,当反作用轮的角动量超过其最大角动量的±80%时,将进行空载操作。空载使反作用轮的角动量减少到其最大值的±10%。图中示例为 1978 年发射的日本试验广播卫星(BSE)的情况。日本第 6 颗试验测试卫星(ETS-VI)和欧洲航天局的 Olympus 卫星同属零动量型,配有三个反作用轮和一个备份轮。

近年来,零动量的三轴稳定技术重新点燃了人们对多任务卫星的兴趣,因为这种技术为卫星姿态控制提供了充分的灵活性。相关的案例包括轨道(Orbital)公司开发的中型 Star Bus 航天器,以及泰雷兹-阿莱尼亚宇航公司(TAS)与空中客车集团防务与航天公司(EADS Astrium)联合开发的大型通信卫星平台 Alphabus。

10.3 推进子系统

推进子系统的作用主要是产生作用于卫星质心的力。这些作用力改变卫星的运行轨道,确保卫星进入预定轨道,或者控制其相对标称轨道的漂移。推进系统还可以产生扭矩,以辅助姿态控制系统。推进装置产生的力是由物质喷射所产生的反作用力。

10.3.1 推进器特点

推进器可分为以下两类。
(1) 低功率推进器:推力从数毫牛至数牛不等,用于反作用控制系统(RCS)的姿态与轨道控制。
(2) 中功率和大功率推进器:推力从数百牛到数万牛不等,在发射阶段用于改变轨道。根据所使用的运载火箭类型不同,这些推进器选用远地点加速发动机(AKM)或近地点加速发动机(PKM)。

RCS 的姿态与轨道控制推进器具有以下特点:
(1) 推力较小(数十毫牛至约 10N)。
(2) 操作持续时间短(数百毫秒至数小时)、次数多。
(3) 累计运行时间达数百或数千小时。
(4) 使用寿命超过 15 年。

10.3.1.1 速度增量
动量守恒定律可以表示为

$$MdV = vdM \quad (Ns) \tag{10.13}$$

由此可知:一颗初始质量为 M 并以速度 V 运动的卫星,在 t 到 $t+dt$ 的时间间隔内,其质量减少了 dM,速度增加了 dV。质量 dM 相对于卫星的喷射速度为 v。在时间 t_0(卫星质量=M+m)和时间 t_1(卫星质量=M)之间进行积分,可得

$$\Delta V = v\log[(M+m)/M] \quad (m/s) \tag{10.14}$$

式中:m 为喷射出的物质质量;M 为机动控制结束时的卫星质量。

10.3.1.2 比冲

所获得的速度增量取决于所喷射物质(推进剂)的性质及喷射速度 v。推进剂的具体选择应考虑使用某一推进剂获得高喷射速度的难易程度。推进剂的特性可由称为"比冲"的参数 I_{sp} 描述。

比冲是指在某一时间段 dt 内消耗的单位质量推进剂所产生的冲量(等于力×时间),即

$$I_{sp} = Fdt/gdM = F/[g(dM/dt)] \quad (s) \tag{10.15}$$

式中:$g=9.807(m/s^2)$ 为地球引力常数。

故比冲也可表示为每秒消耗的单位质量推进剂所产生的推力。dM/dt 为喷射出的推进剂质量流率 ρ,有

$$I_{sp} = F/\rho g \quad (s) \tag{10.16}$$

式(10.13)也可写为 $MdV/dt = v(dM/dt)$,即 $F=v\rho$,故有

$$I_{sp} = v/g \quad (s) \tag{10.17}$$

因此,比冲以秒为单位表示。在某些情况下,比冲定义为单位质量推进剂所提供的冲量,故可根据具体系统的情况,采用不同的单位来表示:Ns/kg 或 lbf/lbm (1lbm=0.4536kg,1lbf=4.448N,9.807lbf/lbm=1Ns/kg)。用秒来表示比冲的好处在于该单位已被普遍使用,即 $I_{sp}(s) = I_{sp}(lbf/lbm) = (1/9.807)I_{sp}(Ns/kg)$。

10.3.1.3 某一速度增量的推进剂质量

综合式(10.14)与式(10.17)可得

$$\Delta V = (gI_{sp})\log[(M+m)/M] = gI_{sp}\log[M_i/M_f] \quad (m/s) \tag{10.18}$$

式中:M_i 为初始质量;M_f 为推进剂燃烧后的最终质量。

对于质量为 M_f 的卫星,获得速度增量 ΔV 所需的推进剂质量 m 可由推进剂燃烧产生的比冲 I_{sp} 表示,即

$$m = M_f[\exp(\Delta V/gI_{sp}) - 1] \quad (kg) \tag{10.19}$$

产生增量 ΔV 所需的推进剂质量 m 亦可表示为推进剂燃烧前初始质量 M_i 的函数,即

$$m = M_i[1 - \exp(-\Delta V/gI_{sp})] \quad (kg) \tag{10.20}$$

10.3.1.4 操作的总冲量时间

通过喷射质量为 m 的推进剂对系统产生的总冲量 I_t,可由初始冲量 Fdt 在操作时间内进行积分获得。假设比冲在操作时间内是恒定的,则有

$$I_t = gmI_{sp} \quad (Ns) \tag{10.21}$$

操作时间 T 取决于推力 F 的大小。假设质量流率 ρ 恒定,则由式(10.16)和式(10.17)可得

$$T = gmI_{sp}/F = I_t/F(s) \tag{10.22}$$

表 10.2　不同推进类型的比冲

推进类型	I_{sp}/s
冷气体(氮气)	70
肼	220
加热肼	300
双组元	290[a]
	310[b]
电气	1000~10000
固体	290

注:a "落压"操作模式(加压气体与推进剂储存在同一罐内,压力随着推进剂的消耗而降低)。
　　b 压力调节操作模式(通过调节器保持恒定的气压)。

10.3.1.5　化学推进与电推进

推进系统包括两类:

(1)化学推进系统,采用液体推进剂时产生的推力大小在 0.5N 至数百牛之间,采用固体推进剂时产生的推力大小在数百至数万牛之间。

(2)电推进系统,可提供最高达 100mN 左右的推力。

推进系统的比冲大小取决于所使用的推进剂和推进器的类型(表10.2)。

10.3.2　化学推进

化学推进的原理是通过液体推进剂或固体推进剂的化学燃烧在高温下产生气体,这些气体经过喷嘴进行加速。

10.3.2.1　固体推进剂

固体推进剂发动机仅用于产生卫星初始轨道注入的速度增量。这些发动机只能使用一次,并能产生很大的推力(从数百到数万牛)。获得的比冲量在 295s 左右。第 11 章对这些发动机的描述以及它们的特点进行了说明。

10.3.2.2　冷气

冷气推进系统通过喷嘴释放储存在储箱中的加压气体,其所用的推进剂材料储存在储箱中。根据其性质和压力,推进剂可以是液态(例如氟利昂、丙烷和氨),也可以是气态(例如氮气)。这些系统具有相对简单、推力小、比冲小(小于 100s)的特点,主要用于最早期的卫星。在存在热控问题以及热气系统相关的污染问题时,这种推进方式仍具一定的吸引力。

10.3.2.3 单组元肼推进

通过对肼进行催化分解,可以获得由氨、氮和氢组成的约900℃高温混合气体,并通过喷嘴将气体释放(图10.16)。所使用的催化剂为一种金属(铱),该催化剂经合理设计,能够在较小的体积内与推进剂有尽可能大的接触面积(使用球形小颗粒)。这种推进剂的性能取决于催化剂和肼的温度。

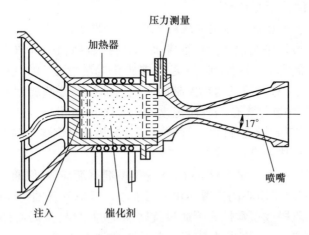

图 10.16 肼推进器

可获得的推力取决于肼的质量(肼的分解时长取决于化学反应的有效面积),大小通常为 0.5~20N。比冲在 220s 左右,其大小取决于推进剂的工作条件(如冷启动还是热启动,以连续方式还是脉冲方式运行)。采用脉冲模式时的推进性能较低,因为此时形成推力所需的时间相对较长。

10.3.2.4 双组元推进

双组元推进系统使用具有自燃特性的氧化剂—燃料对(自燃推进剂),这些物质在燃烧室中接触后会产生热气体,并通过喷嘴释放。

最常用的氧化剂—燃料组合为:四氧化二氮(N_2O_4)作为氧化剂,单甲基肼(CH_3NHNH_2 或 MMH)作为燃料。燃烧产生的气体为水、氮气、二氧化碳、一氧化碳和氢气的混合物。

推进器中的混合比例是一个重要参数,决定了推进性能。该参数定义为单位时间内流过的氧化剂质量与燃料质量的比值。对于上述混合物,其最佳配比为 1.6,也是两种推进剂的密度比。此特性意味着卫星上搭载的用于储存这两种推进剂的储箱的体积是相同的,从而便于不同储箱设计的集成,并降低储箱的研发成本。

这种推进系统可实现的推力范围可达数十牛(用于轨道控制的发动机)、数百牛甚至数千牛(用于轨道注入的发动机)(见 11.1.5 节)。

获得的比冲在 290~310s 之间,具体取决于质量流率,故也取决于推力以及燃烧室中推进剂的供应压力(见 10.3.2.5 节)。由于阀门、过滤器、储箱、管道等的重复使用,推进系统的干质量较大,因此凭借高比冲值获得的推进性能也会受到一定影响。只有在轨道上具有足够大质量的卫星(如果只考虑轨道控制推进系统,则质量为 1t 左右),其整体平衡才能变得有用。另外,双组元推进在统一推进(见 10.3.4.3 节)的设计中尤其有用。

10.3.2.5 液体推进剂推进系统的操作

液体推进剂推进系统包含存储推进剂的储箱,从储箱中抽取推进剂的加压系统,安装有过滤器、阀门、取压孔、填充和排放孔等的管道,以及推进器本体(见 10.3.4.3 节图 10.20)。精确的热控制使系统内部各部分的温度通常保持在很窄的范围内,推进剂的冻结温度与沸腾温度间的差异可能很小。通过使用绝缘材料和电加热器进行储箱、管道和阀门等的热控制,散热片将燃烧室与电机喷嘴产生的热量传导到卫星结构中进行释放。

推进剂存储于一个或多个储箱中,尽管推进剂逐渐耗尽,但通过合理设计储箱的安装位置,可使卫星质心的位置变化尽可能小。考虑到各轴惯性矩的相对值,特别是对于在转移阶段或正常模式下通过旋转稳定的卫星,其质心的位置也会受到影响。处于旋转姿态控制阶段的卫星经常出现推进剂晃动问题,这可能会影响姿态控制的稳定性,特别是当卫星上装载了大量推进剂时,这种影响更为明显。使用含有能量耗散装置的储箱可以迅速消除这种振荡的影响。

通过使用一个储箱加压装置,可以确保以正常操作所需的特定压力将推进剂注入到发动机中。最简单的方式是避免将储箱填满(按 r% 的比例填充),以便为增压气体预留空间,迫使推进剂从储箱中喷出。随着储箱中的推进剂逐渐耗尽,初始压力随之下降(这种现象称为"落压")。初始压力 P_i 与最终压力 P_f 的比值等于最终体积 V_f 与初始体积 V_i 的比值,有

$$P_i/P_f = V_f/V_i = 1/(1-r) \tag{10.23}$$

式中:r 为填充系数。这一压力变化率(落压比)与 $1-r$ 的值互为倒数,其最大允许值取决于所使用的推进器类型。对于采用肼类单质推进剂的推进系统来说,其极限值为 4 左右(最大填充系数为 3/4);而对于双组元系统来说,其数值约为 2。

为提高储箱的填充系数,可以将增压气体储存在一个单独的储箱中。这些气体可以用所需的初始压力储存于该储箱内,这相当于直接增加了储箱的总体积。当然,也可以用大得多的压力进行储存。在这种情况下,需要适当降压后再驱动储箱向外喷射推进剂。通过减压阀可调节施加到推进剂上的气体压力,这样就可以确保推进器工作在最佳性能条件下。这样做的缺点在于压力调节器的使用寿命是有限的,故无法在卫星的整个寿命期间连续工作。因此,恒定压力下的操作只用于

入轨阶段,特别是对于采用统一推进的系统(见 11.1.4.2 节);在卫星寿命过程中,当在落压模式的正常操作中压力变得过低时,需要对储箱进行再加压。

另一个问题是储箱中液体与气体的分离。实际中,由于卫星上没有重力,加压气体和推进剂混在一起,形成一种乳状物。然而,必须确保只有液体才能经连接发动机的导管流出。对于旋转稳定的卫星,将导管置于卫星的外围,可以借助卫星旋转引起的人造重力来分离气体和液体,而这种重力在三轴稳定的卫星上并不存在,因此需要在储箱内对液态和气态进行机械分离。聚合物膜可用于腐蚀性不强的推进剂(肼),金属薄膜(波纹管)可用于小型储箱。

另外,对于腐蚀性强的推进剂(过氧化氮),不能在长寿命周期内使用此类薄膜进行隔离。利用液体表面和固体表面接触时产生的表面张力,通过使用多孔材料制成的滤网或金属海绵,可以确保仅液体存在于细小的空腔网络内,并将其输出到导管中。利用除泡器可以消除卫星受到巨大加速时管道中可能形成的气泡。

10.3.2.6 推进器位置

对用于姿态控制与轨道控制的推进器来说,推进器的数量及安装位置需要考虑多种因素。需产生的作用力如下。

(1) 平行于轨道方向:推力施加于卫星轨道的平面上,用于控制轨道的半长轴和偏心率(以保持经度)(图 10.12 中由与卫星旋转同步的冲量控制的推进器 1,以及图 10.13 中同时使用的推进器 1 和 2 或 1′和 2′)。对于带有星载动量轮且本体固定的卫星来说,推力还可用于卸载惯性轮(同时使用推进器 1 和 1′或 2′和 2),并在卫星自旋稳定时保持其旋转速度(图 10.12 中 1 和 1′)。

(2) 垂直于轨道方向:推力沿俯仰轴施加,用于修正轨道倾角(图 10.12 中推进器 2 和 2′,以及图 10.13 中同时使用的 5 和 6 或 5′和 6′),并校正南北轴的方向(图 10.12 中由于卫星旋转同步的冲量控制的推进器 2 和 2′,以及图 10.13 中的推进器 5 和 5′或 6 和 6′)。

推进器的安装位置必须根据所需的机械效能的特性(围绕质心的扭矩或作用于质心的力)来决定。

喷嘴输出端的气体喷射流的特性,可用其角宽度进行描述。这种喷射流不得冲击到卫星的某些部分,因为这将导致喷射的偏差,从而使推力的方向发生偏差,并导致散热问题。当需要产生的推力必须与卫星的某个表面平行时,一种方法是将喷嘴安装平面与该表面保持一个特定的倾角,如 $10°\sim15°$。这样可以减少喷射流与卫星表面之间的相互作用,避免影响推进器在所需方向上的效率,或者影响正交推力分量的产生。此外,推进器的安装位置还必须考虑对其周围的敏感表面(如太阳能电池、散热面、敏感器等)的污染问题。

通常的做法是通过使用最少的推进器,在兼顾各种要求的情况下寻求折中方案。推进器集成的难易程度也是需要考量的重要标准(如将多个相互预先对齐的推进器安装在同一块板上)。

10.3.3 电推进

电推进使用静电场或电磁场来加速和喷射电离材料。与化学推进技术相比,电推进技术更为先进,具有推力小(小于 0.1N)、比冲大(1000~10000s)的特点,因此可以显著减少推进剂的装载质量。鉴于推力小,其操作时间会相对长很多。电推进需要大量的电力,因此在系统的参数设计中不仅要考虑比冲,还要考虑比功率。比功率是电功率与推力的比值,其值根据推进器的类型在 25~50W/mN 范围内不等。

目前已经开发出多种电推进技术,包括电热推进(电阻喷射和电弧喷射)、等离子体推进和离子推进[HUM-95]。

10.3.3.1 基于肼推进器的电阻喷射推进

为提高喷射速度,从而提高肼推进器的比冲,推进剂经过催化分解后得到的气体在由喷嘴释放前可被过度加热至 2000℃ 左右的温度。过度加热在热交换器中以电气方式完成。

由此获得的比冲在 300s 左右,比肼的比冲大 20% 以上,使得在特定的速度增量下卫星上所需装载的推进剂质量也相应地减少 20% 以上。其缺点是每个发动机的电耗很高(达数百瓦),获得的推力有限(0.5N),同时材料在高温下会出现问题,从而影响可靠性。

10.3.3.2 电弧喷射推进

低功率电弧喷射推进器[MES-93]基本上都包括一个阳极,该阳极由耐高温材料制成(如纯钨或钨铼合金),作为电弧室、通道和扩散型喷嘴。阴极通常由钍化钨制成,其形状为棒状,顶端为锥形。推进剂气体(氩气、氨气或催化分解的肼)被送入电弧室,并由电弧放电加热。

输入功率为 1kW 左右的低功率电弧喷射推进器具有显著优势。在中小型地球静止卫星的位置保持控制过程中,电弧喷射推进器在增加有效载荷能力和延长使用寿命方面明显优于化学推进器。

除具有天然的简易性外,电弧喷射推进器还可使用肼作为推进剂,使其与航天器推进子系统的其他元件具有很强的通用性。

10.3.3.3 等离子体推进

(1) 脉冲等离子体推进器。这种推进器采用电容器形式,使用一根放置在两个电极间的聚四氟乙烯杆。该电容器由发电机供电并进行充电,直至高电压导致杆表面有火花闪烁。随后材料中的一层被电离,等离子体被自发产生的电磁场加速[FRE-78]。电容器一经放电,便将重新充电,直到下一次放电发生。聚四氟乙烯杆的磨损通过弹簧压力下的推进杆补偿。

该技术十分简单,且由于喷出的等离子体为电中性,因此无需中和装置。另外,污染问题和电磁兼容问题也不容忽视。这种类型的推进器曾于20世纪70年代在美国林肯实验系列卫星(LES-6、LES-8、LES-9)上实验与应用,其比冲在1000~5000s。

(2) 稳态等离子体推进器(SPT)。这种类型的推进器(图10.17)由俄罗斯科学家和工程师于20世纪60年代开发[MOR-93]。其中心轴构成电磁体的一极,并被一个环形空隙所包围,外围是电磁体的另一极,中间形成了一个径向磁场,空心阴极提供电子源。电子从阴极迁移到阳极,由内外螺线管产生的径向磁场所捕获,其轨道旋转是一种循环的霍尔电流。推进剂(如氙气)通过阳极输入。被捕获的高能量循环电子与分布在阳极环上的氙气原子发生碰撞。由于大多数电子被捕获在霍尔电流中,它们在推进器内有很长的停留时间,能够电离几乎所有(约90%)的氙推进剂。在碰撞过程中产生的离子被异质电子密度引起的电场加速带出放电室,并产生推力。在离开放电室时,离子从阴极拉出同等数量的电子,形成没有净电荷的羽流。通过合理设计,轴向磁场足以使低质量的电子大幅偏转,但不包括高质量的离子,这是因为高质量的离子具有更大的回旋半径,几乎不会受到阻碍。部分(约30%)电子由于不稳定,被从磁场中释放出来,并向阳极漂移,且不产生推力。SPT的能量效率约为63%。另一个问题在于显著的电子束发散和推力方向变化。

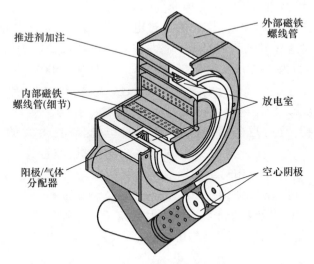

图10.17 稳态等离子体推进器(SPT)

目前数以百计的SPT推进器已在轨应用,首先在俄罗斯航天器得到应用,在法国斯奈克玛(Snecma)公司主导的国际集团与俄罗斯的法克尔(Fakel)公司合作对发动机进行重新设计后,也开始应用于西方国家的卫星(注:斯奈克玛公司于2016年更名为赛峰航空发动机公司)。该技术对于位置保持、卫星重新定轨和轨道提升非常有吸引力(见10.3.4.4节)。

SPT(斯奈克玛 SPT 1350)的典型参数如下。
(1) 推进剂:氙气。
(2) 推力:88mN。
(3) 比冲:1650s。
(4) 电功率:1350W。
(5) 质量流率:5.3mg/s。
(6) 设计总冲量:3000000Ns。
(7) 设计周期数:8200。
(8) 推进器质量(含氙气流速控制):5.3kg。
(9) 推进器尺寸:15cm×22cm×12.5cm。

10.3.3.4 离子推进

在离子推进器中,带电粒子(离子)由电场加速。所使用的电离材料是一种重金属,在储存温度下处于液态,以便流入到推进器中。典型的电离材料包括汞、氙和铯。通过喷出相同数量的异号电荷来中和电子束,以避免使卫星相对于周围介质的电位过高,该过程通过电子枪(中和器)实现。目前已开发出多种类型的离子推进器,这些推进器所采用的从金属原子中获取离子的技术有以下不同。

(1) 预电离(图10.18)。推进剂通过电加热汽化后,电子从电离室的原子中被提取出来。以这种方式产生的离子随即被高负电压的栅极加速,获得的比冲为2000~3000s,推力为2~20mN,相应的电功率消耗为60~600W。

通过电子枪对原子云进行电子轰击或通过数十万赫兹的诱导射频电场进行激励,可提取出电子。使用电子轰击的发动机也被称为"考夫曼发动机",典型的考夫曼发动机包括:马可尼公司(现英国阿斯特里姆公司)开发的UK-10发动机(18mN 推力);三菱公司开发的2mN 和20mN 发动机;波音公司开发的18mN 和25mN 氙离子推进系统(XIPS)。使用射频电场的发动机包括由 DASA 公司(现德国阿斯特里姆公司)开发的 RIT-10(15mN 推力)。基于 UK-10 的电子轰击离子推进器组件(EITA)以及基于 RIT-10 的射频离子推进器组件(RITA)已经在欧洲航天局 Artemis 航天器上应用。表10.3 比较了 UK-10 和 RIT-10 两种离子推进器的特性。

25cm XIPS 推进器由 L-3 通信电子技术公司制造,用于波音 702 通信卫星系统。该推进器由一个圆柱形的等离子体放电室、放电空心阴极、三环磁性会切等离子体封闭器和中和器空心阴极组成,利用具有大约11000 个孔径的圆顶钼质栅极产生高电导率的氙离子束。该推进器设计有两个运行功率等级:①高功率模式以

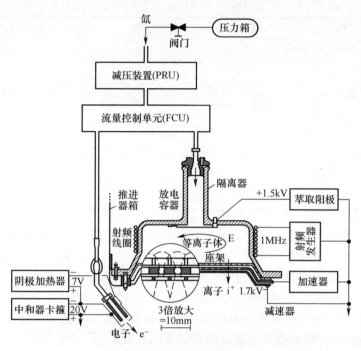

图 10.18 离子推进器原理

4.5kW 的输入功率运行,产生 1.2kV、3A 的离子束。在这种模式下,推进器以 3500s 的比冲产生 165mN 的推力;专门用于入轨阶段,并实现 500~1000h 的连续运行;具体参数要求取决于运载火箭和卫星。②在低功率模式下,推进器输入功率为 2.2kW,主要用于位置保持。在这种模式下,推进器产生的标称推力为 79mN,比冲 I_{sp} 为 3400s。表 10.4 概述了 25cm XIPS 推进器的典型参数。

表 10.3 离子推进器特性

特性	EITA/UK-10/T5	RITA/RIT-10
推力大小	18mN	15mN
排气速度	40869m/s	46800m/s
电压	1100V	1500V
电子束电流	329mA	234mA
质量流率	0.55mg/s	0.46mg/s
比冲	3200s	3400s
总输入功率	476W	459W
效率	55%	51%

表 10.4　L-3 通信公司 25cm XIPS 推进器的典型参数

参数	低功率位置保持	高功率轨道提升
有源栅极直径/cm	25	25
平均 I_{sp}/s	3400	3500
推力/mN	79	165
消耗总功率/kW	2.2	4.5
质量利用效率/(%)	80	82
典型电气效率/(%)	87	87
电子束电压/V	1215	1215
电子束电流/A	1.45	3.05

（2）场致发射（图 10.19）。这一过程可以同时获得离子的电离和加速。两块板子各有一面非常锋利的斜截面，经过合理组装，使斜面末端对齐。液态金属通过毛细作用向末端方向移动。开槽的电极能将板子末端电压提高到相对于板子很高的电位（大约 10kV），产生出强烈的定域电场，足以将电子从推进剂原子中提取，以这种方式产生的离子被电场直接加速。这种类型的发动机由 SEP 公司（现赛峰航空发动机公司）根据欧洲空间局的合同专门开发。

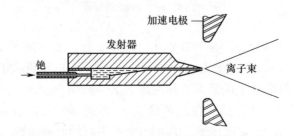

图 10.19　场致发射离子推进器

这种推进器获得的比冲非常高，在 8000～10000s 之间，通过推进器并行工作可以获得 10mN 左右的推力。另外，这种推进器的电力消耗相对较高，可达到千瓦量级。

10.3.3.5　实际实现

与化学推进器相比，电推进的高比冲可以减少搭载的推进剂质量。另一方面，电推进器需要额外的电能，这可能导致太阳能发电机的质量增加。总体来说，电推进器仅适用于长寿命（大于 7 年）卫星。

相比于通信卫星对使用寿命的要求日益提高，电弧喷射推进器功率消耗较大，使用寿命有限。

在离子与等离子体推进下，推进器输出口的离子束宽度很大，约为 40°。为避免喷射流与卫星表面发生相互作用,当产生的作用力必须与卫星表面平行时,需要使推力轴相对于卫星本体有所倾斜,这会导致一定的推力效率损失。此外,推力的方向随着时间的推移而变化,因此会产生扰动扭矩。该问题可通过将电机安装在一个可移动的板子上来解决,这样可以在轨道校正后将扰动扭矩降到最低。此外,在确定轨道校正策略时,应同时考虑小推力控制(见10.3.4.4节)。

10.3.4 推进子系统架构

推进子系统的架构应根据所使用的推进类型而有所不同。

10.3.4.1 肼推进与固体远地点加速发动机

肼推进器与固体远地点加速发动机的组合在20世纪80年代中期之前被广泛用于通信卫星,这为卫星配备仅用于轨道注入的固体推进剂AKM,以及用于姿态和轨道控制的单组元肼推进器系统。该系统得益于其结构相对简单,从质量平衡的角度来看,对小型卫星来说仍非常有意义,但仍然存在以下缺点:

(1) 固体发动机的推力非常大,需要在机动控制过程中保持旋转姿态的稳定。这样就会阻碍一些附件(如天线和太阳帆板)的安装部署,因为这些附件不适合支持转移轨道中传输的加速度。

(2) 固体发动机仅能点燃一次,不能重复使用。

(3) 一旦发动机被集成到卫星上,所提供的速度增量是不可调整的。运载火箭将卫星实际送入的转移轨道,与标称转移轨道之间可能存在差异,且无法对此进行补偿。

(4) 与其他系统相比,该系统所提供的的比冲不算高。

(5) 须安装两个不同的推进系统。

10.3.4.2 双组元推进与固体远地点加速发动机

使用双组元来代替肼,可以使大型卫星(1200kg以上)的质量降低。然而,双组元推进系统更加复杂,其与固体远地点加速发动机的组合效果仍然有限,应优先采用统一推进的设计理念。

10.3.4.3 双组元统一推进

入轨、姿态控制以及轨道控制所需的所有推进剂都储存在一组储箱中。使用最多的推进剂一直是单甲基肼和过氧化氮。

大推力(如400N)的远地点发动机用于轨道注入。然而,考虑到所需的速度增量和有限的推力,这些机动控制一般需要多次启动(点火)以避免效率的损失(见11.1.3.5节)。推力较小的一组推进器则用于姿态控制和轨道控制。

整体系统由一对或多对储箱供应推进剂,这些储箱由储存在一个单独储箱中的氦气进行加压(图10.20)。该系统的工作流程如下:

(1) 在发射阶段,推进剂储箱与推进器以及氦气储箱通过关闭的电爆阀隔离。

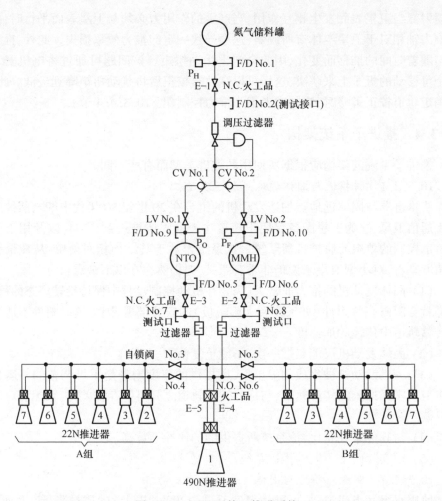

图 10.20 双组元统一推进系统

（2）一旦进入转移轨道，这些电爆阀就会被打开，氦气通过调压器产生的恒定压力为推进剂加压。远地点发动机的各种机动需要一组电动阀进行驱动，恒定压力下工作可以确保产生约 320s 的最大比冲。当卫星进入最终轨道时，远地点发动机通过电爆阀与子系统的其他部分完全隔离。氦气储箱也通过电气控制关闭阀门与推进剂储箱隔离。然后，姿态控制和轨道控制推进器的驱动在落压模式下完成，但由此产生的压力变化仍然很小，因为很大一部分推进剂于远地点机动控制过程中消耗。该操作获得的比冲量在 290s 左右。

以上工作流程具有很多优点：

（1）将远地点机动控制分为多次点火，可以精确校准和控制喷射。

（2）对于标称转移轨道，为偏离该轨道预留的推进剂可继续用于姿态和轨道控制,从而延长卫星的预期使用寿命。

(3) 使用单一系统便于系统集成。

这样获得的比冲比其他可用的推进剂大,但推进系统的干质量更大。然而,即使是对小型卫星来说,统一推进依然具有优势。例如,对于转移轨道上重1240kg的卫星,与传统的基于肼类推进剂的固体远地点发动机相比,统一推进系统可承载的有效载荷质量多出55kg(表10.5)[MOS-84]。对于大型卫星来说,这种优势会更为明显。

10.3.4.4 双组元统一推进与电推进的结合

使用电推进器来实现卫星的南北轨道控制是一种有效的解决方案。这种控制对于10年寿命的地球静止卫星来说需要约47m/s的速度增量,占所需速度增量的90%以上。因此,使用高比冲的推进剂可以大幅降低长寿命(10年以上)任务的推进子系统的总质量。

电推进器产生的小推力需要特殊程序实现,一般仅考虑对轨道面倾角漂移的长期部分进行校正(见2.3.4.5节)。典型执行策略如下:为补偿轨道上的永久漂移,机动控制每日执行(星蚀期间例外,下面将讨论这种情况)。由于推力小,每次执行需持续数小时(2~4h)。

电推进器运行所需的电力在寿命初期(BOL)就已经具备,不需要增加太阳能发电机的尺寸规格。太阳能电池的效率随着在轨时间的推移而下降,这是由高能辐射引起的电池衰减所造成的结果(见10.4节)。因此,发电机的尺寸规格设计确保在寿命末期(EOL)能够提供标称功率,而在寿命初期时可超额(30%)提供功率。

表10.5 双组元统一推进系统与固体AKM(远地点加速发动机)和单组元AOCS(姿态与轨道控制系统)的质量比较(对于转移轨道上重1240kg的航天器)

	双组元系统/kg	固体AKM和单组元AOCS/kg	超出量/kg
消耗项			
远地点机动控制 (310 与 285 I_{sp})	538	573	35
在轨需求 (288 与 220 I_{sp})	110	144	34
寿命末期质量:	592	523	69
推进器惰性气体			
氦气	1.6	0.2	-1.4
AKM烧毁	—	34	34
推进系统	60	20	-40
残留	10	1.4	-8.6
航天器净质量:	520.4	467.4	53

当通过日常操作对抗倾角漂移时,通常会过度补偿倾角漂移,以便在星蚀季节开始前达到可接受的最大倾角值(与自然漂移的方向相反)。然后,倾角在二分点时期自由变化,直到新的校正期开始(每年共 275 次机动控制)。因此,二分点附近的两个长达 45 天的星蚀期间内无需进行南北方向的轨道校正操作,因此在星蚀期间为电池充电的太阳能发电机(星蚀之外时间仅提供涓流充电)可用于提供电推进器运行所需的电力。因此,使用电推进器对供电系统的尺寸规格和质量的影响有限。

为解决电推力矢量方向的不确定性问题,可将该发动机安装在一个可控制推力方向的平台上。然而,这个方向校准过程需要准确测量操作期间的姿态变化,特别是在偏航轴方向上的变化。考虑到操作的时间跨度较长(数小时),使用传统的积分陀螺仪无法完成,因为它会随时间发生漂移。使用太阳敏感器是一种可行的解决方案。

10.3.5 用于位置保持与轨道转移的电推进

10.3.4 节强调了电推进在位置保持方面的优势,并提到其与化学推进结合可完成地球静止转移轨道(GTO)到地球静止轨道(GEO)的轨道转移。与化学推进相比,电推进的高比冲使其在轨道转移方面也同样具有优势。然而,电推进产生的推力很小,故需要较长的持续时长。考虑到航天器运行的限制,目前已研究出多种不同的推进策略。通过连续推进可以获得最小的轨道转移总时长,但这并不能最大限度地减少推进剂的消耗量。

如果采用全电推进方式,还可以进一步节省卫星的发射质量。若卫星寿命为 15 年,则使用全化学推进的卫星质量是全电推进卫星质量的两倍之多。图 10.21 显示了卫星发射质量与基于不同推进类型的平台技术的关系变化情况。底部曲线显示了预期的干重随时间的变化,其他曲线对应不同的推进类型组合。图 10.21 中对应的转移轨道倾角为 7°(采用阿丽亚娜运载火箭发射)。倾角越大,电推进与化学推进间的差异就越大。

波音公司在 BSS-702 卫星平台上率先将电推进用于轨道提升。该平台搭载了 25cm 推进器(XIPS-25),1999 年 12 月 22 日发射的 Galaxy XI 卫星以及 2017 年 6 月 1 日发射的 ViaSat-2 卫星均采用了该卫星平台。该平台包括两个完全冗余的子系统,每个子系统上搭载了两个离子推进器和一个动力处理器。发射后,推进器在高功率入轨模式工作,该模式下两个离子推进器以近乎连续的方式运行长达 500~1000h,具体时长取决于运载火箭与卫星的质量。这种模式利用约 4.5kW 的平台功率,以约 3500s 的比冲产生 165mN 的推力。入轨完成后,这 4 个离子推进器每天各启动一次,在低功率(2.3kW)模式下平均工作 45min,用于实现位置保持。在此模式下,电子束电压保持不变,而放电电流和气流减少,以在 3400s 的比冲下产生79mN的推力。离子推进器也用于所有可选的轨位变更策略中,并且在卫星寿命末期用于卫星离轨。

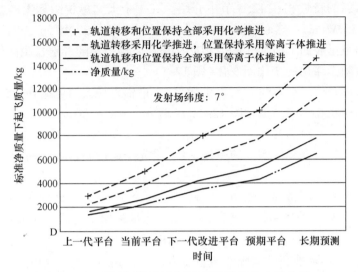

图10.21 发射质量与不同航天器推进技术的关系

10.4 电源子系统

受限于卫星的质量和体积,卫星的电力供应(电源)一直是带来最大限制的问题之一。小型地球站所需的卫星等效全向辐射功率(EIRP)的增加,意味着通信卫星(特别是那些用于电视广播或个人移动通信的卫星)所需的电功率达到10kW以上。所需的电功率与有效载荷中功放的射频功率直接相关,因此电功率为功放效率的函数。

电源子系统包括:

(1) 主能源。将其他形式的能量转化为电能(对于民用系统来说,主要由太阳能电池组成)。

(2) 次能源(如电化学蓄电池)。当主能源无法工作时(如星蚀期间)可对其进行替代。

(3) 控制电路(用于调节和分配能量)及保护电路。

10.4.1 主能源

太阳辐射是唯一的外部能量来源。目前,对于地球静止通信卫星来说,星载能源(核反应堆或可燃材料)技术的效果并不理想。然而,在进入转移轨道阶段的最初数分钟内，星载电化学蓄电池作为主能源，随后变为次能源。

10.4.1.1 太阳辐射特性

太阳辐射的特性将在 12.3 节中介绍。在 1 个天文单位距离上的归一化太阳能通量为 $1353W/m^2$。然而，从空间测量得出的数值为 $1370W/m^2$ 左右。在垂直于赤道平面的卫星表面上所捕获的太阳能通量在一年中会随着地日距离以及相对赤道平面的太阳赤纬角的变化而变化（图 12.3）。

太阳可被看作一个 6000K 温度的黑体，光谱辐射最大值可达到 $0.5\mu m$，90%的辐射功率集中在 $0.3\sim2.5\mu m$（图 12.2）。

10.4.1.2 太阳能电池

太阳能电池根据光伏效应的原理工作（受光子通量的影响，p-n 结处会产生电压）。

（1）电流—电压特性。图 10.22 列举了一个 $2cm\times2cm$ 硅太阳能电池的典型电流 I_c 与电压 V_c 的关系曲线。入射的太阳光通量被假定为垂直于电池板表面，等于归一化值 $1353W/m^2$。当然，必须考虑到电池板表面法线与太阳入射方向存在一定的夹角，故实际捕获的太阳能通量可表示为该角度（对于较小的角度，即小于 $45°$）的余弦值的函数。

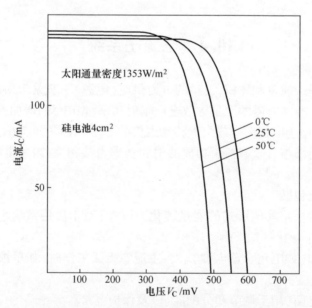

图 10.22 硅太阳能电池的典型电流—电压特性

当乘积 V_cI_c 最大时，可以获得最大功率，对应图 10.22 中的拐点区域。最大功率与开路电压取决于温度（若温度从 27℃ 上升到 150℃，则开路电压下降50%)。

(2) 转换效率。当温度为27℃时,在大气层上方的太阳辐射作用下,传统硅电池的最大功率点寿命初期的典型效率约为15%。受太阳辐射的影响,电池效率会逐步下降。对于地球静止轨道卫星来说,其典型值为10年内下降30%。电池衰减的程度取决于卫星轨道的类型、所考虑时间段内的平均太阳活动以及太阳耀斑的发生情况(见第12章)。太阳能发电机的尺寸规格设计必须考虑预期寿命内初始效率的衰减。

为减少衰减,电池外面需要加装有一层覆盖物提供保护,该覆盖物对于电池最为敏感的较长光波是透明的,但能够减弱辐射的破坏作用。这种覆盖物可由石英或熔融石英制成。

(3) 技术。硅太阳能电池已应用多年。随着技术的不断进步,电池的效率不断提高,质量也越来越低。

硅电池采用较厚的单晶硅芯片实现,芯片厚度为 $50\sim200\mu m$,厚度越小,质量越轻($20\sim60mg/cm^2$)。随着时间的推移,电池的效率不断提高,从20世纪60年代的不到10%提高到目前的18%左右,所使用的改进方法包括:通过抗反射表面处理以利于太阳光透射;在背面使用反射沉积物,以使电池能量未被吸收掉的光子再次通过电池(背面反射器);使用极薄吸收器(ETA)硅太阳能电池;等等。

砷化镓(GaAs)的使用,使得电池效率可以提高到约20%,但 GaAs 电池的制造成本依然难以低于硅电池,因此限制了其在卫星中的大规模应用。但随着生产和掺杂基于锗(Ge)基板外延扩展的多层 GaAs 相关技术的发展,GaAs 电池的制造成本正在逐渐下降。由于 GaAs/Ge 电池比硅电池更能抵抗来自太阳高能粒子造成的损害,故太阳帆板仅需较少的额外电池便可满足寿命末期的功率要求。基于 Ge 的 GaAs 外延基板工艺的成功,使该工艺扩展到多结或级联太阳能电池的设计和制造中。这些电池由多层Ⅲ-Ⅴ族复合材料组成,如基于 Ge 外延扩展的 GaAs、GaInP、GaInAsP 以及 GaSb。多结太阳能电池由数个串联的结点组成,每个结点被定义在不同的半导体层中,具有不同的带隙,因此被调谐到太阳光谱的不同波长段上。这些材料经过合理排列,使得结的带隙从顶部结点到底部结点逐渐变窄。因此,高能量的光子在顶部结点中被吸收,产生电子空穴对,而能量较低的光子则通过下方的结点,在那里被吸收并产生额外的电子空穴对。在这些结点中产生的电流由太阳能电池顶部和底部形成的欧姆接触点进行收集。

例如,在 $140\mu m$ 均匀厚度的 Ge 基板上制造的 n-on-p 极性的三结(TJ)太阳能电池可以提供高达29.9%的效率,其质量为 $84mg/cm^2$。除了效率更高以外,更为重要的是这些电池具有卓越的抗辐射性能,在暴露于 $5\times10^{14}e/cm^2$、1MeV 能量的电子通量的情况下,剩余功率与初始功率之比 $P/P_0=0.89$。这可以有效控制寿命初期的太阳能发电机的尺寸规格。

使用纳米材料可使效率大幅提高。理论研究表明,在普通 p-i-n 结太阳能电池的 i 区插入纳米大小的半导体晶体(量子点)层所产生的双中间电子带电池,其转换效率为71%。同时,还可以使用薄膜电池等替代技术,薄膜电池的效率很低(约10%),但目前在地面应用中的生产成本已经较低,其质量比功率为晶硅技术的5倍左右。此外,量子点和其他纳米材料最近也被证明可以极大地改善薄膜光伏电池和无机/有机导电聚合物混合型太阳能电池的性能。未来使用纳米材料可为太空应用开发有效的薄膜太阳能阵列,并最终用轻质、柔性的聚合物材料生产这些阵列。

表10.6 显示了硅、单结 GaAs/Ge、多结(多种类型的双结与三结)及薄膜太阳能电池的典型特性。

表10.6 太阳能电池技术的典型特性

电池类型	效率(BOL,28 ℃)		效率(EOL,1E15,60 ℃)		电池质量/(kg/m^2)
	%	kW/m^2	%	kW/m^2	
硅(200μm)	12.6	0.170	8.7	0.118	0.464
硅(67μm)	15.0	0.203	9.2	0.124	0.156
硅(100μm)(带二极管)	17.3	0.234	12.5	0.169	0.230
GaAs/Ge(137μm)	19.6	0.265	14.7	0.199	0.720
DJ 级联(137μm)	21.8	0.295	18.1	0.245	0.720
TJ 标准(140μm)	26.0	0.352	21.0	0.284	0.840
TJ 改进(140μm)	29.9	0.393	25.1	0.340	0.840
薄膜	12.6	0.170	9.5	0.128	0.100

注:BOL—寿命初期;EOL—寿命末期(对于1E15 1MeV 等效电子通量);DJ—双结;TJ—三结。(太阳能通量为135.3mW/cm^2)

10.4.1.3 太阳能发电机

太阳能发电机由数千个电池互联组成,以提供所需的电力 P。这些电池粘合在帆板上,并采取必要的加固和热调节措施。填充效率 f 是指电池所占面积与面板总面积的比值,约为90%。

(1) 电池的互联。电池通过串联和并联提供数十伏的电压 V(最高可达100V)及数十安培的电流 I。需提供的电压 V 决定了需要串联的电池数量。若 V_c 为与所选工作点对应的电池电压(硅为0.5V,GaAs 为1V,三结为2.4V),则需要串联的电池数量等于 V/V_c。

并联的分支数量取决于所需输送的电流 $I=P/V$。若 I_c 为与所选工作点对应的电流(例如,4cm^2 电池对应的电流为0.15A 左右),则需要并联的分支数量等于

I/I_c。

通过修改这一基本架构,可以尽量减小电池破裂带来的后果,以及因卫星本体或太阳帆板上天线产生的阴影所造成的影响。分支中的一块电池出现开路故障会导致整个分支瘫痪,因为其无法再提供电连续性。这种情况可以通过电池组的并行连接来避免。

相反,若某分支中的电池出现短路,则该分支的电动势会小于其他所有分支,此时电流分布不平衡,可能会出现因局部热耗散过度而导致绝缘击穿的情况。通过将一个二极管与每个电池组分支串联起来,可将故障分支隔离,因此发电机中会分成多个并联和串联的电池组。考虑到短路或开路状态(见第13章)下的电池故障的相对故障率,通过这种串联和并联的组合方式,可使整体的可靠性达到最大。

在一个分支中,不通电的电池将成为其他电池的负载。通过它的电流可能会引起过度的热耗散,并导致绝缘击穿。沿分支在一个或多个电池上放置二极管可实现保护,避免出现该问题。图10.23给出了太阳能电池的排布规则。

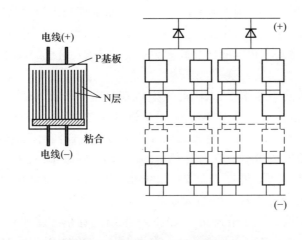

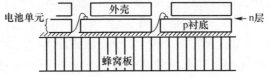

图 10.23 太阳能发电机的排布规则

(2)尺寸规格。一个面积为 s 的太阳能电池能够产生的功率 P_c 可表示为

$$P_c = \phi e s (1 - l) \quad (\text{W}) \tag{10.24}$$

式中:ϕ 为电池捕获的太阳光通量(W/m²);e 为电池效率(例如硅电池在寿命初期的效率为17%);s 为电池面积(m²);l 为因外壳、电缆等造成的损耗(%),其典型值为10%~15%。

电池捕获的太阳光通量取决于光照条件,具体可通过标称的太阳光通量 $W = 1370\text{W}/\text{m}^2$、与太阳的距离 d,以及电池的法线与太阳方向之间的夹角 θ 计算,有

$$\phi = W(a^2/d^2)\cos\theta \quad (\text{W}/\text{m}^2) \tag{10.25}$$

式中:a 为日地平均距离,等于 1 天文单位(AU)。12.3.1 节中给出了比值 a^2/d^2 的变化与一年中日期之间的关系。电池的效率取决于由高能辐射引起的电池衰减情况。电池制造商提供的电池效率值是在 1MeV 等效电子通量下的多个数值。实际效率可根据在轨时间内积累的估计剂量确定。对于地球静止轨道卫星来说,在缺乏准确数据的情况下,电池效率的衰减可通过指数定律近似建模计算。例如,硅电池效率估算公式为

$$e_{\text{EOL}} = e_{\text{BOL}}[\exp(-0.043T)] \tag{10.26}$$

式中:T 为在轨运行时间,单位为年。

产生特定功率 P 所需的太阳帆板的表面积 A 可表示为

$$A = (P/P_c)s/f = ns/f \quad (\text{m}^2) \tag{10.27}$$

式中:P_c 为每个电池的功率(这取决于太阳光照条件);n 为所需的电池数量;f 为填充效率(85%~95%);s 为硅电池的面积(m^2)。由太阳能发电机提供的功率 nP_c 随时间变化,卫星要求也随时间变化。因此,太阳能发电机的尺寸规格设计必须考虑最坏的情况。

对于地球静止卫星来说,太阳能发电机在夏至点所提供的功率最低。在二分点时,太阳能发电机功率更大,但由于卫星进入星蚀期,发电机同时也在给电池充电。因此,必须确认太阳能发电机的尺寸规格可满足任何时刻的功率需求。

(3) 自旋稳定的卫星。在自旋稳定的卫星上,卫星本体的外部轮廓由太阳帆板构成。卫星发射后,可以部署额外的圆柱形面板以增加有用的表面积(如图 10.11 中的波音公司 HS376 航天器)。

HS376 是休斯太空通信公司于 1978 年推出的通信卫星平台,1985 年 4 月 12 日升级为波音 BSS-376,该平台最后一次发射是在 2003 年 9 月 27 日。

由于所有电池并非在同一时刻被太阳照射,因此所需的电池数量很大。通过引入一个圆柱体,其轴线垂直于辐射方向,位于光照面的电池之间的入射方向变化使其受辐射的表面积要比相同功率下的垂直平面的表面积大 $\pi/2$ 倍。因此,考虑到阴影下的表面积,则这种情况下需安装的电池总数量为平面电池板的 π 倍。

在实际中,由于电池的不同运行条件,该因子通常被限制在 2~2.5 之间。在卫星旋转过程中,电池在进入阴影后平均运行温度更低,效率更高,由太阳辐射引起的电池衰减也明显减少。

(4) 三轴稳定的卫星。三轴稳定的卫星可采用多种类型的太阳帆板:

① 柔性电池板,在发射过程中被收起并放入存储容器中,入轨后由可展开的桅杆展开。

② 半刚性的铰链电池板,在发射过程中以手风琴方式压缩折叠于存储容器中,入轨后由可展开的桅杆展开。

③ 大尺寸刚性电池板(如3.9m×2.3m,具体大小取决于运载火箭整流罩的尺寸),以3块或5块为一组,通过铰链连接构成一个太阳能发电机翼,发射时可以折叠起来。在轨道上的部署通过一套弹簧、电缆、滑轮和速度调节器实现,以确保电池板的协调移动不受冲击。

电池板一旦展开,太阳能发电机的机翼就会旋转,以便跟随太阳围绕卫星的视运动。对于地球静止卫星来说,发电机机翼与俯仰轴对齐,每天都会发生旋转。

定向装置的操作需要:

① 带有电子测量与控制电路的太阳敏感器。

② 带有滑动触点的驱动电机,将电流传递给卫星(称为轴承与电力传输组件或太阳能电池阵驱动电子设备,图10.24)。

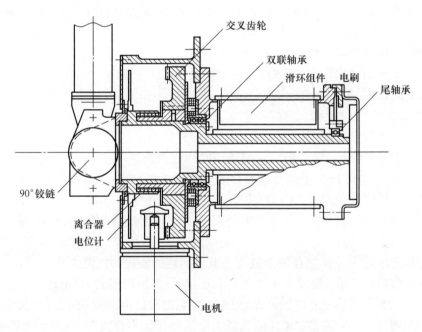

图10.24 太阳能发电机轴承与电力传输组件

(5) 特性。假设电池得到最佳利用,平面太阳帆板与安装在自旋稳定卫星本体上的电池板相比,其质量平衡更偏向于平面太阳能电池阵列。举例说明,安装在自旋稳定卫星本体上的太阳能电池帆板可获得性能为 $30\sim35W/m^2$ 及 $8\sim12W/kg$,比质量为 $3\sim5kg/m^2$ 左右。对于平面太阳帆板,若采用硅材料,其性能为 $200W/m^2$ 及 $40W/kg$;若采用GaAs材料,则性能为 $370W/m^2$ 及 $50W/kg$。

安装在基板上的菲涅尔光学器件将入射的太阳光集中到太阳能电池上。通过使用集光器,可以提高太阳帆板的效率,同时减轻质量。采用多功能电池的情况下,集光器太阳能阵列的效率可以高达 40%。另一种方法是在太阳帆板两侧以一定角度安装反射板来增加其光照。波音公司已将这种方案在其 702 系列卫星平台上应用,将这种太阳能电池板搭载在波音空间系统公司 BSS-702 卫星平台。该平台于 1999 年 12 月 22 日首次发射,用于 Galaxy XI 卫星;最后一次发射是在 2017 年 6 月 1 日,用于 ViaSat-2 卫星。

10.4.2 次能源

当主能源运行时,次能源会储存主能源的能量,并在主能源停止运行时将其储存的能量返还。电化学电池是最合适的次能源手段,它们在通信卫星中发挥着特别重要的作用。这些卫星在星蚀期间的运行由通常指定的可用性指标所规定。此处对第 2 章内容进行回顾:对于地球静止卫星来说,星蚀每年发生 90 天,每次持续时间可长达 70min。

次能源应具备以下特性:

(1) 足够的使用寿命,这取决于放电深度(DOD)和温度。

(2) 高比能,单位为 Wh/kg。

10.4.2.1 电池参数

电池的特性参数如下。

(1) 容量 C(Ah):汲取的电流与使用时间的乘积。

(2) 比能(Wh/kg):单位质量储存的能量。

(3) 平均放电电压 V_d(V):取决于放电电流的强度。

(4) 放电深度(DOD):在不充电情况下,储存能量在最长使用时间结束时被有效利用的百分比。

(5) 充电效率 η_{ch}:储存的能量与充电所消耗的能量的比值。

(6) 放电效率 η_d:恢复出来的能量与已消耗的储存能量的比值。

图 10.25 显示了充放电循环次数的典型变化与放电深度(DOD)的关系曲线图。作为用户定义的参数,DOD 的选择由电池的预期寿命决定,或者更准确地说,由所需的充放电循环次数决定。随着 DOD 的减少,电池所能支持的充放电循环次数也在增加。比能越高,在星蚀期间提供相同电力所需的电池质量就越轻。在相同循环次数的情况下,镍氢电池或锂离子电池的 DOD 值大于镍镉电池(图 10.25),同时其质量也更轻。例如,对于地球静止轨道任务来说,镍镉电池的最大 DOD 值为 50%;而对于镍氢或锂离子电池,DOD 可以达到 80%。

10.4.2.2 尺寸规格

根据所需的能量确定电池的尺寸规格,应考虑到制造商提供的电池容量参数。

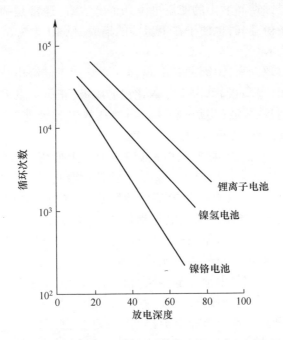

图 10.25　充放电循环次数与放电深度的典型变化关系(25℃温度下)

从一个容量为 C 的电池中获得的能量 E_c 与前述定义的各参数之间的函数关系可表示为

$$E_c = CV_d \mathrm{DOD}\, \eta_d \quad (\mathrm{Wh}) \tag{10.28}$$

电池组中包含 n 个串联的电池,因此可以获得能量等于 nE_c。所需串联电池数量 n 的选择应使 nV_d 刚好大于放电时需获得的电压 V,因此有

$$n = 整数 \geqslant V/V_d \tag{10.29}$$

通常还会增加一个额外电池单元,以确保电池单元出现短路故障时仍可提供适当的电压。

令 P 为星蚀持续时间 $T_{ecl}(\mathrm{h})$ 内所需提供的功率,则经过 T_{ecl} 时间后,电池须提供的能量可表示为

$$E = PT_{ecl} \quad (\mathrm{Wh})$$

在这些条件下,电池单元的容量 C 可表示为

$$C = PT_{ecl}/(nV_d \mathrm{DOD}\eta_d) \quad (\mathrm{Ah}) \tag{10.30}$$

以上公式计算得出的电池容量值很少符合电池制造商所提供电池的容量值。因此,需要选择容量比要求值稍大的电池($E_c > E$),而这会导致电池的尺寸规格超出要求,并由此造成质量超限。如果没有强制要求输出的电压(例如有稳压母线的情况,见 10.4.3.3 节),则可调整电池的数量 n,以确保在最优的电池质量下提

供额定功率。在星蚀期间输出的能量可由几个电池组(通常是两个)分担,以确保某种形式的冗余备份,同时也便于在卫星中的集成(见 10.4.3.6 节)。

10.4.2.3 技术

自通信卫星出现以来,镍镉(NiCd)电池一直被用于储存电能。镍镉电池包含一个氢氧化镉的阳极(负极)和一个氢氧化镍的阴极(正极),两者浸泡在由氢氧化钾、钠和锂组成的碱性溶液(电解液)中。电池在放电时提供 1.2V 的电压。镍镉电池具有极佳的稳健性、可靠性和使用寿命。

镍氢(NiH2)电池于 1974 年首次在 NTS 2 卫星上使用,并凭借其更高的比能和更长的使用寿命取代了镍镉电池。镍氢电池使用源自燃料电池技术的设计,利用氢气作用于碳电极,并具有一个氢氧化镍阴极(正极)。其电解液使用氢氧化钾,分离器使用锆陶瓷材料。镍氢电池提供 1.2V 的输出电压,电池外观呈卵圆形,并采用不锈钢外壳。充电结束后,其内压可以达到 70bar。由于内部的氢气质量很轻,故镍氢电池单位质量的能量比镍镉电池高 50%。

与镍镉电池相比,镍氢电池在电池层面和航天器电力系统层面都具有显著优势。这种电池具有出色的充放电循环能力。由于镍氢电池系统内部固有的电化学特性,使其对过充和过放都具有非常突出的耐受性。这不仅简化了在轨电池的操作,还减少了用于电池充电控制的星载航天器电力系统设备。

与其他适合航天应用的现有技术相比,锂离子(Li-ion)电池可使电池质量减少最多达 50%。锂离子电化学涉及使用锂嵌入化合物。在锂离子电池中,负极(阳极)是石墨,正极(阴极)是含锂的金属化合物。由于锂离子电池具有稳定的电极结构,因而具有突出的充放电循环能力,在充电和放电过程中,电极间通过电解液进行锂离子交换。由于输出电压高(高达 4.2V),因此使用含有机碳酸盐混合物的非水电解液。正极可以使用各种活性材料:氧化钴锂、氧化镍锂、氧化铝锂、氧化锰锂或磷酸铁锂。图 10.26 给出了锂离子电池和电池组的示意图。锂离子电池具有如下优点:

(1) 比能高(高达 175Wh/kg),为镍氢电池比能(60Wh/kg)的两倍以上。
(2) 比传统航天电池更小、更轻(其质量比镍氢电池减少 50%)。
(3) 热功率低,效率高,因此可以减少散热器和太阳帆板的尺寸。
(4) 充电保持能力强,因此发射台的工作量可以相应减少。
(5) 开路电压与电池温度的关系稳定。
(6) 无记忆效应。
(7) 充电状态与电压直接相关,故可对能量进行有效计量。
(8) 采用模块化方法,可为电池系统设计提供灵活性。

锂离子电池可在没有任何保护装置的情况下将电池并行连接。尽管不同电池的容量可能不尽相同,但它们可以适配到相同的电压或充电状态。然而,锂离子电

(a) (b)

图 10.26 锂离子电池和电池组(来源:SAFT 提供)

(a)锂离子电池;(b)集成多个电池单元的电池组。

池的特性要求其配有适应性强的电池管理与控制系统。

其他电化学电池组可用于特定的应用,例如阿丽亚娜火箭上使用的可充电银锌电池组,以及低轨卫星上使用的高比能但寿命有限的银氢电池组(AgH_2)。表 10.7 总结了各种类型的电化学电池的性能(KOH 溶液为稀释的氢氧化钾),表中列出的性能对应于 100% 的放电深度。表 10.8 比较了卫星上使用的三类电池的性能。钠电池也可用于航天应用,但需要较高的工作温度(350 ℃)。

表 10.7 电池组电池特性

电池类型	电解液	标称电池电压/V	能量密度/(Wh/kg)	温度范围/℃	不同放电深度下的循环寿命		
					25%	50%	75%
镍镉电池	氢氧化钾溶液	1.25	25~30	−10~+40	20 000	3000	800
镍氢电池	氢氧化钾溶液	1.30	50~70	−10~+40	15 000	>2000	1000
锂离子	非水溶液	3.6	120~175	0~+40	>60 000	>10 000	>1500
银镉电池	氢氧化钾溶液	1.10	60~70	0~+40	3500	750	100
银锌电池	氢氧化钾溶液	1.50	120~130	+10~+40	2000	400	75
铅酸电池	稀硫酸	2.10	30~35	+10~+40	1000	700	250

表 10.8 锂离子电池与其他现有技术相比的优势

	镍镉电池	镍氢电池	锂离子电池	锂离子电池的系统影响
能量密度/(Wh/kg)	30	70	165	节省质量
能量效率/%	72	70	96	降低充电功率
热功率(以1~10级衡量)	8	10	3	减少散热器、导热管尺寸
自放电/(%/天)	1	10	0.3	无涓流,发射台管理简单
温度范围/℃	0~40	−20~30	0~40	易于管理
记忆效应	有	有	无	无需重新激活
能量计量/监测	无	压力	电压	更好地观察充电状态
充电管理	恒定电流	恒定电流	先恒定电流,后恒定电压	节省质量
模块化	否	否	是	支持电池并联

10.4.2.4 电池的运行

(1) 电池充电。电池充电一般在恒定电流下进行,电流 I_{ch} 可表示为

$$I_{ch} = C/10 \sim C/15 \quad (A) \tag{10.31}$$

式中:C 为电池容量,单位为 Ah。

充电时间 T_{ch} 取决于星蚀期间所提供能量 $E = PT_{ecl}$(Wh)、充电时的电池电压 V_{ch}、充电电流 I_{ch},以及充电效率 η_{ch}(0.75~0.9),有

$$T_{ch} = (PT_{ecl})/(I_{ch} V_{ch} \eta_{ch}) = CDOD/(I_{ch} \eta_{ch}) \quad (h) \tag{10.32}$$

必须确保充电时间小于星蚀间隔时间(地球静止卫星为 22.8h)。充电所需的功率为

$$P_{ch} = I_{ch} V_{ch}/\eta_{reg} \quad (W) \tag{10.33}$$

式中:η_{reg} 为充电调节器的效率。在没有调节器的情况下(非稳压母线),有 $\eta_{reg} = 1$。

必须特别注意,要避免对电池过度充电。为此,一种充电方法是限制充电结束时的电压以进行保护,即在恒定电压下终止充电;另一种充电方法是在特定的温度下终止充电,其优点是充电效率更高,充电末期的精度更高,电池的使用寿命更长。

如果电池技术需要(例如镍氢电池),可在充电完成后通过大小约 $C/75 \sim C/50$ 的连续电流进行涓流充电,以补偿电池的自放电。

(2) 电池放电。电池的放电电流相对较大,因此受限于内阻造成的热问题。其数值在 $C/2 \sim C/5$ 之间折中可避免放电结束时电压下降过快。

放电过程中的平均电压取决于电流。对于镍镉电池来说,每节电池的平均电压约为 1.2V;对于镍氢电池来说,其数值约为 1.3V(图 10.27);而对于锂离子电池来说,其数值约为 3.6V。在放电结束时,电压迅速减少。当电压下降到 0.7V 左右的最低电压时,须停止放电,以避免极性反转。

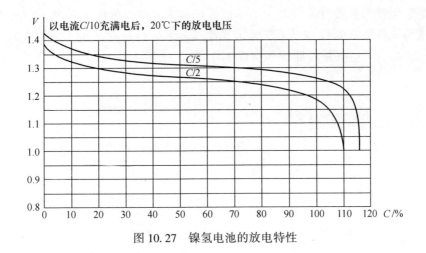

图 10.27 镍氢电池的放电特性

(3) 工作温度。电池元件必须保持在很窄的温度范围内,通常为 0~15℃,温度太低会影响性能,温度太高会折损寿命。此外,电池在放电过程中会放出热量,并在充电过程中进行冷却。因此,热控制的设计应确保电池散热良好,而电加热器应减少充电期间温度下降。

(4) 重新激活。电池长期不使用后(电池充满电但未使用),须进行重新激活,以恢复电池的标称性能(记忆效应)。电池首先在低电流下完全放电,然后在低电流下完全充电。可以增加一个或多个充放电循环。锂离子电池不需要重新激活。

10.4.3 调节与保护电路

主能源(太阳能发电机)提供的电压取决于工作点。可用的功率取决于入射太阳光通量和太阳能电池因辐照而衰减的程度。

在星蚀期间,太阳能发电机温度可降至 -180℃。星蚀结束后,电池输送的电压约为标称值的 2.5 倍,此时对应的温度为平衡温度,在光照下约为几十摄氏度。对于电池组,一个电池单元所提供的电压在很大程度上取决于其充电状态。电池的端电压在星蚀开始和结束时可能会相差 15%~30%,具体取决于实际的放电深度。

因此,必须提供调节电路,向设备输送所需的电能,并支持电池充电。这些电路主要用于电池的控制与保护。当然,电力分配时必须尽量减少欧姆损耗。对调节和分配的各个阶段进行损耗评估(欧姆损耗也包括在内)可知,在某些情况下,由太阳能发电机产生的电功率有 1/3 被有效地用于有效载荷。

10.4.3.1 非稳压母线

图 10.28 为非稳压母线电源示意图。太阳能发电机直接为平台设备供电,并

通过配电装置为有效载荷供电。工作点的定义为发电机的电流—电压(I_G, V_G)特性曲线与设备负载特性曲线(在恒定功率 P_E 下运行所对应的双曲线)的交点。图 10.29 给出了这些特性曲线和所选工作点(N)的示意图。

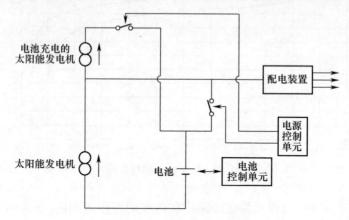

图 10.28 非稳压母线电源

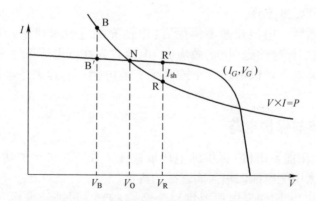

图 10.29 各类电压调节母线的工作点

电池通过一个开关连接到与主发电机串联的充电式太阳能发电机(非星蚀期间)或电源母线上(星蚀期间)。在非星蚀期间,母线电压随太阳能发电机的特性和功率消耗的变化而变化。

当卫星处于星蚀期间时,作为电力供应源的电池决定了母线的电位 V_B,并为设备供电(B 点;电池的特性为电压源类型)。在放电过程中,母线电压随着时间的推移而下降。

非稳压母线的优势是简单,故具有良好的可靠性。另外,连接到母线上的设备需承受很大的电压变化(波动范围为 10%~40%)。部分设备在设计上就能适应这种电源电压的变化(如行波管的供电设备),而其他设备则需要在相关设备(有效载荷和平台)的电能分配节点处部署电压转换器和调节器。

10.4.3.2 太阳稳压母线

为在大部分时间内限制电压变化,在阳光辐照时需要对电压进行调节。图 10.30 给出了太阳稳压母线电源示意图。太阳能发电机通过稳压器以恒定电压向设备供电。因此,在非星蚀期间,设备电源电压基本保持恒定(等于 V_R),其变化百分比取决于调节器的性能。在图 10.29 中定义了两个工作点:太阳能发电机的工作点(R 点),以及负载的工作点(R' 点)。RR' 段表示通过调节器分流的电流 I_{sh}。

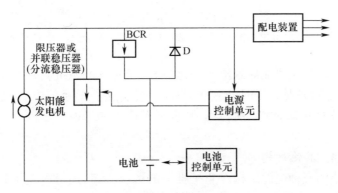

图 10.30　太阳稳压母线电源(电池充电调节器)

连接至母线的电池充电调节器(BCR)在非星蚀期间提供充电,并确保电池电流保持恒定(母线电压大于电池电压)。当卫星处于星蚀期间时,电池直接连接到母线上,为设备供电(B 点)。由电池电压所产生的母线电压 V_B 会随着电池的放电而变化。

太阳稳压母线在机理上和操作上仍然相对简单。当供电需求临时增加或卫星进入星蚀期间时,母线电压低于电池电压,由于使用了二极管,电池给平台的供电无需进行干预。在非星蚀期间,电压变化有限。另外,连接至母线的设备在放电过程中仍会受到电池电压变化的影响。

10.4.3.3 稳压母线

日照与星蚀期间的电压调节是通过电池放电调节器(BDR)将电池与母线解耦来实现的(图 10.31)。在日照期间,电压调节器(稳压器)使太阳能发电机以及设备所连接母线的电压保持不变。在星蚀期间,电池通过 BDR 向平台供电,使母线电压保持恒定并等于 V_R(图 10.29 中的 R 点)。

这样一来,设备可在恒定电压下运行,但系统的复杂性也有所增加,故可能导致可靠性下降。当设备直接连接到母线时,可能会出现电磁兼容性方面的问题。

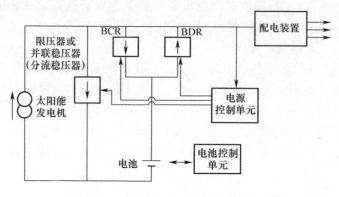

图 10.31 稳压母线电源
BCR—电池充电调节器；BDR—电池放电调节器。

设备消耗的电流变化可能导致电压变化(取决于系统的阻抗)，从而引起设备之间的耦合，该问题特别是在以时分多址(TDMA)方式运行的系统中更为突出，若所有的时隙均未被业务流量突发所占用，则放大器产生的峰值电流需求会以帧速率的频度出现。

10.4.3.4 其他结构

以上介绍的三种电源结构并非是唯一的解决方案，还可以使用其他组合。因此，可以使用太阳能发电机的一个或多个专用组件为电池充电，而不一定非要从主母线取电。

另一种解决方案是在星蚀结束时使用电池作为缓冲器，以限制非稳压母线的电压增长，这种电压增长是由于太阳能发电机在低温下产生了过量功率。

可以采用一种新架构，其中太阳能发电机、电池和设备永久并联，使得电池在卫星进入星蚀期后自动为设备供电。在星蚀期结束后，电池将其电压施加到母线上，以实现充电。充电完成后，电压就会相对稳定，电池起到缓冲器的作用。通过开关与电池并联的分流电阻可以消耗掉多余的电流。

通常使用的稳压器类型为分流式稳压器，因为这种稳压器一方面非常符合电流产生器类型电源的工作需求，另一方面可以避免电源和设备之间的压降。同时，由于出现了在导通状态下具有低压降的半导体元件(如HEXFET晶体管)，故可以考虑使用串联型的稳压器。图10.32给出了这两类稳压器的原理示意图。

10.4.3.5 各种架构的比较

除了之前提到的优缺点外，非稳压系统在星蚀期间会出现电池电压锁定现象，这就需要太阳能发电机留出一定的设计余量，以摆脱由此产生的稳定状态，避免造成设备供电中断。

这种锁定现象的原因如下：对于非稳压母线结构和太阳稳压母线结构，在星蚀

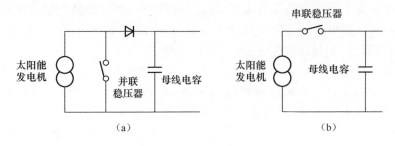

图 10.32 稳压器原理示意图
(a)并联稳压器的结构;(b)串联稳压器的结构。

期间,太阳能发电机失去图 10.29 所示的特性,负载的工作点从 R 或 R' 点向 B 点移动。在星蚀结束时,太阳能发电机的特性恢复,此时其工作点为 B'。因此,太阳能发电机提供的电源参数为 $V_B I_{B'}$。负载功率 P 的平衡由电池承担($BB'V_B$)。该情况相当于一个没有出口的稳定状态(不能断开电池的连接),除非取消这种供电平衡。这意味着将发电机的工作点从 B' 点移至 B 点,因此发电机的功率比非星蚀期必需的功率(如工作点 N 和 R 所定义)更大。

电源子系统的整体质量和效率也是结构选择的标准之一。通过对比基于不同结构的多种卫星电源子系统的性能表明,基于稳压母线的电源子系统在总质量和效率方面的性能最佳。即使基于稳压母线的结构需要额外的设备,其增加的质量也在可接受范围内,因为避免了设备供电所需的转换器和调节器。由于电池的解耦及恒定电压下工作,太阳能发电机的工作点得以优化。

此外,使用稳压母线时,电池电压不再直接由母线电压决定,因此,可以根据可用容量选择优化电池单元的数量。电池电压可以选择为高于或低于母线电压。对于高功率等级(超过数千瓦)的电源来说,稳压母线结构的质量最轻。

应尽量使用太阳能发电机的专用部分给电池充电,而非通过 BCR 从母线上提取充电所需的电力。对于 5kW 以下的功率,无论何种类型的电池,最好将电池电压设置低于母线电压。对于 5kW 以上的功率,若电池电压高于母线电压,则可以减少电源质量。

通过选择足够高的额定母线电压(给定功率下可以获得较低的电流)减少欧姆损耗,从而提高系统效率。典型的电压范围在 42~50V 之间,这是过去常见的电压值;如需要高功率,则电压可达到 100V 以上。

10.4.3.6 冗余、保护与分配电路

电源子系统的主要元件(太阳能发电机和电池)由于质量和体积较大,难以进行冗余备份。为尽可能降低由于一个元件的故障而导致整个子系统的瘫痪或损坏的风险,通信卫星上的电源子系统通常分成两个独立的电源分支,而卫星设备分布

在这两个分支上。每个分支各由太阳能发电机的一个翼提供能量,并与一个单独的电池相连。其中多个元件支持交叉互联备份,以防止某个元件发生故障。二次设备(调节器、开关和控制装置)均有冗余备份。

电源子系统还包括保护电路(例如用于避免电池的极化反转的电池放电限制器),由此可以设计出某些预防措施。例如,允许电池的一个单元出现故障(如使用反向二极管或一个并联的继电器,以确保在开路情况下的电连续性)。此类解决方案应谨慎使用,因为额外元件的增加可能会导致整体的故障概率比待保护目标设备的故障概率还要高。

此外,该子系统还包含调节和转换电路,旨在为设备提供稳定电压。这些电路必须具有尽可能高的效率、低质量和高可靠性。高效率可通过使用各种斩波技术提高或降低电压来实现。

10.4.4 计算实例

在寿命末期(寿命为 10 年)时需提供的功率为 2000W(自旋稳定的卫星)或 6000W(三轴稳定的卫星)。这一功率须在最不利的条件下达到,即在夏至点,太阳通量为 $\phi = 1370 \times 0.89 = 123 \text{W/m}^2$ (图 12.2)。

10.4.4.1 自旋稳定的卫星

一颗圆柱形的卫星以硅太阳能电池覆盖其外侧表面,覆盖表面积为 $s = 4\text{cm}^2$。在旋转的过程中,电池依次朝向太阳和冷空,因此其平均温度仍然很低,大约为 10℃,此温度下电池的效率为 $e = 14\%$。在寿命末期时,效率的衰减比例约为 22%。由于电池保护窗、电缆等导致的各种损失系数 $l = 0.9$;电池板的填充系数为 $f = 0.85$。

由于卫星的圆柱形及其旋转,形状系数 F 表征安装电池的实际表面积与垂直于圆柱体轴线的等效表面积的比值,其值为 π。

寿命末期的功率可表示为

$$P = (1 - 0.22)\phi elns/F$$

故所需的电池单元数量 n 为

$$n = \frac{2000\pi}{(1 - 0.22) \times (1370 \times 0.89) \times 0.14 \times 0.9 \times (4 \times 10^{-4})} = 131082$$

考虑到填充系数 f,则所需的表面积 A 为

$$A = ns/f = 131082 \times 4 \times 10^{-4}/0.85 = 62\text{m}^2$$

它代表一个直径为 3.5m、高为 5.6m 的圆柱体。

每个电池单元的平均质量(包括电缆、安装和保护装置)估计约为 0.8g,支撑物质量估计约为 1.6kg/m^2,则总质量为 $131082 \times 0.8 \times 10^{-3} + 62 \times 1.6 = 204\text{kg}$。因此,比功率为 $2000/204 = 9.8\text{W/kg}$。

6000W 的功率要求将使该圆柱形卫星的体积非常庞大,以致运载火箭整流罩无法容纳。

10.4.4.2 三轴稳定的卫星

该卫星上安装有两块矩形的可定向太阳帆板,上面覆盖有面积为 $2×4=8cm^2$ 的电池。电池板与俯仰轴对齐,并可围绕这一轴线调整方向。为与自旋稳定的航天器进行比较,考虑相同类型的电池。由于电池持续朝向太阳,其衰减程度更大(10 年的衰减量为 28%),平均温度也更高,从而导致寿命初期的效率更低($e=13\%$)。同时,其损耗略大,可能的原因包括天线装置在电池板上形成的阴影,因此 $l=0.88$。填充系数 f 等于 0.90。

寿命末期时的功率可表示为

$$P = (1 - 0.28)\phi elns$$

以寿命末期的功率 6000W 作为设计目标,则所需的电池数量 n 可表示为

$$n = \frac{6000}{(1 - 0.28) \times (1370 \times 0.89) \times 0.13 \times 0.88 \times (2 \times 4 \times 10^{-4})} = 74687$$

考虑到填充系数 f,则所需的表面积 A 为

$$A = 74678 \times 8 \times 10^{-4}/0.90 = 66.4 m^2$$

每个电池单元的平均质量估计约为 0.0012kg,每平米支撑物的质量估计约为 0.6kg,则总质量为 $74678 \times 1.2 \times 10^{-3} + 66.4 \times 0.6 = 129.5 kg$。因此,比功率为 $6000/129.5 = 46.3 W/kg$。

鉴于目前的三结电池在寿命初期的效率已达到 28.5%,同时考虑约 15% 的 10 年寿命期衰减系数(对高能粒子的敏感性较低),则太阳能电池阵列的尺寸将显著减少。

10.4.4.3 电池

假设在最长的星蚀期内,地球静止卫星上需要提供的星载功率为 $P=4000W$;镍氢电池的容量为 $C=93Ah$;放电深度为 80%,以保证 10 年的使用寿命;放电期间的平均电压为 $V_d=1.3V$,放电效率为 $\eta_d=0.95$。

由于最长的星蚀期持续时间为 1.2h,则在星蚀期间需要提供的能量为 $E=1.2P(Wh)$。容量为 C 的电池所提供的能量 E_c 可表示为

$$E_c = CV_d DOD \eta_d \quad (Wh)$$

故所需的电池单元数量为

$$n = 1.2P/CV_d DOD \eta_d = 1.2 \times 4000/93 \times 1.3 \times 0.8 \times 0.95 = 52 \text{ 个电池单元}$$

为提高系统的可靠性,电池组被分为两部分,每部分有 26 个电池单元。放电时的标称电压为 33.8V。为避免因短路而引起的电池损坏,每半个电池组都设有一个备份电池。另外,每个电池组的末端均设有二极管,以确保出现开路故障时仍能保证供电连续性。

若电池的确切质量未知,可以从单位质量比能 E_m 的典型值中快速获得质量估计值。

由于需要储存的能量为 $E_s = 1.2P/\text{DOD}\eta_d = 6315\text{Wh}$。故电池的质量可表示为

$$M(\text{kg}) = E_s/E_m = 1.2P/\text{DOD}\,\eta_d\, E_m$$

假设比能 E_m 等于 55Wh/kg,则电池的质量估计值为 $M = 115\text{kg}$。

10.5 遥测、跟踪和遥控与星载数据管理子系统

遥测、跟踪和遥控(TTC)[ETSI-17, ETSI-18]的内容包括:

(1) 接收来自地面的控制信号,以启动机动控制,并改变设备的状态或工作模式。

(2) 向地面传输测量结果、卫星运行信息、设备运行情况以及对遥控指令执行情况的验证。

(3) 测量地面与卫星的距离及可能的径向速度,以便能够对卫星进行定位,并确定轨道参数。

星载数据管理(OBDH)通常包含于 TTC 子系统。OBDH 涵盖所有数据管理、数据处理和格式化,以及卫星上的数据流管理和时间管理。

遥测和遥控链路为低速链路,最高速率不超过每秒数千比特。但科学卫星(如对地观测卫星)的遥测与此不同,其数据速率要大得多,通常为每秒几十兆比特。

TTC 链路要求的主要特性之一是可用性。确保 TTC 链路的可用性,对于实现故障诊断和纠正操作至关重要。

通过对发射和接收设备(转发器)进行适当的冗余备份,可获得必要的链路可靠性。该设备包含一个或多个天线,这些天线的辐射方向图使其增益在卫星周围的大部分空间内尽可能恒定,或至少大于一个最低值。这样,无论卫星的姿态如何,都可以确保 TTC 链路可用。

10.5.1 频率使用

从用频规则来看,TTC 链路应工作在空间操作业务(SOS)频段,使用的频率通常处于 S 频段。

(1) 上行链路频率范围:2025~2120MHz。

(2) 下行链路频率范围:2200~2300MHz。

可以明显看出,可用的带宽(大约 100MHz)不足以容纳来自轨道上各种卫星的所有调制载波。此外,这些频段还要用于卫星入轨有关的操作,以及在轨运行阶段正常模式出现问题时的应急操作。在这些阶段,卫星姿态相对于地球的方向是

任意的,因此全向天线必不可少。

为避免这些频段的拥塞,正常模式下的 TTC 链路可切换至卫星有效载荷通道上完成,故其使用的频段对应于卫星业务(如卫星固定业务)的标称频率范围。

由此带来的问题是,有效载荷的天线通常是有方向性的,如果因姿态控制问题而出现指向误差,则 TTC 链路会中断。因此,此时需要将 TTC 链路切换至 S 频段的发射和接收系统。这种切换应该是自动的,因为此时已经无法从地面控制卫星。该功能通过选路装置实现,当卫星以标称配置入轨后通过地面指令激活该装置,然后通过优先级控制继电器,将测控链路切换到卫星有效载荷通道上。随后该设备监测接收遥控指令的载波大小,只要其载波大小保持在预定的限度范围内,检测器的输出信号就会使继电器保持通电状态。如果出现指向误差,或者标称任务的上行链路出现问题,则中继器会切换到释放位置,此时测控链路使用 S 频段转发器(图 10.33)。由于备份转发器与一个或多个天线相连,且这些天线具有准全向辐射方向图,即使卫星姿态受到很大扰动,TTC 链路也能继续传输。

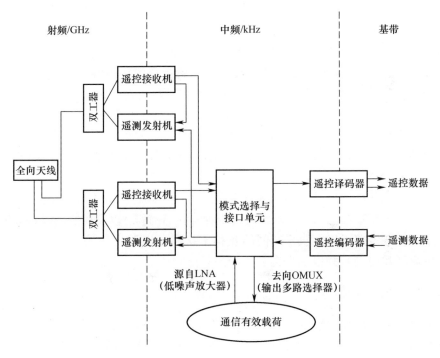

图 10.33 集中式 TTC 子系统的结构图

然而,通信有效载荷的标称频段也可用于处理卫星入轨期间的 TTC 数据。在轨道注入期间与在轨运行期间使用相同的遥控接收机和遥测发射机。为在轨道注入期间获得全向覆盖,通常会在卫星的不同侧面安装多个宽波束天线。一旦完成入轨,遥控接收机的输入与遥测发射机的输出就会连接至通信有效载荷的主天线。

10.5.2 遥控链路

遥控(TC)链路由一个载波提供,载波频率取决于所使用的频段,并由一个数千赫(如 8kHz)的副载波进行相位或频率调制,该副载波此前已由数据进行数字相位调制。比特流(通常为 NRZ-L 格式)的数据速率从每秒数百比特到每秒几千比特不等,具体取决于应用。由于比特率低,使用副载波可将有用频谱(数据的频谱)与载波本身分开。

需传输的遥控指令是调整控制指令,或将卫星上的某一参数调整到特定值(例如行波管的螺旋电流),或将二进制系统指令加载到计算机或存储器中(例如打开或关闭一个继电器,0 和 1 分别表示打开和关闭)。

根据所选择的特定模式,遥控指令可以是:
(1) 接收后立即执行。
(2) 存储在内存中,待收到特定指令时执行。
(3) 存储在内存中,由星载时间管理系统决定在特定时间将其激活后执行,或者由某个星载子系统产生的信号将其激活后执行。

在指令执行前,通过重复收发多次可对收到指令的完整性进行验证。遥控链路的一个重要特性是安全性,确保正确的指令得到执行对于卫星的生存至关重要。

卫星上采取了各种预防措施,如数据纠错编码、多次验证并检测可能的差异、延缓指令执行等。在延缓指令执行的情况下,卫星上检测到遥控指令后将其存储在内存中,通过遥测重新传送到地面进行验证,只有通过遥控链路发送执行命令进行授权后才会执行该指令。

另一些预防措施使系统对入侵者传输的信号不敏感(具备抗干扰能力)。这些措施包括窄带接收、输入限制器、对非标准信号不敏感,以及对链路进行加密。

采用扩频链路可以解决系统间的互相干扰问题以及无用信号的干扰问题,同时还可以通过对同一频段的多次复用提高频谱利用效率。

10.5.3 遥测链路

遥测(TM)链路的载波由一个数千赫兹(如 40.96kHz)的副载波进行相位或频率调制;该副载波此前已由数据进行相位调制,数据率从每秒数十比特到每秒数千比特不等。

要传输的数据可能包括模拟信息信号,例如测量结果、数据字(寄存器中的值或编码器的输出)或二进制系统状态(0 或 1,表示继电器打开或关闭)。模拟信息信号经采样、量化,并根据所需的分辨率和信号的振幅变化范围,使用一定数量的比特进行编码。为使模拟信息离散化,需要一个采样时钟。根据所传输信息的动态行为,信号的采样率不尽相同。就一个基本周期而言,有些信号欠采样(数周期采样一次),有些信号则过采样(每周期采样数次)。

数据可通过以下任一方式获得:

(1) 直接来自卫星设备并在遥测编码器中进行调整处理(模拟—数字转换、格式化等)。

(2) 由星载局域网络的一个处理单元(见10.5.5节)输出,该处理单元可被各种星载设备访问。

10.5.4 遥控与遥测信息格式标准

需要通过制定信息格式标准以确保卫星遥控解码和遥测编码系统与地面测控站和地面数据处理系统的兼容性。此外,采用统一的标准可使各类航天机构与卫星运营商在必要时可授权使用对方的设备来操作其卫星。制定标准旨在统一地面系统的数据接口和数据处理操作。

以下介绍两种主要的标准。

(1) 脉冲编码调制(PCM)标准:该标准发布于20世纪70年代,在欧洲空间局的PSS-45和PSS-46文件中定义,分别用于遥控与遥测(注:以前的欧洲空间局PSS文件现已被ECS文件替代,可在https://ecss.nl查询)。

(2) 数据包标准:该标准源自国际空间数据系统咨询委员会(CCSDS,www.ccsds.org)的建议,如用于遥测的CCSDS 100.0-G-1(《遥测概念与原理总结》银皮书,第1期,1987年12月),以及用于遥控的CCSDS 200.0-G-6(《遥控概念与原理总结》绿皮书,第6期,1987年1月)。

为满足空间技术与应用的最新需求,欧洲空间局和CCSDS都对各自的文件进行了修订。

欧洲空间局关于空间数据通信的程序、规格与标准(PSS)文件现已被ECSS标准所取代,具体参见https://ecss.nl。ECSS的文件有三种类型:标准、技术和备忘录。这些文件被分成了5个分支:S代表系统;M代表管理;Q代表产品保证;E代表工程;U代表可持续性。每份文件都有相应的编码:ST代表标准;AS代表从其他标准组织采信的标准;HD代表手册;TM代表技术备忘录。

例如,ECSS-E-ST-70-41C《遥测和遥控数据包的利用》(2016年4月15日),是工程分支(E)下的ECSS文件,其文件类型为标准(ST),编号70-41,版本号C(两位数字代码代表具体要求,单位数字代码代表通用要求)。

更多标准文件举例如下。

(1) ECSS-E-ST-50C:《通信》(2008年7月31日)。

(2) ECSS-E-ST-50-01C:《空间数据链路:遥测同步与信道编码》(2008年7月31日)。

（3）ECSS-E-ST-50-03C：《空间数据链路：遥测传输帧协议》（2008年7月31日）。

（4）ECSS-E-ST-50-04C：《空间数据链路：遥控协议、同步与信道编码》（2008年7月31日）。

（5）ECSS-E-ST-70-41C：《遥测与遥控数据包的利用》（2016年4月15日）。

CCSDS按照以下领域对其文件进行了分类：

（1）空间网络化服务。

（2）任务操作与信息管理服务。

（3）航天器星载接口服务。

（4）系统工程。

（5）交互支持服务。

（6）空间链路服务。

所有文件出版物均有颜色编码：蓝色代表推荐标准；品红色代表推荐准则；绿色代表信息报告；橙色代表试验规范；黄色代表记录文件；银色代表历史文件。同时，所有文件出版物均含数字编号。CCSDS试验规范用于研究和开发，因此不被视为标准遵循文件，但如果有需求，可以迅速转为标准跟踪文件。专利许可适用于各种文件。

更多其他标准举例如下：

（1）CCSDS 130.0-G-3：《空间通信协议概述》绿皮书，第3期，2014年7月。

（2）CCSDS 130.1-G-2：《遥测同步与信道编码：概念与原理总结》绿皮书，第2期，2012年11月。

（3）CCSDS 130.2-G-3：《空间数据链路协议：概念与原理总结》绿皮书，第3期，2015年9月。

（4）CCSDS 131.0-B-3：《遥测同步与信道编码》蓝皮书，第3期，2017年9月。

（5）CCSDS 132.0-B-2：《遥测空间数据链路协议》蓝皮书，第2期，2015年9月。

（6）CCSDS 230.1-G-2：《遥控同步与信道编码：概念与原理总结》绿皮书，第2期，2012年11月。

（7）CCSDS 231.0-B-3：《遥控同步与信道编码》蓝皮书，第3期，2017年9月。

（8）CCSDS 232.0-B-3：《遥控空间数据链路协议》蓝皮书，第3期，2015年9月。

所有最新的文件出版物均可在ECSS（https://ecss.nl）和CCSDS（https://public.ccsds.org/Publications）的网站上找到。此处只讨论原则和一般问题。

10.5.4.1 PCM 标准

1) 遥控

遥控信息以帧的形式构造,帧头有一组用于时间同步的比特。每一帧都由数个字组成,每个字包含多个比特。帧的长度取决于所应用的标准。例如,在 ESA 标准中,每一帧由 96bit 组成(图 10.34)。第一个字为 16bit,表示目的译码器特定的地址和同步字。随后是一个 4bit 的模式选择字,该模式选择字表示在 3 个 12bit 的字中传输的指令类型;这 3 个字分别重复一次,其中包含了数据。帧末尾以重复的地址和选择字结束(两个字间有 80bit)。用于携带数据的 12bit 字可包含 8bit 编码的数据,这些数据可通过纠错码扩展至 12bit。

2) 遥测

遥测信息以帧为单位构造,一组帧构成一个超帧。每一帧由多个字组成,帧头有同步码;第一帧包含一个超帧识别字。帧由一个计数器来识别。在 ESA 标准中,每个超帧由 16 个帧组成,每帧包含 48 个字。有效数据由 8bit 字构成,其中每个字可能仅表示数据的一部分(对于分辨率需要 8bit 以上编码的数据,此时数据由多个 8bit 字共同表示),或仅需 1bit 的数据块(如继电器的状态)。

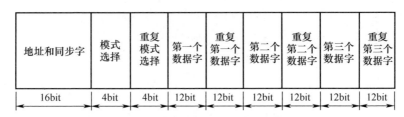

图 10.34 ESA 标准中的遥控信息帧

10.5.4.2 数据包标准

CCSDS 是一个由世界各国的航天机构组成的国际组织。自 20 世纪 80 年代初起,CCSDS 为通用数据传输系统功能的标准化制定了一系列技术建议书(射频和调制、分包遥测、遥测信道编码和分包遥控)。

1) 遥控

基于微处理器的航天器子系统具有更强的处理能力,其应用使航天器自主性和复杂性都有所增加,同时也需要具有高吞吐量的数据系统。CCSDS 提出的遥控指令标准可以满足能力更强、效率更高、成本更低的通用要求。它提出的分层结构将复杂的航天器遥控程序分解为几组简单的功能。在每一层内,各功能使用标准数据格式化技术和标准协议交换信息。其定义的三种主要的数据格式如下:

(1) 用户数据包(遥控数据包)。

(2) 遥控传输帧,用于遥控数据包(或分段数据包)的可靠传输。

（3）遥控链路传输单元或遥控链路传输单元(CLTU)，用于对信道编码的传输帧进行封装。

图 10.35 给出了遥控数据结构的分层结构示意图（根据 CCSDS 232.0-B-3）。

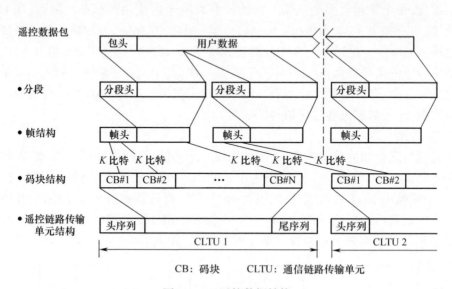

图 10.35　遥控数据结构
来源：由 CCSDS 提供转载。

2）遥测

分包遥测的概念可以方便地以标准化和高度自动化的方式将空间获得的数据从源头传输至地面用户。分包遥测采用分层结构，每一层实现不同的功能，使各种遥测数据复接到一个单一的物理射频信道上。分包遥测中定义了两种主要的数据结构。

（1）源数据包：其封装有一个源数据块，其中可包含辅助数据，并可由地面用户处理器直接解析。源数据包的包头中含有一个标识符，可用于将数据包发送至目的汇集点，包头中还含有关于数据包长度、顺序和其他特征的信息（图 10.36）。

（2）传输帧：其长度对于特定任务或特定卫星是固定的；传输帧嵌入了源数据包，通过传输介质进行带有差错控制的可靠传输。传输帧的帧头可使地面系统将源数据包传输至其预定目的地。

虚拟信道化用于多路复用机制，可以使产生数据包的各个源独占访问某个物理通道，其实现方式是以一帧接一帧的方式为数据包分配传输容量。因此，虚拟通道是一个给定的传输帧序列，这些帧被分配统一的标识符，使属于该序列的所有传输帧得到唯一的标识。图 10.37 给出了基于这种分层分包遥测结构的整体遥测数据流的示意图。

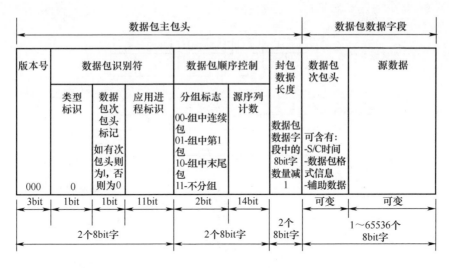

图 10.36 遥测源数据包格式
来源:由 CCSDS 提供转载。

3) 高级在轨系统(AOS)的相关建议

CCSDS 决定改进其常规数据包标准建议,以提供一套更加多样化和灵活的数据处理服务,满足 AOS 的需求。典型的 AOS 包括载人和有人照料的空间站、无人空间平台、自由飞行航天器,以及先进空间传输系统。其中许多系统都需要同时通过空间—地面、地面—空间和空间—空间的数据通道,以相对较高的综合数据速率同时传输多类数据(包括音频和视频),传统的遥测和遥控概念随之变得模糊起来。相反,地面和空间之间许多不同类别的数字信息业务传输广泛采用前向和后向空间链路作为双向传输通道。关于 AOS 链路的更多细节可查阅以下建议书:

(1) CCSDS 700.0-G-3:《高级在轨系统、网络和数据链路:概念、原理与性能总结》绿皮书,第 3 期,1992 年 11 月。

(2) CCSDS 732.0-B-3:《AOS 空间数据链协议》蓝皮书,第 3 期,2015 年 9 月。

为处理共享一条链路的不同类别的数据,这些建议书中提出了各种传输方案(如异步、同步、等时),并采用了不同的用户数据格式协议(如比特流、8bit 字数据块和分组数据)和不同等级的错误控制机制。同时,建议书中也包含了将商业化的地面网络协议搬至空间运行的能力。因此,这些建议书提出了一个与地面综合服务数字网络(ISDN)概念类似的空间适应性网络概念,称为 CCSDS 核心网络(CPN)。已制定的新协议包括:

(1) CCSDS 732.1-B-1:《统一空间数据链路协议》蓝皮书,第 1 期,2018 年

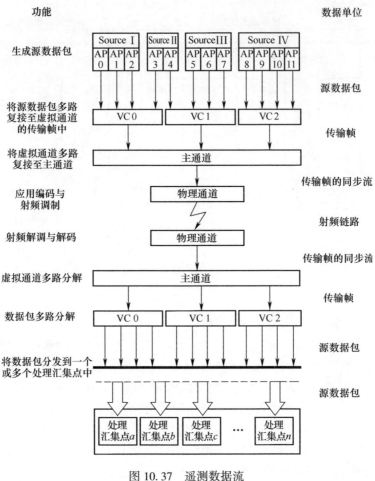

图 10.37 遥测数据流
来源:由 CCSDS 提供转载。

10 月。

(2) CCSDS 734.0-G-1:《空间时延容忍网络的原理、场景与要求》绿皮书,第 1 期,2010 年 8 月。

4) 空间通信协议规范(SCPS)

为促进与地面网络的兼容性并降低空间系统的开发成本,CCSDS 已开始将互联网协议(IP,即事实上的地面标准)应用于目前开发的 CPN 专用集成电路(ASIC)上。如图 10.38 所示,SCPS 使用了大部分的 IP 协议,并针对空间环境做出了一些适应性修改,如 2006 年出版的 CCSDS 714.0-B-2《SCPS 传输协议》蓝皮书。其目的在于瞄准下一代空间任务,促进航天器和地面网络间的融合组网。

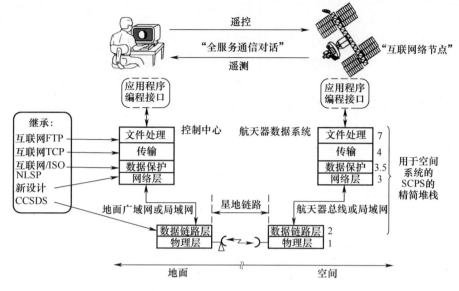

图 10.38　互联网协议针对 CCSDS 空间通信协议的适应性改造

10.5.5　星载数据管理

星载数据管理(OBDH)涉及以下内容。

（1）指令处理:指令信号的解码、验证、确认与执行(立即或推迟)。

（2）遥测信息的采集、压缩、编码与格式化。

（3）数据处理:与星载管理子系统本身(如时间、配置)以及卫星各子系统的要求有关的数据处理。

（4）数据存储:遥测数据、模式与软件。

（5）同步、数据定时与流量管理:星载时间管理,向子系统提供星载定时和时钟信号,事件和测量的日期确定,以及子系统间的流量管理。

（6）监测与控制:获取并分析监测和诊断参数,作出决策(例如切换为生存模式及重新配置),生成并执行适当的指令。

根据卫星的类型和其复杂性,这些功能并不都是必需的,尤其是早期通信卫星上与地面建链的 TTC 通道非常少(仅数十个),也就是说其星载管理十分初级。通道的数量后来有所增加(20 世纪 70 年代末达到数百个),但星载管理功能仍然有限,可以由两个特定的设备来实现:遥控指令译码器和遥测编码器。20 世纪 80 年代,卫星尺寸和复杂性的增加使得遥控和遥测通道数量也大幅增加,例如 Intelsat VI 的通道数达到 4400 个。同时,适用于空间环境的微处理器和大容量存储器也得到了发展。正是由于这些发展,使得 OBDH 系统可以与遥控遥测子系统一起基于数据传输总线的模块化形式进行组装。

10.5.5.1 集中式架构

OBDH 可以仅局限于对遥控信号进行解码和对遥测信号进行编码。与该设备的接口包括去向或源于相应射频设备(遥控接收机和遥测发射机)的一个由比特流调制的副载波,以及在有多个信号的链路上去向或源于卫星设备的遥控和遥测信号。图 10.33 给出了这种结构的结构图。

要实现的功能主要限于处理遥控指令信号(解码、验证和执行)与遥测信号(采集、格式化和确定日期):

(1)遥控译码器在恢复比特率后检测比特(一级同步),将各种格式成分(如地址和模式)从数据中分离出来(二级同步),并对各种设备通道的数据进行多路分解,然后再验证和传输执行指令。

(2)遥测编码器对模拟遥测信号进行模数转换,对不同信道进行复用,并通过添加标识符和同步比特生成数据格式,然后产生副载波并用比特流对它进行调制,以获得中频(IF)信号,进而在遥测发射机处调制遥测载波。

TTC 通道数量的增加会增加该设备的复杂性。此外,需要将各种电信号分别从卫星设备传输至 TTC 子系统,这需要大量电缆,进而带来质量增加(如 Intelsat VI 上的电缆长达 13km,重达 130kg),故这种结构不适合现代卫星。

10.5.5.2 模块化结构

系统架构采用分散式结构,以一条通信总线连接各个数据处理和操作设备(图 10.39)。模块包括指令译码器、数管主机(CTU)、数据总线和远置单元。

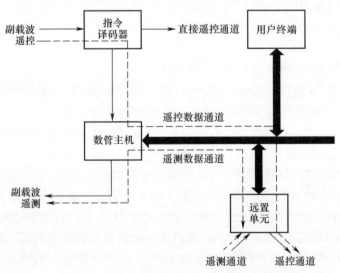

图 10.39 数据管理的模块化架构

1) 遥控指令译码器

与集中式架构一样，遥控指令译码器首先恢复比特流，然后将数据格式的各个组成部分分离。指令分为两类：一类由 CTU 处理，通过数据总线传输至相应的终端；另一类为高优先级指令，由译码器处理（直接遥控通道）。

2) 数管主机（CTU）

这种设备具有多种功能：

(1) 处理有关指令数据，并通过总线将其分发给各设备。

(2) 处理总线上的数据通信，定义星载时间，并将其分发给用户。

(3) 产生终端查询命令，采集遥测数据。

(4) 通过总线将来自远置单元的数据和其直接产生的数据进行多路复用，并将其进行格式化以产生遥测比特流。

(5) 使用比特流对副载波进行调制，以产生用于遥测发射机的中频信号。

如有需要，该设备还可以监测关键参数，并作出适当决策（如重新配置，切换为紧急模式等）。CTU 配有星载计算机，可提供所需处理能力。这种处理能力可以提供给各个卫星子系统，以便对与子系统有关的数据进行分时处理（集中处理）。

3) 数据总线

其在 CTU 与各单元间传输数据和时钟信号，在某些情况下还传输功率信号以激活继电器（连接或断开设备）。数据交换管理由协议制定。

4) 远置单元（RTU）

RTU 经 CTU 激活后执行以下功能：

(1) 从总线上获取指令数据和查询命令。

(2) 根据用户需求，以电信号的形式向相关设备传输指令。

(3) 将总线上的时钟信号传输给用户。

(4) 在各通道上获取用户的遥测信号，必要时进行模数转换与编码，并在总线上传输遥测数据（根据 CTU 的要求）。

RTU 用于将一些简单的设备连接至总线，这些设备没有内部控制能力（例如用于温度控制的继电器和加热器）。更复杂的设备已具有计算能力，因此它们直接连接到数据总线时，能够控制交换。智能终端单元（ITU）为远置单元和用户提供计算能力，在本地进行数据处理（分散处理，与 CTU 计算机的集中处理相反）。

一些由分散在卫星上的数个单元组成的子系统有各自的数据总线，这些数据总线可通过远程接口单元访问主数据总线。

10.5.5.3 数据总线接口与协议

为使用标准化的设备，需要制定标准规范单元间的接口和通信协议。用于通信卫星上本地内务数据网络的标准主要包括两个：ESA OBDH 标准（参见 ECSS-E

-ST-50-13C:《航天器上 MIL-STD-1553B 数据总线的接口与通信协议》,2008 年 11 月 15 日)和美国 MIL-STD-1553 B 标准(也可参见 MIL-STD-1553:《教程与参考》,阿尔塔数据技术公司,2015 年 1 月 5 日)。

1) OBDH 标准

数据总线由屏蔽双绞线上的一条查询线和一条响应线(全双工)组成。该标准定义了比特编码、数据结构、协议、用户界面等。该标准的特点包括:

(1) 兼容 PCM/TC ESA 与 PCM/TM ESA 标准。

(2) 两线制全双工总线协议(查询和响应)。

(3) 总线上可连接的用户数多达 31 个。

(4) 总线上的响应时间 $<140\mu s$。

(5) 总线上的数据速率 $\leqslant 500kbit/s$。

(6) 总线长度 $< 20m$。

(7) 可以分发 1~5 个时钟。

(8) 不会出现用户中断 CTU 的情况(CTU 总线管理通过轮询方式进行)。

(9) 无内部冗余或标准冗余。

(10) 译码器提供的直接开/关指令多达 2×48 个。

(11) 总线上每个 32bit 数据包的有效比特为 19 个。

(12) 板载时钟 4~6MHz,稳定性 $10^{-6}s/$ 年。

2) 1553-B 标准

数据总线由屏蔽双绞线上的单线(半双工)组成,在总线控制器(BC)和所有相关的远置单元之间提供单一的数据路径。由于采用了总线监控,1553 协议可确保在任何时刻只有一个终端在进行数据传输。该标准定义了比特编码、数据结构、协议、用户界面等。该标准的一般特点包括:

(1) 单线、半双工总线。

(2) 异步传输。

(3) 三种类型的单元与总线相连:总线控制器、远置单元、总线监控。

(4) 总线上可连接的用户数多达 31 个。

(5) 数据速率高达 1Mbit/s。

(6) 提供三种字格式:指令字、数据字、状态字。

(7) 两种终端操作模式:发送和接收。

(8) 一个给定的终端地址最多可以有 30 个子地址。

(9) 多达 32 个数据字,每个字的长度为 20bit,其中 16bit 为信息位。

(10) 采用曼彻斯特双相波形编码。

10.5.5.4 卫星控制

在某些情况下,卫星控制操作包括解析指令,以便根据卫星上的当前信息执行相应的动作。

在第一代卫星的初级星载管理架构下(见 10.5.5.1 节),测控站对遥测通道的信息进行分组和解析处理,并通过遥控通道发送相关决策指令。这种操作模式非常适合于地球静止通信卫星,这些卫星在测控站持续可见,管理简单(其 TTC 通道很少)。

由于卫星具备计算能力,使其可进行信息处理,并直接在星上产生适当的指令。这样可以减轻测控站的负担,并通过在故障情况下的自动重新配置增加卫星的可用性;对于在轨运行的卫星,即使在地球站看不到卫星的情况下,也可以考虑进行复杂的控制操作。

由此可以进行分层控制。第一层对应仍由测控站处理的操作和主要事件。第二层对应在卫星上直接处理的事件和操作。如果子系统本身能够控制其运行模式,并可在故障情况下进行重新配置(智能远置单元的分散处理能力),则可在分层控制架构中引入第三层。

10.5.6 跟踪

10.5.6.1 距离测量

距离测量通过特定的副载波完成,这些副载波调制遥控载波,经过接收机的相干解调,然后被用来调制遥测载波。将信号的初始相位与地面解调后的信号相位进行比较,可以得到往返时间。从该时间中扣除接收设备已知的精确时间延迟,便可计算出测控站与卫星的距离。

根据副载波的特性,可以采用各种调制方法,如固定频率(单音)、可变频率、伪随机(PN)序列调制等。目前使用的是单音系统,这种情况下的副载波为固定频率为 f 的正弦波。通过测量发送和接收单音信号间的相移(其值取决于测控站到卫星的距离 R,一次往返的轨迹长度为 $2R$),可以计算距离 R,有

$$\Delta\phi = 2\pi f(2R)/c \qquad (10.34)$$

式中:c 为光速。

表 10.9 距离模糊 ΔR 与单音信号频率 f 的关系

f	100kHz	20kHz	4kHz	800Hz	160Hz	32Hz	8Hz
ΔR/km	1.5	7.5	37.5	187.5	937.5	4687.5	18750

由于相移是以 2π 为模数进行测量的,其测量结果对于 R 的所有取值都能满足 $2\pi f(2R)/c = 2k\pi$,其中 k 为整数。距离模糊 ΔR 对应于当 $k=1$ 时的距离。表 10.9 给出了距离模糊 ΔR 与所用单音信号频率的关系。可以看出,对于地球静止卫星来说,单音信号的频率必须小于等于 8Hz,才能使测量结果消除距离模糊。

因此,单音信号频率的选择需要进行权衡考虑。一方面,为确保相位测量的准

确性,需要使用高频率信号(如100kHz);另一方面,信号频率必须足够低,使其波长相对于要测量的距离而言足够长,才能消除距离模糊。

可以通过同时发送两个单音信号来解决这一难题。两个单音信号中:一个为100kHz频率的主单音信号,以确保获得良好的测量精度;另一个为次单音信号,由主单音信号分频获得(因此两者同相),用于消除距离模糊。具体流程如下:首先将100kHz的主单音信号与一个20kHz的次单音信号(由主单音信号5倍分频获得)一起传送。在接收时,次单音信号与5个信号进行比较,这些信号由接收到的主单音信号5倍分频得到,相位以$2\pi/5$为等间隔。这些信号中仅有一个与收到的次单音信号同相,并被选中,如图10.40(a)所示,由此可以得到一个20kHz的次单音信号副本,但其具有100kHz单音信号的相位精度。该信号依次产生5个4kHz信号,每个信号相位间隔亦为$2\pi/5$,并依次与4kHz的新次单音信号进行比较,该新次单音信号已取代20kHz的发送信号(主单音信号保持连续传输,以确保接收时的信号副本的连续性)。5个信号中仅有一个是同相位的,并被选中。以上过程用800Hz、160Hz、32Hz以及8Hz的次单音信号重复进行。如此一来,通过对100kHz的主单音信号进行连续分频,便可得到8Hz的信号,而且其相位关系是已知的,如图10.40(b)所示。因此,将其与发送8Hz的次单音信号进行比较,就能以100kHz单音信号对应的精度来确定距离。

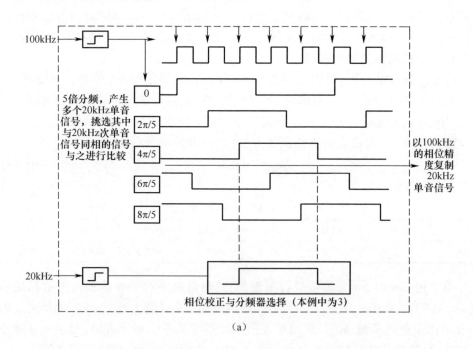

(a)

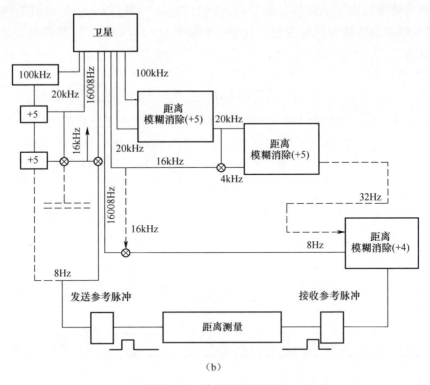

(b)

图 10.40　单音测距的原理

图 10.41 给出了调制遥测载波(由 40.96kHz 数据调制的副载波)或遥控载波(由 8kHz 数据调制的副载波)的信号频谱示例。次单音信号的频率在 16kHz 和 20kHz 之间转换,用以减少所需带宽(表 10.10)。

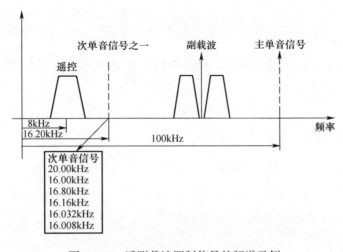

图 10.41　遥测载波调制信号的频谱示例

605

测量精度取决于单音信号频率、接收的信噪比、卫星设备中传输时间的稳定性,以及电离层传播时间的变化。对于一个频率为 f 的单音信号,其距离误差的均方根值为

$$S_{\text{err}} = \frac{c}{4\pi f}\left(\frac{k}{\sqrt{S/N}}\right) \qquad (10.35)$$

式中:$k/\sqrt{(S/N)}$ 为相位误差均方值,k 为一个常数,取决于所使用的接收机结构;S/N 为相位检测器的输入信噪比。对流层传播时间的变化会造成 0~300m 的误差(2GHz 频率下),但此项可以单独估算。距离测量的误差可以控制在几十米左右。

表 10.10 主单音信号与次单音信号

主单音	分频倍数	虚拟次单音/Hz	传送单音/Hz
100kHz	5	20000	20000
	5	4000	16000
	5	800	16800
	5	160	16160
	5	32	16032
	4	8	16008

10.5.6.2 径向速度测量

径向速度(距离变化率)可通过测量多普勒效应获得,必须确保转发器上、下行载波之间的频率及相位一致。下行载波的标称频率 f_d 可表示为

$$f_d/f_u = 240/221 \qquad (10.36)$$

式中:f_u 为上行载波的标称频率。若卫星相对于测控站的速度为 V_r,则在星上收到的频率为

$$f_u^* = f_u[1 + (V_r/c)] \quad (\text{Hz}) \qquad (10.37)$$

式中:c 为光速。

在此基础上乘以比值 240/221 便可得到下行链路的重传频率,则测控站收到的频率为

$$f_d^* = (240/221)f_u[1 + (V_r/c)]^2 \qquad (10.38)$$

考虑到 V_r 的数值相对于 c 非常小,则有

$$f_d^* = (240/221)f_u[1 + (2V_r/c)] \qquad (10.39)$$

因此,径向速度可表示为频率差 Δf 的函数,该频率差表示接收频率 f_d^* 与下行链路标称频率 f_d 之间的差值,且 $f_d = (240/221)f_u$,则有

$$V_r = -(c/2)(221/240)\Delta f/f_u \quad (\text{m/s}) \qquad (10.40)$$

径向速度的测量要求转发器在相干模式下工作,这与常规的非相干模式不同(相干模式下,下行链路的载波从星载本振产生)。模式选择通过遥控指令实现。

10.6 热控制与结构子系统

热控制旨在使卫星设备的温度保持在一定的范围内,确保其正常工作,并提供标称性能,同时避免设备非工作时出现任何不可逆的性能恶化。卫星结构子系统的目标与之相同,必须将将温度控制在平均温度范围内,尽量减少结构变形,并保证姿态稳定敏感器与天线的精确对准。

10.6.1 热控制具体要求

热控制必须根据运行和转移阶段的限制条件进行优化。受不同轨道与姿态、远地点发动机状态等因素的影响,这些约束条件的差异很大。

因此,热控制的目标是将设备保持在规定的温度范围内,且其目标在设备工作时和待机时有所不同。同时,设备的行为可因其是否运行而不同。当设备工作时,通常会产生热量,热控制必须将其去除;而设备待机时,在某些情况下必须对设备进行加热,以避免温度过低。最后,还必须考虑温度梯度(关于时间)的最大值。

10.6.1.1 特定温度范围

不同设备需要保持的温度范围差异很大,下面给出了不同设备的工作温度范围示例。

(1) 天线:$-150℃ \sim +80℃$。
(2) 电子设备:$-30℃ \sim +55℃$(待机);$+10℃ \sim +45℃$(工作)。
(3) 太阳能发电机:$-160℃ \sim +55℃$。
(4) 电池:$-10℃ \sim +25℃$(待机);$+0℃ \sim +10℃$(工作)。
(5) 太阳敏感器:$+30℃ \sim +55℃$。
(6) 推进剂储箱:$+10℃ \sim +55℃$。
(7) 火工品单元:$-170℃ \sim +55℃$。

设备入轨后预期将处于以上温度范围,这就意味着设备的设计工作温度或最大耐受温度实际上已超出其标称温度范围。通过在预期温度范围限制基础上引入建模误差,即可得到设备标称性能所必需的温度范围定义。同时还可以规定一个更广的温度范围——在该范围内设备不得出现不可逆的性能退化。

10.6.1.2 空间环境特点

空间环境的特点将在第 12 章中介绍。就热控制而言,图 10.42 中给出了其中最相关的特性。应注意,卫星受到三个辐射外热流(太阳辐射、地球红外辐射和行星反照)的影响,这些辐射源具有不同的谱分布与几何形式,被卫星表面吸收的程度也有所不同。星蚀以及姿态和距离的变化会在一段时间内改变辐照条件,冷空气吸收了来自卫星的所有辐射,真空环境可以防止对流。

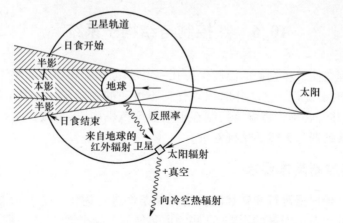

图 10.42　对热控制影响较大的空间环境特性

10.6.1.3　热控制原理

设备的平均温度是多种热量均衡的结果,包括设备内部产生的热量、设备表面吸收与辐射的热量,以及通过设备的机械安装传导接收或发散的热量。

卫星的平均温度是其内部产生热量、表面吸收热量以及表面辐射热量之间的均衡结果。因此,热控制包括以下内容:

(1) 调整卫星各部分间的热传导,以促进两点间通过传导进行热交换(选择材料、导热面和导热区域,或使用导热管等)或限制其热交换(使用绝热材料等)。

(2) 利用表面的热光学特性(如辐射率和吸收率)促进热传导(如辐射释放热量),同时使用光学太阳能反射镜(OSR)最大限度地减少捕获的热量。

(3) 必要时提供主动热控(电加热器)。

(4) 利用某些表面将热量向深空辐射,从而降低温度(例如红外探测器)。

热控制既可以为被动控制,也可以为主动控制,但由于前者实现简单、成本低、可靠性高,故实际中尽可能采用被动控制。

10.6.2　被动控制

被动控制主要基于表面材料的吸收与辐射特性。吸收率 α 定义为单位表面积吸收的功率与入射功率的比值。辐射率 ε 定义为单位表面积的辐射功率与一个黑体单位表面积的辐射功率之比。理想黑体的单位表面积辐射功率(W/m^2)为 σT^4,其中 T 为黑体的温度(K), $\sigma = 5.67 \times 10^{-8} W/m^2 K^4$ 为斯特藩-玻尔兹曼常数(见 12.3 节)。

根据所使用的材料,吸收率 α 和辐射率 ε 的取值在 0~1 不等。对于某一给定材料,其比值 α/ε 对确定表面暴露在阳光下的平均温度最为重要。

10.6.2.1 表面类型

所使用的各类表面包括:

(1) 白色涂料吸收红外辐射(行星反照)并反射太阳辐射热流。在阳光下,比值 α/ε 很小(ε 可达到 0.9,α 约为 0.17),因此使用该涂料的表面温度较低(-150℃ ~ -50℃)。

(2) 黑色涂料吸收所有波长,其辐射率高($\varepsilon=0.89$),吸收率高($\alpha=0.97$)使用该涂料的表面阳光下的温度高于 0℃。

(3) 铝粉涂料辐射率低(ε 约为 0.25),吸收率低(α 约为 0.25),在阳光下的平衡温度接近 0℃。由于其辐射率低于黑色涂料,故采用铝粉涂料的表面在阴影区比黑色涂料表面的温度更高。

(4) 抛光金属吸收太阳光谱的可见部分(太阳能吸收器),但反射红外辐射。由于其比值 α/ε 很大(如金的 $\varepsilon=0.04$,$\alpha=0.25$),抛光金属表层在阳光下温度较高(50℃ ~ 150℃)。

热控涂层的热光学特性受到多种因素的影响,包括由于表征错误而造成的不确定性和变化、制造过程中的可重复性问题、对污染的敏感性,以及由于空间环境的作用造成的性能退化。

为限制热量交换,可以使用超隔热材料或多层隔离(MLI)材料进行隔热。这种填充材料由多层双面镀铝的聚酰亚胺薄膜组成,并用一种低导热率的材料(涤纶网)隔开。外层仅在内表面镀铝,对于温度不超过 150℃ 的情况,采用聚酰亚胺薄膜材料(具有金色外观);对于高温(可高达 400℃)情况,则使用钛合金材料,这种材料的导热率大约为 $0.05\text{W}/\text{m}^2\text{K}$。

10.6.2.2 散热面

通信设备(如功率放大器)散热使用吸收率和辐射率比值非常低的散热器。这些散热器的表层能够有效地辐射产生的热量,同时吸收尽可能少的太阳辐射。散热器采用反面镀银的二氧化硅条,作为光学太阳能反射镜(OSR),或由几片塑料材料(聚四氟乙烯、聚酰亚胺或聚酯薄膜)制成,在反面镀银或铝,作为二次表面镜(SSM)。

将一颗通信卫星上的有效载荷所产生的热功率辐射出去所需的表面积 S 可通过以下方式进行快速估计:当达到平衡温度 $T(\text{K})$ 时,热功率 P(以瓦为单位的热量)与从太阳吸收的功率之和等于所用散热表面辐射的功率,即

$$P + \alpha\phi S = \varepsilon v S \sigma T^4 \tag{10.41}$$

式中:α 和 ε 分别为散热器的吸收率和辐射率;ϕ 为太阳辐射热流密度(W/m^2),取决于地球与太阳之间的距离和入射角;S 为辐射表面积(m^2);v 为散热面的视

角系数。

视角系数是被障碍物(如太阳帆板)阻挡(遮挡)的表面上方空间占整个 2π 球体的百分比的补数。对于一个三轴稳定的卫星,散热面安装在卫星的南北两侧。与南北轴线对齐安装的太阳帆板遮挡了散热器的部分空间。通常情况下,该系数 v 的取值在 $0.85\sim0.9$ 之间。这个系数只适用于辐射功率中的相应项。就吸收功率而言,考虑到入射角,几乎全部表面都参与了对太阳能辐射热流的吸收。

在平衡温度为几十摄氏度(30℃~40℃)的情况下,表面积 S 应在最不利的情况下计算,即在寿命末期(由于材料老化,α 达到其最高值)以及一年中表面捕获太阳能辐射通量(与表面的方向有关)最大的时刻(见12.3.1节)。

当表面垂直于赤道平面时,有

$$\phi = \cos\partial \times d^{-2} \times 1370\text{W/m}^2$$

式中:∂ 为赤纬;d 为太阳的距离,单位为天文单位(AU)。最不利的情况发生在春分前,由图12.3可见,此时 $\partial = 4.3°$,$1/d^2 = 1.011$,故 $\phi = 1.008 \times 1370\text{W/m}^2$。

当表面平行于赤道平面时,有

$$\phi = \cos(90° - \partial) \times d^{-2} \times 1370\text{W/m}^2$$

最不利的情况出现在以下情况:

(1) 对于位于卫星南侧的表面,出现在冬至点前。由图12.3可见,此时 $\partial = 23.5°$,$d^{-2} = 1.033$,故有

$$\phi = 0.412 \times 1370\text{W/m}^2$$

(2) 对于位于卫星北侧的表面,出现在夏至点时。由图12.3可见,此时 $\partial = 23.5°$,$d^{-2} = 0.965$,故有

$$\phi = 0.385 \times 1370\text{W/m}^2$$

可以明显看出,当表面平行于赤道平面时,ϕ 的值更小,这印证了在三轴稳定卫星的南北面板上安装散热面的合理性。当散热面未经太阳照射时(对于卫星南侧的表面,出现在春分点和夏至点时),表面(表面积大小已在最不利的情况下确定)的平衡温度可通过将 $\phi = 0$ 代入式(10.41)中进行计算。该温度不应低于安装在该表面上的设备的温度范围。

10.6.2.3 三轴稳定卫星的计算示例

通信有效载荷需要 5400W 的直流功率,发射功率与直流功率的比值效率为 50%。假设卫星具备以下特性:

(1) 需要耗散的热量 $=5400\times0.5=2700\text{W}$(假定在南北两侧平均分配,即每侧 1350W)。

(2) 在轨运行10年时间后,散热器经过远地点发动机的点火影响,其吸收率 $\alpha = 0.17$(发射时为0.04,远地点发动机点火后为0.07,每在轨一年该值的绝对衰减量为0.01)。

(3) 辐射器的 $\varepsilon = 0.75$。
(4) v 视为 1。
(5) 散热器的平衡温度 $T = 32℃ = 305K$。
由式(10.41)可得
$$S = P/(\varepsilon v \sigma T^4 - \alpha \phi)$$
南侧安装的表面面积为
$S = 1350/(0.75 \times 5.67 \times 10^{-8} \times 305^4 - 0.17 \times 0.412 \times 1370) = 4.96 m^2$
北侧安装的表面面积为
$S = 1350/(0.75 \times 5.67 \times 10^{-8} \times 305^4 - 0.17 \times 0.385 \times 1370) = 4.85 m^2$
夏至点时,南侧散热面的平衡温度可表示为
$T = (P/S\varepsilon\sigma)^{1/4} = (1350/4.96 \times 0.75 \times 5.67 \times 10^{-8})^{1/4} = 282K = +10℃$

以上均假设散热器耗散的热量均匀地分布在表面上,故散热面上所有点的温度一致。由于热量是由安装面积相对较小的设备(如行波管)产生的,因此需要将设备的热量散布到整个表面,这可以使用导热管实现(见10.6.3节)。

10.6.3 主动控制

主动控制作为被动控制的补充,主要包括:
(1) 由温度控制器或指令控制的电阻加热器。
(2) 可移动的百叶窗(马耳他十字形或百叶形):基本覆盖散热面,并由温度传感器(双金属条)或指令控制。
(3) 导热管(亦可归类为被动热控制):通过管两端的连续汽化和冷凝,在小温差下将热量从热点传递到散热器(图10.43)。

由于所用液体的比热值很高,导热管提供的热传递能力很强,用于将设备耗散的热量分散到散热片表面。导热管可以埋在形成面板的蜂窝结构中,也可以用来连接南北两面,以平衡面板在冬至点时的温度。

10.6.4 结构子系统

结构子系统的功能可分为机械功能、结构功能以及其他功能。

10.6.4.1 机械功能

机械功能具体包括:
(1) 支撑星载设备,特别是在运载火箭发射阶段的力学环境最为恶劣(图12.7)。
(2) 通过多种分离和部署操作,将卫星从发射阶段的配置调整为工作配置,并承受过程中产生的作用力(如部署太阳能帆板和天线)。
(3) 为卫星提供所需的刚度(运载火箭和附件分离)。

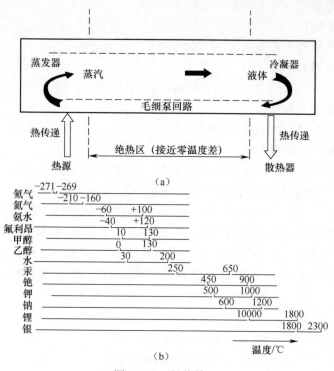

图 10.43 导热管
(a)工作原理;(b)工作温度范围。

(4)支持在地面对卫星进行操控。

10.6.4.2 结构功能

结构功能与卫星的表面形态和体积要求有关,具体包括:

(1)为卫星设备(如转发器和天线)提供足够的安装表面。

(2)在卫星与整流罩之间预留足够的空间,以容纳折叠的附件(如天线和太阳能发电机)。

(3)在卫星集成期间提供足够的设备可及性。

(4)保证各种设备(特别是敏感器和天线)精确、稳定的安装位置。

(5)为散热面提供足够的空间,使其在卫星上的部署位置相对于功率放大器的安装面合理可行。

(6)为运载火箭和整流罩提供接口。

10.6.4.3 其他功能

以下功能不直接属于直接机械或结构功能:

(1)为设备提供参考电位。

(2) 确保卫星不同部分的电位相同,以避免出现不受控制的放电情况。
(3) 满足热控制的要求(如满足不同点之间的热导率值,以及支撑隔热材料)。
(4) 保护部件免受辐射和高能粒子辐照的影响。

10.6.4.4 材料使用

该子系统的基本特性需在轻量化与抗变形能力间进行权衡。由于沿卫星主轴线的作用力原则上是最大的(具体取决于卫星在运载火箭上的安装配置及远地点发动机的类型)。通常采用一种基于中心管的结构,中心管内包含固体远地点发动机;若卫星采用统一推进,则中心管内包含推进剂储箱(图10.1)。

目前的技术可使结构质量控制在卫星总质量的5%以内,这是通过使用铝镁合金、蜂窝板、粘合组件和基于碳纤维的复合材料(用于太阳帆板和天线支架)来实现的。铍的使用因其成本过高而受到限制。

10.6.5 总结

前面几节阐述了热控制的目标与相关技术,以及其对卫星结构的影响。需要强调的是,姿态稳定程序的选择对于热控制子系统的设计和结构子系统的总体架构有较大的影响。推进系统的类型(固体或液体推进剂远地点发动机)也会影响卫星的架构。

自旋稳定卫星和三轴稳定卫星在这些问题上具有一定差异。例如,对于自旋稳定卫星来说,其自身的旋转确保了卫星本体的各个侧面在不同辐射源下的暴露条件是一致的,然而,三轴稳定的卫星却并非如此。结构子系统的架构也受到旋转对称性的影响。自旋稳定的主要问题在于可用于安装设备(包括太阳能电池和光学太阳能散热器)的表面有限,因此仅支持有限容量的通信任务(总射频功率约1200W),该数值远低于现在的一般任务要求。

通信卫星上可用于安装散热面的面积是决定卫星可辐射最大热功率的因素之一。由于运载火箭整流罩对航天器尺寸的制约,在有效载荷功放的发射功率/总功率一定的情况下,卫星所能提供的电功率(以及相应的容量)受限于散热面的有限安装空间。使用效率较高的功放可以突破这一限制。另一种解决方案是使用可展开的散热器,通过柔性导热管连接到热源,增加可用的散热面积。

10.7 发展与趋势

卫星通信领域经过近30年的蓬勃发展,卫星尺寸与功率不断增加。Intelsat I 卫星在寿命初期时的质量为40kg,而星上可用功率仅为33W。20世纪80年代末,Intelsat VI 卫星在寿命初期的质量为2500kg,功率为2200W,地球静止转移轨道时的质量达到4170kg[NEY-90]。为应对近年来不断增长的通信需求,通信卫星的体积越来越大。在世纪之交,用于电视广播和移动应用的卫星在地球静止转移轨道时的质量通常为 3500~5000kg,寿命初期的质量为 2200~3000kg,并可提供 8~12kW 的直流功率。

航天工业致力于增加未来高数据率多媒体卫星的质量(重达 7~10t)与功率(高达 20kW)。同时,技术的进步使得在轨卫星的质量和功率可以得到更好的利用;通过使用更复杂的有效载荷可以带来一系列好处,例如,获得更高的通信能力与质量和功率的比值,提升电源系统(太阳能电池与配电)的效率、电池的比能以及推进系统的性能,减少卫星实现同等速度增量所需的推进剂质量等。

技术的发展(例如更高的太阳能电池与蓄电池效率、轻质结构与天线、更高的推进剂比冲、更高的行波管效率等)使卫星能够以有限的质量增加实现电功率的大幅提高,因而具备更高的通信任务执行能力。

目前的通信卫星可分为以下几类。

(1)小型卫星:寿命初期质量低于 1000kg,可满足 20 世纪 80 年代的国内服务需求。

(2)中型卫星:寿命初期质量在 1000~3000kg 之间,适用于多种应用。

(3)大型卫星:寿命初期质量超过 3000kg,用于需要高电功率的特定应用(如直接电视广播、移动业务、甚小口径天线地球站通信、多媒体等)。

其中,绝大部分卫星都是地球静止卫星。尽管通信服务的首选依然是地球静止轨道,但非地球静止轨道(NGSO)也正在得到卫星移动业务的青睐(见 2.2 节)。

另外,微小卫星(质量低于 100kg)可以提供电子邮件、数据采集和寻呼等应用。

就大中型卫星而言,目前各种平台子系统的架构和技术间的最佳权衡如下:

(1)利用角动量(其方向可能可控,也可能不可控)借助三轴稳定进行姿态控制,结合使用太阳翼或电磁线圈对扰动扭矩进行补偿。

(2)双组元统一推进系统,用于轨道注入和在轨运行阶段的轨道控制,同时使用电推进器进行南北向控制。

(3)电源系统采用可展开部署的太阳能发电机,并使用砷化镓电池、镍氢电池以及锂离子电池。

(4)通过稳压母线进行配电(可使用串联调节器来代替传统的并联调节器)。

(5)采用基于数据交换总线的模块化分散架构进行遥控、遥测和跟踪管理。

(6)利用导热管网络进行热控制,以优化散热面的使用,并使用可展开的散热器。

(7)结构子系统使用碳纤维等复合材料。

目前,以上这些技术在各卫星制造商提供的平台上广为使用,如 Eurostar(阿斯特里姆公司)、HS602(波音公司)、A2100(洛克希德-马丁公司)、Spacebus(泰雷兹-

阿莱尼亚宇航公司)、1300系列(劳拉空间系统公司)等。还有一些采用各种新式技术的实验卫星平台,如 Stentor(国家空间研究中心 CNES)以及 ETS-VIII(日本)。

最新的多用途 Alphabus 平台主要面向高功率有效载荷的电信卫星市场[BER-07]。其上限性能可使客户能够充分利用新一代 5m 整流罩商业运载火箭的能力,尽量增大有效载荷体积和发射质量。在其下限性能下,该平台仍然可与 4m 整流罩兼容。Alphabus 平台上可以搭载各种商用有效载荷,以提供电视广播、多媒体、互联网接入以及移动或固定电信服务。

Alphabus 平台的研发合同包含一条完整产品线的开发与实现,其标称能力如下。

(1) 寿命:15 年。
(2) 有效载荷功率:12~18kW(调节功率)。
(3) 卫星质量:最高达 8.1t(发射时)。
(4) 有效载荷质量:最高达 1200kg。
(5) 典型有效载荷能力:最多达 200 个转发器,相当于 1000 多个电视频道(SDTV)和 20 多万个音频通道。

Alphabus 产品线考虑了未来扩展能力,在其升级版本中将提供更高的有效载荷功率(最高达 22kW)、更高的有效载荷耗散,以及更高的有效载荷质量(最高达 1400kg)。

Alphabus 产品线具备以下主要特点。
(1) 结构:采用中心管,外加碳铝板。
① 截面:2800mm×2490mm。
② 运载火箭接口:1666mm。
(2) 化学推进:
① 500N 远地点发动机与 16×10N RCT 推进器。
② 两个推进剂箱(双组元最大质量 4200kg)。
③ 氦气罐(2×150L)。
(3) 电推进:
① 氙气罐(最大 350kg)。
② 基于推进器定向结构的 PPS 1350 推进器。
(4) 发电与配电:
① 两个砷化镓太阳能阵列翼,配有 4~6 个帆板。
② 电源和配电系统可提供 100V 和 50V 稳压母线。
③ 模块化锂离子电池。
(5) 模块化设计理念:安装部署更便捷,且装配和测试更高效的天线模块。
(6) 姿态与轨道控制系统(AOCS):

① 陀螺仪。
② 恒星敏感器与太阳敏感器。
③ 反作用轮。

(7) 通过 1553 总线处理有效载荷的数据。

欧洲卫星产业界通过 Alphabus 平台产品线大幅拓展了其通信卫星的能力,特别是在最大有效载荷功率和质量方面都大大超越现有平台,如 EurostarE3000/Eurostar Neo[AIR-19]和 Spacebus 4000/Spacebus Neo[THA-19]。以上进展由欧洲空间局和法国国家空间研究中心主导,反映出欧洲国家对于大型通信有效载荷的市场需求与日俱增,通过合作研发以适应新兴宽带、广播和移动通信业务的发展。

凭借在该领域的深厚经验,空中客车集团防务与航天公司和泰雷兹-阿莱尼亚宇航公司作为联合主承包商不断引邻着欧洲 Alphabus 产业团队。它们已将 Alphabus 平台市场化,作为现有卫星平台产品线的补充,拓展其卫星载荷能力。如今,他们已为新卫星开发了新的平台,如 Eurostar Neo 和 Spacebus Neo。

参 考 文 献

[AIR-19] Airbus Space. (2019). Eurostar Series:Eurostar E3000 and Surostar NEO. https://www.airbus.com/space/telecommunications-satellites/eurostar-series.html.

[BER-07] Bertheux, P. and Roux, M. (2007). The Alphabus product line. Paper B2.4.06, presented at the International Astronautics Conference, IAC-07.

[ETSI-17] ETSI. (2017). Satellite earth stations and systems (SES); radio frequency and modulation standard for telemetry, command and ranging (TCR) of communications satellites. EN 301926 V1.3.1.

[ETSI-18] ETSI. (2018). Satellite earth stations and systems (SES); technical analysis for the radio frequency, modulation and coding for telemetry command and ranging (TCR) of communications satellites. TR 103 956 V1.1.1.

[FRE-78] Free, B.A., Guman, W.J., Herron, G., and Zafran, S. (1978). Electric propulsion for communications satellites. In: *AIAA 7th CSSC*, San Diego, 746-758. AIAA.

[HUM-95] Humble, R., Henry, G., and Larson, W. (1995). *Space Propulsion Analysis and Design*. McGraw Hill.

[MES-93] Messerschmid, E.W., Zube, D.M., Kurtz, H.L., and Mesiger, K. (1993). Development and utilization objectives of a low power Arcjet for the P3D (Oscar) satellite. Paper 93-056, presented at the 23rd International Electric Propulsion Conference.

[MOB-68] Mobley, F.L. (1968). Gravity gradient stabilization result from the Dodge Satellite. Paper 68-460, presented at AIAA, San Francisco.

[MOR-93] Morozo, A. (1993). Stationary plasma thruster (SPT); Development steps and future perspectives.Presentation at the 30th International Electric Propulsion Conference (IEPC), Florence, Italy.

[MOS-84] Moseley, V.A. (1984). Bipropellant propulsion systems for medium class satellites. Presentationat the 10th Communication Satellite Systems Conference.

[NEY-90] Neyret, P., Dest, L., Hunter, E., and Templeton, L. (1990). The Intelsat VII spacecraft. In: *AIAA 13th International Communication Satellite Systems Conference*, Los Angeles, May, 95-110. AIAA.

[THA-19] Thales Alenia Space. (2019). Spacebus NEO: a flexible, competitive platform, compatible with all launchers. https://www.thalesgroup.com/en/activities/space/telecommunications.

[WER-78] Wertz, J.R. (1978). *Spacecraft Attitude Determination and Control*. Kluwer AcademicPublishers.

第 11 章 卫星部署与运载火箭

此前的章节均假设系统处于标称运行配置以及卫星在轨,从而对所提供的服务类型、所使用的通信技术、轨道和系统组件进行依次介绍。接下来则将介绍系统的搭建——这对于整个系统成功投入运行至关重要。本章将介绍卫星发射至预定轨道所涉及的具体功能,并且对运载火箭的部分特性进行描述。近 10 年来运载火箭技术取得了显著进步,使得更大型的航天器能够更快、更经济地发射到太空。与此同时,更多人开始对太空中航天器数量的激增表示担忧,因此需要及时采取措施,避免太空污染危及未来的太空任务。

11.1 在 轨 部 署

11.1.1 基本原理

在轨部署是指将卫星从地球表面的发射场送至其标称轨道的过程。运载火箭具有多种相关的辅助推进系统,用于将卫星入轨的过渡轨道称为转移轨道。借助转移轨道的过程是基于霍曼转移,使卫星能够以最低的能量消耗从低圆形轨道移动至高圆形轨道[HOH-25]。第一个速度增量将低圆形轨道变为转移轨道——转移轨道是一个椭圆轨道,其近地点高度是圆形轨道的(近地点)高度(速度增量矢量垂直于轨道的半径矢量),其远地点高度取决于所施加的速度增量的大小。在转移轨道的远地点进行的第二次速度增量可以在远地点的高度产生圆形轨道(速度增量矢量垂直于轨道的半径矢量)。

图 11.1 显示了地球静止卫星的轨道转移过程,并将作为本章其他部分的参考(目前大多数通信卫星都是地球静止卫星,未来将很快出现更多低地球轨道(LEO)和中地球轨道(MEO)卫星星座)。卫星借助发射系统送入转移轨道,再经转移轨道抵达高度为 35786km 的赤道圆形轨道。轨道的圆形化是通过在转移轨道的远地点提供速度冲量来实现的。

根据发射系统的不同类型,上述过程可由下列方法之一执行:

(1) 卫星借助某种推进系统由 LEO 进入转移轨道(可以通过近地点级或近地点发动机,具体取决于推进系统是否独立于卫星)。通过美国航天飞机、空间传输系统(STS)或大力神(Titan)运载火箭(1959 年至 2005 年期间使用的一系列美国

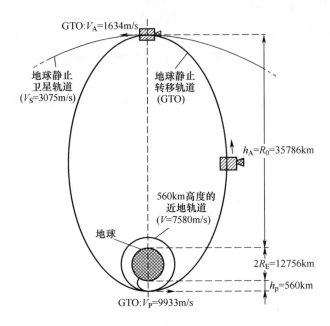

图 11.1 由近地轨道到地球静止轨道的转移过程

火箭)发射卫星均属于该类型的发射过程。在远地点提供第二个速度增量以将轨道圆形化,该过程既可以通过一个独立的转移级实现,也可以借助卫星上集成的远地点发动机实现。

(2)卫星直接送入地球静止转移轨道(GTO)。运载火箭必须在椭圆轨道的近地点向卫星提供适当的速度,椭圆轨道的近地点高度是入轨点的高度(近地点入轨),远地点高度是地球静止卫星轨道的高度。多数常规运载火箭均属于该类型的发射过程,例如阿丽亚娜(1980 年以来投入使用的欧洲运载火箭系列)与阿特拉斯(20 世纪 50 年代后期开发的导弹与运载火箭系列)。卫星远地点发动机需在转移轨道的远地点提供速度增量以使轨道圆形化。

(3)运载火箭本身可以将卫星送入地球静止轨道(GEO)。运载火箭依次提供使卫星(与运载火箭末级)进入转移轨道所需的速度增量和使轨道圆形化所需的速度增量。部分常规运载火箭使用这种方法,如质子火箭(苏联于 1965 年开发的火箭系列,2018 年后由新的安加拉系列取代)。

精确确定转移轨道的各项参数需要在几段连续的轨道上进行轨迹跟踪。为避免大气阻力对连续轨道的过度扰动,选择的近地点高度不得低于 150km,通常为 200~600km。

11.1.2 速度增量计算

11.1.2.1 轨道速度

通过关系式 $V^2 = 2\mu/r - \mu/a$ 可以计算转移轨道近地点与远地点的速度(见 2.1.4.2 节),其中:a 为椭圆的半长轴;μ 为地球的引力常数(μ = 3.986 × $10^{14} \mathrm{m^3 s^{-2}}$);$r$ 为地心至椭圆上参考点的距离,该点以速度 V 移动。椭圆半长轴的值为

$$a = [(h_\mathrm{P} + h_\mathrm{A})/2] + R_\mathrm{E} \tag{11.1}$$

式中:h_P 与 h_A 分别为近地点与远地点的高度;R_E = 6378km 为地球半径。近地点高度取 560km(注:阿丽亚娜 5 型与 6 型设定近地点高度为 250km 的参考轨道)[AR5-16,AR6-18],则半长轴可表示为

$$a = (560 + 35786)/2 + 6378 = 24551 \mathrm{km}$$

因此,在近地点处,有 r_P = 6938km,V_P = 9933m/s;在远地点处,有 r_A = 42164km,V_A = 1634m/s。

11.1.2.2 卫星直接送入转移轨道

大多数常规运载火箭将卫星送入转移轨道的近地点,因此运载火箭应以平行于地球表面的速度矢量(垂直于半径矢量,从而使得入轨点为近地点)将卫星运送至所需高度 h_P。

近地点处所需的入轨速度为

$$V_\mathrm{P} = \sqrt{[(2\mu/(R_\mathrm{E} + h_\mathrm{P})) - (\mu/a)]} \quad (\mathrm{m/s}) \tag{11.2}$$

11.1.2.3 共面速度增量

若假设连续轨道都处于同一平面上,则由某一轨道转移至另一轨道所需的速度增量等于卫星在最终轨道与初始轨道上的速度差。

对于转移轨道远地点的圆形化,由于地球静止卫星的速度为 3075m/s,因此需要提供的速度增量为

$$\Delta V = 3075 - 1634 = 1441 \quad (\mathrm{m/s}) \tag{11.3}$$

可通过类似方式计算低圆形轨道近地点处的速度增量。

11.1.3 倾角修正与圆形化

上述讨论中所有的轨道变化都发生在同一平面内。若最终轨道为地球静止卫星轨道,则初始轨道必须在赤道平面内。那么决定轨道倾角的参数有哪些?若转移轨道的倾角不为零,应该怎么办?

11.1.3.1 运载火箭提供的初始轨道最小倾角

运载火箭从发射基地 M 起飞并沿着飞行轨迹运行,飞行轨迹所处的平面包含地心且由矢量 $\boldsymbol{U}$(速度矢量 $\boldsymbol{V}$ 在水平面上的投影)及发射方位角 A 确定。沿 $\boldsymbol{OM}$

与 U 方向的单位矢量的分量为(图 11.2)

各方向单位矢量	OM	U
延 x 轴分量	$\cos l$	$-\sin l$
延 y 轴分量	0	$\cos(90°-A) = \sin A$
延 z 轴分量	$\sin l$	$\cos l$

其中:l 为发射基地的纬度,沿矢量积 $OM \wedge U$ 方向的单位矢量垂直于轨道平面,其沿 Oz 的分量为

$$\cos i = \sin A \cos l \tag{11.4}$$

式中:i 为包含运载火箭轨迹的平面的倾角。

若运载火箭的轨迹在一个平面上,则该平面的倾角 i 大于或等于发射基地纬度 l。由于每次改变该平面的机动控制都会导致机械约束及额外的能量消耗,因此轨道在同一平面内是最常见的设置。

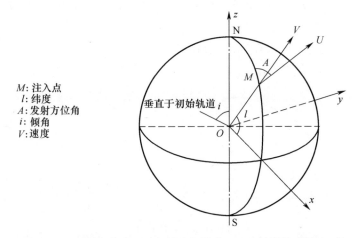

图 11.2 发射方位角 A、发射基地纬度 l 以及转移轨道倾角 i

当发射方位角 $A = 90°$(向东发射)时得到的倾角最小,即发射基地纬度。向东发射还可以最大程度地利用地球自转引入的速度。为轨道计算的速度是相对于空间中固定参考系的绝对速度。在起飞瞬间,运载火箭(及卫星)与自转中的地球耦合,因此在轨道平面上受益于地球自转引入的速度 V_i,即

$$V_i = V_E \sin A \cos l \quad (m/s) \tag{11.5}$$

式中:$V_E = \Omega_E R_E = 465 \text{m/s}$ 为地球赤道上点的线速度;$\Omega_E = 2\pi/86164 \text{rad/s}$ 或 $\Omega_E = 360/86164(°)/\text{s}$ 为地球自转角速度(见 2.1.5 节);$R_E = 6378 \text{km}$ 为平均赤道半径。应注意在某些情况下,地球自转引起的速度可能是不利的,特别是需要得到极地轨道或大于 $90°$ 的倾角(逆行轨道)时,这种情况下需要提供额外的能量,发射基地纬度越低,所需能量越多。

若不进行运载火箭的机动控制,则零倾角轨道要求发射基地位于赤道上,同时该情况下由地球自转引起的速度分量为最大。如果发射基地的纬度非零,则得到的轨道倾角不为零,必须进行倾角修正机动。例如,当从隶属东部试验场(ETR)、位于28°N、坐落于佛罗里达州卡纳维拉尔角的肯尼迪航天中心(KSC)发射时,轨道倾角不低于28°;对于5.3°N的法属圭亚那库鲁航天发射中心的发射,轨道倾角不低于5.3°。

11.1.3.2 倾角修正与圆形化程序

现在考虑卫星由常规运载火箭携带进入转移轨道,转移轨道的平面由地心与给定时刻的速度矢量定义,转移轨道的倾角由轨道平面与赤道平面间的夹角定义(见2.1.4节)。

倾角修正(卫星由转移轨道平面转移至赤道平面)如图11.3(a)所示,需要在卫星通过轨道的某一交点时施加速度增量,使得合速度矢量 V_S 在赤道平面内,如图11.3(b)所示。由于最终轨道应在赤道平面内(零倾角),因此必须在交点处执行机动控制(当执行南北定点倾角修正时并非总是如此,如2.3.4.5节所述。若轨道是非零倾角轨道,则可以在远离交点处执行)。

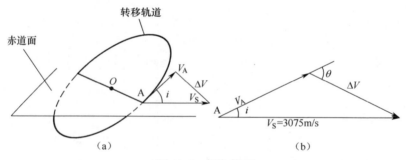

图11.3 倾角修正

(a)转移轨道平面与赤道平面;(b)垂直于交点连线的平面中所需的速度增量(大小与方向)。

在某些特殊情况下(如无南北控制的卫星以及在倾斜停泊轨道上等待执行任务的卫星,见2.3.4.5节),预定轨道并非零倾角,并引入升交点赤经。需要在移动到升交点位置的同时,将初始轨道的倾角改变特定的量;交点处不再施加速度增量,随后执行特殊程序[SKI-86]。

对于给定的倾角修正,需施加的速度冲量 ΔV 随着卫星速度的增加而增加。卫星速度较低时,修正操作更经济。因此,在圆形化的同时,在转移轨道的远地点进行修正。为此需要满足以下条件:

(1) 近地点—远地点连线(拱线)应在赤道平面内,即与交点线重合。这意味着转移轨道近地点处的入轨发生在穿过赤道平面时。

(2) 转移轨道的远地点应在地球静止卫星轨道的高度。

(3) 远地点发动机的推力方向应相对于卫星速度矢量在垂直于局部垂线的平面内具有正确方向。由于远地点发动机沿卫星机械轴刚性安装，因此在机动控制过程中必须稳定该轴的方向。

考虑到 V_S 几乎是 V_A 的两倍，图11.3(b)所示的几何示意图表明 θ 约为 $2i$。对于卡纳维拉尔角，θ 约为 $56°$；对于库鲁，由于阿丽亚娜转移轨道的标称倾角约为 $7°$，θ 约为 $14°$。θ 的确切值可表示为

$$\theta = \arcsin(V_S \sin i/\Delta V) \quad (\text{rad}) \tag{11.6}$$

$$\Delta V = \sqrt{(V_S^2 + V_A^2 - 2V_A V_S \cos i)} \quad (\text{m/s}) \tag{11.7}$$

或

$$\Delta V = |\Delta V| = \sqrt{\left[\frac{\mu K}{(R_E + h_P)}\left(1 + \frac{2K}{K+1} - 2\sqrt{\frac{2K}{K+1}}\cos i\right)\right]} \quad (\text{m/s}) \tag{11.8}$$

式中：ΔV 为圆形化与倾角修正量 Δi 所需的总速度增量；V_S 为卫星在最终圆形轨道上的速度（对于地球静止卫星轨道而言等于3075m/s）；h_P 为近地点高度；h_A 为远地点高度（$R_0 = 35786$km）；$R_E = 6378$km 为平均赤道半径；$\mu = 3.986 \times 10^{14}$m³s⁻² 为地球引力常数，$K = (R_E + h_P)/(R_E + h_A)$。

假设近地点高度为560km，$K = 0.165$，则 ΔV 的表达式简化为

$$\Delta V = \sqrt{[12.125 - 10.05\cos i]} \quad (\text{km/s}) \tag{11.9}$$

可以看出，对于大于 $70°$ 的 i，倾角修正所需冲量大于圆形化所需冲量。

11.1.3.3 基于三重冲量的程序

霍曼程序使用两个速度增量，在共面圆形轨道间转移的情况下达到最优。当最终轨道与初始轨道的半径比值较大（大于12）时，使用三个速度增量的双椭圆程序更加经济[MAR-79]，对于需要实现倾角变化超过 $40°$ 的小半径比（6左右，即典型GTO 的值）情况也是如此。这种程序可考虑用于高纬度发射场，具体包括将卫星送达远地点高度大于地球静止卫星轨道的转移轨道（图11.4），即超同步转移轨道。在该转移轨道的远地点执行机动控制，可以修正倾角并将近地点轨道高度增加至地球静止卫星轨道的高度。由于卫星速度较低，该机动控制所需的速度增量小于在地球静止卫星高度进行相同操作所需的速度增量。最后一个速度增量将远地点高度降低至地球静止卫星的高度。该程序还减少了远地点助推所需的推进剂，从而增加卫星寿命（更多燃料可用于定点保持）或可用有效载荷质量，但这些都是以更高的运载火箭性能为代价。

11.1.3.4 由初始倾斜圆形轨道开始的程序

当运载火箭将卫星送入低圆形轨道时，可采用两种策略改变倾角。

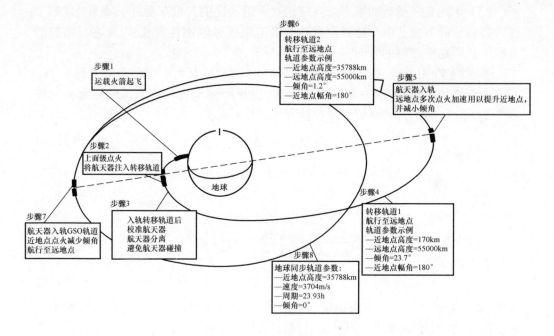

图 11.4 超同步转移轨道上升剖面
来源:经美国航空航天学会许可转载自文献[WHI-90]。

(1) 卫星首先被送入倾角与初始轨道相等的转移轨道,然后在该转移轨道的远地点进行轨道圆形化与倾角修正。由于远地点处的速度低于近地点处的速度,且远地点倾角修正所需推进剂更少,因此该方法较优。近地点处所需的速度增量 ΔV_P 可表示为

$$\Delta V_P = V_P - V_I \quad (m/s) \tag{11.10}$$

式中:V_P 为式(11.2)所给出转移轨道近地点处的速度;V_I 为高度为 h_P 的初始圆形轨道上的速度。V_I 由 $\sqrt{[\mu/(R_E + h_P)]}$ 给出。

(2) 倾角修正可以由近地点速度增量与远地点速度增量共同承担,该过程称为广义霍曼方法。通过改变近地点处第一个速度增量期间获得的倾角来修正 Δi_P 的大小,从而最小化所需的总速度增量 $\Delta V + \Delta V_P$。近地点处需提供的速度增量计算公式为

$$\Delta V_P = |\Delta V_P| = \sqrt{(V_I^2 + V_P^2 - 2V_I V_P \cos\Delta i_P)} \quad (m/s) \tag{11.11}$$

远地点处需提供的速度增量由式(11.7)计算,倾角变化为 $\Delta i_A = i_I - \Delta i_P$,式中:$i_I$ 为初始轨道的倾角。

对于初始轨道高度为 290km、倾角为 28.5°的情况,经优化计算表明,在转移轨道近地点入轨时将倾角减小 2.2°,可使得总速度增量最小化,因此倾角为 26.3°

(远地点高度为 35786km)。

11.1.3.5 非冲量式速度增量

上述程序假设冲量速度增量施加于轨道中的特定点(冲量式表示其持续时间相对于轨道周期非常短)。例 11.1 显示这些机动控制需要大量推进剂,发动机需要在很短时间内燃烧推进剂以获得推力(有关各种发动机推力的大小关系,请参考 10.3 节)。使用固体推进剂发动机(见 11.1.4.1 节)时,冲量条件是成立的(推力达几万牛,燃烧时间仅为数十秒)。

双组元发动机(见 11.1.4.2 节)的推力大约在数百牛(通常为 500N),且在转移轨道远地点进行倾角修正与圆形化机动控制的燃烧时间可达 100min。燃烧期间,卫星在轨道上快速移动,因而不会停留在远地点附近,这降低了机动控制的效率。与冲量式机动控制相比,需要消耗额外的推进剂[ROB-66]。

首先可以通过在卫星到达远地点前,提前启动发动机,使燃烧时间在轨道上关于远地点对称,以降低效率损失。

另有两种技术可进一步减少效率损失,以接近冲量式机动控制的效率。

(1) 控制发动机推力的方向,使其始终与轨道及卫星速度方向平行。

(2) 将速度增量细分为多次燃烧。

关于推力方向,在远地点发动机运行期间可以考虑两种技术。

(1) 推力方向的惯性轴守恒,使其在空间中保持固定。

(2) 通过卫星的漂移方向确定推力的方向。

通过绕安装发动机的轴旋转卫星,可以很容易地获得空间中推力方向的固定方向。该轴此前会被固定在由式(11.6)中角度 θ 定义的方向上,并且在垂直于远地点的半径矢量的平面上。因此,在距远地点一定距离处,发动机推力的方向并非卫星速度矢量的方向,所以推力效率降低(有效推力为实际推力乘以推力矢量与速度矢量夹角的余弦值)。

为使推力保持与速度矢量方向一致,需要根据特定的控制法则对卫星姿态进行主动调整。通过这种方式,可使得机动控制效率增加至冲量式机动控制效率的 99.5%。

此外,通过将圆形化与倾角修正所需的速度增量分为数次执行,可以获得接近冲量式机动控制的效率。因此,当卫星通过中间轨道的远地点时,利用短时间燃烧,通过多次提高近地点高度来实现从转移轨道到地球静止卫星轨道的转移。图 11.5 显示了该过程。

多次点火的优点如下:

(1) 由于每次机动控制后燃料质量都会减少,因此机动控制效率更高。

(2) 在第一次点火期间校准发动机推力,从而使得后续点火更高效。

(3) 根据先前推力的误差及变化来优化后续点火。

(4)通过改变燃烧的程度与速率,可以将圆形化和倾角修正操作与将卫星固定至定轨经度的操作结合起来(见11.1.7.2节),这使得这些操作所消耗的推进剂量最小化。

在每次点火之间,卫星在轨道上旋转至少两圈,以便精确确定轨道参数。

应当以尽可能降低相对于冲量式燃烧的效率损失为原则来选择燃烧次数。若使用包含两次点火的程序,则每次燃烧的持续时间仍然很长,效率有限。三次点火的过程可实现99.75%的效率,同时可以在三次点火之间灵活分配速度增量。这有助于在优化过程[POC-86]中适应太阳能及能见度等各类约束条件。

当点火超过三次,控制中心面临的操作约束将变得十分严苛。将总速度增量分配至各次点火时,一般为第三次点火分配最少的速度增量,以减少误差,并最大限度地减少与目的轨道的偏差。根据使用的优化过程及所考虑的约束,前两个增量的值可以是由大到小(如57%与36%[RAJ-86])或由小到大(如33%与45%[POC-86])。

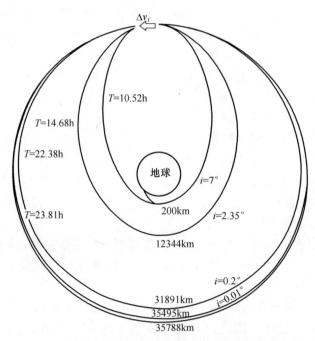

图11.5 使用远地点多次点火策略的地球静止轨道入轨

11.1.3.6 近地点速度增量

如有必要,使用支持二次点火的双组元发动机,可以允许在首次经过近地点时通过该发动机增加卫星速度,即近地点速度增强(PVA)机动控制。

这种机动控制克服了运载火箭对于所需卫星发射质量可能的性能限制。给定配置的运载火箭能够将特定质量载荷运入远地点标称高度的椭圆转移轨道。若质量更大,则近地点处入轨的速度将小于标称速度,从而导致远地点高度低于标称高度。此时可使用卫星发动机提供速度增量,补偿近地点处的速度不足,从而恢复远地点高度至其标称值。这虽然对卫星推进剂预算不利,但可以证明在整体优化后能将质量略超运载火箭标称运力的卫星送入轨道,无需借助更大运力(更加昂贵)的运载火箭,因此是有益的。根据不同的型号或版本,运载火箭的性能以较大的步长(数百千克)离散化为各量级的运载力。德尔塔运载火箭[WHI-90]的发射过程如图 11.6 所示。用于弹道导弹的德尔塔火箭系列自 20 世纪 60 年代开始研发,随后进一步发展出用于太空发射的版本。德尔塔 4 系列重型运载火箭自 2004 年 12 月 21 日起开始服役。

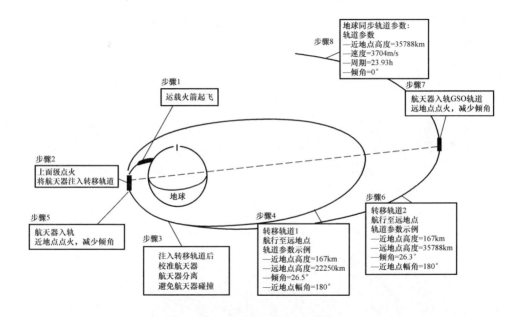

图 11.6　使用近地点速度增强的地球静止转移轨道上升剖面
来源:经美国航空航天学会许可转载自文献[WHI-90]。

11.1.3.7　连续速度增量

电推进提供的比冲较高,但推力较低(见 10.3.3 节)。电推进起初用于卫星定点保持,后来由于它能够节省推进剂质量,因此也被考虑用于入轨。然而,低推力造成轨道转移机动控制时间更长。根据最终目标是最小化轨道转移时长还是最小化推进剂质量消耗,可以设计不同的策略。研究表明,化学推进结合电推进可以最小化轨道转移时长,具体策略是首先进行一系列化学推进的机动控制,然后执行连续电推力策略。

通过损失机动控制效率(由80%降至67%),可以换取GTO到GEO轨道转移时长40%以上的缩短(给定推力条件下),转移所需的轨道总数减少3倍以上。这是一个十分有意义的结果,因为穿过质子带的轨道总数最小化可以使范·艾伦辐射带的影响最小化。

当运载火箭将卫星送至远地点高度约60000km的超同步转移轨道时,可以获得适中的轨道转移时长及少数次的范·艾伦带穿越。卫星随后逐渐圆形化转入地球静止轨道。与高纬度相比,运载火箭从较低纬度的发射场发射需要更低的速度增量,因此推进剂质量消耗与电能消耗更低,转移轨道时长更短。

11.1.4 远地点发动机与近地点发动机

当运载火箭不提供轨道变化所需的速度增量时,则速度增量由远地点或近地点发动机提供。10.3节解释了推进器典型推力以及推进剂质量与所提供的速度增量间的关系。

11.1.4.1 固体燃料推进器

多年来,固体推进一直是卫星远地点发动机及与其相连的转移级发动机所使用的常规技术。固体推进剂发动机由氧化剂与燃料的固体混合物构成,采用钛或复合材料封装(环氧树脂浸渍的凯夫拉缠绕外壳),并包含用于排出气体的喷嘴(图11.7)。喷嘴通常使用复合材料,其中碳纤维框架或基座用作强化材料,碳基质确保纤维的结合。这种材料可以承受极高的温度(3500℃),并具有良好的机械阻力与低密度。

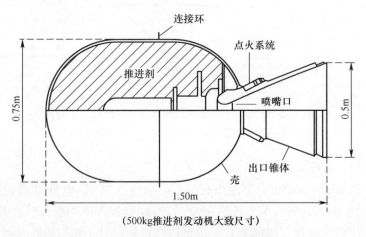

图11.7 固体推进剂发动机结构

推进剂燃料柱使用具有高百分比的聚丁二烯碳氧化物或氢氧化物的燃料,并加入添加剂,以铝粉用作氧化剂。在熔化燃料柱前,将热保护置于外壳内表面上,以在燃烧过程中保护外壳。凝固后的燃料柱经机械加工以提供燃烧传播的管道。管道的形状决定了推进剂表面随时间的变化情况,继而决定了发动机的推力曲线。该混合燃料由位于最尾端(喷嘴在最前端)或靠近喷嘴的电控点火器点火。

对于给定尺寸的外壳,可以在有限的比例内改变推进剂的数量,该比例系数约为10%~15%,使得制造发动机时可以调整发动机提供的速度增量。固体推进剂发动机的比冲约为290s。

表11.1列举了部分发动机的信息,其中多数已被开发用于导弹。

这些发动机根据不同的性能、(卫星—发动机)总质量及所赋予的速度增量而被用作远地点发动机或近地点发动机。应注意的是,大量推进剂的快速燃烧产生极高的推力(数十千牛),从而造成较大加速度,这会对卫星造成显著的机械应力,尤其是在卫星体积较大且配有较多附件的情况下。现在大型通信卫星首选推力较低的液体推进。固体发动机被用作捆绑式助推器,作为常规运载火箭的上面级或用于推进的转移级。

表 11.1 用作近地点与远地点发动机的各种固体燃料推进器的特性

名称	质量/kg	推进剂(max)/kg	冲量/(10Ns)	最大推力(空载)/N	I_{sp}^*/s
MAGE 1	368	335	0.767	28500	287.6
MAGE 1S	447	410	1.168	33400	290.7
MAGE2	529	490	1.410	46700	293.8
STAR 30B	537	505	1.460	26825	293.1
STAR 30C	621	585	1.645	31730	285.2
STAR 30E	660	621	1.780	35365	290.1
STAR 31	1398	1300	3.740	95675	293.2
STAR 48	2115	1998	5.695	67820	290.0
STAR 62	2890	2740	7.820	78320	291.2
U.T.SRM-2	3020	2760	8.100	260750	303.6
Aerojet 62	3605	3310	9.310	149965	286.7
STAR 63E	4422	4059	11.866	133485	298
STAR 75	4798	4563	13.265	143690	296.3
Aerojet 66	7033	6256	17.596	268335	286.7
MinutemanIII	9085	8390	23.100	206400	280.6
U.T.SRM-1	10390	9750	28.100	192685	295.5

注:I_{sp}通常用 Ns/kg 或 lbf/lbm 计量。等效值为 1lbm=0.4536kg,1lbf=4.448N,且有 $I_{sp}(s)=I_{sp}($lbf sec/lbm$)=I_{sp}($Ns/kg$)\times 1/9.807$。

11.1.4.2 双组元液体发动机

此类发动机使用自燃(接触自燃)液体推进剂,通过燃烧产生热气。这些热气在收扩喷嘴中膨胀。可使用多种燃料—氧化剂组合(表 11.2,出自文献[PRI-86])。

卫星发动机常用的组合是将四氧化二氮(N_2O_4 或 NTO)用作氧化剂,将一甲基肼($CH_3 \cdot NH \cdot NH_2$ 或 MMH)用作燃料。该组合可达到约 3000℃ 的燃烧温度及约 500N 的推力。

在混合比与发动机推进剂供应压力的标称条件下,比冲约为 310~320s。混合比定义为单位时间内喷入发动机燃烧室的氧化剂与燃料质量比。这影响发动机比冲,必须经优化以获得最大冲量(取决于推进剂化学成分)。混合比通常在 1.6 左右。加压推进剂的供应由高压(200bar)下储存于储箱内的加压气体(氦气)实现。这种气体通过压力调节器后,在运行期间以恒定压力(10~14bar)将推进剂从卫星舱送入发动机。

已考虑使用电动泵为电机供电。电动泵能够减少推进系统的质量,这是因为没有了加压氦贮存器,并减少了推进剂储箱的质量。推进剂储箱不再需要支持发动机供应压力,而只需要支持电动泵供应压力,而该压力由低压下直接储存于推进剂储箱或小型辅助储箱内的氮气获得。电动泵所需的电力可由太阳能发电机与卫星电池提供,也可由单独的电池提供。

远地点发动机(及近地点发动机)使用双组元,这便引出了统一推进系统的概念(见 10.3.4.3 节)。与固体推进剂远地点发动机和使用肼催化分解进行姿态及轨道控制的推进系统的组合相比,统一推进系统可以使质量降低。此外,在远地点调整期间未使用的剩余推进剂可用于轨道控制,从而延长卫星寿命。

对于转移级,需使用更大推力的发动机。使用 MMH/NTO 组合可获得几千牛(3000~12000N)量级的推力,该组合可提供约 320s 的比冲 I_{sp}。此外,还可以考虑使用液氧(LOX)和液氢(LH2)组合的低温推进系统,以获得更高的比冲(约 470s),其缺点是需要更复杂的技术。

表 11.2 双组元推进的氧化剂—燃料组合

燃 料	氧化剂	比冲/s
(C)氢气	(C)氧气	430
(L)煤油(RP-1)	(C)氧气	328
(L)肼(联氨)	(C)氧气	338
(L)偏二甲肼	(C)氧气	336
(C)氢气	(C)氟	440
(L)肼(联氨)	(C)氟	388

续表

燃 料	氧化剂	比冲/s
(L)50%偏二甲肼+50%肼	(C)氟	376
(L)肼(联氨)	(L)四氧化二氮	314
(L)一甲基肼	(L)四氧化二氮	328
(L)航空肼(AZ50)	(L)四氧化二氮	310
(L)偏二甲肼	(L)四氧化二氮	309
(L)50%偏二甲肼+50%肼	(L)四氧化二氮	312
(L)75%偏二甲肼+25%肼	(L)四氧化二氮	320
(L)50%偏二甲肼+50%肼	(L)硝酸	297
(L)五硼烷	(L)硝酸	321

注:(C)指低温;(L)指环境温度下的液体。源自文献[PRI-86]许可。

11.1.4.3 混合推进剂发动机

可以考虑将混合推进器用作圆形低轨道与地球静止卫星轨道之间转移阶段的可多次点火发动机。混合推进器的各发动机使用不同物理状态的推进剂:氧化剂为液体,而燃料为固体。这种系统的优点是设计相对简单,成本适中,且具有发动机熄火并再点火(次数有限)的灵活性以及高性能(I_{sp}约295s)。工程上的难点主要在于燃烧时间长引起的热传递(辐射冷却)问题。

11.1.4.4 电推进器

电推进器提供高比冲,可降低推进器质量。10.3.3节讨论了电推进器技术,其优点已在10.3.5节介绍。其缺点是推力低,转移机动控制的时间更长,因此必须执行特定的策略(见11.1.3.7节)。

例 11.1 转移轨道圆形化所需的推进剂质量(双组元远地点发动机)。

假设转移轨道为零倾角,以便于描述倾角对卫星质量的影响。转移轨道近地点高度为560km,远地点需提供的速度增量为$\Delta V = 1441$m/s,见式(11.3)。转移轨道(GTO)上一颗卫星的质量为$M_{GTO} = 3000$kg,其采用双组元液体远地点发动机,该发动机提供310s的比冲和400N的推力。圆形化所需的推进剂质量m由式(10.20)计算可得

$$m = M_{GTO}(1 - e^{-\frac{\Delta V}{gI_{sp}}}) = 3000 \times (1 - e^{-\frac{1441}{9.81 \times 310}}) = 1132\text{kg}$$

考虑到储箱、电机、管线及各附件的干重,远地点机动控制使用的推进系统质量约为1250kg。地球静止轨道上的卫星质量为3000-1132=1868kg。

远地点发动机的推力F为400N。根据式(10.16),推进剂的质量流率为

$$\rho = \frac{F}{gI_{sp}} = \frac{400}{310 \times 9.81} = 0.13\text{kg/s}$$

其燃烧时长为

$$t = m/\rho = 1132/0.13 = 8700\text{s} = 145\text{min}$$

在这段时间(考虑到轨道周期,这是一个较长的时间)内,卫星相对于远地点移动。这需要将机动控制细分为多次点火,以避免其效率过低。

卫星承受的最大加速度 $\varGamma$ 可表示为

$$\varGamma = F/M = 400/1868 = 0.21\text{ms}^{-2}$$

式中:M 为发动机燃烧结束时的卫星质量。

对于固体燃料推进器,比冲 $I_{sp} = 295\text{s}$ 的发动机提供 95000N 的推力,所需的推进剂质量为 $m = 1177\text{kg}$,质量流率为 $\rho = 32.8\text{kg/s}$,燃烧时长为 $t = 36\text{s}$。因此,该推力可以被看作一个冲量。考虑发动机外壳质量为 98kg,则推进系统质量为 $1177 + 98 = 1275\text{kg}$。燃烧结束时,卫星的加速度达到 $95000/(3000 - 1177) = 52\text{ms}^{-2}$。

11.1.4.5 发射场纬度对质量的影响

假设转移轨道的倾角 i 等于发射的纬度(向东发射),图 11.8(a)绘制了 ΔV 与发射场纬度的函数曲线。表 11.3 列举了不同发射场将一颗质量 $M_{\text{GTO}} = 3000\text{kg}$、发动机比冲 310s 的卫星由转移轨道(200~35786km)远地点送入 GEO 所需速度增量与相应的推进剂质量(近地点高度通常在 200~600km)。图 11.8(b)显示了在轨卫星质量减少的百分比与发射场纬度的函数关系。对于纬度 28.5°的发射场(卡纳维拉尔角),该发射场相对于赤道发射场损失的质量约为 12%,这体现出了赤道附近发射场(如库鲁)的优势。

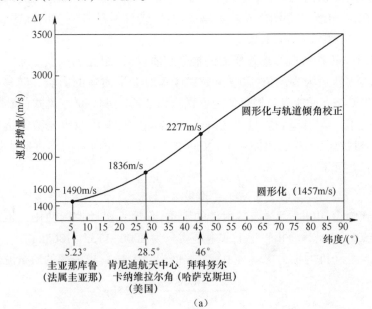

(a)

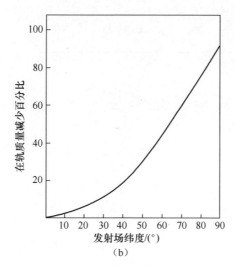

（b）

图 11.8 发射场纬度的影响

（a）轨道倾角等于发射场纬度（向东发射）时，转移轨道圆形化与倾角修正所需的速度增量（近地点高度为 200km）；（b）发射场纬度对卫星质量的影响（发射质量 3000kg，比冲 310s）。

表 11.3 发射场纬度的影响

	库鲁 （法国）	卡纳维拉尔角 （美国）	拜科努尔 （哈萨克斯坦）
纬度/(°)	5.23	28.5	46
ΔV/(m/s)	1490	1836	2277
推进剂质量/kg	1162	1360	1581
相对于库鲁的减损/kg	0	198	419
可用卫星质量/kg	1838	1640	1419

11.1.5 使用常规运载火箭入轨

使用多级运载火箭将地球静止卫星送入轨道包含三个阶段（图 11.9）。

11.1.5.1 发射阶段

运载火箭自起飞至抵达 GTO 近地点的动作流程如下：

（1）提升高度直到近地点高度。

（2）穿越大气层后丢弃整流罩。

（3）将末级送入与赤道平面相交、平行于地球表面的轨道上，并以所需的速度穿过赤道平面（转移轨道的近地点）。

图 11.10 所示为德尔塔与阿特拉斯等运载火箭所采用的发射策略。该策略包

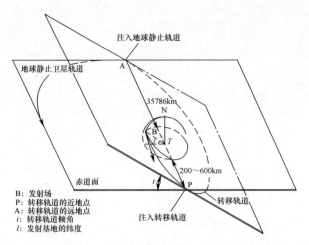

B：发射场
P：转移轨道的近地点
A：转移轨道的远地点
i：转移轨道倾角
l：发射基地的纬度

图 11.9　使用一次性运载火箭注入转移轨道与地球静止轨道的流程

含一个滑行阶段(滑行阶段没有推力)。随后末级进行定向与旋转,使得在末级点火期间保持该定向。由于从发射场(卡纳维拉尔角)到穿过赤道面的距离很长,因此这一弹道阶段十分必要。该阶段不允许发动机在轨道上施加连续推力。

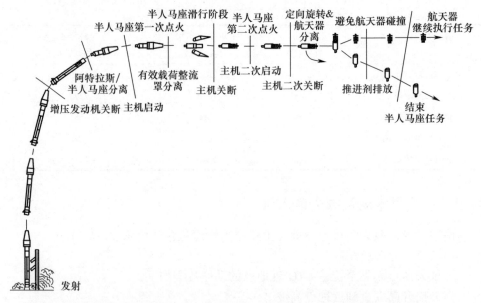

图 11.10　一次性运载火箭(阿特拉斯)的任务分解(典型 GTO 任务滑行阶段)

在阿丽亚娜运载火箭使用的发射策略中,由于飞行轨迹缩短,因此推力是连续的(各级分离时除外)。飞行的各个阶段都有发动机推力,因此运载火箭在每一时

634

刻都能获得特定的加速度,该加速度随质量的变化而变化,而所能达到的速度取决于弹道轨迹的长度。弹道轨迹首先上升至近地点高度以上,然后在近地点以外的转移轨道上的某一点执行入轨(通过制导将速度矢量定向至适当的方向)。

应注意,需获得的转移轨道近地点参数为 178° 左右而非 180°,这是由于考虑到近地点幅角 0.817(°)/天的漂移(见 2.3.2.3 节)。这将导致轨道在其平面内旋转,使得在 6 号远地点(5.5 轨之后,约两日)进行标称机动控制时,轨道将与升交点重合,因而处于赤道面上(此时近地点幅角等于 180°)。

11.1.5.2 转移阶段

转移阶段自运载火箭末级分离开始,至其到达转移轨道远地点的准地球静止卫星轨道结束。该阶段的动作流程如下:

(1) 卫星从末级分离。
(2) 确定轨道参数。
(3) 测量卫星姿态。
(4) 通过远地点机动控制调整卫星运动方向。

卫星方向的保持可以通过卫星旋转(自旋稳定)或使用传感器与致动器进行主动姿态控制(三轴稳定)来实现。

获得一个参数接近标称轨道的转移轨道十分重要。远地点高度必须是地球静止卫星轨道的高度,并且近地点拱线须在赤道平面内。若不满足这些条件,卫星在进入准地球静止卫星轨道后,将不得不使用致动器来校正轨道的非零偏心率及倾角,因此需要消耗星载推进剂,但是这将缩短卫星寿命。

11.1.5.3 定位阶段

该阶段自在转移轨道的远地点到达准地球静止卫星轨道开始,至将卫星定位在地球静止卫星轨道上的定点位置结束。

11.1.5.4 其他过程

其他过程可能还涉及将运载火箭移出相关轨道或平面(通过机动控制)。由此可以想象到,通过重新点燃飞行中的最后一级,质子号运载火箭允许将卫星直接注入地球静止卫星轨道。这种方法不需要远地点发动机,从而允许发射质量更大的卫星。

11.1.6 由准圆形低轨道入轨

地球静止卫星从准圆形低轨道(图 11.11)入轨所涉及的操作与前述的操作有所不同,因为运载火箭没有将卫星直接送入转移轨道。使用航天飞机发射即属于该情况,其圆形标称轨道高度为 290km,倾角为 28.5°。两级运载火箭也属于该情况,例如大力神系列运载火箭(1959 年 12 月 20 日至 2005 年 10 月 19 日服役的美国运载火箭系列)将其有效载荷送入倾角为 28.6° 的椭圆轨道(148km×259km)。

此类情况与前述的操作相比具有如下变化。

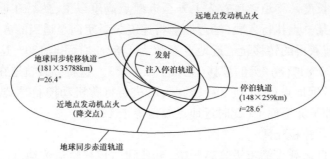

图 11.11　由准圆形低轨道入轨地球静止轨道

11.1.6.1　发射阶段

发射阶段不会直接使卫星到达转移轨道的近地点,而是将运载火箭置于倾角非零的圆形或类椭圆形的轨道上。

11.1.6.2　注入转移轨道

在卫星与运载火箭分离并进入特定的姿态配置后,需要对卫星施加速度增量以将其送入转移轨道的近地点,该增量由近地点发动机在通过赤道平面时提供。

近地点发动机可以与卫星集成,也可以作为与卫星相连的辅助级的一部分。通常使用与卫星集成的近地点发动机(通常为固体燃料发动机),使用后其可与卫星分离。该发动机(对于双组元发动机)也可重复使用,用以在远地点提供部分或全部的速度增量。

辅助级分为近地点级和转移级。近地点级仅实现近地点喷射功能(通常基于固体燃料发动机),转移级可以同时实现近地点喷射和远地点喷射功能。转移级可以使用固体燃料发动机(需要两台),也可以使用具有可重复使用发动机的双组元推进系统,或使用前两种技术的组合——双组元远地点级搭配可分离固体燃料近地点级。

在进入转移轨道期间,需通过卫星旋转(自旋稳定)或使用传感器与致动器的主动姿态控制(三轴稳定)来确保近地点发动机的推力方向。卫星姿态控制可以通过卫星姿态控制子系统(对于具备姿态控制发动机的卫星)或辅助级专用子系统来实现。

11.1.6.3　转移与定位阶段

这些阶段与上述过程类似,某些操作可以由转移阶段实现。

11.1.7　部署期间的操作——定点捕获

卫星部署过程包括将卫星从运载火箭提供的转移轨道移动至其定点位置的经

度。因此,卫星部署涵盖前述的转移与定位阶段,也包含对卫星进行配置以执行其任务的步骤。

11.1.7.1 执行机动控制的远地点选择

远地点的选择受多种考量的影响:

(1) 卫星必须运行至少一到两个转移轨道,以便以足够的精度入轨。

(2) 卫星不得在转移轨道上停留太久。这是由于转移轨道的空间环境特殊,与卫星的最终预定轨道大不相同。尤其是卫星在转移轨道会受到数量远多于其预定轨道的星蚀影响,并且会多次穿越范·艾伦带。此外,电池的电能资源也十分有限。

(3) 远地点发动机点火必须在至少两个地面测控站可见时进行,以便能通过冗余的方式增加机动控制的成功几率。

(4) 选择的远地点必须接近测控站位置的经度。在远地点机动控制之后,卫星处于准地球静止状态,测控站接近执行机动控制的远地点位置。

图 11.12 显示了卫星在转移轨道上的轨迹(阿丽亚娜运载火箭发射的典型轨迹),并标出了一系列远地点的位置。如此一来,便可以确定满足可见度与接近定点位置约束的转移轨道数量。对于预计部署在本初子午线附近的卫星,名义上应首选远地点 4;若出现问题,第二选择应为远地点 6。这些远地点位置可以从图卢兹和库鲁的测控站看到。

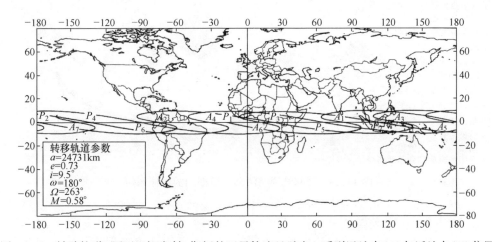

图 11.12 转移轨道(阿丽亚娜发射)期间的卫星轨迹显示出一系列远地点(A)与近地点(P)位置

11.1.7.2 漂移轨道

由于转移轨道的参数变化以及远地点机动控制,获得的轨道并不是地球静止卫星轨道,会存在一定的非零倾角和偏心率,其半长轴与同步轨道不同,因而会导致卫星漂移。以这种方式获得的漂移轨道必须经卫星轨道控制系统的低推力推进器进行修正,使得在一定时间(数日)后,卫星可以到达具有预定偏心率与倾角(不一定必须为零,见2.3.4.5节)的目的轨道上的预定定点经度。

当采用多次点火时,入轨过程会对漂移轨道进行优化,通过考量运载火箭提供的转移轨道的不准确度,将卫星带到定点经度(见11.1.3.5节)。

除轨道修正外,其他需进行的主要操作如下(图11.13):

(1)当使用自旋控制姿态时,在远地点推力作用期间降低自转速度。
(2)太阳敏感器对日捕获(已在使用三轴控制的转移轨道期间实现)。
(3)姿态控制。
(4)太阳帆板展开并激活帆板旋转系统以追踪太阳的似动运动。
(5)地球敏感器对地捕获。
(6)使用地球、太阳敏感器的信息构建所需姿态。
(7)启动动量轮。

定位阶段在远地点机动控制后持续数天。

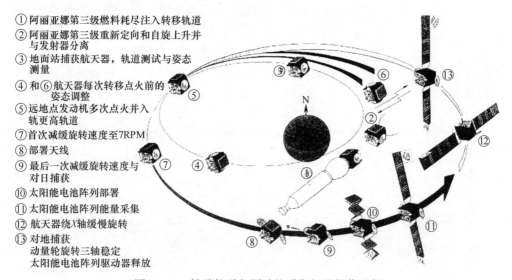

①阿丽亚娜第三级燃料耗尽注入转移轨道
②阿丽亚娜第三级重新定向和自旋上升并与发射器分离
③地面站捕获航天器,轨道测试与姿态测量
④和⑥航天器每次转移点火前的姿态调整
⑤远地点发动机多次点火并入轨更高轨道
⑦首次减缓旋转速度至7RPM
⑧部署天线
⑨最后一次减缓旋转速度与对日捕获
⑩太阳能电池阵列部署
⑪太阳能电池阵列能量采集
⑫航天器绕X轴缓慢旋转
⑬对地捕获
动量轮旋转三轴稳定
太阳能电池阵列驱动器释放

图11.13 转移轨道与漂移轨道期间的操作示例

11.1.7.3 卫星测试与验收

一旦卫星抵达其标称轨道的预定定点经度后,则激活定点保持。当卫星各子系统的测试完成且性能评估(在轨测试)合格时,卫星便进入其寿命期。测试和验收阶段会持续数周时间。

11.1.8 入轨地球静止轨道以外的轨道

在前述讨论中,卫星最终要达到的轨道是地球静止轨道,即多数通信卫星使用的轨道。但是,第2章中已提到,其他轨道也具有很大应用价值。近年来出现了大量LEO卫星星座并计划2020年前后开始在太空部署,此类卫星所使用的发射程序取决于目标轨道的类型。

11.1.8.1 极地轨道入轨

极地轨道对于通信具有重要的意义,因为在特定的时间段内可以从地球表面的任何位置看到卫星。具有适当相位(同一轨道平面和不同轨道平面上的数颗卫星具有均匀分布的赤经值)的卫星星座能够持续覆盖地球,例如铱星系统。目前关于太阳同步轨道(SSO)的应用也已被提出。根据式(11.4)选择发射方位角(发射场纬度的函数)可以将卫星注入具有所需倾角的轨道。对于低轨道(数百千米)而言,卫星可以直接送入最终轨道;而对于高圆形轨道(数千千米),则需按照11.1.1节介绍的原理利用转移轨道。

11.1.8.2 倾斜椭圆轨道入轨

卫星发射程序的选择取决于需到达轨道的卫星质量以及运载火箭的运载能力。

对于专用发射,运载火箭的全部运载能力用于发射大质量卫星,此情况下通过调整发射方位角可以获得所需倾角的轨道。卫星被注入转移轨道还是最终轨道,取决于最终轨道的特性。

对于质量有限、体积远小于运载火箭运载容量的卫星,多颗卫星共享运载能力可以降低发射成本。然而,运载火箭携带的多颗卫星通常具有不同倾角的预定轨道。一箭多星的发射与GTO任务相似度较高,因此必须考虑通过修改倾角和提高近地点与远地点高度,以使运载火箭提供的标准GTO转变成倾斜椭圆轨道。

例如,若需获得冻原类型轨道(见2.2.1.2节),可考虑双冲量或三冲量增量。

(1) 对于双冲量增量,第一个冲量将转移轨道倾角(如6°)修改至63.4°;第二个冲量将近地点高度提升至22000km。

(2) 对于三冲量增量,转移轨道近地点的首个冲量极大地提升远地点高度(如升至100000km);由于在远地点卫星速度较低,第二个冲量至少会改变倾角(见11.1.3.3节);最终轨道由第三个冲量完成。

优化结果表明,使用三冲量方式时所需总速度增量更小。例如将卫星从标准GTO转移轨道移入冻原类型轨道,采用三冲量方式所需的总增量约为2300m/s,而采用双冲量方式时为2500m/s。

11.1.9 发射窗口期

发射窗口期指定进行卫星发射的时间段,主要考虑以下约束条件:

(1) 能够以所需精度确定姿态。这与太阳、地球相对于卫星轴的方向角的允许范围有关,因为地球、卫星与太阳不在一条直线上。

(2) 避免远地点机动控制期间的传感器饱和或参考消失。这与卫星相对于太阳的位置有关,也与星蚀的位置与持续时间有关。

(3) 确保电力供应。这与卫星相对于太阳的位置与星蚀的位置有关。

(4) 热控制。这与卫星相对于太阳的位置有关,也与星蚀的次数与持续时间有关。

(5) 发射关键阶段,测控站的无线电可见度范围。这与测控站和卫星的位置关系及太阳的无线电干扰有关。

将各限制条件叠加,可以推断出一年内每天能够进行卫星发射的时间段,又称发射窗口期。在同时发射双星的情况下,发射窗口期必须满足发射两颗卫星面临的约束条件。图11.14显示了阿丽亚娜5型运载火箭进行双星发射的发射窗口期(满足双星的约束)[AR5-16]。

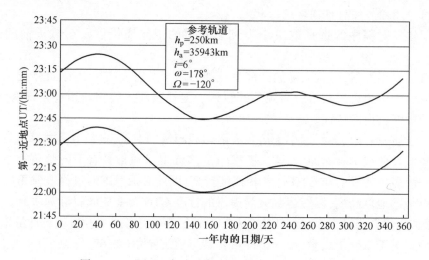

图11.14 阿丽亚娜5型双星发射的典型发射窗口期

11.2 运载火箭

20世纪80年代初,为摆脱美国作为唯一的运载火箭出售国(德尔塔与阿特拉斯半人马座运载火箭)所带来的种种限制,欧洲以及俄罗斯、中国、日本等工业化国家都发展了自己的运载火箭计划,巴西、印度、以色列和韩国等国家也紧随其后。目前上述国家均具备将卫星送入地球静止轨道的能力。

与此同时,美国开展了可回收、可重复使用运载火箭开发项目,以降低卫星发射成本,并考虑放弃常规运载火箭的制造。自1981年4月12日航天飞机首飞,至1986年1月28日挑战者号航天飞机爆炸,原计划在此期间发射的民用卫星和军用卫星被迫在地面滞留达两年半之久。随后常规运载火箭的研发与制造也随即重启。此外,里根政府决定将航天飞机保留给政府任务使用,并提议常规运载火箭的研制公司应将发射服务商业化,且各发射场属于政府财产(美国空军与国家航空航天局)的设施由政府支配[STA-88]。2011年7月21日,航天飞机进行了迄今为止最后一次飞行。

苏联于冷战结束前的1983年提出将质子号运载火箭用于为西方国家的国际海事卫星2号(Inmarsat Ⅱ)提供发射服务。

表11.4罗列了2010年前后处于服役状态或接近服役状态的各发射火箭主要特性。

表11.4 2010年前后在役运载火箭

运载火箭	首发时间（成功）	发射质量/t	尺寸/m	发射地	LEO			GTO	
					高度/km	质量/kg	倾角/(°)	质量/kg	倾角/(°)
中国									
LM-2E	1982	460	49.7	西昌	200	9500	28.2°	3500	28.2°
LM-3B	1990	425	54.8	西昌	200	14000	28.2°	5100	28.2°
LM-3B(A)	2002	670	62	西昌	—	—	—	7000	28.2°
LM-4B	1999	264	45.8	西昌	750	2200	98°	—	—
LM-5	2013	643	60	文昌	200	25000	52°	14000	28.2°
LM-6	2015	103	29	太原	SSO:700	1080	—	—	—
LM-7	2016	594	53	文昌	SSO:700	13500	—	5500	—
LM-11	2015	58	20.8	酒泉	LEO:200	700	—	—	—
					SSO:700	350	—		
独联体									
Cosmos 3	1962	120	32	普列谢茨克	400	1400	63°	—	—
Soyuz Fregat	2000	305	46.6	拜科努尔	1400	4000	51.8°	—	—
Soyuz/ST	2004	305	—	拜科努尔	800	2900	98°	—	—
Proton M Breeze	2001	690	53	拜科努尔	200	21000	51.6°	GTO:5500	51.6°
								GEO:2920	
Zenit-2	1985	445	57	拜科努尔	200	13740	51.4°	—	—
Zenit-3SL	1999	462.2	59.6	海上	—	6100	—	GTO:6000	—
								GEO:1840	
Denpr	1999	209	34.3	拜科努尔/亚斯尼	200	4500	46.2°	—	—

续表

运载火箭	首发时间（成功）	发射质量 /t	尺寸 /m	发射地	LEO			GTO	
					高度 /km	质量 /kg	倾角 /(°)	质量 /kg	倾角 /(°)
Rockot	2000	107	29	普列谢茨克	400	1900	63°	—	—
Angara 1.1	2010	149	34.9	普列谢茨克	—	2000	63°	—	
Angara 1.2/A5	2014	171.5-790	64	普列谢茨克	—	3800-245000	63°	GTO:5400-7500	63°
								GEO:5000	
欧洲									
Ariane 4	1988	470	58.4	库鲁	800	6500	98.6°	4900	7°
Ariane 5G	1996	750	59	库鲁	800	9500	98.6°	6640	7°
Ariane 5 ECA	2002	780	59	库鲁	—	5200	—	10500	7°
Ariane 5 ES-	2008	760	59	库鲁	1000	21000	51.6°	—	—
Vega	2012	137	30	库鲁	700	1430	90°	—	—
					SSO:400	1450	—	—	—
					1500×200	1963	5.4°		
Ariane 62	2020	530	63		LEO	10350	—	5000	
					SSO	6450			
Ariane 64	2020	860	63		LEO	21650	—	11500	—
					SSO	14900	—	500	
印度									
PSLV	1994	294	44	斯里赫里戈达	400	2900	98°	450	18°
GSLV	2001	402	49	斯里赫里戈达	—	5000	—	2500	18°
GSLV-2	2010	415	49	斯里赫里戈达	—	5000	—	2700	
GSLV-3	2017	640	43.4	斯里赫里戈达	600	8000	—	4000	—
以色列									
Shavit	1988	30	18	帕尔马奇姆	366	225	143°	—	8°
日本									
MV	1997	140	30.7	鹿儿岛	250	1800	31°	—	—
H-ⅡA 202	2001	285	53	种子岛	250	10000	30°	4000	30°
H-ⅡB	2009	531	56.6	种子岛	—	16500	—	8000	
H-Ⅲ	2020	574	63	种子岛	—	—	—	6500	

续表

运载火箭	首发时间（成功）	发射质量/t	尺寸/m	发射地	LEO 高度/km	LEO 质量/kg	LEO 倾角/(°)	GTO 质量/kg	GTO 倾角/(°)
韩国									
KSLV-1	2009	140	30	罗老岛	300	100	38°	—	—
KSLV-2	2017	200	47.2	罗老岛	800	1500	97°	—	—
美国									
Taurus	1994	68.4	27.9	卡纳维拉尔角	400	1300	28.5°	510	28.5°
Delta Ⅱ(7925)	1994	231	30	卡纳维拉尔角	185	4970	28.7°	1800	28.7°
Delta Ⅲ	2000	301		卡纳维拉尔角	185	8290	28.7°	3810	28.7°
Delta Ⅳ Medium	2002	256	62	卡纳维拉尔角	185	8120	28.7°	4210	28.7°
Delta Ⅳ Med+	2003	325	68	卡纳维拉尔角	185	11475	28.7°	6565	28.7°
Delta Ⅳ Heavy	2004	733	72	卡纳维拉尔角	—	28790	—	14220	
Atlas Ⅱ AS	1992	237	46	卡纳维拉尔角	185	8618	28.5°	3720	28.5°
Atlas Ⅲ A	2000	218	52.8	卡纳维拉尔角	185	8660	28.5°	4060	28.5°
Atlas Ⅲ B	2002	226	55.5	卡纳维拉尔角	185	10500	28.5°	4500	28.5°
Atlas V 401	2007	333	62.2	卡纳维拉尔角	—	—	—	4950	28.5°
Atlas V 521	2008	380	62.7	卡纳维拉尔角		20520		8900	
Falcon 1	2008	27	21	奥梅莱克岛	185	420	—	—	—
Falcon 9	2015	549	71	奥梅莱克岛	—	22800	28.5°	8300（火星:4020）	27°
Falcon Heavy	2018	1420	70	奥梅莱克岛	—	63800	28.5°	26700（火星:4020）（冥王星:3500）	27°
Pegasus XL	1994	23.1	17.6	空中	400	550	70°	—	—
Sea Launch	1999	466	65	海上	—	—	—	5250	0°

　　此外,对于小型卫星发射火箭的需求自 2000 年以来不断增长,此类发射火箭或是基于大推力运载火箭发展而成,如用于辅助有效载荷的阿丽亚娜结构（ASAP）及基于阿丽亚娜的有效载荷试验（APEX）;或是专用发射火箭(如飞马座与金牛座运载火箭)。大量其他项目也在紧锣密鼓地推进中。自这一时期起,发

射火箭的运载能力也得到了迅速发展。

11.2.1 巴西

巴西航天局(葡萄牙文缩写为 AEB)成立于 1994 年,其成立时的目标在于将卫星发射至 LEO 轨道。在成功发射 Sonda3 号与 4 号探空火箭后,AEB 于 1983 年开始了其卫星运载火箭(VSL)项目,旨在基于 Sonda3/4 号开发长 19.5m、能够将一颗 120kg 的卫星送入 LEO 轨道的三级固体推进剂运载火箭。在开发 VSL1 号的同时,AEB 也在发展能够将卫星送入 GTO 轨道的 VSL2 号中型运载火箭(阿尔法项目)。

11.2.2 中国

中国于 1986 年决定将长征运载火箭商业化。长征系列运载火箭由中国航天科技集团公司(CASC)设计,由长城工业集团公司商业化。目前已发展出一系列用于 LEO、GTO、SSO 及其他轨道任务的长征运载火箭型号。表 11.5 列举了早期各长征运载火箭型号的主要特点以及近几十年来长征系列运载火箭的相关情况。

表 11.5 长征系列运载火箭

	LM-2C	LM-2E	LM-2D	LM-4	LM-3A	LM-3B	LM-3B(A)
级数	2	2	2	3	3	3	3
捆绑式助推器	0	4	0	0	0	4	4
长度/m	40	49.7	37.7	45.8	52.5	54.8	62
直径/m	3.35	3.35	3.35	3.35	3.35	3.35	3.35
质量/t	213	460	232	250	241	426	670
起飞推力/MN	2.96	5.89	2.25	2.96	2.94	6.04	9.06
载荷质量/t	3.3*/1.4†	9.5*/3.5†	3.7*	2.8‡	2.6†	5.2†	7†
首发年份	1982	1990	1992	1988	1994	1996	2002

注:* 为近地轨道;† 为地球静止转移轨道;‡ 为太阳同步轨道。

LM-2C 运载火箭是一种两级运载火箭,自 1982 年 9 月 9 日首飞以来主要用于发射可回收卫星,其核心级最大直径为 3.35m,LEO 有效载荷为 3366kg。通过增加 4 个捆绑式助推器,可以进一步将 LM-2C 的性能提升至 LEO 运力 9.5t、GTO 运力 3.5t(即 LM-2E)。

LM-3A 运载火箭是一种大型三级液体推进剂运载火箭,第三级使用 LH2-LOX 燃料。该型火箭长 52.52m,直径 3.35m,GTO 能力为 2650kg。LM-3A 于 1994 年 2 月 8 日首飞,并成功将两颗卫星送入预定轨道。LM-3B 运载火箭是在 LM-3A 基础上捆绑 4 个助推器组成的大型运载火箭,GTO 能力达 5200kg,主要用于发射地球静止卫星。

LM-4 运载火箭为三级液体推进剂运载火箭,长 45.8m,直径 3.35m,对 748km、98°倾斜轨道的有效载荷能力为 2790kg,主要用于将卫星发射到 SSO 轨道。其核心级(复合下级)是一枚 1.5 级火箭,直径为 5m,以低成本实现了高性能,其所有发动机都在地面点火,可用于发射 LEO 有效载荷。将核心级与上面级组合可以形成 2.5 级火箭,主要用于向 GTO 和 SSO 发射有效载荷。通过在直径为 5m 的核心级运载火箭上加装不同数量的捆绑式助推器,可以得到一系列 LEO 能力达 10~25t 的新型运载火箭;通过与上面级组合使用,其 GTO 能力可达 6~13t。

长征系列火箭的主发射基地位于四川西昌(28.2°N)附近的大凉山。此外,酒泉卫星发射中心坐落于 41°N,位于甘肃酒泉附近,紧邻戈壁沙漠,是建设较早的发射基地之一。中国于 2007 年 10 月开始在天津滨海新区附近建设长征五号(LM-5)运载火箭的新生产基地,并于中国南端海南岛的文昌市建造新的发射基地。天津拥有港口,可以将大型火箭通过海路运送至海南岛上的发射设施。LM-5 运载火箭高 60m,重约 650t,配有 4 个助推器,能为 LEO 提供 1.5~25t 有效载荷运力,为 GTO 提供 1.5~14t 有效载荷运力,从而提供类似于德尔塔 4 型重型、阿特拉斯 5 型及阿丽亚娜 5 型运载火箭的发射性能,其总投资为 45 亿元人民币(6.57 亿美元)。

截至 2008 年底,长征系列火箭已执行 113 次任务。尽管中国运载火箭没有美国或欧洲运载火箭的商业历史及商业成功案例,但中国已成功实现首次载人航天与无人航天器着陆月球表面,这些成就巩固了中国航天市场的形象,并吸引了新客户。通过长征 5/6/7 号与长征 11 号的成功以及一系列太空探索应用与科学研究,中国致力于成为世界航天市场的主要参与者。

11.2.3 独联体

独联体(CIS)的前身——苏联曾开发出各种系列的运载火箭,每个系列都包含不同运力和用途的多种型号。苏联拥有多个发射场,其中最早建立的是位于哈萨克斯坦共和国拜科努尔镇西南 370km 处的秋拉塔姆(又称拜科努尔)发射场,坐落于 46°N,世界上第一颗人造卫星 Sputnik-1 号就是在该发射场发射升天。

另一个频繁使用的发射场为普列谢茨克(阿尔汉格尔斯克附近),靠近芬兰边境(62.7°N)。苏联的第三个发射场为卡普斯金亚尔发射场(48.6°N)。

11.2.3.1 联盟号

联盟号(Soyuz)是用于发射 Sputnik-1 卫星的系列火箭之一,它由二级和三级运载火箭组成,并配有 4 个倾斜布置的助推器。使用的推进剂为煤油和 LOX(第三级使用肼和 LOX)。这些火箭均为水平组装。

A2 版本(又称联盟号运载火箭)应用广泛,特别是用于发射载人联盟号和宇宙号(Cosmos)侦察车。

阿丽亚娜空间公司与法国马特拉航天公司(现为 EADS 运载火箭公司)、俄罗斯联邦航天局(RKA)及俄罗斯萨马拉航天中心于 1997 年 7 月 17 日成立了斯塔瑞森(Starsem)联合企业,以在全球销售联盟号运载火箭并协助俄罗斯以外的客户发射有效载荷。基于联盟号助推器,采用不同的上面级与整流罩尺寸,从而提供不同配置的运载火箭。联盟号的第一、二级设计基于最初为军事需要开发的塞米约卡(Semyorka)型运载火箭。联盟号可部署多个卫星有效载荷,由拜科努尔专用发射场进行发射(已对专用发射台进行改造)。

1) 联盟号/伊卡尔

用于启动斯塔瑞森公司商业发射的联盟号/伊卡尔(Soyuz-Ikar)运载火箭采用基础版联盟号火箭,其中:下部级由 4 个助推器(第一级)和一个中央核心级(第二级)组成;上面级包含第三级、有效载荷适配器及整流罩。基础版联盟号以液氧和煤油作为燃料。

伊卡尔第四级位于有效载荷整流罩下方,其上面级具有高达 50 次飞行中重启的能力,可将多个有效载荷注入不同轨道。伊卡尔以偏二甲肼(UDMH)为燃料、N_2O_4 为氧化剂(推进剂重达 900kg),可由地面控制或以自主模式运行,确保航天器在轨道注入时的方向与稳定性。联盟号/伊卡尔运载火箭总长 43.4m,整流罩直径为 3.3m,对于倾角 51.8° 的 450km 圆形轨道拥有 4100kg 的运力,对于 1400km 的圆形轨道拥有 3300kg 的运力。

2) 联盟号/弗雷盖特

联盟号/弗雷盖特(Soyuz-Fregat)旨在为中高空地球轨道任务(包括星座部署与地球逃逸飞行)提供高性价比的发射方案,它在基础版联盟号火箭顶部增加了弗雷盖特上面级。弗雷盖特上面级是一种经过飞行验证的推进子系统,曾在近 30 个星际探测器上使用,可搭载 5400kg 的 UDMH 与 N_2O_4 推进剂,单室发动机提供 20kN 推力及 327s 的 I_{sp},可重启达 20 次。

联盟号/弗雷盖特版本对于 51.8° 倾角的 450km 圆形轨道具有 5000kg 运力,对于 1400km 圆形轨道具有 4000kg 运力。

3) 联盟号/ST

该型火箭将采用基础版联盟号的升级版本,有效载荷也将进行改进。联盟号升级版运载火箭的第一、二级发动机的燃烧室喷射器将进行重新设计,第三级结构将得到加强,其推进剂储箱将扩大。联盟号/ST 的第三级将集成新的数字飞行控制与遥测系统,取代当前的模拟系统,以在飞行和轨道注入过程中提供更精确的轨迹,并在从固定方位角(±5°)达到扩展倾角范围时提供快速机动控制能力。

联盟号/ST 最明显的变化在于上面级复合,它集成了有效载荷适配器与阿丽亚娜 4 型系列整流罩的上面级。联盟号/ST 的整流罩将比最大的阿丽亚娜 4 型整流罩长约1m,为大型卫星有效载荷提供了所需的容积。联盟号/ST可配备伊卡尔或弗雷盖特上面级,或将整个有效载荷整流罩体积用于卫星有效载荷。

联盟号/ST对于51.8°倾角的450km圆形轨道的有效载荷能力为4900kg。配备弗雷盖特上面级时,450km和1400km的圆形轨道有效载荷能力分别升至5500kg和4600kg,800km的SSO能力为2900kg。联盟号火箭可从库鲁发射,欧洲空间局(ESA)于2004年确认联盟号可使用原阿丽亚娜4号的发射台。

11.2.3.2 宇宙号

宇宙号(Cosmos)SL-8型火箭是由飞行公司(Polyot)于20世纪60年代开发的两级液体燃料火箭。第一级有2个泵压式燃烧室和4个喷嘴,为苏联SS-5弹道导弹的发动机;第二级为可重新点火电动机,带有一个泵压式主发动机和一个用于定向与姿态控制的辅助系统。该二级推进系统在进入太空的过程中点火两次,在两次点火期间按弹道滑行。

飞行公司与弗吉尼亚州阿灵顿的"太空访问保障"公司成立了一家合资企业,1995年时称为宇宙美国公司(Cosmos USA),旨在帮助俄罗斯以外的客户使用宇宙SL-8型发射有效载荷[BZH-97]。宇宙号火箭可从卡普斯金亚尔发射场发射至倾角为51°的轨道上;从普列谢茨克发射场发射至倾角为66°、74°及83°的轨道上。该运载火箭可将1110kg质量送入倾角51°、1000km的圆形轨道。

11.2.3.3 质子号

质子号(Proton)属于D系列重型发射火箭,可将17~21t质量(取决于配置)送入低地球轨道。其各级(两到四级,取决于版本)使用液体推进剂。第一级由1个包含氧化剂的中心体和6个辅助燃料储箱组成,6台格鲁什科(Glushko)GDL-OKB RD-253发动机安装于辅助储箱末端,能提供150t的推力。第二级由4台科斯伯格(Kosberg)RD-010发动机推动,每台推力约650kN。第三级使用1台科斯伯格JRD发动机和4台用于方向控制的游标发动机。各级使用肼与过氧化氮作为推进剂。该系列火箭水平组装,并由秋拉塔姆发射场发射。

该系列火箭的D1e版(质子号运载火箭)特别用于将卫星发射至地球静止轨道。苏联于1983年提出使用质子号运载火箭为西方国家发射Inmarsat-2卫星。此外,苏联航天技术设备总公司(Glavkosmos)主导成立了名为Licensintorg的商业组织。

质子号运载火箭包含4级,高57.2m,起飞质量约700t。前三级可将第四级与有效载荷(二者最大总质量为19760kg)送入200km高度、倾角51.6°的圆形轨道。前三级由闭环的三重冗余惯性导航单元(INU)制导系统控制。

1) BLOCK-DM 上面级

苏联能源火箭公司(Energia)建造的第四级实际是转移级BLOCK-DM(Block-DM),由可重启的液氧/合成煤油推进系统驱动,提供84kN的真空推力及350s的比冲。姿态控制由使用肼与过氧化氮的小型推进器(游标发动机)执行。分离时的 BLOCK-DM 惰性质量约为 2140kg。所携带的推进剂取决于具体的任务要求,可以最大限度地提高任务执行能力。BLOCK-DM 可在轨运行至少 24h,并由为飞行提供指引的闭环三重冗余制导系统控制。BLOCK-DM 第四级用于执行所有后续操作,以将航天器送入 GTO 或 GEO。

GTO 注入可通过以下两种方式完成:

(1) 单冲量转移:使航天器在上升后不久分离。

(2) 双冲量转移:使 BLOCK-DM 在轨道远地点执行大部分所需的倾角变化。

GEO 直接注入由双冲量转移(在停泊轨道中调相)或三冲量转移(借助调相轨道)来实现。使用标准的两次点火方案时,BLOCK-DM 可向 GTO 输送 4350kg 载荷;使用为支持商业任务而开发的三次点火方案时,可向 GTO 输送 4700～4930kg 载荷。直接 GEO 运载能力为 1880kg。

标准商用的 4.35m 直径整流罩的内部有效载荷空间长度 6.6m(不含有效载荷适配器)、直径 4.1m,可为大多数大型通信卫星提供足够的容积。

2) 发射程序

对于质子号火箭的典型发射程序,火箭的 6 台第一级发动机在起飞时点火,飞行约 2min 后第二级点火,330s 时第三级游标发动机点火,随后第二、三级分离,第三级主机点火。在质子号的典型发射中,前三级将第 3 级以上的载荷注入 200km 的圆形停泊轨道,随后 BLOCK-DM 第四级在停泊轨道开始执行所有特定任务的机动控制。BLOCK-DM 发动机的第一次点火发生在升空后约 55min 时刻(此时火箭穿过首个升交点),持续约 6.5min。第二次 BLOCK-DM 点火将航天器置于最终轨道(约 5.5h 后,地球静止轨道高度),持续 2.5min。

美国洛克希德·马丁公司与俄罗斯赫鲁尼切夫国家研究生产太空中心、能源火箭航天科学生产联合体(NPO Energia)成立了洛克希德赫鲁尼切夫能源国际(LKEI)合资企业,向全球非俄罗斯政府客户提供质子号运载火箭发射服务。国际发射服务公司(ILS)通过 LKEI 提供发射服务(见 11.2.3.2 节)。

3) 质子 M/微风 M 型

质子 M/微风 M 型(Proton-M/Breeze-M)系统是质子号的现代化版本,能够将 21000kg 质量送入倾角 51.6°的 LEO。赫鲁尼切夫中心制造的微风 M 上面级是经过飞行验证的微风 K 级(用于呼啸号系统)的衍生产品。微风 M 由 NTO/UDMH 推进系统驱动,提供 22kN 的真空推力。微风 M 由一个中央气缸与一个可丢弃的外部推进剂储箱组成,起飞质量约 2250kg。携带的推进剂取决于具体的任务要求,可以最大限度地提高任务能力。与 BLOCK-DM 一样,微风 M 能够在轨运行至少 24h,并由可在飞行中提供指引的闭环三重冗余制导系统控制。

微风 M 第四级可将有效载荷送入 GTO 或直接送入 GEO。送入 GTO 的有效载荷可达约 5500kg,并为 GTO 提供 1500m/s 的速度增量,相当于从库鲁投送 GTO 的能力。直接注入 GEO 的能力为 2920kg。

对于质子 M/微风 M 型的典型发射程序,前三级将复合上面级注入亚轨道弹道。分离后约 2min 时,微风 M 第四级执行主发动机点火,以到达相对于赤道倾斜 52°的低地球"支撑"轨道。微风 M 发动机于升空后约 55min 进行第二次点火(此时飞行器穿过首个升交点),并持续近 12min。在过渡转移轨道上公转一圈后,微风-M 将进行第三次点火,以将远地点提升至地球静止轨道高度。将航天器送入最终轨道的第四次点火发生在到达地球静止轨道高度后约 5.5h,持续 10min。发射任务总时长约为 10h。

11.2.3.4 呼啸号

1995 年 3 月,德国戴姆勒-奔驰宇航公司(DASA,前身为 EADS Astrium,现为空客防务与空间公司)与俄罗斯赫鲁尼切夫国家研究生产太空中心共同成立了 Eurockot 发射服务公司。

呼啸号(Rockot)运载火箭是一种三级液体推进剂运载火箭,由已退出军事用途的原俄罗斯 SS-19 洲际弹道导弹(第一、二级)与经飞行验证的微风系列上面级组成,具有多次点火能力。Eurockot 公司提供的商业版呼啸 KM 型结合了新的有效载荷整流罩与改良的有效载荷接口结构,从而能够发射大型航天器。呼啸号第一、二级的助推器单元安置在现有的运输/发射厢内,保留了之前井下发射的传统。第三级微风提供运载火箭的轨道能力,包含一台可重启液体推进剂主发动机。上面级拥有现代化控制/制导系统。

Eurockot 公司提供普列谢茨克与拜科努尔两个发射场的商业发射服务,支持 48°倾角 LEO 至 SSO 的发射。呼啸号无法在普列谢茨克发射地球静止轨道卫星,但是在将中小型航天器发射至太阳同步、近极地以及大倾角的轨道方面十分可靠。呼啸号还可以通过一箭多星进行卫星星座的初步部署。此外,呼啸号可以借助额外的推进模块实现小型有效载荷的地球逃逸与行星飞行任务。使用运输/发射厢在地面上进行发射,运载火箭置于发射厢底部的圆环上,升空期间由发射厢内的两条导轨制导。发射厢使发射台环境免受发动机羽流与气体的影响,并在存放及操作期间保持合适的温度和湿度。

呼啸号运载火箭可将 1800kg 载荷送入倾角 63°、450km 的极地圆形轨道(可将 1500kg 载荷送入 1000km 高度)或将 1000kg 载荷送入 800km 的 SSO。倾斜 GTO 任务与地球逃逸任务也可通过其他型号的商业型固体火箭实现。

11.2.3.5 安加拉号

安加拉号(Angara)是赫鲁尼切夫国家研究生产太空中心正在开发的专门用于卫星发射的新型火箭系列,以取代质子号系列火箭,并于 2014 年完成首发。该系列火箭可提供高达 24.5t 的 LEO 运力及 7.5t 的 GTO 运力。

安加拉系列由三种运载火箭组成：
(1) 第一类火箭(1.1型与1.2型)用于发射2t以内的小型通信卫星。
(2) 第二类火箭(3型)可将重达4t的卫星送入轨道。
(3) 第三类火箭(5型与7型)运力达20t以上。

该系列火箭的发射台位于普列谢茨克，地面设施已经完成现代化改造。巨大的安加拉发射平台(LP)于2006年7月分批交付至普列谢茨克。该发射平台尺寸达14m×14m×5m，重1.185t。与其他俄罗斯火箭一样，安加拉号将使用基于轨道的运输-安装机进行水平组装。安加拉系列的5种型号均基于相同的架构。

安加拉1.1型长35m，重145t，使用以煤油和液氧为燃料的RD191M发动机。第二级为微风型运载火箭，能够向LEO发射2100kg载荷。安加拉1.2型的第一级更大，可将3600kg质量发射至LEO。安加拉3型将使用联盟级与IE组级(Block-IE)上面级。安加拉5型采用附加的助推器，可将24t的有效载荷送入LEO。该型号有两种子型号：基本子型号GTO运力为6600kg，并可将4000kg质量直接送入GEO；KVSK子型号(带有低温级)GTO运力为8000kg，GEO运力为5000kg。安加拉7型目前正处于开发阶段。

11.2.3.6 第聂伯号

第聂伯号(Dnepr)运载火箭被科斯莫特拉斯国际宇航公司(ISC Kosmotras)应用于商业发射，该公司由俄罗斯、乌克兰与哈萨克斯坦于1997年联合创立。第聂伯号基于俄罗斯R-36MUTT型洲际弹道导弹(ICBM)研发，由乌克兰南方设计局设计，长约34.3m，为三级运载火箭。第聂伯号和R-36MUTTH的主要区别在于太空头舱的有效载荷适配器和改进的飞行控制单元。此外，为增加载荷容量，可以增加两级。第聂伯号以液体推进剂为燃料，能够将一颗4500kg的卫星送入200km高度、倾角46°的低地球轨道。

第聂伯号主要从拜科努尔发射，但也可能从俄罗斯奥伦堡地区亚斯尼发射基地(多姆巴洛夫斯基)新建的航天发射场发射。第聂伯号于1999年首飞，10年期间已发射12次，仅失败一次。第聂伯号的洲际弹道导弹已为军事应用发射了160次，可靠性达到97%，这为第聂伯号的商业发射带来了良好的前景，因为大约有150枚洲际弹道导弹可改装为运载火箭。

11.2.3.7 天顶号

与第聂伯号一样，天顶号(Zenit)运载火箭由乌克兰南方设计局设计，其研发始于1976年，设有两大主要目标：用作能源号(Energia，苏联运载火箭)的液体火箭助推器(LRB)；通过装配第二级作为独立的运载火箭。

1) 天顶2型

该型号的首个设计型号是一种以RP-1/LOX为燃料的两级火箭，高57m，可将13.8t的有效载荷送入200km的LEO。该型火箭于1985年从拜科努尔发射首飞。天顶2型共发射37次,其中6次失败,可靠性为83%。2001年时,天顶2型是实现低地球轨道成本最低的运载工具,也是每次发射总成本最低的工具之一。该型火箭曾执行著名的全球星Globalstar的发射任务。

天顶2M型拥有经改良的控制系统和现代化发动机,于2007年首飞。由海上发射公司的"陆射"部门以天顶2SLB名称开启了天顶2M型的商业化之路,亦由拜科努尔发射。

天顶2M/弗雷盖特型是一种三级火箭,采用弗雷盖特(苏联火箭)上面级,由拜科努尔发射。

2) 天顶3SL型

该型号火箭为海上发射联合体开发。上面级使用俄罗斯能源公司提供的DM-SL组级,能将卫星送入GTO,曾用于发射苏联N1型与质子号运载火箭。另两级来自天顶2型。用以在发射期间保护有效载荷的整流罩由波音公司提供。天顶3SL型的LEO能力为6.1t,GTO能力为5.25t,GEO能力为1.9t。

与天顶2型火箭相似,天顶3SL型也有一款天顶3M型号,由天顶2型与天顶3SL型的上面级组成。天顶3M也由海上发射公司的"陆射"部门以天顶3SLB的名称进行商业化,于2008年4月从拜科努尔首飞。

11.2.4 欧洲

11.2.4.1 阿丽亚娜1~4型

阿丽亚娜系列运载火箭由欧洲空间局在法国国家太空研究中心(CNES)管理下研发。

在1973年7月的欧洲空间会议期间,各方决定将欧洲运载火箭发展组织(EL-DO)与欧洲空间研究组织(ESRO)合并为欧洲空间局。该机构成立时的目标之一是研发一系列三级运载火箭,从而使得从法属圭那亚库鲁发射场可以将卫星-远地点发动机整体从转移轨道直接注入地球静止卫星轨道而无需弹道阶段。通过箭载计算机(使用惯性单元提供的信息)对运载火箭进行制导,可以准确地获得相应轨道,转向由各级主发动机的定向喷射来控制。此外,姿态与转动控制系统(SCAR)使第三级和卫星能够在分离前进入所需姿态,如有必要可实现高达10r/min的转速。因此,运载火箭仅需携带用于日后修正卫星轨道与姿态的推进剂,从而节省了成本。以这种方式节省的成本相当于1~3年的卫星寿命。发射火箭可以借助特定的适配系统将多颗独立卫星同时送入轨道,例如阿丽亚娜双星发射系统(Sylda)及阿丽亚娜三星发射外部结构(Speltra)。

阿丽亚娜1型运载火箭于1979年12月24日首飞。一项旨在对该火箭进行小幅度修改(例如增加额外的固态推进器、修改发动机燃烧室压力及提高推进剂质量)的升级项目使得阿丽亚娜3型问世,并于1984年8月首飞。表11.6描述了阿丽亚娜运载火箭的演进过程。

表11.6 阿丽亚娜系列运载火箭性能

	Ariane 1	Ariane 2	Ariane 3	Ariane 4	Ariane 5(G/ES)
发射年份	1979	1984	1984	1988	1996
地球静止转移轨道/kg	1800	2175	2580	2100~4900	6640~8000
近地轨道(200km)/kg	4900	5100	5900	8990	20500
太阳同步轨道*/kg	2400	2800	3250	6490	9500
逃逸/kg	1100	1330	1550	2580	—

注：*高度为800km，倾角为98.6°。

阿丽亚娜4型的研发计划始于1982年1月。该火箭是20世纪90年代阿丽亚娜空间公司的主力型号。阿丽亚娜4型于1988年6月15日首飞，最后一次任务是2003年2月15日，在15年内执行了116次任务，仅3次失败(1990年一次，1994年两次)，成功率达97.4%。阿丽亚娜4型共将50个客户的182颗卫星送入轨道，累计质量444t。在其服役的最后9年内，该型火箭连续进行了74次成功发射。

阿丽亚娜4型运载火箭的性能提升来自于增强的第一级推力，并且使用了更强大的额外固体或液体推进剂助推器。额外的助推器使得200km高度近地点、35786km高度远地点、倾角7°的GTO的标称能力从2.1t倍增至4.9t。

名为"阿丽亚娜发射综合体2号"(ELA-2)的专用发射装置使两次发射的间隔缩短至一个月内。运载火箭在特殊的建筑内垂直组装，随后由移动平台移动到总装大楼一定距离外的发射区。预封装卫星整流罩与运载火箭的组装是在发射区进行的。在进行这些最后准备的同时，可以在总装大楼中另一个移动平台上进行第二枚运载火箭的组装。

11.2.4.2 阿丽亚娜5型及6型

自2000年以来，更多大质量卫星开始占据越来越多的市场份额。市场研究估计，21世纪初期对GTO的需求达12000kg(整流罩下可用直径约4.5m)。因此发射方必须尽量降低发射成本以保持竞争力。降低成本的方法之一在于使用足够大运力的发射火箭以同时发射多颗卫星。此外，随着有效载荷变得更加昂贵，商业火箭需要将可靠性最大化。为达到这些目标，阿丽亚娜5型发射火箭研发项目于1985年开始。

1) 阿丽亚娜5G型

该型号为阿丽亚娜5型运载火箭的通用和原始版本，由中央低温主级、两个固体助推器级和一个上面级组成。该型号火箭使用较少数量的引擎，架构兼具简易性与鲁棒性，其能力可以进一步扩展(特别是上面级组件)。图11.15显示了阿丽亚娜 5 型火箭的结构[AR5-16]，表 11.7 列举出其基础版本的主要特性。阿丽亚娜 5 型火箭由库鲁发射场安装的全新发射平台(ELA-3)发射。阿丽亚娜 5G 的标准性能为 6640kg 的 GTO 运力。

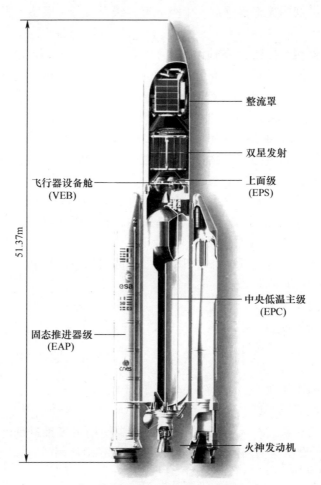

图 11.15　阿丽亚娜 5 型运载火箭的结构

表 11.7　阿丽亚娜 5 型运载火箭的主要特性

	EAP	EPC	EPS	VEB	整流罩	发射器
直径/m	3.05	5.45	5.4	5.4	5.4	—
高度/m	31.2	30	4.5	1.6	17/12.7	51.37
总质量/t	268/个	170	10.9	1.1	2.4/1.4	725
发射时推进剂质量/t	237/个	LOX:132 LH2:26	MMH:3.8 N2O4:5.9	肼 60kg	—	682

653

30m 尺寸的中央低温主级(EPC,低温引擎)由火神(Vulcain)发动机驱动,可提供高达 116t 的真空推力。火神发动机于起飞前 7s 在发射台上点火,因此在发动机启动和推力稳定期间可以对其进行全面监控。该发动机共运行 589s。此级使用的低温推进剂为无毒推进剂。中央低温主级在飞行末段坠入大气层并在海洋上空解体。

固态推进器级(EAP,固态辅助火箭)以 0.5G 的加速度将 725t 的阿丽亚娜 5 型火箭从发射台推起。每个助推器高约 30m,各装有约 240t 固体推进剂,在起飞时提供 1370t 的总推力(飞行开始时运载火箭推力为此数值的 90%)。助推器燃烧 130s,平均推力为 1000t,后在大西洋指定区域上空分离。

可储存推进剂级(EPS)是为阿丽亚娜 5 型开发的首个上面级,能将运载火箭有效载荷推入最终轨道,并提供准确的轨道注入。该级携带约 10t 推进剂(四氧化二氮和一甲基肼),并提供约 3t 推力。

飞行器设备舱(VEB)包含大部分航电设备,包括两台用于飞行制导的箭载计算机(一台主用,一台备用)以及为计算机提供制导与姿态数据的主备两套惯性测量单元。VEB 还装有姿态控制系统,在助推器分离后提供运载火箭转动控制,并在上面级点火燃烧与有效载荷部署机动控制期间提供三轴控制。

2) 阿丽亚娜 5G+型

该型号为阿丽亚娜 5G 为 EPS 第二级研发的首个改进版本,于 2004 年成功发射三次。与阿丽亚娜 5G 相比,该版本 EAP 助推器上的 P2001 喷嘴更轻,并对 EPS 上面级与 VEB 进行了改进。

3) 阿丽亚娜 5GS 型

该型号为阿丽亚娜 5G 的最新版本,生产于阿丽亚娜 5G+之后,2005 年首飞。该版本基于阿丽亚娜 5 型 ECA(低温技术改良 A 型)与阿丽亚娜 5 型 ES-ATV(可存储改良—自动转移运载火箭),包括在 S1 段中使用更多推进剂的 EAP 助推器、复合 VEB(电子设备与为阿丽亚娜 5 型 ECA 生产的设备相同),以及装载 300kg 额外推进剂的 EPS 级。

4) 有效载荷整流罩与双星发射

阿丽亚娜 5 型可用两种版本的有效载荷整流罩,有用内径均为 4.57m。短整流罩版本长 12.7m,可容纳高度超过 11.5m 的有效载荷。长整流罩版本长 17m,可容纳高度超过 15.5m 的有效载荷。图 11.16 显示了典型的有效载荷舱配置。

双星运载的内部结构(Sylda 5)位于整流罩内,允许阿丽亚娜 5 型在一次发射中发射两个主要有效载荷。其有用内径为 4m,提供 6 种版本,可容纳最大高度为 2.9~4.4m 的卫星。Sylda 质量为 425~500kg。

当发射较大的卫星时,可将卫星置于外部结构(Speltra)内,其位于上面级与有效载荷整流罩之间。一颗卫星置于 Speltra 内部,另一颗安装于 Speltra 顶部并封闭

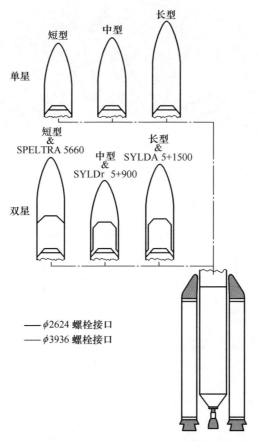

图 11.16 阿丽亚娜 5 型运载火箭典型有效载荷舱配置

在有效载荷整流罩内。Speltra 可容纳外径为 4.57m 的有效载荷。Speltra 标准版本高 7m，重 822kg，此外还有 Speltra 短版本与加长版本。

使用双星发射时，卫星按照不同的方向与自旋速度将双星分离，如图 11.17 所示。

5) 阿丽亚娜 5PLUS 型

阿丽亚娜 5Plus 为阿丽亚娜 5 型改良版（阿丽亚娜 5E）的后续项目，主要是对运载火箭复合下级（由中央低温主级和固态推进器级组成）的改进。其重点在于降低结构质量、对固态推进器级和中央低温主级进行重大修改，并将低温级火神 2 主发动机推力增至 138t。当前 EPS 上面级的改进版本于 2002 年投入使用（阿丽亚娜 5ES）。该 EPS 版本与阿丽亚娜 5 型下部级复合的改进将火箭的有效载荷能力提高到 GTO 双有效载荷（使用 Speltra）运力 7300kg，单星运力 8000kg。凭借其飞行中的重启能力与长达数小时的运行时间，改进版上面级能够执行更加复杂的

655

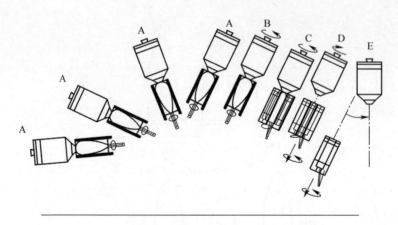

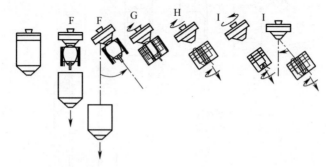

A：姿态控制系统(SCA)
定向(上层+VEB+有效载荷)
B&C：SCA启动
D：航天器分离
E：降速到SYLDA5脱落并重新定向姿态

F：SPELTRA脱落，
按航天器内部要求重定向
G：SCA启动
H：下级航天器分离
I：上面级避险(降速、
SCA姿态偏差与钝化等)

注：航天器分离也可在三轴稳定模式下进行

图 11.17　具有不同姿态与旋转要求的典型航天器/Speltra 分离过程
来源：经阿丽亚娜空间公司许可转载自文献[AR5-16]。

任务，包括星座与科学卫星的部署。

阿丽亚娜 5Plus 项目最重要的内容之一是开发两款新型低温上面级(ESC-A 与 ESC-B，即低温技术上面级 A 型与 B 型)，增加了运载火箭的有效载荷推力(阿丽亚娜 5ECA)。ESC-A 上面级由与阿丽亚娜 4 型第三级(设计用于在飞行期间点火一次)相同的 6.5t 推力 HM-7B 发动机驱动，并携带 LOX/LH2 推进剂 14t。在双有效载荷任务(使用 Sylda 系统)中，GTO 能力为 10000kg，单有效载荷 GTO 能力为 10500kg。ESC-B 装载 LOX/LH2 推进剂 25t，为使用膨胀循环技术、15.5t 推力的新型芬奇(Vinci)发动机提供燃料。凭借在弹道飞行中执行多次重启的能力，该型火箭将双 GTO 发射(使用 Speltra)中的阿丽亚娜 5 型有效载荷能力提高到

11000kg,单有效载荷 GTO 能力提高到 12000kg。

该项目的主要成果为阿丽亚娜 5ECA(低温技术改良 A 型),高 59m,质量 777t,能够向 GTO 提供 10.5t 的有效载荷。尽管阿丽亚娜 5ECA 也可向 LEO 发射 21t 有效载荷,但 LEO 与 MEO 发射的专用发射火箭为 21t 运力的阿丽亚娜 5ES。该型号(称为阿丽亚娜 ES-ATV)的主要任务为发射自动转移运载火箭(ATV)以抵达国际空间站(ISS)。第一架 ATV 儒勒·凡尔纳号于 2008 年 3 月 9 日成功发射,随后约翰尼斯·开普勒号(2011 年 2 月 16 日)、爱德华多·阿马尔迪号(2012 年 3 月 23 日)、阿尔伯特·爱因斯坦号(2013 年 6 月 5 日)和乔治·勒梅特号(2014 年 7 月 22 日)相继发射,各向 ISS 提供 20t 物资。该版本火箭也于 2013 年发射了伽利略卫星。在 ECA 版本中,第二级由 HM-7B 发动机驱动,第一级使用新的火神 2 发动机(由火神 1 改进而来),推力增加 20%(达 137t)。阿丽亚娜 5ECB 预计将 GTO 能力进一步提升至 12t,但该计划已因预算原因被搁置。图 11.18 显示了阿丽亚娜 5 型系列火箭[AR5-16]。

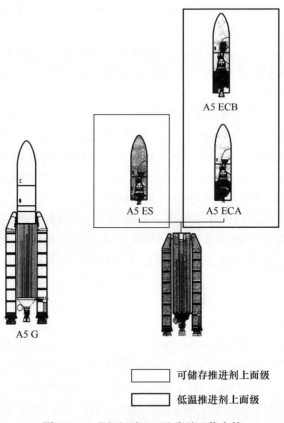

图 11.18 阿丽亚娜 5 型系列运载火箭

6）阿丽亚娜6型

阿丽亚娜6型将作为欧洲太空发射的未来运载火箭，计划于2020年进行首次试飞[AR6-18]。正在开发的阿丽亚娜6型包括两个版本：

(1) 阿丽亚娜62型，为小型中推力运载火箭，重约530t，GTO有效载荷达5000kg，LEO有效载荷达10350kg。

(2) 阿丽亚娜64型，为大推力运载火箭，重约860t，能够分别向GTO和LEO发射11500kg和21500kg的双商业卫星。

11.2.4.3 用于辅助有效载荷的阿丽亚娜结构

用于辅助有效载荷的阿丽亚娜结构(ASAP)平台可以安装在上面级顶部以及Speltra或Sylda结构上，携带小型或微型卫星作为辅带有效载荷。ASAP平台最多可容纳8颗单重低于120kg的微型卫星（可放置于主要有效载荷下方）。当安装在专用的Sylda结构内，其最多可携带4颗单重300kg的小型卫星，或2颗300kg的微型卫星加6颗120kg的微型卫星。

11.2.4.4 织女星

织女星(Vega，意大利语"先进欧洲运载火箭"的缩写)的研发始于1998年，起初目标是于2009年从库鲁发射。织女星火箭旨在向极地轨道与LEO轨道发射小型卫星(300~2000kg)，与大型运载火箭相比价格低廉。其参考运力为700km高度极地轨道、1500kg有效载荷。织女星于2012年2月13日在库鲁首飞，截止2019年初已成功发射13次。

织女星火箭为单体运载火箭，高度30m，起飞质量137t，直径3m，具有3个固体推进级(P80、Zefiro23与Zefiro9)和1个用于轨道控制及卫星释放的额外液体推进上面级模块(AVUM)。第一级P80(长11m，装载88t固体推进剂)提供3040kN的推力。第二级Zefiro23(长7.5m，24t推进剂)推力为100t或1070kN。末级Zefiro9(长3.2m，10t推进剂)真空推力为305kN。

织女星火箭计划通过天琴座项目进行升级，它将具有全新的、低成本的LOX-HC型第三、四级及新的制导系统。新型织女星火箭旨在将极地轨道有效载荷能力提升到2000kg。经进一步开发，织女星火箭目前已可用阿丽亚娜6型火箭的侧面助推器。

11.2.5 印度

在印度空间研究组织(ISRO)的管理下，印度于20世纪70年代启动了发射火箭的研制计划以满足科研需求。随着1980年7月18日四级固体推进剂火箭SLV-3(卫星运载火箭3号)发射一颗35kg的卫星，印度成为第6个自行发射卫星的国家。该火箭在金奈(原马德拉斯)以北160km处的斯里赫里戈达发射台发射。

印度通过一项性能改进项目研发了增强型卫星运载火箭(ASLV)，低轨道运载能力为150kg。ASLV于1987年首次发射,但由于4次发射中3次失败,该计划于1994年停止。

极地卫星运载火箭(PSLV)能够将2900kg载荷送至400km高度的太阳同步极地轨道,将3200kg载荷送至200km高度的LEO,但仅能将小型卫星发射至GTO。PSLV包含4级,使用固体(1/3级)和液体(2/4级)推进剂。1993年到2019年5月间共48次发射,其中仅有2次失败和1次部分失败。PSLV也具有发射一组LEO星座卫星的能力。此外,正在研制中的三级PSLV移除了原第二级,以便将小型卫星送入LEO。

印度低温发动机项目使地球静止卫星运载火箭(GSLV)能够分别向GTO发射2500kg载荷,向LEO发射5000kg载荷。这种三级火箭同时使用固体和液体推进剂,于2001年在斯里赫里戈达首飞。第1/2级与PSLV基本相同,第3级配备了俄罗斯提供的低温发动机。

GSLV3型于2017年6月5日在斯里赫里戈达的萨迪什·达万航天中心成功进行首次轨道试验发射,随后又于2019年7月22日发射。虽然该型火箭与之前型号名称相同,但实际上完全不同。GSLV3使用印度自制的低温级,是一种两级运载火箭,旨在向GTO(4000kg)和LEO(8000kg)发射重型卫星。另一项新的计划考虑研发具有高达41300kg LEO能力及16300kg GEO能力的通用运载火箭(ULV)。

11.2.6 以色列

以色列于1983年9月19日成立以色列航天局(ISA),并同时启动其太空计划。以色列的沙维特(Shavit,希伯来语意为"彗星")运载火箭用于向LEO发射"地平线"(Ofeq)小型卫星。1988年,该火箭由位于以色列第四大城市里雄莱锡安附近的帕尔马奇姆空军基地发射,实现首飞。它是基于以色列耶利哥2型弹道导弹(JerichoⅡ与南非RSA-3导弹几乎相同)的三级火箭。沙维特在起飞时提供760kN的推力,其质量为30t,高18m,最后一次发射是在2016年9月13日。沙维特2型火箭的质量为30500~70000kg,高26.4m,LEO运载能力为350~800kg。

11.2.7 日本

11.2.7.1 NASDA N型与H型运载火箭

三菱重工长期为日本航天机构NASDA(国家宇宙开发事业团)进行太空应用项目所需运载火箭的开发。N系列火箭包括N1与N2。N2型源自德尔塔2914型火箭,第二级由石川岛播磨重工(IHI)在Aerojet公司的许可下开发。该火箭能够向GTO投送700kg载荷,整流罩有效直径为2.2m。H-I型火箭与N2型相似,但第二级改为低温并使用IHI研发的10.5t推力的LE-5发动机。该运载火箭可在整流罩直径为 2.2m 的情况下向 GTO 投送 1100kg 载荷。

H-Ⅱ型火箭基于全新设计,包括一个中央主体、两个低温级和两个额外的大型固体助推器。火箭高 50m,直径 4m,不含有效载荷的质量为 260t。第一级使用新研发的 LE-7 低温发动机,推力约 860kN;二级发动机为改进版 LE-5。总推进剂质量(LOX 与 LH2)为 103t。额外的固体助推器由四部分组成,高 23.4m,直径 1.8m,含 118t 推进剂,推力为 3160kN。制导由使用陀螺激光的捷联惯性单元提供,以支持滑行。转向控制由第一、第二发动机及附加推进器的定向喷射实现。肼推进器用于第二阶段滑行。

该系列火箭的地球静止轨道投送能力约为 2.2t,倾角 30°的 GTO 投送能力约为 4t,200km 高度的圆形轨道投送能力为 10t,整流罩下的有效容积为直径 3.7m,高 12m。首飞在 1994 年。由于某些部件是在美国许可下建造,因此 N2 与 H-Ⅰ型火箭无法商业化。H-Ⅱ型系列可以商业化,但由于渔业活动相关的限制,位于种子岛(30°N)的发射场面临一些实际操作问题。

11.2.7.2 H-ⅡA 型运载火箭

为实现商业化,NASDA 发起了降低成本的改进计划,该计划目前由日本宇宙航空研究开发机构(JAXA)主导。JAXA 于 2003 年 10 月 1 日由日本宇宙科学研究所(ISAS)、航空宇宙技术研究所(NAL)及 NASDA 合并而成。自 2012 年以来,新的立法将 JAXA 由原先的以和平为目的的应用扩大到太空开发(如预警系统),总理内阁通过太空战略办公室进行政治方面的控制。

升级后的 H-ⅡA 型火箭项目旨在大幅降低发射成本,并开发一系列运载火箭型号。与原始的 H-Ⅱ型火箭相比,该火箭的主要设计变化包括:

(1) 第一级使用简化的推进系统和改进的 LE-7A 发动机。

(2) 新的第二级采用独立油箱,取代具有公共隔壁的整体油箱。

(3) 简化的推进系统采用可靠性更高的阀门与改进的 137kN 推力 LE-5B 发动机。

(4) 第二级加装有效载荷支撑结构,因此可以在有效载荷整流罩内以封装状态容纳有效载荷,从而缩短发射操作。

标准配置的 H-ⅡA 型火箭可将 2t 级的有效载荷发射至 GEO——与 H-Ⅱ型相同。由大型液体火箭助推器(LRB)增强后的 H-ⅡA 型能够将 3t 级有效载荷发射至 GEO。设计中还考虑了 4t 级 GEO 能力的运力增强。H-ⅡA 型火箭的第一级由配备 LE-7A 发动机(LH2/LOX 燃料)的第一核心级与两个固体火箭助推器(SRB-A)组成。LE-7A 发动机为 LE-7 的改进版(为 H-Ⅱ型火箭的第一级开发),推力为 110t(真空中)。新型 SRB-A 使用复合发动机聚丁二烯复合固体推进剂,每个 SRB-A 提供 230t 推力。LRB 由第一级结构和两台 LE-7A 发动机组成,用于发射 3t 级或更重的有效载荷。H-ⅡA 型火箭的第二级配备 LE-5B 发动机(LH2/LOX

燃料)。LE-5B 为 LE-5A 的改进版(为 H-Ⅱ型火箭的第二级开发),可提供 14t 推力(真空中)。第二级的姿态控制由带有电致动和肼气体喷射反作用控制系统的 LE-5B 发动机通过喷嘴推力矢量控制来执行。

H-ⅡA 型运载火箭采用捷联式惯性制导与控制系统,该系统由新开发的采用四环激光陀螺仪的惯性测量单元和制导控制计算机组成,使得 H-ⅡA 型火箭能够在无需地面站命令的情况下自主地修正误差并维持原定轨道。

11.2.7.3 H-ⅡA 系列运载火箭

H-ⅡA 型运载火箭通过将助推器安装至第一级来应对各种有效载荷质量。H-ⅡA 系列的标准型运载火箭使用两个固体火箭助推器,称为 H-ⅡA202。H-ⅡA202 的投送能力可通过安装 2 个或 4 个固体支持助推器(SSB)进行提升,其中:加装 2 台 SSB(该版本称为 H-ⅡA2022)时的 GTO 投送能力为 4.5t;加装 4 台 SSB(H-ⅡA2024)时的 GTO 投送能力达到 5t。标准配置(H-ⅡA202)及其 SSB 版本(H-ⅡA 2022 与 2024)称为 H-ⅡA202 标准型。

使用 LRB 预计可以进一步提高投送能力。LRB 与 H-ⅡA 第一级的尺寸大致相同,使用相同类型的推进剂罐,且含两台 LE-7A 发动机。H-ⅡA 使用 LRB(该版本称为 H-ⅡA212)时,GTO 投送能力达到 7.5t,LEO 投送能力达到 17t。

可以设想,通过为 H-ⅡA 火箭加装 2 台 LRB,将进一步提高投送能力(图 11.19 显示了计划中的 H-ⅡA 系列)。H-ⅡA222 型计划能够向 GTO 发射 9.5t 有效载荷,向 LEO 发射 23t 有效载荷。然而,LRB 的计划最终与 H-ⅡA212 和 H-ⅡA222 运载火箭项目一起被取消。

11.2.7.4 H-ⅡB 型与 H-Ⅲ型运载火箭

H-ⅡB 是一种两级运载火箭,具有 2 台 LE-7A 发动机、1 个宽机身(5.2m)、新的第一级外部油箱以及 4 枚 SRB-A 助推火箭。第二级为与 H-ⅡA 相同的 LE-5B 发动机。与 H-ⅡA202 相比,该型号的总长度从 53m 增加到 56.6m,质量从 289t 增加到 531t,SRB-A(固体火箭助推器)由 2 台增加到 4 台,GTO 最大投送能力从 6t 增加到 8t,LEO 最大投送能力达到 16.5t。

H-ⅡB 的主要目的是发射重达 16.5t 的 H-Ⅱ转移飞行器(HTV),用于运送补给物资至国际空间站。H-Ⅲ型自 2013 年 5 月 17 日获得政府授权以来一直处于研发阶段,计划于 2020 年首飞。

11.2.7.5 GX 与埃普西隆运载火箭

星际快车公司(Galaxy Express Corporation)目前正在研制 GX 运载火箭。该公司为 IHI 公司(IHI)、JAXA、洛克希德·马丁公司(LM)及其他数家日本公司的合资企业。

GX 两级运载火箭长 48m,可向 200km 高度的 LEO 中发射 3.6t 的有效载荷。其第一级为阿特拉斯 3 型火箭,配备俄罗斯 RD-180 发动机;第二级为日本产,由

JAXA 研发。该运载火箭是迄今唯一一款以 LOX 作为氧化剂、液化天然气(甲烷为主)为燃料的火箭,该项目于 2011 年取消。

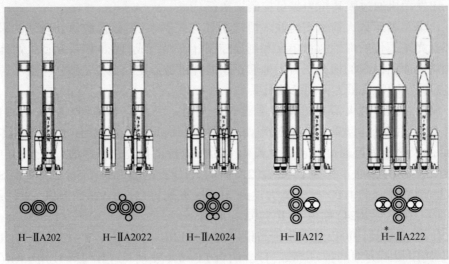

Type	H-ⅡA202	H-ⅡA2022	H-ⅡA2024	H-ⅡA212	H-ⅡA222
长度/m	53	53	53	53	53
质量/t**	285	316	347	403	520
第二级	1	1	1	1	1
第一级	1	1	1	1	1
SRB-A	2	2	2	2	2
LRB	—	—	—	1	2
SSB	—	2	4		

* H-ⅡA222 是未来发展计划
** 不包括有效载荷质量

H-ⅡA 代码名称格式
H-ⅡA abcd(a: 级数; b: LRB数量; c: SRB-A数量; d: SSB数量)

图 11.19　H-ⅡA 型系列运载火箭

埃普西隆(Epsilon)运载火箭自 2007 年开始研发,于 2013 年 9 月 14 日首飞。其标准版和增强版分别长 24m 和 26m,质量分别为 90000kg 和 95400kg。250km LEO 的投送能力为 1500kg;500km LEO 的投送能力为 700kg;50km SSO 的投送能力为 590kg。

11.2.8　韩国

韩国航空宇宙研究院(KARI)是 1989 年成立的韩国国家航天机构,成立宗旨在于制造探空火箭。由 KARI 研发的韩国航天运载火箭(KSLV)包含两枚火箭。KSLV1 号于 2013 年 1 月 30 日于高兴郡的罗老宇航中心发射升空,后更名为"罗老号"(Naro-1)。

KSLV1号是一种两级火箭,可将100kg的卫星送入300km高度的LEO。其一级火箭为俄罗斯安加拉火箭——安加拉UM,使用以液氧/煤油为燃料的RD-191发动机,推力为2095kN。二级火箭为韩国产KSR系列的KSR-1型,使用固体推进剂,可提供86kN的推力。该火箭发射质量为140t,高33m,总推力为1910kN。

KSLV2号将由三级组成:安加拉UM作为第一、二级;KSR-1作为第三级。该火箭重200t,高47.2m,用于向800km的LEO投送一颗1500kg的卫星。KSLV2号计划于2021年由罗老宇航中心发射。

11.2.9 美国

20世纪80年代初期,美国拥有多项不同运力的常规运载火箭项目,并与此同时发展出航天飞机——一种使用可回收装置的全新空间传输系统。NASA于1984年决定放弃常规运载火箭并完全使用航天飞机,这导致多数运载火箭项目中止。1986年1月28日发生的挑战者号航天飞机爆炸事故,迫使美国重启常规运载火箭的研发,以作为军用卫星发射的替代选项,并停止将航天飞机用于商业卫星发射。因此,美国各大公司于1987年重启运载火箭生产线与部件供应渠道,并着手准备用于商业发射的改进版运载火箭。自2000年以来,美国航空航天业经历了大规模重组,发展出多种新型运载火箭,并与东欧前华约国家的相关公司合作运营俄罗斯运载火箭。目前在研的新系统包括太空发射系统(SLS)、新格伦运载火箭、星际运输系统(ITS)、OmegA运载火箭、矢量R型(Vector-R)运载火箭及火神运载火箭。

11.2.9.1 德尔塔

德尔塔运载火箭研发项目由麦克唐纳·道格拉斯宇航公司(MDAC,现波音公司)于20世纪50年代末启动。德尔塔运载火箭于1960年首飞,GTO投送能力为54kg。通过不断改良,1982年的德尔塔3920 PAM运载火箭能够向GTO投送1270kg载荷,特别是第三级采用PAM上面级。1984年,NASA决定放弃该计划,但由于当时缺乏可用发射方式,MDAC于1987年1月从美国空军获得了开发德尔塔2型火箭的项目合同(MLV Ⅱ运载火箭,用于Navstar/GPS卫星的发射)。与此同时,MDAC也开始着手提供商业发射服务。

此外,美国空军与NASA达成协议,将政府拥有的佛罗里达州卡纳维拉尔角17号航天发射设施的两个发射台与加利福尼亚州范登堡空军基地2号发射设施的一个发射台用于商业服务。

1) 德尔塔2型

德尔塔2型运载火箭开发预计包含两个步骤。1989年2月14日,德尔塔6925火箭首飞,GTO投送能力为1447kg。与3920 PAM-D相比,该型火箭运力的提升(提升164kg)来自于第一级储箱(燃烧煤油与LOX)容量的增加(增至96.5t),

以及所采用的更强劲的 Castor-IVA 固体助推器(替换了之前的 9 个 Castor-IV);第二级保持不变;第三级使用 STAR48 发动机的 PAM-D 上面级。

2) 德尔塔 3 型

德尔塔 3 型火箭旨在满足商业发射市场上不断增长的投送能力需求,它能提供 3810kg 的 GTO 投送能力,为德尔塔 2 型的两倍。该型火箭于 1998 年 8 月首飞,主要特点是使用了低温推进的单引擎上面级、比德尔塔 2 号更大更强力的捆绑式固体火箭发动机,以及能容纳更大有效载荷的复合整流罩。

德尔塔 3 型的第一级由波音 RS-27A 主发动机和两个游标发动机驱动,用于在主发动机点火燃烧期间控制横滚,并在主发动机切断与二级分离期间进行姿态控制。推进器油箱直径较德尔塔 2 型有所增加,从而减少长度并提高控制裕度。9 台直径为 1.17m 的埃里安技术系统公司的捆绑式固体火箭发动机技术源自德尔塔 2 型的石墨环氧发动机(GEM),使第一级推力提高了 25%,其中 3 台配备推力矢量控制以进一步提高运载火箭的机动性和控制性。德尔塔 3 型的第二级普惠公司(Pratt & Whitney)RL108-2 低温发动机源自 RL10 发动机。低温燃料可产生更多能量,从而提供更大的推力。RL108-2 亦采用更大的出气椎体,以提高比冲和有效载荷能力。

德尔塔 3 型集成了惯性飞行控制航空电子系统,该系统使用环形激光陀螺仪和加速计,用于提供冗余的三轴姿态和速度数据。在德尔塔 2 型的 3m 直径复合整流罩的基础上,开发一种新型的 4m 直径复合整流罩。为满足行业要求,波音公司将德尔塔 3 型的有效载荷封装在有效载荷处理设施的整流罩内,随后整体运送至发射台进行运载火箭总装。

3) 德尔塔 4 型

德尔塔 4 型运载火箭是在美国空军"改进型一次性运载火箭"(EELV)项目的框架内研发的。EELV 项目的研发与采购周期始于 1995 年。在第一阶段中,4 个承包商完成了一份为期 15 个月的低成本概念验证合同。1996 年 12 月,两个承包商被选中进入第二阶段,即预研、制造及开发阶段。

所有德尔塔 4 型的变体都使用 2900kN 推力的波音 AS-68(LH2/LOX 燃料)发动机和通用助推器芯(CBC)。该发动机的效率比传统的 LOX/煤油发动机高 30%。德尔塔 2 型或 3 型火箭的上面级都被添加到 CBC 中。

德尔塔 4 型系列包括 5 种运载火箭:中型(Medium)、3 种中型变体(Medium-plus)和重型(Heavy)运载火箭。图 11.20 显示了整个德尔塔系列运载火箭。

德尔塔 4 中型拥有 4210kg 的 GTO 投送能力,使用德尔塔 3 型的直径低温二级发动机,并采用德尔塔 3 型的直径 4m 复合整流罩进行有效载荷保护。中型系列运载火箭的商业衍生版本保留了德尔塔 4 型的 CBC,并以连接到助推器核心的埃里安技术系统公司固体火箭发动机的数量以及上面级和有效载荷整流罩的尺寸

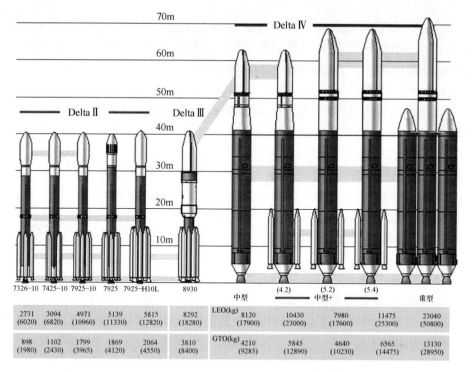

图 11.20 德尔塔系列运载火箭

而闻名。德尔塔 4 型 Medium-plus 系列包括：

（1）德尔塔 4 型 Medium-plus(4,2)，配有 2 台固体火箭发动机及 1 个直径 4m 的整流罩，GTO 有效载荷为 5845kg。

（2）德尔塔 4 型 Medium-plus(5,2)，配有 2 台固体火箭发动机及 1 个直径 5m 的整流罩，GTO 有效载荷为 4640kg。

（3）德尔塔 4 型 Medium-plus(5,4)，配有 4 台固体火箭发动机及 1 个直径 5m 的整流罩，GTO 有效载荷为 6565kg。

德尔塔 4 型重型高 72m，重 733t，GTO 投送能力为 4300~13130kg，也可将超过 23000kg 质量送入 LEO。它使用 3 个连在一起的 CBC，加装 1 台改进型扩大版的德尔塔 3 型上面级发动机，并采用更大的油箱以增加推进剂。该型号使用波音大力神（Titan）4 型运载火箭制造的直径 5m 金属整流罩，也可以使用改版自德尔塔 3 型直径 4m 复合整流罩的直径 5m 复合整流罩。通过提升发动机推力及增添新的助推器，德尔塔 4 型重型的下一版本预计可向 LEO 发射 95t 的有效载荷。

德尔塔 4 型的发射准备及测试在卡纳维拉尔角和范登堡空军基地进行，这两个地点均对火箭进行发射台下的水平组装，使发射前在发射台上的操作时间从 24

天减至6~8天。

火神(Vulcan)运载火箭自2014年起作为新型运载火箭投入研发。该火箭高58.3m,重546700kg,配备新型发动机,预计LEO、GTO和GEO投送能力分别为34900kg、16300kg和7200kg,计划于2021年首飞。

11.2.9.2 阿特拉斯

洛克希德·马丁公司拥有悠久的运载火箭研发历史[BON-82]。1958年,阿特拉斯(Atlas)火箭发射了第一颗通信卫星SCORE。随后研发的半人马座上面级构成了两级阿特拉斯/半人马座运载火箭。阿特拉斯系列还包括具有1960kg低轨运力的阿特拉斯H型和作为商业版阿特拉斯/半人马座(阿特拉斯1型)第一级的阿特拉斯G型。阿特拉斯1型由通用动力公司为商业用途(1990年7月15日首次商业飞行)建造,用于在NASA与美国空军签署的有关政府设施使用(如卡纳维拉尔角的36B、36A发射台)协议的范畴内提供发射服务。

1) 阿特拉斯1型/2型

阿特拉斯助推器使用洛克达因公司(Rocketdyne)MA-5A(1.5级)推进系统,配备2台增压发动机和1台主发动机,燃料为LOX与RP-1推进剂组合(总推力2.18MN)。4台固体捆绑式Castor-IVA火箭助推器成对增加增压级的推力,其中:一对捆绑助推器在起飞时点火,可额外提供876kN的推力;另一对助推器在第一对助推器燃烧后于飞行过程中点火。

半人马座上面级由两台普惠RL10发动机驱动,以液氧和液氢作为推进剂,可提供190kN的推力。制导由位于半人马座上的惯性导航单元(INU)提供。该系统还可以通过在发动机二次熄火后经半人马座上面级重定向,将卫星送入目标高度的转移轨道。

目前已发展出的整流罩有外径3.3m、有效直径2.9m的MPF(中型有效载荷整流罩)以及外径4.2m、有效直径3.65m的LPF(大型有效载荷整流罩),并放弃了双星发射的可能性。阿特拉斯1型使用MPF时运力为2340kg,使用LPF时运力为2220kg。阿特拉斯2型与1型的区别在于各级加长,第一级推力增加并改进了半人马座级的低温推进剂混合物,将GTO运力提高至2810kg。

2) 阿特拉斯2AS型

阿特拉斯2AS型火箭是在2A型基础上增加推进剂装载量并改进发动机性能,将运力提升至3180/3066kg(取决于所使用的整流罩),且采用新的控制系统。它通过安装4个附加的Castor-IV助推器增加起飞推力,GTO有效载荷运力提升至3490~3720kg级别。

3) 阿特拉斯3型

为保持商业市场竞争力,洛克希德·马丁公司不断寻求可靠性、性能和成本方面的优化。减少引擎的数量可以显著降低成本。阿特拉斯3型相较于标准版阿特拉斯 2AS 型的主要改进在于,使用无固体单级推进器替代了阿特拉斯的 1.5 级(包括 4 个固体助推器),用 1 台半人马座发动机代替原来的两台增压发动机,并将分级次数从 4 次减少到 1 次。阿特拉斯 3A 型单级助推器使用由美国普惠公司与俄罗斯动力机械科研生产联合体(NPO Energomash)组成的美俄合资企业生产的高性能 RD-180 推进系统。RD-180 通过燃烧 LOX/RP-1 推进剂,能产生 2.6MN 的起飞推力。RD-180 在上升期间将油阀调节到不同的水平,以有效管理飞行器所受的空气负荷,从而最大限度地减少阿特拉斯运载火箭与发射场地的设计更改。此外,节流导致卫星经历的飞行环境几乎与阿特拉斯 2AS 型相同。半人马座 3A 型上面级由 1 台普惠 RL10A 发动机驱动(燃料为 LOX/LH2)。

阿特拉斯运载火箭的典型发射程序如图 11.10 所示,其中飞行器的 2 台 RD-180 发动机在起飞前不久点火,在助推器上升过程中使用预设置的发动机推力配置,在超音速负载/高动压力峰值区域内节流来最小化飞行器负载,同时最大化运载火箭能力。增压发动机在飞行约 3min 后熄火,随后半人马座与阿特拉斯分离。半人马座第一次点火持续约 9min,之后半人马座及其有效载荷在停泊轨道上滑行。在第一次点火燃烧期间,点火后约 10s 时丢弃有效载荷整流罩。半人马座第二次点火发生在飞行约 23min 后,持续约 3min,数分钟后航天器从半人马座分离。

阿特拉斯 3A 型能够向 GTO 发射 3400~4060kg 的有效载荷系统。首枚阿特拉斯 3A 型火箭于 2000 年 5 月 24 日成功飞行。

阿特拉斯 3B 型是阿特拉斯产品线的下一个改进型号,借助其 1.68m 半人马座上面级,可在双引擎配置下向 GTO 发射 4500kg 的有效载荷。

4) 阿特拉斯 5 型

阿特拉斯 5 型运载火箭系统包含公共核心助推器(CCB)级,采用为阿特拉斯 2 型和 3 型系列运载火箭研发的半人马座上面级和有效载荷整流罩,并可配备多种数量的固体火箭助推器。阿特拉斯 5 型系列使用 3 位数字的运载火箭代号标识配置选项:第一位表示有效载荷整流罩尺寸(4 或 5m);第二位表示使用的固体火箭助推器数量,范围为 0~5;第三位表示半人马座上面级使用的半人马座发动机的数量。

阿特拉斯 5 型单级助推器基于结构稳定的 CCB 级,由 RD-180 推进系统提供动力,可产生 3.8MN 推力。在上升后期使用节流来管理飞行器加速度。阿特拉斯 5 型的飞行环境类似于阿特拉斯 2 型与 3 型系列。CCB 级装有固体火箭助推器。喷气飞机公司(Aerojet)研发的阿特拉斯 5 型固体火箭助推器的燃料质量约 46260kg,推力超过 1.11MN。

阿特拉斯 5-400 型配备加长 LPF 和单引擎半人马座,可为 GTO 提供 4950kg 的有效载荷,于 2002 年首飞。

阿特拉斯 5-500 型对阿特拉斯 5 型的能力进行了扩展,加装 5m 直径(4.6m

可用直径)有效载荷整流罩(两种长度选项)与固体火箭助推器,可为 GTO 提供 3950~8650kg 的有效载荷。使用两个 CCB 作为中央核心的捆绑式助推器的版本称为阿特拉斯 5-HLV 型(大推力运载火箭),其中每个助推器由单个 RD-180 发动机提供动力。该型号 GEO 投送能力约 6350kg,LEO 投送能力约 19t。该型号于 2003 年首飞。

美国国会于 2004 年通过立法限制在阿特拉斯 5 型火箭上使用俄制发动机,该火箭必须采用美制发动机方可继续服役。联合发射联盟公司(ULA)随后启动了火神半人马座运载火箭项目,以取代阿特拉斯 5 型及德尔塔 4 型运载火箭(见 11.2.9.1 节)。

11.2.9.3 战神

战神(Ares)是 NASA 在星座计划框架内开发的新型运载火箭系列。该计划的主要目标之一为在 2020 年执行一项新的月球任务。战神 1 型与 5 型将同时设计,而本应存在于二者之间的战神 4 型计划终被放弃。

与航天飞机同时搭载机组人员与货物不同,该项目使用两个独立的运载火箭:战神 1 型用于机组搭乘;战神 5 型用于货物发射。两枚火箭可以针对各自目标进行精细设计。

战神 1 型作为该项目机组人员搭乘的运载火箭,具有约 25t 的 LEO 有效载荷能力。该火箭专门设计用于发射猎户座载人飞船。猎户座是一个乘员舱,设计上类似于阿波罗计划中的太空舱,用于将宇航员运送至国际空间站、月球甚至火星。战神 1 型火箭的第一级为一种威力更大、可重复使用的固体燃料火箭,由目前的航天飞机固体火箭助推器发展而来。上面级由一台 J-2X 火箭发动机推进,该发动机以 LH2 和 LOX 为燃料。

战神 5 型作为该项目的货物运载火箭,高 94m,直径 5.5m,将发射地球出发站(EDS)与牵牛星登月器,并将作为战神 1 型的补充。战神 5 型是一种两级运载火箭,能够向 LEO 投送约 188t 货物,向月球投送 71t 货物。该运载火箭的第一级由 6 台 RS68 发动机(LOX/LH2)组成,这些发动机类似于德尔塔 4 型使用的发动机,位于一个类似于战神 1 型的油箱下;第二级高 32m,直径 5m,它基于 J-2X 发动机,该发动机源自土星 1B(Saturn 1B)运载火箭。

11.2.9.4 猎鹰

亿万富翁埃隆·马斯克于 2000 年 6 月创建了太空探索技术公司(SpaceX),致力于开发一种能够极大降低发射成本的运载火箭。SpaceX 考虑使用 3 种猎鹰(Falcon)火箭(1 型、5 型及 9 型)覆盖所有轨道,并提供最大的有效载荷。猎鹰火箭可以从加利福尼亚的范登堡空军基地和太平洋马绍尔群岛的奥梅莱克岛发射。

1) 猎鹰 1 型

该型火箭带有两级小型运载火箭(长 21m,重 27t),其铝制第一级可重复使用,第二级通过将铝锂混合实现了质量与机械阻力间的良好折中。两级发动机均由 SpaceX 设计,第一级使用梅林(Merlin)发动机,第二级使用凯瑟特勒(Kestrel)发动机,二者均基于轴针式(Pintle)喷射器(用于20世纪70年代的阿波罗计划)。其 LEO 有效载荷能力为 670kg,SSO 有效载荷能力为 430kg。

猎鹰 1 型于 2006 年 3 月 24 日在奥梅莱克岛首飞,但由于燃油管路泄漏并引起火灾,最终以失败告终。第二次试飞原定于 2007 年 1 月,但因第二级的问题而推迟。该火箭随后于 2007 年 3 月 21 日再次发射,但 DARPA 与 NASA 的 DemoSat 有效载荷未能到达目标轨道。经历多次失败后,终于在 2008 年 9 月 28 日实现首次成功飞行。猎鹰 1 型 V1.0 于 2010 年 6 月 4 日首飞,V1.1 于 2013 年 9 月 29 日首飞。目前 V1.0 与 V1.1 均已退役并由新一代火箭取代。

猎鹰 5 型计划基于两级运载火箭,第一级使用 5 台灰背隼发动机,第二级则仅使用 1 台灰背隼发动机。目前猎鹰 5 号项目已被取消。

2) 猎鹰 9 型

该型火箭使用与猎鹰 1 型相同的发动机、电子系统和控制管理。猎鹰 9 型火箭使用 9 台并置的灰背隼发动机。目前该型号有两个版本提供给客户。

(1) 猎鹰 9 型全推力:部分可重复使用,高 71m,重 549054kg。倾角 28.5°的 LEO 投送能力为 22800kg,倾角 27°的 GTO 投送能力为 5000kg,火星投送能力为 4020kg。其首飞时间是 2015 年 12 月 22 日。

(2) 重型猎鹰:部分可重复使用,高 70m,重 1420788kg。倾角 28.5°的 LEO 投送能力为 63800kg,倾角 27°的 GTO 投送能力为 26700kg,火星投送能力为 16800kg,冥王星投送能力为 3500kg。其首飞时间是 2018 年 2 月 6 日。

11.2.9.5 海上发射系统

海上发射是一种海基发射概念,与使用陆基发射场的传统发射系统相比具有众多优势。该发射系统由海上发射有限合伙公司运营,包括波音商业航天公司、俄罗斯能源火箭航天公司(RSC Energia)、乌克兰南方设计局(KB Yuzhnoye)与南方机器制造厂(PO Yuzhmash)及伦敦克瓦纳集团(Kvaerner Group)。

海上发射系统由天顶(Zenit)3SL 型火箭与发射平台、装配指挥船(ACS)以及位于加州长滩的母港设施组成。其发射平台为自推进半潜式平台,最初是为海上石油钻探而建造的。该平台包括用于运载火箭安装、加注及发射操作的各类系统。ACS 作为发射指挥中心,在运载火箭转移到发射平台之前也为有效载荷与天顶-3SL 集成提供所需的设施。

航天器处理设施位于加州南部。航天器运载船从母港出发航行至太平洋指定点。运载船抵达指定地点后,运载火箭将被从船上卸下并竖起。发射由 ACS 控制,其通信链路可连接卫星制造商与客户。ACS 也为发射团队工作人员提供住宿,并设有自动发射控制中心。

1) 运载火箭

天顶 3SL 型运载火箭基于陆基天顶 2 型(KB Yuzhnoye/PO Yuzmash)与 BLOCK-DM 上面级(RSC Energia)的成熟技术,是苏联研制的最现代化的重型运载火箭(见 11.2.3.7 节)。该火箭能提供全自动化的发射前准备服务,经水平组装后由单个运输单元运输至发射台并竖起[ROS-94],火箭使用的燃料为 LOX 与煤油。第一级由一台带有 4 个推力室的单涡轮泵 RD-170 发动机驱动,可提供 7240kN 的水平推力;第二级由一台含单个推力室 RD-120 主发动机和一台含 4 个推力室的 RD-8 游标发动机驱动,总真空推力为 912kN。

BLOCK-DM 上面级是作为质子运载火箭的第四级开发的。DM-SL 组级为可重启上面级,在执行任务期间最多可点火 7 次,使用液氧和煤油作为推进剂,能产生 790kN 的推力。BLOCK-DM 在滑行期间的三轴稳定性由两台游标发动机提供。

2) 发射平台

该发射平台改建自现有的半潜式石油钻井平台,可将集成运载火箭(ILV)及发射平台在内的自动化发射保障设备运输至发射地点,如图 11.21 所示。发射平台为自推进式双体船结构的一对半潜平台。抵达发射位置后,平台通过压载将浮船淹没,以稳定发射位置。平台总长度约 133m,总排水量约 26360t。

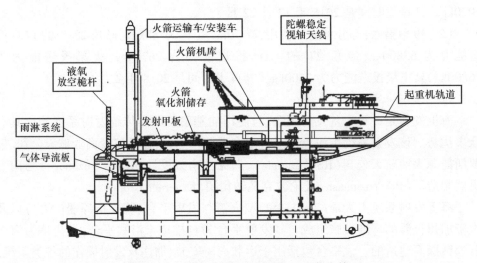

图 11.21　发射平台与天顶 3SL 型运载火箭

3) 装配指挥船

图 11.22 所示的装配指挥船(ACS)为海上发射提供三大主要功能:

(1) 运载火箭的组装、配置及检验。

(2)监控所有程序的任务控制中心。

(3)为船员与发射工作人员提供住宿。

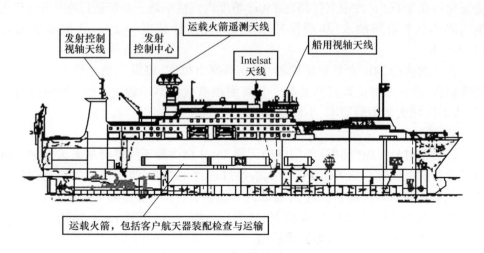

图 11.22 装配指挥船(ACS)

4)性能

海上发射系统对 35786km、0°倾角标准 GTO 的运力为 5250kg[LOC-01]。DM-SL 组级的重启能力使得该系统适用于多种轨道及倾角。位于赤道的标准发射场使发射不需要通过机动控制即可达到 0°轨道倾角。就注入最终轨道的航天器质量而言,该优势意味着海上发射 5250kg GTO 有效载荷能力相当于从卡纳维拉尔角发射约 6000kg 有效载荷。标准发射场位置的另一个优势在于航天器在很大程度上不受地点上空航班与附近渔船管制的限制,并且可以发射到任何所需的方位角。此外,良好的天气、平台自身的稳定性以及主动调平系统相结合,使得全年都可进行发射。目前该系统正向 6000kg GTO 运力升级,同时能将有效载荷整流罩的直径增加至 4.57m。

5)发射操作

运载火箭和航天器的集成工作在位于加州长滩的海上发射系统母港进行。航天器经封装后集成至天顶 3SL 型火箭,成为集成运载火箭(ILV)。ILV 被装载到发射平台(LP)上以运输至发射场。0°N、154°W 的标准发射场位置位于太平洋赤道上,该位置的选择来自于 0°纬度发射的投送优势、有利的气象条件、远离陆地及主要航道。此外,发射场靠近圣诞岛,该岛提供紧急情况医疗保障或人员与物资投送,因此带来运营方面的优势。从母港到发射场的标准运输时间为 11 天。从封装到发射期间,航天器保持一个气候受控的环境。抵达发射场后,LP 从 7.5m 的运输吃水深度过渡至 22.5m 的发射吃水深度(使用压载舱和泵排出 18000t 水)。压载作业大约需要 6h,在此期间,ILV 在机库中的运输器/竖立器(T/E)上保持水平。一旦 LP 达到发射吃水深度,使用全球定位系统(GPS)输入的定点保持系统将 LP 姿态保持在 3°以内,将定点保持在 150m 精度内。精细调平系统通过在位于 LP 支架内的三个水箱间抽水,从而保持水平姿态(预计精度约 1°),其抽水能力达 1500m³/h。

在发射前约 24h,全自动运输器/竖立器推出机库,将尚未加注燃料的 ILV 运抵发射台,并在发射位置将其竖起。只要海浪有效波高不超过 2.5m 即可进行发射(发射区域大多为低周期、小幅度海浪)。

6) 陆射

海上发射公司的"陆射"部门借助天顶 3SLB 型火箭于拜科努尔航天发射场进行商业发射。该版本的天顶 3SL 型火箭经过现代化改造(使用更轻的有效载荷整流罩),能够将有效载荷直接注入地球同步轨道,而非停留在地球静止转移轨道。其首飞在 2008 年 4 月 28 日,天顶 3SLB 型将 AMOS-3(携带 15 个 Ku/Ka 转发器的以色列通信卫星)送入地球同步轨道。

11.2.9.6 飞马座

飞马座(Pegasus)是第一种有翼运载火箭,由轨道科学公司(Orbital Sciences)与赫尔克里士公司(Hercules)开发。该飞行器由 12000m 高度、以 0.8Ma 飞行的飞机发射。由于飞机在云层上飞行,因此该运载火箭可以绕过气候条件限制,同时不需要借助昂贵的地面设施。

飞马座有两个版本(其中 XL 型长约 17m,质量 18500~23130kg)。两个版本的有效载荷能力均为 400kg。自 1990 年以来,飞马座共执行 43 次任务,其中 3 次失败,2 次部分成功,38 次完全成功。

多个项目与飞马座有关。事实上,飞马座的组件一直是轨道科学公司其他运载火箭的基础。例如,JXLV 运载火箭是飞马座的单级版本,用于发射 NASA 的 X-43 Scramjet(超音速燃烧冲压发动机);用于军事应用的金牛座(Taurus)与米诺陶(Minotaur)运载火箭也是飞马座的衍生产品;米诺陶由民兵 2 型火箭(Minuteman-2)的两个第一级改造而来,其第三、四级来自飞马座,又称 OSP 太空运载火箭,根据倾角和高度的不同可将 340~580kg 载荷送入 LEO。

11.2.10 可重复使用运载火箭

可重复使用运载火箭(RLV)是一种能够多次发射的系统。尽管 NASA 部分可重复使用的航天飞机未能满足这一要求,但可重复使用系统依然是提供低成本发射和提高太空进入能力的重要途径。

然而,RLV 需要基于某些技术为前提。其中关键技术之一是能够在进入大气层阶段承受摩擦产生热量的防护罩。防护罩通常由陶瓷瓦或碳—碳复合瓦制成。

RLV 的防护与该运载火箭的可靠性及成本密切相关。目前正在进行的研究包括：

（1）水平或垂直起飞。

（2）单级或多级。

（3）水平或垂直着陆。

（4）不同类型的推进剂。

为降低发射成本及对环境的影响，一些国家正在研发可重复使用或部分可重复使用的 RLV。2008 年成功首飞的猎鹰 1 号就是部分可重复使用运载火箭，因为它能够对其两级中的一级进行重用。其他类似运载火箭还包括：

（1）行星空间公司（美国）的"银镖"（Silver Dart），为两级运载火箭，预计采用垂直发射并水平降落（飞机跑道）。

（2）SpaceX 公司（美国）的猎鹰 9 号，已实现部分重复使用，并开始迈出未来完全重复使用的第一步。

（3）Kistler Aerospace（美国）的 K-1，旨在达到地球静止轨道。

（4）欧洲空间局（欧洲）的"跳跃者"（Hopper）。

（5）印度空间研究组织（印度）的阿凡达 RLV（Avatar RLV），为一种水平起飞和降落的单级有氧超高音速飞行器。

11.2.11　在轨部署成本

卫星发射成本很难简单地描述，因为它取决于所提供服务的类型、运载火箭性能、卫星业务提供商的商业政策等。对于 5000kg 级起飞推力（在地球静止轨道上约 3100kg）粗略估计需要 1 亿欧元的花费，即：起飞时每千克成本约 20000 欧元，地球静止轨道上每千克成本约 30000 欧元。

目前有能力将大型通信卫星（数吨）送入轨道的发射公司之间存在着激烈的竞争。然而，运载火箭间的成本比较并非易事，因为仅比较在轨的成本和运载能力是不够的。当运载能力相同时，运载火箭在诸多性能上均有所区别，例如转移轨道的倾角、获得轨道的精度、整流罩下的可用容积、静态与动态机械约束（如纵向与横向加速度、振动、冲击、噪声谱）、热约束、接口等。这些特性都会对系统设计、卫星寿命以及系统总体成本产生显著的影响。

在使用能够发射多颗卫星的大运载力运载火箭时，也应当考虑用户间分摊发射成本的问题。成本通常按照所搭载质量按比例分摊，同时还需考虑载荷适配的限制条件。

参 考 文 献

[AR5-16] Arianespace. (2016). Ariane 5 users' manual, issue 5, revision 2.

[AR6-18] Arianespace. (2018). Ariane 6 user's manual, issue 1, revision 0.

[BON-82] Bonesteel, M.M. (1982). Atlas and Centaur adaptation and evolution—27 years and counting. In: *IEEE International Conference on Communications*, *Philadelphia*, 3F.2.1–3F.2.8. IEEE.

[BZH-97] Bzhilianskaya, L. (1997). Russian launch vehicles on the world market: a case-study of international joint ventures. *Space Policy* 13 (4): 323–338.

[HOH-25] Hohmann, W. (1925). *Die Errichbarkeit der Himmelskörper*. Munich: Odelbourg.

[LOC-01] Locke, S. (2001). Key design and operation aspects of the Sea Launch system. Paper 047, presented at the AIAA 19th Communication Satellite Systems Conference, Toulouse.

[MAR-79] Marec, J.P. (1979). *Optimal Space Trajectories*. Elsevier.

[POC-86] Pocha, J.J. and Webber, M.C. (1986). Operational strategies for multi-burn apogee manoeuvres of geostationary spacecraft. *Space Communication and Broadcasting* 4 (3): 229–233.

[PRI-86] Pritchard, W.L. and Sciulli, J.A. (1986). *Satellite Communications—Systems Engineering*. Prentice Hall.

[RAJ-86] Rajasingh, C.K. and Leibold, A.F. (1986). Optimal injection of TVSAT with multi-impulse apogee manoeuvres with mission constraints and thrust uncertainties. In: *Mecanique Spatiale pour les Satellites Geostationnaires*, *Colloque CNES*, 493–510. Cepadues.

[ROB-66] Robbins, H.M. (1966). An analytical study of the impulsive approximation. *AIAA Journal* 4 (8): 1417–1423.

[ROS-94] Rossie, J. and Forrest, J. (1994). Zenit at Baikonur: unique automated launch system. *Spaceflight* 36: 326–327.

[SKI-86] Skipper, J.K. (1986). Optimal transfer to inclined geosynchronous orbits. In: *Mécanique Spatiale pour les Satellites Géostationnaires*, 71–84. Cepadues.

[STA-88] Stadd, A. (1988). Status and issues in commercializing space transportation. Presentation at the AIAA 12th Communications Satellite Systems Conference, Arlington, Virginia.

[WHI-90] White, R. and Platzer, M. (1990). ATLAS family update. Paper 90-0827, presented at the AIAA 13th Communication Satellite Systems Conference, Los Angeles

第12章 空间环境

本章节讨论空间环境如何影响卫星在轨寿命期间的设计与运行，主要包括以下几点：
(1) 大气层缺失(真空)。
(2) 引力场与磁场。
(3) 陨石与碎片。
(4) 辐射源与辐射沉积。
(5) 高能粒子。

此外，也应考虑卫星在入轨期间经历的特殊环境(加速、振动、噪声和失压)。空间环境对卫星的影响主要有以下几点：
(1) 力学效应，包括施加于卫星并改变其轨道与姿态的力和扭矩。
(2) 热效应，即卫星所吸收的来自太阳和地球的辐射。
(3) 材料退化，即受辐射与高能粒子作用的影响。

12.1 真 空

12.1.1 特征

空间环境的最大特征是真空。空气分子密度随海拔升高呈指数下降，其变化规律取决于纬度、一天当中的时间、太阳活动等。在高度36000km处(地球静止卫星高度)，压力小于10^{-13} torr(毫米汞柱)，且有 1torr = 1/760atm (101325Pa) = 101325/760Pa = 133.32Pa。

12.1.2 效应

12.1.2.1 力学效应

2.3.1.4节已经讨论了由不完全真空引起的大气阻力效应。椭圆轨道的远地点高度趋于降低，圆形轨道的高度也是如此。当卫星轨道高度超过400km，大气阻力可忽略不计。

12.1.2.2 对材料的效应

在真空中，物质会升华，相应的质量损失取决于环境温度。例如，镁在110℃

时的质量损失为 10^3Å/年，在 170℃ 时的质量损失为 10^{-3}cm/年，在 240℃ 时的质量损失为 10^{-1}cm/年，这里 1Å = 10^{-10}m。由于超过 200℃ 的高温并不容易出现，在不使用过薄外壳的情况下，这一效应并不重要。相比之下，气体会在物体寒冷的表面冷凝，这种情况则更严重（可在绝缘表面上引起短路并降低热光学特性）。因此，必须避免使用易升华的物质，例如锌和镉。此外，聚合物易于分解成挥发性物质。

另一方面，真空的主要优点在于能够保护金属免受腐蚀效应的影响。

当某些材料（特别是金属）的表面相互高压接触时，容易通过冷焊过程扩散入对方表面，导致轴承和移动机械（例如太阳能发电机和天线装置）的摩擦力变大。因此，必须将轴承和移动机械保持在密封的加压外壳内，并使用蒸发与升华率低的润滑剂。轴承制造也必须使用特殊材料（例如陶瓷和司太立等特殊合金）。

12.2 力学环境

12.2.1 引力场

12.2.1.1 引力场的性质

卫星受到地球引力场的影响，地球引力场主要决定了卫星质心的运动。由于地球的非球面和非均匀性，其引力场具有不对称性，从而扰动卫星轨道。太阳和月亮引力造成的引力场也会产生扰动。这些引力场已在第 2 章中描述。

12.2.1.2 对轨道的效应

地球引力场的不对称性以及太阳和月球的引力会导致卫星开普勒轨道的扰动，这些扰动导致轨道的参数随时间变化（见 2.3 节）。

12.2.1.3 对卫星姿态的效应

地球引力场的强度随着高度的变化而变化，因此卫星离地心较远的部分比其离地心较近的部分受到的引力更小。由于该重力梯度的合力不通过卫星的质心，因而会产生扭矩，如图 12.1 所示。

地球重力梯度的作用使卫星的最低惯性轴沿局部垂直方向对齐。假设 z 轴是卫星的对称轴，相应的扭矩可表示为

$$T = 3(\mu/r^3)(I_Z - I_X)\theta \quad (\text{Nm}) \tag{12.1}$$

式中：μ 为地球的引力常数；r 为卫星到地心的距离；I_Z 为关于 z 轴的惯性矩；I_X 为垂直于 z 轴的惯性矩（小于 I_Z）；θ 为 z 轴与地心方向间的角度（假设很小）。

这一扭矩可用于稳定低轨道卫星，但用于稳定地球静止卫星来说过小。因此应通过设计确保该扭矩的影响小到忽略不计。为此只需使得 I_X 与 I_Z 彼此相差不大即可。例如，当 $I_Z = 180\text{m}^2\text{kg}$，$I_X = 100\text{m}^2\text{kg}$，$\theta$ 小于 10° 时，最大扭矩为 $T = 2.2 \times 10^{-7}$Nm。

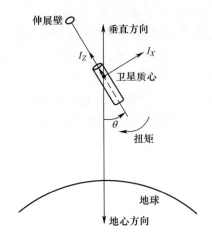

图 12.1　重力梯度产生的扭矩

12.2.1.4　引力减少

当地球引力与离心力处于平衡状态时,卫星的各部分都不受重力影响。这对于液体推进剂影响很大,因为无法借助重力将液体推进剂从其存储器中取出,但通过安装加压系统,可以很好地通过膜(聚合物膜、金属薄膜)或利用表面张力效应来实现液体和气体分离(见 10.3.2.5 节)。

12.2.2　地球磁场

12.2.2.1　地磁场的特征

地面磁场 H 可以认为是磁矩 $M_E = 7.9 \times 10^{15}$ Wbm 的磁偶极子的磁场。该偶极子与地球自转轴的夹角为 11.5°,因此产生了由以下两个分量构成的磁感应 $\boldsymbol{B}$。

(1) 法向分量,有

$$B_N = (M_E \sin\theta) / r^3 \quad (\text{Wb/m}^2) \tag{12.2a}$$

(2) 径向分量,有

$$B_R = (M_E \cos\theta) / r^3 \quad (\text{Wb/m}^2) \tag{12.2b}$$

式中:r 为所考虑点到地心的距离;θ 为半径矢量与偶极子轴间的夹角(使用所考虑点在偶极子参考系中的极坐标)。

对于地球静止卫星,其法向分量在 $1.03 \times 10^{-7} \sim 1.05 \times 10^{-7}$ Wb/m² 的范围内,径向分量在 $\pm 0.42 \times 10^{-7}$ Wb/m² 内。垂直于赤道平面的分量近乎于常数 1.03×10^{-7} Wb/m²。

12.2.2.2　地磁场的影响

地面磁感应强度 $\boldsymbol{B}$ 在磁矩为 $\boldsymbol{M}$ 的卫星上施加了扭矩 $\boldsymbol{T}$,满足

$$T = M \wedge B \quad (\text{Nm}) \tag{12.3}$$

对于地球静止卫星,垂直于赤道平面的感应分量虽然最大且最恒定,但产生的长期影响最小。相应的扭矩在赤道平面内,并且由于地球静止卫星每天绕其平行于两极轴线的旋转轴旋转一整圈,因此平均扭矩为零。

卫星的总磁矩由剩磁矩、电缆中电流引起的磁矩、与地球磁场成正比的感应磁矩组成。这些磁矩可以在发射前减少或抵消,从而使在地面上由地球磁矩引起的扭矩不超过 10^{-4} Nm。由于磁场与距地心距离的立方成反比,因此地球静止卫星轨道上的扭矩应除以 $(42165/6378)^3 = 289$,变为 3.5×10^{-7} Nm。在实际应用中,需要根据不同的发射条件对地面上的设置进行调整。

因此,在制定卫星姿态控制系统时,安全的设计应引入一些余量,并考虑使用 10^{-6} Nm 作为地球磁场产生的干扰扭矩值。

当然,也可以主动利用地球磁场,通过使用合适的致动器(磁线圈,见 10.2.4 节)来产生卫星姿态控制扭矩。

12.2.3 太阳辐射压

单位面积为 dS 的表面上的太阳辐射压包含两个分量:一个垂直于该表面,另一个与该表面相切。二者皆取决于太阳辐射在表面上相对于法线的入射角 θ、表面的反射率系数 ρ,以及太阳通量密度 W(见 2.3.1.3 节)。这些力对质心运动产生的影响已在第 2 章讨论。施加在卫星所有表面上的力的合力通常不与其质心重合,从而造成了一个扰动卫星姿态的扭矩。

所有表面上承受的力都与 $W\cos\theta$ 成正比,扭矩因此取决于太阳相对于卫星的方位。对于地球静止卫星,太阳的方向与垂直于赤道平面的轴(俯仰轴)形成 $66.5° \sim 113.5°$ 的角度。扭矩会造成卫星南北轴的漂移。虽然太阳辐射压形成的扭矩是干扰扭矩,但也可以被主动利用,使其参与卫星姿态控制(见 10.2.4 节)。

12.2.4 陨石与物质粒子

地球周围环绕着一团陨石云(废弃材料、岩石、碎块等),其密度随着高度升高而降低。在地球静止卫星高度,这些物质的速度在每秒数千米到数十千米不等。陨石常见质量在 $10^{-4} \sim 10^{-1}$ g 之间。以每平方米每秒质量为计量单位,粒子通量 N 可以估计得到。

(1) 对于 10^{-6} g $< m <$ 1g,有

$$\lg N(\geqslant m) = -14.37 - 1.213\lg m \tag{12.4a}$$

(2) 对于 10^{-12} g $< m < 10^{-6}$ g,有

$$\lg N(\geqslant m) = -14.34 - 1.534\lg m - 0.063 (\lg m)^2 \tag{12.4b}$$

12.2.4.1 撞击概率

由陨石影响造成的卫星运动可由统计学方法评估,即考虑给定质量的陨石与卫星碰撞的概率以及由此产生的运动传递的大小。假设卫星与陨石碰撞是随机发生的,并由泊松分布建模。在时间 t 内,表面 S 上受到质量介于 m_1 与 m_2 间的粒子 n 次撞击的概率为

$$P(n) = [(Sft)^n \exp(-Sft)]/n! \tag{12.5}$$

式中:f 为质量介于 m_1 与 m_2 的粒子的通量,且 $f = N(>m_1) - N(>m_2)$,其中 $N(>m)$ 由式(12.4)给出;S 为曝露在外的表面面积(m^2);t 为曝露时长(s)。

12.2.4.2 对材料的效应

在地球静止卫星高度的陨石撞击对卫星会造成每年大约 1Å 的侵蚀。对于最重的陨石,这些撞击会导致金属板穿孔。若金属板过薄,则可能对卫星的生存造成灾难性威胁。通过多层叠加金属片组成的外壳可以起到保护作用,其外层可以粉碎陨石,内层则阻挡碎片。

12.2.5 内源扭矩

天线、太阳能电池板以及燃料的相对运动会对卫星机体产生扭矩作用。此外,将卫星保持在静止位置需要周期性的校正力施加于卫星质心。

卫星所包含的推进剂储箱会在其任务过程中逐渐变空,因此卫星质心的位置相对于卫星本体不可能一直固定不变,也不可能相对于卫星推进器一直不变。另外,在卫星组装过程中,推进器的安装与对准不会完全精确。因此,保持卫星位置所需的校正力不会精准地施加在其质心上,这在位置修正过程中会产生干扰姿态保持的扭矩。

举例来说明,考虑推力为 2N 且质心最大位移为 5mm 的推进器,其干扰姿态保持的扭矩值为 $C_p = 10^{-2}$Nm。

12.2.6 通信发射效应

若卫星天线发射功率很高,来自天线的电磁辐射会产生不可忽略的压力。对于发射中的天线,产生的力 F 为

$$F = -(dm/dt)c = -EIRP/c \quad (N) \tag{12.6}$$

式中:EIRP 为等效全向辐射功率(W);c 为光速(m/s)。

例如,对于 EIRP 为 1kW 的卫星,该力 F 为 0.3×10^{-5}N。若杠杆臂长 1m,则扭矩为 3×10^{-6}Nm。

在发射功率较高且集中于窄波束时,产生的扰动较大。这种情况下,需要使天线轴经过质心,或设置两个天线使它们的轴关于质心对称。

12.2.7 总结

卫星受到的扰动会改变其标称轨道,并产生干扰姿态的扭矩。对于地球静止卫星,第2章中已提到太阳和月球的影响会导致卫星轨道平面倾角每年发生约1°的改变。引力场的非对称性会导致卫星横向漂移;太阳辐射压会改变轨道的偏心率。表12.1总结了与姿态相关的干扰扭矩的量级大小。

表 12.1 影响地球静止卫星姿态的干扰力矩

来 源	力 矩	备 注
位置保持	10^{-2}	仅在校正期间
辐射压	5×10^{-6}	力矩除星蚀期间外均为连续
磁场	10^{-6}	日平均值较小
重力梯度	10^{-7}	连续力矩

12.3 辐 射

物体所辐射的能量取决于其温度 T 与其辐射率 ε。斯特藩-波尔兹曼定律定义了物体的辐射强度 M,即单位表面积 $S(\mathrm{m}^2)$ 所辐射的功率(W),有

$$M = \varepsilon \sigma T^4 \quad (\mathrm{W/m^2}) \tag{12.7}$$

式中:$\sigma = 5.67 \times 10^{-8} \mathrm{Wm^{-2} K^{-4}}$ 为斯特藩-波尔兹曼常数。对于黑体,$\varepsilon = 1$。物体的辐射率是该物体的辐射强度与相同温度下黑体的辐射强度之比。

根据普朗克黑体辐射定律,给定方向上的光谱辐射强度 L_λ,即黑体外表面在给定方向上在单位时间、单位立体角内和单位波长间隔内辐射出的能量在垂直于给定方向的平面上的正交投影为

$$L_\lambda = C_{1L} \lambda^{-5} [\exp(C_2/\lambda T) - 1]^{-1} \quad (\mathrm{W/m^3 sr}) \tag{12.8}$$

式中:$C_{1L} = 1.19 \times 10^{-16} \mathrm{Wm^2 \, sr^{-1}}$,$C_2 = 1.439 \times 10^{-2} \mathrm{mK}$。

普朗克黑体辐射定律的一种函数形式,称为韦恩定律,描述了黑体产生最大辐射量的波长与其温度乘积为一个常数,即

$$\lambda_m T = b \tag{12.9a}$$

$$L_m / T^5 = b' \tag{12.9b}$$

式中:$b = 2.9 \times 10^{-3} \mathrm{mK}$,$b' = 4.1 \times 10^{-6} \mathrm{Wm^{-3} \, K^{-5} \, sr^{-1}}$。

空间在5K温度下以黑体的形式辐射,类似一个吸收率为1的热沉,所有辐射的热量都被完全吸收。卫星接收到的辐射主要来自太阳与地球。

12.3.1 太阳辐射

图 12.2 显示了距离太阳 1 天文单位(AU)(平均日地距离)的表面的太阳光谱辐照度与波长的函数关系。可以看出,太阳近似为一个温度为 6000K 的黑体,其辐射功率的 90% 位于 0.3~2.5μm 波段,最大值在 0.5μm 附近。

位于与太阳相距 1AU 且垂直于辐射方向的表面上,入射通量约为 1370Wm^{-2}。该通量是人造地球卫星在每年春分后大约 10 天所受到的通量(图 2.5)。在一年中该通量随日地距离(假设地球—卫星距离可忽略不计)而变化,如图 12.3(b)所示。卫星表面接收到的功率取决于该表面相对于入射辐射方向的角度,而入射辐射方向本身随太阳偏角而变化。对于在赤道平面轨道上的卫星,若考虑一个垂直于赤道平面且永久朝向太阳方向的表面,则其入射通量应乘以偏角 δ 的余弦,如图 12.3(c)所示;若考虑一个平行于赤道平面的表面,则入射通量应乘以偏角的正弦,并取决于该表面的朝向(北向或南向)。对于朝北的表面,在春夏共 6 个月的期间及春秋分时,其所接收功率为零;而对于朝南的表面,其所接收功率在秋冬 6 个月的期间内为零。从地球看,太阳视直径为 32min 或约 0.5°。

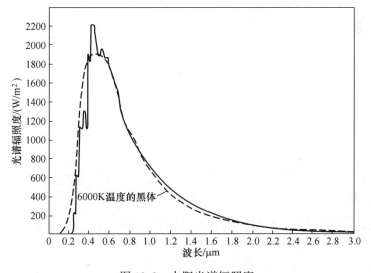

图 12.2　太阳光谱辐照度

12.3.2 地球辐射

地球辐射来自于其反射的太阳辐射(反照率)及其自身的辐射。地球自身辐射基本相当于 250K 温度黑体的辐射,即辐射率在 10~12μm 的红外波段内最大。对于地球静止卫星来说,与来自太阳的通量相比,来自地球的总通量小于

40Wm^{-2},因此可以忽略不计。

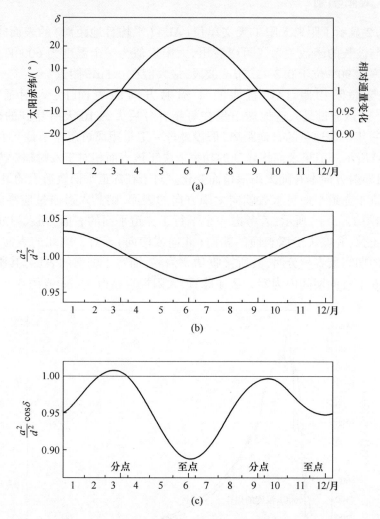

图 12.3 地球静止卫星的一个南北向、朝向太阳的表面上的太阳辐射通量变化
(a 为地球轨道的半长轴,取值为 1AU;d 为日地距离)
(a)太阳赤纬 δ 的影响;(b)仅由对日距离变化引起的太阳辐射通量相对变化(1.00=1370W/m^2);
(c)太阳赤纬与距离变化的综合影响(1.00=1366W/m^2)。

12.3.3 热效应

在太阳辐射的作用下,面向太阳的卫星表面温度很高;背向太阳的卫星表面温度很低。因此存在两种形式的热交换:热传导与热辐射(真空环境下不存在热对流)。如果卫星相对于太阳保持固定的方向,它将在吸收太阳能量与对外辐射热

量之间建立某种平衡。卫星的平衡温度由热平衡公式决定,即

$$P_S + P_I = P_R + P_A \tag{12.10}$$

式中:P_S 为直接从太阳通量吸收的功率($P_S = \alpha W S_a$,W 为太阳通量,S_a 为视表面,α 为吸收率);P_I 为内部耗散功率;P_R 为辐射功率;P_A 为温度变化期间经热交换存储的功率。

对于平衡温度为 T、半径为 r 的完美导热无源球体,有

$$\begin{cases} P_S = \alpha W \pi r^2 \\ P_I = 0 \\ P_A = 0 \\ P_R = \varepsilon \sigma T^4 4\pi r^2 \\ T = [(\alpha W)/(4\varepsilon\sigma)]^{1/4} \end{cases} \tag{12.11}$$

式中:P_R 为辐射率为 ε 的总表面 $4\pi r^2$ 所辐射的功率 σT^4;T 为平衡温度;σ 为斯特藩-玻尔兹曼常数($5.67 \times 10^{-8} \mathrm{Wm}^{-2}\mathrm{K}^{-4}$)。该无源球形卫星($P_R = 0$)的平衡温度只取决于其外表面的热光特性,本质上即颜色。表 12.2 显示了各种表面的平衡温度,其范围为 -75℃ ~ 155℃。

表 12.2　完美导热无源球体在距太阳 1AU 的空间中的平衡温度

表面	吸收率 α	辐射率 ε	α/ε	$T/(℃)$
低温:白色	0.20	0.80	0.25	-75
适中:黑色	0.97	0.90	1.08	+11
高温:亮金色	0.25	0.045	5.5	+155

注:吸收率 α 为所吸收太阳能量与所收到太阳能量之比;辐射率 ε 为所发射的热通量与升至相同温度的黑体所发射的热通量之比。

卫星设备仅能在较窄的温度范围内正常运行,如 0~45℃ 间。因此必须恰当地选择并组装卫星外表面以满足这些条件(见 10.6 节)。太阳能电池覆盖了卫星较大部分的外表面,因而其热光特性十分重要。太阳能电池的吸收率在 0.7~0.8 之间(开路),辐射率在 0.80~0.85 之间。

12.3.4　对材料的效应

光谱范围为 100~1000Å 的紫外线辐射会引发材料的电离,并带来以下效应:

(1) 提高绝缘体的导电性,并改变材料表面的吸收率和辐射率系数。

(2) 随着在轨时间增加,太阳能电池的转换效率降低(10 年后,硅电池下降约 30%;GaAs 电池下降约 20%)。

在超过 1000Å 的波长下,固体可以被激发;聚合物会变色,且机械性能减弱。超过 3000Å 时,这种辐射对金属及半导体的效应几乎为零。

12.4 高能粒子流

12.4.1 宇宙粒子

宇宙粒子为带电粒子,主要由高能电子与质子组成,由太阳及太空中的其他天体释放。这些粒子的密度与能量取决于高度、纬度、太阳活动和时间因素。

12.4.1.1 宇宙辐射

宇宙辐射主要由质子(90%)和一些阿尔法粒子构成。相应的能量在千兆电子伏范围内,但通量较低,每秒每平方厘米约为2.5个粒子。

12.4.1.2 太阳风

太阳风主要由能量较低的质子与电子组成。在太阳活动低迷时期,质子的平均密度约为每立方厘米5个质子,以$400 kms^{-1}$左右的速度从太阳逸出。对应地球轨道高度的平均通量为每平方厘米2×10^8个质子,平均能量为数千电子伏。根据太阳活动的变化,通量可以变化达20倍。在太阳活动强烈期间,太阳爆发更加频繁,释放能量在数兆电子伏和数百兆电子伏之间的质子通量。在极少数情况下,质子能量可以达到吉电子伏,周期大约为几年。根据 $E = mc^2$,可得 $1eVc^{-2} = (1.602176 \times 10^{-19}C)1V/(3 \times 10^8 m/s)^2 = 1.78 \times 10^{-36}kg$。

12.4.1.3 范·艾伦带

当太阳风粒子带电时,会与地磁场相互作用,并被捕获于范·艾伦带中。图12.4显示了被捕获粒子通量与高度及能量的关系曲线图。

对于电子,有内带与外带之分。中间的边界为2~3个地球半径。范·艾伦带的高能质子存在于相当于4个地球半径的距离内,其最大浓度在1.5~2个地球半径处(图12.4)。

地球静止卫星轨道(地球半径的6.6倍处)位于电子外带内,在被捕获质子带以外。因此,地球静止卫星主要受外带的电子以及太阳耀斑产生的高能质子影响。这些质子的通量取决于太阳活动的量级,而太阳活动的量级决定了普通和异常太阳耀斑的出现。在卫星10~15年的正常寿命中几乎肯定会出现一次异常太阳耀斑。

表12.3中给出了地球静止轨道上各种粒子的每年每平方厘米的通量。图12.5显示了地球静止卫星在轨12年后的累积剂量与轨道位置的关系(假设一个硅探测器位于10mm厚的球形铝屏蔽层的中心)。剂量为所考虑物体每单位质量吸收的能量($100rad = 1Gray = 1J kg^{-1}$)。

12.4.2 对材料的效应

当受到带电粒子的作用时,金属和半导体会受到原子电子能级的激发,塑料物质会被电离,而绝缘矿物同时会受到激发和电离的影响。

太阳耀斑尤其影响半导体中的少数载流子,以及玻璃和某些聚合物的光传输。卫星设备中电子电路的有源元件可通过适当的屏蔽免受这些效应的影响(图 12.6)。包含敏感部件的设备外壳由铸铝制成,厚约 1cm。高能粒子的主要影响表现为降低暴露于空间的太阳能电池的性能,以及改变机体外表面的热光特性,进而影响热控制。

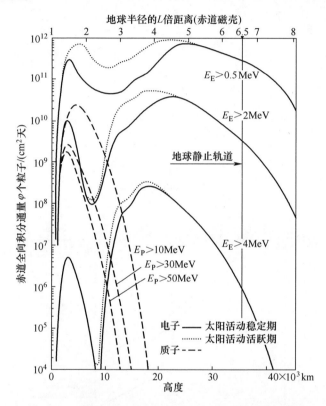

图 12.4 被地球捕获的电子与质子的辐射通量曲线图

来源:经许可转载自文献[CRA-94];©1994 Elsevier。

表 12.3 地球静止卫星轨道的总粒子通量密度(数量/cm² 年)

粒子类型	太阳活动较低时	太阳活动强烈时
俘获电子($E>0.5$ MeV)	$\sim 10^{14}$	$\sim 10^{14}$
俘获质子	可忽略	可忽略
高能太阳质子($E>40$ MeV)	$\sim 10^7$	$\sim 10^{10}$

685

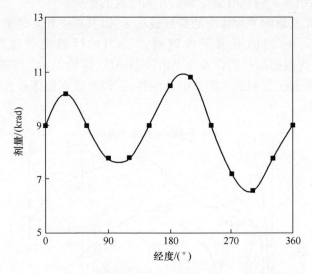

图 12.5 地球静止卫星 12 年后的累积剂量与经度的关系
来源:由 Astrium 提供。

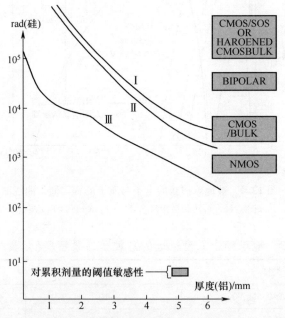

图 12.6 各种集成电路技术的辐射硬度与屏蔽层厚度的变化关系
Ⅰ—7 年期间的地球静止轨道;Ⅱ—3 年期间的地球静止轨道;
Ⅲ—2 年期间的低极轨道。

12.5 部署期间的环境

在部署(将卫星送入运行轨道)前的两个阶段(见第 11 章)内,空间环境会与前面描述的标称轨道环境存在偏差,尤其是对于地球静止卫星。此处,部署前的两个阶段主要包括:

(1) 发射阶段,包括将卫星送入转移轨道前的过程,其持续时间为数十分钟。

(2) 转移阶段,期间卫星将按照远地点在最终轨道高度的椭圆轨道运行,例如使用阿丽亚娜 5 型火箭发射地球静止卫星的轨道为 580km×35786km。转移阶段持续时间为数十小时。

12.5.1 发射期间的环境

当卫星穿越大气层的高密度层时,整流罩可以保护其免受空气动力加热。整流罩自身的加热对于卫星的影响可以忽略不计。

该阶段中最重要的约束为纵向和横向的加速度与振动,以及运载火箭在发动机点火和推进阶段传递的冲击。穿越大气层时,整流罩的声学噪声也非常高。运载火箭的用户手册通常会给出这些不同效应的特性。图 12.7 显示了一个示例[AR5-16]。

12.5.2 转移轨道的环境

卫星在转移轨道上的姿态通常是自旋稳定的,其配置与运行时的配置不同,其原因在于远地点发动机满载运行、太阳能电池板与天线处于折叠状态等。

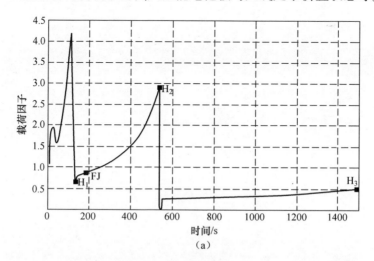

(a)

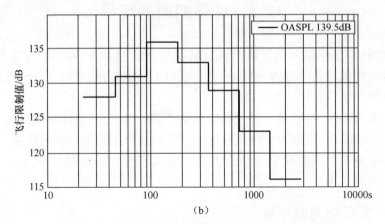

图 12.7 运载火箭用户手册提供的对不同效应的特性
(a)典型的纵向静态加速度(阿丽亚娜 5 型);(b)整流罩下的声学噪声谱(OASPL 指总体声压级)。

前几节讨论的环境与影响同样适用,但有以下两点不同:
(1) 热效应取决于地球自身的辐射以及反照率,每 10h 经历一次星蚀。
(2) 在近地点,大气阻力不可忽略,其制动效应导致远地点高度降低。

参 考 文 献

[AR5-16] Arianespace. (2016). Ariane 5 users' manual, issue 5, revision 2.
[CRA-94] Crabb, R. (1994). Solar cell radiation damage. *Radiation Physics and Chemistry* 43(2): 93–103.

第 13 章　卫星通信系统的可靠性与可用性

系统的可靠性定义为系统在给定寿命期间正常工作的概率。一个完整的卫星通信系统的可靠性取决于其两个主要组成部分——卫星与地面站的可靠性。

可用性是系统实际的正常工作时长与所要求的正常工作时长之比。完整的卫星系统的可用性不仅取决于其系统组成部分的可用性,还取决于成功发射的概率、更换次数以及在役与备用卫星数量(包括在轨和地面上的卫星)。

地面站的可用性不仅取决于其自身的可靠性,还取决于其可维护性。卫星的可用性仅取决于可靠性,因为目前的技术并未考虑到卫星的维护。

13.1　可靠性概述

13.1.1　故障率

对于复杂设备(如卫星设备)而言,可能发生两种类型的故障:
(1)偶然故障。
(2)损耗故障(例如轴承等机械设备的磨损和行波管阴极的退化)以及能源耗尽(如卫星保持与姿态控制)导致的故障。

某设备的瞬时故障率 $\lambda(t)$ 定义为当时间间隔趋于零时,时间间隔内发生故障的设备数量与开始时正常工作的设备数量之比的极限(假定大量相同设备同时工作)。

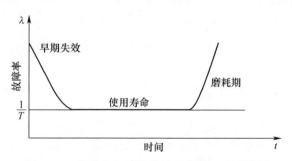

图 13.1　故障率与时间的关系曲线(浴缸曲线)

故障率与时间的关系曲线通常如图 13.1 所示,特别是对于电子设备。起初,故障率随时间快速降低,这一时期为初期或早期失效;随后,故障率变得较为恒定;最后,故障率迅速增加,这一时期为磨耗期。

对于空间设备来说,"早期失效"导致的故障在发射前就由特殊程序(老化测试)来消除,因而使用寿命期间的大多数电子与机械设备的故障率都具有恒定的故障率 λ。因此,瞬时故障率通常表示为菲特(FIT),即以 10^9 h 内的故障数作为故障率。

13.1.2 生存概率或可靠性

若某设备故障率为 $\lambda(t)$,则其从时间 0 到 t 的生存概率,即可靠性 $R(t)$,可表示为

$$R(t) = \exp\left[-\int_0^t \lambda(u)\,\mathrm{d}u\right] \tag{13.1}$$

该表达式具有一般形式,独立于故障率 $\lambda(t)$ 随时间的变化规律。

若故障率 λ 恒定,则可靠性的表达式可简化为

$$R(t) = \mathrm{e}^{-\lambda t} \tag{13.2}$$

对于卫星,其设计最长卫星寿命 U 可以定义为卫星自提供服务到停止服务(通常由于推进剂耗尽)的时间范围。在时间 U 后,生存概率为 0。图 13.2 显示了卫星可靠性与时间的变化关系,当 λ 较小时可靠性更高。

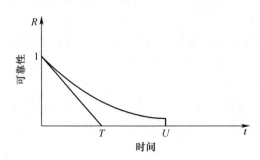

图 13.2　可靠性与时间的关系

13.1.3 故障概率或不可靠性

13.1.3.1 不可靠性

不可靠性 $F(t)$,即系统在时间 t 时处于故障状态(故障产生于 0 到 t 时刻间)的概率,与可靠性概念上互补,因此有

$$R(t) + F(t) = 1 \tag{13.3}$$

13.1.3.2 故障概率密度

故障概率密度 $f(t)$ 为故障的瞬时概率,表示为不可靠性关于时间的导数,即

$$f(t) = \mathrm{d}F(t)/\mathrm{d}t = -\mathrm{d}R(t)/\mathrm{d}t \tag{13.4}$$

因此在时间间隔 t 内发生故障的概率为

$$F(t) = \int_0^t f(u)\,\mathrm{d}u \tag{13.5}$$

故障率 $\lambda(t)$ 与故障概率密度 $f(t)$ 的关系可表示为

$$\lambda(t) = f(t)/R(t) \tag{13.6}$$

若故障率 λ 为常数,则有 $f(t) = \lambda e^{-\lambda t}$。

对于最长任务寿命为 U 的卫星,瞬时故障概率与时间的关系在图 13.3 中给出。

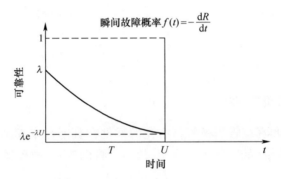

图 13.3 瞬时故障概率与时间的关系

13.1.4 平均无故障时间

平均无故障时间(MTTF)为服役后第一次故障发生的平均时间,由故障概率密度函数得出,有

$$T = \int_0^\infty t f(t)\,\mathrm{d}t = \int_0^\infty R(t)\,\mathrm{d}t \tag{13.7}$$

若故障率 λ 为常数,则有 $T = 1/\lambda$。

对于在出现故障后经过维修的设备,其平均故障间隔时间(MTBF)以类似的方式定义。

13.1.5 卫星平均寿命

对于设计最长寿命为 U 的卫星,瞬时故障概率由图 13.3 给出,卫星平均寿命 τ 可以被看作两个积分的和。其中,第二个积分为德尔塔函数,经归一化以使得一段无限长时间内的故障概率为 1。平均寿命 τ 可以表示为

$$\tau = \int_0^U t\lambda e^{-\lambda t} dt + e^{-U/T} \int_U^\infty t\delta(t-U) dt \qquad (13.8)$$

因此有

$$\tau = T(1 - e^{-U/T}) \qquad (13.9)$$

卫星平均寿命 T 取决于 MTTF，由恒定故障率 λ 定义 $T = 1/\lambda$。τ/T 的比为最长卫星寿命 U 内的故障概率。

表 13.1 给出了 MTTF 为 10 年的卫星平均寿命 t 与最长卫星寿命 U 的关系。

表 13.1　MTTF 为 10 年的平均卫星寿命与最长卫星寿命 U 的关系

卫星最长寿命/年	平均卫星寿命/年
$U = T/3 = 3.3$	$\tau = 0.28$　$T = 2.8$
$U = T/2 = 5$	$\tau = 0.39$　$T = 3.9$
$U = T = 10$	$\tau = 0.63$　$T = 6.3$
$U = 2T = 20$	$\tau = 0.86$　$T = 8.6$
$U = 3T = 30$	$\tau = 0.95$　$T = 9.5$

13.1.6　磨耗期可靠性

轴承、推进器和真空管阴极等易磨耗的部件在其寿命末期出现故障的概率密度可由正态分布建模（故障率不再恒定，故障不再偶然）。故障概率密度可表示为

$$f(t) = \frac{1}{\sigma\sqrt{(2\pi)}} \exp\left[-\frac{1}{2}\left(\frac{t-\mu}{\sigma}\right)^2\right] \qquad (13.10)$$

式中：μ 为平均部件寿命；σ 为标准偏差。可靠性变为

$$R(t) = 1 - \frac{1}{\sigma\sqrt{(2\pi)}} \int_t^\infty \exp\left[-\frac{1}{2}\left(\frac{t-\mu}{\sigma}\right)^2\right] dt \qquad (13.11)$$

可以将两种可靠性的乘积定义为一种混合的可靠性，这两种可靠性包括仅考虑磨耗的可靠性以及描述随机故障的可靠性。一般来说，与最长卫星寿命 U 相比，设备设计的（由磨耗决定的）寿命足够长。

对于易磨耗的部件，除正态分布外，其他的概率分布也用于建模其故障的发生，如威布尔分布。该分布下，故障概率密度 $f(t)$ 和可靠性 $R(t)$ 的表达式为

$$f(t) = \frac{\beta}{\alpha}\left(\frac{t-\gamma}{\alpha}\right)^{\beta-1} \exp\left[-\left(\frac{t-\gamma}{\alpha}\right)^\beta\right] \qquad (13.12)$$

$$R(t) = \exp\left[-\left(\frac{t-\gamma}{\alpha}\right)^\beta\right] \qquad (13.13)$$

式中：α，β 和 γ 为拟合参数。

若需为磨耗导致的故障进行建模，则参数 β 大于 1（$\beta = 1$ 对应恒定的故障率；

$\beta < 1$ 对应正在降低的故障率,可建模早期失效场景)。

13.2 卫星系统可用性

可用性 A 定义为
$$A = (需求时间 - 停机时间)/(需求时间)$$
其中:需求时间是需要系统工作的时间;停机时间是系统在需求时间内出现故障的累积时间。

为在给定的需求时间 L 内为某系统提供可用性 A,需要确定在需求时间 L 内应当发射的卫星数量。需发射的卫星数量会影响服务成本。

系统所需的卫星数 n 与可用性 A 将在两种典型场景下进行计算,其中 t_R 为替换一颗在轨卫星所需的时间,p 为一次成功发射的概率。

13.2.1 无在轨备用卫星

13.2.1.1 所需卫星数

由于卫星的平均寿命为 τ,因此在 L 年内平均需要将 $S = L/\tau$ 颗卫星送入轨道。由于每次发射成功的概率为 p,因此需要进行 $n = S/p$ 次发射尝试。所需卫星数 n 为

$$n = \frac{L}{pT[1 - \exp(-U/T)]} \tag{13.14}$$

13.2.1.2 系统可用性

若假设能够对将达到最长寿命 U 的卫星进行及时的替换,则即使在某次发射失败的情况下也可以及时进行下一次发射尝试。与随机故障导致的不可用性相比,此时的系统不可用性较低。

在卫星最大寿命 U 内,卫星以随机方式出现故障的概率为 $P_a = 1 - e^{-U/T}$。在 L 年内需要进行 S 次替换,其中 $P_a \times S$ 次为随机故障。对于发射成功的情况,每次替换需花费时间 t_r;平均而言,每次替换需花费时间 t_r/p,平均不可用(故障)率为

$$B = \frac{t_r}{pT} \tag{13.15}$$

则该系统的可用性 $A = 1 - B$ 为

$$A = 1 - \frac{t_r}{pT} \tag{13.16}$$

13.2.2 有在轨备用卫星

通过悲观地(同时也是明智地)假设一颗备用卫星的故障率为 λ,最长寿命 U

与在役卫星相同,该场景下 L 年内需要发射前一场景中两倍数量的卫星,有

$$n = \frac{2L}{pT[1 - \exp(-U/T)]} \quad (13.17)$$

考虑到 t_R/T 很小,该系统的可用性变为

$$A = 1 - \frac{2t_r^2}{(pT)^2} \quad (13.18)$$

13.2.3 总结

表 13.2 提供了三种设计最长使用寿命 U 的系统示例,其中替换所需时间 t_r 为 0.25 年,一次成功发射的概率 p 为 0.9。为得到较高的可用性 A,可见卫星的 MTTF 比最长寿命 U 更重要。

在没有备用卫星的情况下,示例中的系统根据预测寿命的不同,在 10 年内分别有平均 $(1-0.972) \times 120 = 3.4$ 个月 或 $(1-0.986) \times 120 = 1.7$ 个月的时间无法提供服务。若将不可用性限制在一个月内,则意味着可用性至少为 99.2%,这需要一颗备用卫星在轨、4~6 次替换发射,与至少 10 年 (10^5 h) 的 MTTF。因此卫星至少需要设计有每小时低于 10^{-5} (10^4 FIT) 的故障率。

表 13.2 不同设计最长寿命与 MTTF 的卫星可用性与需发射卫星数量示例

设计最长寿命 U	5 年	7 年	10 年
MTTF(T)	10 年	20 年	20 年
平均寿命 τ	3.9 年	5.9 年	7.9 年
寿命期内故障概率 $P_f = \tau/T$	0.393	0.295	0.395
替换所需时间 t_n	0.25 年	0.25 年	0.25 年
发射成功概率	0.9	0.9	0.9
无备用情况			
年发射率 n/L	0.28	0.19	0.14
可用性 A	0.972	0.986	0.986
一颗在轨备用情况			
年发射率 n/L	0.56	0.38	0.28
可用性 A	0.9985	0.9996	0.9996

13.3 子系统可靠性

系统可靠性由系统各组成单元(包含设备、组件和器件)的可靠性来计算。就

卫星而言,除了并联中的各单元可以独立完成某任务的特殊情况,从可靠性角度来说大多数子系统本质上均为串联系统,这意味着各子系统的正确工作对于整个系统的正确工作不可或缺。

13.3.1 串联系统

13.3.1.1 可靠性

从可靠性的角度来看,当单元串联时,系统正确工作的总体概率为各单元可靠性的乘积。因此对于 n 个单元串联的系统,该系统的总体可靠性 R 可写为

$$R = R_1 R_2 R_3 \cdots R_n \tag{13.19}$$

对于一个包含 4 个串联单元的系统,若每个单元的可靠性为 0.98,则该系统的可靠性为 $0.98^4 = 0.922$。

13.3.1.2 故障率

一个系统的总体故障率 λ 是其各构成部分的故障率 λ_i 之和(若各故障率为常数)。因此总体故障率为常数,MTTF 为 $1/\lambda$ 。

一颗通信卫星包含约 10 个子系统(见第 8~10 章),平均每个子系统的故障率必须低于 $10^{-7}/\mathrm{h}$(10^2 FIT)。为达到这一可靠性,必须为一些设备提供部分或全部冗余。

13.3.2 并联系统

13.3.2.1 n 中取 1 的系统

从可靠性的角度来看,对于并联的系统(静态冗余),整个系统的故障概率为各单元故障概率的乘积,有

$$F = F_1 F_2 F_3 \cdots F_n \tag{13.20}$$

整个集合的可靠性为 $R = 1 - F$。当 n 个单元中有一个单元正确工作就能确保整个系统正确工作时,该关系式即成立。

13.3.2.2 n 中取 k 的系统

对于由 n 个单元组成的系统,如果有 k 个单元能够正常工作就可以确保整个系统正常工作,则应分析整个系统正确工作的各种可能情况以评估其可靠性。可以证明 n 个单元中 k 个正确工作的概率 p_k 为 $(p+q)^n$ 的展开式(二项式法则),其中 p 为每个单元正确工作的概率,q 为每个单元无法正确工作的概率,且有 $p + q = 1$。

例 13.1 一个系统由两个并联的单元构成,每个单元的可靠性为 R_i;两个单元中的一个单元正确工作就可以确保该系统的正确工作。根据二项式法则,有

$$(R_i + F_i)^2 = R_i^2 + 2R_i F_i + F_i^2$$

若两个单元都可以工作(可靠性 R_i^2),或者其中一个失效而另一个可以工作或反之(可靠性 $2R_i F_i$),则整个系统可以工作。因此该系统的可靠性可表示为

$$R = R_i^2 + 2R_i F_i = R_i^2 + 2R_i(1 - R_i) = 2R_i - R_i^2$$

若每个单元的故障率相同且等于 λ，则有

$$R = 2\mathrm{e}^{-\lambda t} - \mathrm{e}^{-2\lambda t}$$

13.3.2.3 故障率

总体故障率由 $f(t)/R$ 得到，其中故障概率密度由 R 通过式(13.4)计算得出。假设故障率 λ_i 恒定，则可以发现总故障率为时间的函数，因此总体故障率并非恒定不变。

例 13.2 当两个相同的单元并联时，可得

$$\lambda = \frac{2\lambda_i(1 - \mathrm{e}^{-2\lambda_i t})}{2 - \mathrm{e}^{-2\lambda_i t}}$$

当时间趋于无穷时，λ 趋于 λ_i。

13.3.2.4 平均无故障时间

首次故障发生的平均时间可根据式(13.7)计算得出。若 n 个并联单元的故障率 λ_i 恒定且相同，且其中一个单元工作即可保证系统正确工作，则整个系统的 MTTF 可写为

$$\mathrm{MTTF} = \mathrm{MTTF}_i + \mathrm{MTTF}_i/2 + \mathrm{MTTF}_i/3 + \cdots + \mathrm{MTTF}_i/n \quad (13.21)$$

式中：$\mathrm{MTTF}_i = 1/\lambda_i$ 对应每一个单元。

例 13.3 当两个相同的单元并联时，可得

$$\mathrm{MTTF} = 1/\lambda_i + 1/2\lambda_i = 3/2\lambda_i = 1.5\mathrm{MTTF}_i$$

两个设备并联可以使 MTTF 提高 50%。

13.3.3 动态冗余

13.3.3.1 泊松分布

考虑一个在可靠性意义上由 m 个正常工作单元并联构成的系统，另有 n 个单元可并联接入该系统，对故障主单元进行替换。若每个单元的故障率 λ_i 恒定且相同，具有 m 个单元处于正常工作状态的系统的可靠性 R 由泊松分布给出，即

$$R = \mathrm{e}^{-m\lambda_i t}[1 + m\lambda_i t + (m\lambda_i t)^2/2! + \cdots + (m\lambda_i t)^n/n!] \quad (13.22)$$

$$\mathrm{MTTF} = [(n + 1/m)\mathrm{MTTF}_i] \quad (13.23)$$

式中：$\mathrm{MTTF}_i = 1/\lambda_i$ 对应每一个单元。

这些通用表达式假设所有设备的故障率恒定且相同，备用设备在替换故障设备时处于良好的工作状态，切换装置的可靠性也假设为 1。

需要考虑处于待机或工作状态的备用设备具有不同的故障率，但由于通用表达式或是过于复杂，或是难以建模，因此下面将使用特定示例呈现各种特殊情形。

13.3.3.2 不同工作状态具有不同故障率的冗余

考虑系统由一个主单元和一个可以替换主单元的备用单元构成。主单元的故障率为 λ_p；备用单元非工作状态下的故障率为 λ_r，工作状态下的故障率为 λ_s。

主单元在 $0\sim t$ 时间段内正确工作的概率为 $e^{-\lambda_p t}$，在时间 $t_f(t_f < t)$ 的故障概率为 $\lambda_p e^{-\lambda_p t_f}$。备用单元在时间 $0\sim t_f$ 内处于良好状态的概率为 $e^{-\lambda_r t_f}$，在 $t_f \sim t$ 内的正确工作概率为 $e^{-\lambda_s(t-t_f)}$。

因此，若主单元在时间 t 时正常工作(可靠性 R_p)，或者在时间 t_f 后主单元发生故障后，备用单元在时间 t 正常工作(可靠性 R_s)，则可以保证系统在 t 时刻正常工作。为使得备用单元在时间 t 时处于正常工作状态，其必须在 $0\sim t_f$、$t_f\sim t$ 两个时间段内处于正常工作状态。

因此，可靠性 R 等于 $R_p + R_s$，且有

$$R_p = e^{-\lambda_p t}$$

$$R_s = \int_0^t (\lambda_p e^{-\lambda_p t_f})(e^{-\lambda_r t_f})(e^{-\lambda_s(t-t_f)}) dt_f$$

$$= \lambda_p e^{-\lambda_s t} \int_0^t e^{-(\lambda_p+\lambda_r-\lambda_s)t_f} dt_f$$

$$= \frac{\lambda_p e^{-\lambda_s t}}{\lambda_p + \lambda_r - \lambda_s}[1 - e^{-(\lambda_p+\lambda_r-\lambda_s)t}]$$

对于具有冗余的系统，其可靠性可表示为

$$R = e^{-\lambda_p t} + \frac{\lambda_p}{\lambda_p + \lambda_r - \lambda_s}(e^{-\lambda_s t} - e^{-(\lambda_p+\lambda_r)t}) \tag{13.24}$$

计算 MTTF 可得

$$T = \text{MTTF} = (1/\lambda_p) + \lambda_p/\lambda_s(\lambda_p + \lambda_r) = T_p + [(T_s T_r)/(T_p T_r)] \tag{13.25}$$

式中：T_p、T_r、T_s 分别为主设备未服役时、备用设备未服役时、备用设备在役时的 MTTF。

特例 考虑这样一个系统，所有在役单元的故障率均为 λ_p，未在役单元的故障率为零($\lambda_r = 0$)，则其可靠性表达式变为

$$R = e^{-\lambda_p t} + \lambda_p t e^{-\lambda_p t}$$

该表达式可以直接由泊松分布得到。在这些条件下，其首次故障的平均出现时间为

$$T = \text{MTTF} = 2/\lambda_p$$

因此，首次故障的平均出现时间因 1/2 类型的冗余(每两个单元中有一个单元在工作)而延长了一倍。

13.3.3.3 考虑到切换器的设备冗余

考虑一个由两个单元组成的子系统，其中一个为主单元，另一个为备用单元。对于该子系统，主单元的工作需要区分两种情况：需要切换器与不需要切换器。各单元的故障率 λ_p 相同。

在第一种情况下,需要一个或多个切换器将信号路由至主单元或备用单元,如图 13.4(a)所示。从可靠性的角度来说,这些切换器与这两个单元构成的冗余系统是串联的。因此,整个系统的可靠性等于切换器可靠性(每个切换器的可靠性为 R_{sw})与两个单元构成的冗余系统可靠性的乘积,且由泊松分布可得

$$R = R_{sw}^2 [e^{-\lambda_p t}(1 + \lambda_p t)] \tag{13.26}$$

图 13.4 支持 1/2 冗余的设备

在第二种情况下,无需通过切换器就可以接入主单元,切换器仅用于在主单元故障时将备用单元与主单元并联,如图 13.4(b)所示。因此,切换器的可靠性 R_{sw} 仅出现在备份分支上。当主设备在时间 t 可正确工作,或在 t_f 故障并由备用设备(基于切换器正常工作的前提)在 $t_f \sim t$ 正确工作——通过考虑这两种情况可以计算出整个系统的可用性,即

$$R = e^{-\lambda_p t} + R_{sw}\lambda_p t e^{-\lambda_p t} \tag{13.27}$$

若切换器的平均故障率 λ_{sw} 恒定,有 $R_{sw} = e^{-\lambda_{sw}t}$,则可靠性变为 $e^{-\lambda_p t} + \lambda_p t e^{-(\lambda_p + \lambda_{sw})t}$。

例 13.4 有效载荷信道化部分中的 TWT 冗余。

考虑卫星通信有效载荷的信道化部分,其中两个信道共享三个 TWT 及对应的前置放大器(2/3 冗余)。如图 13.5(a)所示,接入放大器需经过两个切换器,其中:一个切换器位于输入端,且有两个输入和三个输出($S_{2/3}$);另一个切换器位于输出端,且有三个输入和两个输出($S_{3/2}$)。在正常工作状态下,其中两个放大器处于工作状态,另一个处于待机状态。在役设备的故障率为 λ_p,待机设备的故障率为 λ_r(例如待机设备预热导致的故障)。

通过考虑可靠性角度的等效结构图,如图 13.5(b)所示,则可以计算出两个工作信道在时间 t 皆正常工作的概率。该系统的可靠性等于切换器可靠性 R_{sw} 与放大器并联子系统的可靠性 R_A 的乘积。

放大器并联子系统的可靠性 R_A 可以由各种情况下故障与正确工作的概率进行计算。两个主单元在 $0 \sim t$ 时间段同时正常工作的概率为 $e^{-\lambda_p t}$。一个主单元在时间 t_f($t_f < t$)的故障率为 $\lambda_p e^{-\lambda_p t_f}$,另一主单元在 $0 \sim t$ 时间段正确工作的概率为 $e^{-\lambda_p t}$。备用单元在时间 $0 \sim t_f$ 间处于良好状态的概率为 $e^{-\lambda_r t_f}$,在 $t_f \sim t$ 间正确工作的概率为 $e^{-\lambda_p (t - t_f)}$。

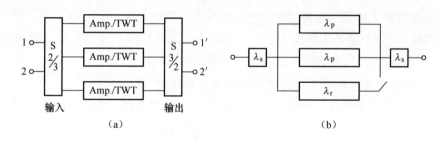

图 13.5 支持 2/3 冗余的设备

因此,系统在 t 时刻的正确工作由以下条件保证:

(1) 两个主单元在 t 时刻均状态良好。

(2) 或者在主单元于时间 t_f 故障后,备用单元在 $0 \sim t_f$ 时间段内状态良好并在 $t_f \sim t$ 时间段内正常工作,且已知另一个主单元可以持续工作至时间 t。

(3) 或者与上一条件相似,但故障主单元为另一个主单元。

因此可靠性 R_A 为

$$R_A = e^{-2\lambda_p t} + 2e^{-\lambda_p t}\int_0^t (\lambda_p e^{-\lambda_p t_f})(e^{-\lambda_r t_f})(e^{-\lambda_s (t-t_f)}) dt_f$$

所以有

$$R_A = e^{-2\lambda_p t}[1 + (2\lambda_p/\lambda_r)(1 - e^{-\lambda_r t})] \quad (13.28)$$

应注意,若待机设备的故障率为零($\lambda_r = 0$),则可靠性直接由泊松分布得到,即

$$R_A = e^{-2\lambda_p t}(1 + 2\lambda_p t)$$

因此,考虑到切换器可靠性的情况下,两个信道在时间 t 同时正确工作的概率为

$$R = R_{S2/3} R_A R_{S3/2}$$

数值示例:放大器故障率 $\lambda_p = 2300\text{FIT}(2300 \times 10^{-9}/\text{h})$,切换器故障率 $\lambda_{sw} = 50\text{FIT}$,预期寿命为 10 年。

10 年后,放大器子系统的可靠性为 $R_A = 0.93765$,单个切换器的可靠性为 $R_{SW} = e^{-\lambda_{sw} t} = 0.99563$,整个系统的可靠性 $R = R_A R_{SW}^2 = 0.92947$。

相比之下,一个没有备用件的放大器的可靠性为 $e^{-\lambda_p t} = 0.81752$。

13.3.4 拥有多种故障模式的设备

部分设备与元件拥有多种故障模式,例如二极管和电容器等器件的短路与开路。每种类型故障对系统产生的影响不同,且取决于系统架构。

对于一个包含 n 个串联单元的结构,开路式的故障(其中每个单元的故障率为 F_O)会导致整个系统的故障,因此整个系统的故障率为 $1-(1-F_O)^n$。对于短路式的故障(每个单元故障率为 F_C),整个系统的故障建立在所有单元故障的基础上,因此整个系统的故障率为 $(F_C)^n$。该串联结构的可靠性为 $R=(1-F_O)^n-(F_C)^n$,这种串联结构对于短路式的故障具有鲁棒性。

当 n 个并联单元发生开路式故障时(每个单元的故障率为 F_O),整个系统的故障建立在所有单元故障的基础上,因而整个系统的故障率为 $(F_O)^n$。短路式故障(每个单元的故障率为 F_C)将导致整个系统的故障。因此整个系统的故障率为 $1-(1-F_C)^n$。该并联系统的可靠性为 $(1-F_C)^n-(F_O)^n$,这种并联结构对于开路式的故障具有鲁棒性。

上述的每一种结构都有一个能够使其达到最大可靠性的最理想单元数。若同时需要针对两种类型的故障进行保护,则必须采用更复杂的结构,例如串联—并联结构或并联—串联型结构。此类保护措施已应用于太阳能发电机的接线中。

13.4 组件可靠性

某些子系统(例如有效载荷)包含多达数百个组件。若需要实现每 10^5 h 发生 1~2 次故障,其中每个组件的故障率均不能超过每 10^7 h 发生 1 次故障。

在卫星设计过程中,当完成约束条件分析后,对可靠性的即时检查有助于确定冗余方案与组件和设备的质量水平。

13.4.1 组件可靠性

各类组件的故障率信息可从制造商处获得,制造商拥有这些组件在特定环境下的测试结果。也可以参考各类组织发布文件中提供的数据,例如 MIL-HDBK-217C 报告[DoD-91]。表 13.3 给出了各类组件的故障率数量级。其中,可靠性最低的组件为 TWT 组件以及含有移动部分的组件,例如旋转轴承、继电器与电位器;最可靠的元件为无源元件,例如电阻器、电容器、开关二极管和连接器。

表 13.3 空间应用中组件的故障率典型值,
以 FIT 表示(75% 降额下的故障率,如适用)

电阻器	
固体碳电阻器	5
金属膜电阻器	5
线绕电阻器	10
电位器式电阻器	200

续表

电 容 器	
固体碳电容器	3
聚碳酸酯电容器	3
聚酯薄膜电容器	5
纸介电容器	20
固体钽电容器	20
可变电容器	20
高压电容器	100
硅 二 极 管	
开关硅二级管	4
标准硅二极管	10
功率硅二级管	20
齐纳硅二级管	50
混合型二极管	100
滤 波 器	
混合滤波器	25
通带滤波器	10
耦合器	10
环行器	10
连接器	1
平面硅晶体管	
标准晶体管	10
开关晶体管	10
高频场效应晶体管	20
功率晶体管	50
集成电路	
数字电路(双极型)	10
模拟电路	20
FET集成电路	
1-10门	100
11-50门	500
TWT	150
变压器	200
电源板	30
信号板	10

电 感 器	
功率电感器	20
信号电感器	10
石英晶体电感器	80
继电器	400

通过选择适当的负载率(降额设计),可以很大程度上降低元件的故障率。元件的平均功耗一般选择低于制造商规定的标称功率。例如,对于标称最大功率1W 的电阻器,通常使其实际功耗为 300mW,负载率仅为 30%。元件在任何情况下都不应接近其标定的参数限制。晶体管的结温不得超过其规定值(通常为 105℃)。

同样的原则也适用于元器件和设备的电压电流值等指标,通过降额来减少元器件的损耗。合适的负载比率显示在优先使用元器件清单中,可根据清单中元器件的优先顺序使用。

13.4.2 元器件选择

在对欧洲空间局(ESA/SCCG 空间元器件协调小组)、法国国家太空研究中心(CNES)(CNES/QFT/IN-0500)、美国国家航空航天局(NASA)等太空机构建立的优先使用清单中的设备进行功能检查后,将进行元器件选择。这一过程应遵循特殊的程序,以确保所选元器件的制造质量,以及不同时间生产的各元器件间性质的恒定性(这些程序包括采购与验收规范、批次资质认定与元器件接收)[ESA-18a, ESA-18b, ESA-18c]。

当所需元器件未出现在优先使用清单中时,将对该元器件使用与其他所提供元器件相同的规格进行资质认定。这一过程包括两个主要阶段:

(1) 评估阶段。
(2) 资质认定阶段。

13.4.2.1 评估

评估阶段包括以下内容:
(1) 生产设施的检视。
(2) 相关元器件生产线的详细检查。
(3) 元器件极限的评估测试。
(4) 制造与检测文件(过程确认文件 PID)的检视。

评估阶段以评估报告与对文件的最终审查收尾。当该阶段圆满收官,将进入资质认定阶段。

13.4.2.2 资质认定

资质认定阶段包括以下工作：

(1) 合格批次的部件制造。

(2) 生产与部件选择后的100%测试。

(3) 批次中样品的资质测试。

如果以上结果良好，则认定元器件具有资质，并向制造商出具资质证书。经资质认定的产品随后进入优先使用清单，如 ESA 的合格产品清单(QPL)。

资质的有效期为固定的期限。该期限后，在已进行批次测试且 PID 未更改的前提下，产品的有效性可以延长。

13.4.3 制造

在完成元器件选择后，必须定义设备制造规格。技术设计考虑了性能、质量、体积等方面的限制以及空间环境特有的限制。制造规格包括布线工艺(印刷电路或其他)选择、焊接类型、外壳或保护覆层样式等。

制造质量控制旨在确认各阶段中遵守了制造规格，且所使用的元器件均为规定的元器件。

13.4.4 质量保证

质量保证对于安全性和可靠性是不可或缺的补充。具体而言，质量保证能够确保实现太空项目相关的各种目标与任务要求。

质量保证程序的主要环节如下所述。

13.4.4.1 项目前研究与定义的质量

在分析阶段，质量保证由以下环节构成：

(1) 验证设计文件(计划和规格)与项目要求的一致性。

(2) 验证通用质量规则定义与项目要求的一致性。

(3) 确保已考虑到可靠性、安全性与质量的要求。

13.4.4.2 设计质量

在设计阶段，必须验证所有设计、测试与详细规格是否遵循项目的质量规定与要求。在模型测试阶段，必须验证模型是否遵循设计，以及测试条件是否遵循项目要求。此外，还需验证测试结果与标准的质量。

13.4.4.3 供货质量

供货的质量取决于：

(1) 遵循可靠性要求与技术性能的供应规格。

(2) 资质与验收条件的定义。

(3) 元器件与材料的选择。

(4) 有缺陷元器件与材料的评估。
(5) 元器件批次验收程序的定义。

13.4.4.4　制造质量

制造质量取决于：
(1) 定义符合质量规定与项目要求的工业文件。
(2) 制造、组装、调试与维修程序的监控。
(3) 制造过程中质量控制计划的执行。

13.4.4.5　测试质量

作为一般准则，测试质量基于：
(1) 测试程序的最优制定。
(2) 一套遵循测试目标(资格认定、验收或开发测试)并与项目要求(如在任务进行过程与期间内遇到的约束条件)兼容的测试程序。
(3) 测试方法的质量、可靠性与安全性。
(4) 测量设备的质量(通过定期检查与恰当的使用条件来确保)。
(5) 测试实施的质量。
(6) 测试结果的使用。

13.4.4.6　配置控制

整个项目的质量取决于对系统在任何时刻的全面了解和把控，因此又取决于对系统配置的相应控制。配置质量及配置控制的重要因素主要包括：系统的结构；组件、子组件、单元、元器件等的划分；基本文件的定义；命名规则；持续更新；文件与信息的可用性及分发。

13.4.4.7　不合格、故障与豁免

所有记录的不合格与故障件都必须由特定的程序处理，包括分析、专家评估、统计评估、维修、豁免和修改等。这一程序的设定旨在确定问题的根源、责任与解决方案(通过某种解决方案，使得故障元素能够遵从适用的参考模型，并且避免在项目后期出现进一步的偏差)。这涉及识别模型、验收与资格认证。

13.4.4.8　模型与模具的开发程序

开发程序的质量在于模型与模具的实现(开发模型、机械模型、热模型、识别模型、资格模型、飞行模型)。测试可以证明可行性，并帮助对结构和质量构成、力学行为、热行为、硬件合适性等方面针对将面临的约束因素进行优化。

13.4.4.9　储存、包装、运输与装卸

储存、包装、装卸与运输的条件是确保硬件质量(无论集成程度如何)而确定的一系列规定。这些规定包含多种预防措施，使得硬件质量免于被非设计的约束因素所削弱。必须结合用于包装、装卸与运输的设备来考虑这些限制因素。这些原则的应用决定了太空项目的可靠性与安全性，以及相关工作的有效性。

参 考 文 献

[DoD-91] Department of Defense. (1991). Reliability prediction of electronic equipment. MIL-HDBK-217F.

[ESA-18a] European Space Agency. (2018). Charter of the European Space Components Coordination. ESCC00000 issue 2.

[ESA-18b] European Space Agency. (2018). European preferred parts list. ESCC/RP/EPPL007-37.

[ESA-18c] European Space Agency. (2018). ESCC qualified parts list(QPL). ESCC/RP/QPL005-192(REP005).

缩 略 语

3GPP 3rd Generation Partnership Project　　第三代合作伙伴计划
AAL ATM adaptation layer　　异步传输模式适配层
ACI adjacent channel interference　　邻道干扰
ACK acknowledgement　　确认
ACM adaptive coding and modulation　　自适应编码调制
ACTS advanced communications technology satellite　　先进通信技术卫星
ADM adaptive delta modulation　　自适应增量调制
ADPCM adaptive pulse code modulation　　自适应脉冲编码调制
AES audio engineering society　　音频工程学会
AKM apogee kick motor　　远地点加速发动机
ALC automatic level control　　自动电平控制
AM amplitude modulation　　调幅
AOCS attitude and orbit control system　　姿态与轨道控制系统
AOS advanced orbiting systems　　高级在轨系统
APD avalanche photodetector　　雪崩光电探测器
APSK amplitude and phase shift keying　　幅相键控
AR available ratio(axial ratio)　　可用率、轴向比
ARQ automatic repeat request　　自动重复请求
ARQ-GB(N) automatic repeat request-go back n　　自动重复请求返回
ARQ-SR automatic repeat request-selective repeat　　自动重复请求选择性重复
ARQ-SW automatic repeat request-stopand wait　　自动重复请求停止与等待
ASIC application-specific integrated circuit　　专用集成电路
ASS amateur satellite service　　业余卫星业务
ATM asynchronous transfer mode　　异步传输模式
AVBDC absolute volume-based dynamic capacity　　绝对动态容量

BAPTA bearing and power transfer assembly	轴承与电力传输组件
BAT bouquet association table	业务群关联表
BBS baseband switch	基带交换
BBP baseband processor	基带处理器
BCH Bose-Chaudhuri-Hocquenghem	BCH 码
BCR battery charge regulator	电池充电调节器
BDR battery discharge regulator	电池放电调节器
BEP bit error probability	比特错误概率
BER bit error rate	误码率
BFN beam forming network	波束成形网络
BFSK binary frequency shift keying	二进制频移键控
BGAN Broadband Global Area Network	全球宽带局域网
BGP border gateway protocol	边界网关协议
BOL beginning of life	寿命初期
BPF band pass filter	带通滤波器
BPSK binary phase shift keying	二进制相移键控
BSM broadband satellite multimedia	宽带卫星多媒体
BSS broadcasting satellite service	卫星广播服务
BTP burst time plan	突发时间计划
C2P connection control protocol	连接控制协议
CAMP channel amplifier	信道放大器
CAT conditional access table	条件访问表
CCB Common Core Booster	公共核心助推器
CCI co-channel interference	同频干扰
CCIR Comité Consultatif International des Radiocommunications(International Radio Consultative Committee), replaced by ITU-R	国际无线电通信咨询委员会(国际无线电咨询委员会),由 ITU-R 取代
CCITT Comité Consultatif International Télégraphe et Téléphone(International Telegraph and Telephone Consultative Committee), replaced by ITU-T	国际电报和电话咨询委员会,由 ITU-T 取代
CCSDS Consultative Committee for SpaceData Systems	空间数据系统咨询委员会
CDMA code division multiple access	码分多址
CEPT Conférence Européenne des Postes et des Télécommunications (European Conference of Post	

and Telecommunications)	欧洲邮政与电信会议
CFM companded frequency modulation	压扩调频
CIS Commonwealth of Independent States	独联体
CLTU command link transmission unit	遥控链路传输单元
CMOS complementary metal oxide semiconductor	互补金属氧化物半导体
CNES Centre National d'Etudes Spatiales (French space agency)	法国国家空间研究中心（法国航天局）
COFDM coded orthogonal frequency division multiplexing	编码正交频分复用
CRA continuous rate assignment	连续速率分配
CRC cyclic redundancy check	循环冗余校验
CSC common signal channel	公共信号信道
CTU central terminal unit	数管单元
DAB digital audio broadcasting	数字音频广播
DAMA demand assignment multiple access	按需分配多址接入
DARPA Defense Advanced Research Project	国防高级研究项目
DBS direct broadcasting satellite service	卫星直播业务
DC direct current	直流电
DCME digital circuit multiplication equipment	数字电路倍增设备
DCU distribution control unit	配电控制单元
DE differentially encoded	差分编码
DM delta modulation	增量调制
DNS domain name service (host name resolution protocol)	域名服务（主机名解析协议）
DOD depth of discharge (Department of Defense)	放电深度（国防部）
DOF degree of freedom	自由度
DSCP differentiated service code point	区分服务代码点
DSI digital speech interpolation	数字语音插值
DSM digital storage medium	数字存储介质
DST destination host address	目标主机地址
DTH direct to home	直播到户
DTS decoding timestamp	解码时间戳
DVB digital video broadcasting	数字视频广播
DVB-S DVB-Satellite	DVB 卫星
DVB-S2 DVB-Satellite 2nd generation	DVB 卫星第二代

DVB-S2X DVB-Satellite 2nd generation extension	DVB 卫星第二代扩展
DVB-RCS DVB-Return Channel via Satellite	经卫星的 DVB 返回信道
DVB-RCS2 DVB-Return Channel via Satellite 2nd generation	第二代卫星 DVB 返回信道
DVB-RCS2X DVB-Return Channel via Satellite 2nd generation extension	第二代卫星 DVB 扩展返回信道
EBU European Broadcasting Union	欧洲广播联盟
ECN explicit congestion notification	显式拥塞通知
ECSS European Cooperation for Space Standardization	欧洲空间标准化合作
EIRP effective isotropic radiated power	等效全向辐射功率
EIT event information table	事件信息表
EITA electron-bombardment ion thruster assembly	电子轰击离子推进器组件
EMC electromagnetic compatibility	电磁兼容性
EN European standard	欧洲标准
EOC edge of coverage	覆盖范围边缘
EOL end of life	寿命末期
EPC electric power conditioner	电力调节器
ES earth station(ETSI specification)	地面站(ETSI 规范)
ESA European Space Agency	欧洲空间局
ESTEC European Space Research and Technology Centre	欧洲空间研究与技术中心
ETR Eastern Test Range	东部试验场
ETSI European Telecommunications Standards Institute	欧洲电信标准协会
EUTELSAT European Telecommunications Satellite Organisation	欧洲电信卫星组织
FCA free capacity assignment	自由容量分配
FCT frame composition table	帧结构表
FDM frequency division multiplex	频分复用
FDMA frequency division multiple access	频分多址
FEC forward error correction	前向纠错
FET field effect transistor	场效应晶体管
FFH fast frequency hopping	快跳频
FFT fast Fourier transform	快速傅里叶变换
FIFO first in first out	先进先出
FLS forward link signalling	前向链路信令

FM	frequency modulation	调频
FS	fixed service	固定服务
FSK	frequency shift keying	频移键控
FSS	fixed satellite service	卫星固定业务
FTP	file transfer protocol	文件传输协议
GaAs	gallium arsenide	砷化镓
GEO	geostationary earth orbit	地球静止轨道
GMSK	Gaussian-filtered minimum shift keying	高斯滤波最小频移键控
GPS	global positioning system	全球定位系统
GSE	generic stream encapsulation	通用流封装
GSO	geostationary satellite orbit	地球同步轨道
GTO	geostationary transfer orbit	地球静止转移轨道
GW	satellite gateway	卫星网关/关口站
HDTV	high-definition television	高清电视
HEC	header error check	包头错误检查
HPA	high-power amplifier	高功率放大器
HTS	high throughput satellite	高通量卫星
HTTP	hypertext transfer protocol	超文本传输协议
IBO	input back-off	输入回退
ICMP	Internet control message protocol	互联网控制消息协议
IDR	intermediate data rate	中等数据速率
IDU	indoor unit	室内单元
IEEE	Institute of Electrical and Electronic Engineers	电气电子工程师协会
IETF	Internet Engineering Task Force	互联网工程任务组
IF	intermediate frequency	中频
IGMP	Internet group management protocol	互联网组管理协议
IHM	input hybrid matrix	输入混合矩阵
ILS	International Launch Services	国际发射服务
IM	intermodulation	互调
IMUX	input multiplexer	输入多路复用器
INMARSAT	International Maritime Satellite Organisation	国际海事卫星组织
INTELSAT	International Telecommunications Satellite Consortium	国际通信卫星联合会
IOT	in-orbit test	在轨测试

IP Internet protocol	互联网协议
IPDR IP packet duplicate ratio	IP 包重复率
IPER IP packet error ratio	IP 包错误率
IPSLBR IP packet severe loss block ratio	IP 包严重丢失时间块率
IPLR IP packet loss ratio	IP 包丢失率
IPRR IP packet reordered ratio	IP 包重排率
IRD integrated receiver decoder	集成接收解码器
ISDN integrated services digital network	综合业务数字网
ISI inter-symbol interference	符号间干扰
ISL intersatellite link	卫星星间链路
ISO International Organisation for Standardisation	国际标准化组织
ISS inter-satellite service(international space station)	星间业务(国际空间站)
ITU International Telecommunication Union	国际电信联盟
JPEG Joint Photographic Expert Group	联合图像专家组
LAN local area network	局域网
LDPC low-density parity check	低密度奇偶校验
LES land-earth station	固定地球站
LEO low earth orbit	低地球轨道
LH2 liquid hydrogen	液氢
LLC logical link control	逻辑链路控制
LNA low-noise amplifier	低噪声放大器
LO local oscillator	本地振荡器
LOX liquid oxygen	液氧
LPC linear predictive coding	线性预测编码
LPF low-pass filter	低通滤波器
LRB liquid rocket booster	液体火箭助推器
LRE low-rate encoding	低速率编码
M-PSK M-ary phase shift keying	M 相相移键控
MAC medium access control	介质访问控制
MAN metropolitan area network	城域网
MCD multicarrier demodulator	多载波解调器
MEO medium earth orbit	中地球轨道
MES mobile earth station	移动地球站
MF multi frequency	多频

MMIC monolithic microwave integrated circuit 单片微波集成电路
MMT multicast map table 多播映射表
MNMC mission and network management centre 任务与网络管理中心
MPE multi-protocol encapsulation 多协议封装
MP measurement point 测量点
MPEG Motion Picture Expert Group 运动图像专家组
MS mobile station(management station) 移动站(管理站)
MSK minimum shift keying 最小频移键控
MBTA multiple-beam torus antenna 多波束环形天线
MTBF mean time between failure 平均无故障时间
MTBO mean time between outages 平均停机间隔时间
MTU maximum transferable unit 最大传输单位
NACK no acknowledgment 无确认
NASA National Aeronautics and Space Administration (USA) 美国国家航空航天局
NASDA National Aeronautics and Space Development Agency (Japan) 国家航空航天开发局(日本)
NAT network address translation 网络地址转换
NCC network control centre 网络控制中心
NGSO non-geostationary satellite orbit 非地球静止卫星轨道
NH Northern hemisphere 北半球
NIT network information table 网络信息表
NMC network management centre 网络管理中心
NRZ non-return to zero 不归零
NSE network section ensemble 网络部分集成
OBC on-board computer 星载计算机
OBO output back-off 输出回退
OBP on-board processing 星载处理
OBDH on-board data handling 星载数据处理
ODU outdoor unit 室外单元
OFDM orthogonal frequency division multiplexing 正交频分复用
OHM output hybrid matrix 输出混合矩阵
OMUX output multiplexer 输出多路复用器
OQPSK offset QPSK 偏移 QPSK
OSI Open System Interconnection 开放系统互连

OSPF open shortest path first	开放最短路径优先
OSR optical solar reflector	光学太阳能反射镜
PAM payload assist module	有效载荷辅助模块
PAT program association table	节目关联表
PCM pulse code modulation	脉码调制
PDH plesiochronous digital hierarchy	准同步数字系列
PDU protocol data unit	协议数据单元
POP point of presence	接入点
PEP performance enhancement protocol	性能增强协议
PER packet error rate	包错误率
PHEMT pseudomorphic high electron mobility transistor	伪高电子迁移率晶体管
PIA percent IP service availability	IP 服务可用百分比
PID packet identifier(process identification document)	数据包标识符(过程确认文件)
PIU percent IP service unavailability	IP 服务不可用百分比
PKM perigee kick motor	近地点加速发动机
PL physical layer	物理层
PLL phase locked loop	锁相环
PM phase modulation	相位调制
PMT program map table	节目映射表
PN pseudorandom number	伪随机数
PODA priority oriented demand assignment	面向优先级的需求分配
PRBS pseudorandom binary sequence	伪随机二进制序列
PSI programme-specific information	节目特定信息
PSK phase shift keying	相移键控
PTS presentation timestamp	显示时间戳
PVA perigee velocity augmentation	近地点速度增强
QEF quasi-error-free	准无误码
QoS quality of service	服务质量
QPSK quaternary phase shift keying	正交相移键控
RAAN right ascension of the ascending node	升交点赤经
RBDC rate-based dynamic capacity	基于速率的动态容量
RCS return channel via satellite(reaction control system)	经卫星的返回通道(反作

	用）
	控制系统
RF radio frequency	射频
RIP routing information protocol	路由信息协议
RITA RF ion thruster assembly	射频离子推进器组件
RMT RCS map table	RCS 映射表
RR Radio Regulations	无线电规则
RS Reed Solomon coding	里德-所罗门编码
RSVP resource reservation protocol	资源预留协议
RTCP real-time transport control protocol	实时传输控制协议
RTP real-time transport protocol	实时传输协议
RTT round-trip times	往返时间
RTU remote terminal unit	远置单元
S-ALOHA slotted ALOHA protocol	时隙 ALOHA 协议
S/PDIF Sony/Philips Digital Interconnect Format	索尼与飞利浦数字音频接口协议
SAP service access point	服务接入点
SAW surface acoustic wave	声表面波
SCPC single channel per carrier	单路单载波
SCT superframe composition table	超帧结构表
SDH synchronous digital hierarchy	同步数字体系
SDT service description table	服务描述表
SEP symbol error probability	符号错误概率
SEU single event upset	单粒子翻转
SFH slow frequency hopping	慢跳频
SI service information	服务信息
SIM subscriber identity module	卡用户识别模块
SLA service-level agreement	服务等级协议
SLC satellite link control	卫星链路控制
SMAC satellite medium access control	卫星媒体访问控制
SMATV satellite-based master antenna for TV distribution	卫星天线电视
SMTP simple mail transfer protocol	简单邮件传输协议
SNG satellite news gathering	卫星新闻采集
SNMP simple network management protocol	简单网络管理协议
SORF start of receive frame	接收帧起始

SOS space operation service	空间操作业务
SOTF start of transmit frame	发送帧起始
SPT satellite position table(stationary plasma thruster)	卫星位置表(稳态等离子推进器)
SRC source host address	源主机地址
SS satellite switch	星上交换
SSB solid support booster	固体支持助推器
SSMA spread spectrum multiple access	扩频多址
SSO sun-synchronous orbit	太阳同步轨道
SSPA solid state power amplifier	固态功率放大器
SS-TDMA satellite-switched TDMA	星上交换时分多址
ST sidereal time	恒星时
STM synchronous transport module	同步传输模块
STS space transportation system	空间传输系统
SWR standing wave ratio	驻波比
SYNC synchronisation	同步
TCB transmission control block	传输控制块
TBTP terminal burst time plan	终端突发时间计划
TC telecommand(turbo coding)	遥控(turbo 编码)
TCP transmission control protocol	传输控制协议
TCT time-slot composition table	时隙结构表
TDM time division multiplex	时分复用
TDMA time division multiple access	时分多址
TDRS tracking and data relay satellite	跟踪与数据中继卫星
TDT time and date table	时间与日期表
TELNET remote terminal application	远程终端应用程序
TIM terminal information messages	终端信息消息
TIR total internal reflection	全内反射
TM telemetry	遥测
TS transport stream	传输流
TR technical report	技术报告
TS transport stream(technical specification)	传输流、技术规范
TTC telemetry,tracking,and command	遥测、跟踪与指挥
TWT travelling wave tube	行波管
TWTA travelling wave tube amplifier	行波管放大器

UDP user datagram protocol	用户数据报协议
UHDTV ultra high definition television	超高清电视
UHF ultra-high frequency（300MHz-3 GHz）	超高频（300MHz-3 GHz）
ULE ultra-lightweight encapsulation(unidirectional lightweight encapsulation)	超轻封装(单向轻量级封装)
USAT ultra small aperture terminal	超小口径终端
UT universal time(user terminal)	世界时间(用户终端)
UW unique word	独特字
VBR variable bit rate	可变比特率
VBDC volume-based dynamic capacity	基于通信量的动态容量
VC virtual channel(virtual container)	虚拟通道(虚拟容器)
VCI virtual channel identifier	虚拟通道标识符
VEB vehicle equipment bay	飞行器设备舱
VHF very-high-frequency	甚高频
VLSI very large scale integration	超大规模集成电路
VPI virtual path identifier	虚拟路径标识符
VPN virtual private network	虚拟专用网络
VSAT very small aperture terminal	甚小口径终端
WAN wide area network	广域网
XPD cross-polarisation discrimination	交叉极化鉴别度
XPI cross-polarisation isolation	交叉极化隔离度

符 号 定 义

a orbit semi-major axis	轨道半长轴
A azimuth angle (attenuation, area, availability, traffic density, carrier amplitude)	方位角、衰减、面积、可用性、业务密度、载波幅度
A_{eff} effective aperture area of an antenna	天线的有效口径面积
A_{AG} attenuation by atmospheric gases	大气衰减
A_{RAIN} attenuation due to precipitation and clouds	降水与云层导致的衰减
A_P attenuation of radio wave by rain for percentage p of an average year	普通年份一年内百分比 p 的时间降雨导致的无线电波的衰减
B bandwidth	带宽
b voice channel bandwidth	语音信道带宽
B_n noise measurement bandwidth at baseband (receiver output)	基带噪声测量带宽(接收机输出)
B_N equivalent noise bandwidth of receiver	接收机等效噪声带宽
B uburstiness	突发
c velocity of light = 3×10^8 m/s	光速
C carrier power	载波功率
C/N_0 carrier power-to-noise power spectral density ratio	载波功率与噪声功率谱密度比
$(C/N_0)_U$ uplink carrier power-to-noise power spectral density ratio	上行链路载波功率与噪声功率谱密度比
$(C/N_0)_D$ downlink carrier power-to-noise power spectral density ratio	下行链路载波功率与噪声功率谱密度比
$(C/N_0)_{IM}$ carrier power-to-intermodulation noise power spectral density ratio	载波功率与互调噪声功率谱密度比
$(C/N_0)_I$ carrier power-to-interference noise power spectral density ratio	载波功率与干扰噪声功率谱密度比
$(C/N_0)_{I,U}$ uplink carrier power-to-interference	上行链路载波功率与干扰噪声功

noise power spectral density ratio 率谱密度比
$(C/N_0)_{I,D}$ downlink carrier power-to-interference noise power spectral density ratio 下行链路载波功率与干扰噪声功率谱密度比
$(C/N_0)_T$ carrier power-to-noise power spectral density ratio for total link 整体链路载波功率与噪声功率谱密度比
D diameter of a reflector antenna (a subscript for downlink) 反射器天线直径、下行链路下角标
e orbit eccentricity 轨道偏心率
E elevation angle (energy and electric field strength) 仰角(能量与电场强度)
E_b energy per information bit 单位信息比特的能量
E_c energy per channel bit 单位信道比特的能量
f frequency 频率
f_c nominal carrier frequency 载波标称频率
f_d antenna focal length 天线焦距
f_m frequency of a modulating sine wave 调制正弦波的频率
f_{max} maximum frequency of the modulating baseband signal spectrum 调制基带信号频谱的最大频率
f_D downlink frequency 下行链路频率
f_U uplink frequency 上行链路频率
F noise figure 噪声系数
G power gain (gravitational constant) 功率增益(重力常数)
G_{sat} gain at saturation 饱和时增益
G_R receiving antenna gain in direction of transmitter 接收天线增益
G_T transmitting antenna gain in direction of receiver 发射天线增益
G_{Rmax} maximum receiving antenna gain 最大接收天线增益
G_{Tmax} maximum transmitting antenna gain 最大发射天线增益
G_{SR} satellite repeater gain 卫星转发器增益
G_{SRsat} saturation gain of satellite repeater 卫星转发器饱和增益
G/T gain to system noise temperature ratio of a receiving equipment 接收设备增益与系统噪声温度之比、接收机品质因数
G_{CA} channel amplifier 信道放大器
G_{FE} front-end gain from satellite receiver input to 从卫星接收机输入端到卫星信道

satellite channel amplifier input 放大器输入端的前端增益
G_{ss} small signal power gain 小信号功率增益
i inclination of the orbital plane 轨道平面倾角
k Boltzmann's constant $=1.379\times10^{-23}$ WK/Hz 玻尔兹曼常数
K_P AM/PM conversion coefficient AM/PM 转换系数
K_T AM/PM transfer coefficient AM/PM 传递系数
l earth station latitude 地球站纬度
L earth station-to-satellite relative longitude 地球站到卫星的相对经度、链路预
(loss in link budget calculations, loading factor 算中的损耗、FDM/FM 多路复用负
of FDM/FM multiplex, message length) 载系数(消息长度)
L_A atmospheric attenuation 大气损耗
L_e effective path length of radio wave through rain 无线电波通过降雨的有效路径长度
L_{FRX} receiver feeder loss 接收机馈线损耗
L_{FTX} transmitter feeder loss 发射机馈线损耗
L_{FS} free space loss 自由空间损耗
L_{POINT} depointing loss 指向损耗
L_{POL} antenna polarisation mismatch loss 天线极化失配损耗
L_R receiving antenna depointing loss 接收天线指向损耗
L_T transmitting antenna depointing loss 发射天线指向损耗
m satellite mass 卫星质量
M mass of the earth (number of possible states of 地球质量(数字调制方式的阶数)
a digital signal)
N_0 noise power spectral density 噪声功率谱密度
$(N_0)_U$ uplink noise power spectral density 上行链路噪声功率谱密度
$(N_0)_D$ downlink noise power spectral density 下行链路噪声功率谱密度
$(N_0)_T$ total link noise power spectral density 整体链路噪声功率谱密度
$(N_0)_I$ interference power spectral density 干扰功率谱密度
N noise power (number of stations in 噪声功率、网络中的站点数量
a network)
p rainfall annual percentage 年降雨量百分比
p_ω rainfall worst month time percentage 降雨最差月份时间百分比
P power (number of bursts in a TDMA frame) 功率(TDMA 帧中突发数量)
P_b information bit error rate 信息误码率
P_c channel bit error rate 信道误码率

P_{HPA} rated power of high power amplifier　　高功率放大器的额定功率
P_T power fed to the antenna　　馈送天线功率
P_{Tx} transmitter power　　发射机功率
P_R received power　　接收功率
P_{Rx} power at receiver input　　接收机输入功率
P_{i1} input power in a single-carrier operation mode　　单载波工作模式下的输入功率
P_{o1} output power in a single-carrier operation mode　　单载波工作模式下的输出功率
$(P_{i1})_{sat}$ input power in a single-carrier operation mode at saturation　　单载波工作模式下的饱和输入功率
$(P_{o1})_{sat}$ saturation output power in a single-carrier operation mode　　单载波工作模式下的饱和输出功率
P_{in} input power in a multiple-carrier operation mode (n carriers)　　多载波工作模式下的输入功率(n个载波)
P_{on} output power in a multiple-carrier operation mode (n carriers)　　多载波工作模式下的输出功率(n个载波)
P_{IMXn} power of intermodulation product of order X at output of a nonlinear device in a multicarrier operation mode (n carriers)　　多载波工作模式下非线性器件输出端X阶互调产物的功率(n个载波)
Q quality factor　　品质因数
r distance between centre of mass (orbits)　　质心距离、轨道
R slant range from earth station to satellite (symbol or bit rate)　　从地球站到卫星的倾斜距离、符号或比特率
R_b information bit rate　　信息比特率
R_c channel bit rate　　信道比特率
R_{call} mean number of calls per unit time　　单位时间平均呼叫数
R_E earth radius = 6378km　　地球半径(6378km)
R_o geostationary satellite altitude = 35786km　　地球静止卫星高度(35786km)
R_p rainfall rate exceeded for time percentage p of a year　　一年内有p%的时间达到的降水率
R_s symbol rate　　符号速率
S user signal power　　用户信号功率
S/N signal-to-noise power ratio at user's end　　用户端信噪比
T period of revolution (noise temperature)　　旋转周期(噪声温度)
T_A antenna noise temperature　　天线噪声温度
T_{ATT} ambient temperature　　环境温度

T_b information bit duration 突发持续时间
T_B burst duration 信息比特持续时间
T_c channel bit duration 信道比特持续时间
T_e effective input noise temperature of a four-port element system 四端口元件系统的有效输入噪声温度
T_E mean sidereal day = 86164.15s 平均恒星日(86164.15s)
T_{eATT} effective input noise temperature of an attenuator 衰减器的有效输入噪声温度
T_{eRx} effective input noise temperature of a receiver 接收机的有效输入噪声温度
T_F frame duration (feeder temperature) 帧持续时间(馈线温度)
T_m effective medium temperature 有效介质温度
T_0 reference temperature (290K) 参考温度(290K)
T_s symbol duration 符号持续时间
T_{SKY} clear key contribution to antenna noise temperature 晴空事件对天线噪声温度的贡献
T_{GROUND} ground contribution to antenna noise temperature 地面对天线噪声温度的贡献
U subscript for uplink 上行链路下角标
v true anomaly (orbit) 真近点角(轨道)
V_S satellite velocity 卫星速度
X intermodulation product order (IMX) 互调产物阶数(X阶)
α angle from boresight of antenna 天线视轴离轴角
γ vernal point 春分点
Γ spectral efficiency 频谱效率
δ declination angle (delay) 赤纬角(延迟)
η antenna aperture efficiency 天线效率
λ wavelength (longitude, message generation rate) 波长(经度、消息生成率)
φ latitude 纬度
τ propagation time 传播时间
θ_{3dB} half-power beamwidth of an antenna 天线的3dB半功率波束宽度
θ_R receiving antenna pointing error 接收天线指向偏差
θ_T transmit antenna pointing error 发射天线指向偏差
$\mu = GM$ (G = gravitational constant, M = mass) 地心引力常数

of earth; $G = 6.67 \times 10^{-11} \mathrm{m^3 kg^{-1} s^{-2}}$, $M = 5.974 \times 10^{24} \mathrm{kg}$) $= 3.986 \times 10^{14} \mathrm{m^3 s^{-2}}$

ρ code rate	编码码率
σ Stefan-Boltzmann constant (为 $5.67 \times 10^{-8} \mathrm{Wm^{-2} K^{-4}}$)	(为斯特藩-波尔兹曼常数)
ϕ satellite-earth station angle from the earth's centre	地心与卫星连线同地心与地球站连线夹角
Φ power flux density	功率通量密度
Φ_{max} maximum power flux density at transmit antenna boresight	发射天线视轴方向的最大功率通量密度
$\Phi_{sat,nom}$ nominal power flux density at receive end required to build up a given power assuming maximum receive gain	在天线无指向偏差时,使卫星信道放大器饱和的功率通量密度标称值
Φ_{sat} power flux density required to operate receive amplifier at saturation	卫星饱和时所需的功率通量密度
ψ polarisation angle	极化角
ω argument of perigee	近地点幅角
Ω right ascension of the ascending node	升交点赤经
Ω_E angular velocity of rotation of the earth =	地球自转角速度

(为 $15.0469(°)/\mathrm{h} = 4.17 \times 10^{-3} (°)/\mathrm{s} = 7.292 \times 10^{-5} \mathrm{rad/s}$)